高等学校教材

材料表面工程

王兆华　张　鹏　林修洲　张远声　主编

U0285818

化学工业出版社

·北京·

本书就材料表面工程领域的成果和研究近况进行论述，并全面介绍了材料表面工程的基础理论、工业应用及未来的发展方向，彰显材料表面技术研究与腐蚀与防护间密切的关系。本书内容涵盖材料表面基础、电镀基础、电镀工艺、电镀工程、化学镀、化学转化膜、热喷（浸）涂层、化学热处理、耐蚀金属覆盖层、先进表面工程技术和材料表面性能测试与控制，但凡金属、非金属、复合材料均有涉及。本书适合作为材料表面工程学科的教学用书。

图书在版编目（CIP）数据

材料表面工程/王兆华等主编：——北京：化学工业出版社，2011.5（2019.9重印）

高等学校教材

ISBN 978-7-122-11029-9

Ⅰ．材… Ⅱ．王… Ⅲ．金属表面处理-高等学校-教材 Ⅳ．TG17

中国版本图书馆 CIP 数据核字（2011）第 067126 号

责任编辑：杨　菁　金　杰　　　　　　　文字编辑：林　丹
责任校对：宋　玮　　　　　　　　　　　装帧设计：刘丽华

出版发行：化学工业出版社（北京市东城区青年湖南街 13 号　邮政编码 100011）
印　　装：北京科印技术咨询服务有限公司数码印刷分部
787mm×1092mm　1/16　印张 26¾　字数 717 千字　　2019 年 9 月北京第 1 版第 2 次印刷

购书咨询：010-64518888　　　　　　　售后服务：010-64518899
网　　址：http://www.cip.com.cn
凡购买本书，如有缺损质量问题，本社销售中心负责调换。

定　　价：69.00 元　　　　　　　　　　　　　　　　版权所有　违者必究

前　言

工程材料是国民经济各领域（工业、农业、国防、交通运输等）发展和进步的基础，工程材料包括金属、非金属和复合材料等，大多数机器装备基体由金属材料制造。应用表面工程技术能够以最经济、最有效的方法改变金属表面及近表面区的形态，赋予材料全新的表面，有效地改善和提高金属材料和产品的表面性能，如耐蚀性、耐磨性、装饰性等，确保产品使用的可靠性和安全性，延长产品的使用寿命，节约资源和能源，减少环境污染。金属材料的腐蚀是造成机器装备失效的主要原因之一，而金属的腐蚀是由金属与腐蚀性环境的接触面开始，因此，材料表面技术与金属腐蚀与控制息息相关，在腐蚀控制技术中占有十分重要的地位。

表面处理技术研究与应用的历史悠久，20 世纪 70～80 年代我国考古学者发现，在秦始皇陵二号坑出土的青铜剑，经历了二千多年后竟光亮如新、锋利如初，甚至可以切断发丝，实在是一个世界奇迹。经专家分析，这些青铜剑的表面有一层厚度约 $10\mu m$ 的含铬的钝化层。从现代的角度而言，这是化学或电化学转化膜技术的应用，也就是说在二千多年前人们已开始从事利用表面工程技术解决金属制品的防蚀需求了。而能真正探测表面的微观现象，却是五十年内的事，首先被研究的固体表面往往必须置于非常好的真空状态中（超高真空），才不会被周围气相物质污染，而高级真空技术的进步与太空科技兴起有密切关系，是 20 世纪 60 年代才发展起来的。其次表面分析的仪器要十分灵敏，表面信息才不致被表面（二维）背后的整体（三维）信号淹没，电子能谱的发明，以及 20 世纪 80 年代扫描式隧道电子显微技术的诞生，以及后续各类扫描探针的研制，才提供了微观表面现象监测的可行办法，更直接提供表面原子分子结构、图像，甚至可以操控其二维空间位置及进行单分子级的化学反应。

四川理工学院腐蚀与防护专业成立于 20 世纪 70 年代，1980 年开始招收本科生，本书是为专业课"金属表面技术"而编写的。包括电镀、化学镀、化学转化膜，在教学使用过程中，不断修订、补充、完善。本书冀望能借此就材料表面工程领域的成果和研究近况进行叙述，并试图全面介绍材料表面工程的基础理论、工业应用及未来的发展方向，彰显材料表面技术研究与腐蚀与防护间密切的关系。本书内容涵盖材料表面基础、电镀基础、电镀工艺、电镀工程、化学镀、化学转化膜、热喷（浸）涂层、化学热处理、耐蚀金属覆盖层、先进表面工程技术和材料表面性能测试与控制，但凡金属、非金属、复合材料均有涉及。材料表面工程的交叉学科性、丰富多样性和应用广泛性，确实引人入胜，充满挑战。

在此，要感谢四川理工学院材料科学与工程教研室，"材料腐蚀与防护"四川省高校重点实验室的全体同仁们，正是由于你们的热心参与和支持，才使得本教材得以实现出版，鉴于笔者知识有限，编写当中难免有疏漏，加之材料表面工程技术的发展日新月异，一本教材容量有限，对资料的取舍和编排一定有不少不当之处，尚请学界同仁斧正。

编　者
2010 年 12 月

目　　录

第1章 绪 论

1.1 材料表面基础

1.1.1 金属的表面

固体表面指固气界面或固液界面。表面实际上由凝聚态物质靠近气体或真空的一个或几个原子层（0.5～10nm）组成，是凝聚态对气体或真空的一种过渡。固体表面有着和固体内部不同的特点，人们为此做了大量的研究工作，形成了一个新的科学领域——表面科学。表面科学是当前世界上最活跃的学科之一，是表面技术的理论基础。

金属的表面可以认为是金属体相沿某个方向劈开造成的，从无表面到生成一个表面，必须对其做功，该功即转变为表面能或表面自由能。通过断键功劈开的新表面，每个原子并不是都原封不动地保留在原来的位置上，由于键合力的变化必然会通过弛豫等重新组合而消耗掉一部分能量，称为松弛能。严格讲表面能应等于断键功和松弛能之和，但是由于松弛能一般都很小，仅占 2%～6%，因此，也可近似用断键功表示表面自由能的大小。

表面能也可以这样理解，由于表面层原子朝向外面的键能没有得到补偿，使得表面质点比体内质点具有额外的势能，即物质表面张力 σ，在恒温恒压下可逆地增大表面积 dA，则需功为 σdA。

1.1.1.1 金属的界面与表面

金属的表面现象是指金属物体表面上产生的各种物理化学现象，如吸附、润湿、黏着等。体相原子存在一个力场，此力场处于表面上时，不可能突然消失，必然会延伸到界面外的空间中去。这种不饱和的力场，对周围的气体和液体会产生不同程度的吸引作用，从而使环境介质在固体表面的浓度大于体相中的浓度，这种现象称为吸附。从热力学的观点来看，固体表面上同样存在较高的自由能，而且由于固体没有流动性，不能像液体那样尽量用减小表面积的方法来降低体系的表面自由能，只能靠吸附外部介质来降低表面自由能，使表面处于更稳定的状态。

由于金属表面现象的存在，就必然会发生各种表面反应，反应经常发生在界面或者透过界面进入内部进行。其基本过程是：反应物质扩散到界面上→界面上产生吸附作用→界面反应→反应物离开界面或反应物通过界面向金属内部扩散。

（1）金属表面的不均匀性

由于金属晶体表面状态与内部原子排列存在明显差异，因此金属晶体表面自由能及表面张力与晶体内部不同。表面能量较高，导致其性能发生变化。另外由于金属表面的微观不均匀性导致金属表面存在不均匀性，这些不均匀性成为表面物理化学变化潜在的发生点。

① 金属表面化学成分不均匀 例如碳钢的渗碳体 Fe_3C、铸铁中的石墨、工业用铝中的合金元素铁和铜。金属中杂质的电位与基体金属的电位并不相同，这些物质的电位都比基体的电位正。

② 金属组织不均匀　多数金属材料都是多晶材料，晶界的电位往往比晶粒的负。多相合金中不同相的电位也不相同。

③ 应力的不均匀　金属在加工装配过程中，由于各部分变形不同或应力不同都会引起表面上产生电位的差异。通常，变形较大的地方或应力较大的部位电位较负。残余应力可以通过热处理等方法来消除。另外，在微观状态始终存在残余应力，微观残余应力产生的原因有：a. 由于晶粒的热膨胀、弹性模量的各向异性以及晶粒方位差等；b. 晶粒内的塑性形变；c. 晶界处夹杂物、沉淀相以及相交产生的第二相。所以微观残余应力又叫织构应力。

④ 金属的能量状态不均匀　表面畸变区的原子处于能量不稳定状态，它们的活动性强，在固相反应和吸附过程中，是主要的活性中心。为此，在陶瓷或粉末冶金等工艺中，常用球磨等粉碎方法，使粉体细化增加比表面，而且其表面形成一定厚度的表面畸变区，有助于加速烧结相变反应的发生。

⑤ 金属表面吸附层或覆盖层不均匀　在膜的孔隙或破裂处的电位通常比较负。这些电位不同的点将形成腐蚀电池的阴极和阳极。因此金属表面潮湿时，只要金属的电位比 H 或 O 的还原反应电位负，水中的 H 或 O 就会在电位较正的点上还原。

（2）金属界面的结构

金属的界面是指金属中具有不同成分、结构或虽然成分结构相同但晶体位向不同的交界面。通常把凝聚相与气相之间的分界面叫做表面，把凝聚相之间的分界面叫做界面。不同凝聚相之间的分界面称为相界面。同一相的晶粒之间的分界面称为晶粒间界，简称晶界。晶粒度小到微米以下的晶粒称为微晶；小到 1nm 数量级时，则远程有序消失，物质属于非晶态。

机械加工后的金属表层组织结构如图 1-1 所示。经过研磨抛光后的表面，最外层形成厚度为 1～100nm 的非晶体结构的微晶层（Beilby 层）。次层为塑性变形层，其厚度可达 1～10μm，在近次层也可能产生其他变性层，如双晶、相变、再结晶层等。

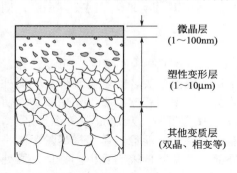

图 1-1　金属表层组织示意

微晶层
(1～100nm)

塑性变形层
(1～10μm)

其他变质层
(双晶、相变等)

由于表面原子重构、偏析、吸附层、化学层、缺陷等的存在，金属表面的晶体结构亦发生变化。加工的方式对表面的组织和表面的损伤区有直接影响，如磨料的种类（如碳化硅粉、金刚石粉）、颗粒度、冷却速度以及冷却方式等。经过机械加工的表面在离开表面 1～2mm 范围，就是严重的形变区。虽然晶格结构与内部差不多，但原子偏离平衡位置非常明显；在 20～50mm 范围内则为微小形变区。值得注意的是，残留损伤区有时会达到 100mm，残留损伤区的范围由加工方式决定。

（3）金属表面的结构

金属的表面是指金属与周围介质之间的过渡区。表面区不仅包括固体表面的最外几层原子面，如果存在表面吸附层，还应计入这部分空间体积。金属表面可能的构成是：最表面处的普通脏污附着层，如油污或灰尘等；吸附层，如液体或气体分子吸附膜；同微晶层结合的氧化层：金属表面与大气中的氧形成的氧化物层。其厚度取决于已氧化的基体金属的性质和环境。将污染表面变为纯净、清洁表面的过程称为表面净化。根据表面净化方法的不同，常见的金属表面有以下几种。

① 纯净表面　晶体的三维结构与真空间的过渡层，厚度约 0.5～2nm。

② 清洁表面　表面仅存有气体和洗涤残留物的吸附层。

③ 极表面　指单原子层或分子层。如果吸附由范德华键引起，称为物理吸附；如果吸附由表面化学键引起，则称为化学吸附。

④ 污染表面　表面有各种吸附层、化学物层等。

1.1.1.2　金属表面的几何描述

经过精密加工的金属工件表面宏观上似乎很平整、光滑，但是在放大倍数 50 倍左右的显微镜下观察，微观上也是处于微小的凸凹谷峰组成的不平表面状态，存在一定的几何形状误差。在机械行业中，表面几何形状的误差可用表面波纹度（也称宏观粗糙度）和表面粗糙度（也称微观粗糙度）来表述。

表面波纹度是间距大于表面粗糙度但小于表面几何形状误差的表面几何不平度，属于宏观的几何误差。它是零件表面在机械加工过程中，机床与工具系统的震动而形成的。

表面粗糙度一般是由所采用的加工方法和其他因素所形成的，例如加工过程中刀具与零件表面间的摩擦、切削分离时表面层金属的塑性变形以及工艺系统中的高频震动等。表面粗糙度与机械零件的配合性质、耐磨性、疲劳强度、接触刚度、震动和噪声等有密切关系，对机械产品的使用寿命和可靠性有重要影响。

通常波距 $\lambda < 1\text{mm}$ 时，按表面粗糙度处理；波距在 $1\text{mm} < \lambda < 10\text{mm}$，按表面波纹度处理；波距 $\lambda > 10\text{mm}$，按形状位置误差处理。对于表面工程而言关心的是表面粗糙度。

表面粗糙度的评定指标最常用的有轮廓算术平均偏差 R_a 和轮廓均方根偏差 R_q，此外还有微观不平度十点高度 R_z 和轮廓最大高度 R_y。

算术平均偏差的数学表达式为

$$R_a = \frac{1}{n} \sum_{i=1}^{n} |Z_i| \tag{1-1}$$

均方根偏差数学表达式为

$$R_q = \left[\frac{1}{n} \sum_{i=1}^{n} (Z_i)^2 \right]^{\frac{1}{2}} \tag{1-2}$$

式中，Z_i 表示以中线为起点度量出的廓形高度；n 表示在样品标准长度 L 内的测量次数。

1.1.2　金属-气体界面

与金属内部比较，金属表面的原子处在不同的环境中，原子之间的引力场在表面并未消失，它越过表面达到空间，所以其他物质与表面引力场接近时就会发生作用，并产生各种现象。固体的表面能高，具有剩余价力的固体表面分子力图吸附它相（一般为气相）分子来降低表面能，释放过剩能量，所谓吸附即气体分子在固体表面的富集。吸附是个放热过程，吸附过程放出的热量称吸附热。根据吸附热的大小，分为物理吸附与化学吸附两类。在物理吸附中，固体表面与被吸附分子之间的力是范德华力，这种吸附只有在温度低于吸附物质临界温度时才显得重要；在化学吸附中，二者之间的力和化合物中原子间形成化学键的力相似，这种力比范德华力大得多，当能量足够时，形成化学键产生化学反应。

物理吸附一般无选择性，尽管吸附的多少会因吸附剂和吸附物质的种类而异，但任何固体皆可吸附任何气体；而化学吸附只有在特定的固-气体系之间才能发生。物理吸附的速度一般较快；而化学吸附却像化学反应那样需要一定的活化能，所以速度较慢。化学吸附时表面和吸附物质之间要形成准化学键，所以化学吸附总是单分子层的，而物理吸附却可以是多分子层的。物理吸附往往很容易解吸，而化学吸附则很难解吸。物理吸附和化学吸附本质上是不同的，后者有电子的转移而前者没有。

通常使固体界面自由焓降低最多者易被吸附；溶解度越小的溶质越易被吸附；极性对应者易被吸附。

对于很多金属来说，氧化与氧吸附有时很难区别开。氧化过程首先是氧分子吸附，与此同时可能发生解吸（以分子形式的解吸或原子形式的解吸）。随着吸附的覆盖程度增大，在金属表面形成规则的二维氧原子层。二维吸附层的排列方式受金属表面的晶向、氧分压、金属表面暴露的时间等因素的影响，一般来说刚开始吸附时是小块的，随着时间的增加吸附层覆盖整个表面。由于氧具有很强的电负性，因此氧在许多清洁金属的表面不需要激活能的化学吸附。对于许多金属来说，只是在低温和低覆盖度下才是纯化学吸附。当温度升高（原子活动能力增大）和氧覆盖度增大时，氧（O）与金属原子（M）会相互交换位置。氧进入金属表面层，形成重构，生成亚氧化合物。氧与金属原子交换位置的过程受氧在金属中的扩散系数、溶解度、氧化物的稳定度、氧分压和温度等因素的控制，同时也受清洁表面的完整度和晶向的影响。在氧化初期交换位置生成的亚氧化物仅指 M 和 O 发生交换位置的区域，尚不能认为已产生了新相。氧化是一种相变过程，与一般新相的形成那样，氧化物的出现首先要有新相核，然后再进一步长大。核的形状大小与界面能、应力、成分等因素有关，还与氧在金属中的扩散系数、溶解度、过饱和度有关。

1.1.3　金属-液体界面

通常液体由于表面层分子受到内部分子的吸引，它们都趋向于挤入液体内部，以使液体表面层尽量缩小，结果在表面的切线方向上便有一种缩小表面积的作用力。液体表面的这种作用力称做表面张力。

浸润是液体与固体接触时的界面现象。凡是液、固相接触时，能使液、固接触面扩大而相互附着的现象称浸润。一般极性固体易被极性液体所润湿。利用表面活性剂在固体表面上的吸附或生成表面化合物，可以改变固体表面的润湿性。

固体表面对液体分子同样有吸附作用，这种吸附包括对电解质的吸附和对非电解质的吸附。偏析是指固-液、固-固界面上液相或固溶体中原子（分子）在界面上富集，即液相或固溶体中溶质原子在界面上的浓度大于基相。对电解质的吸附将使固体表面带电或者双电层中的组分发生变化，也可能是溶液中的某些离子被吸附到固体表面，而固体表面的离子则进入溶液之中，产生离子交换作用。对非电解质溶液的吸附，一般表面为单分子层吸附，吸附层以外就是本体相溶液。溶液吸附的吸附热很小，差不多相当于溶解热。

固体与液体相接触时，两者之间将产生电位差，固体表面带一种电荷，与固体相接触的液体带相反符号的电荷。固体表面上的电荷来源可能有以下三种途径：电离、吸附和摩擦接触。固体表面对溶液中离子的吸附是有选择性的，固体表面上吸附了正离子，固体就带正电，固体表面吸附了负离子，固体就带负电。固体在什么情况下吸附正离子，在什么情况下吸附负离子，这完全由电解质和固体的性质所决定。一般说来，凡是能够与固体表面形成不电离、不溶解物质的离子，就有条件被牢固地吸附在固体表面，被固体表面吸附。当固体表面带电，由于静电吸引，表面的电荷吸引溶液中带相反符号电荷的离子，使其向固体表面靠拢。被静电吸引的反号离子称为反离子。反离子仍处于溶液之中，与固体表面有一定距离，构成了所谓的双电层，表现出电极电位。

1.1.4　金属-固体界面

固体和固体表面之间同样有吸附作用，但是两个表面必须接近到表面力作用的范围内

（即原子间距范围内）。固体间的黏附作用只有当固体断面很小并且很清洁时才能表现出来，此时两个不同物质间的黏附功往往超过其中一较弱物质的内聚功。这是因为黏附力的作用范围仅限于分子间距，而任何固体表面从分子的尺度上看总是粗糙的，因而它们在相互接触时仅为几点的接触。虽然单位面积上的黏附力很大，但作用于两固体间的总力却很小。如果固体断面相当细，那么接合点就会多一些，两固体的黏附作用就会明显，或者其中一固体很薄（薄膜），它和另一固体容易吻合，也可表现出较大的吸附力，这就是钎焊的主要强度来源。

固体表面和表面附近的分子或原子之间的作用力与分子之间的作用力是不同的。分子间作用力的范围只有几个分子直径的距离，大约 $0.3\sim0.5nm$；而宏观尺寸的物质之间相互作用力的作用范围较通常的范德华力大得多，称为长程力，长程力实际上是两相之间的分子引力通过某种方式加和或传递产生的，其本质仍属范德华力。按作用原理不同，长程力分为两类，一类是依靠粒子间的电场传播的，如色散力；另一类是通过一个分子到另一个分子逐个传播而达到长距离的，如诱导力。偶极矩-诱导偶极矩在传播时，相互作用能随层数的增加而以指数衰减，且只与被吸附物质的极化率有关，而与固体表面的极化率无关。色散力可以通过一个原子和一块面积无限、厚度无限的平板之间每一个原子色散力的总和来简单加和。

长程力提供了涂镀层的主要附着力。表面技术按是否改变待加工零件的原始尺寸可以分为表面涂覆技术和表面改性技术。表面涂覆技术的首要问题通常在于覆层（涂层、镀层、膜层）与基体的结合，这种结合既可能是在原子级别上进行的，也可能是以机械结合为主。通过表面预处理制备出清净的待加工表面是形成各种牢固的覆层的先决条件。

1.1.5 金属的表面变化

1.1.5.1 金属表面原子的扩散

对于固体表面扩散过程可以解释为表面上所有的原子性质并非完全一样，在表面的凸处原子的能量比其他地方大一些，也就是说比平均表面能大，更易熔化；也是因为这种微观的凹凸不平，颗粒之间的原始接触面积比实际面积小得多，因而虽然施加的整体压力不太大，但是局部压力可能超过屈服值，以致使这些微小的凸出处产生塑性流动。当温度升高时，表面扩散过程随之加剧。当温度将要接近固体熔点时表面凸出处区域已经局部液化了。

表面机械抛光是将夹有细粉末（抛光粉）的表面互相摩擦，通过这个过程，明显凹凸不平的粗糙表面变得光亮平整。研磨时，在中等摩擦速度下，金属表面的温度可达 500℃ 以上。由于表面的不平整，在摩擦时实际上是"点"接触，接触"点"温度可能远高于表面的平均温度，这些"点"称为"热点"。热点处的温度有时可达熔点。因为作用时间短，金属导热性好，该区域迅速冷却，原子来不及回到平衡位置，造成一定数量的晶格畸变，产生一薄层与体内性质有明显差别的非晶态层，这个畸变区可能往表面下扩展几十微米。当然，在不同深度，原子的畸变程度并不一样。

1.1.5.2 金属表面的钝化与活化

当金属表面与某些介质发生作用，引起金属表面的反应速度大大降低的现象叫做金属钝化，其表面状态叫做钝态。比如铁在稀硝酸中发生强烈溶解，其溶解速度随硝酸浓度增加而增大。但当硝酸浓度超过某一数值（一般为 30%～40%），铁的溶解速度急剧下降，即铁表面转变为钝态。能使金属表面转变为钝态的介质一般是氧化性物质，如氧、浓硫酸、浓硝酸、重铬酸盐、硝酸盐等。不同金属的钝化能力有很大的差异。

活化是与钝化相反的过程，即消除金属表面的钝化状态，提高金属表面的化学活性。在对金属表面进行强化处理之前，必须进行活化处理，以增加表面活性，提高反应能力。使金属表面活化的方法包括以下两种。

① 表面净化　如用氢气还原、机械抛光、喷砂处理、酸洗等方法除去金属表面的氧化膜，用加热或抽真空的方法减少金属表面吸附。

② 增加金属表面的化学活性区　如用机械方法（喷砂等）使金属表面上的各种晶体缺陷增加，化学活性区增多；用离子轰击的方法可得到更好的活化效果。

1.1.6　表面的磨损失效

磨损是指两个相对运动相互接触的物体，由于摩擦作用使两个物体的表面层物质不断损耗或产生残余变形的现象。磨损破坏是一种可以观察到的、渐发性的破坏形式。

1.1.6.1　磨损过程

磨损过程比较复杂，它与摩擦副的材料、表面状态、相对运动速度、载荷性质及大小等因素均有密切关系。一般说来，摩擦必然带来磨损。在摩擦力及热的作用下，磨损过程通常分为下列三个阶段，如图1-2所示。

oa 阶段称为跑和阶段，其特点是磨损量随时间增加而增大，磨损速度较快。ab 阶段称为稳定磨损阶段，其特点是磨损量与时间成正比关系。b 点以后阶段为急剧磨损阶段，这是由

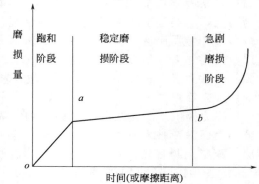

图 1-2　典型的磨损过程

于摩擦产生的间隙使接触表面的温度、组织发生变化，引起磨损速度加快。此时机体会出现大的震动噪声，机械效率降低，精度下降，甚至遭到破坏。

1.1.6.2　常见的磨损种类

（1）磨粒磨损

磨粒磨损是由外界硬质颗粒或硬表面的微峰在摩擦副对偶表面相对运动过程中引起表面擦伤与表面材料脱落的现象，称为磨粒磨损。其特征是在摩擦副对偶表面沿滑动方向形成划痕。在所有磨损总量中，50%是属于这种磨损形式，这是磨损的主要类型。

（2）黏着磨损

黏着磨损是指在两个相对运动的物体直接接触中，由于接触应力很高而引起塑性变形，导致物体的接触部位温度升高，并发生黏着、焊合现象而产生的磨损。

（3）疲劳磨损

金属之间的接触表面，在应力反复长期作用下，其表面或表面层的薄弱环节萌生疲劳裂纹，并逐步扩展，最后导致小片金属剥落，称为疲劳磨损。疲劳磨损可分为两类。

第一类属于非扩展性疲劳磨损。在刚开始时，由于接触点很小，单位面积上的压力增大，可能产生痘状剥落（麻点剥落）。随着接触面积的扩大，单位面积上的压力降低，小麻点可能停止扩大。一般对于塑性好的表面，由于加工硬化等原因，使小麻点不能扩展。第二类属于扩展性疲劳磨损。由于接触面上的麻点在应力作用下继续扩展，发展成为剥落坑而失效。

（4）腐蚀磨损

金属在腐蚀环境中产生的一种磨损。材料的摩擦表面同时产生腐蚀和磨损两个过程，其危害性很大。

1.1.7 表面的疲劳失效

1.1.7.1 疲劳失效

承受重复应力或交变应力的金属材料，尽管应力值远小于其屈服强度，也会发生突然断裂，这种现象称为疲劳失效。

大小及方向随时间而改变的应力称为疲劳应力，其应力幅值不变的称为等幅疲劳应力，其应力幅值可变的称为变幅疲劳应力。按材料疲劳断裂前应力循环周次的多少，可将疲劳分为以下两种。

（1）高周疲劳

在低于屈服强度的疲劳应力作用下发生的疲劳断裂。在断裂前经历的循环周次 $N_f > 10^4 \sim 10^5$，其寿命的主要控制因素是应力幅值的大小。高周疲劳也叫应力疲劳。

（2）低周疲劳

承受的最大疲劳应力接近或者高于材料的屈服强度，每一循环有少量变形，断裂前经历的循环周次少，$N_f < 10^4 \sim 10^5$，就会出现疲劳断裂。其寿命的主要控制因素是应变幅值的大小。低周疲劳寿命主要取决于材料的塑性，所以在满足强度的前提下应选用塑性较高的材料；高周疲劳则相反。

1.1.7.2 疲劳裂纹的萌生与扩展

（1）裂纹的萌生

裂纹的策源地（裂纹源）一般产生在晶界、相界以及材料中的缺陷等部位。从微观上看，当显微裂纹的尺寸达到 $1 \times 10^{-3} \sim 2.5 \times 10^{-2}$ mm 时，一般认为是裂纹的萌生阶段。但工程上常用裂纹尺寸达到 0.05～0.08mm 时才认为是裂纹的萌生阶段。这个阶段的寿命约占总寿命的 10%～80% 不等。

（2）裂纹的扩展

裂纹的扩展是决定材料疲劳寿命的关键阶段。产生的裂纹在交变应力作用下是否扩展，扩展的速度是快还是慢，是研究疲劳失效需要解决的问题。疲劳裂纹的扩展过程如图 1-3 所示可分为两个阶段。

裂纹扩展的第Ⅰ阶段，其扩展方向与最大应力成 45°角。显然第一阶段扩展主要受剪切应力的作用，称为剪切型开裂。

裂纹扩展的第Ⅱ阶段，其扩展方向与外部拉应力方向垂直，称为张开型开裂。

第Ⅰ阶段疲劳裂纹的扩展速度很慢，扩展的距离很短，其断口微观特征依材料不同而有区别。而第Ⅱ阶段疲劳裂纹扩展的断口微观特征是疲劳辉纹的存在，它是由一条条

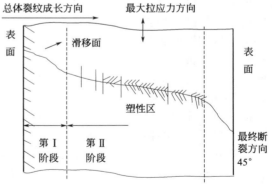

图 1-3　形变铝合金疲劳断口裂纹扩展示意

平行的条纹组成。一般来说，铝合金疲劳断口上的疲劳辉纹明显，而灰铸铁、铸钢及高强度钢在疲劳断裂时，这种疲劳辉纹不明显。

疲劳辉纹有塑性辉纹、脆性辉纹等几种。塑性辉纹主要以韧性方式扩展，每一次载荷循环使裂纹尖端的周围发生强烈的塑性变形。在电子显微镜下可以看到疲劳断口上的条带。而脆性辉纹的主要特点在于它的扩展不是塑性变形而是解理断裂，在断口呈现河流花样。

疲劳辉纹是用来判断断裂是否是由于疲劳造成的重要的微观特征之一，可以依据辉纹间距近似估计断裂前的应力循环次数。

1.1.7.3 影响疲劳极限的因素

（1）工作条件

① 工作应力的频率　当交变应力的频率高于 170 次/s 时，随着频率的增加，疲劳极限也增加；当频率在 50～180 次/s 范围内时，可以认为频率对疲劳极限影响不大；当频率低于 1 次/s 时，疲劳极限降低。

② 使用温度　使用温度升高，一般来说疲劳极限下降。

③ 介质　当材料处于腐蚀介质环境，疲劳极限降低（腐蚀疲劳）。

（2）表面状态及尺寸效应

从疲劳断裂的过程可以看出，疲劳裂纹常常产生在表面上。因此，零件的表面状态对疲劳影响很大。表面加工质量、表面粗糙度、表面损伤都会影响疲劳极限值。同时实验证实，随着尺寸增大，疲劳极限下降。

（3）材料的本质

材料的成分、组织、缺陷等对疲劳极限有影响。钢中的含碳量增加，疲劳极限提高，因为钢的硬度增加，但硬度过高反而使疲劳极限下降。合金元素是通过提高钢的淬透性来提高疲劳极限的。钢中的不同组织类型有不同的疲劳极限。晶粒愈细小，疲劳极限愈高。组织缺陷、夹杂物、第二相质点往往是裂纹萌生发源地，使疲劳极限降低。

（4）残余应力

零件表层的残余压应力使疲劳极限明显提高，而残余拉应力则相反。

1.1.8　表面的腐蚀失效

1.1.8.1　金属腐蚀

金属材料由于与环境介质发生相互作用而失去本来的性能，叫做腐蚀。腐蚀总是从金属与介质的接触面（暴露表面）开始，然后向内部深入。金属腐蚀既与环境条件密切相关，又受金属材料方面各种因素的影响，包括金属材料的种类、成分、组织结构、热处理状态、应力和形变、金属表面状态等。

腐蚀破坏的后果包括两个方面：一方面金属发生腐蚀，转变为腐蚀产物，如可溶性离子、不溶性固体产物等，这就造成了金属的损失，即金属的重量减少，设备的壁厚减薄，使设备能承受的负荷降低；另一方面，腐蚀使腐蚀部位造成缺陷和损伤，使材料的性能劣化，如强度降低、脆性增大等。

1.1.8.2　腐蚀的类型

按照腐蚀环境，可将腐蚀分为大气腐蚀、海水腐蚀、土壤腐蚀、酸性介质腐蚀、碱性介质腐蚀、高温气体腐蚀、液态金属腐蚀等。

按照分布特征，可将腐蚀分为全面腐蚀和局部腐蚀两大类。全面腐蚀指腐蚀破坏发生在金属的整个暴露表面，如果腐蚀破坏程度是均匀的，则称为均匀腐蚀。局部腐蚀是指腐蚀破坏主要发生在金属暴露表面的局部区域，或者局部区域的腐蚀程度比其他表面要大得多。特别是一些典型的局部腐蚀，金属大部分表面的腐蚀很轻微，而局部狭窄区域的腐蚀速度很大。

局部腐蚀又有很多类型，如晶间腐蚀、孔蚀、缝隙腐蚀、应力腐蚀、选择性腐蚀等。具有优良耐均匀腐蚀性能的一些金属材料，比如不锈钢表面上发生的孔蚀、缝隙腐蚀和应力腐蚀破裂，是典型的局部腐蚀，对材料的危害非常大，是造成这些材料腐蚀失效的主要原因。

按照腐蚀的机理，可将腐蚀分为电化学腐蚀、化学腐蚀、物理腐蚀等。电化学腐蚀是金属在电解质溶液（包括薄液膜）中发生的腐蚀，它是通过在金属-溶液界面上形成腐蚀原电池来进行的。电化学腐蚀是数量最多、发生最广泛的一类腐蚀。化学腐蚀的机理是金属与介质直接发生化学反应，比如金属在非电解质溶液中发生的腐蚀。

1.2 材料表面工程概述

1.2.1 基本概念

所谓表面工程，是指材料表面经预处理后通过表面涂覆、表面改性或多种表面复合处理技术，以改变固体金属材料表面的形态、化学成分、组织结构和应力状态，获得所需表面性能的系统工程。

经过表面技术处理的材料，既具有基体材料的机械强度和其他力学性能，又能由新形成的表面获得所需要的各种特殊性能（如耐磨、耐腐蚀、耐高温，对各种射线的吸收、辐射、反射能力，超导、润滑、绝缘、储氢等）。

表面工程的重要技术特点之一是多种表面工艺技术的复合和综合。复合表面工程技术通过最佳协同效应使工件材料的表面体系在技术指标、可靠性、寿命、质量和经济性等方面获得最佳的效果，克服了单一表面工程技术存在的局限性。目前，复合表面工程技术的研究和应用已取得重大进展，如热喷涂与激光重熔的复合、化学热处理与电镀的复合、表面强化与固体润滑膜的复合、多层薄膜技术的复合、金属材料基体与非金属材料涂层的复合等。复合表面工程技术使本体材料的表面薄层具有了更加卓越的性能。

近年来人们对表面及表面上可开展的工作已形成了共识：
① 任何物体都包含表面和界面；
② 任何工程，任何产品都不可能回避表面或界面；
③ 表面、界面与基体是不可分割的；
④ 表面工程技术可以对表面或界面做有效的改性；
⑤ 任何重大工程或产品的设计与制造都应将表面与基体作为一个系统进行设计与制造才能获得理想的结果。

在 21 世纪，表面工程技术全面进入各行各业的工程与产品设计、制造之中，发挥其特有的作用。换言之，任何工程、任何产品都应将表面工程包含进去进行表面设计、表面加工、表面装饰，赋予表面所需要的性能。

目前认为，表面技术将同新材料技术、计算机技术、生物技术、自动化及传感技术、电子技术、医学技术等一起成为主导 21 世纪发展的关键技术。

1.2.2 表面工程技术的种类

表面技术的种类很多，原理不一，应用范围各异。物理学家、化学家和材料科学家从不同的角度进行归纳分类，因此有若干种分类方法。

1.2.2.1 表面处理技术的分类概况

（1）按具体表面处理使用的技术方法划分

包括表面热处理、化学热处理、物理气相沉积、化学气相沉积、离子注入、电子束强化、激光强化、火焰喷涂、电弧喷涂、等离子喷涂、爆炸喷涂、静电喷涂、流化床涂覆、电泳涂装、堆焊、电镀、电刷镀、自催化沉积（化学镀）、热浸镀、化学转化、溶胶-凝胶技术、自蔓燃高温合成、搪瓷等。每一类技术又进一步细分为多种方法，例如火焰喷涂包括粉末火焰喷涂和线材火焰喷涂，粉末喷涂又有金属、陶瓷和塑料粉末喷涂等。

（2）按表面层的使用目的划分

大致可分为表面强化、表面改性、表面装饰和表面功能化四大类。表面强化又可以分为热处理强化、机械强化、冶金强化、涂层强化和薄膜强化等，着重提高材料的表面硬度、强度和耐磨性；表面改性主要包括物理改性、化学改性、三束（激光、电子束和离子束）改性等，着重改善材料的表面形貌以及提高其表面耐腐蚀性能；表面装饰包括各种涂料涂装和精饰技术等，着重改善材料的视觉效应并赋予其足够的耐候性；表面功能化则是指使表面层具有上述性能以外的其他物理化学性能，如电学性能、磁学性能、光学性能、敏感性能、分离性能、催化性能等。

（3）按基体原始尺寸是否发生变化划分

主要包括表面改性技术和表面涂层技术两大类。前者是指通过各种物理化学方法改变材料表面层的几何形貌、化学组成、原子形态或组织结构，使其某些方面的性能有明显提高，而材料表面法向尺寸基本没有变化。典型的表面改性技术有化学热处理、表面形貌控制技术、离子注入等。后者则是将与基体材料的组成、结构或性能有着明显差别的表面层材料以一定方式牢固地附着在基体表面，从而实现材料强化、改性、装饰和/或功能化的目的，基体材料表面法向尺寸发生了明显的增大。例如热喷涂技术、电刷镀技术、化学转化技术；物理气相沉积和化学气相沉积等。

（4）按表面技术工艺顺序划分

通常可分为表面预处理技术、表面处理技术、表面层加工技术和表面测试技术等。其中表面预处理技术主要包括除油、除锈、粗化（整平）、活化等；表面处理技术则包括按技术分类方法中任一项或多项技术；表面层加工可以看作是表面处理技术的后处理或前处理，有时也可以是某种表面处理技术；表面测试技术主要指表面层的厚度、附着力以及各种使用性能的测试技术。至于表面层结构、组织、成分、表（界）面相互作用机制的分析测试则应该归入表面科学或其他相关学科。

（5）按表面层材料的种类划分

一般分为金属（合金）表面层、陶瓷表面层、聚合物表面层和复合材料表面层四大类。许多表面技术都可以在多种基体上制备多种材料表面层，如热喷涂、自催化沉积、激光表面处理、离子注入等；但有些表面技术只能在特定材料的基体上制备特定材料的表面层，如热浸镀。不过，并不能据此判断一种表面技术的优劣。

（6）按沉积物的尺寸进行种类划分

根据沉积物的尺寸，表面工程技术可分为原子沉积物、粒状沉积物、整体涂覆层和表面改性四大类。

① 原子沉积物　以原子、离子、分子和粒子团等原子尺度的粒子形态在表面形成覆盖层。原子在基体上凝聚，然后成核、长大，最终形成薄膜。被吸附的原子处于快冷的非平衡态，沉积层中有大量结构缺陷。沉积层常和基体反应生成复杂的界面层。凝聚成核及长大的模式决定着涂层的显微结构和晶型。电镀、真空蒸镀、溅射、离子镀、化学气相沉积、等离子聚合、分子束外延均属这一类。

② 粒状沉积物　沉积物以宏观尺度的颗粒形态在材料表面上形成覆盖层。熔化的液滴或固体的细小颗粒在外力作用下于基体材料表面凝聚、沉积或烧结。涂层的显微结构取决于颗粒的凝固或烧结情况。火焰喷涂、等离子喷涂、爆炸喷涂、搪瓷釉等属于这一类。

③ 整体涂覆层　欲涂覆的材料于同一时间施加于基体材料表面。如油漆层、包箔、贴片、热浸镀、堆焊等。

④ 表面改性　用离子处理、热处理、机械处理及化学处理等各种物理、化学等方法处理表面，改变基体材料的表面组成及结构，从而使性能发生改变。如化学转化膜、熔盐镀、

化学热处理、喷丸强化、离子注入、激光表面处理、电子束表面处理、离子氮化等。

（7）从冶金学观点将表面技术划分

① 表面组织强化　改善材料表面显微组织，如激光、电子束、超高频、太阳能及电火花等高密度能量表面强化。

② 表面合金化　改善表面化学成分，如化学转化膜。

③ 表面改性　材料表面沉积薄膜，如电镀、化学镀、涂料、热喷涂。

另外，还可根据使用的方法不同，将表面处理技术分为电化学方法、化学方法、热加工方法、真空法、机械方法等。诚然，所有上述种类的划分都不是绝对的。

1.2.2.2　目前比较流行的种类划分

目前比较流行的是将表面技术归纳为表面涂镀层技术、表面改性技术和表面处理技术三个方面。

（1）表面涂镀层技术

表面涂镀层技术也称表面覆盖层技术，即在基体材料表面形成一层新的覆盖层，覆盖层与基体之间有明显的分界面。表面涂镀层技术包括电镀、电刷镀、化学镀、涂装、黏结、堆焊、熔结、热喷涂、塑料粉末涂覆、热浸涂、搪瓷涂覆、陶瓷涂覆、真空蒸镀、溅射镀、离子镀、化学气相沉积、分子束外延制膜、离子束合成薄膜技术等。此外，还有其他形式的覆盖层，例如包箔、贴片的整体覆盖层，缓蚀剂的暂时覆盖层等。

（2）表面改性技术

表面改性是指改变基体金属材料表面层的化学成分，以达到改变金属表面结构和性能的目的。表面改性包括化学热处理、等离子扩渗处理、离子注入等。

（3）表面处理技术

表面处理指在不改变基体金属表面化学成分的情况下，使其组织与结构发生变化，从而改变其性能。主要有喷丸强化、表面热处理、抛光等。

1.2.3　常见表面技术方法概述

（1）电镀

将具有导电表面的工件与含欲镀金属的盐的电解质溶液接触，工件作为阴极通入外电流，使被镀金属的离子发生还原反应，在工件表面沉积，形成与工件基体结合牢固的覆层，如镀铜、镀镍等。

（2）化学镀

在电解质溶液中，工件表面经催化处理，无外电流作用，将工件浸入含欲镀金属的盐和还原剂的电解质溶液，在工件表面的催化下，还原剂发生氧化反应，使被镀金属离子还原，在工件表面沉积，形成与基体结合牢固的覆层。故化学镀又称为自催化沉积。如化学镀镍、化学镀铜等。

（3）化学转化膜

将金属工件浸入某种选定的溶液中，在化学反应或电化学反应的作用下使表面金属表面原子与介质中的阴离子在界面反应，生成与基体结合牢固的稳定固体化合物。这层化合物膜的生成有基体金属的直接参与，是基体金属自身转化的产物，这是与其他覆层（如电镀层和化学镀层）不同的。如铝合金的阳极氧化膜、磷化膜，钢铁的发蓝、钝化、铬盐处理等。

（4）热浸镀

将经过表面处理的金属工件，放入比工件熔点低的熔融金属中，令其表面形成涂层的过程，称为热浸镀，如热镀锌、热镀铝等。热浸镀层金属一般为锡（熔点 231.9℃）、锌（熔点 419.5℃）、铝（熔点 658.7℃）、铅（熔点 327.4℃）。

（5）热喷涂

利用热源将覆层材料加热熔化或软化，依靠热源本身动力或外加的压缩空气流，将熔化的覆层材料雾化成细粒，或推动熔化的粉末粒子，以形成快速运动的粒子流，粒子流喷射到工件基体表面，凝结堆砌形成覆层。

（6）热烫印

将金属箔加温、加压覆盖于工件表面上，形成涂覆层的过程，称为热烫印，如热烫印铝箔等。热烫印已成为重要的金属效果表面整饰方法，用于越来越亮丽、耀眼的商品包装。

（7）化学热处理（热渗镀）

金属表面化学热处理是利用固态扩散，使合金元素渗入金属零件表层的一种热处理工艺。其基本工艺过程是：首先将工件置于含有渗入元素的活性介质中，加热到一定温度，使渗入元素通过分解、吸附、扩散渗入金属表层，从而改变了表层材料的成分、组织与性能。

（8）堆焊

以焊接方式，令熔覆金属堆集于工件表面而形成覆盖层的过程，称为堆焊。用堆焊的方法能使金属表面获得与基体金属完全不同的新性能。可以根据机件工作状况的要求，在普通钢材表面堆焊各种合金，使表面具有耐磨损、耐腐蚀、耐气蚀、耐高温等特性。

（9）机械镀

用机械冲击作用在工件表面形成涂覆层的过程，称为机械镀，也称冲击镀，如机械镀锌等。

（10）超硬膜技术

以物理或化学方法在工件表面制备超硬膜的技术，称为超硬膜技术，如金刚石薄膜、立方氮化硼薄膜等。

（11）电铸

电铸原理与电镀相同，通过电解使金属沉积在铸模上形成壳层。电铸所用设备与一般装饰性电镀所用的基本上相同。最简单的电铸是在一个芯模上电解沉积坚固的金属壳层，然后将壳层取下来，这个金属壳体就是电铸件，其形状与粗糙度与芯模相同。它解决了复杂形状工件的加工问题。

（12）涂料及涂装

涂料亦称"漆"，是因为过去的涂料大都由植物油与天然树脂熬炼而成。随着石油化工和高分子有机合成工业的发展，涂料有了新的、高质量的原料来源，已远远超出了"漆"的范畴。涂料的施工称为涂装，涂料涂覆在工件表面，固化后形成涂膜。由涂料表面的理化性能代替基体表面的理化性能。

（13）物理气相沉积（PVD）

物理气相沉积（physical vapor deposition，PVD）是在真空环境下，利用热蒸发或辉光放电、弧光放电等物理过程，在基材表面沉积所需涂层（或薄膜）的技术。它包括真空蒸发镀膜、离子镀膜和溅射镀膜。由于 PVD 处理温度低，工件变形小，处理后工件表面硬度高，外观色泽美观，故发展很快。

（14）化学气相沉积（CVD）

将含有覆层材料元素的反应介质置于较低温度下汽化，然后送入高温反应室与工件表面接触，产生高温化学反应，析出合金或金属及其化合物，沉积于工件表面形成覆层。所以，CVD 法是通过高温气相反应而生成其化合物的一种气相沉积技术。覆层材料可以是氧化物、碳化物、氮化物、硼化物等。

（15）高密度能量表面强化

将很高的能量密度在很短的时间内施加到材料的表层，由于加热速度和冷却速度极高，使金属表层发生一系列不平衡的物理、化学变化，从而得到微晶、非晶态及其他一些特殊的、热平衡相图上不存在的亚稳合金，以达到赋予材料表面各种特殊的组织和性能。

高密度能量包括激光、电子束、超高频、太阳能及电火花等能量种类。目前在材料表面强化领域中应用比较多的是激光束和电子束表面强化，其能量密度可以达到 $10^8 \sim 10^9\,\mathrm{W/cm^2}$，实际表面强化工艺中所用能量密度介于 $10^3 \sim 10^7\,\mathrm{W/cm^2}$，远远大于传统的火焰表面淬火和感应表面淬火时的加热能量密度。

（16）离子注入技术

离子注入，是将某种元素的原子进行电离，并使其在电场中被加速，在获得较高的速度后射入固体材料表面，以改变这种材料表面的物理、化学及力学性能的一种离子束技术。

（17）表面形变强化

通过机械方法使材料表面发生形变，从而达到强化表面的处理技术。常用的金属材料表面形变强化方法主要有喷丸、滚压和内孔挤压等。

喷丸强化是当前国内外广泛应用的一种表面强化方法，即利用高速弹丸强烈冲击零件表面，使之产生形变硬化层。在此层内产生两种变化：一是在组织结构上，亚晶粒极大地细化，位错密度增高，晶格畸变增大；二是形成高的宏观残余压应力。另外，弹丸冲击使表面粗糙度略有增大，但却使切削加工的尖锐刀痕圆滑。喷丸强化可以显著提高金属的抗疲劳、抗应力腐蚀破裂、抗腐蚀疲劳、抗微动磨损、抗孔蚀等的能力。

滚压强化是用滚辊在材料表面施压，对于圆角、沟槽等皆可通过滚压获得表层形变强化，并引进残余压应力。

内孔挤压是使孔的内表面获得形变强化的工艺措施，挤压时内孔表面发生塑性变形，而基体只是弹性变形，应力消除后，内表面受压应力。

（18）热转印

热转印就是将花纹图案印刷到耐热性胶纸上，通过加热、加压，将油墨层的花纹图案印到成品材料上的一种技术。即使是多种颜色的图案，由于转印作业只是一个流程，故客户可缩短印刷图案作业，减少由于印刷错误造成的材料（成品）损失。利用热转印膜印刷可将多色图案一次成图，无需套色，简单的设备也可印出逼真的图案。热转印技术中，最重要的是热转印墨水和热转印设备。

热转印技术由于具有抗腐蚀、抗冲击、耐老化、耐磨、防火、在户外使用保持15年不变色等性能，几乎所有商品都用这方式制作标签。很多标签要求能禁得起时间考验，长期不变形，不褪色，不能因接触溶剂就腐蚀，不能因为温度较高就变形变色等，故必须采用一种特殊材质打印介质及打印材料来保证这些特性，一般喷墨、激光打印技术是无法达到的。

目前，热转印技术与热烫印技术在设备与印质上有一些相似之处，热转印机可以进行一些热烫印操作，当然也有一些不同之处。是否归结为一个热印技术还要众家之言。

1.3　表面工程技术的应用

1.3.1　表面工程技术在材料科学与工程中的应用

1.3.1.1　减缓和消除金属材料表面的变化和损伤

在自然界和工程实践中，金属机器设备和零部件需要承受各种外界负荷，并产生形式多样、程度不一的表面变化及损伤。工程材料和零部件的表面往往存在微观缺陷或宏观缺陷，表面缺陷处成为降低材料力学性能、耐蚀性能及耐磨性能的发源地。

使用表面技术减缓材料表面变化及损伤，掩盖表面缺陷，可以提高材料及其零部件使用的可靠性，延长服役寿命。

1.3.1.2 获得具有特殊功能的表面

使用表面技术在普通的廉价的材料表面获得某些稀贵金属（如金、铂、钽等）和战略元素（如镍、钴、铬）具有的特殊功能，从而可以节约这些金属材料。

比如在 Cu 中加入 Cr 可以提高铜的耐腐蚀性能。从 Cr-Cu 相图可知，用一般的冶金方法不可能产生出 Cr 含量高于 1% 的单相铜合金，用激光表面合金化工艺可以在 Cu 表面获得原子含量为 8%、厚约 240nm 的表面合金层，使耐蚀性大大提高。又如使用离子注入技术在 Cu 中注入 Cr^+、Ta^+ 可以提高 Cu 在 H_2S 气氛中的耐蚀性。

1.3.1.3 节约能源，降低成本，改善环境

使用表面技术在工件表面制备具有优良性能的涂层，可以达到提高热效率、降低能源消耗的目的。比如热工设备和在高温环境中使用的部件，在表面施加隔热涂层，可以减小热量损失，节省燃料。用先进的表面技术代替污染大的一些技术，可以改善作业环境质量。

零件的磨损、腐蚀和疲劳现象发生在表面，通过表面的修复、强化，而不必整体改变材料，使材料物尽其用，可以显著地节约材料。

表面工程技术可以补救加工超差废品，节约能源和材料。如 1988 年首钢冶金机械厂制造的 7.5t 钢包回转台，其 $\phi500mm$ 的柱塞尺寸小了 0.12mm，采用刷镀技术补救，按时完成安装任务。

1.3.1.4 再制造工程不可缺少的手段

再制造工程是对因磨损、腐蚀、疲劳、断裂等原因造成的重要零部件的局部失效部位，采用先进的表面工程技术，优质、高效、低成本、少污染地恢复其尺寸并改善其性能的系统性的技术工作。显然，再制造工程可以大量地节省因购置新品、库存备件和管理以及停机等所造成的对能源、原材料和经费的浪费，并极大地减少了环境污染及废物的处理。因此，再制造工程已经迅速发展成为一门新的学科。

1.3.1.5 在发展新兴技术和学术研究中起着不可忽视的作用

表面工程新技术的发展，不仅有重大的经济意义，而且具有重大的学术价值。发展新兴技术需要大量具有特殊功能的材料，包括薄膜材料和复合材料，如薄膜光电器件、导电涂层、光电探测器、液晶显示装置、超细粉末、高纯材料、高强高韧性的结构陶瓷等。在这些方面，表面技术可以发挥重大的作用。薄膜技术与分子组合技术日益发展，使计算机的容量和运算速度进一步提高。为了提高材料性能，必须重视材料的制备与合成技术，如表面技术、薄膜技术以及目前正在兴起的纳米技术等。

表面科学与表面技术相互依托、相互促进。表面科学的研究可以为表面新技术的开发提供理论指导，但表面新技术的开发与完善，又会提出许多新的学术课题。这些研究有力地促进了材料科学、冶金学、机械学、机械制造工艺学以及物理学、化学等基础学科的发展。

1.3.2 表面工程技术在腐蚀与防护中的应用

腐蚀是材料（特别是金属）与环境介质发生相互作用而导致的破坏，腐蚀总是从材料与环境的界面开始。由于制造机器设备的材料总是在某种环境中服役，影响材料腐蚀的因素众多，可以说没有一种材料能在所有的环境条件下都耐蚀。

在选择制造材料时需要考虑三个方面的因素：材料在预计服役的环境中的耐蚀性，

材料的物理、机械和工艺性能，经济因素。这三个方面需要兼顾。因此，腐蚀控制的目标就不是"不腐蚀"，而是"将机器、设备或零部件的腐蚀控制在合理的、可以接受的水平"。

为了达到这样的目标，腐蚀控制应包括如下的环节：

① 选择恰当的耐蚀材料；

② 设计合理的设备结构；

③ 使用正确的制造、储运、安装技术；

④ 采用有效的防护方法；

⑤ 制定合适的工艺操作条件；

⑥ 实施严格的管理和维护。

防护方法包括电化学保护、调节环境条件（主要是使用缓蚀剂）、覆盖层保护。所谓覆盖层保护，是指用另一种材料（金属材料或非金属材料）制作覆盖层，将作为设备结构材料的金属与腐蚀环境分隔开。这样，基底材料和覆层材料组成复合材料，可以充分发挥基底材料和覆层材料的优点，满足耐蚀性，物理、机械和加工性能，以及经济指标多方面的需要。作为基体的结构材料不与腐蚀环境直接接触，可以选用物理、机械和加工性能良好而价格较低的材料，如碳钢和低合金钢；覆层材料代替基体材料处于被腐蚀地位，首先应考虑其耐蚀性能满足要求。但由于覆层附着在基体上，且厚度较小，使选材工作范围扩大了。

覆盖层保护是使用最广泛的一类防护技术。覆盖层保护的种类很多，按覆层材料的性质可以分为以下三大类。

（1）金属覆盖层

覆层材料为金属，施工方法包括镀层、衬里和双金属复合板等。镀层又有电镀、化学镀、喷涂、渗镀、热浸、真空镀等。

（2）非金属覆盖层

覆层材料为非金属，包括的种类很多，如油漆涂装、塑料涂覆、搪瓷、钢衬玻璃、非金属衬里（砖板衬里、塑料衬里、玻璃钢衬里、橡胶衬里、复合衬里）、暂时性防锈层等。

（3）化学转化膜。

可见，腐蚀控制中的覆盖层保护技术有许多是表面工程技术。所以，表面工程技术是解决材料腐蚀与防护最经济最有效的手段。

第2章 表面预处理

表面技术的种类繁多，各种表面技术都要求与之相适应的表面预处理，以保证表面处理后的新表面达到设计所要求的性能。本章介绍表面预处理的目的、内容、处理步骤和工艺方法。

2.1 概　　述

表面预处理进行的好坏，不仅在很大程度上决定了各类覆层与基体的结合强度，还往往影响这些表面生长层的结晶粗细、致密度、组织缺陷、外观色泽及平整性等。表面改性技术一般是通过基体材料表面的化学成分或组织结构发生变化而达到改性目的，清净的待加工表面也是保证其工艺过程顺利进行和得到高质量改性层的基础条件。

金属的原始表面一般覆盖着氧化层、油层及普通沾污层。所谓清净表面，是指去除了这些自然形成的覆盖物，从而显露出金属自然色泽和表面晶体结构的表面。表面预处理的主要内容就是选择适当的方法去除这些自然覆盖物，达到与这种表面技术所要求相符的清净度。按所去除覆盖层性质的不同，表面预处理通常包括净化、除锈及活化等步骤。

此外，属于精饰（finishing）范畴的表面技术，如电镀、化学镀及化学转化膜，往往还要求在预处理阶段制备出平整光滑的表面，即光饰（polishing），以便生成结晶细致和外观质量符合特定要求的镀层或膜层。以机械结合为主要结合形式的涂装工艺，如各种喷涂技术和涂料涂装，又往往要求粗糙的待加工表面，以便增强抛锚效应和分子间相互作用，提高涂层与基体的总体结合力。故在其表面预处理工艺过程中，还需考虑粗糙化（coarshening）或称毛化处理。

2.1.1 预处理的目的

对工件进行预处理的目的第一是使工件表面几何形状满足涂镀层的要求，如表面整平或拉毛；第二是使工件表面清洁程度满足涂镀层的要求，如除油等物理覆盖层或物理吸附层；第三是除去化学覆盖层或化学吸附层，包括除锈、脱漆、活化，才能获得质量良好的镀层。镀前预处理的内容包括：整平、除油、浸蚀、表整四个部分。

（1）整平

除去工件表面上的毛刺、结瘤、锈层、氧化皮、灰渣及固体颗粒等，使工件表面平整、光滑。整平主要使用机械方法，如磨光、机械抛光、滚光、喷砂等；化学抛光和电化学抛光用于除去微观不平。抛光也用于镀后对镀层进行处理，不过，随着高效添加剂的开发应用，许多工艺已免去了镀后抛光工序。

（2）除油

除去工件表面油污，包括油、脂、手汗及其他污物，使工件表面清洁。方法有化学除油、电化学除油、有机溶剂除油等。

（3）浸蚀

除去工件表面的锈层、氧化皮等金属腐蚀产物。在电镀生产中一般是将工件浸入酸溶液中进行，故称为浸蚀。主要目的是除去锈层和氧化皮的工序叫强浸蚀，包括化学强浸蚀、电化学强浸蚀。

（4）表整

表整是包括表调和表面活化的内容。活化是除去工件表面的氧化膜，露出基体金属，以保证镀层与基体的结合力。活化也是在酸溶液中进行，但酸的浓度低，故称为弱浸蚀。活化是除去一些东西，表调是增加一些东西，如磷化表调是增加磷酸钛胶体作为磷化结晶核；塑料表调是通过敏化、活化增加化学镀的催化活性点。

2.1.2 预处理的重要性

良好的预处理对保证表面处理质量和性能至关重要。如在生产实际中，很多电镀件的质量事故（如镀层局部脱落、起泡、花斑、局部无镀层等）的发生并不是电镀工艺本身，而是由于镀前预处理不当和欠佳所造成的。特别是镀层与基体的结合强度、耐腐蚀性能和外观质量的好坏，与镀前预处理的质量密切相关。电镀镀前预处理的作用包括以下几点。

（1）保证电极反应顺利进行

电镀过程必须在电解液与工件被镀表面良好接触，工件被镀液润湿的条件下才能进行。工件表面的油污、锈层、氧化皮等污物，妨碍电解液与金属基体充分接触，使电极反应变得困难，甚至因隔离而不能发生。如果污物除得不净，如局部仍残留有点状油污或氧化物，会造成镀层不密实、多孔，甚至不连续；或者镀层受热时易出现小气泡，甚至"爆皮"。

（2）保证镀层与基体的结合力

在基体金属晶格上外延生长的镀层具有良好的结合力。显然外延生长要求露出基体金属晶格，任何油污、锈蚀，包括很薄的氧化膜都会影响这一电结晶过程。镀层与基体之间的金属键力和分子力都是短程力，要求基体表面必须清洁、平滑。当镀件上附着极薄的、甚至肉眼看不见的油膜或氧化膜时，虽然能得到外观正常、结晶细致的镀层，但是结合强度大为降低，工件受弯曲、冲击或冷热变化时，镀层会开裂或脱落，这是容易被忽视的隐患。

（3）保证镀层平整光滑

工件表面粗糙不平，镀层也是粗糙不平的，难以用镀后抛光进行整平。粗糙不平的镀层不仅外观差，耐蚀性也不如平整光洁的镀层。工件上的裂纹、缝隙、砂眼处的污物难以除去，而且积藏酸碱和电解液，镀件在存放时就渗出腐蚀性液层，使镀层出现"黑斑"或者泛"白点"，大大降低镀层的耐蚀性能。

2.2 机 械 处 理

机械处理可以去除表面上的污染物，得到一定的表面粗糙度。机械加工处理的最大粗糙度见图 2-1。

2.2.1 磨光

在磨光机的磨轮的工作面上黏结着磨料颗粒，这些磨料颗粒硬度很大，有许多锋利的棱面。当磨光机的磨轮高速旋转时，磨轮上的磨料就将与之接触的工件表面削去一薄层，除去毛刺、氧化皮、锈斑、砂眼、焊瘤与焊渣等各种宏观缺陷，使工件表面变得比较平整光滑。磨光后工件应当露出金属本色，磨光后工件表面粗糙度的 Ra 可达 $0.4\mu m$。按研磨剂的使用条件，有干磨、湿磨和半干磨三类。研磨剂由磨料、研磨液及辅助材料组成。

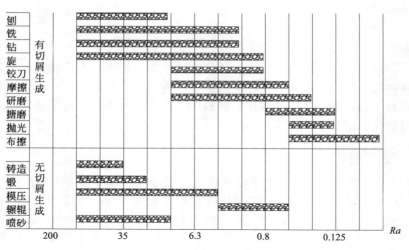

图 2-1　机械加工的最大粗糙度

（1）磨轮

磨轮通常采用皮革、毛毡、棉布、高强度纸制成，是一种弹性轮。磨轮的硬度和圆周速度由工件性质决定。当工件材料硬度较大，形状简单时，可选用较硬（弹性小）的磨轮，圆周速度也需高些。当工件材质较软，形状较复杂时，则采用较软（弹性大）的磨轮，圆周速度也应低些。金属切削量要求较小的工件和光洁度要求较高的工件，也应选用较软的磨轮。表 2-1 列出了一些材料磨光时磨轮圆周速度的选择范围。

表 2-1　几种材料磨光时的磨轮圆周速度

被加工材料	磨轮圆周速度/（m/s）	
	粗　　磨	精　　磨
形状不复杂的钢制品	28～35	20～30
形状复杂的钢制品	18～25	15～25
铸铁、镍、铬	20～25	20～25
铜及其合金、银、锌		13～18
锡、铅、铝及其合金		10～15

（2）磨料

磨料是一种具有高硬度和一定机械强度的颗粒材料，用于制造磨具或直接用于研磨抛光。作为磨料必须具备以下五个方面条件：较高硬度；适度抗破碎性及自锐性；良好热稳定性；一定化学稳定性；便于加工成不同大小颗粒。磨料分为天然磨料和人造磨料两大类。自然界一切可以用于磨削或研磨的材料统称为天然磨料。好的天然磨料不光要硬，还要有韧性、锋利，资源丰富或分布广，有一定的纯度。常用磨料有：人造金刚砂（碳化硅）、天然金刚砂（杂刚玉）、人造刚玉、硅藻土等。以人造刚玉应用最多，因其韧性较高，脆性小，粒子的棱面多。

磨料颗粒尺寸及磨料粒度号码参照 GB/T 2481—1998《固结磨具用磨料　粒度组成的检验和标记》来标志，固结磨具用磨料粒度组成：粗磨粒 F4～F220（把 8mm～45μm 中的 26 个标号的每一个标记样放在规定的四级试验筛上进行测定，根据筛上物和筛下物的重量累计百分数对照标准加以判定）；微粉 F230～F1200（用沉降法测定的中值粒径在 56～2.5μm 中的每一个标记样的最大粒径和最小粒径在允许范围内，则符合标准）。磨料代号由

GB/T 2476—1994 规定，如棕刚玉为 A，白刚玉 WA，锆刚玉 ZA；黑碳化硅 C，绿碳化硅 GC，立方碳化硅 SC 等。

另外，GB/T 9258.1—2000《涂附磨具用磨料粒度组成》以磨料粒度号码标志磨料颗粒尺寸。涂附磨具用磨料粒度包括粗磨粒 P12～P220 和微粉 P240～P2500 的各个标号，但一般工业用途不采用 GB/T 9258.1—2000。

磨料固结磨具是由结合剂将磨料固结成一定形状，并具有一定强度的磨具，如砂轮。磨具一般由磨料、结合剂和气孔构成。磨料在磨具中起切削作用。结合剂是把松散的磨料固结成磨具的材料，有金属的、无机的和有机的几类材料。气孔在磨削时对磨屑起容屑和排屑作用，并可容纳冷却液，有助于磨削热量的散逸。涂附磨具如砂布和砂纸是由磨粒黏结在基层材料（布或纸）上，经干燥后裁切成不同规格的制品。

磨料材料和粒度的选择，应根据工件的材质、表面状况和加工后表面质量要求确定。原始表面较粗糙时，应先进行粗磨，然后由粗到细逐次打磨。金刚石颗粒尖锐、锋利，磨削作用佳，寿命长，变形层少，适用于各种材料的粗、精抛光；碳化硅（金刚砂）颗粒较粗，用于磨光和粗抛光；氧化铝（刚玉）颗粒白色透明，外形呈多角状，用于粗抛光和精抛光；氧化铬颗粒绿色，具有很高硬度，比氧化铝抛光能力差，适用于淬火后的合金钢、高速钢以及钛合金抛光，在不能使用氧化铝研磨粉研磨的材料上使用；氧化镁颗粒白色，粒度极细且均匀，外形锐利呈八面体，适用于铝、镁及其合金和钢中非金属夹杂物的抛光；氧化铁（Fe_2O_3）研磨粉适合抛光软矿石、玻璃、宝石及软金属。

石榴石磨料呈粒状，有次贝状或参差状断口，硬度适中，韧性好，边角锋利，自锐性好，可不断粉碎分级形成棱角边刃，使其研磨能力优于其他磨料。石榴石经高温煅烧处理后，其韧性增加，研磨效果很好，尤其木材研磨加工方面，耐久性还高于氧化铝磨料。

表面光洁度要求高，电镀中以平整为主要目的的工件，就要进行细磨，精研和抛光时用软磨料，如氧化铁、氧化铬和氧化铈等。

在研磨时通常使用的是研磨剂，研磨剂是用磨料、分散剂（又称研磨液）和辅助材料制成的混合剂，为磨具的一类。研磨剂用于研磨和抛光，使用时磨粒呈自由状态。由于分散剂和辅助材料的成分和配合比例不同，研磨剂有液态、膏状和固体的三种。液态研磨剂不需要稀释即可直接使用。膏状的常称作研磨膏，可直接使用或加研磨液稀释后使用，用油稀释的称为油溶性研磨膏，用水稀释的称为水溶性研磨膏。固体研磨剂（研磨皂）常温时呈块状，可直接使用或加研磨液稀释后使用。研磨剂中的磨料起切削作用，分散剂使磨料均匀分散在研磨剂中，起磨料载体和分散作用，并起稀释、润滑和冷却等作用，常用的有煤油、机油、透平油、动植物油、甘油、酒精或乳化液。辅助材料主要是混合脂，常由硬脂酸、脂肪酸、环氧乙烷、三乙醇胺、石蜡、油酸和十六醇等其中的几种材料配成，在研磨过程中起乳化、润滑和吸附作用，并促使工件表面产生化学变化，生成易脱落的氧化膜或硫化膜，借以提高加工效率。此外，辅助材料中还有着色剂、防腐剂和芳香剂等。

2.2.2 机械抛光

（1）抛光作用

抛光是一种打磨作用。抛光剂"撕"（磨）去表面层原子，下面一层在瞬间内保持它的流动性，并且在凝固之前，由于表面张力的作用而变得平滑。也有认为抛光是一种面表面张力效应，在抛光过程中，出于摩擦而产生的热，能使表面软化或熔融，所以不是简单的机械打磨。在抛光时金属表面层被熔融，但由于衬底金属有高的热导率，表面层又迅速地凝固成非晶态，在凝固之前，由于表面张力和抛光剂的摩擦力作用而变得平滑。

对光洁度要求高的工件，在精细磨光后进行抛光。机械抛光是在抛光机的抛光轮上采用抛光剂进行的。抛光剂有抛光膏和抛光液两类，前者为抛光用磨料与粘接剂（硬脂酸、石蜡等）的混合物；后者为磨料与油或水乳剂的混合物。

抛光轮高速旋转，将与之接触的工件上的细微不平除去，使之具有镜面般光泽。抛光既用于镀前预处理，也用于镀后对镀层进行精加工，提高表面光洁度。

抛光过程与磨光不同。磨光时有明显的金属屑被切削下来，抛光时则没有，因此抛光并不造成显著的金属损耗。抛光的作用，一方面是高速旋转的抛光轮与工件摩擦时产生的高温使金属表面产生塑性变形，从而填平工件金属表面的细微不平；另一方面，金属表面在周围大气的氧化作用下瞬间形成的极薄氧化膜或其他化合物膜被反复除去，从而得到平整有光泽的表面。

（2）抛光轮

由弹性更好的棉布、细毛毡等制成，即抛光轮比磨光轮更软。抛光时，轮子的转速比磨光时要高一些，对铸铁、钢、镍和铬，最佳圆周速度为 30～35m/s，对银、铜及其合金，为 22～30m/s，对锡、锌、铅及铝合金，为 18～25m/s。一般抛光轮的平均转速为 2000～2400m/s。为了提高抛光效率和节省人力，市场上已有多种形式或型号的自动抛光机，如圆盘式自动抛光机、往复平面直线型自动抛光机、铝/不锈钢板材双轴自动抛光机、管材自动抛光机等。目前，较先进的自动抛光有用机械手操作的和机器人操作的抛光设备。自动抛光机一般是用液态蜡或专用的抛光蜡进行抛磨。

（3）抛光膏

由抛光粉和黏结剂混合而成。固体抛光蜡如果按其效果来分，可分为粗抛蜡、中抛蜡、精抛蜡、超精光蜡、超镜光蜡五种，但国内商业上，又习惯用颜色来分，如黄蜡、紫蜡、青蜡、小白蜡等。至今国内外尚无统一的规定，均是由各生产厂自己命名或编号。目前，市场上可能有近千种不同牌号、形状、尺寸、颜色、质量各不相同的五花八门的抛光膏，所以抛光技术的第一关，是如何选定抛光膏。

常用的有四种抛光膏。

① 白色抛光膏　白膏的抛光粉为纯度较高的氧化钙细粉，呈圆形且无锐利棱面，适用于抛光软质金属和胶木等，以及光洁度要求高的精抛光。白膏由石灰及硬脂酸、脂肪酸、漆脂、牛油、羊油、白蜡等配合而成，用于镍、铜、铝及其合金的抛光。

② 黄色抛光膏　由长石粉及漆脂、脂肪酸、松香、黄丹、石灰、土红粉等配合而成，用于铜、铁、铝和胶木等的抛光。

③ 绿色抛光膏　绿膏由脂肪酸和氧化铬绿等配合而成，它的抛光粉为氧化铬微粉，硬而锋利，适用于硬质合金钢、不锈钢、铬镀层。

④ 红色抛光膏　红膏的抛光粉主要为氧化铁和长石细微粉末，硬度中等，由脂肪酸、白蜡、氧化铁红等配合而成，适用于钢铁制品，用于金属电镀前抛光以及抛光金、银等。

（4）抛光技术

物件表面抛光处理，必备条件为抛光轮、抛光蜡及抛光机。抛光轮的尺寸、材料、结构、转速（相对的线速度），抛光蜡的特性及物件本身的材料和表面形状，操作者熟练程度，都将直接影响抛光性能和抛光效果。物件表面抛光较多的是用手工抛光。它是在低转速的抛光轮上，先涂上适量的抛光蜡，再调高抛轮转速，对物件表面进行抛磨。

目前，表面抛光处理常分粗抛、中抛、精抛、超精光抛和超镜光抛。物件抛光处理要达到上述不同效果，选用何种型号的抛光轮，配合何种特性的抛光蜡，采用怎样的工艺参数和流程，从而获得最经济、最有效的抛光效果，这就是抛光技术的目的。

机械抛光占用大量劳动力，消耗大量能源和原材料，因此预处理的机械抛光已逐渐被化学抛光或电化学抛光取代。

2.2.3 刷光

刷光轮上安装弹性金属丝（细钢丝、黄铜丝、鬃丝等）。刷光轮高速旋转，与工件表面接触，一面刷一面用清水连续冲洗。弹性丝将工件表面的锈皮、污垢切刮下来，被水冲掉。刷光液可用稀的磷酸三钠溶液。

2.2.4 滚光

滚光也叫撞光，是将零件放入盛有磨料和化学药品溶液的滚桶中，利用滚桶旋转，使零件和磨料、零件与零件之间相互摩擦，达到清理工件表面的过程。滚光可以除去零件表面的油污、锈蚀和氧化皮，使表面清洁，同时还有整平和使表面具有光泽的作用。滚光适用于大批量的，表面粗糙度要求不高的小零件制品。

滚桶有圆形和多角形（六边形、八边形），多角形比圆形优越，因为容易使桶内零件翻动，增加相互碰撞摩擦的机会，可缩短滚光时间，提高滚光质量。滚桶的尺寸主要指直径和长度，尺寸的选择取决于零件的大小、形状和数量。如果允许，使用大滚桶较好，因为大滚桶装载量大，压力大，摩擦力也大，可以缩短滚光时间。但对一般薄而易变形的零件则采用小直径滚桶较好，滚桶容积可以适当增加长度来弥补。

滚光使用的磨料有铁屑（圆钉屑头）、石英砂、皮革角等。常用酸滚光液的组成见表2-2，对钢铁制品，一般先滚酸后滚碱，滚酸后须将酸液冲洗干净。滚光所需时间依滚桶转速而定，增大滚桶转速，零件碰撞和摩擦机会增多，可以缩短时间。但转速超过某一数值后，由于离心力的影响，零件贴于桶壁，碰撞和摩擦机会减少，时间反而要延长。一般，滚桶转速以 $40\sim60$r/min 为宜。

表 2-2　常用的酸滚光液的组成及滚光时间

酸液组成及滚光时间	黑色金属		铜合金	锌合金
	一般	快速		
硫酸/(g/L)	$15\sim25$	$20\sim40$	$5\sim10$	$0.5\sim1$
皂荚粉/(g/L)	$3\sim10$		$2\sim3$	$2\sim5$
H 促进剂/(g/L)		$2\sim4$		
OP 乳化剂/(g/L)		$2\sim4$		
滚光时间/min	$3\sim4$	$1.5\sim2$	$3\sim3.5$	$2\sim4$

2.2.5 振动磨光

振动磨光是在滚光的基础上发展起来的。将装有零件和磨料介质的容器上下左右振动，使零件与磨料相互摩擦。

磨料有鹅卵石、石英石、陶瓷、钢珠等。将磨料放入少量水中，还要加入少量碱和表面活性剂。

振动磨光的效率比滚光高，能加工各种零部件，包括比较大的零件。零件一次投放量多，加工质量好。

2.2.6 精加工

为了获得高精度和高光洁度，采用珩磨，利用油石在一定压力下对旋转工件表面进行微量切削。

珩磨借助于珩磨头进行。珩磨头上安装油石，借助张开机构压向工件。珩磨中珩磨头做旋转和直线往复运动。油石由磨料与结合剂组成，磨料常用氧化铝、碳化硅等，结合剂主要有陶瓷、树脂、青铜和电镀金属。磨料粒度根据工件材质和表面粗糙度要求选择。珩磨工艺参数主要有切削速度、切削交叉角和压力等。珩磨中一般使用煤油或极压乳化液作切削液，以冲刷破碎磨粒和切屑，并起冷却和润滑作用。

超精加工时使用磨粒更细的油石，加工过程中油石作短幅振动（频率 $300\sim3000Hz$，振幅 $1\sim6mm$）。

2.2.7 喷砂

用净化的压缩空气，将干砂流（如石英砂、钢砂、氧化铝等）强烈地喷到金属工件表面，磨削掉工件表面的毛刺、氧化皮、锈蚀、积炭、焊渣、型砂、残盐、旧漆膜、污垢等表面缺陷。

喷砂常用作工件表面清理，如清除铸件表面的残砂及高含碳层，以及焊接件的焊缝，消除锈迹和氧化皮。除锈一般用喷砂法和酸洗法。后者易使氢渗入钢铁件内部，增加内应力，降低塑性，而喷砂除锈不产生氢脆。无论是高碳钢、高强度钢，还是弹性零件、黄铜件、不锈钢件和铝件经喷砂后进入下道工序，都可以提高镀层或氧化层的结合力。镀硬铬和涂料的工件常用喷砂清理表面，机床附件及工量具镀乳白铬前多用喷砂来消光。喷砂除锈是各种表面预处理方法中质量最好的一种。它不仅能彻底清除金属表面的氧化皮、锈蚀、旧漆膜、油污及其他杂质，使金属表面显露出均一的金属本色，而且还能使金属表面获得一定的粗糙度，以得到粗糙度均匀的表面，并将机械加工应力变成压应力，提高防腐层与基体金属之间的结合力以及金属自身的耐蚀能力。常用于涂装、热喷涂和塑料的粗糙化处理。除喷砂外，表面粗糙化处理方法还有车螺纹法、滚花法、电火花拉毛法等。

喷砂分为干喷和湿喷两类，湿喷用磨料与水混成砂浆，为防止金属生锈，水中需加入缓蚀剂。干喷效率高，加工表面较粗糙，粉尘大，磨料破碎多；湿喷对环境污染小，对表面有一定的光饰和保护作用，常用于较精密的加工。

2.2.7.1 喷砂机工作原理

喷砂机的工作原理是利用压缩空气带动磨料（或弹丸）喷射到工件表面，磨料对工件表面进行微观切削或冲击，以实现对工件的除锈、除漆、除表面杂质，表面强化及各种装饰性处理。喷砂机广泛应用于船舶、飞机、冶金、矿山、铁路、桥梁、化工、车辆及重型机械工业制造中各种金属构件及焊接表面，同时又是对非金属（玻璃、塑料等）表面装饰、雕刻的理想设备。

喷丸处理是将球状弹丸代替有尖锐棱角的砂，使大量弹丸喷射到零件表面，猛烈的冲击使金属零件表面产生极为强烈的塑性变形，使零件表面产生一定厚度的冷作硬化层，称为表面强化层，此强化层会显著地提高零件在高温和高湿工作下的疲劳强度。此外，喷丸还能促使钢材表层的组织发生转变，即残余奥氏体诱发转变为马氏体，并且能够细化马氏体的亚结构，进一步提高了工件表面硬度和耐磨性，从而延长其使用寿命。

2.2.7.2 喷砂除锈的设备

喷砂设备主要包括空压机、缓冲罐、压缩空气净化系统、砂罐、喷嘴等。缓冲罐又称储气罐，其作用是稳定施工中的气压，并对空气中的油、水起初步的分离净化作用。缓冲罐的体积越大，气源的压力越稳定，一般使用 $1\sim3m^3$ 的缓冲罐。

压缩空气净化系统是由复杂的除油、除湿、除尘设备组成，通过吸附、冷冻干燥、旋流分离、微孔过滤的方法净化压缩空气。动力气体越纯净，喷砂后的表面越洁净。喷砂所用压缩空气由于含有大量的水气和润滑油雾，当压缩混合气经过喷丸缸的混合室时，会冷凝成油和水的混合液，使磨料结块堵塞，因此压缩混合气必须经过油水分离、干燥、稳压和过滤处理。只有经过除油、去水、过滤的洁净压缩空气才可供喷砂工人呼吸和喷砂使用，才能获得除锈彻底又没有新污染物的合格喷砂表面。

喷嘴一般为特制的陶瓷喷嘴，耐磨性好，寿命长，每个喷嘴可使用几十个小时。喷嘴的孔径视磨料的种类和粒径大小而定，金属弹丸一般选用 4～6mm 孔径的喷嘴，石英砂选用 6～8mm 孔径的喷嘴，而普通黄砂则选用 7～9mm 的喷嘴。

手持喷砂设备的工作示意见图 2-2。

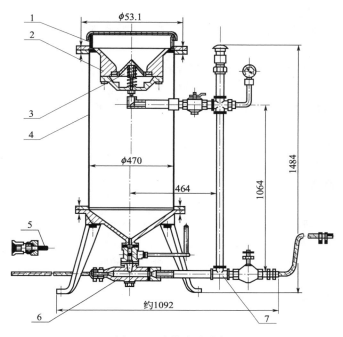

图 2-2　手持喷砂设备

1—加砂漏斗；2—上盖；3—锥形阀门；4—储砂筒；5—喷枪；
6—混合室；7—管道系统

2.2.7.3　喷砂技术指标

喷砂除锈是以干燥的压缩空气作动力，要求其风压为 0.4～0.7MPa，风压低于 0.4MPa，不宜进行喷砂除锈施工。喷砂除锈最常采用的磨料是金属弹丸、石英砂、金刚砂等，也可使用普通的黄砂。干喷磨料必须保持干燥，其粒径与自身硬度有关，一般为 1～3mm。喷砂除锈的工艺指标见表 2-3。

表 2-3　加压式喷砂除锈的工艺指标

磨料	砂粒技术要求	喷嘴压力/MPa	喷嘴直径/mm	喷射角/(°)	喷距/mm
石英砂	全部通过 3.2mm 筛孔，不通过 0.63mm 筛孔、0.8mm 筛孔，余量不小于 40%	0.5	6～8	30～75	80～200
河砂或海砂	全部通过 3.2mm 筛孔，不通过 0.63mm 筛孔、0.8mm 筛孔，余量不小于 40%	0.5	6～8	30～75	80～200
金刚砂	全部通过 3.2mm 筛孔，不通过 0.63mm 筛孔、0.8mm 筛孔，余量不小于 40%	0.35	5	30～75	80～200
激冷砂、铸钢碎砂	全部通过 1.0mm 筛孔，不通过 0.63mm 筛孔，余量不大于 15%	0.5	5	30～75	80～200
钢线砂	线粒直径 1.0mm，线粒长度等于直径，其偏差不大于直径的 40%	0.5	5	30～75	80～200
铁丸或钢丸	全部通过 1.6m 筛孔，不通过 0.63mm 筛孔、0.8mm 筛孔，余量不小于 40%	0.5	5	30～75	80～200

喷砂钢材表面除锈等级高达 Sa3（GB 8923—88 中涂装前钢材表面锈蚀等级及除锈等级标准最高等级）。钢材表面无可见的油脂、污垢、氧化皮、铁锈和油漆涂层等附着物，显示均匀的金属色泽。钢材表面基体粗糙度可达 $Ra40\mu m$ 以上，与环氧富锌漆的结合强度可大于 12MPa，大大提高了钢材表面与油漆等防腐涂料的结合力，防腐年限可长达 20 年以上。

2.2.7.4 喷砂操作的安全规程

喷砂操作的安全规程如下。

① 喷砂人员要穿砂衣，或穿帆布制工作服，带防尘保护面罩，穿高帮球鞋，带帆布手套。

② 控制人员要穿工作服，带工作帽，戴防尘口罩和护目镜。

③ 喷砂时使用的照明设备必须是 36V 的安全灯，并带有防护罩。

④ 操作者拿好喷枪后，方允许打开压缩空气阀门，工作结束时，需待压缩空气完全排出后，方允许放下喷枪。

⑤ 禁止非工作人员进入喷砂现场，严禁拿喷枪对人，排除故障时要先关闭压缩空气，手要握紧喷枪，防止气体突然冲出使喷嘴乱飞。

⑥ 密闭设备喷砂时，操作人员必须穿砂衣，要安装排（抽）风设施，并有专人在人孔处负责内外联系。

⑦ 操作过程中，操作人员与控制人员要密切配合。

2.3 电 解 抛 光

2.3.1 电解抛光原理

（1）什么是电解抛光

电解抛光简称电抛光，是对金属制品进行精加工的一种电化学方法。其做法是：将工件作为阳极，和辅助阴极一起浸入抛光槽的电解液中，在通电过程中工件表面得到整平，达到工件表面平滑和外观光亮的要求。

为什么电解抛光能减小和消除工件表面的微观不平？一般认为，在抛光液这种特殊的电解液中，工件金属阳极表面同时处于两种状态之下：表面的微观凸起处处于活性状态，其溶解速度较大；表面的微观凹下处处于钝态，其溶解速度较小。经过一段时间后，表面上的微观凸起处便被整平。

（2）电解抛光的优缺点

电解抛光的优点有：

① 电解抛光是通过电化学过程来使被抛光表面整平，因此表面不会产生机械抛光时所形成的变形层，也不会有外来的物质夹杂；

② 抛光表面粗糙度低，反射能力强，抛去厚度易于控制；

③ 能抛光几何形状复杂的零部件（特别适用于小的零件），抛光速度快，效率高，操作方便，易于掌握，劳动强度小；

④ 经过电解抛光的零件进行电镀，可提高镀层与基体的结合力。

电解抛光不足之处是：电解液成本高，使用周期短，再生困难，抛光液不能对多种金属通用。另外，电解抛光不能除去深的划痕和麻点，以及非金属夹杂。

（3）电解抛光的机理

对电解抛光的整平作用的解释，主要有两种理论：黏膜理论和氧化膜理论。

① 黏膜理论　在电解抛光进行时，在一定条件下金属阳极的溶解速度大于溶解产物离

开阳极表面向电解液中扩散的速度，于是溶解产物就在电极表面积累，形成一层黏性膜。这层黏性膜的电阻比电解液的电阻大，而且可以溶解在电解液中。黏膜沿阳极表面的分布是不均匀的，表面微凹处的黏膜厚度比微凸处要大些，电阻也大些，这就造成电流较集中于微凸处，使该处电流密度增大，电位升高，而使氧气容易析出，溶液的搅拌增大，促使溶液更新，有利于黏膜溶解扩散，并加快了微凸部位金属的溶解。这样，微凸处被逐渐削平。

② 氧化膜理论　在电解抛光过程中，当阳极电位达到氧的析出电位时，由于析出氧的作用在金属表面形成一层氧化膜，使阳极表面发生很大变化。同时，随着电位向正向跃变，电流密度有所下降，表明金属表面进入钝态。但是，在抛光液中这层氧化膜是可以溶解的，即钝态并不完全稳定。由于阳极表面微凸处电流密度较高，形成的氧化膜比较疏松，而且该处析出的氧气也较多，对溶液搅拌作用大，溶液容易更新，有利于阳极溶解产物向溶液中扩散，促使氧化膜溶解加快，暴露出金属使氧化继续进行。氧化膜生成和溶解反复进行，就使微凸处被削平。

2.3.2　工艺规范举例

抛光液的配方和操作条件要根据工件材质确定。对钢铁工件，表 2-4 列出了两种工艺规范。

表 2-4　钢铁工件电解抛光液配方（质量分数）和操作条件

项目	低碳钢	马氏体不锈钢	奥氏体不锈钢	铜及其合金	铝及其合金
磷酸(d=1.70)/%	60～70	40～45	50～60	40～50	86～88
硫酸(d=1.84)/%	10～15	34～37	20～30		
铬酐/%	5～8	3～4			12～14
水/%	7～25	17～20	15～20	调整到密度	调整到密度
相对密度	1.7～1.8	1.65	1.64～1.75	1.55～1.6	1.7～1.72
温度/℃	60～70	70～80	50～60	20～40	70～80
阳极(i_a)/(A/dm²)	20～30	40～70	20～100	8～25	15～20
电压/V	6～8		6～8		12～15
时间/min	10～15	5～15	10	20～50	1～3
阴极材料	铅	铅	铅	铅、不锈钢	铅、不锈钢

2.3.3　工艺操作说明

影响电化学抛光的主要因素有温度、时间、工件材质、电解液、电压、电流、工件摆放位置。

（1）电解液成分

磷酸是主要成分，用于溶解金属及其氧化物；黏度大，容易形成黏膜。硫酸的作用是提高导电性，改善分散能力。硫酸较多，抛光速度快，对金属基体可加快腐蚀，磷酸较多，可在工件表面吸附较厚黏膜，亮度下降，抛光速度变慢。铬酐的强氧化性可促进金属表面钝化，铬酐含量过高，工件抛光后表面无光泽，在浅黄色底子上有白色斑点。溶液相对密度太大，液体太稠，工件电抛光后表面有白色的条纹。电化学溶液的相对密度偏小，抛光后无光并且有黄色斑点。通常靠磷酸、硫酸、水的量调整黏度和密度，但有时抛光速度快，黏度不够，整平效果差，可以加入甘油、明胶调整黏度。

（2）溶液搅拌

搅拌溶液直接影响黏膜厚度，使用阴极移动来搅拌溶液，可提高抛光质量。搅拌溶液可以克服抛光后虽然工件表面平整光洁，但有些点或块不够光亮，或出现垂直状不亮条纹的现象，原因是抛光后期工件表面上产生的气泡未能及时脱离并附在表面或表面有气流线路。搅拌溶液可以使气泡即时脱出。

（3）电极问题

阴极材料通常可以选择铅，阳极阴极比为 1:（2～3.5）之间，阴极距阳极最佳距离为 10～30cm。工件棱角、尖端的部位电流过大，需要设置正确的电极位置，必要时在棱角处设置屏蔽，否则抛光后工件棱角处及尖端过腐蚀。工件放置的位置没有与阴极对正，或工件互相有屏蔽，或同槽抛光工件太多时抛光后表面有阴阳面和局部无光泽的现象。抛光零件凹入部位被零件本身屏蔽了将产生银白色斑点，解决方法是适当改变零件位置，或增加辅助电极使凹入部位能得到电力线或缩小电极之间距离或提高电流密度。电解抛光的两极接反了，铅板成正极溶解，工件成阴极吸附，工件溶解在溶液中的铁镍铬离子吸附在工件表面，会形成一层结合力不好的黑色或灰色的膜层。

（4）电解液的配制

通常是磷酸加入水稀释后再在搅拌下缓慢加入硫酸和铬酐，最后用水调整密度和黏度。新配制的抛光液要在 90～100℃条件下加热 1h 及通电处理，否则，工件可能出现浅蓝色阴影。

（5）抛光温度和时间

温度较低，抛光速度较慢，光亮度下降，工件有浅蓝色阴影。温度过高，电流密度太大，液体对工件腐蚀加快，容易引起工件过腐蚀，电解液有效成分也容易分解。

抛光时间过长，会导致过度溶解。若抛光时间较短，工件抛光后，从槽中取出容易出现褐色斑点，当然也可能是温度或者电流密度不够。

（6）抛光前的检查

对抛光前处理的检测一定要认真。抛光前除油不彻底，表面尚附有少量油迹时，电抛光后，表面发现似未抛光的斑点或小块；氧化皮未彻底除干净，局部尚存在氧化皮时抛光过后表面局部有灰黑色斑块存在；酸洗过程中出现过腐蚀，把清洗水留在零件表面，带进了抛光槽，即使按照工艺规范操作，抛光后零件表面也有或多或少的过腐蚀现象，严重时，一些油污浮在电解液表面，抛光电解液使用一段时间会出现泡沫；前处理整平不良，电解液只是微观腐蚀整平，较多的表面凹凸不平电解液不能完全清除，将使工件表面凹凸不平，麻点呈凸状。

（7）工件与挂具

如果工件与挂具的接触不良，则接触点无光泽并有褐色斑点（表面其余部分都光亮），工件被挂具屏蔽了，工件与挂具接触点接触附近将产生银白色斑点。挂具与工件接触点不牢固、电解液密度太低、电流密度过高，电解时都容易出现打火现象，应该多换几种挂具与工件连接方法，尽量多增加挂具与工件的接触点。用铜挂具时铜离子进入电解液，阳极表面将吸附一层浅红色物质，影响抛光质量。宜选用钛挂具，在夹具裸露处用聚氯乙烯树脂烘烤成绝缘膜，在接触点刮去绝缘膜，露出金属以利于导电。

抛光成本主要由电费、电解液、整流器、电解槽、极板、铜棒、加热管等构成。电流密度越大，耗电量越大。而在电解成本核算中，电费所占的比例很大，调整电解液的配比要比调整电流密度合适。

2.4 化学抛光

化学抛光是一种可控条件下的化学腐蚀，在特定的抛光溶液中进行化学浸蚀，通过控制金属选择性地溶解而使金属表面达到整平和光亮的金属加工过程。与其他抛光技术相比，具有设备简单、成本低、操作简单、效率高以及不受制件形状和结构的影响等优点。与电解抛光相比，化学抛光不需电源，可处理形状较复杂的工件，生产效率较高，但表面加工质量低于电解抛光。

2.4.1 化学抛光原理

化学抛光反应属于腐蚀微电池的电化学过程。因此，化学抛光的原理与电解抛光相似，在化学溶解过程中，在金属表面上产生一层氧化膜，这层薄膜控制着继续溶解过程中的扩散速度，在表面的凸起部分，由于黏膜厚度薄，因此溶解速度比凹陷部分快，钢铁零件表面不断形成钝化氧化膜和氧化膜不断溶解，且前者要强于后者。由于零件表面微观的不一致性，表面微观凸起部位优先溶解，且溶解速率大于凹下部位的溶解速率，而且膜的溶解和膜的形成始终同时进行，只是其速率有差异，结果使钢铁零件表面粗糙度得以整平，从而获得平滑光亮的表面。

化学抛光由于对表层有较大的溶解作用，因此也可有效地去除机械磨光时产生的表面损伤层。

2.4.2 化学抛光配方

常用材料化学抛光配方示例见表 2-5。

表 2-5　常用材料化学抛光配方

适用材料	成 分 组 成	工艺条件
低碳钢	硝酸(1.33)30mL；氢氟酸(1.12)70mL；水 200mL	60℃、2~3min
中碳钢	铬酐 25g，水 25mL；硫酸 15mL，水 25mL；加水至 300mL	室温、10~15s
中、高碳钢	草酸 2.5g；双氧水(3%)43.5mL；硫酸 0.1mL；蒸馏水 55mL	室温
不锈钢	盐酸 30%；硫酸 40%；四氯化钛 5.5%；水 24.5%(质量分数)	70~80℃、2~5min
镉	磷酸(1.75)55mL；醋酸 25mL；硝酸(1.4)5mL	55~80℃
铝	磷酸(1.75)80mL；醋酸(1.05)15mL；硝酸(1.4)5mL	80~90℃、2~5min
锌及镉	硫酸(1.84)3mL；水 927mL；过氧化氢(30%)70mL	20~30℃、30s
镁	硝酸(浓)75mL；水 25mL	室温
铅	醋酸 70%；过氧化氢 30%	数秒
钛	氢氟酸 8~10mL；过氧化氢(30%)60mL；水 30mL	30~60s

配方中各成分及工艺条件的作用如下。

（1）双氧水

它是化学抛光溶液的主要成分，在化学抛光溶液中与钢铁零件表面发生氧化还原反应，使微观凸起处优先溶解，微观凹下处则处于钝化状态，使化学抛光溶液中 Fe^{2+} 氧化成 Fe^{3+}，从而达到整平作用，使表面平滑光亮。一般情况下随 H_2O_2 含量适当增加，化学抛光光亮度会提高；但如 H_2O_2 含量过高，钢铁零件表面易被腐蚀；而含量太低，则抛光效果会明显下降。

（2）硫酸和磷酸

硫酸和磷酸的组合加入溶液中，提供溶液中 H^+，应控制溶液 pH 值 2~3，且 PO_4^{3-} 还可以在钢铁零件表面形成黏性膜，增大溶液黏度，有助于化学抛光。随化学抛光的进行，

H^+ 会减少，pH 值升高。pH 值过高，化学抛光速率太慢，抛光效果差；若 pH 值过低，化学抛光速率加快，导致过腐蚀。

（3）尿素

尿素在抛光液中起稳定剂作用，可有效抑制 H_2O_2 过快分解，可以明显延长化学抛光溶液的使用寿命，降低化学抛光成本。尿素在化学抛光中还有整平作用。

（4）润湿剂

为能快速有效地降低溶液表面张力，使抛光液很快扩散到溶液与金属之间的界面上，并降低此区域的表面张力，从而增加化学抛光的光亮度和均匀度，溶液中加入适量的润湿剂是很有必要的。润湿剂一般以低泡沫的非离子型表面润湿剂为宜，如聚乙二醇、十二烷基硫酸钠，主要起光亮、润湿等作用。它们可以在零件表面形成吸附膜，增加表面润湿性，提高化学抛光的光亮度和均匀度。添加剂添加应依据实际生产消耗规律，采用少加、勤加方法调整补充。

（5）稳定剂

由于 H_2O_2 易分解，故在抛光液中加入双氧水稳定剂是极为重要的，如苯甲酸、对苯二甲酸、邻羟基苯甲酸等芳酸及其衍生物，其中苯甲酸的效果好。当 H_2O_2 含量高时，稳定剂的添加量应高些。

（6）温度和时间

温度太低，金属的溶解量少，抛光时间应相应延长，否则抛光效果差；随着温度的升高，金属的溶解速度逐渐增大，抛光时间应短些。但温度太高，一方面易造成金属表面的过腐蚀，光亮度下降；另一方面又易导致 H_2O_2 分解速度加快。抛光时间应根据温度的高低及溶液的老化程度和零件表面状况灵活掌握。

（7）溶液搅拌

搅拌或移动工件可以加快抛光液的流动性，不断更新与金属制件表面接触的抛光液，从而加速金属表面的化学反应速度，并促使金属表面均匀溶解，提高抛光速度和抛光质量。但搅拌或移动工件的快慢应根据所用抛光液配方确定，当所用抛光液浓度高时应提高搅拌或移动速度。

2.4.3 工艺流程及操作

化学抛光的操作流程如下：

化学除油→热水洗→电化学除油→热水洗→酸洗除锈（10％硫酸）→冷水洗→流动水洗→化学抛光→流动水洗→中和（3％$NaNO_3$、2％Na_2CO_3）→流动水洗→转入下道处理工序

2.4.3.1 溶液的配制

在槽中加入 1/2 体积的蒸馏水，在充分搅拌下缓缓加入计量的 H_2O_2，使之充分均匀混合。用水溶解尿素，在搅拌下加入上述溶液中，按规定配比，分别用热水溶解添加剂，按用量加入，最后以稀释的计量的 H_2SO_4 和 H_3PO_4 分别加入溶液中，以精密 pH 试纸测试 pH 值，符合工艺规定即可以进行化学抛光处理。

2.4.3.2 维护与管理

① 严格控制溶液中双氧水浓度的变化，控制 pH 值的异常变化。pH 值定期用精密 pH 试纸测试，以稀释的 H_2SO_4 或 H_3PO_4 溶液调整 pH 值，并控制在工艺规范内。双氧水易分解，且在化学抛光过程中不断消耗。如化学抛光溶液 pH 值在正常范围，而抛光效果不好，大多是由于 H_2O_2 浓度偏低所致，应适量添加。若化学抛光反应速率过快，则易腐蚀零件，往往是 H_2O_2 浓度过高，应用水稀释，适当降低 H_2O_2 浓度。

② 在化学抛光过程中，Fe^{3+} 会不断积累，会使溶液混浊，抛光效果下降。应控制 Fe^{3+} 浓度不超过 25g/L，Fe^{3+} 超标时应部分更新或全部更新，才能保证抛光质量。

③ 化学抛光溶液中应严禁带入还原性物质，否则会对化学抛光溶液的稳定性产生有害影响。化学抛光过程是放热反应，溶液温度会升高，要注意加 H_2O_2 的化学抛光液温度不超过 40℃，防止加快 H_2O_2 的分解。温度高，化学抛光速率快，以 25～30℃ 为佳。化学抛光前零件表面必须除油去锈、活化，若选用盐酸去除锈迹，必须注意彻底清洗干净，否则，对化学抛光溶液的稳定性和使用寿命产生有害影响。

2.4.4 化学抛光后处理

钢铁零件化学抛光，可以作为防护装饰性电镀的前处理工序，也可以作为化学成膜如磷化发蓝的前处理工序。如不进行电镀或化学成膜，而直接应用（如抛光装饰性不锈钢、铜等），可喷涂氨基清漆或丙烯酸清漆，烘干后有较好的防护装饰效果。若喷漆前浸防锈钝化水剂溶液，抗蚀防护性将会进一步提高。

2.5 除油（脱脂）

采用清洗剂（净化剂）除去工件表面油脂、污垢，清洗剂有有机溶剂、碱液、水基清洗剂、乳化液四类。对清洗剂的基本要求包括：

① 化学净化能力；

② 理化性能（黏度、沸点、凝固点、比热容、饱和蒸气压、燃点、毒性等）；

③ 材料适应性，指是否对待洗金属材料产生应力腐蚀、氢脆或其他破坏；

④ 工艺相容性，如对后续工序的影响；

⑤ 工艺性、生产率、废液处理、现场管理、经济性、安全设施、劳动强度、操作人员保健、环境保护等。

2.5.1 有机溶剂除油

用有机溶剂使工件表面的油污溶解。常用的有机溶剂有两类：有机烃类，如煤油、汽油、丙酮、甲苯等；有机氯化烃类，如三氯乙烯、四氯乙烯等。前一类溶剂毒性较小，但易燃，对大多数金属无腐蚀作用，多用于冷态浸渍或擦洗。后一类溶剂除油速度快，效率高，不燃，允许加温操作，可进行气液相联合除油，除油液能再生循环使用，对大多数金属（铝、镁除外）无腐蚀作用，但毒性很大。由于有机溶剂或易燃或有毒，操作中要注意安全。

有机溶剂除油适应性宽，不管动植物油（称为皂化油）还是矿物油（非皂化油），都能在有机溶剂中溶解。除油速度快是其突出优点。但有机溶剂除油难以彻底，因为附着的有机溶剂挥发后，溶剂所带的油脂就遗留在金属表面上。故有机溶剂除油多用于油污严重的工件进行预除油，然后再加以化学除油或电化学除油。

在有机溶剂如汽油中添加约 10% 体积浓度的乳化剂和 10～100 倍的水，就成为乳化液。乳化液适于去除大量油脂，如黄油、抛光膏等，对固体污物如与油脂混合的尘垢及颗粒的去除尤为有效。采用乳化液可以节省有机溶剂，并使其性能得到改善。

乳化液体系中，有机溶剂发挥溶解油脂作用，乳化剂则促使溶有油脂的溶剂乳化、分散，形成乳浊液而将油脂带离金属工件表面。将原油系列分馏物（煤油或汽油）与含分散剂的碱洗液掺和，形成半乳浊液，通常称为双相清洗剂，其清洗效果比乳化液更好。乳化液和双相清洗剂适于喷淋法或超声波清洗法。与有机溶剂除油一样，其主要缺点是废液处理困难，且除过油的工件表面易残留油膜，故常用于粗除油。

有机溶剂除油重点用于使用了油封材料制造的工件。在化学除油之前宜先用有机溶剂洗刷一遍，以提高化学除油的除油效果。经油封保存的工件和工件的螺孔部位、角落部位油污比较多，倘若某个工件的两个螺孔内有油污，而有机溶剂洗刷时只洗去一个螺孔内的油污，另一个螺孔内的油污照样存在，仍然没有达到设计的效果。

有机溶剂除油方法有浸洗法、喷淋法、蒸气除油法等几类。

（1）浸洗法

将带油的工件浸泡在有机溶剂槽内，槽可安装搅拌装置及加热设备，根据实际情况的需要决定是否搅拌、加热。因为加热或搅拌都可以加速工件表面油污的溶解，但又容易使有机溶剂蒸发，造成损失，所以必须考虑既能提高除油的效率，又要节省溶剂及成本。为提高除油效果和速度，可以在槽内加入超声波，可加速油污脱离工件表面溶入溶剂中，特别是对有残留抛光膏的工件表面更为有效。

（2）喷淋法

喷淋法是将新鲜的有机溶剂直接喷淋到工件表面，将表面的油污不断地溶解而带走，直至喷洗干净为止。喷淋液可以加热后再喷，加热喷淋的溶解效率高，但要有加热装置先加热。喷淋法还可以加速将大颗粒的铁粉、锈粒及粉尘除下。另外，喷淋法提高压力等级就成为喷射法，通过压力将溶剂喷射到工件的表面，油污受到冲击及溶解的作用而脱离工件的表面，该方法效率比喷淋法高，但只能用不易挥发及性能稳定的溶剂，且设备复杂，必须在特别而方便操作的密闭容器内进行，而且要配套安全操作规范。

（3）蒸气除油法

蒸气除油是将有机溶剂装在密闭容器的底部，将带油的工件吊挂在有机溶剂的水平面上。容器的底部有加热装置将溶剂加热，有机溶剂变成蒸气不断地在工件表面上与油膜接触并冷凝，将油污溶解后掉下来，新的有机溶剂蒸气又不断地在表面凝结溶解油污，最终将油污除干净。由于有机溶剂多数是易燃、易爆、有毒及易分解的物质，特别是成为蒸气后更具危险性，所以要做好安全使用的工作，要有良好的安全设备，以及完善的通风装置，避免事故的发生。最好用三氯乙烯溶剂，由于三氯乙烯密度较大，故不易从槽口逸出，而且除油槽的上部设有冷却装置，有机溶剂蒸气进入冷却范围即冷凝成液体回流掉下槽底部。

（4）有机溶剂联合除油

联合除油法就是用两种以上的方法进行有机溶剂除油，联合除油的效果要比单一方法除油的效果好，如采用浸洗加喷淋除油，浸洗加蒸气除油或采用浸洗→喷淋→蒸气三种方法联合除油。

对形状复杂、小件、小批量的有机溶剂除油操作可以选择：a. 形状简单的工件，用沾有溶剂的棉纱揩擦；b. 形状复杂的工件，浸泡在溶剂中用漆刷洗刷，洗刷后用干棉纱擦干；c. 小件，在溶剂中浸泡然后自然晾干，若溶剂较脏则尚需再在较干净的溶剂中过一遍。

经有机溶剂中除油之后，在未曾充分晾干之前是不可直接进入化学除油工序的，否则不但难以除尽残留的油污，还会污染化学除油溶液，故晾干过程很重要。

2.5.2 化学除油

使用碱性溶液（并加入乳化剂），利用皂化作用和乳化作用除去工件表面油污。化学除油的优点是：设备简单，操作容易，成本低，除油液无毒也不会燃，因此使用广泛。但常用的碱性化学除油工艺的乳化作用弱，对于镀层结合力要求高，电镀溶液为酸性或弱碱性（无除油作用）的情况，仅用化学除油是不够的。特别当油污中主要是矿物油时，必须用电解除油进一步彻底清理。另外，化学除油温度高，消耗能源，而且除油速度慢，时间长。

（1）工艺规范举例

几种金属制品的化学除油工艺见表 2-6。

表 2-6　不同金属制品的化学除油工艺

溶液组成及操作条件	金　属　材　料		
	钢　铁	铜及其合金	铝镁锌锡及其合金
氢氧化钠/(g/L)	30～50	10～15	
碳酸钠/(g/L)	20～30	20～30	15～20
磷酸三钠/(g/L)	40～60	50～70	20～30
硅酸钠/(g/L)	5～10	5～10	10～15
OP-10 乳化剂/(g/L)	1～3		1～3
温度/℃	80～90	70～80	60～80
时间	除尽为止	除尽为止	除尽为止

（2）皂化作用和乳化作用

动植物油的主要成分硬脂与氢氧化钠发生反应生成肥皂和甘油，称为皂化反应，肥皂和甘油都溶于水，故可被洗去。

$$(C_{17}H_{35}COO)_3C_3H_5 + 3NaOH \Longrightarrow 3C_{17}H_{35}COONa + C_3H_5(OH)_3$$

　　　　硬脂　　　　　　　　　　　肥皂（硬脂酸钠）　　　甘油

皂化作用只能除去动植物油，不能除去矿物油，矿物油需要用乳化作用除去。所谓乳化，是指在碱性溶液中使工件表面的油膜破裂成为许许多多小油珠，分散在溶液中形成乳浊液，从而可以将油洗掉。

乳化作用是由加入除油液中的乳化剂提供的。乳化剂的种类很多，如表 2-6 中的硅酸钠和 OP-10。硅酸钠是无机物，其缺点是水洗性较差，含量高时会使除油后水洗困难。OP-10是有机表面活性物质。

皂化反应能促进乳化作用，因为肥皂也是一种较好的乳化剂。而且皂化反应可以在油膜较薄的地方打开缺口。由于金属和碱溶液之间的表面张力比金属和油膜之间的表面张力小得多，这样，溶液更容易排挤油污，使其分裂为油珠。

（3）影响因素

氢氧化钠提供溶液高碱度，是皂化作用和乳化作用所必须的。对化学除油来说，保持溶液足够碱度是重要的。但是氢氧化钠含量过高反而会使皂化反应减弱，因为肥皂在浓碱溶液中溶解度下降，附着在工件表面使除油难以继续进行。

对铜及其合金，氢氧化钠的加入量要低得多，甚至不加。对铝及其合金则不允许使用氢氧化钠。

碳酸钠和磷酸三钠一起稳定除油溶液的碱度，而且有一定的皂化能力。碳酸钠水解可补充氢氧化钠的消耗，使溶液的 pH 值稳定在 8.5～10.2（皂化作用最有效）的范围。碳酸钠也是用于铝镁锌锡及其合金的化学除油液中的主要成分。磷酸三钠呈弱碱性，溶解度大，能起缓冲作用，而且润湿性和水洗性良好。

温度升高可使皂化作用和乳化作用都增强，油珠更易离开金属表面。进行溶液搅拌可以加快除油速度。

除油后应当首先用 60℃ 左右的热水清洗，将工件表面肥皂洗去，再用流动冷水洗净。除油中加硅酸钠做乳化剂的更应如此。常用碱洗液组分的特点见表 2-7。

表 2-7　常用碱洗液组分的特点

名称	活性碱含量/%	1%浓度时的pH值	洗净力	浸透性	分散性	乳化性	对硬水的软化能力
氢氧化钠	75.5	13.4	良	不良	一般	一般	
碳酸钠	38.9	11.7	一般	不良	不良	一般	
偏硅酸钠	28.0	12.1	优	良	优	良	不良
正硅酸钠	46.1	12.8	良	一般	良	一般	不良
磷酸钠	10.4	12.0	优	一般	优	良	一般
焦磷酸钠	5.2	10.2	优	一般	不良		良
三聚磷酸钠		9.7	一般	一般	一般		良
六偏磷酸钠		6.8	一般		优		良

2.5.3　水基清洗剂除油

（1）水基清洗剂

水基清洗剂是表面活性剂的水溶液。起清洗除油作用的主要成分是表面活性剂，见表 2-8。另外还加有助洗剂、缓蚀剂、硬水稳定剂等组分。水基清洗剂发展很快，因为使用水基清洗剂除油可以在常温或中温下进行。与化学除油比，减少了加热的能源消耗；与溶剂除油比，避免了燃料消耗。而且使用水基清洗剂无毒，无刺激性气味，改善了劳动条件。现在，市场上各种金属清洗剂牌号很多，可供选择。

表 2-8　常用表面活性剂的特性

名　称	商品名	类　型	pH值(1%水溶液)	HLB值	特　　点
十二烷基苯磺酸钠	ABS	阴离子型磺酸盐类	7～9		去污、渗透、乳化、起泡性好,但防油污再附能力差
聚氧乙烯脂肪醇醚	渗透剂JFC	非离子型聚醚类	5～6	12	高润湿性、高渗透性、有一定乳化净洗能力
聚氧乙烯烷基酚醚	乳化剂OP10	非离子型聚醚类	6～8	14.5	对矿物油有乳化、分散和洗净作用
聚氧乙烯脂肪醇醚	平平加 9	非离子型聚醚类	6～8	14.2	洗涤和乳化性能优良
烷醇酰胺	净洗剂6501	非离子型聚醇胺类	8～9	13	起泡性好,泡沫稳定,对水有增稠作用

（2）水基清洗剂除油的机理

表面活性剂分子具有双亲结构，分子中既含有亲水的极性基团，又含有亲油的非极性基团。当表面有油污的工件浸入清洗溶液中后，表面活性剂分子在金属工件和溶液的界面上排列，其极性基团处于水中，而非极性基团处于油中。这种定向排列使金属与溶液的界面张力降低。

表面活性剂除油的作用有以下三点。

① 润湿和渗透作用　表面活性剂使金属工件和溶液的界面张力降低，溶液更容易使工件表面润湿，并通过油膜的破裂处渗入油膜下的金属表面，将油膜撕裂和卷离，变为小的油珠，固体污物变为小的颗粒。

② 乳化和分散作用　表面活性剂分子的非极性基团向着小油珠（或固体颗粒），极性基团向着水溶液，这样，油珠就不会相互碰撞而重新聚集为大的油滴，从而使形成的乳浊液稳

定。固体污物也不会重新聚集，而是均匀地分散在溶液中。

③ 增溶作用　溶液中的表面活性剂分子聚集形成胶束，油污可以溶于胶束中。

2.5.4　电解除油

（1）电解除油的原理

将工件置于碱溶液中，作为阴极或作为阳极，通以直流电流，除去工件表面油污。电化学除油工艺规范见表2-9。

表 2-9　电化学除油工艺规范

溶液组成和操作条件	钢铁	铜及其合金	锌及其合金
氢氧化钠/(g/L)	10～20		
碳酸钠/(g/L)	50～60	25～30	5～10
磷酸三钠/(g/L)	50～60	25～30	10～20
温度/℃	60～80	70～80	40～50
电流密度/(A/dm^2)	5～10	5～8	5～7
时间	阴极1min后阳极15s	阴极30s	阴极30s

电解除油的溶液组成和化学除油大致相同。通电的作用，一是使工件极化，金属与碱溶液之间的表面张力大大降低，很快加大金属工件与溶液的接触面积，排挤金属表面油污，使之破裂为小油珠和颗粒；二是工件上析出气体（阴极上析出氢气，阳极上析出氧气），气体由内部对油膜产生机械撕裂作用，并滞留在形成的油珠（颗粒）上。当气泡长大以后，便带着油珠（颗粒）上浮到液面。

电解除油速度比化学除油快得多，而且除油干净彻底。这是因为通电造成的乳化作用比乳化剂强烈得多。故电解除油的溶液碱度比化学除油液低，也不必加有机乳化剂。加入乳化剂会形成大量泡沫浮于液面，阻碍氢气和氧气顺利逸出，甚至造成爆炸。电解除油的电流密度应保证能析出足够的气泡。

（2）阴极除油和阳极除油

阴极除油的优点是：析出氢气泡多且小，乳化作用强，故除油速度快；阴极附近溶液pH值升高对除油有利；能除去氧化物，使钝化的工件表面活化；不腐蚀工件基体。缺点是：容易造成工件渗氢，导致鼓泡和氢脆，对高强钢和合金钢不适用；溶液中的杂质可能在工件表面析出（挂灰）；油污和其他污染物有可能重新沉积到工件上，就需要保持除油液相对的干净，污染要少。

阳极除油的优点是：没有氢脆和挂灰问题。缺点是：除油速度较慢，这是因为在相同电流密度下析氧量只有析氢量的一半；阳极附近溶液pH值下降对除油不利；析出氧可使某些金属氧化，甚至油膜氧化而难以除去。有些金属会发生腐蚀。

阳极除油被经常用作标准的电解除油操作，因为阳极反应可以清除掉工件上的颗粒状的污物。同时氧气产生于工件，像高镍含量的合金，非常容易形成氧化物。在这些情况下，就必须非常小心地选择电解除油之后的酸活化工艺。使用周期变向电流，对许多基材都非常有用。使用阳极电流或周期变向电流，可以减少高应力合金的氢脆现象。在阴极和阳极循环之间的变换，对去除污渍和氧化物可以达到非常好的活化效果。在这种时候，工件从电解除油槽出槽时，最好是在阳极阶段提出工件。

2.5.5　滚桶除油

对小零件，在进行滚光处理时，在滚光液中加入碳酸钠、肥皂、皂荚粉等碱性物质，可同时完成整平和除油要求。

刷擦除油是手工操作方法，一般常用瓦灰、去污粉，边刷边用清水冲洗工件，达到除油目的。对形状复杂而且精密度要求高的工件，手工刷擦除油可以取得较好的效果。

2.5.6 除油工艺操作

除油工序中可能遇到各种各样的油污，如切削油、润滑油、研磨膏、硫化油、氯化油以及蜡，还有其他许多类型的东西也可以看作是油污，如污迹、残渣、氧化物。因此首先就是要搞清楚油的种类，是植物油、动物油还是矿物油，必要时应该搞清除油剂的组成和牌号。第二是搞清楚基材，一种除油工序对某种基材上的某种油污很有效，但不一定对另一基材上的同一种油污就一样有效。第三是搞清楚油污产生的过程和后续经历的加工工序，对于同一种油污，要弄清是冲压、车削还是热处理操作搞上去的，条件、方法不同也会变得难以去除，热处理是否会使油污发生化学变化，冲压的润滑剂和车削的冷却剂是否有物理化学变化等都是考虑的范畴。

一个好的除油工艺通常由初除油（手工除油和有机溶剂除油）、大量除油（化学除油、水基清洗剂除油、乳化液除油）、精除油（电化学除油）三个工序构成。有时在大量除油单元中还包括二三个工序以保证去除各种油污。

一旦选定除油工艺，操作温度、浓度及搅拌就是要考虑的重要因素。通常，温度是除油剂的除油效果最重要的影响因素。哪怕只提高 3～4℃，也会很好地改善除油的效果。在清除某些研磨膏和氯化蜡时，提高温度可以软化、溶解、完全分解这些油污。好的化学除油剂，必须是那些可以高温操作的配方。

电解除油剂是通过电流来达到清洗作用的。因为电解除油剂的作用并不只在于清除油污，电解除油在通过使用电流去除表面污渍的同时也可以去除化学除油剂的残余物。单论电解除油剂，我们会发现它并没有多大的除油能力，碱性高这一特点是为了提供溶液的导电性。电解除油剂的组成中也有少量表面活性剂。电解除油剂根据它是使用阳极还是阴极，在阴极或工件表面产生氧气或氢气。当直接与阴极相连时，工件表面产生的是氢气，这氢气就是一种很好的活化剂。

除油工艺操作需要重视的几个原则是：a. 化学除油应该去除所有的油污及其成分，不要把问题交给精除油；b. 电解除油剂是用来去除某些特定的东西，而不单纯是油污；c. 出现故障时，通常只是一种油污在作怪，找到它然后除掉；d. 除油剂的使用寿命与工件上的油污种类、数量有密切关系；e. 化学除油之后水洗，能显著改善水洗效果及延长除油剂的使用寿命；f. 水溶性的油污易于用低温、低碱性除油剂去除，碱性高就能更好地去除这类油污；g. 抛光膏、研磨膏成分则在热碱性除油剂中可以去除；h. 一些新的污渍可能在除油中产生；i. 当出现故障时，不要急于通过提高除油剂的温度、浓度来解决，而应该先查清油的来源；j. 电解除油槽应该用正确的电极来提高效率，不要用槽壁做电极。

2.6 浸　蚀

浸蚀的目的是除去工件表面的锈层，氧化皮（铸、锻、轧及热处理过程中形成）和其他腐蚀产物。通常采用酸溶液，这是因为它们有很强的溶解金属氧化物的能力，故浸蚀又称为酸洗，有些有色金属采用碱浸蚀。清除大量氧化物和不良表层组织的工序叫做强浸蚀，而在电镀前清除工件表面薄氧化膜以得到活化表面的工序叫做弱浸蚀。

钢铁酸洗用酸为无机酸和有机酸，无机酸如硫酸、盐酸、硝酸、磷酸、氢氟酸等；有机酸如醋酸、脂肪酸、柠檬酸等。有机酸作用和缓，残酸无严重后患，不易重新锈蚀，工件处理后表面干净；但有机酸费用高，除锈效率低，故多用于清理动力设备容器内部的锈垢以及其他特殊要求的构件。无机酸除锈效率高、速度快、原料来源广、价格低廉，但缺点是如浓度控制不当，会使金属"过蚀"。而且残酸腐蚀性很强，酸液清洗不彻底，会影响涂镀效果。

2.6.1 钢铁制品的酸洗

（1）酸洗原理

酸洗中酸的作用包括对工件表面氧化物的化学溶解和机械剥离两个方面。以硫酸为例，硫酸与铁的氧化物（FeO、Fe_2O_3、Fe_3O_4）反应生成硫酸亚铁和硫酸铁。

$$FeO + H_2SO_4 \longrightarrow FeSO_4 + H_2O$$
$$Fe_2O_3 + 3H_2SO_4 \longrightarrow Fe_2(SO_4)_3 + 3H_2O$$
$$Fe_3O_4 + 4H_2SO_4 \longrightarrow Fe_2(SO_4)_3 + FeSO_4 + 4H_2O$$

硫酸通过氧化皮的间隙与基体铁反应造成铁的溶解和析出氢气。

$$Fe + H_2SO_4 \longrightarrow FeSO_4 + H_2 \uparrow$$

硫酸与基体铁反应的有利方面是新生原子态氢能将溶解度小的硫酸铁还原为溶解度大的硫酸亚铁，加快化学溶解速度；硫酸通过氧化皮的间隙与基体铁反应造成铁的溶解和析出氢气，在氧化皮后面生成的氢气又能对氧化皮产生机械顶裂和剥离作用。这些都可以提高酸洗效率。硫酸与基体铁反应的不利方面是硫酸与基体铁的反应可能造成基体的过腐蚀，使工件尺寸改变；析氢也可能造成工件渗氢，从而引起氢脆问题。

盐酸的作用主要是对氧化物的化学溶解。盐酸与铁的氧化物反应生成氯化亚铁和氯化铁，它们的溶解度都很大，所以盐酸浸蚀时机械剥离作用比硫酸小。对疏松氧化皮，盐酸浸蚀速度快，基体腐蚀和渗氢少；但对比较紧密的氧化皮，单独使用盐酸酸洗时酸的消耗量大，最好使用盐酸与硫酸的混合酸洗液，发挥析出氢气的机械剥离作用。

硝酸主要用于高合金钢的处理，常与盐酸混合用于有色金属处理。硝酸溶解铁氧化物的能力极强，生成的硝酸亚铁和硝酸铁溶解度也很大，析氢反应较小。硝酸用于不锈钢，由于其钝化作用不会造成基体腐蚀，但用于碳素钢，必须解决对基体的腐蚀问题。

氢氟酸主要用于清除含 Si 的化合物，如某些不锈钢、合金钢中的合金元素，焊缝中的夹杂焊渣，以及铸件表面残留型砂。其反应为：

$$SiO_2 + 6HF \longrightarrow H_2SiF_6 + 2H_2O$$

氢氟酸和硝酸的混合液多用于处理不锈钢，但氢氟酸腐蚀性很强，硝酸会放出有毒的氮化物，也难以处理，所以在应用时要特别注意，防止对人体的侵害。

磷酸有良好的溶解铁氧化物的性能，而且对金属的腐蚀较小，因为它能够在金属表面产生一层不溶于水的磷酸盐层（磷化膜），可防止锈蚀，同时也是涂漆时良好的底层，一般用于精密零件除锈，但磷酸价格较高。采用磷酸除锈时，主要作用是变态。把氧化皮和铁锈变成为易溶于水的 $Fe(H_2PO_4)_3$ 和难溶于水及不溶于水的 $FeHPO_4$、$Fe_3(PO_4)_2$，氢的扩散现象微弱。磷酸酸洗时产生的氢为盐酸酸洗、硫酸酸洗时的 $1/10 \sim 1/5$，氢扩散渗透速度为盐酸酸洗、硫酸酸洗的 $1/2$。

对于不锈钢和合金钢，氧化皮的成分很复杂，往往结构致密，在普通碳素钢的除锈液中难以除去，生产上都采用混酸。含钛的合金钢酸洗，还要加入氢氟酸。热处理产生的厚而致密的氧化皮，要先在含强氧化剂的热浓碱溶液中进行"松动"，然后在盐酸加硝酸，或硫酸加硝酸的混酸中浸蚀。

除锈过程中氢的析出，会带来很多不利的影响，由于氢原子很容易扩散至金属内部，导致金属性能发生变化，使韧性、延展性和塑性降低，脆性及硬度提高，即发生所谓"氢脆"。此外，氢分子从酸液中以气泡方式逸出，逸出后气泡破裂形成酸雾，对人体健康和设备、建筑的腐蚀产生极大的影响。这个现象在用硫酸酸洗时最为严重，因为去除氧化皮和铁锈，主要是利用溶解时生成氢泡的剥离作用。在盐酸洗时，铁的氧化物在盐酸中的溶解速度比在硫酸中快得多，所以酸雾现象不严重，同时向金属扩散氢而引起氢脆现象也不严重。

为了改善酸洗处理过程，缩短酸洗时间，提高酸洗质量，防止产生过蚀和氢脆及减少酸雾的形成，可在酸洗液中加入各种酸洗助剂，如缓蚀剂、润湿剂、消泡剂和增厚剂等。消泡剂和增厚剂一般仅应用在喷射酸洗方面。

（2）酸洗添加剂

酸洗液中必须采用缓蚀剂，一般认为缓蚀剂在酸液中能在基体金属表面形成一层吸附膜或难溶的保护膜。膜的形成在于金属铁开始和酸接触时就产生电化学反应；使金属表面带电，而缓蚀剂是极性分子，被吸引到金属的表面，形成保护膜，从而阻止酸与铁继续作用而达到缓蚀的作用。从电化学的观点来看，所形成的保护膜，能大大阻滞阳极极化过程，同时也促进阴极极化，抑制氢气的产生，使腐蚀过程显著减慢。氧化皮和铁锈不会吸附缓蚀剂极性分子而成膜，因为氧化物和铁锈与酸作用是普通的化学作用，使铁锈溶解，在氧化皮和铁锈的表面是不带电荷的，不能产生吸附膜。因此，在除锈液中加入一定量的缓蚀剂并不影响除锈效率。

评价各种缓蚀剂的作用，最重要的是确定缓蚀效率，通过比较在同一介质中相同条件下，有、无缓蚀剂时试样的失重 [g/(m² · h)]，求出缓蚀效率。各种不同的缓蚀剂在各种酸液中的加入量都有一规定数值。随着酸洗液温度的增加，缓蚀剂缓蚀效率也会降低，甚至会完全失效。因此，每一种缓蚀剂都有一定的允许使用温度。

酸洗液中所采用的润湿剂，大多是非离子型和阴离子型表面活性剂，通常不使用阳离子型表面活性剂。这是由于非离子表面活性剂在强酸介质中稳定，阴离子表面活性剂只能采用磺酸型一种。利用表面活性剂所具有的润湿、渗透、乳化、分散、增溶和去污等作用，能大大改善酸洗过程缩短酸洗的时间。

为了减小基体的腐蚀损失和渗氢的影响，减少酸雾改善操作环境，酸洗液中还应加入高效的缓蚀抑雾剂。但需注意，缓蚀剂可能在工件表面形成薄膜，需要认真清洗干净，而且缓蚀剂减缓了析氢反应的机械剥离作用。

（3）酸洗用酸的种类、浓度以及温度的选择

要根据工件材质、表面锈层和氧化皮的情况，以及对表面清理质量要求确定。对钢铁工件，常用硫酸、盐酸以及二者的混酸。为了溶解铸件表面的含硅化合物，需要在硫酸或盐酸中加入氢氟酸。硫酸一般为 20% 左右，此浓度下对氧化皮的浸蚀速度快而基体损失小。盐酸一般在 15% 以下，因为盐酸大于 20% 左右时会发烟。由图 2-3 可见，盐酸浓度太高时基体溶解速度也增加很快。

随着盐酸浓度增大，酸洗速度加快，时间缩短。硫酸为 25% 时，酸洗速度最快，时间最短。表 2-10 是相同锈蚀程度的钢铁工件在盐酸和硫酸中的酸洗时间与酸浓度的关系。

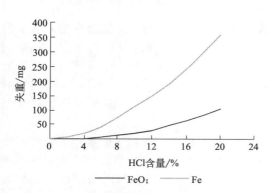

图 2-3　钢及 FeO 在盐酸溶液中的溶解速度

表 2-10 钢铁工件在盐酸和硫酸中的酸洗时间与酸浓度的关系

盐酸含量/%	酸洗时间/min	硫酸含量/%	酸洗时间/min
2	90	2	135
5	55	5	135
10	18	10	120
15	15	15	95
20	10	20	80
25	9	25	65
30		30	75
40		40	95

随温度增大，酸洗速度也加快，时间缩短。表 2-11 是相同锈蚀程度的钢铁工件在盐酸和硫酸中的酸洗时间与温度的关系。

表 2-11　酸洗时间与温度的关系

酸含量/%	硫酸酸洗时间/min			盐酸酸洗时间/min		
	18℃	40℃	60℃	18℃	40℃	60℃
5	135	45	13	55	15	5
10	120	32	8	18	6	2

（4）钢铁工件酸洗工艺

酸洗除锈方法有浸渍酸洗、喷射酸洗以及酸膏除锈等。浸渍酸洗的金属经脱脂处理后，放在酸槽内，待氧化皮及铁锈浸蚀掉，用水洗净后，再用碱进行中和处理，得到适合于涂漆的表面。钢铁工件强浸蚀工艺参数见表 2-12。

表 2-12　钢铁工件的强浸蚀工艺条件

项　　目	锻件及冲压件		一般钢铁件		铸　件
	1	2	1	2	
浓硫酸/(g/L)	200～250			80～150	
盐酸/(g/L)		150～200	150～200		100
氢氟酸/(g/L)					10～20
若丁/(g/L)	2～3				
乌洛托品/(g/L)		1～3	1～3		
温度/℃	40～60	30～40		40～60	30～40
时间/min	除尽为止	除尽为止	1.5	除尽为止	除尽为止

无机酸酸洗工艺流程一般为：除油碱槽→热水槽→酸洗槽→冷水槽→中和槽→冷水槽→下一步。

酸洗操作时，要严格执行酸洗工艺操作规程防止酸雾对人体的危害。

酸洗用的各种槽子，一般都用钢板、型钢焊接而成，也有用水泥的。尺寸由酸洗的产品尺寸而定。酸槽的内壁都衬耐酸衬里，可用聚氯乙烯板焊接成型，也可用青铅板焊接成型，较多的是在铁槽内表面糊制环氧玻璃钢。加热都用蒸汽通入酸槽中的加热管，是在无缝钢管外面包焊 3mm 厚青铅板。

厂房顶部应有通风气窗，便于室内有害气体及时逸出，酸洗工厂内的气体对厂房和设备的腐蚀是很严重的，因此要定期的维修保养。

酸洗的废液处理是十分重要的，不经必要的处理是不能排入下水道的，在考虑采用酸洗方法时，一定要首先考虑废酸的处理方法和设备，否则不能使用。有关废酸处理的方法，有中和法、电渗析法，也有利用硫酸废液提取硫酸亚铁的。

2.6.2 电化学强浸蚀

将工件作为阳极或作为阴极，在通电的条件下浸蚀，除去表面锈层和氧化皮。阳极浸蚀时，通过工件金属的化学溶解和电化学溶解，以及析出氧气的机械剥离作用来除去氧化皮。阴极浸蚀时，借助于大量析氢对氧化皮的机械剥离作用，以及初生原子态氢对氧化物的还原作用除去氧化皮。阳极浸蚀时析出的氧气泡大而数量少，机械剥离作用较小，时间长了则容易造成基体金属的过度腐蚀。阴极浸蚀时金属基体几乎不会腐蚀，工件尺寸不会改变，但可能带来渗氢和挂灰问题。

所以，应当根据工件材质、形状和对尺寸的要求，选择阳极浸蚀或者阴极浸蚀。生产上常采用联合浸蚀，即先阴极浸蚀除锈，然后进行阳极浸蚀，除去工件上附着的污物。通常阴极浸蚀时间比阳极浸蚀时间长一些。

电化学浸蚀的优点是浸蚀速度快，耗酸少，溶液中铁离子含量对浸蚀能力影响小。但需要电源设备和消耗电能。由于分散能力差，形状复杂的工件不容易除尽。当氧化皮厚而致密时，应先用硫酸化学强浸蚀，使氧化皮疏松后再进行电化学浸蚀。

为克服阴极浸蚀过程的渗氢，发挥阴极浸蚀速度快、不腐蚀基体金属的优点，可在电解液中加入少量铅离子和锡离子，或者在阳极上挂 2% 左右铅板或锡板。这是因为在已除去氧化皮的铁基上很快会沉积出一层薄薄的铅或锡，它们的氢过电位高，防止了铁基上的氢离子还原和向金属内部扩散。阴极浸蚀后，零件上镀覆的铅或锡可在表 2-13 的溶液中阳极溶解除去。

表 2-13　去铅锡阳极溶解工艺条件

氢氧化钠	85g/L	磷酸三钠	30g/L
温度	50～60℃	阳极电流密度	5～7A/dm²
阴极	铁板		

2.7　水　　洗

水洗是预处理生产中最重要的操作，也经常被忽视。考虑到预处理生产工序就是一些为去除某些东西的一系列工艺步骤，就可以理解水洗在这其中所起到的重要作用。化学除油后工件表面上在正常情况下，有烧碱的残余、残余油污、润湿剂、表面活性剂，增长水洗时间可以尽可能多地去除这些表面残余的东西，降低工件上水膜含有的润湿剂或表面活性剂的量。在表面处理这一行业里，废水处理及环保等问题与水洗在生产中的重要意义往往会产生冲突。在一些地方，废水处理受到的关注甚至多于涂镀本身。

可以通过增加空气搅拌、水洗时间增长（可以长至 2min）、逆流、喷淋、超声波水洗等方法来提高水洗效率。干净水应该从与水洗方向相反的水槽底部流入，从高处的水槽的液面流出。另外水也是一个需要严格控制的关键工序。水是除油液和活化液中主要的组成部分，因此，在配新槽液时，要特别注意水的质量好坏。这其中的杂质，如钙或镁会导致整个水的硬度增加。这些杂质会沉降活性成分为不溶物，从而会影响到整个除油效果，而且会增加槽底的沉渣。

2.7.1 水洗的方法

随着减少废水的环保要求越来越强烈，这其实也影响到提高水洗效率的能力。喷淋强化和超声波强化水洗是用的成熟的方法。它们不光用在水洗上还可以用到除油、除锈上。通常是根据工件、带出物、生产条件等选择水清洗的方法，其基本的方法如下。

① 浸渍清洗是在清洗槽中加入清洗液，将被洗物浸渍其中的清洗方式。由于仅靠清洗液的化学作用清洗，所以洗涤能力弱，需要长时间。

② 刷洗是在清洗腔室安装刷子，工件有专门的支承或夹具，在清洗剂浸渍或淋润的同时，主要靠刷子与工件的机械摩擦力进行清洗，作为初级清洗，效果好。

③ 喷淋清洗是在清洗槽内安装喷淋管，在气相中将清洗液喷射到被清洗物上，压力不足 $2kgf/cm^2$ （196kPa）。

④ 喷流清洗是从槽的侧面将清洗液在液相中喷出，靠清洗液的冲击力的物理作用促进清洗。洗涤能力比浸渍清洗强。

⑤ 喷气清洗是在清洗槽内安装喷气管（多个吸管），用气体将清洗液喷射到被洗物上的清洗方式。喷气压力为 $20kgf/cm^2$ （约 1960kPa）以上。

⑥ 喷雾清洗是在洗涤槽内安装喷雾管，在气相中将洗涤剂喷附到被清洗物上的清洗方式。压力 $2\sim20kgf/cm^2$ （约 $196\sim1960kPa$）。

⑦ 旋转筒清洗是在槽内安装旋转装置，同时旋转筒体和搅拌被清洗物。多与喷流、超声波洗涤组合使用。

⑧ 摇动清洗是在槽内安装摇动机构，装入被洗物，使之在洗涤槽内上下运动，多与喷流、超声波洗涤组合使用。

⑨ 减压清洗是在清洗槽内产生负压，由于减压，洗涤剂能较好地渗透到被洗物的缝隙之间。若和超声波作用，清洗效果会大大增强。

⑩ 高压清洗，高压清洗的冷水出水最高压力达 50MPa，而热水高压清洗机的出水压力有限，一般在 35MPa 左右，出水温度最高达 140℃。为实现出水的高温高压，清洗机首先将自来水（进水压力不小于 0.2MPa）利用四级电机或两级电机带动的柱塞泵经三级加压至高压后，再经加热器加热（加热方式有两种：燃油加热或电加热），最后由高压喷枪喷出。

⑪ 高压水射流清洗，是将普通自来水通过高压泵加压到数百个乃至数千兆帕压力，然后通过特殊的喷嘴（孔径 $1\sim2mm$），以极高的速度（$200\sim500m/s$）喷出的一股能量高度集中的水流。这一股一股的小水流如同小子弹一样具有巨大的打击能量，它能够进行钢板切割、铸件清砂、金属除锈，更能除掉管子内孔的盐、碱、油垢及各种堵塞物。利用这股具有巨大能量的水流进行清洗即为高压水射流清洗。

⑫ 超声波清洗是在清洗槽内安装超声波振子，产生超声波能量达数千个大气压的冲击波，将被洗物全部清洗的方式。

2.7.2 水洗操作

原则上每一步预处理工序（机械处理例外）后都要进行至少一次水洗，在化学除油槽和电解除油槽之间加设水洗槽，对减少生产线上的油污污染非常有效。许多生产线上，化学除油后就直接进入电解除油槽，中间没有水洗，这确实简化了工艺步骤，但是从化学除油槽带出的乳化了的油污及其他副产物，会污染后续的工序，而且会缩短电解除油剂的使用寿命。

水膜破裂试验经常用来观察工件表面是否干净，这是基于经正确除油的表面具有保持一层水膜不破裂的能力。正常情况下，表面脏，水膜就会破裂，但有时这种观察结果在某些情况下是错误的。如在表面呈碱性或含有表面活性剂，或表面沉积有亲水性污渍时，并不一定会使水膜破裂。若在观测前将工件浸入稀释的酸性溶液中也通常会使水膜破裂。而那些经过含有润湿剂的酸性溶液处理的工件表面，在某些时候就不会使水膜破裂。如果要解决这类除油、水洗问题就需要使用其他方法，可以使用导电仪来检测、控制水洗质量。

当然使用导电仪本身并不能保证好的水洗质量。有效的水洗取决于水洗时间、水的温度和工件及水的污染程度。当使用导电仪时需要确定最佳的导电值。其方法是：首先选定控制点，电解除油之后、酸洗之后，使用逆流水洗；然后在实验室内，配出各主要工序工作液的体积百分数标准液，就是将电解除油液、酸洗液分别以 0.5％、1.0％、3％、5％、8％、10％、15％、20％的比例加入到水洗水样中，用导电仪测出各个样品值并绘出图样。这就基本上对这条生产线的水洗情况做了一个描述。然后通过一段时间的生产，就可以总结出针对这一生产线各个工序后的水洗的极限值。

2.8 超声波强化

2.8.1 超声波清洗原理

由超声波电源发出的高频振荡信号，通过换能器转换成高频机械振荡，并利用超声波可在气体、液体、固体、固熔体等介质中有效传播的能力且可传递很强的能量的原理。通过清洗槽壁向槽子中的清洗液辐射超声波，槽内液体中的微气泡在声波的作用下振动，通过超声波会产生反射、干涉、叠加和共振现象和超声波在液体介质中传播时，可在界面上产生强烈的冲击和空化现象。

当声压或声强达到一定值时，气泡迅速增长，然后突然闭合，在气泡闭合的瞬间产生冲击波使气泡周围产生 $10^6 \sim 10^7$ MPa 的压力及局部调温，这种超声波空化所产生的巨大压力能破坏不溶性污物而使它们分化于溶液中。蒸汽型空化对污垢的直接反复冲击，一方面破坏污物与清洗件表面的吸附，另一方面能引起污物层的疲劳破坏而被剥离，气体型气泡的振动对固体表面进行擦洗，污层一旦有缝可钻，气泡立即"钻入"振动使污层脱落，由于空化作用，两种液体在界面迅速分散而乳化，当固体粒子被油污裹着而黏附在清洗件表面时，油被乳化、固体粒子自行脱落。

超声波在清洗液中传播时会产生正负交变的声压，形成射流，冲击清洗件，同时由于非线性效应会产生声流和微声流，而超声空化在固体和液体界面会产生高速的微射流，所有这些作用都能够破坏污物，除去或削弱边界污层，增加搅拌、扩散作用，加速可溶性污物的溶解，强化化学清洗剂的清洗作用。由此可见，凡是液体能浸到且声场存在的地方都有清洗作用，其特点适用于表面形状非常复杂的零部件的清洗。尤其是采用这一技术后，可减少化学溶剂的用量，从而大大降低环境污染。

2.8.2 超声波强化除油

在使用溶剂除油、化学除油、电解除油时，引入超声波可以强化除油过程。超声波的作用在很大程度上以"空化作用"为基础。空化作用产生巨大的冲击波，对溶液造成强烈的搅拌，并形成冲刷工件表面油污的冲击力，使工件表面深凹和孔隙处的油污也易于除去。需要 $10 \sim 30$min 化学除油才能除尽的油污，在超声波场内可以在 $2 \sim 5$min 内除尽，且除油质量大为提高。

超声波强化除油对于形状复杂工件，多孔隙、空穴的铸件，压铸件，小零件以及经抛光附有抛光膏油脂的工件，效果远优于一般除油方法。超声波是直线传播的，难以达到被屏蔽的部位，因此超声波发生器的振动子要放在槽内最有效的部位，同时工件需旋转或翻动。

2.8.3　超声波强化浸蚀

在超声波场内，可以显著提高浸蚀速度，并有助于氧化皮和浸蚀残渣的脱落，浸蚀质量较好，适用于氧化皮较厚、致密或形状复杂零件的浸蚀。

超声波浸蚀可以在原有浸蚀液的基础上施加超声波，溶液的浓度也可稍低一些。在超声波作用下，缓蚀剂发生解吸，从而会降低缓蚀效果。但是，由于溶液的浓度和温度低，上述缺点可以得到弥补。长时间的超声波作用，会使浸蚀零件产生微观针孔，失去光泽，但有利于提高镀层的结合力。

超声波浸蚀对基体渗氢有双重作用：一方面，由于金属表面活化，促进了渗氢作用；另一方面，由于超声波的空化作用，有利于吸附氢的排除。通过合理地选择超声波振动的频率、强度等参数，就可以发挥其有利的作用，减小氢脆的危害。因此，超声波浸蚀尤其适用于对氢脆比较敏感的材料。对于钢铁零件，一般可选用 $22\sim23\mathrm{kHz}$ 的超声波频率。

2.9　表面调整

当工件完成整平、除油、除锈后，在进行设计的表面涂镀覆盖操作前需要对基体表面进行调整，目的是洗去前处理后表面刚生产的氧化膜，以提高附着力；或在基体表面沉积晶核，提高镀层的结晶质量；或在基体表面预镀其他金属，以改变基体表面的电化学状态使涂镀反应顺利进行，这些为使下一步表面处理工序顺利进行，提高涂镀层的质量的预处理工作被称为表面调整，有的称为表调、表整、活化。通常表面调整是通过弱浸蚀、浸渍沉积、置换镀、预镀等方法进行的。

2.9.1　弱浸蚀

弱浸蚀（活化）是对工件在电镀前进行的表面活化处理，除去在此之前表面上生成的一层极薄氧化膜，并露出金属晶体结构，以使镀层和基底之间形成正确的原子状态的结合。这对于提高镀层与基体的结合力至关重要。弱浸蚀后工件应立即转入镀槽。

弱浸蚀的原理与强浸蚀相同。但酸的浓度低，温度低，浸蚀时间短。比如钢铁制品，化学弱浸蚀可用 $3\%\sim5\%$ 的硫酸或盐酸，室温下浸蚀 $1\mathrm{min}$ 左右。阳极弱浸蚀可用 $1\%\sim3\%$ 的硫酸，阳极电流密度 $5\sim10\mathrm{A/dm^2}$ 。

由于基材的多成分性，需要正确地活化每一种成分，就使得选择正确的活化效果变得非常的困难。选用哪种酸及其浓度取决于基材金属的类型和表面状况。是冲压件还是铸件，表面是否易于生成浸蚀残渣，工件表面氧化皮数量，工件表面有没有污渍，这些都是在活化工序需要考虑的重要因素。要求镀层的抗腐蚀性能时，由于氯离子会影响耐蚀性，所以不能使用盐酸。活化也不加入缓蚀剂。表面润湿剂能降低表面张力，它比缓蚀剂易于清洗，从而经常被加到酸性活化剂中。但是这种表面润湿剂要与加入到下一步工序溶液中的表面活性剂必须属于同一类才行。

铅的硫酸盐和氯化物不溶于水或微溶，故铅的镀前活化不宜采用硫酸或盐酸活化，因为以上两种酸活化后，经水洗也不可避免地要有残留，当进入镀槽后，作为不溶物吸附在零件表面后会在镀层中夹杂，影响结合力，所以镀前活化尽量采用氟硼酸。氟硼酸的含量与镀槽游离酸含量要相近，可以活化后不经水洗直接入槽电镀。

2.9.2　预浸

在化学镀镍中预浸往往发挥很重要的作用。当遇到有结合力的问题或在工件上有污渍时，化学镀之前进行氨水预浸，是最后一道预处理工序。在化镀槽前，加一道含有氨水的"静水洗"工序，使用浓度为 0.25%～0.50% 的氨水"去膜剂"，带入化学镀液不会有影响，而且有助于化学镀镍在工件表面的引发。在批量比较大的生产中，工件本身的温度变化对沉镍有很大影响时，化学镀镍的引发特别关键。因为氨水可以快速引发孔隙部分的反应，所以对于那些孔隙率比较高的工件特别有好处。在酸性的化学镀镍前，使工件表面有一层微碱性的膜层，在许多生产中可以减少潜在问题的发生。在化学镀镍前，也可以用碳酸钾作预浸。

表调是在磷化前增加表面调整工序。加入调整剂胶体磷酸钛，胶体磷酸钛是一种能够改变金属表面状态、加速磷化过程、降低磷化液温度、促使形成结晶细微致密的磷化膜的化学材料。它吸附在金属表面，成为一层分布均匀、数量较多的磷化结晶的晶核。由于金属表面的晶核数量多，在结晶成长过程中，晶体之间能很快互相连接，限制了晶体继续生长，因而使得磷化膜结晶细密均匀。

2.9.3　不锈钢的表面调整

不锈钢电镀适当的金属后，可改善其钎焊性，减少高温氧化，提高导热性和导电性，在制造弹簧或拉丝时改善润滑性，不锈钢也可采用真空磁控或多弧离子镀技术。不锈钢表面容易生成一层薄而透明且附着牢固的耐蚀钝化膜，因此按一般钢铁零件的电镀工艺不能获得附着力良好的镀层。在不锈钢进行电镀之前，除按一般钢铁的除油和浸蚀外，通常还需要进行活化预处理，活化处理是保证电镀层有足够附着力的重要步骤。一般的活化处理方法包括阴极活化法、浸渍活化法和镀锌活化法等。

① 阴极活化处理是由于阴极表面析出氢气后，强烈的还原作用活化了氧化膜，从而保持新鲜的不锈钢表面。

② 浸渍活化法是将工件浸渍在活化液中，通过化学反应除去不锈钢表面的钝化膜，但要考虑活化液对不锈钢基体的过腐蚀。浸渍活化液的一个典型的配方是：$(NH_4)_2SO_4$ 98～102g/L，H_2SO_4 85～90g/L，H_3PO_4 5～6g/L，H_2SiF_6 5～6g/L。采用该活化液获得的镀层光洁平整，硬度高，耐蚀性好，与基体的结合力优良。

③ 镀锌活化处理是在不锈钢上镀一层很薄的金属锌，然后浸入还原性酸中，由于锌与不锈钢的电极电位不同，在介质中构成微电池使锌层腐蚀溶解，而不锈钢基体作为阴极，析出的氢气对其表面的氧化膜起还原活化作用，从而提高覆盖层的结合力。

镀锌活化处理的具体操作过程为：a. 对不锈钢基体作除油处理；b. 在 500mL/L 盐酸中浸蚀 5～10min，氧化皮较厚时，在盐酸中可适量添加氢氟酸、硫酸或磷酸，并适当延长浸蚀时间；c. 在普通镀锌槽中镀 1～2min，最多不超过 5min，然后在 500mL/L 盐酸或硫酸中退锌，再重复镀锌和退锌，即可电镀其他金属。

2.9.4　锌合金的表面调整

锌合金压铸件（含铝约 4% 的锌合金材料）具有精度高、加工过程无切割或少切割、密度小、有一定机械强度等优点，因此在工业上对受力不大、形状复杂的结构和装饰零件，广泛采用锌合金压铸件。锌合金容易被腐蚀，故常采用电镀层作为防护层或防护装饰层。电镀前需要进行预镀铜。其表面调整工艺由活化和预镀组成。

锌合金压铸件经磨光、抛光、除油后，表面有一层极薄的氧化膜。为保证镀层的结合强度，通常选用 1%～3% 的氢氟酸溶液，浸渍活化 3～5s。当表面呈现均匀小泡或微变色时，马上出槽清洗。还可以采用 15～20mL/L 的氟硼酸溶液腐蚀活化处理 2～10s。活化后的工件即可进行氰化预镀铜。

为保证形状复杂的锌合金压铸零件有良好的电镀分散能力和覆盖能力，并防止锌与电镀液中电位较正的金属离子发生置换反应，影响镀层的结合力，锌合金压铸零件应带电下槽，入槽后采用 $2\sim3A/dm^2$ 大电流冲击电镀 $1\sim3min$，以便很快镀覆一层完整而孔隙较少的致密铜层。然后恢复正常电流密度，采用阴极移动电沉积铜时，可获得结晶细致、平滑的铜镀层。预镀铜底层的厚度应不少于 $5\mu m$，最好 $8\sim10\mu m$ 以上。预镀铜太薄，在后续进行酸性镀铜或镀镍时不足以阻止溶液对锌合金的浸蚀，此外预镀铜越薄，铜向锌合金的扩散越快，因表面镀层与锌合金基体的电位差而引起的电化学腐蚀也越严重。形状不太复杂的锌合金压铸件也可以采用中性镍镀液预镀。

2.9.5　铝及铝合金的表面调整

在铝及铝合金上电镀时：a. 铝及铝合金极易生成氧化膜，严重影响镀层的结合力；b. 铝的电极电位很负，浸入电镀液时容易与具有较正电位的金属离子发生置换，影响镀层结合力；c. 铝及铝合金的膨胀系数比其他金属大，因此不宜在温度变化较大的范围内进行电镀，也将引起较大的应力，从而使结合力不牢；d. 铝是两性金属，能溶于酸和碱，在酸性和碱性电镀液中都不稳定；e. 铝合金压铸件有砂眼、气孔，会残留镀液和氢气，容易鼓泡，也会降低镀层和基体金属间的结合力。

为在铝及铝合金表面上得到结合力良好的电镀层，需要进行特殊的表面调整，制取一层过渡金属层或能导电的多孔性化学膜层，以保证随后的电镀层有良好的结合力。目前常用的方法有两种：先化学浸锌，然后电镀其他金属；先进行阳极氧化处理，再电镀其他金属。

（1）化学浸锌

该法是将铝和铝合金制件浸入强碱性的锌酸盐溶液中，在清除铝表面氧化膜的同时，置换出一层致密而附着力良好的沉积锌层。这层沉积锌层一方面可防止铝的再氧化，另一方面改变了铝的电极电位，在锌的表面电镀要比铝表面电镀容易得多，使铝和铝合金的电镀获得满意的结合力。

化学浸锌原理：当铝和铝合金浸入强碱性的锌酸盐溶液时，界面上发生氧化还原反应，即铝氧化膜和铝的溶解以及锌的沉积。

$$Al_2O_3+2NaOH =\!\!=\!\!= 2NaAlO_2+H_2O$$
$$2Al+2NaOH+2H_2O =\!\!=\!\!= 2NaAlO_2+3H_2\uparrow$$
$$2Al+3ZnO_2^{2-}+2H_2O =\!\!=\!\!= 3Zn+2AlO_2^-+4OH^-$$

在浸锌溶液中锌以配合物形式存在，析出电位变负，置换反应进行得缓慢而均匀。而由于氢在锌上有较高的过电位，所以析氢反应受到强烈的抑制，使铝基体不会受到严重的腐蚀，这样有利于置换反应，从而获得均匀致密的锌沉积层。

浸锌工艺一般采用两次浸锌。第一次浸锌时，首先溶解氧化膜而发生置换反应，获得的锌层粗糙多孔，附着力不佳，同时难免还有少量氧化膜残留。第一次浸锌层需要在 1:1 硝酸溶液中除去，使铝表面呈现均匀细致的活化状态。然后第二次浸锌以获得薄而均匀细致、结合力强的锌层。浸锌层以呈米黄色为佳，两次浸锌可以在同一浸锌溶液中进行，也可先在浓溶液后在稀溶液中进行。

在浸锌溶液中，氢氧化钠是锌的络合剂，通过控制其与氧化锌的相对含量，可以控制置换反应以比较缓慢的速度进行，从而改善镀层结构使结晶细致均匀。化学浸锌溶液中，氢氧化钠:锌一般为 $(5\sim6):1$，但铝铜合金则比例提高到 $(6\sim10):1$。在浸锌溶液中，除了氢氧化钠和氧化锌外添加少量其他物质，其目的在于改善浸锌层的结构，提高浸锌层与基体的结合力。加入少量的 $FeCl_3$ 时，Fe^{3+} 与 Al 发生置换反应，使沉积的锌层含有少量铁，加入酒石酸钾钠时，可防止 Fe^{3+} 在碱性溶液中沉淀，通过控制它们的加入量可调节锌层中铁的含量。溶液中引入 F^- 可对铝硅合金起活化作用。

化学浸锌时的挂具不能用铜或铜合金，以防止铜与铝或铝合金接触置换，应把钢丝或铜或铜合金镀镍后进行化学浸锌。

（2）阳极氧化处理

阳极氧化处理是指在铝与铝合金表面上生成一层阳极氧化膜。这层氧化膜孔隙多，孔径大，具有良好的导电性，与基体结合力强。电镀时，金属粒子沉积在膜孔隙中，提高镀层的结合力。

阳极氧化可在多种溶液中进行，与其他阳极氧化工艺所得到的氧化膜相比，磷酸氧化膜呈现比较均匀的粗糙度，具有超微观均匀的凹凸结构、最大的孔径和最小的电阻，若在此表面上沉积金属，则晶核形成多，镀层均匀细致，附着力好。因此，磷酸阳极氧化处理是最适合为电镀打底层的阳极氧化处理工艺。常用的磷酸阳极氧化的工艺规范如下：磷酸（H_3PO_4）300～500g/L；电压 20～40V；温度 25～35℃；氧化时间 10～15min；阳极电流密度 1～2A/dm^2。

氧化膜的孔隙率随磷酸含量的增加和温度的升高而增大，随电流密度的降低而减少；氧化膜的厚度随磷酸浓度的增加而降低。膜的厚度只需 3μm 左右即可。由于氧化膜极薄，在以后的电镀时，不宜采用强酸或强碱性电镀液，一般电镀的 pH 值应在 5～8。阳极氧化时要不断搅拌溶液，以防止局部温度过高。铝及铝合金零件阳极氧化后经稀氢氟酸溶液（0.5～1.0mL/L）活化，清洗后立即进行电镀。

2.9.6 镁合金的表面调整

镁合金具有轻质耐用、减振、比强度高、易于回收再利用、价格低廉的特点，被广泛使用于军工、汽车、摩托车、飞机、手机、电脑、五金机电等工业产品中。在镁合金上电镀适当的金属可以改善其导电性、焊接性、耐磨性、抗腐蚀性，提高外观装饰性。由于镁的化学活性和对氧的亲和力很高，表面很快形成氧化膜，因此，镁及镁合金在电镀前必须对其表面进行特殊的预处理，才能保证镀层与基体良好的结合。实际应用较广的有两种预处理方法：浸锌法和化学镀镍法。

（1）浸锌法

浸锌法是镁合金镀前处理的典型工艺，具有较好的镀层结合强度，对锻造和铸造镁合金均适用。浸锌法的工艺流程为：除油→水洗→浸蚀→水洗→活化→水洗→浸锌→水洗→预镀铜。浸锌溶液含有锌盐、焦磷酸盐、氟化物和少量碳酸盐。经浸锌处理后，在镁及镁合金表面形成一层置换锌层。浸锌的工艺规范如下：硫酸锌（$ZnSO_4 \cdot 7H_2O$）30g/L；碳酸钠（Na_2CO_3）5g/L；焦磷酸钠（$Na_4P_2O_7$）120g/L；pH 10.2～10.4；氟化钠（NaF）或氟化锂（LiF）3～5g/L；温度 80℃；时间 3～10min。

溶液中最好选用氟化锂，因为其含量在 3g/L 时已达到饱和，使用时将过量的氟化锂装入尼龙袋后放入槽中，可自行调节含量。对于某些镁合金需要进行二次浸锌，才能获得良好的置换锌层。为保证镀层具有良好的结合力，经浸锌后的镁合金零件还需要预镀铜，预镀铜后，经水洗就可电镀其他金属。

（2）化学预镀镍法

采用化学预镀镍法时，工件经除油、浸蚀和水洗后，在氢氟酸（70%）55mL/L 溶液中，于室温下活化 10min，含铝高的镁合金在 HF（70%）100mL/L 溶液中进行活化，水洗后进行化学预镀镍。

镁合金不耐 SO_4^{2-} 和 Cl^- 的腐蚀，不能使用常用的硫酸镍或氯化镍化学镀配方，可用碱式碳酸镍作为化学镀镍的主盐，但碳酸镍不溶于水，所以必须用氢氟酸来溶解。其配方工艺如下：碱式碳酸镍 $3Ni(OH)_2 \cdot 2NiCO_3 \cdot 4H_2O$ 10g/L；氢氟酸 HF（70%）10mL/L；柠檬酸

$C_6H_8O_7 \cdot H_2O$ 5g/L；氟化氢铵 NH_4HF_2 10g/L；次磷酸钠 $NaH_2PO_2 \cdot H_2O$ 20g/L；pH 6.0～6.5；氨水（25％）30mL/L；温度为75～80℃。化学镀镍后再经水洗即可镀其他金属，为提高镀镍层的结合力，可在200℃下加热1h。

2.9.7　钛及钛合金的表面调整

钛及钛合金质量小，强度高，但是容易划伤、咬死和缺乏高温耐腐蚀性。为改善钛及钛合金的上述不足，常在表面镀覆合适的金属层。钛及钛合金与铝、镁一样，是一种能迅速形成表面氧化膜的活泼金属，因此必须采取特殊的预处理才能在其上获得附着力良好的镀层，常采用活化预浸镀镍法处理。

活化预浸镀镍法是在活化的钛基体上进行预浸镀镍，获得一层致密、附着力高、以镍为主的浸镀层，活化预浸镀镍后即可电镀其他金属。镍作为中间层并经热处理，使镍与钛相互扩散，产生冶金结合，从而提高了镀层的结合力。

活化预浸镀镍法的基本步骤为：按一般钢铁件除油后，钛及钛合金先进行化学浸蚀，使钛基体获得良好的活化状态，然后进行浸镀镍。活化浸蚀工艺条件为：盐酸（HCl）94％～96％（体积分数）；氢氟酸（HF）4％～6％（体积分数）；温度为室温；时间2min。化学浸蚀时采用盐酸-氢氟酸，不用硝酸-氢氟酸做活化液，可避免硝酸对基体可能产生的钝化作用。

浸镀镍工艺条件为：乙二醇700mL/L；硼酸 H_3BO_3 50g/L；氯化镍 $NiCl_2 \cdot 6H_2O$ 20g/L；氟化氢铵 NH_4HF_2 35g/L；乳酸（88％）20mL/L；冰醋酸180mL/L；温度50℃；时间30min；pH 5.0～5.5。

浸镀镍溶液中有氟离子，会对钛合金基体表面起浸蚀活化作用，同时又含有乳酸络合剂，使镍离子呈络合状态，因此其置换反应进行得均匀而缓慢，从而得到附着力良好的浸镀层。该膜层具有催化活性，在其上可直接电镀或化学镀镍。当以镍作为预镀层时，厚度不应大于 $1\mu m$。

2.10　设计预处理工艺流程的几项原则

我们可以把预处理生产简单地分解成几个单一步骤，每一个步骤，都是要除去表面上的一些东西，而在下一步骤中表面上又会带上另外一些东西。要想生产顺利不出问题，从某一工艺步骤中的表面膜带上的物质，必须与下一步骤相适应，而不能造成新的问题。所以有许多预处理的基本概念、规则必须贯彻在工程意识中，忽略它们都会不同程度地影响到镀层的最终质量。

它们是：a. 所有的金属都是不同的（合金元素、杂质、金相、晶间等），不同的金属需要不同的前处理工序以及具体的操作方法；b. 不可能有万能的预处理工序；c. 没有真理般的前处理工艺流程；d. 许多经过验证的或正在应用的前处理工艺都可能会出现预见以外的问题，需要不停地尝试，不断地调整和改进。

预处理工艺流程的设计需要考虑工件金属材料的种类、加工历史、表面形态、工件形状，以及对镀层质量的要求等多方面的因素，但下面的一般原则是应当注意的。

① 在强浸蚀前应先除油，若金属制件表面黏附有大量的油污且锈蚀严重时，必须先进行粗略除油和机械除锈。否则酸液不能和氧化皮充分接触，浸蚀达不到要求，局部又会浸蚀过度。

② 当工件表面矿物油、磨光膏、抛光膏多时，最好先进行有机溶剂除油，除油后应使工件干燥，以免有机溶剂带入后面的工序。有机溶剂除油后需要采用化学除油或电化学除油进行补充除油。

③ 应重视水洗。镀件在除油、酸洗处理后冲洗不干净，将会造成交叉污染，会将酸、

碱和表面活性剂等带入镀槽，恶化镀液。每经过一次除油，必须用水充分洗涤。首先用60～80℃的热水洗涤，除去肥皂、碱、乳浊液、硅酸钠，以避免它们被带入浸蚀液形成固态硅胶和脂肪酸，妨碍酸洗过程的进行。热水洗后，应进一步在流动冷水中充分洗涤。采用两槽逆流漂洗省水又清洗彻底。

零件经过浸蚀后，至少经过两道冷水洗，第二道为流动水洗，并且应合理确定水流的方向，以利于污物的不断排除。水洗槽设计可以使用双重或三重逆流水洗。浸蚀后不能用热水洗，以免零件表面过腐蚀。

④ 酸洗液的种类、浓度、温度的不同对钢铁件有不同的浸蚀作用，需根据工件的锈蚀程度、精度、工件材质等条件来选择，以免过腐蚀或因速度过慢而影响加工进度。经过热处理或焊接的工件在酸洗之前先要进行预处理。热处理件在热处理时因油污未清除而形成的焦烟物很难洗去，事先要用手工擦刷，或在浓碱液中煮，待煮疏松后再酸洗就方便多了。焊接件的焊接点周围形成的焊渣要用小锤子敲去，否则这种氧化皮在酸中极难除去。

⑤ 弱浸蚀前，最好进行一次电化学除油，处理时间不需太长，1～2min 即可，这对基体金属和镀层间的良好结合是极为重要的工艺步骤。清洗后转入弱浸蚀。弱浸蚀后经清洗，迅速转入镀槽进行电镀，这对保证良好结合力至关重要。

⑥ 表整永远是镀前预处理最后一道工序，是否还需清洗视具体情况而定。如果清洗后不马上电镀应将工件存于稀碳酸钠溶液中，电镀前还应进行弱浸蚀。

⑦ 绝对不允许把酸性物质带入氰化电镀液中，否则会产生剧毒的氰氢酸。

最后应该指出的是，在通常情况下，除了批量生产的新产品及技术上有特殊要求的工件，由于专业性强，必须执行单独编制的专用工艺外，一般工件都可按典型工艺加工，但典型工艺内容往往比较笼统，某些方面允许灵活掌握，故在一定的工艺范围内，操作者可在不影响质量的前提下，视具体情况，在工艺程序上可以增添或省略，以利于提高工作效率，降低生产成本。一般来说，手工操作预处理作业比较灵活，可根据具体情况取舍或者重复工序。机械自动线流水作业预处理安排要特别慎重，除油和浸蚀都要十分可靠和充分。图 2-4 是几种电镀预处理大致工艺安排。

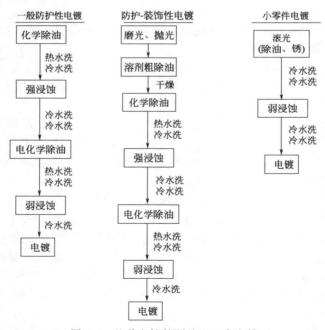

图 2-4　几种电镀的预处理工序安排

第3章 电镀基础

电镀是一种特殊的电化学反应，在这个电化学反应中，电极、电解液、电流、电压都是重要的反应参数，只有这些参数达到一个有机的配合，才可能形成均匀、致密、结合力良好的镀层，否则可能是电精炼、电解水、电抛光、阳极氧化等其他电化学过程。

3.1 绪 论

3.1.1 电镀

3.1.1.1 电镀定义

电镀（electroplating）是利用电解使金属或合金沉积在制件表面，形成均匀、致密、结合力良好的金属层的过程。所谓"电解"，是指在含金属盐的溶液中，用通入外加电流的方法使金属离子（或其络离子）在阴极上还原为金属。还原出的金属沉积在阴极上的过程称为"金属电沉积"（electrodeposition），包括电镀、电铸、电冶金、电精炼等。电镀与其他电沉积过程不同的是：所用阴极为待镀工件（金属制品，也可以镀非金属制品），要求沉积出的金属镀层均匀，致密，与基体结合牢固。

（1）电镀的优点

电镀是一种有效的复合材料方法。在普通材料表面上电镀具有要求性能的镀层，在某些环境中可以代替昂贵的整体材料。与一些需要高温、高压、高真空的表面层制备技术相比，电镀工艺设备简单，操作容易控制。

电镀技术适用范围宽，从正电性金属到负电性金属，从低熔点金属到高熔点金属，从高纯金属到合金，都可以进行电镀。

电镀适于大批量生产，易于机械化自动化。

（2）电镀的缺点

受镀槽体积限制，大型工件难以进行电镀。

小型而形状复杂的工件也难以电镀出满意的质量。

如何进行三废治理，减少环境污染是制约电镀发展的大问题。报废镀液处理烦琐；电镀过程水洗产生的废水量大，治理昂贵；电镀的析氢废气难于处理和利用。

电镀使用工装较多，有时比较复杂，还要频繁进行清洗，修复等。

3.1.1.2 基本过程和设备

（1）基本过程

如图 3-1 所示，被镀工件和阳极浸在电解液中。被镀工件接电源负极，阳极接电源正极。电源采用直流电源或准直流电源。

（2）电解液组成

电解液由主盐、附加盐、络合剂、添加剂

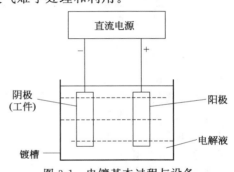

图 3-1 电镀基本过程与设备

组成。

主盐提供被镀金属离子。附加盐、络合剂、添加剂改善电解液性能和镀层质量。

例如普通镀镍用电解液，主盐为 $NiSO_4$ 和（或）$NiCl_2$，提供镍离子，加入硼酸维持电解液的 pH 值，加入十二烷基硫酸钠降低镀层孔隙；有的配方加入 NaCl 或 Na_2SO_4 增加电解液的导电性。

（3）阴极

被镀工件作为阴极，表面上主要发生金属离子（或其络离子）的还原反应，形成金属镀层，覆盖在工件表面。如在硫酸镍电解液中镀镍，主要阴极反应为：

$$Ni^{2+} + 2e === Ni$$

在氰化物电解液中镀铜，主要阴极反应为：

$$[Cu(CN)_3]^{2-} + e === Cu + 3CN^-$$

前式为简单金属离子的还原，后式为金属络离子的还原。

（4）阳极

大多数电镀过程采用可溶性阳极，即以被镀金属材料制作阳极，如镀镍用镍制作阳极，镀铜用铜制作阳极。阳极反应为金属的氧化反应，生成金属离子以补充阴极反应中金属离子的消耗。对镍阳极，反应式为：

$$Ni === Ni^{2+} + 2e$$

也有一些电镀过程采用不溶性阳极，如镀铬。在电镀过程中不溶性阳极表面上发生某些物质的氧化反应，而金属离子的消耗由添加主盐进行补充。

（5）镀槽

镀槽是盛装电解液的器具。同时还要满足阴极和阳极安装，电镀过程中加热或冷却等需要。

3.1.1.3 工艺参数

3.1.1.3.1 电解液组成

电解液由主盐、附加盐、络合剂、添加剂的各组分按规定浓度或浓度范围组成。常用浓度单位是克/升（g/L）或毫升/升（mL/L）。有时还规定电解液的 pH 值。

（1）电解液的种类

电镀中使用的电解液通常分为两类：单盐电解液和络盐电解液。

① 单盐电解液　被镀金属以简单离子形式存在于电解液中。其主盐有如下几种：

a. 硫酸盐，如酸性镀锌电解液（主盐为 $ZnSO_4$）；

b. 氯化物，如氯化物镀锌电解液（主盐为 $ZnCl_2$）；

c. 氟硼酸盐，如氟硼酸盐镀镍电解液 [主盐为 $Ni(BF_4)_2$]；

d. 氨基磺酸盐，如氨基磺酸盐镀镍电解液 [主盐为 $Ni(NH_2SO_3)_2$]；

e. 氟硅酸盐，如氟硅酸盐镀铅电解液（主盐为 $PbSiF_6$）。

这类电解液都是酸性的，这是因为能电沉积的简单金属离子在碱性条件下会水解形成氢氧化物沉淀。

根据酸度的高低，这类电解液可分为强酸性镀液和弱酸性镀液。强酸性镀液的基本成分是主盐和与主盐相对应的酸，例如硫酸盐镀铜电解液，除含硫酸铜外，还含有游离的硫酸。在氟硼酸盐镀铅电解液中，除含氟硼酸铅外，还含有游离的氟硼酸。弱酸性镀液的主要成分除了主盐外，一般还含有其他导电盐和稳定溶液 pH 值的缓冲剂，如氯化物镀锌电解液中，主盐为氯化锌，另外还有氯化钾（或氯化钠）和硼酸。为改善镀层质量，许多单盐电解液中常加入有机添加剂。

单盐电解液中的主要成分大多是强电解质，在水溶液中它们全部离解为简单离子。在水溶液中这些离子都被一层水分子包围，形成水化离子。单盐电解液的主盐浓度一般都比较高，在低于极限电流密度的条件下，通常不会因扩散迟缓而导致明显的浓差极化。这样可以适当提高阴极电流密度以加快沉积速度。

单盐电解液中的放电离子大多是二价的，在第 2 章曾指出，两价金属离子的阴极还原比一价金属离子复杂，大多按两步进行。

单盐电解液的优点是成分简单，成本较低；阴极电流效率很高；废水处理方便；可以使用较大的阴极电流密度。但简单金属离子还原反应的交换电流密度较大，阴极极化性能一般比较小（镍、铁、钴例外），因此镀层结晶较粗，镀液分散能力和覆盖能力也较差，仅适用于形状比较简单的工件。选择适当的添加剂，可以使镀层结晶得到明显细化，还可获取光亮镀层，镀液分散能力和覆盖能力可以改善。比如在普通酸性镀铜电解液（主盐为硫酸铜）中加入高效整平光亮剂，可以得到结晶细致，具有镜面光泽的全光亮铜镀层（见 4.1.2）。所以选择性能优异的添加剂是单盐电解液电镀工艺的发展方向之一。

铁族金属（镍、铁、钴）离子还原反应的交换电流密度小，阴极极化性能强，使用单盐电解液就可得到结晶细致的镀层。

② 络盐电解液　被镀金属以络离子形式存在于电解液中。这类电解液的基本成分是主盐和与主要放电金属离子起络合作用的络合剂。常用的络合剂有：

a. 氰化物（如 NaCN 或 KCN），如氰化物镀铜、银、锌、铜锌合金、铜锡合金电解液；

b. 焦磷酸盐（如 $Na_4P_2O_7$），如焦磷酸盐镀铜，镀镍电解液；

c. 氨（如 NH_4Cl），如氯化铵-氨三乙酸镀锌，镀镉电解液；

d. 有机酸盐，如柠檬酸（Cit）盐镀镍电解液；

e. 氢氧根离子（如 NaOH），如锌酸盐镀锌电解液；

f. 羟基亚乙基二磷酸（如 HEDP），如 HEDP 镀铜电解液；

g. 其他，如乙二胺四乙酸（EDTA）、三乙醇胺等。

络合剂可以用一种，也可以用几种。如氰化物镀铜，络合剂为 NaCN 或 KCN，氰化物镀锌，络合剂为 NaCN（或 KCN）及 NaOH。络合剂的用量，除了络合金属离子之外，通常还需有足够的游离量，以保持镀液稳定。

在电解液中不仅有水化的金属离子，而且还存在着不同配位数的多种金属络离子，它们分别以不同的浓度存在于镀液之中。比如氰化物镀铜电解液中，金属络离子有 $[Cu(CN)_4]^{3-}$、$[Cu(CN)_3]^{2-}$、$[Cu(CN)_2]^-$ 几种络离子。配位数愈大的络离子的不稳定常数愈小，在溶液中的浓度愈大，也愈不容易发生还原反应。

由于金属离子与络合剂形成稳定的络离子，使阴极还原反应阻力增大，阴极极化性能增强，而且主要表现为电化学极化。一般来说，络盐电解液的阴极极化性能比单盐电解液强，所以镀层结晶细致，镀液分散能力好。由于阴极还原反应的平衡电位降低，副反应速度比较大，故电流效率比单盐电解液低。络盐电解液的种类很多，络离子的形态也各不相同，镀液性能和镀层质量也有较大差别。

（2）主盐浓度的影响

① 单盐电解液　主盐浓度对镀液性能和镀层质量有很大影响。在其他条件（温度，阴极电流密度等）不变时，增加主盐浓度，即增加了主体溶液中金属离子浓度，极限电流密度 i_d 增大，阴极上金属离子放电的消耗容易得到补充，这样就使阴极极化减小，晶核形成速度降低，镀层结晶变粗，分散能力和覆盖能力变坏。但主盐浓度高，溶液导电性好，可以采用较大的阴极电流密度，而且阴极电流效率也较大，故对提高沉积速度有利。对于光亮性镀液，主盐浓度较大还有利于提高镀液的光亮性能和整平性能。至于阴极极化性能较弱的问题，可以适当提高阴极电流密度和选用良好的添加剂来解决。

反之，降低主盐浓度可以使阴极极化性能增强，镀层质量改善。但主盐浓度低使电解液导电性差，允许使用的阴极电流密度上限小，沉积速度低；而这样做对改善镀层结晶组织的效果并不十分显著，所以生产中很少使用降低主盐浓度的方法来改善镀层质量。但主盐浓度低的镀液的分散能力和覆盖能力较好，适用于电镀形状较复杂的工件和进行预镀。因此，每一种电镀工艺和电解液，都要有一个合适的主盐浓度范围。与镀液中其他组分的浓度维持合适的比值。

　　电镀铁、镍、钴的电解液一般都是单盐电解液，但镀液的阴极极化性能强，而且主要是电化学极化，主盐浓度的影响较小。

　　② 络盐电解液　络盐电解液的阴极极化主要为电化学极化，而且络离子浓度允许变化范围较大，因此，多数络盐电解液的性能受主盐浓度的影响不甚显著。

　　（3）附加盐

　　附加盐的作用主要有以下几点。

　　① 增加溶液的导电性　如硫酸盐镀镍电解液（主盐为 $NiSO_4$）中加入 Na_2SO_4 或 $MgSO_4$，酸性镀铜电解液（主盐为 $CuSO_4$）中加入 H_2SO_4。氯化钾镀锌电解液中尽管 KCl 的含量很高，氯化钾的作用仍然是增加镀液的导电性（氯离子对锌离子的络合作用很微弱）。

　　② 提高阴极极化作用　多数附加盐都有提高阴极极化的作用，从而使镀层结晶细化。其原因是：附加盐金属离子（如上面所说的 Na^+）的存在并向阴极迁移，使阴极附近放电金属离子的浓度降低。但是，如果附加盐离子的水化能力较大，放电金属离子或多或少地被加入的附加盐离子去水化，从而更易在阴极上放电，那么附加盐将使阴极极化降低。

　　③ 扩大阴极电流密度范围　如焦磷酸盐镀铜电解液中加入的硝酸盐，这里起作用的是硝酸根离子（NO_3^-）。

　　④ 促进阳极溶解　如普通镀镍电解液（主盐为 $NiSO_4$）中加入 NaCl，氯离子可以防止镍阳极发生钝化。

　　⑤ 防止金属盐水解　如酸性镀铜电解液中加入硫酸，防止 $CuSO_4$ 水解生成 Cu_2O。

　　⑥ 缓冲作用　如普通镀镍电解液，氯化钾镀锌电解液中都要加入硼酸以维持 pH 值在正常操作范围。

　　附加盐也可能带来不利影响。如硫酸盐镀镍电解液中加入硫酸钠，虽能增加导电性，改善分散能力，使晶粒细化，但会降低阴极电流效率和阴极电流密度上限，增加镀层孔隙率。

　　附加盐的作用一般是通过试验或生产实践得出的。加不加，加多少，也要根据镀液的具体情况而定。

　　（4）添加剂

　　添加剂是指加入镀液中不会明显改变溶液电性（如导电性、平衡电位等）而能显著改善镀层性能的少量物质。不仅单盐电解液需要添加剂，一些络盐电解液也需要添加剂。添加剂用量很少，提高镀层性能效果明显，而且种类多，选择范围大，因此在电镀生产中应用十分广泛。添加剂的种类很多，可分为无机添加剂（硫、硒、碲、铅的化合物）和有机添加剂。目前，有机添加剂的开发和应用发展很快。

　　① 电镀添加剂的作用机理　金属的电沉积只有在一定的过电位下才具有足够高的晶粒成核速率、中等的电荷迁移速率及足够高的结晶过电位，从而保证镀层平整致密光泽、与基体材料结合牢固。有机添加剂都是表面活性物质，它们能在阴极表面特性吸附，形成一层障碍物，增大电极反应阻力，使金属离子还原反应变得困难，交换电流密度减小，阴极极化性能增强。而恰当的电镀添加剂能够提高金属电沉积的过电位，为镀层质量提供有力的保障。

　　其作用主要表现在以下几方面：改变双电层中溶液一侧离子的分布情况，从而影响电极反应速度；如果吸附在局部活性位置，且对金属离子放电有阻化作用，则反应的有效面积减小，真实电流密度增大；如果形成了完全的吸附层，金属离子放电必须先穿透这个吸附层，这就使反应活化能增大。

扩散控制机理：在大多数情况下，添加剂向阴极的扩散（而不是金属离子的扩散）决定着金属的电沉积速率。这是因为金属离子的浓度一般为添加剂浓度的 $10^2 \sim 10^5$ 倍，对金属离子而言，电极反应的电流密度远远低于其极限电流密度。在添加剂扩散控制情况下，大多数添加剂粒子扩散并吸附在电极表面张力较大的凸突处、活性部位及特殊的晶面上，致使电极表面吸附原子迁移到电极表面凹陷处并进入晶格，从而起到整平光亮作用。

非扩散控制机理：根据电镀中占统治地位的非扩散因素，可将添加剂的非扩散控制机理分为电吸附机理、络合物生成机理（包括离子桥机理）、离子对机理、改变赫姆霍兹电位机理、改变电极表面张力机理等多种。

② 添加剂的类型　添加剂按其作用功能可分为光亮剂、整平剂、润湿剂、应力消除剂和晶粒细化剂等。不同功能的添加剂一般具有不同的结构特点和作用机理，但多功能的添加剂也较常见，例如糖精既可作为镀镍光亮剂，又是常用的应力消除剂；并且不同功能的添加剂也有可能遵循同一作用机理。

a. 光亮剂。镀层的光亮是由于晶粒的细化作用、结晶的定向排列作用和整平作用三者有机地结合。凡是影响这三个过程的因素都会影响镀层的光亮度。如镀光亮镍电解液中的糖精、丁炔二醇。

b. 整平剂。能减小镀层微观不平，如镀镍电解液中的香豆素。

c. 润湿剂。能减少镀层孔隙，如镀镍电解液中的十二烷基硫酸钠。

d. 应力消减剂。镀层内应力的产生与镀层形成过程中结构组织所发生的变化（温度、析氢等）有关。如镀铬过程中伴随着氢的析出，氢渗入金属中引起沉积层膨胀，使镀层产生压应力；而在沉积过程中氢扩散逸出，导致镀层缩小，使镀层产生张应力，从而使镀层产生压应力，影响镀层的结合力。镀光亮镍电解液中的糖精也是应力消减剂。

e. 晶粒细化剂。能使镀层结晶细致，如碱性锌酸盐镀锌电解液中的 DE 添加剂、DPE 添加剂。

正因为添加剂的作用非常显著，添加剂的研究和开发受到极大的重视，品种日益增多。添加剂的组合可以产生更好的效果。

必须注意，添加剂的作用有选择性，同一种添加剂，在一种镀液中可能很有效，而在另一种镀液中却可能起坏的作用。添加剂也可能会产生不利的影响。因此在电镀过程中对添加剂的选择和用量要严格控制，使用组合添加剂时要使各组分配比适当。

注意，添加剂的筛选和用量只能通过试验确定。

3.1.1.3.2　工艺操作条件

（1）温度

温度对电镀过程的影响是很大的。在其他条件不变时，温度升高使阴极极化性能减弱。这是因为温度升高使 i_d 增大，浓差极化减小；电极反应变得容易，电化学极化减小。阴极极化性能减弱，将导致电解液的分散能力和覆盖能力变差，镀层质量降低。另外，提高温度可能导致电解液不稳定，包括某些盐的分解（如焦磷酸盐、氯化铵），氰化物与二氧化碳反应速度加快等。也可能导致有机添加剂的作用降低，甚至失效。

另一方面，温度升高使盐类溶解度增大，导电性增加，从而可改善分散能力；温度升高可促进阳极溶解，防止阳极钝化；温度升高可减少镀层渗氢量。温度升高还可以减少镀层针孔，降低镀层内应力。至于温度升高对阴极极化性能的不利影响，可以通过提高阴极电流密度来解决。因为升高温度可以增大 i_d，就可以使用更大的阴极电流密度，从而增大阴极极化。这是升高镀液温度的有利一面。

因此，每一种电镀工艺都有一个适宜的温度范围。温度对不同电镀工艺的影响也有很大差别。有些需要在较高温度下进行（如碱性镀锡），为此要采用加温操作。有些只能在较低温度下进行（如镀锌），夏天电解液需要进行降温处理。

（2）阴极电流密度

阴极电流密度常记为 i_c（或 D_k），常用单位为安/分米^2（A/dm^2）。

对于一定的电镀工艺，i_c 应当有一个适宜的范围，才能获得良好镀层。这个电流密度范围的最小值称为电流密度下限，最大值称为电流密度上限。但需注意，这个电流密度范围与电镀生产工艺配方中所列的阴极电流密度范围是不同的。因为电镀生产中的阴极电流密度是指平均电流密度（总电流除以镀件总面积）。在镀件凹处，阴极电流密度远低于平均电流密度，而在尖端和边缘，阴极电流密度远大于平均电流密度。所以，电镀工艺配方中的阴极电流密度范围只是操作控制指标，其范围要比上述适宜电流密度范围小。前已指出，要使工件表面都有镀层，i_c 必须大于临界电流密度。i_c 太小，工件某些部位（特别是深凹处，内孔）可能镀不上。而且 i_c 小时，阴极极化很小，镀层结晶粗，分散能力和覆盖能力差，镀层沉积速度小。随着 i_c 增大，阴极极化增大，镀层质量改善；而且镀层的沉积速度加快，电镀时间缩短，生产率提高。但 i_c 的上限又受极限电流密度 i_d 的限制。i_c 太大（接近 i_d），阴极极化主要为浓差极化，镀层呈疏松的海绵状，易产生结瘤，枝状结晶，边缘和尖端发黑，阴极电流效率下降。

由此可知，只要能保证镀层质量，阴极电流密度愈大愈好。为了提高 i_c 上限，需要增大 i_d。主要方法有：增加主盐浓度，降低镀液 pH 值（指弱酸性或弱碱性镀液），提高镀液温度，增大电解液和阴极的相对运动（如加强搅拌，或采用阴极移动）。在某些情况下可加入合适的附加盐或添加剂，来提高阴极电流密度上限。

生产中采用合适的阴极/阳极面积比，使阳极电流密度在适宜范围，从而控制阳极溶解速度，保持电解液中金属离子浓度稳定。

（3）pH 值

对于强酸性和强碱性电解液，一般不用 pH 值来表示酸性或碱性的强弱。而对弱酸性和弱碱性电解液，通常在电镀工艺参数中规定 pH 值范围，提出控制酸性（或碱性）强弱的要求。

对弱酸性镀液来说，pH 值低，溶液的导电性好，镀层中不易形成金属的氢氧化物或碱式盐，可以提高阴极电流密度上限，同时还有利于阳极溶解。但是 pH 值太低，氢离子容易在阴极上放电，使阴极电流效率降低，甚至可能在镀件低凹处得不到镀层。

弱碱性镀液一般都是络盐电解液，pH 值的改变会影响络离子的稳定性，改变络离子的络合形式，其影响很复杂。一般情况是：pH 值较低，络离子稳定性较差，镀液分散能力和覆盖能力不好，但往往可提高阴极电流密度，加快沉积速度。

（4）搅拌或阴极移动

阴极和电解液的相对运动使阴极表面扩散层变薄，极限电流密度增大。虽然阴极极化有所减小，但阴极电流密度的上限提高。采用较大的 i_c 不仅可得到较大的沉积速度，而且也可弥补对阴极极化的不利影响。相对运动还可提高光亮剂的效果（如光亮硫酸盐镀铜和光亮镀镍，可提高镀液的整平性能），减少阴极附近溶液因 pH 值升高而引起的不良后果（如金属氢氧化物生成对镀层的危害）。在某些情况下，还能消除条纹和橘皮状镀层。

相对运动可以采用阴极移动、通入压缩空气搅拌、电解液循环流动等方式，前两种常用。阴极移动可以横向，也可以垂直，以前者常用。压缩空气搅拌比较剧烈，能使沉于槽底的固体微粒浮起分散到镀液中，所以使用压缩空气搅拌时一般都需备有连续过滤装置。对于一些易于同空气中的氧和二氧化碳作用的镀液（如镀铁和硫酸盐镀锡），不宜采用压缩空气搅拌。氰化物电解液也不宜采用这种方式（氰化物易与 CO_2 反应）。

（5）电流波形

电镀电源主要是直流发电机和整流器，电流的波形有：单相半波、单相全波、三相半波、三相全波、恒稳直流。生产实践表明，电流波形对镀层的结晶组织、光亮度，镀液的分散能力和覆盖能力，合金镀层的成分，添加剂的消耗等方面均有影响。有的电镀工艺需要使用恒稳直流（如镀铬），而有的电镀工艺则要用脉动率较大的单相半波或单相全波电源（如焦磷酸盐镀铜及铜锡合金）。

除上述几种电流波形，还有下面三种特殊的电镀电流。

① 周期换向电流　周期地改变直流电流的方向。一个周期包括阴极电流（电镀）时间加阳极电流（退镀）时间。

② 脉冲电流　见 4.3.4 脉冲电镀。

③ 交直流迭加电流　当交流电流的幅值小于直流电流值，得到脉动直流；当交流电流幅值等于直流电流值，得到间歇电流；当交流电流幅值大于直流电流值，叠加电流类似于周期换向电流，只不过电流的大小是连续变化的，而且正负电流的幅值不同。

（6）阴极/阳极面积比

阴阳极面积比是根据总电流和阴阳极上的合理电流密度而定。

（7）电镀时间

根据沉积速度和要求的镀层厚度来确定电镀时间。

对电镀工艺的要求是：镀液性能优良，能获得质量符合要求的镀层；工艺范围宽，易于操作和维护；镀液无毒或低毒，操作安全，对环境污染小，三废易处理；镀液对设备和厂房的腐蚀性小；成本和加工费用低。

任何一个电镀工艺都不可能完全满足上述要求，同一镀种的不同工艺各有优缺点，需要根据具体情况进行选择。当然，在电镀的发展过程中通过不断改进和优化已有电镀工艺，开发新的工艺，各种电镀工艺的综合性能是越来越好。

3.1.1.4　电流效率

3.1.1.4.1　阴极电流效率 η_c

阴极电流效率是指阴极电流中用于使金属离子发生还原反应形成镀层的那一部分在总电流中所占的百分比。可用下式计算：

$$\eta_c(\%) = \frac{镀层实际重量}{镀层理论重量} \qquad (3-1)$$

其中，理论重量是指由阴极通过的电量按法拉第定律计算出的镀层重量。

例如镀镍，设阴极电流密度 $i_c = 1.5 A/dm^2$，电镀时间 35min，所得镀层厚度为 $10\mu m$。已知镍镀层密度为 $8.9g/cm^3$，而镀层理论重量等于镍的电化当量 $1.095g/(A \cdot h)$ 乘以阴极通过电量，计算得 $95.81g/m^2$，故阴极电流效率 $\eta_c = 92.9\%$。

阴极电流效率一般小于 100%，而且各种电镀过程的阴极电流效率相差很大。如酸性镀铜与酸性镀锌的阴极电流效率接近 100%，氰化镀铜和氰化镀锌的阴极电流效率为 $60\% \sim 70\%$，铬酐溶液镀铬的阴极电流效率只有 $8\% \sim 16\%$。这是因为电镀过程中阴极上除金属离子还原反应之外，还可能发生其他物质的还原反应，最常见的是析氢反应（H^+ 还原反应）。副反应的存在消耗了一部分电量。副反应愈强，电流效率愈低。对同一种电镀过程，电流效率还随阴极电流密度变化而改变。

另外，根据需要的镀层厚度，所取阴极电流密度，已知阴极电流效率，就可以计算出所需的电镀时间。在其他条件相同时，电流效率愈低，所需电镀时间愈长。所以，阴极电流效率直接影响电镀生产率和能耗指标，在某些情况下还影响镀层质量。

3.1.1.4.2 阳极电流效率

在使用可溶性阳极的电镀工艺中，除阴极电流效率外，还有阳极电流效率。其定义是：阳极所通过的电流中用于金属溶解反应部分所占的百分比。阳极电流效率与阴极电流效率一般不相同。为了保持电解液中金属离子浓度不变，就要控制阴极与阳极面积之比在合适的范围；在某些情况下还可以将不溶性阳极与可溶性阳极同时使用。

3.1.1.5 电镀方式

（1）挂镀

被镀工件装在挂具上，和挂具一起浸入电解液中，挂具上端的吊钩则挂在导电杆上，电流通过导电杆和挂具传入工件。挂镀是主要的电镀方式。

（2）滚镀

用于小零件的电镀。零件装在滚筒内，滚筒浸入电解液。通过零件与零件之间，零件与滚筒之间的接触形成电流通路。

（3）（电）刷镀

又称无槽（电）镀。其基本过程是在阳极包套中浸透电解液，包套在工件表面擦拭，完成电镀过程。

3.1.2 镀层的分类

3.1.2.1 按使用目的分类

（1）防护镀层和防护-装饰镀层

使用防护镀层的目的是：提高金属制品或零部件在服役环境中的抗腐蚀能力。如钢件上镀锌是应用最广泛的防护性镀层。

防护-装饰镀层同时具有防护作用和赋予制品美观外表的作用。现在，传统的防护镀层（如锌），经过适当的处理，可以使表面美观，取得装饰效果。采用多层结构（底层主要起防护作用，面层主要起装饰作用），可兼顾防护和装饰要求，是应用最广泛的工艺设计。

（2）功能镀层

功能镀层的目的是使金属制品或零部件表面具有某种特殊功能。功能镀层的种类很多，主要包括以下几种。

① 耐磨镀层　提高金属零部件（如大型直轴和曲轴、发动机汽缸、活塞环等）表面硬度和耐磨性能。

② 减摩镀层　减小金属部件接触面的摩擦，如在轴瓦、轴套的接触面上电镀能起固体润滑剂作用的韧性金属。

③ 热加工用镀层　防止热处理时金属部件某些部位渗碳或渗氮。

④ 可焊性镀层　提高电子元器件接头的焊接性能，便于钎焊。

⑤ 导电性镀层　提高制品表面导电性能。

⑥ 磁性镀层　电镀磁性合金，用于制造录音带、磁盘等。

⑦ 抗高温氧化镀层　在金属部件表面电镀具有优良抗高温氧化能力的镀层。

⑧ 修复性镀层　修复磨损部件的尺寸，使其可以重新使用。

3.1.2.2 按镀层结构分类

（1）简单镀层

简单镀层也称单层镀层。可以镀金属，也可以镀合金。经过镀后处理可以提高镀层性能。

（2）组合镀层

由几层相同金属或不同金属镀层叠加而形成的多层结构。前者如暗镍-半光亮镍-光亮镍；后者如铜-镍-铬。

（3）复合镀层

固体微粒均匀地分散在金属中形成的镀层，又称为弥散镀层。如镍-碳化硅，铜-氧化铝等。

3.1.2.3　按电化学关系分类

（1）阳极性镀层

在使用环境中镀层金属的电位比基体金属电位负（即镀层金属比基体金属活泼），镀层金属与基体金属组成电偶对时镀层为阳极，如钢铁制品表面镀锌就是典型的阳极性镀层。阳极性镀层不仅可以起机械保护作用，在镀层缺陷和破损处还能起阴极保护作用。

（2）阴极性镀层

在使用环境中镀层金属的电位比基体金属的电位正，镀层金属与基体金属组成电偶对时镀层金属为阴极，而基体金属为阳极，如钢铁制品表面的镀铬层就是典型的阴极性镀层，这是因为铬很容易钝化。阴极性镀层只有机械保护作用，在镀层缺陷和破损处反而会增加基体金属的腐蚀。因此，阴极性镀层必须完整，没有缺陷。

必须指出，镀层的阳极性或阴极性区分不是绝对的，而是与使用环境密切相关的。比如铁表面的锌镀层在常温水中为阳极性镀层，而在80℃以上的水中则是阴极性镀层；铁表面的锡镀层在多数环境中为阴极性镀层，而在食品有机酸中却是阳极性镀层。

3.1.3　镀层选择

3.1.3.1　镀层质量要求

① 镀层结构细致紧密、连续，孔隙尽量少，不允许有斑点，才能发挥防护作用或其他功能作用。

② 镀层应有一定的厚度且厚度均匀一致，否则最薄处容易失去保护作用或被磨损。

③ 镀层与基体以及各镀层之间结合牢固。如果结合不牢，易发生剥离和脱落，就没有使用价值。

④ 镀层光亮度、硬度、耐蚀性等指标符合需要和规定。

前三项是各种镀层都需要达到的基本质量要求。

3.1.3.2　镀层金属选择

3.1.3.2.1　常用镀层金属

（1）锌

在电镀生产中，电镀锌是应用最广泛的镀种，特别是在机械制造和电机电器工业中。

对钢铁，锌镀层属于典型的阳极性镀层，对基底金属不仅有机械保护作用，而且能起到阴极保护作用。所以锌镀层广泛用于钢铁零部件和结构件的防护镀层。

锌是两性金属，既能溶于酸也能溶于碱，故锌镀层主要用于大气环境和中性水溶液。在干燥大气中锌很稳定，在不含污染物或有机挥发气氛的潮湿大气和淡水中，锌表面形成的腐蚀产物膜有良好保护作用。锌镀层经钝化处理后能显著提高镀层的保护性能。在含二氧化硫，硫化氢等污染物的工业大气中，在海洋大气，热带大气中锌镀层的耐蚀性差。在湿度较大的空气中，锌镀层与油漆、塑料、树脂、木材等物质接触时，由于这些物质释放出有机挥发气氛（甲酸、乙酸、氨、酚等），会使锌镀层遭受严重腐蚀。因此为了防止镀锌工件在木质包装箱中发生这种气氛腐蚀，镀锌工件应当有内包装，并在木箱中放置干燥剂。

锌镀层弹性好，弯曲变形时不易脱落，且成本低廉。镀层经钝化处理后可以具有一定的装饰外观。但锌镀层硬度较低，不耐摩擦，不能用于磨损工件；由于锌离子对人体有害，也不能用于食品工业。

（2）镉

镉的化学性质与锌相似，也用作防护性镀层。在一般大气条件下，镉对钢为阴极性镀层，防护性能不如锌。在含二氧化硫、二氧化碳及有机物气氛的环境中，镉的耐蚀性也不如锌。但在不含工业杂质的潮湿大气、海洋大气和海水中，镉镀层的防护性能优于锌镀层（在海水中镉的电位比铁负，故对钢铁工件为阳极性镀层）。

镉镀层质软，可塑性好，与镀锌层相比，镉镀层氢脆性较小，钎焊性能好，一般螺纹工件、弹性工件、航空航海及电子工业中的零部件习惯使用镉镀层。但镉蒸气和可溶性镉盐剧毒，故凡能采用锌镀层的零部件都已不再使用镉镀层。

（3）铜

铜是正电性金属，不受非氧化性酸的腐蚀，但会和氧发生反应。在空气中铜易氧化而失去光泽，在含二氧化碳或氯化物的潮湿大气中，铜表面易生成碱式碳酸铜或氯化铜膜，受到硫化物作用时表面会生成棕色或黑色的硫化物膜。钢铁表面的铜镀层属阴极性镀层，因此铜不单独作为钢铁件的防护镀层。

铜质软而韧，富于延展性，抛光性能好，铜镀层孔隙少，故常用作钢铁工件防护-装饰镀层的底层或中间层，以提高基体与表层或中间层的结合力和镀层防护性能。

铜镀层还用作功能镀层，如导电镀层（铜具有优良的导电性）、防渗碳或防渗氮镀层（碳和氮在铜中扩散困难）、减摩镀层（铜质软）、防磁镀层（铜无磁性）等。

（4）镍

镍镀层在空气中稳定性很高，经抛光的镍镀层可得到镜面般光泽外表，并长期保持其光泽，故一些医疗器械和家庭日用品常用镀镍作为装饰。但镍镀层对钢铁属于阴极性镀层，且镀层孔隙率较高，需厚度达 $25\mu m$ 以上才是无孔的。因此镍镀层一般是与铬镀层联合使用，作为防护-装饰镀层的底层或中间镀层，如 Cu-Ni-Cr、Ni-Cu-Ni-Cr 等。单独使用镍镀层时，则采用多层镀镍工艺，如双层镍、三层镍，以提高耐蚀性和机械性能。

镍在碱溶液中有优良耐蚀性，在某些化工介质中耐蚀性也较高，故有些化工设备也用较厚镀镍层作为防护层。镍镀层硬度较高，可提高金属工件或制品表面耐磨性能，如印刷工业中铅板表面镀镍。

（5）铬

镀铬工艺在 20 世纪 20 年代开始用于生产。由于铬镀层具有许多优良性能，故发展很快，应用十分广泛。

① 装饰性　在经过抛光的制品表面镀铬，可得到略带蓝色的银白色，且具有镜面光泽的镀层，非常悦目。只要温度不超过 500℃，铬镀层能长久保持其光泽的外观。

② 防护性　铬是负电性金属，Cr/Cr^{3+} 的标准电位为 $-0.74V$，但铬具有强烈的钝化能力，在很多环境中表面能生成稳定而致密的钝化膜，对潮湿大气以及许多化学介质有良好耐蚀性。由于铬易钝化，电位强烈正移，钢铁上的铬镀层为阴极性镀层。另外，铬镀层较薄时易形成微孔和微裂纹，需要厚度超过 $20\mu m$ 才能对基体钢起到机械保护作用。为了提高防护性能，铬镀层常用作防护-装饰镀层体系的面层。

③ 耐磨性　铬镀层硬度高，调整电镀工艺可以得到硬度很高的硬铬镀层，其硬度超过

淬火钢。同时铬镀层摩擦系数低，因此铬镀层常用于提高工件表面的耐磨性能。

④ 耐热性　铬镀层的耐热性较好，温度超过 500℃，才开始氧化变色，超过 700℃才开始变软。但由于铬镀层的线膨胀系数 $[(6.7\sim8.4)\times10^{-6}]$ 比碳钢、铜、镍的线膨胀系数 $[$分别为 $(1\sim2.5)\times10^{-5}$，1.67×10^{-5}，$1.33\times10^{-5}]$ 小，故铬镀层受温度影响时易产生裂纹。

根据用途不同，调整镀铬工艺，可得到各种铬镀层。

① 装饰铬（光亮铬）　用于防护-装饰镀层体系的面层，在汽车、自行车、家电、五金等产品上得到广泛应用。铬面层的厚度一般为 $0.5\mu m$ 左右。

② 硬铬（耐磨铬）　用于提高工件（如磨具、轴、量规等）表面硬度和耐磨性，以延长使用寿命。也用于修复工件尺寸。

③ 松孔铬　使硬铬层含有一定宽度和深度的沟纹，具有保持润滑油的特性，用于承受较高压力的滑动摩擦工件，如活塞环、汽缸套等。

④ 乳白铬　韧性好，孔隙率低，硬度较大，用于要求耐蚀性及耐磨性的部件，如量具，枪炮内膛。

⑤ 双铬　底层乳白铬，表层硬铬。

⑥ 黑铬　色黑，消光性好，常用作太阳能吸收器的表面膜层（镀镍钢板上镀黑铬，吸收率可达 0.95），以及航空和光学仪器零件。

在上述镀铬层中，以装饰铬和硬铬应用最多。

（6）银

银是贵金属，具有良好的化学稳定性，但在含硫化物的大气中表面易生成硫化银而变黑。银对钢铁、铜都是阴极性镀层，且价贵难得，故一般不用作防护镀层。

银具有良好的装饰性能，表面易抛光，呈银白色，常用于餐具、工艺品和家庭用具的装饰镀层。

银的导电性能优良，接触电阻小，电子电器、通讯器材的零部件镀银，可保证良好的导电性和钎焊性。但银镀层很容易扩散和沿材料表面滑移，产生抖动现象；在潮湿大气中会产生"银须"，造成短路，这是需要注意的。

贵金属镀层还有金、铂等。金镀层主要用于工艺品、首饰的装饰，以及在恶劣条件下使用的电子器件仪表元件。铂镀层主要用于电镀、电解、阴极保护中使用的不溶性阳极（钛基镀铂）。另外也用于精密仪器、外科器械。

（7）锡

锡在食品有机酸中对钢铁属于阳极性镀层，且锡对人体无毒，故镀锡铁皮用作食品罐头盒。

锡有良好的钎焊性，故需要钎焊的无线电器件和零部件广泛采用锡镀层。但在高温、潮湿和密封条件下，由于锡镀层存在内应力会生长晶须，造成短路，这是需要注意的。

锡不与硫化物作用，故与火药及橡胶接触的工件常镀锡。钢件渗氮处理时可用局部镀锡保护不需渗氮的部位。锡质软，可塑性好，锡镀层可提高冷拔、变薄、拉伸过程中工件表面润滑能力。

（8）铅

铅是一种硬度相当低的金属，呈灰黑色，外观不佳。对于钢铁件来讲，铅是阴极镀层，所以铅不能作为防护-装饰性镀层应用，电镀铅层只能作为功能性镀层应用。利用铅柔软、易变形的特点，在机械加工和冷拔中作为润滑剂，如在炮膛加工中，镀铅层作为扩孔润滑层。

铅在硫酸中生成一层硫酸铅膜，阻止铅的进一步腐蚀，可以作化工设备耐酸层，铅酸蓄电池上连接件的防腐层。铅在冷的氢氟酸、盐水中耐蚀性好，化工设备上作为防腐镀层，冷冻专用的盐水储槽内衬镀层。

镀铅广泛使用铅作为阳极，对于特殊部位和小孔镀铬，需制作形状特殊的阳极，一般采用钢来制作，最外面镀铅。铅可以在钢铁件、铜及铜合金件上直接镀出，无需预镀层。

镀铅溶液应用最广泛的是氟硼酸溶液，其镀液操作简单，厚度控制容易，但镀前活化处理不好会影响结合力。

铅的硫酸盐不溶于水，而铅的氯化物是微溶。故镀前活化采用何种酸将会影响镀层结合力。镀前不宜采用硫酸或盐酸活化，因为以上两种酸活化后，经水洗也不可避免地要有残留，当进入镀槽后，零件表面残余的 SO_4^{2-}、Cl^- 与铅生成硫酸铅或氯化铅均不溶于水，作为不溶物吸附在零件表面或在镀层中夹杂，影响结合力。所以镀前活化尽量采用氟硼酸，氟硼酸的含量与镀槽游离酸含量要相近，可以活化后不经水洗直接入槽电镀。因为氟硼酸较弱，对氧化膜浸蚀能力不足，可以先进行酸洗，经水洗后，在氟硼酸活化液中活化，直接入槽电镀，以提高镀层结合力。

（9）锰

锰的标准电极电位为 1.179V，因此锰对于大多数金属都是阳极性镀层。锰在空气中是不稳定的，但是经铬酸钝化处理后，抗蚀性能提高，甚至在潮湿的空气中也能长期保持光泽，因此可以认为锰镀层是有前途的防护性镀层。另外，锰镀层也可以用来提高耐磨性。

镀锰通常在硫酸盐镀液中进行，其中：硫酸锰 100～200g/L；硫酸铵 75～100g/L；亚硝酸 0.1～0.2g/L；pH 值 7.5～8.5；温度 15～20℃；电流密度 4～5A/dm²。阳极用金属锰，用阳极袋包扎起来。这种镀液的电流效率约为 50%，加入胶体硫或 SO_2 可以使电流效率提高到 70%，如果加入 0.1～0.4g/L 的亚硒酸，电流效率可进一步提高，并可以提高镀层的光亮度。亚硒酸能增加锰沉积的阴极极化，由于在含硒的锰镀层表面氢的超电压也提高了，所以电流效率仍然可以提高。

（10）铜锡合金

铜锡合金镀层是国内应用最广、生产量最大的合金镀种。含锡 15% 以下的铜锡合金称为低锡青铜，含锡超过 40% 的铜锡合金称为高锡青铜。低锡青铜镀层结晶细致，孔隙率低，具有较高的防腐蚀性能。对钢铁属阴极性镀层，在空气中易氧化变色，故主要用于防护-装饰镀铬层的底层或中间层，在代镍方面已取得显著效果。在某些环境中的设备也使用低锡青铜作为防护镀层，如矿井坑道支撑柱，热水中工作的机件。

高锡青铜外观似银，银白色光泽，具有良好的反光性能、钎焊性能、导电性能，但存在微小裂纹和孔隙，防护性较差，不宜用于在恶劣环境中使用的工件的防护镀层，可以代替银做电器零件接触点和生产反光器械。

（11）铜锌合金

铜锌合金（黄铜）镀层具有金黄色美丽外观，且可以化学着色，装饰性好，广泛用于家用器皿，建筑物小五金零件，以及黄铜件代用品。钢件镀黄铜（0.5～2.5μm），可大大提高与橡胶的结合力（如轮胎衬里钢丝）；黄铜镀层也可作为减摩镀层。

（12）铅锡合金

锡镀层中加入 1%～3% 的铅可以防止锡镀层生长晶须。

含锡 6%～10% 的铅锡合金镀层是很好的减摩镀层，常用于轴承表面。

含锡 50%～60% 的锡铅合金镀层有良好的焊接性能，广泛用于电子器件和印制板。

由于 Pb/Pb^{2+} 和 Sn/Sn^{2+} 的标准电位很接近，故可以在简单盐电解液中进行电镀。改变镀液中两种金属离子的浓度比，可以得到从纯锡到纯铅的各种比例的铅-锡的合金镀层。

（13）锌合金

锌镍合金镀层的耐蚀性优于纯锌镀层，以含镍 8％～15％者为最佳，且具有低氢脆性和良好的防护性/价格比，是理想的代镉镀层和食品包装盒用镀层，在钢板、车辆和家用电器等产品上已获得广泛应用。含铁 0.2％～0.7％的锌铁合金镀层的耐蚀性比纯锌镀层有较大提高。含镍 6％～10％、铁 2％～5％的锌镍铁合金镀层是一种耐蚀的白色装饰性镀层。

（14）镍合金

镍铁合金镀层含铁在 40％以下，耐蚀性和光亮镍层相当，硬度高于镍镀层，韧性比光亮镍镀层好，绝大多数镀镍产品可用镀镍铁合金代替，以降低成本。

镍钴合金镀层中含钴 15％以下的主要用于装饰，如手表零件；含钴在 30％以上的为磁性镀层，广泛用于计算机磁鼓和磁盘（铝基），满足重量轻体积小存储密度大的要求。

（15）耐磨复合镀层

以镍、镍基合金、铬、钴等金属（合金）为基体，以氧化物、碳化物、硼化物、氮化物、金刚石、玻璃等的固体微粒为分散剂，在阴极工件表面共沉积，可以得到耐磨性优良的复合镀层。如 Ni-SiC（4％，质量分数）复合镀层，耐磨性比普通镍镀层提高 70％；Ni-WC（35％，体积分数）复合镀层工作时磨损量只有普通镍镀层的 1/40，硬度比普通镍镀层高 3～4 倍。Cr-Al$_2$O$_3$（0.3％，体积分数）的耐磨性比硬铬镀层提高 1.8～3.5 倍。以镍为基，和金刚石、氮化硼等超硬材料微粒得到的复合镀层还用于制造钻磨工具。

（16）减摩复合镀层

以镍、铜、钴、铁、金、银等为基体，与二硫化钼、石墨、氟化石墨、云母、聚四氟乙烯等层状结构的微粒共沉积，可以得到摩擦系数很低，有良好干润滑性能的复合镀层。如金-氟化石墨复合镀层的摩擦系数仅为 0.11～0.22，是纯金镀层的 1/10～1/8，用于电连接器上取代纯金镀层可以大大降低插拔力，延长使用寿命。

（17）耐蚀复合镀层

封闭镍是耐蚀复合镀层的一个典型例子（见 4.1.3 镀镍）。含铝粉 10％（质量分数）的复合锌镀层，中性盐雾试验表明耐蚀性为纯锌镀层的 6.2 倍。

（18）分散强化合金复合镀层

由金属基体和金属微粒组成的复合镀层进行热处理，可形成新的合金镀层。如直接电镀 Fe-Cr-Ni 三元合金很困难，而电镀 Fe-Ni 与 Cr 微粒组成的复合镀层，再经热处理，可获得铬镍不锈钢镀层。

其他还有：抗高温氧化的复合镀层，用于电接触材料的复合镀层，具有催化功能的复合镀层等。耐磨和减摩复合镀层是复合镀层的主要种类。除复合微粒，还有试验复合短纤维、晶须、长丝（钨丝、硼丝）等的复合镀层。

3.1.3.2.2　镀层金属选择原则

镀层金属选择时，主要考虑以下两个因素。

（1）镀层使用目的

选取镀层金属时首先要考虑镀层使用目的。作为防护镀层，镀层金属必须在预定使用环境中有良好的耐蚀性能，如用于一般大气条件下的钢铁部件镀锌，用于海洋大气条件下的部件镀镉，盛装食品的罐头铁皮镀锡。作为防护-装饰镀层，面层金属应具有美观的外表和经久的光泽，如广泛使用的套铬。作为功能镀层，镀层金属应当具有需要的功能，如导电镀层用银或铜，耐磨镀层用铬（硬铬）或镍，可焊镀层用锡或锡铅合金等。显然，功能镀层的部件也是在腐蚀环境中使用，故也应考虑在其使用环境中的腐蚀行为。表 3-1 是选择镀层的一些实例。

表 3-1　镀层选择实例

镀层的用途	基体金属	镀层金属
大气腐蚀防护镀层	钢	锌
	铝及铝合金	阳极氧化
	镁及镁合金	化学氧化
	铜及铜合金	锡,镍
海水腐蚀防护镀层	钢	镉,镉钛合金
有机酸腐蚀,如罐头盒防护镀层	钢	锡
硫酸腐蚀防护镀层	钢	铅
装饰防护镀层	钢	铜-镍-铬,镍铁-铬,铜-镍-仿金,铜锡-铬
	铜及铜合金	镍-铬
	铝及铝合金	阳极氧化着色
	锌及锌合金	铜-镍-铬
耐磨镀层	钢,生铁	铬,铁或复合镀层
减摩镀层	钢	铅,铅锡,镍-二硫化钼
修复镀层	钢,生铁	铬,铁
	铜及铜合金	铜
防止局部渗碳	钢	铜
防止局部渗氮	钢	锡
改善钎焊性	钢,黄铜	铜,锡,铅锡
改善导电性	铜及铜合金	银
磁性镀层		镍钴,镍钴磷,镍铁
防止重要仪器零件锈蚀	黄铜	金,铂,铑
抗高温氧化镀层	合金钢	铬,铬合金
提高表面反光性能	钢	铜-镍-铬
增强钢丝与橡胶结合力	钢	黄铜

（2）材料相容性

选择镀层金属或多层镀层的几种金属时，还要考虑镀层金属与基底金属、几种镀层金属之间的相容性，使相互接触的零部件表面镀层之间电位尽量接近，以免造成大的电偶腐蚀问题。而在防护性镀层中，则经常利用镀层对基材金属，或上面一层镀层对下面一层镀层提供的阴极保护作用。

3.1.3.3　镀层厚度选择

在镀层厚度选择时，通常需要考虑以下两个因素。

（1）使用环境

防护性镀层的厚度取决于工件将使用的环境和要求的使用寿命。电镀层主要用于大气腐蚀条件。按照大气中所含腐蚀性污染物质的多少和湿度的高低，一般可将大气腐蚀性分为三类：腐蚀性严重（工业区、沿海湿热地），腐蚀性中等（内陆城市、一般室内），腐蚀性轻微（干热带地区、密封良好的设备内部）。

同一种镀层应用于不同的工作环境，环境腐蚀性愈强，镀层厚度应当愈大。在同一种环境中，当要求增长使用寿命时，镀层厚度应增加。国家标准 GB 9799—88 "钢铁上的锌电镀层"将锌电镀层分为 $5\mu m$、$8\mu m$、$12\mu m$、$25\mu m$ 四个等级。$5\mu m$ 厚度仅用于干燥的室内环境。对某些特殊用途厚度可以达到 $40\mu m$。当要求使用寿命很长时（如结构钢件），厚度应当较大，在这种情况下不宜用电镀，而常用热浸或喷镀。

（2）工件结构和尺寸公差

零部件主要表面（易受腐蚀、摩擦表面、工作表面），镀层厚度应达到国家标准规定。不易沉积的孔内部、深凹处，可允许低于国家标准。

带螺纹（外螺纹）的组合结构件，选择厚度时应考虑公差配合。

最后，在选择镀层金属和镀层厚度时，还应考虑工艺要求和生产成本。

3.2　电镀理论基础

3.2.1　电极过程

3.2.1.1　阴极反应

在电镀过程中阴极反应主要是金属离子（或其络离子）的还原反应。如硫酸镍溶液中镀镍，阴极主反应为：

$$Ni^{2+} + 2e \Longrightarrow Ni$$

氯化钾镀锌中阴极主反应为：

$$Zn^{2+} + 2e \Longrightarrow Zn$$

氰化物电解液中镀铜，阴极主反应为：

$$[Cu(CN)_3]^{2-} + e \Longrightarrow Cu + 3CN^-$$

3.2.1.1.1　平衡电位和金属析出电位

在金属-电解质溶液界面上发生的电极反应，当没有外电流通入时，其电位为平衡电位 E_e，可由 Nernst 公式进行计算。如将电极反应式写成：$aR \Longrightarrow bO + ne$，则 Nernst 公式为：

$$E_e = E^\ominus + \frac{RT}{nF} \ln \frac{[O]^b}{[R]^a} \tag{3-2}$$

对电镀中阴极反应 $Me^{n+} + ne \Longrightarrow Me$，还原态 R 为金属 Me，其活度为 1，氧化态 O 为金属离子 Me^{n+}，故：

$$E_e = E^\ominus + \frac{RT}{nF} \ln a_{Me^{n+}} \tag{3-3}$$

即平衡电位 E_e 不仅与标准电位 $E^\ominus$ 有关，而且与金属离子活度及温度有关。

当电极反应处于平衡电位 E_e，电极反应速度 $i = 0$。为使电镀过程进行，阴极反应和阳极反应都必须偏离平衡电位 E_e，即电极反应必须极化。极化就是指由于电极上通过电流而使电极电位发生变化的现象。阳极通过电流电位向正的方向变化叫阳极极化，阴极通过电流电位向负的方向变化叫阴极极化。极化电位 E 与平衡电位 E_e 之差称为过电位 η。

$$\eta = E - E_e \tag{3-4}$$

对于电镀过程我们主要考虑阴极反应，阴极反应的过电位加下标 c。阴极反应发生阴极极化，电位向负方向变化，$\eta_c < 0$，电极反应按还原方向进行。极化电位愈负，阴极反应速度 i_c 愈大。使金属离子还原反应速度达到一定数值，因而工件上有镀层沉积出来的阴极电位称为金属的析出电位，亦叫做放电电位或沉积电位。

$$E_{析} = E_e + \eta_{c析} \tag{3-5}$$

式中，$\eta_{c析}$ 为金属析出过电位。

只有当阴极电位负移到金属析出电位以负，即 $E_c < E_{析}$，这种金属才可能在阴极上沉积出来。由 $E_{析} = E_e + \eta_{c析}$ 可知，$E_{析}$ 既与平衡电位 E_e 有关，又与析出过电位 $\eta_{c析}$ 有关。如果

析出过电位相近，那么 E_e 较正，则 $E_{析}$ 也较正。在常温下，按 Nernst 公式，金属离子活度改变一个数量级，平衡电位 E_e 只改变 59mV/n 左右。对二价金属离子如镍，为 29.5mV。所以，标准电位 $E^{\ominus}$ 在 E_e 的相对比较中起主要作用，标准电位相差较大的两种金属离子还原反应，不可能通过调整金属离子浓度而使其平衡电位顺序改变。

由此可知，当电解液中存在不只一种金属离子（以及氢离子）时，那么标准电位较正的金属离子（包括氢离子）还原反应一般说来将优先发生。比如镀镍溶液中 Na^+ 和 Ni^{2+} 共存，由于 $Na^+ + e \Longrightarrow Na$ 的标准电位 $E^{\ominus} = -2.714V$，而 $Ni^{2+} + 2e \Longrightarrow Ni$ 的标准电位 $E^{\ominus} = -0.25V$。显然，镍离子发生还原反应的倾向比钠离子大得多。

当两种金属的标准电位相差不大时，还必须考虑金属离子浓度和温度的影响。

析出过电位 $\eta_{c析}$ 的大小取决于金属离子还原反应的极化性能，在下面还要深入讨论这个问题。

电镀过程大多数是在水溶液中进行的。水溶液中除去欲镀金属的离子外，还有氢离子。当阴极电位负移到氢离子的析出电位以负，在阴极上就会发生析氢反应。所以阴极上是否发生析氢反应，取决于欲镀金属的析出电位与氢析出电位之间的相对关系。在 $E_{析}$（金属）比 $E_{析}$（氢）高得多时，当阴极电位降低到 $E_{析}$（金属）以负，仍高于 $E_{析}$（氢），就不会发生析氢。而当 E（金属）比 $E_{析}$（氢）低得多时，要使阴极电位负移到 $E_{析}$（金属）以负，则阴极电位就会比 $E_{析}$（氢）低得多，阴极上会大量析氢，甚至不可能沉积出金属，这就是不能从水溶液中电沉积 Na、K、Al 等活泼金属的原因。W、Mo 虽然在理论上可以从水溶液中沉积，但实际上极为困难。

当然，在考虑金属离子还原反应的可能性时，还需注意：a. 如果以汞为阴极，碱金属 Na、K 的离子可以从水溶液中发生还原反应与汞形成汞齐；b. 当水溶液中含络合剂，金属以络离子形式存在，金属的析出电位负移，与氢的析出电位之间的关系会发生变化。

3.2.1.1.2 电极反应的速度控制步骤

电极反应的进行必须通过一系列的串联步骤。电镀中的金属沉积反应至少包括如下三个串联步骤。

① 液相传质　金属离子由溶液主体向电极表面迁移。
② 电子转移　金属离子在电极表面得到电子发生还原反应，生成金属原子。
③ 新相生成　金属原子形成金属晶体（结晶）。

前两个步骤为金属离子的还原过程，与其他阴极反应相同；第三个步骤为电结晶过程，我们将在下一节讨论。

在金属离子还原过程中，电子转移步骤之前还有前置转化步骤，如水化金属离子脱去部分水化膜的反应，金属络合离子发生配位体转移和配位数改变的反应等。

各步骤中阻力最大，因而速度最慢的步骤，控制着整个电极反应的速度，称为速度控制步骤（RDS）。

3.2.1.1.3 电化学极化和浓差极化

(1) 电化学极化

电子转移步骤的阻力所造成的极化称为电化学极化，或称活化极化。

如果阴极反应受电化学极化控制（液相传质的阻力可以忽略不计），其动力学特征如下。

a. 在极化很小（过电位 η_c 的绝对值很小，比如小于 0.01V）的范围内，电极反应速度 i_c 与 η_c 成正比：

$$i_c = \frac{\eta_c}{R_f} \qquad R_f = \frac{RT}{i^0 nF} \tag{3-6}$$

式中，R_f 为法拉第电阻；i^0 为交换电流密度。

b. 在极化比较大（即过电位 η_c 较大，比如大于 0.12V）时，电极反应速度 i_c 与过电位 η_c 之间符合 Tafel 方程式：

$$\eta_c = a - b\lg i_c = -b\lg \frac{i_c}{i^0} \tag{3-7}$$

$$i_c = i^0 \exp \frac{|\eta_c|}{\beta}$$

式中，β 和 b 都是阴极反应的 Tafel 斜率，且 $b = 2.3\beta$。

在电镀过程中，阴极反应的过电位 η_c 的绝对值一般都大于 0.12V，只要浓差极化可以忽略，就都可以使用 Tafel 公式。

交换电流密度 i^0 是电化学极化控制的电极反应的基本动力学参数。由 Tafel 方程式看出，i^0 愈大，在相同的过电位下电极反应速度愈大，说明电子转移步骤的阻力愈小。i^0 愈大，达到相同电极反应速度所需的过电位 η_c 愈小，极化电位愈靠近平衡电位，即电化学极化愈小。已知在室温的 1mol/L 硫酸镍溶液中 Ni $=\!=\!=$ Ni^{2+} + 2e 的交换电流密度 $i^0 = 10^{-7}$ A/dm^2，而在室温的 1mol/L 硫酸铜溶液中 Cu $=\!=\!=$ Cu^{2+} + 2e 的交换电流密度 $i^0 = 10^3$ A/dm^2，所以，在阴极电流密度 i_c 相同时，Ni^{2+} 还原反应的电化学极化比 Cu^{2+} 还原反应大得多。

金属要在阴极（工件）上沉积出来，金属离子还原反应必须达到一定的速度。由此可知，金属离子还原反应的交换电流密度愈大，则析出过电位的绝对值愈小。当两种金属的平衡电位相近时，交换电流密度较大的金属能在较正的阴极电位下析出；而交换电流密度较小的金属必须在较负的阴极电位下才能析出。

可见，交换电流密度在电镀生产中有很重要的实际意义。

（2）浓差极化

液相传质步骤的阻力造成的极化叫做浓差极化，或浓度极化。

当电子转移步骤的阻力可以忽略不计，阴极反应受浓差极化控制时，阴极反应速度取决于金属离子扩散通过电极表面薄液层（扩散层，其厚度记为 δ）的速度。电极表面金属离子浓度降低到零，扩散速度达到最大值，称为极限（扩散）电流密度：

$$i_d = \frac{nFDC}{\delta} \tag{3-8}$$

式中，C 是主体电解液中金属离子的浓度；D 是金属离子扩散系数；i_d 是金属离子还原反应能达到的最大速度。

电化学极化和浓差极化往往同时存在，即阴极反应过电位中包括电化学极化过电位和浓差极化过电位两部分。只有在阴极反应速度 i_c 比极限电流密度 i_d 小得多，即 $i_c \ll i_d$ 的情况下，液相传质的阻力才可以认为很小，可以忽略浓差极化，电极反应才受电化学极化控制。随着阴极反应速度增大，浓差极化过电位亦增大。当 i_c 接近 i_d 时，浓差极化将在阴极极化中占主要地位。因此，提高 i_d 可以减小浓差极化的影响。

3.2.1.1.4 阴极极化曲线

描述电极反应速度 i 与电位 E（或电位的变化 ΔE）关系的曲线，称为极化曲线。在电镀中，随着 i_c 的增加，E_c 的负移愈迅速，则达到一定的反应速度时阴极反应的过电位 η_c 的绝对值愈大，我们就说该电极反应的极化性能愈强。所以测量阴极极化曲线是分析金属离子还原反应极化性能的常用方法。

图 3-2 是镀镍过程的阴极极化曲线。在同一电流密度 i_c 下，体系 C 的阴极电位低于体系 A，而体系 B 的阴极电位则比体系 A 负得多。表明温度和电解液组成对阴极极化性能都有较大的影响。

极化曲线的斜率 dE/di 的绝对值称为极化率（或极化度）。极化率愈大，则电解液极化

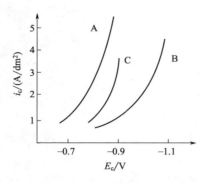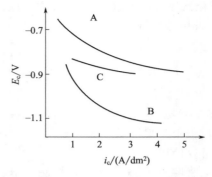

图 3-2　镀镍溶液的阴极极化曲线（注意两种坐标系的画法）

体系 A：硫酸钠 140g/L　　体系 B：体系 A 中加
　　　　氯化钠 13g/L　　　　　　　柠檬酸钠 98g/L
　　　　硼　酸 15g/L　　　　　　　温度 25℃
　　　　温　度 25℃　　　体系 C：同体系 A，温度 5℃

性能愈强。显然，极化率是随极化电位而改变的。由图 3-2 可见，在阴极电流密度 i_c 增加的前一阶段，体系 B 的极化性能比体系 A 和 C 大得多；当 i_c 达到 2A/dm² 以后，三个体系的极化性能相近，但体系 B 的阴极电位则要负得多。

3.2.1.1.5　阴极副反应

阴极副反应主要是析氢反应，析氢反应的大小取决以下几方面。

① 电解液 pH 值　当电解液 pH 值降低，析氢反应的平衡电位升高，且交换电流密度增大。

② 阴极电位　阴极电位负移，析氢反应过电位增大。

③ 在基体和镀层金属表面上析氢反应的难易　如铁属于中氢过电位金属，而锌属于高氢过电位金属，故在铁表面上析氢反应比在锌表面上容易。

铬酐溶液中镀铬，pH＜1，且阴极极化必须很大才能沉积出铬（铬的沉积电位很负）；由于大量析氢，电流效率只有 8%～16%。氰化物镀铜溶液呈碱性，因为阴极极化较大，而且氢在铜表面容易析出，析氢反应也较大，电流效率 60%～70%。氨三乙酸-氯化铵镀锌溶液 pH 值 5～6，但由于锌为高氢过电位金属，析氢反应难进行，电流效率在 90% 以上。

需要指出，由于阴极存在副反应，在测量阴极极化曲线时，实测的阴极电流密度包含了所有阴极反应的贡献。只有副反应很少，阴极电流效率很高（接近 100%）时，所测阴极极化曲线才能近似看做被镀金属离子还原反应的阴极极化曲线。当然，如果能将阴极主反应和副反应速度分别进行测量，就可以分别绘出它们的极化曲线。

3.2.1.1.6　阴极自溶解

作为阴极的工件在电解液中可能发生自溶解（腐蚀）。不过在电镀过程中阴极受到很大的极化，故工件的腐蚀可以忽略不计，只需考虑刚入槽时的腐蚀问题。当电解液的腐蚀性比较强时，应采取带电入槽的操作方法。

3.2.1.2　阳极反应

电镀时，金属阳极既会发生阳极活性溶解，也会出现金属阳极钝化，还会出现阳极自溶解现象。

（1）阳极溶解反应

在使用可溶性阳极时，阳极反应主要是金属的氧化反应。如镀镍过程使用镍制作阳极，阳极反应为：

$$Ni = Ni^{2+} + 2e$$

这样补充了阴极反应对镍离子的消耗，维持镀液组成稳定。

阳极上的副反应主要是析氧反应：

$$2H_2O \longrightarrow O_2 + 4H^+ + 4e$$

因此阳极电流效率一般也小于100%。当阳极金属溶解还包括化学反应时，阳极电流效率也可能大于100%。有的电镀过程使用不溶性阳极，如铬酐溶液镀铬。使用铅锑合金阳极，阳极反应主要是三价铬离子的氧化反应：

$$2Cr^{3+} + 7H_2O \longrightarrow Cr_2O_7^{2-} + 14H^+ + 6e$$

以及析氧反应。定期加入铬酐以补充铬离子的消耗，维持镀液稳定。

金属阳极的活性溶解过程符合电化学步骤控制的动力学规律。大多数金属阳极在活性溶解时的交换电流密度是比较大的，所以阳极极化一般不大。在阳极正常溶解的范围内，阳极电流密度越大，阳极溶解速度越快。在阳极电流效率比阴极电流效率大得多时，为保持镀液中金属离子浓度稳定，除增大阳极面积外，还可将不溶性阳极与可溶性阳极联合使用。

（2）阳极钝化

如果阳极的极化很大，就会使阳极溶解速度明显下降甚至几乎不溶解，并发生溶液中其他组分的氧化或氧气的析出，这就是阳极钝化现象。阳极钝化的结果是阳极不能向溶液提供足够的金属离子，并且阳极电阻增大，槽电压上升，影响阳极过程的正常进行，并对镀液和镀层性能带来一系列不利的影响。

为了保持电镀过程正常进行，必须避免阳极钝化。常用的方法有以下几种。

① 工艺改进

a. 电解液中加入活化剂。如镀镍电解液中加入氯化钠、氯化镍，氯离子起活化阳极的作用。

b. 阳极材料中加入某些合金元素，如镀镍中使用含硫、碳、氧的镍阳极（见 4.1.3 镀镍）。

② 钝化后处理

a. 升高温度。

b. 通入还原性气体（如氢气）。

c. 阴极极化。

3.2.1.3 槽电压

阴极和阳极之间的电位差称为槽电压（V），包括三个部分：

$$V = E_a - E_c + IR \tag{3-9}$$

式中，E_a是阳极电位；E_c是阴极电位（因为阳极电位比阴极电位高，故写为 $E_a - E_c$）；R 是电路的欧姆电阻，由于金属的电阻很小，故主要是阴极和阳极之间电解液的欧姆电阻 R_s。

显然，当电流增大时，阴极电位向负方向变化，阳极电位向正方向变化，则槽电压增大。由槽电压 V 和通过镀槽的电流 I 可以计算电镀过程中消耗在镀槽内的功率。阳极和阴极极化的变化，欧姆电压降的变化，都可引起槽电压的变化，因此，根据槽电压的变化可以分析电镀过程是否正常。

3.2.2　金属的电结晶

3.2.2.1　电结晶的基本历程

3.2.2.1.1　金属电结晶

常规电镀层为晶体，金属离子发生还原反应，在工件金属基体上形成镀层金属晶体的过程称为电结晶。

关于电结晶的历程，引用最多的是吸附原子表面扩散理论，认为电结晶过程由金属离子放电和结晶两个步骤组成。

（1）金属离子还原反应

金属离子迁移到阴极表面，失去部分水化膜，在电极表面获得电子，形成能在金属基体表面上自由移动的"吸附原子"。

在单盐电解液中，金属离子以水化离子形式存在。多数被镀金属的离子是二价，二价金属离子同时得到两个电子的机会很少，还原反应一般是分两步进行。

$$Me^{2+} + e \Longrightarrow Me^+$$
$$Me^+ + e \Longrightarrow Me（吸附）$$
（反应式中略去了水分子）

有研究证明，对 Cu^{2+} 还原反应，第一个步骤为慢步骤。

在络盐电解液中，金属离子以络离子形式存在。络离子并不需要先离解为简单离子再发生还原反应，而是络离子直接还原。在络盐电解液中可以有几种络离子，如氰化物镀铜电解液，络离子有 $[Cu(CN)_2]^-$、$[Cu(CN)_3]^{2-}$、$[Cu(CN)_4]^{3-}$。那么究竟是哪一种络离子发生还原呢？理论和实验都证明，在阴极上还原的是配位数处于中间，因而稳定性也处于中间状态的络离子。在氰化物镀铜中是 $[Cu(CN)_3]^{2-}$ 发生还原反应。这是因为，配位数高的络离子虽然浓度大，但反应活性小；配位数小的络离子虽然反应活性大，但浓度太低。

实验表明，金属离子还原反应可以在基体表面上任何地点发生。因为，如果固体电极表面上只能在少数生长点上实现金属离子的放电过程，则在同一金属的固态和液态表面上测出的交换电流密度数值应有很大差别；而实验结果表明，交换电流密度数值的差别在实验误差范围以内。

（2）结晶

表面吸附原子在基体表面移动（扩散），寻找一个能量较低的位置，脱去全部水化膜，长入晶格。电结晶的历程示意见图 3-3。

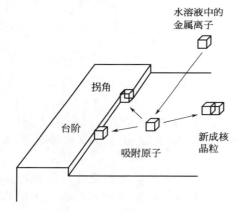

图 3-3　电结晶历程示意

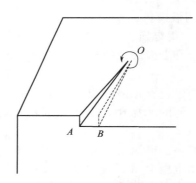

图 3-4　螺旋位错生长

3.2.2.1.2　结晶的两种方式

（1）外延生长

吸附原子移动到基体金属原有晶格上的"拐角"、"台阶"等位置，长入基体金属的晶格。因为这些位置能量最低，故称为"生长点"。由于实际金属晶体总存在缺陷、损伤（比如螺旋位错），吸附原子很容易进入这些位置。

图 3-4 说明了镀层沿螺旋位错生长的过程。电结晶开始时，晶面上的吸附原子扩散到位

错线的扭结点 O，从 O 点开始逐渐把位错线 OA 填满，使位错线向前推进到 OB。原来的位错线消失了又出现了新的位错线，吸附原子又在新的位错线上生长。当位错线边缘推进一周时，晶体向上生长了一个原子层。

（2）成核长大

吸附原子移动到某一个能量较低的位置，形成新的晶核，再长大。

如果电结晶过程主要按前一种方式，电镀层将由粗大晶粒组成；如果电镀过程中能生成大量新晶粒，镀层将由细小晶粒组成。

表 3-2 列出了电结晶和盐类结晶的相似和不同处。

表 3-2　电结晶与盐类结晶的比较

盐　类　结　晶	电　结　晶
先成核，然后晶核长大。如果成核速度大于晶体生长速度，结晶出的晶粒细小；如果晶体生长速度大于成核速度，形成粗大晶粒	在基体金属表面上进行，可以在基体金属晶格上外延生长，也可以形成新的晶核再长大。所以说电结晶过程内容更丰富也更复杂
饱和溶液不可能结晶，必须有一定过饱和度才能结晶。这是因为晶粒愈小，溶解度愈大；细小粒在饱和溶液中不稳定。溶液过饱和度愈大，晶核愈容易形成。晶核形成速度大，晶核尺寸小，结晶出细小晶粒	在平衡电位不可能形成新的晶核，必须有一定的过电位才能成核，这是因为细小的晶粒只有在比平衡电位更负的电位下才是稳定的。过电位的绝对值愈大，晶核愈容易形成，晶核尺寸愈小，愈有利于形成大量细小晶粒

当阴极电流密度很小时，阴极电位偏离平衡电位也很小，金属离子发生还原反应生成的吸附原子数量不多，而且基体晶体表面存在的生长点也不太多。因此吸附原子在电极表面上的扩散相当困难，有条件从容不迫地进入晶格，晶粒可以长得比较大。在这种情况下，表面扩散步骤控制整个电结晶的速度。

随着阴极电流密度增大，阴极电位向负方向移动，金属离子还原反应生成的吸附原子的浓度逐渐增大，晶体表面上的生长点数目也大大增加。吸附原子扩散距离缩短，扩散变得容易，所以来不及规则地排列到晶格的生长点上，而可能在晶体表面随便"堆砌"。这样形成的晶格自然会细小，而不是大晶粒。

在阴极电流密度相当大，阴极电位偏离平衡电位很远时，电极表面形成大量吸附原子，它们可能聚集在一起，形成新的晶核。阴极极化愈大，形成新晶核的概率就愈大，晶粒的尺寸就愈小。

所以，为了获得结晶细致的镀层，需要有大量新的晶核形成。为了能形成大量新晶核，阴极电位必须比金属离子还原反应平衡电位负得多，即阴极过电位的绝对值应很大，一般常说"为了获得结晶细致的镀层，阴极极化必须大"。

3.2.2.2　增大阴极极化的途径

3.2.2.2.1　提高阴极电流密度

提高阴极电流密度虽然可以使阴极电位负移，阴极过电位 η_c 绝对值增大，但只是破坏液相传质步骤的平衡，不能改变电子转移步骤的阻力。当 i_c 接近极限电流密度 i_d，浓差极化增加很快，在阴极极化中占了主要地位。在这种情况下得到的镀层结构疏松，表面粗糙，往往造成阴极"烧焦"。

工件表面不可能绝对平整，总会有凹凸不平，因而扩散层厚度也不一样。工件表面凸起处扩散层厚度小于凹下处的扩散层厚度，因此凸起处的极限电流密度大于凹下处的极限电流密度。由于阴极反应受浓差极化控制，凸起处的阴极反应速度就比凹下处的阴极反应速度大，这样就会形成粗糙不平的松散沉积物。

另外，当阴极电流密度很大时，阴极上可能大量析氢而使 pH 值升高，因而生成金属的氢氧化物，以胶体形式吸附在电极表面，夹杂于镀层中，形成黑色的海绵状沉积物。

所以，为了使用较大的阴极电流密度而又避免在极限电流密度下进行电镀，需要提高极限电流密度 i_d，如增加溶液中金属离子浓度，提高温度使扩散系数增大，进行搅拌或移动阴极以减小扩散层厚度等。

3.2.2.2.2　添加络合剂和添加剂

增大阴极极化的正确途径是提高阴极反应的电化学极化性能，即增加电子转移步骤的阻力。常采用的有效方法是加入络合剂和（或）添加剂。

络合剂与金属离子形成络离子，阴极反应不是简单的金属离子放电，而是络离子放电。其后果有二。

① 阴极反应平衡电位负移　如 Cu^+ 直接还原为 Cu 的标准电位 $E^\ominus = +0.521V$，而络离子 $[Cu(CN)_3]^{2-}$ 还原为 Cu 的标准电位 $E^\ominus = -1.165V$。络离子的不稳定常数愈小，阴极反应平衡电位负移愈大。

② 阴极反应电化学极化增大　由于金属离子与配位体形成了稳定的络合物，使阴极反应阻力增大，交换电流密度 i^0 减小。原因可能是络离子在阴极上还原的过程，先将配位体改组，使金属离子和金属电极之间形成一种表面络合物。由于这种表面络合物有配位体参加，所以在溶液中金属离子与配位体作用强烈的络离子，在它们转变为表面络合物时，这种相互作用也就强烈，它们在电极上发生还原反应也就困难。这就是说，不稳定常数小的络离子，阴极还原反应的电化学极化较大。需要指出，络离子的不稳定常数与其阴极还原反应的极化性能之间并无必然的联系，因为不稳定常数只是一个热力学数据。如碱性锌酸盐镀锌电解液，Zn^{2+} 和 OH^- 形成的络离子 $[Zn(OH)_4]^{2-}$ 的不稳定常数等于 10^{-15} 时，阴极还原反应的电化学极化很小。又如焦磷酸盐电解液镀铜，络离子 $[Cu(P_2O_7)_2]^{6-}$ 的不稳定常数 10^{-9} 较大，但阴极还原反应的电化学极化性能却较强。

最有效的络合剂是氰化物（如 NaCN 和 KCN），可以使阴极反应的极化性能大大增加，这是因为氰离子能与多种金属离子生成稳定的络合物。但氰化物剧毒，严重污染环境，废水处理费用很大。其他络合剂还有许多，将在下一章介绍。

有关添加剂的作用见 3.1.1.3.1（4）。

3.2.2.3　镀层的结构和组织

（1）镀层的结构

所谓镀层结构，是指镀层晶粒内部原子间的具体组合状态。如前所述，在电镀过程的最初一段时间内，电结晶可以通过外延方式，即镀层沿着基体晶格生长。外延的程度取决于基体金属与沉积金属的晶格类型和常数，在两种金属是同种或虽然不是同种但晶格常数相差不大的情况下，都可以出现外延。通常这种外延生长的厚度可达 100nm。显然，外延生长对镀层与基体的结合是有利的。实验结果表明，被沉积的金属和基体金属的晶格常数相差大于 15% 时，外延生长比较困难。

随着电镀过程的继续，不管基体金属的结晶学性质如何，镀层终归会由外延转变为由无序取向的晶粒构成的多晶沉积层。在实际电镀过程中，由于镀液中有添加剂或其他表面活性物质，不同程度改变了基体表面的电化学性质，随着镀层增厚，外延会很快消失。

在这种多晶沉积层继续生长过程中，新形成的沉积层将有相当数量的晶粒出现相同的特征性取向，即择优取向，电镀文献中常称为"织构"。电解液的组成和电镀工艺条件都会对镀层的织构产生影响。

（2）镀层的组织形态

所谓组织形态，是指晶粒的大小、形状、种类以及各种晶粒的相对数量和相对分布状况。镀层的组织形态取决于电沉积条件，特别是添加剂的影响十分显著。

镀层组织形态有层状、块状、柱状、纤维状、棱锥状、脊状、螺旋状等几种基本类型。由于电解液成分和工艺条件的不同，各类镀层形态还有很大差别。比如在不同的电解液中得到的锌镀层，其组织形态就不相同，在硫酸盐镀液中得到的呈块状，在氰化物镀液中得到的呈柱状，在氯化铵-柠檬酸镀液中得到的呈纤维状。

3.2.3　合金的共沉积

3.2.3.1　金属共沉积的电化学条件

合金镀层是指两种或两种以上的元素共沉积所形成的镀层，一般而言其最小组分应大于 1%；有些镀层虽然合金元素小于 0.1%（如 Zn-Ti 合金镀层中的 Ti），但合金元素的加入对镀层性能有很大影响，也可称为合金镀层。

合金镀层的种类比单金属镀层多，而且具有许多单金属镀层不具备的特殊性能。加入合金元素可以使镀层的耐蚀性得到很大提高，特别是功能性镀层，更离不开合金电镀。所以，合金电镀发展前景十分广阔。

（1）析出电位分析

为了得到电镀合金层，组成合金的两种（或两种以上，现在的工艺状况最多是三种，因为四元合金电镀的镀液很难维护）金属的离子必须能够在阴极电位下按一定比例共同析出。

如前所述，要使镀层金属在工件上沉积出来，阴极电位必须降低到这种金属的析出电位以下，所以要使各组分金属共同析出，阴极电位必须降低到各组分金属的析出电位以下。要实现这个要求，它们的析出电位必须十分接近；如果相差太大的话，析出电位较正的金属将优先沉积，甚至完全排斥析出电位较负金属的沉积。这个条件可写为：

$$E_{析1} \approx E_{析2} \tag{3-10a}$$
$$E_{e1} + \eta_{c析1} \approx E_{e2} + \eta_{c析2} \tag{3-10b}$$

可见，两种金属能否在阴极上共同析出，取决于它们的金属离子还原反应平衡电位，以及析出过电位。而平衡电位既与金属的标准电位有关，又与金属离子活度有关。析出过电位则取决于阴极反应的极化性能。

两种金属的析出电位有以下几种情况。

① 在少数例子中，两种金属的标准电位相近，在某种电解液中的阴极极化性能也相近。如 Ni/Ni^{2+}（-0.25V）和 Co/Co^{2+}（-0.277V），标准电位相差 27mV。又如 Pb/Pb^{2+}（-0.129V）和 Sn/Sn^{2+}（-0.136V），标准电位相差 7mV。由于标准电位相近，平衡电位相差也就很小。影响析出电位的主要是析出过电位。在氯化镍-硫酸钴电解液中，镍离子和钴离子还原反应的阴极极化性能也相近，因而它们的析出电位满足共沉积的条件，在这种单盐电解液中就可以获得合金镀层。同样，在氟硼酸盐电解液中很容易电镀铅锡合金。改变电解液中两种金属离子浓度比，可以调整镀层合金组成。

② 两种金属的标准电位相差很大，在它们的离子活度实际可以达到的范围内，它们的平衡电位仍相距甚远。如 Cu/Cu^{2+} 的标准电位 $E^{\ominus} = +0.337V$，Sn/Sn^{2+} 的标准电位 $E^{\ominus} = -0.136V$，二者相差 0.473V；Cu/Cu$^+$ 的标准电位 $E^{\ominus} = +0.521V$，与 Sn/Sn^{2+} 的标准电位相差 0.657V。又如 Zn/Zn^{2+} 的标准电位 $E^{\ominus} = -0.763V$，与 Cu/Cu^{2+} 的标准电位相差 1.1V，与 Cu/Cu$^+$ 的标准电位相差 1.284V。在这种情况下，要在简单盐电解液中用改变金属离子浓度的方法使它们的析出电位接近，从而在阴极上共同析出，得到铜锡合金和铜锌合金，显然是不可能的，因为二价金属离子（如 Zn^{2+}、Sn^{2+}）活度增加 10 倍，平衡电位只改变约 30mV。在这种情况下标准电位的差异起着主要的作用。只有采取措施使它们的标准电位差距缩小，才能实现共沉积的电化学条件。

③ 两种金属离子阴极反应的平衡电位不相近，但相差也不大，那么它们的阴极极化性

能对于能否在阴极上共同析出和析出速度将起重大作用。如果平衡电位较正的金属的阴极极化性能比平衡电位较负的金属的阴极极化性能弱（即析出过电位的绝对值小），那么这两种金属的析出电位的差值将比平衡电位的差值更大，它们是不可能在简单盐电解液中共同沉积的。反之，如果平衡电位较正的金属的阴极极化性能比平衡电位较负的金属的极化性能强（析出过电位的绝对值大），那么这两种金属的析出电位的差值将比平衡电位的差值小，就可能通过调节阴极电流密度（即改变阴极电位）使它们的析出电位接近。比如锌和镍，标准电位相差0.51V，但镍离子还原反应的阴极极化性能比锌强得多，所以在含氨的电解液中控制一定的阴极电流密度，可以使它们共沉积形成合金。

（2）使两种金属析出电位接近的途径

当两种金属的析出电位相差较大时，必须使它们的析出电位接近，即析出电位高的金属的析出电位负移，或析出电位低的金属的析出电位正移。前已指出，用改变金属离子浓度的方法只有在标准电位相差很小时才能有效，而且改变金属离子浓度并不能改变它们的阴极极化性能。

在某些情况下，增大阴极电流密度使析出电位较正的金属的沉积速度达到极限电流密度，因而处于浓差极化控制之下，也可能达到共沉积形成合金的目的。比如锌和镉的标准电位相差0.36V（镉较正），在$ZnSO_4$ 320g/L、$CdSO_4$ 20g/L的电解液中，控制一定的阴极电流密度，使镉的沉积速度达到极限电流密度，就可能得到锌镉合金镀层。不过，在浓差极化控制下的电镀，镀层质量往往不能符合要求。

使两种金属析出电位接近的有效方法是加入络合剂和添加剂。

① 络合剂　前已说明，络合剂的作用，一是使金属离子还原反应平衡电位负移，二是使阴极反应极化性能增强。

比如Cu/Cu^+的标准电位$E^{\ominus}=+0.521V$，比Sn/Sn^{2+}和Zn/Zn^{2+}的标准电位高的多。不可能在简单盐电解液中电镀铜锡合金和铜锌合金。加入络合剂NaCN，CN^-与Cu^+生成络合物$[Cu(CN)_2]^-$，其不稳定常数$k=10^{-24}$，因此，Cu^+的还原反应被$[Cu(CN)_2]^-$还原反应代替其标准电位$E^{\ominus}=-0.446V$，与Cu/Cu^+相比负移了0.967V。

$$[Cu(CN)_2]^- + e === Cu + 2CN^-$$

该还原反应的平衡电位随氰离子活度增大而下降。这样，铜离子还原反应的平衡电位与锡离子（或锌离子）还原反应的平衡电位的差距就缩小了，为它们共同析出创造了条件。所以，电镀铜锡合金和铜锌合金都使用络盐电解液。

络合剂除了使金属离子还原反应平衡电位下降，还能使阴极反应极化性能增强。如果使平衡电位较正的金属离子还原反应极化性能增强，析出过电位绝对值增大，其析出电位就会负移。一般情况正是如此，因为电位较正的金属的络离子比电位较负的金属的络离子稳定。络盐电解液电镀合金正是利用了络合剂的这种双重作用。

所以，选择络合剂应使标准电位高的金属离子被络合，使其标准电位负移，并使其极化性能增强。保持适当的络合剂游离量，从而达到使两种金属的析出电位接近，满足共同析出的电化学条件。

络合剂的使用有以下几种方法。

a. 加入一种络合剂，同时与两种金属离子形成络合物，显然，析出电位较正的金属的析出电位应当负移更大。如在氰化物电解液中电镀铜锌合金，CN^-同时络合Zn^{2+}和Cu^+。

b. 加入的络合剂只络合一种金属离子，另一种金属离子仍以简单金属离子形式存在。如在氯化物-氟化物电解液中电镀锡镍合金，锡以络离子形式存在，而镍仍以简单离子形式存在。

c. 加入两种络合剂分别络合两种金属离子，显然，对析出电位较正的金属应选用络合作用更强的络合剂。如电镀铜锡合金电解液，以 CN^- 络合铜，形成 $[Cu(CN)_2]^-$，OH^- 络合锡，形成 $[Sn(OH)_6]^{2-}$。

② 添加剂　　添加剂对金属离子还原反应的平衡电位影响很小，但添加剂在阴极表面的吸附能阻滞金属离子还原反应，增大阴极极化性能。因此，选择适当的添加剂，对析出电位较正的金属离子还原反应造成阻滞，使其极化性能增强，析出过电位增大，接近析出电位较负的金属的析出电位，就能使它们共同沉积出来形成合金。如在高氯酸盐电解液中，铜和铅的析出电位相差 0.45V，加入适量硫脲（例如 1g/L），铜析出的阴极极化明显增大，析出电位负移 0.5V 以上，而铅的析出电位几乎不变，这样，铜和铅就能够共同析出形成合金。又如在草酸盐镀液中，铜和锌的析出电位相差 0.3V 左右，如加入明胶，铜的析出受到抑制，就可以实现这两种金属的共沉积。

必须指出，添加剂的作用具有选择性，只有通过实验才能筛选出有效的添加剂，而为这种目的选择添加剂是相当困难的。

（3）电镀合金的阴极极化曲线

对合金电沉积过程可以用阴极极化曲线进行分析。不过必须注意，在合金电沉积过程中金属离子之间有着强烈的相互作用，因此不可能由组成合金的金属单独电沉积时的阴极极化曲线相加来得到合金电沉积的阴极极化曲线。在多数情况下，合金电沉积的阴极极化曲线的位置处于组成合金的两种金属电沉积的阴极极化曲线之间（图 3-5 是一个例子）。这表明合金的电沉积能在比贱金属（电位较负的金属）单独析出所需电位较正的电位下进行，即贱金属的析出受到了去极化。

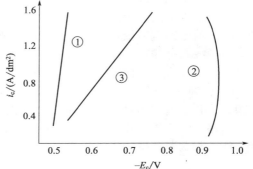

图 3-5　氰化物镀 Ag、Cd 和 Ag-Cd 合金的阴极极化曲线

①镀 Ag 溶液含 Ag 20g/L；②镀 Cd 溶液含 Cd 20g/L；③镀 Ag-Cd 合金溶液含 Ag-Cd 各 20g/L

不过，测出电镀合金的阴极极化曲线，可以得到各组分金属的分极化曲线。做法是：电镀合金时测量每个阴极电位对应的阴极电流密度，可以作出总的阴极极化曲线。在各个阴极电位下进行电镀，并分析镀层的组成，可以计算出组分金属的分电流密度（沉积速度），画出分极化曲线。由于组分金属离子的相互影响，这样得到的分极化曲线与它们单独电沉积时的阴极极化曲线有很大差别。

3.2.3.2　合金共沉积的类型

合金共沉积过程可分为常规共沉积和非常规共沉积两大类，二者又各自包括几种类型。表 3-3 是合金共沉积的主要类型及实例。

表 3-3　共沉积类型及例子

共沉积类型	合金实例	共沉积类型	合金实例
正则共沉积	Ag-Pb，Cu-Pb	异常共沉积	Ni-Zn，Fe-Zn
非正则共沉积	Ag-Cb，Cu-Zn	诱导共沉积	Ni-W，Fe-Mo
平衡共沉积	Pb-Sn，Cu-Bi		

（1）常规（正常）共沉积

电位较正的金属优先沉积的过程称为常规共沉积。常规共沉积形成的镀层中，电位较正的金属的相对含量大于它们在镀液中的相对含量。镀层中合金元素的相对含量可以定性地依据它们在对应溶液中的平衡电位来推断。

① 正则共沉积　沉积过程基本上受浓差极化控制，因此电镀工艺参数是通过影响金属离子在阴极扩散层中的浓度变化来影响合金镀层的组成。在单盐电解液中电镀合金时常出现这种类型，如电镀钴镍合金。

② 非正则共沉积　电镀过程受扩散控制的程度小，主要受阴极电位控制。在络盐电解液中电镀合金时常出现这种类型，当组成合金的个别金属的平衡电位显著地受络合剂浓度影响时，或者两种金属的平衡电位十分接近且能形成固溶体时，更易出现这种共析类型，氰化物镀铜锌合金就是如此。

③ 平衡共沉积　两种金属从处于化学平衡的镀液中共沉积，称为平衡共沉积。所谓两金属与含有此两金属离子的溶液处于化学平衡状态，是指当把两种金属浸入含此两金属离子的溶液中时，它们的平衡电位最终将变为相等。平衡共沉积的特点是：在低电流密度下镀层中的金属组成比等于镀液中的金属离子浓度比。这种共沉积类型很少。

（2）非常规共沉积

① 异常共沉积　电位较负的金属反而优先沉积。这种类型的共沉积不遵循电化学理论。对于一个给定的电解液，只有在某些浓度条件和某些工艺参数条件下才会出现这种共沉积。含有一种或两种铁族金属元素的合金的共沉积，如镍钴、铁钴、铁镍、锌镍等，常出现这种类型，即锌镍合金电镀时锌比镍优先沉积。

② 诱导共沉积　钼、钨、钛等金属不能从水溶液中单独析出，但可与铁族金属实现共沉积，这种类型称为诱导共沉积，而沉积过程中的铁族金属则称为诱导金属，如镍钼、镍钨、铁钨、钴钼等合金的电镀。诱导共沉积的原因，一般认为是由于铁族金属离子的存在对这些难沉积金属产生的去极化作用，使其析出电位正移。

3.3　镀　液　性　能

3.3.1　电解液的分散能力

3.3.1.1　定义

前面已指出，镀层厚度均匀是镀层质量的基本要求之一。电解液使阴极工件表面镀层厚度均匀分布的能力称为分散能力，这里所涉及的是宏观轮廓面的镀层分布，所以又称宏观分散能力，亦称为均镀能力。分散能力愈好，则工件各个部位沉积出的镀层厚度愈均匀。

影响分散能力的因素包括以下两方面。

① 电化学因素　主要包括电解液的导电性，阴极反应的极化性能，电镀工艺参数等。

② 几何因素　包括阴极和阳极的形状及其相互排布，镀槽形状、尺寸及电极与镀槽的相对位置等。

3.3.1.2　电流在阴极上的分布

电流在阴极上分布是否均匀，是镀层厚度分布能否均匀的关键。所以首先研究电流在阴极上的分布问题。电流分布可以分为"初次分布"和"二次分布"，前者指不存在电极反应阻力、因而完全由几何因素决定的阴极电流分布；后者既要考虑几何因素，又要考虑电化学因素，故又叫做电流实际分布。

阴极上各部位电流密度不相同的原因是它们到阳极的距离不同。如果将几何因素设定为比较简单的情况，即阴极和阳极的配置如图 3-6 所示：两个阴极都与阳极平行，只是到阳极距离不同，就可以对电流的初次分布和二次分布进行具体的分析。

远阴极 C_2 和近阴极 C_1 到阳极距离分别为 l_2 和 l_1，其比值和差值为：

$$K = \frac{l_2}{l_1} \tag{3-11a}$$

$$\Delta l = l_2 - l_1 \qquad (3\text{-}11\text{b})$$

都可以用来表示这种距离差异。

如用 V 表示阳极与阴极之间的槽压，R_{rc} 和 R_{ra} 分别表示阴极反应电阻和阳极反应电阻，R_s 表示阴极与阳极之间的电解液欧姆电阻，那么按欧姆定律，回路中的电流（阴极和阳极电流强度相等）为：

$$I = \frac{V}{R_{ra} + R_{rc} + R_s} \qquad (3\text{-}12\text{a})$$

在使用可溶性阳极的电镀过程中，要阳极溶解速度大，故可以不考虑 R_{ra}，上式简化为：

$$I = \frac{V}{R_{rc} + R_s} \qquad (3\text{-}12\text{b})$$

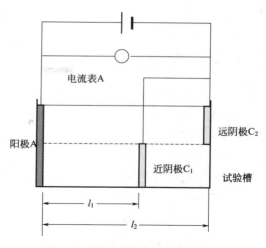

图 3-6　阴极到阳极距离差异造成
阴极上电流分布不均匀

（1）电流的初次分布

当电解液导电性差，阴极反应电阻 R_{rc} 很小（阴极反应容易进行）时，如酸性硫酸铜镀铜溶液，阴极极化性能很弱，那么 R_{rc} 与 R_s 相比可以忽略，即可以不考虑电极反应的阻力，电流公式进一步简化为：

$$I = \frac{V}{R_s} \qquad (3\text{-}12\text{c})$$

在这种情况下，阴极上某部位的电流密度仅取决于该部位阴极与阳极之间的电解液欧姆电阻。这种完全取决于几何因素、因而由溶液欧姆电阻决定的阴极电流分布称为电流的初次分布。

在图 3-6 所示电镀槽中，近阴极的电流与远阴极的电流之比：

$$\frac{I_{c1}}{I_{c2}} = \frac{R_{s2}}{R_{s1}} \qquad (3\text{-}13\text{a})$$

由此得出近阴极和远阴极的电流密度之比：

$$\frac{i_{c1}}{i_{c2}} = \frac{l_2}{l_1} = K = 1 + \frac{\Delta l}{l_1} \qquad (3\text{-}13\text{b})$$

也就是说，阴极各部位的电流密度与它们到阳极的距离成反比，近阴极与远阴极电流密度之比等于远阴极与近阴极到阳极距离之比 K。所以，电流的初次分布取决于阴极各部位到阳极的距离差异这个几何因素；这个距离差异愈大，阴极上电流分布愈不均匀。

（2）电流的实际分布

当阴极反应电阻 R_{rc} 不能忽略时，则电流的实际分布受阴极反应电阻 R_{rc} 和溶液欧姆电阻 R_1 的共同影响。

$$\frac{I_{c1}}{I_{c2}} = \frac{R_{rc2} + R_{s2}}{R_{rc1} + R_{s1}} \qquad (3\text{-}14)$$

由于总电阻中包含阴极反应电阻，总电阻的差异比溶液电阻的差异要小，即反应电阻的存在使电流 I_{c1} 与 I_{c2} 的差异缩小，对电流均匀分布有利。

对阴极反应电阻在电解液分散能力中的作用，可以从两个方面来分析。

加在近阴极和远阴极上的槽压 V 是相同的，阳极电位 E_a 也可认为相同，故近阴极的电位 E_{c1} 和远阴极的电位 E_{c2} 之差等于它们到阳极之间溶液欧姆电阻造成的电压降之差：

$$\Delta E_c = E_{c1} - E_{c2} = I_{c1} R_{s1} - I_{c2} R_{s2} = \Delta (I_c R_s) \qquad (3\text{-}15)$$

远阴极的溶液欧姆电压降较近阴极大，故远阴极的电位较近阴极的电位正，即 $E_{c2} >$

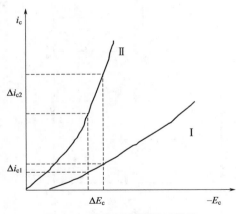

图 3-7　阴极极化性能对阴极
电流分布均匀性的影响

E_{c1}。电解液导电性愈好，溶液欧姆电压降的差异 $\Delta(I_c R_s)$ 愈小，造成的阴极各部位电位差异 ΔE_c 也愈小。

对于相同的 ΔE_c，阴极极化性能愈强（极化率愈大，即 dE/di 的绝对值愈大，如图 3-7 中极化曲线I的极化率比极化曲线II的极化率大），则电流密度的差异 Δi_c 愈小。可见，实际电流分布既与溶液导电性有关，又与电解液的阴极极化性能有关。

氰化物电解液的导电性好，阴极极化性能强，故具有良好的电流分散能力。与此不同的是，初次电流分布与溶液导电性无关。

下面我们可以推导一个公式，并用这个公式来分析影响电解液分散能力的因素。

由远阴极和近阴极的电位差异可得：

$$E_{c1}-E_{c2}=I_{c1}R_{s1}-I_{c2}R_{s2}=i_{c1}\rho l_1-i_{c2}\rho l_2=(i_{c1}-i_{c2})\rho l_1-i_{c2}\rho\Delta l \tag{3-16a}$$

$E_{c1}-E_{c2}$ 又可写成：

$$E_{c1}-E_{c2}=\Delta i_c\frac{\Delta E_c}{\Delta i_c}=-(i_{c1}-i_{c2})\left|\frac{\Delta E_c}{\Delta i_c}\right| \tag{3-16b}$$

两式结合，得出：

$$(i_{c1}-i_{c2})\left(\rho l_1+\left|\frac{\Delta E_c}{\Delta i_c}\right|\right)=i_{c2}\rho\Delta l$$

$$\frac{i_{c1}}{i_{c2}}=1+\frac{\rho\Delta l}{\rho l_1+\left|\dfrac{\Delta E_c}{\Delta i_c}\right|}=1+\frac{\Delta l}{l_1+\dfrac{1}{\rho}\left|\dfrac{\Delta E_c}{\Delta i_c}\right|} \tag{3-17}$$

在这个公式中，ρ 和 $\Delta E_c/\Delta i_c$ 是电化学因素。l_1 和 Δl 是几何因素。i_{c1}/i_{c2} 表示电流密度分布的均匀性。$i_{c1}/i_{c2}=1$，电流分布完全均匀；i_{c1}/i_{c2} 增大，电流分布均匀性变坏；i_{c1}/i_{c2} 愈大，电流分布愈不均匀。

所以，从电化学因素看，溶液导电性好（ρ 小），金属离子还原反应的阴极极化性能强（$\Delta E_c/\Delta i_c$ 大），对电流分布均匀有利。从几何因素看，阴极到阳极距离大（l_1 大），阴极各部位到阳极距离差异小（Δl 小），对电流分布均匀有利。

需要说明的是，式(3-16)是在一个特定的几何构型条件下得出的，即阴极和阳极都是平板，且平行放置；电极的背面和边缘都紧靠槽壁；阳极高度、两阴极总高度与电解液高度相同。在这种情况下电力线相互平行且垂直于电极表面，远阴极和近阴极上电流分布都是均匀的，只是二者的电流密度不同。而在实际情况，阴极大多不是平板，电极也不紧靠槽壁，阴极和阳极完全浸没，因此，电力线分布比较复杂。在阴极边缘和尖端，电力线比较集中和密集，电流密度比较大，这就是所谓"边缘效应"和"尖端效应"。由于边缘和尖端效应的存在，即使没有距离差异，电流分布也不会完全均匀。比如阴极和阳极都是平板且平行放置，但它们的边缘与槽壁和液面有一定的距离，那么阴极平板表面的电流密度就会是中间较小而边缘较大。边缘和尖端电流集中还使凹下部位和孔内电流难以达到，造成对电流的屏蔽。

不过，虽然如此，式(3-16)用来对一般情况下影响分散能力的因素进行定性分析仍然是有意义的。

3.3.1.3　金属在阴极上的分布

近阴极和远阴极上镀层金属重量之比：

$$\frac{M_1}{M_2}=\frac{Q_1\eta_{c1}}{Q_2\eta_{c2}}=\frac{I_1\eta_{c1}}{I_2\eta_{c2}} \tag{3-18}$$

可见，镀层金属分布既与阴极上电流分布有关，又与阴极电流效率 η_c 的变化特征有关。η_c 的变化有三种类型。

① 在生产上使用的阴极电流密度范围内，阴极电流效率 η_c 不随阴极电流密度变化，或者变化很小，如酸性镀铜电解液，即 $\eta_{c1}=\eta_{c2}$。

在这种镀液中，镀层厚度分布与电流分布相同。

② 在生产上所使用的阴极电流密度范围内，阴极电流效率 η_c 随阴极电流密度升高而下降，如氰化物电解液，即 $\eta_{c1}<\eta_{c2}$。

在这种镀液中，M_1/M_2 比 I_1/I_2 更接近于 1，镀层厚度分布比阴极电流密度分布更均匀。所以，阴极电流效率的这种变化对分散能力的影响是有利的。

③ 在生产上所使用的阴极电流密度范围内，阴极电流效率 η_c 随阴极电流密度升高而增大，如铬酐镀铬电解液，即 $\eta_{c1}>\eta_{c2}$。

在这种镀液中，M_1/M_2 比 I_1/I_2 更偏离 1，镀层厚度分布比阴极电流密度的分布更不均匀。电流效率的这种变化对分散能力的影响是不利的。

3.3.1.4　改善分散能力的途径

由上面的分析可以得出改善分散能力的途径，列于表 3-4，这些途径是与影响分散能力的各种因素相对应的。

表 3-4　改善电解液分散能力的途径

项　目	影响分散能力的因素	改善分散能力的途径
电化学因素	镀液的 ρ 小对分散能力有利	改善电解液的导电性。当电解液导电性差时，可以加入导电能力高的电解质，如镀镍电解液中加入硫酸钠，酸性镀铜电解液中加入硫酸
	$\Delta E_c/\Delta i_c$ 大对分散能力有利	提高电解液的阴极极化性能。有效的方法是加入络合剂和添加剂。氰化物镀液是加入络合剂获得良好分散能力的典型例子
	η_c 随 i_c 下降对分散能力有利	络盐电解液一般具有这个特点
几何因素	l_1 大对分散能力有利	在可能条件下增大阴极到阳极距离
	Δl 小对分散能力有利	尽可能减小阴极各部位到阳极的距离差异

调节电化学因素是基本的方法，提高电解液的极化性能和增加电解液的导电性，可以大大改善其分散能力。比如络盐电解液的分散能力一般都比较好。调节几何因素也很重要，在选择阳极形状和电极布置时都需要考虑如何减小距离差异，若电解液分散能力很差，还需要采取一些特殊的调节几何因素的方法。

前已指出，几何因素包括阴极和阳极的形状和尺寸、阴极和阳极的布置、镀槽形状及与电极的相互位置等。它们对分散能力的影响，一是造成阴极各部位到阳极的距离差异，二是造成对电流的"屏蔽"和"尖端或边缘效应"。这样阴极表面电力线分布不均匀，因而电流密度分布不均匀。

增加阴极工件到阳极的距离受镀槽尺寸的限制，不可能起多大的作用。所以主要方法是减小阴极各部位到阳极的距离差异。在电镀生产中，应根据工件形状和尺寸选择阳极的形状，确定阳极的位置。如工件为圆柱形，阳极应选择圆柱，分布在阴极四周，而不要用平板阳极。

对分散能力很差的电解液，如铬酐镀铬电解液，可以采用：

① 象形阳极，阳极和阴极形状互补，阴极各部位到阳极对应部位之间的距离基本相同；

② 防护阴极，对某些电流易集中部位，如工件尖角和棱边，使用防护阴极分掉部分电

流，以避免边缘效应，防止这些部位镀层太厚和烧焦。也可以使用非金属板屏蔽部分电力线；

③ 辅助阳极，对深凹和内孔等电流不易达到部位，使用辅助阳极将电流导入。

对工件上不需要电镀的部位，可采用绝缘材料覆盖。镀槽和挂具的设计也会影响分散能力（见第 5 章）。

3.3.1.5 分散能力的定量评定

分散能力是镀液的一个重要性能，我们希望能用进行定量表示，以便对各种电解液的分散能力进行比较，在分散能力的影响因素和改善途径进行研究时，也需要定量描述电解液的分散能力。显然，分散能力的定量表示和测量分散能力的方法密切相关。

（1）Haring 槽试验

如图 3-8 所示，Haring 槽为矩形电镀槽，长 15cm，宽 7cm，高 5cm。阳极板置于槽中部，两块阴极板分置槽两端。远阴极到阳极的距离 l_2 和近阴极到阳极的距离 l_1 之比为 K，表示了两阴极到阳极的距离差异。K 愈大，则距离差异愈大。一般取 $K=2$（用于分散能力较差的电解液），或 $K=5$（用于分散能力较好的电解液）。

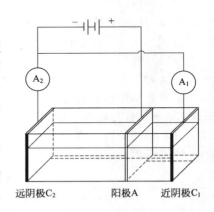

$$K = \frac{l_2}{l_1} \qquad (3-19)$$

图 3-8　测量分散能力的 Haring 试验

按工艺条件进行电镀，用电流表测量通过近阴极和远阴极的电流 I_1 和 I_2（当电流不是恒定时应测量电量）。镀后用天平测出近阴极和远阴极上镀层的重量 M_1，M_2，则：

$$J = \frac{I_1}{I_2} \qquad M = \frac{M_1}{M_2} \qquad (3-20)$$

J 和 M 分别表示电流分布和镀层金属分布。

（2）计算分散能力的公式

由 K 和 M 按下式计算分散能力

$$T.P = \frac{K-M}{K+M-2} \times 100\% \qquad (3-21)$$

由此式计算的分散能力 $T.P$ 的数值，其变化范围在 -100%（当 $M_2=0$，即分散能力最差）$\sim +100\%$（当 $M_2=M_1$，即分散能力最好）。

文献中还有其他一些公式，列于表 3-5。

表 3-5　计算 $T.P$ 的公式和 $T.P$ 的变化范围

计算公式	$T.P$ 变化范围
$\dfrac{K-M}{K}$	$-\infty \sim +80\%$　（$K=5$） $-\infty \sim +50\%$　（$K=2$）
$\dfrac{K-M}{K-1}$	$-\infty \sim +100\%$
$\dfrac{K+1}{K+M}$	$0 \sim +100\%$

可见，为了比较各种电解液的分散能力，应当取相同 K 值进行测量，并用相同公式进行计算。

（3）弯曲阴极法

实验装置如图 3-9，阳极材料与生产中相同，尺寸 $150mm \times 50mm \times 5mm$，浸没面积 $0.55dm^2$。阴极分为六段，按照图上形状弯折。每段都是边长 29mm 的正方形。阴极浸没面积 $1dm^2$（两面）。

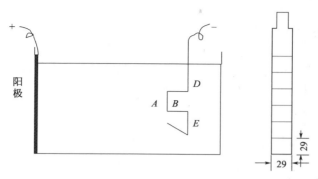

图 3-9　阴极试片镀层状况记录符号

根据电解液性质选定阴极电流密度和电镀时间。电镀完毕，分别测出阴极上 A、B、D、E 四个部位中间的镀层厚度 δ，计算 B、D、E 面对 A 面的厚度比，再按下式计算分散能力 $T.P$：

$$T.P = \frac{\delta_B + \delta_D + \delta_E}{3\delta_A} \tag{3-22}$$

式中，δ_A、δ_B、δ_D、δ_E 分别是 A、B、D、E 面的镀层厚度。

此法的优点是：弯曲阴极和生产中镀件的复杂形状比较接近，可以直接观察不同受镀面上镀层的外观状况。

3.3.2　电解液的覆盖能力

3.3.2.1　什么是覆盖能力

电解液使工件深凹部位和内孔中镀上金属的能力叫做覆盖能力，又称为深镀能力。

覆盖能力和分散能力有密切的关系，但又是两个不同的概念。覆盖能力好是指工件所有表面包括深凹部位和内孔都有镀层，而镀层不一定均匀。所以分散能力好的镀液，其覆盖能力一般也较好；但覆盖能力好的镀液，分散能力不一定好。

3.3.2.2　影响覆盖能力的因素

（1）电解液的性能

金属离子发生还原反应沉积出镀层的条件是，阴极电位低于该金属的析出电位，与析出电位对应的阴极电流密度可称为临界电流密度。这就是说，深凹部位和内孔的电流密度必须大于临界电流密度才能镀上金属。

金属离子还原反应的极化性能愈弱，析出过电位 $\eta_{c析}$ 的绝对值愈小，析出电位愈正，则该金属沉积的临界电流密度愈小，愈容易沉积出来，这种电解液的覆盖能力就愈好。

由于阴极表面电流分布不均匀，深凹部位和内孔的电流密度低于平均阴极电流密度，而尖端和棱边部位的电流密度则高于平均电流密度。提高阴极电流密度虽然可以使深凹部位和内孔的电流密度增大；但阴极电流密度受极限电流密度限制，太高会使尖端和棱边部位烧焦。

由此可知，电解液具有好的覆盖能力的条件是，金属离子析出过电位绝对值小，因而容易沉积；电解液的分散能力好，因而在工件表面电流分布比较均匀。

（2）基体金属的性质

在不同的基体金属表面，同一种金属离子还原反应的难易程度不同，析氢反应的难易程度也不同。一般来说，析氢反应愈容易，金属离子还原反应愈困难。因此，基体金属种类、组织不均匀性、基体金属所含杂质及其分布都会影响覆盖能力。

工件表面状态对覆盖能力也有较大影响。表面粗糙将降低真实的电流密度，表面不清洁（锈或油污）会使金属沉积困难。

3.3.2.3 改善覆盖能力的方法

（1）施加冲击电流

在开始通电的瞬间，以高于正常阴极电流密度数倍甚至数十倍的大电流通过镀件，造成比较大的阴极极化，在工件表面迅速形成一薄镀层，将工件表面完全覆盖，然后将电流降低到正常阴极电流密度进行电镀。

（2）增加预镀工序

预镀层可以与正常镀层相同，也可以是正常镀层容易在其上析出的金属层。

（3）保证镀前处理质量

提高表面光洁度，彻底除油除锈，以避免工件表面局部镀不上。

3.3.2.4 覆盖能力的定量评定

（1）内孔法

内孔法是目前广泛应用的测量覆盖能力的试验方法。如图 3-10 所示，用一根空心圆管做阴极，管内径 10mm，长 50mm 或 100mm。材质用低碳钢或铜、黄铜。管两端距阳极 50mm。按选用的电镀工艺电镀 10～15min 后，将管子纵向切开，测量内孔中镀层长度，以深径比（镀入深度与管内径之比）表示电解液的覆盖能力。

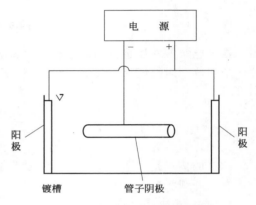

图 3-10　内孔法测量镀液的覆盖能力

（2）直角阴极法

图 3-11 表示了直角阴极法测量镀液覆盖能力的阴极、阳极配置和镀后试片评定方法。此法仅用于覆盖能力较差的电解液（如镀铬电解液）。

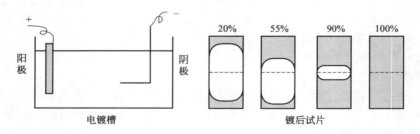

图 3-11　直角阴极法测量覆盖能力的阴极、阳极培植和阴极试片外观

（阴影部分为镀层）

阴极用 75mm×25mm 的铜片或软钢片，在距离一端 25mm 处弯折成 90°。折角面对阳极，背面用漆绝缘，浸入液面下 25mm。角阴极端距阳极不小于 50mm。电镀一段时间，将阴极试片清洗，烘干，弄直。用刻有方格的有机玻璃矩形板量度镀层覆盖面积。以覆盖有镀层的面积占受镀总面积的百分数来表示镀液的覆盖能力。

（3）凹穴法

阴极横截面为 25mm×25mm 的正方形，长 200mm。一面上钻有 10 个直径为 12.5mm 的凹穴。第一个凹穴深 1.25mm，为直径的 10%。按顺序次一个凹穴的深度比前一个凹穴增加 1.25mm，最后一个凹穴深度为 12.5mm，即直径的 100％。电镀后检查各凹穴内表面镀层。如果第六个凹穴内表面被全部覆盖，而第七个只部分覆盖，则电解液的覆盖能力可评定为 60％。余类推。

3.3.3　整平能力

3.3.3.1　什么是整平能力

电解液使阴极工件表面微观粗糙不平程度减小，获得平整镀层的能力叫做整平能力，也叫做微观分散能力。整平能力和（宏观）分散能力是不同的，具有好的分散能力的镀液并不一定具有好的整平能力，如氰化物镀铜电解液能得到厚度均匀的镀层，却不能填平工件表面的划痕或小缝隙；反之，分散能力差的单盐电解液镀铜却能填平工件表面的划痕和缝隙。

整平能力有三种类型。

（1）几何整平

由于微观凸凹不平的幅度只有几十微米，峰处和谷处的电位可认为相等，阴极表面的扩散层外界面是平的，与表面微观轮廓不相同。这样，谷处的扩散层比峰处的扩散层要厚，如图 3-12 所示。

如果电沉积过程受电子转移步骤控制，电解液中又没有整平剂，那么，峰处的阴极电流密度应和谷处的阴极电流密度相等：

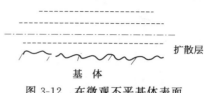

图 3-12　在微观不平基体表面扩散层厚度示意图

$$i_{峰}＝i_{谷} \qquad (3\text{-}23\text{a})$$

因此峰处和谷处的镀层厚度相同。几何整平重复了基体的微观不平度。

（2）负整平

当电沉积过程受浓差极化控制，电解液中又无整平剂时，由于谷处的扩散层厚度大于峰处的扩散层厚度，谷处的阴极电流密度将小于峰处的阴极电流密度：

$$i_{谷}＜i_{峰} \qquad (3\text{-}23\text{b})$$

这样，峰处的镀层厚度比谷处要大，即镀层加剧了基体的微观不平程度。

（3）真整平（电化学整平）

要使基体微观不平减小，填平缝隙和划痕，必须峰处的阴极电流密度小于谷处的电流密度：

$$i_{峰}＜i_{谷} \qquad (3\text{-}23\text{c})$$

3.3.3.2　获得真整平的方法

只有在电解液中加入整平剂才能实现真整平的要求。整平剂是添加剂的一类，属于表面活性物质。整平剂能吸附在阴极表面，阻滞金属离子还原反应。整平剂发挥作用还必须有以下两个条件：

① 金属离子还原反应受电子转移步骤控制；

② 整平剂消耗（夹在镀层中等原因）的补充受扩散控制。

由于谷处的扩散层厚度比峰处大，谷处的整平剂覆盖度比峰处小，在峰处整平剂的阻滞作用就比谷处大，这样峰处的阴极电流密度小于谷处，峰处的镀层厚度也就小于谷处，基体表面微观不平程度就减小了。

所以，要使电解液具有真整平作用，选择性能良好的整平剂是关键。

3.3.3.3　整平能力的测量

（1）旋转圆盘电极法

在旋转圆盘电极表面，扩散层的有效厚度是均匀分布的，根据流体力学导出扩散层有效厚度δ与扩散系数D、动力黏度系数ν和电极旋转角速度ω的关系为：

$$\delta = 1.61 D^{\frac{1}{3}} \nu^{\frac{1}{6}} \omega^{-\frac{1}{2}}$$ (3-24)

当电解液组成和温度一定时，扩散系数D和动力黏度系数ν均为常数。因此扩散层的有效厚度δ随电极旋转角速度ω的增加而减小。提高旋转角速度，扩散层变薄，可用来模拟微观峰处的扩散层厚度；降低旋转角速度，扩散层增厚，相当于微观谷处的扩散层厚度。扩散层变化，使电极表面电流密度变化。因此，在恒定电位下，改变圆盘电极的转速，测量电流密度随旋转角速度的变化关系，可用于判断电解液的整平能力。

图3-13中，曲线1的i_c与ω无关，表明为几何整平，曲线2的i_c随ω增大而增大，表明为负整平，即整平能力不良。曲线3的i_c随ω增加而下降，表明为真整平，电解液具有很好的整平能力（微观分散能力）。

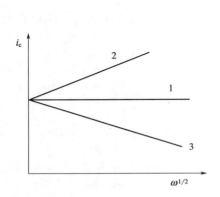

图3-13 镀镍溶液中旋转圆盘电极上
i_c与$\omega^{1/2}$的关系
1—无添加剂；2—添加糖精；
3—添加丁炔二醇

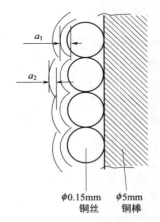

图3-14 假正弦波法试样电镀后的剖面

(2) 螺旋铜丝电镀法（假正弦波法）

在$\phi 5mm$的铜棒上缠绕$\phi 0.15mm$的铜丝，使铜丝排成平整紧密的线圈，作为测量试样，见图3-14。如果要测光亮镀镍电解液的整平能力，则将此试样在试验电解液中电镀20min，取出清洗干净；再镀3min铜，取出清洗；再镀20min镍。反复几次，得到几层被薄铜层隔开的光亮镍层。经镶嵌、砂磨、剖开，用放大40倍金相显微镜观察。

以a_1、a_2……记第一层、第二层……镀层谷与峰之间的距离。a值减小愈快，则电解液整平能力愈好。

3.4 镀液质量检验

3.4.1 Hull槽试验

在电镀实验研究和生产过程中，经常需要进行以下的试验：

① 电解液配方和工艺条件优选；

② 络合剂、添加剂的筛选和最佳剂量的确定；

③ 电解液故障原因分析。

以上三个项目都可以用Hull槽试验来进行。Hull槽是一种简单而又快速的小型电镀试验装置，可以简便而又迅速地进行上述试验。在维护正常生产和研制电镀新工艺中，Hull 槽试验得到广泛应用。

3.4.1.1　Hull 槽

Hull 槽的横截面为梯形，故又称为梯形槽。容积有两种：267mL 和 1000mL，前者应用较广泛。国内应用时在 267mL 容积中盛 250mL 电解液，以便于进行计算。Hull 槽的最大特点是：阴极上各部位到阳极的距离不相同，而且是逐渐变化的。这就造成了阴极上各部位的电流密度不相等，同样是逐渐变化的。

在图 3-15 中，阳极置于 AC 位置，阴极置于 BD 位置。在阴极上离阳极最远的一端（图中 D）电流密度最小，最近的一端（图中 B）电流密度最大。

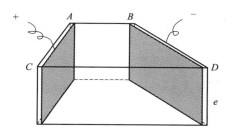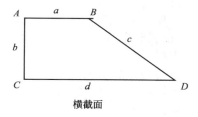

图 3-15　Hull 槽的结构

267mL 槽的几何尺寸：$a=48$mm，$b=64$mm，$c=102$mm，$d=127$mm，$e=65$mm

实验测定阴极上电流密度分布公式为：

$$i_c = I(C_1 - C_2 \lg l) \tag{3-25}$$

式中，l 为阴极上某点到近端的距离，cm；I 为通过 Hull 槽的试验电流，A；C_1 和 C_2 为与电解液性质和 Hull 槽尺寸有关的常数；i_c 为距阳极近端 l 的该点的电流密度，A/dm²。

对 267mL 槽，用四种常用电解液（酸性镀铜、酸性镀镍、氰化镀镉、氰化镀锌）进行实验并取平均结果，得出：

$$C_1 = 5.1019 \qquad C_2 = 5.2401$$

国内常用 267mL Hull 槽装 250mL 电解液，在应用上面的公式时还需要乘以 267/250 的因子，才能得出正确的 i_c。另外，l 的适用范围为 0.635～8.255cm（即需除去两端）。为使用方便，可将计算值列成表。

从图 3-16 看出，Hull 槽试验中阴极上的电流密度变化范围很宽，在 267mL 槽中，近端和远端的电流密度相差 50 多倍。做一次试验就可看出相当宽的电流密度范围内的镀层质量情况。这显示出 Hull 槽试验的优越性。

3.4.1.2　试验方法

（1）试验溶液

用于电镀生产控制时，可从电镀槽中取试验电解液，取样应有代表性。使用不溶性阳极时，试验 1～2 次后应更换溶液；使用可溶性阳极时，试验 6～8 次后应更换溶液。试验杂质及添加剂影响时，使用次数应更少一些。

（2）试验电流

电解液允许使用的阴极电流密度上限 i_c 较高

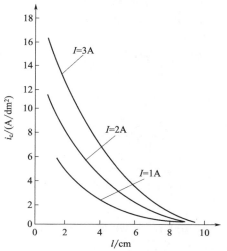

图 3-16　Hull 槽阴极上的电流密度分布

时，试验电流可大一些；i_c 上限较低时，试验电流应小一些。对大多数电解液，I 一般取 1A 或 2A，装饰性镀铬可取 5A，镀硬铬更大一些。

（3）时间

试验时间 5～10min，也可适当延长一些。

（4）温度

应与生产条件相同。当需要较高试验温度时，可事先将镀液加热到高于试验温度 1～2℃，倒入 Hull 槽。由于试验时间不长，温度不会显著降低，仍在控制范围之内。如需恒温，可使用改良型 Hull 槽。其尺寸与普通 Hull 槽相同，只是在短的侧壁上钻有 4 个孔，长的侧壁上钻有 6 个孔，孔径 12.5mm。

（5）搅拌

如需搅拌，可用玻璃棒轻轻搅动试验溶液，或使用小的空气搅拌装置。

3.4.1.3　电极和电路

（1）阳极

长方形薄板。对 267mL 槽，尺寸为 63mm×70mm，厚 3～5mm。材料与生产中相同。为防止阳极钝化，可使用网格形阳极。

（2）阴极

长方形薄片。对 267mL 槽，尺寸为 100mm×70mm，厚 0.25～1mm。可用冷轧钢板、镀锌铁片、铜或黄铜片等。表面应平整光洁。每次试验的阴极样板材料和表面状况要尽可能相同，这样可以排除基体材料和表面状态对试验的影响。

试验前阴极样板要用砂纸打磨，彻底清洗。如果放置了一段时间才用，使用时还要进行活化处理和清洗。

（3）电路连接

阳极与直流电源正极相连，阴极与负极相连。直流电源应能精细调节输出电压，以获得需要的试验电流。

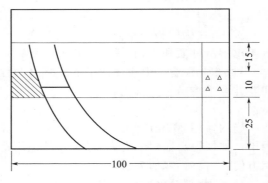

图 3-17　阴极记录部位的选取

3.4.1.4　阴极样板的绘图

镀层外观是 Hull 槽试验的主要评价指标。为了便于进行对比，统一规定选取距底边 25mm，宽 10mm 的一条带为记录区间，如图 3-17 所示。

为便于将镀层外观绘图记录，可采用图3-18的符号，必要时加文字说明。

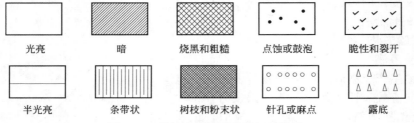

光亮　　暗　　烧黑和粗糙　　点蚀或鼓泡　　脆性和裂开

半光亮　　条带状　　树枝和粉末状　　针孔或麻点　　露底

图 3-18　阴极试片镀层状况记录符号

如需保存阴极样板，可用酒精干燥后涂以清漆，存放于干燥器中。

3.4.1.5　应用

（1）选择适宜的电解液配方和工艺条件

以电解液中各组分含量，各工艺条件为影响因素，以阴极样板上光亮区范围作为评定指标，对配方和工艺条件进行优选。

（2）确定少量添加剂或杂质的含量

这些微量杂质或添加剂，用经典化学分析方法或者很难测出，或者很费时间。用 Hull 槽试验可以很快确定。

例如要测量光亮镀镍溶液中少量锌杂质的含量，可用下列镀液进行 Hull 槽试验：

① 含未知数量锌杂质的镀液；

② 不含锌杂质的正常镀液；

③ 正常镀液中加入不同含量的锌离子。

比较阴极样板，根据图形最接近的两块就可确定。

（3）分析镀液故障原因

例如发现镀层严重发黑并有粗糙毛刺，可按下列步骤进行试验，以分析造成故障的原因。

① 分析镀液　镀液成分是否与工艺规范相差大。

② 检查固体杂质　对故障电解液进行处理：直接过滤除去无机物固体杂质，用活性炭处理再过滤以除去有机物杂质；再分别进行 Hull 槽试验，与故障电解液试验阴极样板比较，以确定是否由固体杂质引起。

③ 检查可溶性杂质离子　在正常镀液中分别加入一定量的阴离子（如 Cl^-、CN^-、$NO_3{}^-$、$CrO_4{}^{2-}$ 等）或阳离子（如 Cu^{2+}、Sn^{2+}、Pb^{2+} 等），进行 Hull 槽试验，与故障电解液试验阴极样板进行比较。

假定发现加入 Pb^{2+} 的阴极样板与故障样板比较接近，再确定 Pb^{2+} 杂质的含量范围。

在确定故障的原因后，再进行验证试验，即将故障电解液中的杂质除去，试验阴极试样的镀层是否恢复正常。

上述过程应结合具体电镀工艺进行考虑，以减少试验工作量。

（4）Hull 槽法测电解液分散能力

在固定阴极电流下（一般取 0.5～3A）电镀一定时间（10～20min）。将阴极试片清洗烘干。将图 3-17 中所划的宽 10mm 的窄条分为 10 等分，形成 10 个 10mm×10mm 的小正方形。除去两端的两个，从近端开始编为 1～8 号。测出 8 个方格中心部位的镀层厚度，用下式计算分散能力

$$T.P = \frac{\delta_i}{\delta_1} \times 100\% \tag{3-26}$$

δ_1 和 δ_i 为 1 号方格和 2～8 号方格（一般 i 取 5）的镀层厚度。也可作出镀层厚度随方格号变化的曲线（图 3-19），更直观地表示镀层厚度分布的均匀性。

（5）Hull 槽试片法测定电解液整平能力

所谓整平是指电镀后基体金属表面微观凹凸不平程度减小或者消失。显然，要达到整平必须基体表面谷处（凹处）比峰处（凸处）沉积更厚的镀层。整平能力的测定主要用于光亮电镀中筛选工艺条件和整平剂用量。用 Hull 槽试验测定电解液整平能力有如下一些方法。

① 用经过平滑研磨的 Hull 槽试片，在其下半部用金刚砂纸横向砂出条纹。镀后用目视

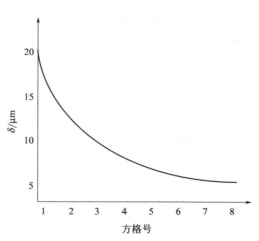

图 3-19　Hull 槽试验中表示分散能力的图示法

法判断整平能力。

② 对 Hull 槽试片进行喷砂处理，使表面产生深度和角度均匀的缺陷，用表面粗糙度计测定电镀前后试片表面粗糙度。如以 Ra 表示镀前试片中心线的平均粗糙度，Ra' 为镀后的中心线平均粗糙度，可用粗糙度减小的百分数计算整平能力。

③ 在平滑基体表面制备一定角度和深度的 V 形沟槽，电镀后根据镀层嵌入情况计算整平能力。此法试样的制作和镀后测试难度都很大。

3.4.2　电解液的阴极极化性能

在选择络合剂、添加剂并确定最佳用量时，测量阴极极化曲线可以清楚地表现出它们对电解液阴极极化性能的影响。

测量阴极极化曲线可以用恒电流法，也可以用恒电位法。测出阴极极化电流密度和与之对应的阴极极化电位的数值，在 E-i 坐标系或者 E-$\lg i$ 坐标系中将其关系表示出来，就得到阴极极化曲线。

需要指出，测量的阴极电流是所有阴极反应产生的总电流，只有在副反应很小时才能认为是反映了金属离子还原反应的阴极极化性能，在电镀合金时更是如此。因此需要同测量到的相同条件下的阴极电流效率进行结合来初步确定电解的阴极电流密度条件。

3.4.3　电解液的阳极极化曲线

理想的电镀过程，其阳极过程与阴极过程是匹配的，阴极电沉积消耗和增加的物质，都能由阳极过程补充和消耗。但实际上的电镀过程往往与理想过程存在很大的差别，这些都使阴阳极之间物质转移的平衡被破坏，镀液极不稳定。因此，电镀中不仅要重视阴极过程，阳极过程也是不容忽视的。通过测量阳极极化曲线，可以分析是否会出现阳极钝化；初步设计可溶性阳极面积，确定是否需要增加不溶性阳极，或确定外加主盐的操作规定。

测定阳极极化曲线是研究金属阳极钝化的重要方法。测定的方法有两种，控制电流的恒电流法和控制电位的恒电位法。

恒电位法就是将研究电极依次恒定在不同的数值上，然后测量对应于各电位下的电流。极化曲线的测量应尽可能接近体系稳态。稳态体系指被研究体系的极化电流、电极电势、电极表面状态等基本上不随时间而改变。常用的恒电位法测量极化曲线的方法有静态法和动态法。静态法是将电极电位维持在一恒定值，同时测量电流随时间的变化，到电流值基本上达到稳定。如此逐点地测量各个电极电位（例如每隔 20mV、50mV 或 100mV）下的稳定电流值，以获得完整的极化曲线。动态法是控制电极电位以较慢的速度连续地改变（扫描），并测量对应电位下的瞬时电流值，并以瞬时电流与对应的电极电位作图，获得整个的极化曲线。静态法测量结果较接近稳态值，可以实际使用，但测量的时间较长。例如对于钢铁等金属及其合金，为了测量钝态区的稳态电流往往需要在每一个电位下等待几个小时甚至几十个小时。

图 3-20 是阳极钝化曲线，其中 AB 段是活性溶解区，电流密度超过 B 点，阳极就开始钝化，电镀中随着阳极正常溶解的进行，阳极面积有所减小，电流密度就有可能超过 B 点，因此生成中总是低于 B 点一定值；BC 段是过渡钝化区，阳极到了 BC 段就不能使用，必须要经过活化后才能使用；CD 段是稳定钝化区，金属的阳极氧化使用这个条件；DE 段是

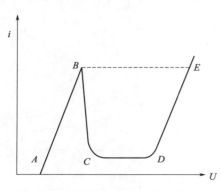

图 3-20　金属阳极极化曲线

超（过）钝化区。

3.4.4 阴极电流效率

3.4.4.1 原理

测出通过阴极的总电量 $Q_{总}$ 和消耗于镀层金属沉积的电量 $Q_{金}$，根据定义，阴极电流效率可表示为：

$$\eta_c = \frac{Q_{金}}{Q_{总}} \times 100\%$$ （3-27）

在电镀前和电镀后用天平称取阴极试片重量，就可得到镀层金属的重量，再按法拉第定律计算 $Q_{金}$。

3.4.4.2 测量电量 $Q_{总}$ 的方法

（1）铜库仑计

铜库仑计是一种特殊形式的电解槽。采用特定的酸性镀铜电解液：

硫酸铜	125g/L
硫酸（$d=1.84$）	25mL/L
乙醇	50mL/L

其电流效率为100%。阳极用纯铜片，阴极一般用铜片。操作条件可取：温度 18～25℃，阴极电流密度 $i_c = 0.2～2A/dm^2$，电镀 10～30min，电镀后称出阴极上沉积的铜层重量，就可用法拉第（Faraday）定律计算 $Q_{总}$，精确度达 0.1%～0.05%。

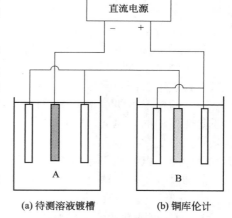

用图 3-21 的装置，按待测溶液的电镀工艺条件通入电流，电镀一段时间，取出待测溶液中的阴极试片 A 和铜库仑计的阴极试片 B，洗净，烘干，称重。其镀层重量分别为 $M_{金}$ 和 $M_{铜}$，则待测溶液的阴极电流效率：

$$\eta_c = \frac{Q_{金}}{Q_{总}} = \frac{M_{金}/k_{金}}{M_{铜}/k_{铜}}(\times 100\%)$$ （3-28）

式中，$k_{金}$ 和 $k_{铜}$ 为被镀金属和铜的电化当量 $[k_{铜} = 1.186g/(A \cdot h)]$。

图 3-21　用铜库仑计测量阴极电流效率

（2）高精度电流表法

保持电镀过程中阴极电流恒定（使用恒电流仪供电），用高精度电流表（不低于 0.5 级）准确测量通过电镀槽的电流 I，准确记录通电时间 t，则可得总电量 $Q_{总} = It$。

3.4.5 电导率

在电镀中测定电解液的导电性能主要用于研究配方中导电盐的选择和加入量，监测与控制电镀过程的参数变化等。

3.4.5.1 电导电极

电解液的导电性能用电导仪测量。电导是电阻的倒数，因此测量电导值是通过电阻值的测量再换算的。但在溶液电导的测定过程中，当电流通过电极时，由于离子在电极上会发生放电，产生极化引起误差，故测量电导时要使用频率足够高的交流电，以防止电解产物的产生。电导电极使用的敏感材料通常为铂，镀铂黑就是在铂表面镀上一层黑色蓬松的金属铂，多孔的铂黑增加了电极的表面积，使电流密度减小，极化效应变小，电容干扰也降低了，提高测量结果的准确性。

铂黑电极存放期间要泡在蒸馏水中，不宜干放。如果发现铂黑电极污染或失效，可浸入 10％硝酸或盐酸溶液中 2min，然后用蒸馏水冲洗干净再测量。不镀铂黑的光亮电极的优点是铂片表面可以擦拭，而铂黑电极表面则绝对不能擦拭，只能在水中晃动清洗。

3.4.5.2　电极校正

导电性能用测量时是根据公式 $J = K/G$ 进行的，电极常数 J 可以通过测量电导电极在一定浓度的 KCl 溶液中的电导 G 来求得，KCl 溶液的电导率 K 由表 3-6 规定。

表 3-6　氯化钾浓度和电导率值

KCl 溶液浓度 /(mol/L)	电导率/(S/cm)				
	15℃	18℃	20℃	25℃	35℃
1	0.09212	0.09180	0.10170	0.11131	0.13110
0.1	0.010455	0.011163	0.011644	0.012852	0.015353
0.01	0.0011414	0.0012200	0.0012737	0.0014083	0.0016876
0.001	0.0001185	0.0001267	0.0001322	0.0001466	0.0001765

电导率标准溶液的配置应注意以下几点。

① KCl 应采用优级纯（GR），且需要在 220～240℃下烘干 2h，然后放入干燥器中冷却至室温。

② 培植溶液的蒸馏水或去离子水的电导率应不大于 $0.2\mu S/cm(25℃)$。

③ 应在 (20±0.5)℃的恒温槽中进行稀释和操作。

④ 标准溶液应储存在密封玻璃瓶中或聚乙烯塑料瓶中室温保存，有效期半年至一年。

常数大于 1 的电导电极，都应该使用铂黑电极。而不镀铂黑的光亮电导电极，只能在常数小于 1 的电导电极的溶液中使用。由于测量溶液的浓度和温度不同，以及测量仪器的精度和频率也不相同，电导电极的常数 J 有时会出现较大的误差，使用一段时间后，电极常数也可能会有变化。因此，新购的电导电极，以及使用一段时间后的电导电极，电极常数应重新测量标定。电导电极常数测量时应注意以下几点：

① 测量时应采用配套使用的电导率仪，不要采用其他型号的电导率仪；

② 测量电极常数的 KCl 溶液的温度，以接近实际被溶液温度为好；

③ 测量电极常数的 KCl 溶液的浓度，以接近实际被溶液浓度为好。

3.4.5.3　电导率仪

电导率仪由电导电极和电计（电子元件）组成。电计采用了适当频率的交流信号的方法，将信号放大处理后换算成电导率。电计中还可能装有与传感器相匹配的温度测量系统，能补偿到标准温度电导率的温度补偿系统、温度系数调节系统以及电导池常数调节系统，以及自动换挡功能等。电导电极有时还装有热敏元件。

第4章　电镀工艺

电镀是在机械制品上沉积出附着良好但性能和基体材料不同的金属覆层的技术。在机械制品上获得装饰保护性和各种功能性的表面层，还可以修复磨损和加工失误的工件。因此，要获得怎样的覆层性能，怎样达到这些性能，是电镀工艺的关键问题。

4.1　单金属镀层

4.1.1　镀锌

镀锌有锌酸盐型、氯化物型、氰化物型、硫酸盐型等几种类型。

4.1.1.1　锌酸盐镀锌

（1）工艺规范举例（见表4-1）

表 4-1　DE 型锌酸盐镀锌的电解液配方和工艺条件

项　　目	配方 1	配方 2	配方 3	配方 4
ZnO/(g/L)	10~12	8~12	8~12	12~20
NaOH/(g/L)	100~120	100~120	100~120	100~160
DE 添加剂/(mL/L)	3~5	4~6	4~6	4~5
混合光亮剂/(mL/L)		0.5~1		0.1~0.5
香豆素/(g/L)		0.4~0.6		0.4~0.6
香草醛/(g/L)	0.05~0.1		0.05~0.1	
硫酸镍/(g/L)	0.5~1			
EDTA/(g/L)			0.5~1	
温度/℃	10~40	10~40	10~35	10~45
i_C/(A/dm²)	1~3	1~2.5	1~3	0.5~4

注：混合光亮剂为三乙醇胺、乙醇胺和茴香醛的混合物。

（2）工艺说明

ZnO 是提供锌离子的化合物（主要成分），NaOH 是络合剂，生成络离子 $[Zn(OH)_4]^{2-}$。络离子扩散到阴极表面附近，发生转化反应，生成表面络合物 $Zn(OH)_2$：

$$[Zn(OH)_4]^{2-} \Longrightarrow Zn(OH)_2 + 2OH^-$$

阴极反应为表面络合物 $Zn(OH)_2$ 的还原：

$$Zn(OH)_2 + 2e \Longrightarrow Zn + 2OH^-$$

阴极副反应为析氢反应。NaOH 还能够起活化阳极和增加溶液导电性的作用。过量的 NaOH 是稳定镀液的必要条件，pH<10.5 时，锌离子转化为氢氧化锌沉淀；但 NaOH 含量过高，会引起阳极化学溶解加剧，溶液中锌离子含量升高。生产中宜控制 NaOH/Zn 的比值等于 10~13。

DE 添加剂为晶粒细化剂，属于表面活性物质，具有较强的吸附性能和较宽的吸附电位范围，使镀液电化学极化增大，镀层结晶细致。但单独使用镀层无光泽，必须与光亮剂配合。添加剂选择至关重要，无添加剂不可能实现锌酸盐镀锌。但添加剂也不能过多，否则会造成镀层夹杂和脆性。

DE 添加剂为二甲胺与环氧氯丙烷的缩合物，缩合物一端是活泼的氯，另一端是活泼的叔胺，在高温下（80～90℃）可以继续反应，聚合度增大后成为水溶性高聚物。除 DE 型添加剂外，还有 DPE-Ⅰ、DPE-Ⅱ由二甲氨基丙胺与环氧氯丙烷的缩合物。

另外 DPE-Ⅲ、GT-4、TEE、NJ-45 等型号，都是有机胺（乙二胺、四乙烯五胺、多乙烯多胺、二甲胺、二甲氨基丙胺及其混合胺）与环氧氯丙烷的缩聚产物。

光亮剂与 DE 添加剂配合，可得到细致光亮的镀层，且阴极电流密度范围较宽。加入香豆素是为了抵消光亮剂产生的拉应力，二者应很好配合。香草醛等醛类光亮剂在阴极还原的中间产物可以发挥光亮作用。EDTA 本身无增光作用，它主要是络合微量的金属杂质，防止杂质对电沉积的干扰；EDTA 与香草醛配伍可以减少香草醛的用量，延长其使用寿命。

（3）优缺点

锌酸盐镀锌电解液成分简单、稳定，对杂质敏感性小，维护费用低。阴极电流密度和温度范围较宽，分散能力和覆盖能力均较好。镀层结晶细致，有光泽。电解液碱性，对钢铁设备腐蚀性小，有利于机械化自动化生产。电解液毒性小，废水处理容易。

槽压高，电能消耗较大。镀层较厚时有脆性。某些添加剂使用不当时，易产生镀层起泡现象。由于氢氧化钠含量高，有碱雾逸出，镀液和气体有刺激性，需要安装抽风设备。电流效率较低（65%～70%）。不适用于需要除氢的工件。

就碱性锌酸盐镀锌而言，开发了杂环化合物（如咪唑、吡啶及其衍生物等）与环氧丙烷的缩合物作为添加剂，使镀层性能得到改善，能得到光亮，且综合性能和韧性好的镀层。即使镀层厚 8～13μm，弯折也不会爆皮；但电流效率仍然较低。

（4）故障分析

表 4-2 列出了 DE 型锌酸盐镀锌生产中可能出现的故障、原因以及处理方法。由电镀理论基础和关于电解液和工艺参数对电镀过程影响的讨论，很容易理解这些分析。其他电镀工艺的故障分析与此类似，就不再列出。

表 4-2　DE 型锌酸盐镀锌的故障及排除方法

故障现象	可能产生的原因	排除方法
分散能力差	添加剂不足	补充 DE 添加剂
	锌高碱低	分析调整，减少锌阳极
	温度高，电流密度低	提高电流密度
镀层光泽不均有阴阳面	光亮剂不足，或溶解不良	补充光亮剂，并搅拌
	锌含量过高	分析调整，减少锌阳极
	电流密度低	提高电流密度
	有机杂质多	用活性炭处理
镀层灰暗，无光泽	金属杂质多	用硫化钠或锌粉处理
	光亮剂太少	补充光亮剂
	温度过高	降低温度
镀层银白、钝化后呈土黄色	铅杂质多	用硫化钠或锌粉处理
镀层脆性大，有麻点状小泡	前处理除油不净	检查前处理并改善
	光亮剂太多	用活性炭处理
	有机杂质多	用活性炭处理
	温度低而电流密度过高	降低电流密度

故障现象	可能产生的原因	排除方法
沉积速度慢	锌浓度低	增加锌阳极
	EDTA 过量	一段时间不再补充
	电流密度低	提高电流密度
	温度太低	适当提高温度
阳极钝化,锌含量下降	锌阳极面积小,电流密度高	增加锌阳极
	NaOH 浓度太低	分析补充 NaOH
镀层粗糙,边角易烧焦	电流密度过高	降低电流密度
	DE 不足	补充 DE 添加剂
	锌高碱低,比例失调	分析调整

4.1.1.2 氯化铵-氨三乙酸镀锌

氯化铵型镀锌工艺包括氯化铵,氯化铵-氨三乙酸、氯化铵-柠檬酸几种类型,以氯化铵-氨三乙酸电解液应用较多。由于氨三乙酸对锌离子的络合作用强,氯化铵-氨三乙酸电解液的分散能力和覆盖能力比氯化铵电解液好;不过,自从性能优良的添加剂亚苄基丙酮应用于氯化铵镀锌工艺后,两种电解液的性能已不相上下。三种电解液的共同缺点是氯化铵含量高,其废水与电镀车间其他废水混合后,氨和螯合剂络合其他重金属离子,导致废水除重金属非常困难。

(1) 工艺规范举例 (见表 4-3)

表 4-3 氯化铵-氨三乙酸镀锌电解液配方和工艺条件

项　　目	指　　标	说　　　明
氯化锌/(g/L)	30～40	$ZnCl_2$ 为主盐,氨三乙酸为络合剂,生成 $[ZnNta]^-$ 络离子。阴极反应为
氯化铵/(g/L)	240～280	
氨三乙酸/(g/L)	20～30	$$[ZnNta]^- + 2e \Longrightarrow Zn + Nta^{3-}$$
硫脲/(g/L)	1～2	副反应为析氢反应。氯化铵也有一定的络合作用,还能增加电导和活化阳极
聚乙二醇/(g/L)	1～1.5	
海鸥洗涤剂/(mL/L)	0.2	硫脲和聚乙二醇为有机添加剂,能增加阴极极化,使镀层结晶细致光亮
pH 值	5.5～6.2	
温度/℃	15～40	海鸥洗涤剂起润滑作用,可消除镀层针孔、麻点
i_c/(A/dm²)	0.8～2	

注: pH 值很重要,应严格控制。pH 值过高时可用盐酸、稀硫酸或醋酸调整,pH 值过低时可用氢氧化铵或充分稀释的氢氧化钠调整。生产过程中往往出现温度升高的现象,在夏天要采取降温措施。

(2) 优缺点

氨三乙酸对锌离子络合能力强,能大大增加阴极极化性能,改善镀层质量。分散能力和覆盖能力均较好,能镀几何形状较复杂的工件。沉积的镀层结晶细致,光泽好。电流效率高(95%以上),电镀过程渗氢少,可镀弹性工件。镀液成分简单,管理维护方便。

氯化铵含量高,对钢铁设备腐蚀严重。废水处理困难(因为氨能与多种金属离子络合)。工艺条件控制不当时容易引起镀层的钝化膜变色。

由于锌阳极可能发生"自溶解",使镀液中锌离子含量增高。为了维持电解液成分稳定,在锌离子含量增大时,可采用挂一部分精制碳板作为不溶性阳极,与可溶性锌阳极联合使用。

4.1.1.3 氯化钾（钠）镀锌

氯化钾（钠）镀锌属于无铵氯化物镀锌，自 20 世纪 70 年代末开发以来，由于具有显著的优点得到了很快的发展和推广。

（1）工艺规范举例（见表 4-4）

表 4-4 氯化钾镀锌电解液配方和工艺条件

溶液组成及操作条件	氯锌-1 光亮剂		CT-2 光亮剂	
	钾盐型	钠盐型	钾盐型	钠盐型
$ZnCl_2$/(g/L)	60～70	60～70	55～75	55～75
KCl/(g/L)	180～220		210～240	
NaCl/(g/L)		200～220		210～220
硼酸/(g/L)	25～35	30～35	25～30	30～35
氯锌-1 光亮剂/(mL/L)	14～16	16～18		
CT-2 光亮剂/(mL/L)			12～18	12～18
pH 值	4.5～6	5～6	5.4～6.2	5～6
温度/℃	10～50	10～50	5～50	5～60
i_c/(A/dm^2)	1～6	1～6	0.5～3.5	1～2

氯化锌是主盐，氯化钾（钠）是导电盐，氯离子还有活化阳极的作用。由于 Cl^- 对 Zn^{2+} 的络合作用很微弱，因此氯化钾（钠）镀锌属单盐电解液，阴极反应为锌离子的还原：

$$Zn^{2+} + 2e \Longrightarrow Zn$$

KCl 导电性好，在其他条件相同时，钾盐电解液的阴极极化值大于钠盐电解液，温度范围比钠盐电解液宽，镀层脆性较小，故适用于挂镀或形状较复杂的工件，镀层质量优于钠盐电解液。NaCl 价格低，溶解度较钾盐大，可用于形状较简单的工件滚镀件。

硼酸是缓冲剂，使镀液 pH 值保持在要求数值。

（2）优缺点

电流效率高（95％以上），沉积速度快。镀液成分简单，稳定性好。为单盐电解液，不含络合剂，废水处理简单。无刺激性气体（碱雾、氨气）逸出，可不用排风设备。选择性能良好的添加剂，镀液具有良好的分散能力和覆盖能力，可以在较宽的阴极电流密度和温度范围内，得到结晶细致的光亮镀层，镀层内应力低。而且适宜与低铬、超低铬钝化工艺配合使用，大大减轻钝化废水问题。氯化钾镀锌电解液为弱酸性（pH 值 5～6），对设备腐蚀性小。

初期的氯化钾镀锌电解液的分散能力和覆盖能力不够好，镀层光亮度不如氯化铵工艺。随着光亮剂的发展，镀液性能和镀层质量不断得到改善，现已在镀锌工艺中占有了很大比重，逐步取代氯化铵镀锌工艺。

（3）氯化钾镀锌光亮剂

添加剂在氯化钾镀锌工艺中的作用至关重要，没有添加剂不可能得到质量符合要求的镀层。现在，已开发出的氯化钾（钠）镀锌光亮剂牌号很多，它们都包含主光亮剂、载体光亮剂（初级光亮剂）和辅助光亮剂几个部分。三组分按一定比例混合，发挥对镀液性能和镀层质量影响的协同作用。

① 主光亮剂 主光亮剂的作用是使镀层结晶光亮细致，降低镀层内应力。好的主光亮剂必须具有较高的稳定性和较宽的阴极电流密度范围，能改善电解液的分散能力和覆盖能力。常用的主光亮剂有亚苄基丙酮（芳香酮类）、吡啶甲酰胺（氮杂环化合物）、肉桂醛（芳

香醛类）等，以亚苄基丙酮效果最好。由于主光亮剂亚苄基丙酮在水中的溶解度很小，需要和载体光亮剂相互配合，使主光亮剂尽可能分散在镀液中，更有效地发挥作用。亚苄基丙酮的含量范围较窄，以 $0.2\sim0.3g/L$ 为宜，过高产生亮而脆的镀层，过低则光亮性和整平性不足。

② 载体光亮剂　载体光亮剂的作用是增加主光亮剂在基础镀液中的溶解度，改善工件表面的润湿性能，提高高电流密度区的阴极极化，使镀层结晶细致光亮，消除针孔。载体光亮剂一般为表面活性剂，如平平加、OP 乳化剂。作为性能优异的光亮剂载体，不仅要有较强的增溶作用，而且要有较高的浊点，使操作温度变宽。

③ 辅助光亮剂　辅助光亮剂的作用是扩大光亮电流密度范围（特别是低电流密度区）和提高镀液的分散能力。添加辅助光亮剂后还可适当减少主光亮剂的用量。常用的有：苯甲酸钠、肉桂酸、亚甲基双萘磺酸钠等。

下面是一种组合光亮剂的配比：

亚苄基丙酮（用酒精溶解）	20g/L
平平加	160～180g/L
苯甲酸钠	30～40g/L
扩散剂 NNO	50～60g/L

加入量为 15～25g/L，新配槽时另补充平平加 3～5g/L。

4.1.1.4　氰化物镀锌

镀液主要成分是 ZnO、$NaCN$、$NaOH$。ZnO 提供需要的锌离子，$NaCN$ 是络合剂，$NaOH$ 是辅助络合剂。在镀液中，锌以锌氰络离子 $[Zn(CN)_4]^{2-}$ 和锌酸根离子 $[Zn(OH)_4]^{2-}$ 的形式存在。

阴极主反应为：

$$[Zn(CN)_4]^{2-}+4OH^- \Longrightarrow [Zn(OH)_4]^{2-}+4CN^-$$
$$[Zn(OH)_4]^{2-} \Longrightarrow Zn(OH)_2+2OH^-$$
$$Zn(OH)_2+2e \Longrightarrow Zn+2OH^-$$

副反应为析氢反应。

由于阴极极化性能强，分散能力和覆盖能力好，适于电镀形状复杂和要求镀层厚度大于 $20\mu m$ 的工件。镀层结晶细致，有光泽。允许使用的阴极电流密度和温度范围宽。电解液稳定，对杂质允许含量高，容易维护和控制。电解液碱性，有一定的除油能力，对钢铁设备腐蚀小。

缺点是：电流效率较低（70%～75%）；不宜镀铸件。特别是氰化物剧毒，对环境污染大，废水处理费用高，要求良好的通风设备和必要的安全措施。为减少污染，一是降低氰化物浓度，高氰配方中 $NaCN$ 含量在 80～120g/L，而低氰配方中 $NaCN$ 含量降至 10～13g/L；二是开发无氰电镀工艺。

4.1.1.5　酸性硫酸盐镀锌

硫酸盐镀锌电解液属于单盐电解液。与硫酸锌为主盐，pH 值在 4 左右。镀液成分简单，性能稳定，成本低。电流效率高（98%～100%）。搅拌条件下可以使用较高的阴极电流密度，沉积速度快。毒性小。

由于锌离子还原反应的交换电流密度大，阴极极化性能弱，电解液分散能力和覆盖能力差，镀层结晶粗糙，只适用于形状简单的工件（线材、带材）和铸铁件。酸性镀液对钢铁设备腐蚀大。

4.1.1.6　锌镀层的镀后处理

锌镀层是广泛使用的钢铁工件防护镀层，为了消除电镀过程中产生的镀层缺陷，改善镀层外观及性能，提高镀层的防护能力，镀后处理是十分重要的环节。

(1) 除氢

在电镀过程中，以及镀前酸洗，阴极浸蚀，阴极电解除油等过程中，都可能造成工件渗氢，使工件脆性增大。因此对弹性工件，薄壁工件（0.5mm 以下），对机械强度要求高的钢铁部件，镀后必须进行除氢处理，以消除渗氢的危害。对一般的钢铁工件可以不除氢。

除氢方法是在一定温度下加热一段时间（烘烤），使渗入基体和镀层晶格中的氢变为气态逸出。显然，氢的逸出程度与烘烤温度和时间有关。国家标准 GB 9799—88 "钢铁上的锌电镀层" 中规定了除氢的具体热处理条件。工件的最大抗张强度值愈大，烘烤时间应愈长。钢的最大抗张强度在 1050～1450MPa，热处理时间为 8h；在 1450～1800MPa 范围的钢，热处理时间为 18h，最大抗张强度大于 1800MPa 的钢，热处理时间为 24h。

除氢通常在烘箱内进行，温度 190～220℃，由基材性质决定。

(2) 出光

为了提高锌镀层的表面光洁度，在钝化前可安排出光工序。出光方法是在选定组成的溶液中浸几秒钟。由于镀层表面微观凸起处活性较高，优先溶解，使表面得到整平。出光溶液一般使用硝酸（40～60g/L）。

除光亮氯化钾镀锌工艺，其他镀锌层的光泽较差，应安排出光工序；使用低铬和超低铬钝化工艺时，亦应安排出光工序。

(3) 钝化

将镀锌工件在一定组成的溶液中进行化学处理，使锌镀层表面生成一层致密的、稳定性较高的薄膜，在电镀文献中称为"钝化"。

钝化处理后，锌镀层的防护能力大大提高。镀层愈薄，钝化的效果愈显著。比如 $5\mu m$ 的镀层，在盐雾试验中，未经钝化处理和经过钝化处理的出红锈时间分别为 36h 和 132h，$13\mu m$ 的镀层，未经钝化处理和经过钝化处理的出红锈时间分别为 96h 和 192h。

钝化处理后，镀层可形成各种色彩，如彩虹色、蓝白色、军绿色、金黄色等，能起装饰作用。利用高孔隙化钝化处理得到多孔钝化膜，还可进行染色，进一步改善装饰性。

钝化处理有多种工艺，溶液的主要成分是铬酐。虽有非铬酐溶液钝化工艺的试验研究，但尚存在许多问题未用于生产。铬酐钝化液的典型代表是高浓度铬酐三酸钝化，又称彩虹色钝化。为了降低铬酐浓度，开发了低浓度和超低浓度铬酐钝化工艺。其他还有军绿色钝化、金黄色钝化、黑色钝化，都是以铬酐为主要成分。

① 高铬酐三酸钝化工艺

表 4-5　高浓度铬酐三酸彩虹色钝化液配方和工艺条件

钝化液配方和工艺条件		一次钝化(气相成膜)	二次钝化(液相成膜)	
			甲　槽	乙　槽
铬酐/(g/L)		250～300	170～220	40～50
硝酸/(g/L)		30～40	7～8	5～6
硫酸/(g/L)		10～20	6～7	2
温度/℃		15～30	15～30	15～30
时间/s	溶液内	5～15	20～30	20～30
	空气中	5～15		

铬酐是钝化液中的主要成分。硝酸的作用是整平，硫酸的作用是加快成膜速度。硝酸浓

度不宜太高，否则将使膜的溶解很快而难以达到要求的厚度。硫酸浓度太高，膜的成长速度反而下降，而且膜的结构疏松，质量恶化。

钝化后进行清洗。清洗一定要彻底，尤其是高铬钝化。如果清洗不净，将成为过早"泛白点"腐蚀的主要原因。清洗后在一定温度下进行干燥，称为"老化"。

② 钝化膜的防护作用　金属在铬酸（或铬酸盐）中处理，表面生成的具有良好防护作用的膜，学名叫做"准转化膜"，而电镀文献中习惯称为钝化膜，这种铬酸盐处理称为钝化。

铬酐溶于水生成铬酸和重铬酸。镀锌工件浸入溶液后，锌和六价铬化合物反应，锌被氧化为离子进入溶液，六价铬被还原为三价铬：

$$Cr_2O_7^{2-}+3Zn+14H^+ =\!=\!= 3Zn^{2+}+2Cr^{3+}+7H_2O$$
$$2CrO_4^{2-}+3Zn+16H^+ =\!=\!= 3Zn^{2+}+2Cr^{3+}+8H_2O$$

随着反应进行，工件表面附近液层中 pH 值升高，Cr^{3+} 和 Zn^{2+} 的浓度增大。当 pH 值达到一定数值，又发生二次反应，生成碱式铬酸铬 $Cr(OH)CrO_4$、碱式铬酸锌 $Zn_2(OH)_2CrO_4$、亚铬酸锌 $Zn(CrO_2)_2$、三氧化二铬 $Cr_2O_3 \cdot 3H_2O$ 等，一起组成胶质沉积膜。膜中的三价铬化合物难溶，强度高，起骨架作用，给膜以一定的厚度，使膜层具有足够的强度和稳定性。六价铬化合物易溶，质较软，分布在膜层骨架内起填充作用。

三价铬化合物呈绿色，六价铬化合物呈红色，因而钝化膜呈现彩虹色。当三价铬和六价铬化合物含量变化，彩色也随之变化。在生产中，一般控制三价铬化合物与六价铬化合物的比例为 1.5∶1，得到的钝化膜的颜色为稍带绿色的彩虹色。此外，钝化膜的颜色还与膜的厚度有关，当膜的厚度减薄，颜色可由彩虹色变为蓝白色。

钝化膜的防护性能来自两个方面。一是钝化膜致密，化学稳定性高，将锌镀层与腐蚀环境隔离开；二是钝化膜在受到损伤时的自愈性。在潮湿空气中，当钝化膜遭到轻度损伤时，六价铬化合物溶解于水生成铬酸，使钝化膜得以修复。虽然钝化膜很薄，但膜的这种自愈性使锌镀层的防护能力大大提高。所以，从保证钝化膜的防护性能考虑，钝化膜中必须含有适量的六价铬化合物。钝化膜的杂质应少。

显然，钝化膜要具有良好的防护性能，必须要有一定的厚度。在钝化膜的形成过程中，同时存在膜的溶解，因为铬酐溶液的腐蚀性很强。当膜生长到一定厚度时，生长速度和溶解速度达到动态平衡，膜就不再长厚。为了使钝化膜达到要求的厚度，除了钝化液的配方外，工艺上采取气相成膜和两次成膜也是有效的措施（表 4-5）。气相成膜是镀锌工件在钝化溶液中浸渍后在空气中停留十几秒，使膜充分生成。两次成膜的乙槽铬酐浓度较低，以降低膜的溶解速度，使膜充分生成。

老化处理十分重要。钝化以后工件经过清洗，在一定温度下进行烘干处理，膜部分脱水，强度提高，耐蚀性增强。但老化温度不能过高，一般不高于 60℃。否则膜失水太多，产生龟裂，耐蚀性反而下降。

③ 其他钝化工艺

a. 白色钝化　在彩色钝化后，将工件浸入除膜溶液中，使彩色膜溶去一层，钝化膜呈现亮白色。白色钝化膜很薄，膜中六价铬化合物含量降低，耐蚀性下降。所以白色钝化处理适用于要求产品外观呈亮白色，但防蚀能力要求不高的日用小五金和轻工产品。

除膜溶液包括铬酐溶液、氢氧化钠溶液、加入硫化钠的氢氧化钠溶液。后一溶液除膜（碱漂）使膜呈蓝白色。白钝化后一定要经高温热水（90℃以上）烫洗，否则将带黄迹和水迹，表面不清亮。

白钝化膜为多孔的三价铬骨架，可以进行染色，达到装饰目的。

为了提高抗蚀能力，可在白色钝化膜上浸渍一层透明清漆。经过染色的白钝化膜，需染色层完全干燥后才能上罩光漆。

b. 军绿色钝化　钝化溶液由铬酐、磷酸、硫酸、硝酸、盐酸组成，故又称为"五酸钝化"，钝化后形成的膜呈军绿色。这种钝化膜耐蚀能力强，与油漆结合力好，耐磨性和机械强度均优于三酸钝化。但溶液成分易变动，且不易掌握。五酸钝化时锌层有较大损失，不适用于滚镀及篮镀的小零件，厚度小于 $5\mu m$ 的镀锌件。

c. 低浓度和超低浓度铬酐溶液钝化　高浓度铬酐溶液钝化虽然效果好，但对环境污染大，废水处理要求高。低浓度铬酐溶液钝化将钝化液中铬酐含量降低到 $4\sim6g/L$，即降低 $40\sim50$ 倍。超低浓度铬酐钝化液进一步将铬酐含量降低到 $2g/L$。这就大大减轻了环境污染和废水处理要求。

由于低浓度铬酐钝化液中含硝酸和硫酸的量也低，钝化膜中铬的含量反而更高，故钝化膜抗蚀能力与高铬酐溶液钝化所得膜相同。而且溶液 pH 值比高铬酐溶液高，膜的溶解速度小，故不需要气相成膜和二次成膜。

低浓度铬酐溶液对镀层抛光作用差。为提高光洁度，钝化处理前应加出光工序。另外，钝化液的 pH 值变动快，而对溶液 pH 值要求严格，故需加强维护管理，经常调节。

d. 黑色钝化　以铬酸盐为钝化剂，银盐（如硝酸银）或铜盐（如硫酸铜）为发黑剂，可得到黑色钝化膜，用于装饰、消光及太阳能吸热等目的。黑色钝化膜的耐磨性和耐蚀性比彩色钝化膜好。

④ 防护涂料　有些镀件要求防护性能很高，只进行钝化处理还不够。为了延长镀层寿命，可在表面涂覆透明的防护涂料。

有机涂料可用清漆，以 B-01-15 丙烯酸清漆较为合适。其特点是常温干燥，有较好的结合力，耐水性，耐高温和耐汽油性，尤其适合于在金属表面上涂覆。

无机涂料可选用聚硅酸锂溶液，商品名为"L-1 防锈剂"。特点是不用有机溶剂稀释，能与水任意调和，但涂在产品上干燥后就不再溶于水。抗酸碱能力也较强。

4.1.2　镀铜

镀铜工艺有氰化物型、焦磷酸盐型、酸性硫酸盐型几种类型的电解液。前两种是络盐电解液，后一种是单盐电解液。

4.1.2.1　全光亮酸性硫酸铜镀铜

全光亮酸性硫酸铜镀铜电解液是在普通酸性硫酸铜镀铜电解液的基础上添加一定量的光亮剂，使工件直接镀出全光亮的铜镀层，可免去镀后抛光工序。

普通酸性硫酸铜镀铜（镀暗铜）工艺应用最早。其成分简单，成本低，阴极电流效率高，污水处理容易，但镀层质量欠佳。全光亮硫酸铜镀铜电解液是在 20 世纪 60 年代才开始发展起来的，其中美国的 UABC 添加剂具有全光亮、高整平的能力，镀层结晶细致、柔软，分散能力也有很大改善。20 世纪 70 年代末我国在这方面也取得了突破性进展，研制成功了 M-N 和 SH-100 两种全光亮酸性硫酸铜镀铜电解液，操作温度可达到 40℃。

（1）工艺规范举例

表 4-6 是全光亮酸性硫酸铜镀铜的工艺规范。

硫酸铜是提供 Cu^{2+} 的主盐，浓度低则分散能力较好，但允许电流密度上限降低，镀液光亮及整平能力下降；浓度高则分散能力差。硫酸的作用是增加电导和阴极电流效率，还能防止铜盐水解，稳定镀液。当硫酸含量较低时，镀液的光亮整平性较好而分散能力较差，且不足以防止亚铜离子水解生成氧化亚铜（铜粉）。硫酸浓度较大时，铜离子含量降低，阴极极化增大，分散能力改善，镀层结晶变细，但光亮整平性下降。所以硫酸铜和硫酸的浓度比对镀液分散能力影响很大，印刷电路板孔金属化要求镀液分散能力好，可采用高酸低铜；而防护-装饰电镀中要求良好的光亮性和整平性则需采用高铜低酸。

表 4-6　全光亮酸性硫酸铜镀铜电解液配方和工艺条件

项　目	配　方　1	配　方　2
硫酸铜/(g/L)	150～220	150～220
硫酸/(g/L)	50～70	50～70
亚乙基硫脲(N)/(g/L)	0.0003～0.0008	
巯基苯并咪唑(M)/(g/L)	0.0003～0.001	
聚二硫二丙烷磺酸钠(S_9)/(g/L)	0.015～0.02	0.01～0.02
四氢噻唑硫酮(H_1)/(g/L)		0.0005～0.001
聚乙二醇(P)/(g/L)	0.05～0.1	0.03～0.05
十二烷基硫酸钠/(g/L)	0.05～0.1	0.05～0.2
氯离子/(g/L)	0.02～0.08	0.02～0.08
温度/℃	10～40	10～25
阴极电流密度 i_c/(A/dm^2)	2～4	2～3
阳极	含磷 0.1%～0.3%的铜板	含磷 0.1%～0.3%的铜板
阴极移动或搅拌	需要	需要

　　为了获得全光亮镀层，电解液中必须存在少量氯离子。氯离子可以和亚铜离子生成难溶于水的氯化亚铜，消除亚铜离子的不利影响。还可以消除镀层由于夹杂光亮剂及其分解产物而产生的内应力，提高镀层的韧性。

　　(2) 光亮剂

　　光亮硫酸铜镀铜电解液中，光亮剂起着至关重要的作用。现在使用的光亮剂有如下几种。

　　① 巯基杂环化合物或硫脲衍生物，通式为 R—SH，R 是含氮或硫的杂环化合物或其磺酸盐。常用的有：2-四氢噻唑硫酮（代号 H_1），1,2-亚乙基硫脲（代号 N），2-巯基苯并咪唑（代号 M）。这类化合物在一定电位范围内能特性吸附在阴极表面，增大阴极极化，使镀层结晶显著细化。由于吸附受扩散控制，具有正整平作用，因此既是光亮剂又是整平剂。

　　② 聚二硫化合物，通式为 R^1—S—S—R^2，其中 R^1 为芳香烃、烷烃或烷基磺酸盐，R^2 为烷基磺酸盐或杂环化合物。常用的有：聚二硫二丙烷磺酸钠，聚二硫丙烷磺酸钠，苯基聚二硫丙烷磺酸钠。这类光亮剂必须与前一类光亮剂配合使用，才能得到全光亮镀层。

　　③ 表面活性剂。采用非离子型或阴离子型表面活性剂，如聚乙二醇、OP 乳化剂。它们在阴极表面定向吸附，能增大阴极极化，使镀层更均匀细致。其润湿作用可消除镀层针孔和麻点。

　　另外，某些染料（如甲基紫）也可以作为光亮剂和整平剂，与前述光亮剂配合使用。

　　(3) 优缺点

　　酸性硫酸铜镀铜电解液属于单盐电解液，成本低，电流效率高。使用高效整平光亮剂，可直接获得镜面光泽外观。

　　电解液分散能力差。光亮剂起着极为重要的作用，几种光亮剂必须配比适当才能得到光亮镀层，因此要十分注意添加和控制含量。酸性电解液对钢铁设备腐蚀性大。钢铁工件需进行预处理才能保证结合力。

　　(4) 预处理

　　酸性硫酸铜电解液镀铜不能在钢铁工件上直接施镀，因为铜的标准电位 $E^{\ominus}$ （Cu/Cu^{2+}）比铁的标准电位 $E^{\ominus}$ （Fe/Fe^{2+}）正得多，钢铁工件进入镀液后很容易生成置换铜层，造成结合不良。

为了解决这个问题，常采取以下措施。

① 浸镍预镀镍工艺　在如下组成的电解液中先浸后镀：

氯化镍	300～560g/L
硼酸	30～40g/L
pH 值	1.5～3.5
温度	60～70 ℃

先在电解液中浸渍 3～5min，使工件表面迅速生成一薄层镍；然后采用 0.1～0.4A/dm^2 的电流密度，电镀 3～5min，使镍层加厚。

② 氰化物预镀铜工艺　预镀铜工艺的电解液配方和工艺条件见 4.1.2.2。

③ 化学浸渍法　分预浸和浸铜两步。见表 4-7。

表 4-7　预镀铜工艺配方

预浸工艺		浸铜工艺	
项　目	指　标	项　目	指　标
硫酸/(g/L)	100	硫酸铜/(g/L)	50
丙烯基硫脲/(g/L)	0.1～0.3	硫酸/(g/L)	100
温度	室温	丙烯基硫脲/(g/L)	0.1～0.3
时间/s	40～70	温度	室温
		时间/s	40～60

浸铜虽然也生成置换铜层，但由于含有丙烯基硫脲，置换铜层紧密细致，与基体结合牢固。

（5）阳极

在硫酸铜镀铜过程中，可能生成一价铜离子 Cu^+：

$$Cu \Longrightarrow Cu^+ + e \quad （不完全氧化）$$
$$Cu + Cu^{2+} \Longrightarrow 2Cu^+ \quad （歧化反应）$$

亚铜离子容易在阳极表面生成"铜粉"（Cu_2O），进入镀液，造成镀层出现疏松和毛刺，对沉积光亮镀层十分有害。解决办法是使用含磷 0.1%～0.3% 的铜板做阳极（其他工艺使用电解铜板）。这种阳极表面极易生成一层褐色膜，保证阳极正常溶解。另外，将阳极用涤纶布包起来，电解液过滤，也是有效的方法。

4.1.2.2　氰化物镀铜

（1）工艺规范举例

氰化物镀铜电解液包括预镀液，一般镀液和高效镀液几种，见表 4-8。

表 4-8　氰化物镀铜的电解液配方和工艺条件

项　目	预镀液	含酒石酸钾钠镀液	高效镀液
CuCN/(g/L)	15	30～50	67.5～82.5
NaCN/(g/L)	23	40～65	
游离 NaCN/(g/L)	6		4～11
NaCO₃/(g/L)	15	20～30	0～90
NaOH/(g/L)		10～20	22.5～37.5
酒石酸钾钠/(g/L)		30～60	
温度/℃	40～60	50～60	70～80
i_c/(A/dm^2)	1～3	1～3	3～5

电解液中 NaCN 为络合剂，与 Cu^+ 形成几种络合物：$[Cu(CN)_2]^-$，$[Cu(CN)_3]^{2-}$，$[Cu(CN)_4]^{3-}$。一般认为主要形式为 $[Cu(CN)_3]^{2-}$。

阴极主反应为：

$$[Cu(CN)_3]^{2-} + e \Longrightarrow Cu + 3CN^-$$

副反应是析氢反应。

为了保证络离子的稳定性，造成较大的阴极极化，镀液中应有一定的游离 NaCN 量。游离 NaCN 量过低，镀液稳定性下降，阳极易钝化，阴极极化减小，镀层粗糙；游离 NaCN 量过高，会使阴极电流效率下降，镀层孔隙率增加。NaOH 的作用是改善导电性，提高镀液的分散能力，NaOH 与 CO_2 反应生成 Na_2CO_3，可降低游离氰化钠的消耗，使镀液稳定。Na_2CO_3 可提高电导，抑制 NaCN、NaOH 与 CO_2 的反应。加入一定量的酒石酸钾钠可以适当降低游离氰化钠的量，因为酒石酸钾钠能起辅助络合剂的作用；还可使镀层细致平滑，保证阳极正常溶解。

预镀液的特点是分散能力好，但电流效率低，只适合于镀薄镀层（小于 $2.5\mu m$）。高效氰化镀液电流效率高，沉积速度快，但分散能力差。一般镀液的性能介于二者之间，电流效率为 $60\% \sim 70\%$。一般镀液和高效镀液中加入光亮剂，可获得光亮镀层。常用光亮剂有：硫酸锰、炔丙醇氧乙烯醚、硫脲、香豆素等。使用光亮剂的镀液必须采用周期换向电流或间断电流，换向周期为：阴极 15（或 20）s，阳极 5s。使用周期换向电流还可改善氰化镀铜层的整平性。

（2）优缺点

氰化物电解液导电性好，阴极极化性能强，电流效率随阴极电流密度增大而下降，故分散能力和覆盖能力良好，镀层结晶细致，孔隙少，与基体结合牢。特别是可以直接在钢铁基体上镀铜，这是其他镀铜工艺不具备的。电解液为碱性，有一定的除油能力，对工件镀前处理要求不严。

预镀液和一般镀液的阴极电流效率较低，NaCN 容易和空气中的 CO_2 反应生成碳酸盐，镀液稳定性较差。特别是氰化物剧毒，废水废气废渣污染环境，三废处理费用高。

20 世纪 70 年代以来虽已开发了几种无氰镀铜工艺，但性能尚不如氰化物镀液，特别是在钢铁工件上难以直接电镀，需采取预镀或预浸措施。

4.1.2.3 焦磷酸盐镀铜

（1）工艺规范举例

焦磷酸盐镀铜工艺规范见表 4-9。

表 4-9　焦磷酸盐镀铜电解液配方和工艺条件

项　目	指　标	说　明
焦磷酸铜/(g/L)	$60 \sim 70$	焦磷酸铜是主盐，焦磷酸钾为络合剂，形成络离子 $[Cu(P_2O_7)_2]^{6-}$，阴极反应是：$[Cu(P_2O_7)_2]^{6-} + 2e \Longrightarrow Cu + 2(P_2O_7)^{4-}$ 柠檬酸铵（或使用酒石酸钾钠、氨三乙酸）是辅助络合剂，可改善分散能力，促进阳极溶解，增强溶液缓冲性，提高镀层光亮度和致密性。有的配方加入硝酸钾（铵），扩大 i_c 上限。控制 pH 值非常重要
焦磷酸钾/(g/L)	$280 \sim 320$	
柠檬酸铵/(g/L)	$20 \sim 25$	
pH 值	$8.2 \sim 8.8$	
温度/℃	$30 \sim 35$	
$i_c/(A/dm^2)$	$1 \sim 1.5$	
阴极移动	需　要	

由于该电解液的黏度大，络离子扩散困难，容易出现浓差极化；故在生产中常采用阴极移动装置，以减小浓差极化。

加入光亮剂可以获得光亮镀层。常用的光亮剂有 2-巯基苯并咪唑。生产中常将含巯基的有机光亮剂和二氧化硒或亚硒酸盐配合使用。

生产实践表明，在焦磷酸盐镀铜中使用单相半波、单相全波及间歇直流等整流波形，可以获得结晶细致、光亮的镀层。

焦磷酸盐镀铜和硫酸铜镀铜工艺一样，生产过程中阳极很容易产生"铜粉"，故应加强过滤。

（2）优缺点

镀液稳定。分散能力和覆盖能力优于酸性镀铜，阴极电流效率高于氰化物镀铜。镀层结晶细致，可获得厚镀层。工艺范围较宽，生产控制容易。没有毒气逸出，可省去排风设备。

镀液浓度高，配槽费用大，成本高。镀液黏度大，长期使用会发生正磷酸盐的积累，使沉积速度明显下降。络合剂含量高，污水处理困难。

在钢铁工件上直接镀铜难以获得结合力良好的镀层。原因是阴极反应为：

$$[Cu(P_2O_7)_2]^{6-} + 2e \Longrightarrow Cu + 2(P_2O_7)^{4-}$$

其标准电位 $E^{\ominus} = +0.075V$，而铁的氧化反应为：

$$Fe \Longrightarrow Fe^{2+} + 2e$$

其标准电位 $E^{\ominus} = -0.44V$。因此，工件入槽后难以避免置换反应，生成置换铜层。在疏松的置换铜层上不可能沉积出结合牢固的铜镀层。

为了解决结合力问题，和硫酸盐镀铜一样，钢铁工件需要进行预处理。

4.1.3　镀镍

4.1.3.1　普通镀镍（镀暗镍）

镀暗镍主要用于预镀和不需要装饰性外观，只需要考虑防护作用的工件；镀暗镍也是其他镀镍工艺的基础。

（1）一般情况

由于镍离子（Ni^{2+}）还原反应交换电流密度小，阴极极化性能强，故镀镍都采用单盐电解液。主盐常用硫酸镍，也有用氯化镍、氨基磺酸镍、氟硼酸镍。硫酸镍应用最广泛，因为溶解度大，纯度高，价廉。氯化镍导电性优于硫酸镍，镀液分散能力比硫酸镍好。但氯离子含量高造成镀层内应力大，且镀液腐蚀性强。后两种盐生产应用较少，仅用于需要厚镀层的特殊场合。

金属镍有强烈的钝化倾向。为了防止阳极钝化，有效的方法是加入氯化物作为阳极活化剂。氯化物同时还能改善电解液的导电性。除少数情况使用氯化钠，一般都加入氯化镍，以避免钠离子的不利影响。

根据氯化镍含量多少，可分为硫酸盐低氯化物型、硫酸盐高氯化物型、氯化物型几种。氯化镍含量高的电解液，导电性好，分散能力好，阴极电流密度上限高，沉积速度快；但镀层脆性和内应力较大，氯化镍价格较高，纯度较低，不宜作光亮镀镍。因此，生产中以硫酸盐低氯化物型电解液应用最多。其优点是：操作简便，镀液易维护，硫酸镍价廉，纯度高。由于含氯化物量低，对设备腐蚀性较小；镀层内应力和脆性比高氯化物型小，沉积速度较快。

（2）工艺规范举例

对预镀液，首要的要求是良好的结合力和结晶细致，故硫酸镍的含量较低，以保证阴极极化较大。表 4-10 中的镀暗镍溶液称为瓦特液，自 1916 年由瓦特（Watts）提出后，在工业上得到普遍使用（主盐含量略有提高）。瓦特液成分简单，便于控制；硫酸镍含量较高，可以采用较大的阴极电流密度。

表 4-10　普通镀镍电解液（瓦特镀镍液）配方和工艺条件

项　目	预镀镍	镀暗镍液	说　明
硫酸镍/(g/L)	120~140	250~300	硫酸镍是主盐，阴极反应： $Ni^{2+} + 2e \Longrightarrow Ni$ 镍离子浓度较低时，极限电流密度小，阴极电流密度上限低，沉积速度慢；但阴极极化大，镀层结晶细致，分散能力和覆盖能力好。氯化物的作用是活化阳极，增加导电性。硼酸是缓冲剂，十二烷基硫酸钠是润湿剂
氯化镍/(g/L)		30~60	
氯化钠/(g/L)	7~9		
硫酸钠/(g/L)	50~80		
硼酸/(g/L)	30~40	35~40	
十二烷基硫酸钠/(g/L)	0.01~0.02	0.05~0.1	
pH 值	5.0~5.6	3.8~4.4	
温度/℃	30~35	45~60	
i_c/(A/dm^2)	0.8~1.5	1~2.5	

　　普通镀镍工艺，pH 值影响很大，当阴极附近 pH 值大于 6，工件上会生成氢氧化镍和碱式硫酸镍沉淀，夹杂在镀层中，使其机械性能恶化，外观粗糙。pH 值过低，析氢增大，阴极电流效率下降，镀层针孔增多。

　　使用阴极移动（或搅拌），可以加速氢气逸出，减少针孔和麻点。

　　镍阳极容易钝化。解决的方法有：电解液中加入氯化物，比如表 4-10 中预镀液含氯化钠，瓦特液含氯化镍。使用含碳、硫和氧的镍阳极，可以有效防止钝化。

4.1.3.2　镀光亮镍

　　镀光亮镍的电解液是在镀暗镍电解液的基础上加入光亮剂组成的，这是镀镍工艺中应用最广泛的电解液。

　　镀镍光亮剂分为两类：初级光亮剂（第一类光亮剂）和次级光亮剂（第二类光亮剂）。

　　（1）初级光亮剂

　　初级光亮剂的分子结构可写成 R^1—SO$_2$—R^2，其中 R^1 为带有不饱和键的芳香环，R^2 为—OH、—OMe、—NH$_2$、$\diagup\!\!\!\!\diagdown$NH 、—H 等基团。常用的初级光亮剂有：苯二磺酸、对甲苯磺酰胺、邻磺酰苯酰亚胺（糖精）、苯亚磺酸钠。

　　初级光亮剂的作用是，使镀层结晶细小并具有一定光泽，但不能产生全光亮镀层。另一个作用是产生压应力，以抵消暗镍镀层和次级光亮剂产生的拉应力，使镀层内应力趋于零，提高延展性（所以又叫做去应力剂）。由于初级光亮剂含硫，使镀层亦含硫，选择适当的初级光亮剂并控制添加量，可以使镀层含不同量的硫；而含硫量不同的镀层在同一使用环境中具有不同的腐蚀电位。可以组成多层镍镀层，使耐蚀性能大大提高。

　　（2）次级光亮剂

　　次级光亮剂的分子中含有不饱和基团，如 C＝O，C＝C，—C≡O， C≡C ，C≡N，常用的次级光亮剂有：甲醛、香豆素、丁炔二醇、二氯烯丙基氯化吡啶、烯丙溴化喹啉等。

　　次级光亮剂虽具有一定的光亮作用，但单独使用时，光亮范围狭窄，只能得到半光亮镀层，而且使镀层产生拉应力，增加镀层脆性。只有与初级光亮剂配合使用，才能获得具有镜面光泽且韧性好的全光亮镍镀层。次级光亮剂还具有良好的整平作用。丁炔二醇与香豆素的整平作用都很好，丁炔二醇的优点是不会对镀层产生不利影响。

　　有的文献中还列出了第三种光亮剂：辅助光亮剂，如乙烯磺酸钠。其作用是与初级和次级光亮剂配合使用，以提高出光和整平速度，并能减少镀层针孔。

4.1.3.3　镀多层镍

　　（1）双层镍

　　由半光亮镍层-光亮镍层组成，光亮镍层外再套装饰铬（厚度 0.25μm 左右）。总厚度一

般为 $20\sim40\mu m$。

镀半光亮镍的电解液是在普通镀镍电解液的基础上加入次级光亮剂。由于次级光亮剂不含硫，故半光亮镍层的含硫量接近普通镍（暗镍）层（含硫小于 0.005％）。由于半光亮镍层厚度比光亮镍层大，整个镀层的机械性能主要受半光亮镍层的影响。

如前所述，镀光亮镍的电解液中既含初级光亮剂又含有次级光亮剂。由于初级光亮剂是含硫化合物，所以光亮镍镀层含硫量比较高（含硫量一般大于 0.03％）。

半光亮镍层和光亮镍层组成的双层镍中，含硫量较高的光亮镍层的电位比含硫量低的半光亮镍层的电位负，因此在潮湿的使用环境中组成腐蚀电池时，外层的光亮镍层作为腐蚀电池的阳极，能对下层的半光亮镍层起阴极保护作用，使腐蚀由纵向深入变为横向发展（图 4-1）。所以双层镍层的耐蚀性能比同厚度的单层镍层大为提高。实验表明，在双层镍中，半光亮镍层的厚度为镀层总厚度的 60％ 左右时耐蚀性最好。为了使双层镍镀层能有效地发挥阴极保护作用，半光亮镍层和光亮镍层的电位差应在 100mV 以上。

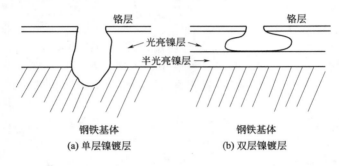

图 4-1　双层镍的阴极保护作用示意

半光亮镍镀液不含初级光亮剂，所以在生产过程中绝对不能将含硫的初级光亮剂带入半光亮镍镀液。

（2）三层镍

三层镍镀层包括两种形式：

① 半光亮镍-高硫镍（冲击镍）-光亮镍；

② 半光亮镍-光亮镍-复合镀镍（镍封闭）。

镀高硫镍的电解液与镀光亮镍的电解液相同，只是所用初级光亮剂能提供更高的镀层含硫量（如苯亚磺酸钠）；采用较高的阴极电流密度电镀很短时间（2～3min，故又称为冲击镍），得到一层含硫量更高（0.1％～0.2％）的薄镀层。

高硫镍层的厚度不到总厚度的 10％（约 $1\mu m$）。由于高硫镍层含硫量更高，其电位更负，与半光亮镍层之间的电位差比双层镍更大，更易形成层间腐蚀，延缓腐蚀纵向发展的速度。所以半光亮镍-高硫镍-光亮镍的组合比双层镍耐蚀性更好。

从表 4-11 可以看出镀半光亮镍、光亮镍、高硫镍三种电解液所用光亮剂的差别。

复合镀镍电解液是以镀光亮液电解液为基础，加入固体微粒（如二氧化硅、氧化铝、硫酸钡等，直径小于 $0.5\mu m$）。通电后，固体微粒与镍在阴极工件表面同时沉积。镀层中微粒含量为 2％～3％，镍封闭能减少镀层的孔隙率。

在镍封闭镀层上套铬（$0.25\mu m$ 左右），则可获得微孔铬（因为非金属微粒不导电）。当微孔密度达到 20000～40000 个/cm²，镀层耐蚀性显著提高。这是因为微孔铬层表面形成腐蚀电池时，镍为阳极，众多的微孔分散了阳极腐蚀电流。一般要求微孔密度为 50000～60000 个/cm²。

表 4-11　镀半光亮镍、光亮镍、高硫镍电解液配方和工艺条件

项　　目	半光亮镍	光亮镍	高硫镍
硫酸镍/(g/L)	240～280	250～300	300
氯化镍/(g/L)	45～60	30～60	40
硼酸/(g/L)	30～40	35～40	40
苯亚磺酸钠/(g/L)			0.2
1,4-丁炔二醇/(g/L)	0.2～0.3	0.3～0.5	
醋酸/(g/L)	1～3		
糖精/(g/L)		0.6～1	
十二烷基硫酸钠/(g/L)	0.01～0.02	0.05～0.1	0.05～0.1
pH 值	4.0～4.5	3～4	3～3.5
温度/℃	45～50	40～50	40～50
i_c/(A/dm^2)	3～4	1.5～3	3～4
搅拌方式	阴极移动	阴极移动	

4.1.4　镀银

4.1.4.1　镀银工艺

由于银离子发生还原反应的交换电流密度比较大,阴极极化性能弱,因此镀银都采用络合物电解液。所使用的络合物又以氰化物为主,从氰化物电解液中可以获得结晶细致的镀层。

普通氰化物镀银电解液以氰化银或氯化银为主盐,氰化钾为络合剂(氰化钾比氰化钠导电性好)。Ag^+ 和 CN^- 主要形成 $[Ag(CN)_2]^-$ 络离子。阴极反应为:

$$[Ag(CN)_2]^- + e \Longrightarrow Ag + 2CN^-$$

保持电解液含一定量的游离氰化钾,可以使 $[Ag(CN)_2]^-$ 稳定,而且有利于提高阴极极化性能,使镀层结晶均匀细致,改善分散能力和覆盖能力。

在电解液中加入光亮剂可以获得光亮镀层。表 4-12 是氰化物镀银的相关技术。

碳酸钾和硝酸钾是附加盐,提高镀液导电性,改善分散能力。丁炔二醇和巯基苯并噻唑是光亮剂。其他光亮剂还有:二硫化碳,二硫化碳衍生物,无机硫化物(如硫代硫酸盐),有机硫化物(如硫醇),锑、硒、碲的化合物。

表 4-12　氰化物镀银电解液配方和工艺条件

项　　目	普通镀银	光亮镀银	快速镀银
氯化银/(g/L)	30～40	55～65	70～90
氰化钾(游离)/(g/L)	50～65	70～75	100～125
硝酸钾/(g/L)			70～90
碳酸钾/(g/L)			20～40
酒石酸钾钠/(g/L)		30～40	
丁炔二醇/(g/L)		0.5	
巯基苯并噻唑/(g/L)		0.5	
温度/℃	10～25	15～35	30～50
i_c/(A/dm^2)	0.5～1	1～2	1～3.6
搅拌方式		阴极移动	阴极移动

由于氰化物毒性大，已开展了许多试验研究工作来开发无氰镀银工艺。试验中提出的非氰化物络合物有无机化合物，如硫代硫酸盐、亚硫酸盐、硫氰酸盐；有机化合物如磺基水杨酸、咪唑等。还有使用低氰含量的亚铁氰化钾。但它们在镀液稳定性、电解液性能和镀层质量方面都还存在一些问题。

4.1.4.2 镀件的表面准备

镀银的工件一般为铜或铜合金（钢铁工件镀银前需先镀铜）。由于银是正电性较强的贵金属，Ag/Ag^+ 的标准电位比 Cu/Cu^{2+} 及 Cu/Cu^+ 的标准电位正得多。因此铜件和电解液一经接触，铜就会与银发生置换反应，在铜件表面生成一层疏松的置换银层，在其上得到的镀层结合力很差。

为了避免置换反应，得到结合力良好的镀层，工件在镀银前必须进行预处理。

（1）汞齐化

在含汞盐（如氧化汞）和络合剂（如氰化钾）的溶液中浸 3～10s，工件表面很快生成一层铜汞合金。这层合金很均匀，有银白色光泽，与基体结合好。由于铜汞齐的电位比银更正，就不会发生置换反应了。

但汞剧毒，污染环境。另外汞齐化溶液对铜有腐蚀作用，而且可能恶化铜零件的弹性及其他机械性能，故不能用于精密零部件。

（2）预镀银

使用高浓度络合剂，低浓度银盐的电解液（分散能力和覆盖能力好，阴极极化性能强），操作时带电入槽，使铜件（或已预镀铜的工件）表面在很短时间（5～10s）内生成一层致密的结合力良好的薄银层。由于这种方法不会污染镀银电解液，预镀层质量稳定，应用比较广泛。但需要另一套电源设备。

（3）浸银

在特定的溶液中浸很短时间，使工件表面生成一层极薄的置换银层，也能使镀银层与基体结合良好。使用的浸银工艺有如下两种。

浸银是新工艺，还需在实践中不断完善。表 4-13 给出了两种试浸工艺。

表 4-13　两种浸银试验工艺

工艺 A		工艺 B	
硝酸银	15～20g/L	金属银（以 Ag_2SO_3 形式加入）	0.5～0.6g/L
硫脲	200～220g/L	亚硫酸钠	100～200g/L
pH 值	4		
温度	15～30℃	温度	15～30℃
时间	1～2min	时间	3～10s

4.1.4.3 镀后处理

银镀层易与大气中的硫化物（H_2S、SO_2）反应，生成硫化银，使表面呈黄色、褐色，甚至黑色，严重影响外观，而且钎焊性能和电性能亦降低。防止银镀层变色的方法有如下几种。

（1）钝化处理

① 浸亮　浸亮包括成膜、除膜、浸酸三道工序。将镀银工件浸入含铬酐和氯化钠的溶液中，使表面生成一层疏松的黄膜。清洗后浸入浓氨水中将黄膜溶去，得到细致而有光泽的表面。清洗后再在稀盐酸或稀硫酸中进行出光，使表面更加光亮。

② 化学钝化　浸亮后进行化学钝化。下面是钝化的一种工艺：

重铬酸钾	10～15g/L
硝酸	10～15mL/L
温度	室温
时间	10～30s

钝化处理后银镀层表面生成一层由 $Cr_2(CrO_4)_3$、Ag_2CrO_4、$Ag_2Cr_2O_7$ 组成的钝化膜。由于膜较薄，单独使用时抗变色能力较差。

③ 电化学钝化　浸亮后也可进行电化学钝化。溶液有多种配方，比如重铬酸钾＋氢氧化铝溶液。工件作为阴极，通入 $0.1～0.5\ A/dm^2$ 的电流。由于电化学钝化膜比较致密，抗变色能力优于化学钝化膜。如果化学钝化后再进行电化学钝化，可以使膜的抗变色性能更好。

（2）表面保护层

① 镀贵金属　银镀层上再镀贵金属金、钯、铑或者银金合金。但由于成本高而很少使用，仅用于要求高可靠性、稳定性、耐磨性的精密零件。

② 浸有机保护膜　在银镀层上覆盖一层薄而透明的有机膜，将镀层与空气隔离开。配方有多种，其一是：

聚苯乙烯	30%	环氧树脂	25%
松香	25%	合成地蜡	20%

配制成二甲苯溶液。将镀银工件在其中浸几秒钟，干燥后即可获得有机保护膜。

4.1.5　镀铬

4.1.5.1　铬酐溶液镀铬工艺的特点

现在工业上普遍采用的镀铬电解液是铬酐溶液，并加入一定量的硫酸作为催化剂。铬酐的浓度在 $150～450g/L$，可分为高、中、低三类，而铬酐与硫酸的比例为 100：1。这种镀铬工艺有以下特点。

（1）电解液主要成分不是铬盐而是铬酸

例如，所谓"标准镀铬电解液"的配方为：

铬酐（CrO_3）　250g/L　　　　　　　　硫酸（H_2SO_4）　2.5g/L

铬酐溶于水生成铬酸 H_2CrO_4、重铬酸 $H_2Cr_2O_7$，它们离解后形成酸根离子 $Cr_2O_7^{2-}$、$HCrO_4^-$、CrO_4^{2-}（铬为 6 价）。由于电解液的 pH 值小于 1，在此条件下，溶液中主要的酸根离子是 $Cr_2O_7^{2-}$，还有大量 H^+，以及一定量的 $HCrO_4^-$；另外有少量的 SO_4^{2-} 和三价 Cr^{3+}。

在 pH＝2～6 时，$Cr_2O_7^{2-}$ 与 $HCrO_4^-$、CrO_4^{2-} 之间存在平衡：

$$Cr_2O_7^{2-} + H_2O \rightleftharpoons 2HCrO_4^- \rightleftharpoons 2H^+ + 2CrO_4^{2-}$$

当 pH＞6，CrO_4^{2-} 为主要的酸根离子。由此可知，当 pH 值减小，溶液中 $Cr_2O_7^{2-}$ 浓度增大；反之，则溶液中 CrO_4^{2-}（$HCrO_4^-$）浓度增大。

（2）镀铬的阴极过程非常复杂

图 4-2 表示铁在铬酐溶液中的阴极极化曲线。在溶液中无 H_2SO_4 时，阴极上只有析氢反应，不可能沉积出铬。在加有 H_2SO_4 的铬酐溶液中，阴极极化曲线可分为几段，各电位区段的阴极反应是不同的。

在 ab 段，阴极反应是 $Cr_2O_7^{2-}$ 还原为 Cr^{3+} 的反应：

$$Cr_2O_7^{2-} + 14H^+ + 6e \Longrightarrow 2Cr^{3+} + 7H_2O$$

这是因为溶液中有大量 $Cr_2O_7^{2-}$ 和 H^+，而 $Cr_2O_7^{2-}$ 还原为 Cr^{3+} 的标准电位很正。随着

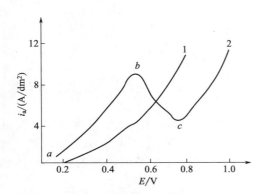

图 4-2 铁在铬酐溶液中的阴极极化曲线
1—无 H_2SO_4；2—有 H_2SO_4

电位负移，反应速度增大。

当阴极电位低于 b 点对应的电位，氢气开始明显析出。在 bc 段的电位区间，阴极反应包括 $Cr_2O_7^{2-}$ 还原为 Cr^{3+} 的反应和析氢反应。

在这个电位区间，阴极电流密度 i_c 随电位负移而减小。其原因是，随着析氢反应和 $Cr_2O_7^{2-}$ 还原为 Cr^{3+} 的反应进行，阴极表面附近溶液的 pH 值升高。这一方面促进 $Cr_2O_7^{2-}$ 转变为 CrO_4^{2-}（$HCrO_4^-$），使阴极表面附近的 CrO_4^{2-}（$HCrO_4^-$）浓度增大，为 CrO_4^{2-}（$HCrO_4^-$）还原为 Cr 创造了条件。

另一方面，当 pH＞3，达到了 $Cr(OH)_3$ 的溶度积，便会生成 $Cr(OH)_3$，并与六价铬离子一起组成碱式铬酸铬胶体沉淀。阴极表面上形成的胶体膜阻碍了电极反应的进行，使阴极极化显著增大。但是，如果没有 SO_4^{2-}，仍然不会析出铬。SO_4^{2-} 的作用在于吸附在阴极黏膜上，与膜发生反应，使胶体膜局部溶解，在露出的阴极表面上电流密度很大，电位很负，达到了铬的析出电位，因而 CrO_4^{2-} 发生还原反应形成铬镀层。所以，SO_4^{2-} 常称为镀铬溶液的催化剂（可作为催化剂的还有氟硅酸、氟硼酸、氟离子）。

以上对铬沉积机理的解释称为阴极胶体膜理论。

电位低于 c 点电位以后，阴极反应包括铬的析出反应：

$$CrO_4^{2-} + 8H^+ + 6e == Cr + 4H_2O$$

有的文献中写为 $HCrO_4^- + 3H^+ + 6e == Cr + 4OH^-$，还有人认为是 $HCrO_4^-$ 和 $Cr_2O_7^{2-}$ 共同还原。总之，从铬酐溶液中沉积铬是六价铬离子的还原，这是肯定无疑的。

同时还有 $Cr_2O_7^{2-}$ 还原为 Cr^{3+} 的反应和析氢反应，只是速度各不相同。有人测量了在 c 点以后的电位区间，铬析出反应消耗的电流只占很小的比例，消耗电流的一半以上用于析氢。这就是阴极电流效率很低的原因。

（3）阳极不用可溶性阳极，而用不溶性的铅锑合金

如果用可溶性的铬阳极，铬阳极溶解产生的离子中，主要是 Cr^{3+}，而阴极反应是六价铬离子的还原。阳极电流效率很高，接近 100%，而阴极电流效率很低，只有 8%～16%，电解液中将积累大量铬离子，使镀液不稳定，难以控制。另外，金属铬很脆，不易机械加工。

生产中广泛采用含锑 6%～8% 的铅锑合金作为阳极。在开始通电瞬间，阳极上立即发生反应：

$$Pb + 2H_2O == PbO_2 + 4H^+ + 4e$$

生成的暗褐色二氧化铅膜保护阳极不发生腐蚀（不溶性阳极），而是发生以下反应：

$$2Cr^{3+} + 7H_2O == Cr_2O_7^{2-} + 14H^+ + 6e$$

$$2H_2O == O_2 + 4H^+ + 4e$$

Cr^{3+} 氧化为 $Cr_2O_7^{2-}$ 的反应消耗了阴极反应生成的 Cr^{3+}。控制阳极/阴极面积比，可以使 Cr^{3+} 含量保持在适当水平，维持生产正常进行。

（4）阴极电流密度高、槽电压高、能耗高

因为镀铬需要阴极电位很负（图 4-2 中 c 点以负），阴极电流密度很大（为其他单金属电镀的几倍或几十倍）。又因为大量析氢和析氧，电解液中有大量气泡，充气度大，使电解

液导电的截面积大大减小。电导下降，欧姆电压降很大，故需要12V的直流电源（其他镀种有6V就够了）。加之镀铬是六价铬的还原，电化当量小，阴极电流效率低，故镀铬过程能耗很高。

（5）镀铬电解液分散能力差

虽然铬酐镀铬电解液是强酸性的，但由于阴极和阳极都析出大量气泡，使欧姆电阻大大增加。在析出铬这段电位区间，阴极极化性能很小；而且阴极电流效率随阴极电流密度增大而增大。这些造成镀铬电解液的分散能力很差。所以挂具的设计非常重要，对于形状复杂的工件，还要采用象形阳极、防护阴极、辅助阳极等调节几何因素的措施。

（6）阴极电流密度和电解液温度对阴极电流效率、镀层性能及外观的影响很大

如图4-3所示，在一定温度下，阴极电流效率随阴极电流密度增大而增大；在一定阴极电流密度下，阴极电流效率随电解液温度升高而下降。

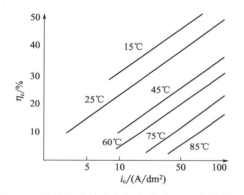

图 4-3　阴极电流效率与阴极密度和温度的关系　　　图 4-4　铬镀层性能与工艺条件的关系

在不同的阴极电流密度和温度范围内，可以获得性能和外观不同的铬镀层。图4-4表示镀层性能与阴极电流密度和温度的关系。图中Ⅰ为获得装饰铬镀层的区域，Ⅱ为获得乳白铬镀层的区域，Ⅲ为获得硬铬镀层的区域。因此，为了得到一定性能的铬镀层，阴极电流密度和温度必须很好地配合。一旦对镀层要求确定后，允许变动的阴极电流密度和温度范围也就确定了。比如为了得到硬铬镀层，应当采用较低的温度和较高的阴极电流密度。

（7）环境污染严重

铬酸毒性大，电镀过程中大量析出氢气和氧气夹带铬雾，有毒废水量大，因此镀铬生产对环境造成很大污染。解决铬雾问题，一般使用铬雾抑制剂（如F-53铬雾抑制剂，为全氟烷基醚磺酸钾。由于氟碳链非常稳定，在镀铬溶液中不氧化，表面活性高，形成泡沫层，减少带出的酸液）。

4.1.5.2　几种铬镀层

（1）装饰铬

要求镀层光亮、美观，有镜面般光泽。电镀时间短，镀层很薄。因此要求电解液的覆盖能力好。故采用铬酐浓度很高的电解液（铬酐浓度300～350g/L），以改善覆盖能力。对形状复杂的工件，除使用象形阳极、防护阴极、辅助阳极外，还要施加冲击电流，即工件入槽后短时间内施加高于正常电镀时的两倍左右的电流密度，然后再恢复到正常电流密度。温度和阴极电流密度要相互配合，处于图4-4中的区域Ⅰ内。

（2）硬铬

硬铬层的主要性能是硬度高，耐磨性好，因此要求镀层较厚（可达几百微米以上），与基体结合牢固。镀硬铬采用铬酐浓度较低的电解液（铬酐在200g/L以下）。从图4-4可见，

温度应较低，阴极电流密度应较高。

为了获得良好的结合力，镀前处理十分重要。工件入槽后首先进行短时间阳极浸蚀（反拨），除去表面污物，露出基体结晶面，有利于提高镀层结合力。对于碳钢和铸铁工件，在转为阴极后先施加冲击电流，即比正常电镀高出几倍的电流密度，以增大阴极极化，使基体表面短时间内迅速沉积出一层铬，然后再恢复到正常电流密度。对合金钢工件，在转为阴极后可采用"阶梯式给电"，即先施加较小的电流密度，氢离子还原反应生成的新生态氢原子使工件表面的极薄氧化膜还原，得到活化态表面，再逐步升高电流密度到正常值。

使用阳极浸蚀和阶梯式给电，还可以进行铬上镀铬。

（3）乳白铬

乳白铬层颜色灰白，光泽性差，镀层较软；但孔隙率低，内应力低，裂纹少，防护性能好。从图4-4可见，为了获得乳白铬镀层，需使用较高的温度。实践表明，用普通镀铬电解液镀乳白铬，以70℃，$i_c = 30A/dm^2$为最佳工艺条件，当厚度达到30μm以上，镀层孔隙率接近零。

（4）微裂纹铬和微孔铬

微裂纹铬指镀层表面存在大量均匀分布的微细裂纹，裂纹密度在各个方向上都不小于30条/mm。微孔铬指镀层表面存在大量均匀分布的微小孔隙，其密度不小于每平方毫米100个。微裂纹和微孔肉眼看不到。微裂纹铬和微孔铬作为防护-装饰镀层的面层，可以使镀层的防护性能大大提高。这是因为微裂纹（孔）暴露出的下层镍作为腐蚀电池的阳极发生腐蚀时，由于腐蚀电流高度分散，使腐蚀均匀地横向发展，延缓了镀层蚀穿的时间。微裂纹和微孔的数目在一定范围内不影响镀层的光泽性。

电镀微裂纹铬的方法有：

① 在有高的拉应力的镍层上镀0.25μm厚铬；

② 先镀一层覆盖性好的铬，再在含F^-的镀液中电镀一层微裂纹铬。

（5）松孔铬

松孔铬镀层是一种新型的耐磨镀层，内燃机汽缸内腔电镀松孔铬可使耐磨能力比普通硬铬层提高5～7倍。这是因为松孔铬镀层具有一定密度和深度的网状沟纹，能贮存润滑油，因此耐磨损能力很高。为了得到松孔铬镀层，首先在工件表面镀一层较厚的硬铬层，再进行"松孔"，即将硬铬层原有的网状裂纹加深加宽，达到能贮存润滑油的程度。常用的松孔方法是阳极浸蚀，即在镀铬溶液中进行阳极处理，使电位较正的网纹边缘优先溶解。网纹的加宽和加深程度可由通过单位面积的电量（称为浸蚀强度）来控制，比如对100μm以下的镀层，浸蚀强度可取320A·min/dm²。

也可使用化学方法，如盐酸溶解，但要造成铬的损耗，且溶解不均匀。

（6）黑铬

有些仪器零部件需要镀覆黑色膜层。从色泽均匀，耐磨性，防护和装饰性考虑，以黑铬镀层最佳。镀黑铬仍采用铬酐电解液，加入发黑剂（如硝酸钠）。SO_4^{2-}和Cl^-有害，使镀层不黑，因此要注意除去。铬酐浓度过低，硝酸钠浓度过低，电流密度过小，温度过高，都会导致外观不好。

4.1.5.3 镀铬新工艺

（1）低浓度铬酐镀铬

经测定，镀铬生产过程中有三分之二的铬酐消耗在废水废气中，只有三分之一用于铬的沉积，因此降低铬酐浓度完全可能。将铬酐浓度降低到50～60g/L，称为低浓度铬酐镀铬。这样可以减轻对环境的污染，也降低了废水处理费用。

铬酐浓度低，溶液导电性下降，槽电压升高，需使用18～20V的电源。分散能力优于高浓度铬酐电解液，但覆盖能力较差，形状复杂工件镀光亮铬有一定困难。低浓度铬酐溶液镀铬在镀层光泽、结合力、裂纹等方面均可达到要求，镀层耐磨性还优于高浓度镀液。

（2）三价铬盐镀铬

主盐用氯化铬（$CrCl_3$），因为硫酸铬溶解度较小。络合剂一般用甲酸钾或甲酸铵。加少量氯化钾做导电盐，用硼酸作缓冲剂，以及少量润湿剂。可在室温下操作，阴极电流密度在 $10A/dm^2$ 以下。

三价铬盐电解液属于络盐电解液，阴极极化性能较强，可以获得结晶细致的镀层。分散能力和覆盖能力均较好，镀层与基体结合牢。镀层内应力较高，外观略带黄色，有光泽。当 i_c 在 $8\sim10A/dm^2$ 时，电流效率20％左右。镀液毒性小（只有铬酸的10％），铬含量低，废水处理简单。

存在问题是，厚度达到 $3\mu m$ 以后不能再增加，只适用于镀装饰铬，电解液对杂质（铜、铅、锑）很敏感。阳极用石墨，会放出氯气，仍需要排风设备。

4.1.5.4　镀铬添加剂

为了克服电镀铬的电流效率低、分散能力和覆盖能力差、污染环境等缺陷，加入添加剂对镀液性能及镀层质量进行改进。目前六价铬镀液的添加剂可以归纳为四类：

① 无机阴离子添加剂（如 SO_4^{2-}、F^-、SiF^{6-}、SeO_3^{2-}、BO_3^{2-}、ClO_4^-、BrO_3^-、IO_3^- 等）；

② 有机阴离子添加剂（如羧酸、磺酸等）；

③ 稀土阳离子添加剂（如 La^{3+}、Ce^{3+}、Nd^{3+}、Pr^{3+}、Sm^{3+} 等）；

④ 非稀土阳离子添加剂（如 Sr^{2+}、Mg^{2+} 等）。

在电镀过程中，各种镀铬添加剂的作用大致可分为以下几种。

（1）溶解胶体膜、活化阴极

① 氟离子　在含硫酸的镀铬液中加入氟离子，氟对铬层有活化作用，其在镀液中也可起到增大阴极极化作用，从而使覆盖能力提高，电流效可达24％，在较低阴极电流密度和室温中便能沉积出光亮的镀层，但氟离子对阳极有一定的腐蚀作用，一般以氟离子在 $0.3\sim0.7g/L$ 为宜。

② 碘酸钾　对于受镀表面有一定的活化作用，从而使其表面真实电流得以提高，避免低电流区不能正常析铬现象，同时使镀液的导电能力增加，因此提高了镀液的分散和覆盖能力。

（2）提高阴极表面的钝化能力

镀液中加入稀土后，稀土能在阴极上组成一个阳离子层，当六价铬离子向阴极移动并到达阴极表面时，需克服稀土离子正电场的作用力和稀土离子层的阻力，有利于阴极表面膜的形成和加强，增加膜的钝化性，使金属铬析出电位正移，尽可能降低金属离子的析出过电位，铬析出的电流密度降低，从而可在被镀零件的深凹部位低电流密度区有铬沉积。电沉积过程中部分稀土化合物沉积夹杂在铬层中，因而改变了镀层金属的性能。

（3）提高析氢过电位

加入添加剂，提高析氢过电位，抑制副反应，消除放电离子的电迁移，在保证镀层质量的前提下，以提高电流效率和沉积速度。此类添加剂主要有：氨基乙酸、氨基丙酸、有机磺酸。氨基酸是两性表面活化剂，兼备络合能力和表面活性作用。由于其在电极上的吸附，形成表面活性络合物，使阴极极化增大，析氢过电位增大，抑制了析氢副反应，因而提高了电流效率。

（4）提高光亮度与整平性

此类添加剂主要有：稀土、碘酸钾、溴化钾等与有机酸合用，氯溴碘和稳定羧酸混合的复合添加剂以及由卤素和非金属元素组成的无机盐等。由卤素和非金属元素组成的无机盐配制的弱电解质（HT），具有活化阴极表面的作用，促使铬层晶粒细化，即使电流中断仍能获得结合强度高且光亮的镀层。

（5）消减应力

此类添加剂主要有：甲醛、乙二醛、稀土、添加剂 HT 等。甲醛、乙二醛能吸附在镀层的裂纹中，它们是盐酸的良好缓蚀剂，有效地防止了盐酸的腐蚀。

HT 添加剂可获得非晶态镀层，因此镀层具有良好的耐蚀性。稀土与卤代羧酸复配，一方面可使卤代羧酸和稀土用量显著降低，另一方面稀土的吸附和卤代羧酸的络合均增加了阴极极化，使结晶致密细化，且抑制析氢反应，因而减少内应力，提高了结合力。加入丙炔基磺酸钠后，它能吸附在表面层空穴处，阻碍位错的形成，使内应力降低。此外，它还可通过定向吸附增大阴极极化，抑制析氢反应，达到提高结合力的目的。

（6）提高硬度的添加剂

可提高镀层硬度的添加剂有稀土、甲醛、甲酸或乙二醛等。标准镀铬液中不加稀土时，镀层沉积层为六方晶格金属铬，加入稀土添加剂后，由于其催化作用，降低了六方晶格转变为立方晶格的活化能，促使六方晶格向立方晶格转变，提高了硬度。

4.2　合　金　镀　层

4.2.1　镀铜锡合金

前已指出，由于铜和锡的标准电位相差大，为了使它们的析出电位接近，从而共同析出形成合金，一般是使用络盐电解液，用得最多的络合剂是氰化物。

4.2.1.1　工艺规范举例

氰化亚铜和锡酸钠是主盐，提供被镀金属离子。表 4-14 的工艺使用锡酸钠，属四价锡离子还原为锡的电镀。镀液中两种金属离子浓度之比，决定了合金镀层的成分。当铜/锡离子浓度比降低时，镀层中铜含量下降，锡含量相应提高；反之亦然。

表 4-14　氰化物镀低锡青铜电解液配方和工艺条件

项　　目	高氰镀液	低氰镀液	光亮镀液
氰化亚铜/(g/L)	35～42	20～30	26～30
锡酸钠/(g/L)	30～40	60～70	22～24
氢氧化钠/(g/L)	7～10	25～30	7～9
游离氰化钠/(g/L)	20～25	4～6	20～24
三乙醇胺/(g/L)		50～70	
酒石酸钾钠/(g/L)			20～40
碱式硫酸铋/(g/L)			0.01～0.02
OP 乳化剂/(g/L)			0.05～0.2
明胶/(g/L)			0.1～0.2
温度/℃	55～60	55～60	62～68
i_c/(A/dm^2)	1～2	1～1.5	1～1.5
阳极	含锡 10%～12%的铜锡合金板或电解铜板	含锡 10%～12%的铜锡合金板或电解铜板	含锡 10%～12%的铜锡合金板或电解铜板
阴极、阳极面积比	1:2	1:(2～3)	1:(2～3)

氰化钠是铜离子的络合剂，保持适当的游离氰化钠量，可使铜氰络离子 $[Cu(CN)_2]^-$ 稳定。氢氧化钠是锡离子的络合剂，游离氢氧化钠量决定了锡络离子 $[Sn(OH)_6]^{2-}$ 的稳定性。阴极主反应为：

$$[Cu(CN)_2]^- + e \Longrightarrow Cu + 2CN^-$$
$$[Sn(OH)_6]^{2-} + 4e \Longrightarrow Sn + 6OH^-$$

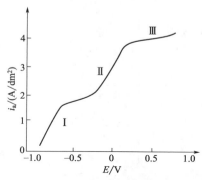

图 4-5　Cu-Sn 合金的阳极极化曲线
（阳极成分：Cu 85%，Sn 15%）

为了维持电镀过程的正常进行，获得一定组成的合金镀层，游离络合剂的量十分重要。氢氧化钠的量不变，随游离氰化钠量增加，镀层中铜含量逐渐下降；当游离氰化钠的量固定，而游离氢氧化钠量增加，则镀层中锡含量大大减少。阴极副反应为析氢，如果络合剂量过大，析氢加剧，阴极电流效率下降且镀层质量变坏。

4.2.1.2　阳极

电镀铜锡合金多半使用可溶性合金阳极。合金中锡的阳极溶解反应与纯锡阳极类似。图 4-5 是 Cu-Sn 合金的阳极极化曲线。在电位区间 I 的范围内，铜主要以一价化合物，锡以二价化合物的形式进入溶液；在区间 II 内，铜仍被氧化为一价化合物，而锡则以四价形式溶解。这时阳极表面形成一层深黄色膜（称为半钝化）。在区间 III，阳极开始钝化，表面被黑色膜覆盖，溶解基本停止，使电镀过程不能继续进行。

所以，这种电镀工艺，阳极应当工作在区间 II，以避免二价锡的生成，因为二价锡对电镀非常有害。在铜锡合金阳极使用前通常先进行半钝化处理，使表面形成半钝化膜。在电镀过程中要严格控制电流密度。

4.2.2　镀铜锌合金

由于铜与锌的标准电位 $E^\ominus$（Cu/Cu$^+$）和 $E^\ominus$（Zn/Zn^{2+}）相差很大，因此也使用络盐电解液，才能使它们共同沉积形成合金。电镀铜锌合金以氰化物电解液应用最广泛。

氰化物镀黄铜的电解液配方见表 4-15。氰化钠为络合剂，CN$^-$ 络合 Cu$^+$ 和 Zn^{2+} 两种离子，但对 Cu$^+$ 比对 Zn^{2+} 络合作用强得多，因而使铜和锌的析出电位接近。

表 4-15　氰化物镀黄铜的电解液配方

镀液成分	指　标	说　　　明
Cu(以 CuCN 形式加入)/(g/L)	15～20	
Zn(以 ZnO 形式加入)/(g/L)	4～6	CuCN 和 ZnO 分别提供铜离子和锡离子。NaCN 是络合剂，分别络合两种离子，生成 $[Cu(CN)_3]^{2-}$ 和 $[Zn(CN)_4]^{2-}$，但 CN$^-$ 对铜的络合能力比对锌强得多
游离 NaCN/(g/L)	15～18	
Na$_2$CO$_3$/(g/L)	30	
NH$_4$OH/(mL/L)	0.3～1	
pH 值	9.5～10.5	

4.2.3　镀铅锡合金

铅与锡的标准电位十分接近，所以在单盐电解液中就可以共沉积。最常用的是氟硼酸盐电解液，铅锡合金电镀属于平衡共沉积，其特征是在低电流密度下，镀层中的金属比等于镀液中的金属比。在电流密度较高时，平衡共沉积规律发生偏离，镀层中锡含量增高。

4.2.3.1 氟硼酸盐镀铅锡合金的工艺规范

氟硼酸盐镀铅锡合金的工艺条件见表 4-16。

表 4-16 氟硼酸盐镀铅锡合金条件

	配方与工艺	1	2	3	4
配方	$Pb(BF_4)_2$/(g/L)	110~275	74~110	55~85	15~20
	$Sn(BF_4)_2$/(g/L)	50~70	37~74	70~90	44~62
	HBF_4/(g/L)	50~100	100~180	80~100	260~300
	胶体物/(g/L)	桃胶 3~5	桃胶 1~3	明胶 1.5~2	蛋白胨 3~5
	HBO_3/(g/L)				30~35
工艺	温度/℃	室温	18~45	室温	室温
	i_c/(A/dm²)	1.5~2	4~5	0.8~1.2	1~4
	阳极	Pb-Sn6%~10%	Pb,Sn 分挂	Pb-Sn50%	Pb-Sn60%
	镀层含锡/%	6~10	15~25	45~55	60
	镀层应用	耐蚀、减摩	润滑；助黏、焊	海洋防腐	印刷板、焊料

配方 4 加入甲醛 20~30mL/L、二甲基醛缩苯胺 30~40mL/L、平平加 30~40mL/L、3 萘酚 1g/L 可以获得光亮镀层。

4.2.3.2 镀液配制

将规范量的氟硼酸亚锡液和氟硼酸铅液混合倒入槽中。桃胶可溶于 40℃ 左右的温水，过滤后加入上述槽中；明胶用冷水浸泡过夜，再用热水溶解过滤后加入；蛋白胨用温水溶解后加入。将配好的镀液，静置半天，通电处理，以不锈钢作阴极电流密度为 0.1A/dm²，处理 2h，把镀层从不锈钢表面撕下来分析镀层成分，待镀层外观、韧性、合金成分均符合要求，即可生产。

(1) 氟硼酸的配制

根据上述化学反应方程式 $4HF + H_3BO_3 \Longrightarrow HBF_4 + 3H_2O$ 计算氢氟酸及硼酸在配方中的全部消耗量。把计算量的氢氟酸倒入耐蚀容器中，再将计算量的硼酸慢慢加入塑料容器中，边加边搅拌到反应完全无白色结晶为止。此反应放出大量热，对溶液要进行适当冷却，使溶液温度不超过 40℃。氢氟酸剧毒，工作人员必须做好防护工作。

(2) 氟硼酸亚锡的配制

称取计算量的碳酸铜或氧化铜并缓慢加入到计算量的氟硼酸中，稍加热，使碳酸铜（或氧化铜）和氟硼酸反应，不断搅拌至溶液呈天蓝色。慢慢加入 1.2~1.5 倍计算量的锡粉（200 目）于上述氟硼酸铜溶液中，使锡粉把铜置换出来。不断搅拌至蓝色消失为止，过滤除去铜粉等杂质和尚未反应的锡粉。得到无色澄清的氟硼酸亚锡溶液。

配制氟硼酸亚锡也可用一氧化锡直接与氟硼酸作用生成氟硼酸亚锡，但这样配制的溶液稍有些混浊，需要加入锡粉把杂质置换。

(3) 氟硼酸铅的配制

将氟硼酸的另一半用水溶解，加入氧化铅，并不断搅拌则生成氟硼酸铅。

(4) 二甲基醛缩苯胺光亮剂的配制

将结晶碳酸钠、120mL 水、异丙醇 100mL 倒入三口烧杯中，此为发热反应，需冷却。再将 150mL 乙醛用漏斗缓慢加入使其进行反应，反应温度应控制在 15~20℃ 范围内，乙醛完全加入后可允许稍加热，直至出现淡黄色或灰绿色。然后用漏斗加入邻甲苯胺 50mL 及异丙醇 500mL，溶液渐变为橙红色，将上述混合溶液置于热水浴（80~90℃）中回流 2h，用异丙醇稀释至 1L 即可。溶液在低温、避光条件下存放。

4.2.3.3 工艺维护

铅盐与锡盐提供了被沉积的金属离子，总浓度高，则允许使用高电流密度，此时沉积速度快，但电导率、分散能力降低。印刷电路板上的孔内镀铅锡合金应采用低电流密度，以保障镀层的均匀性。总浓度过低，则沉积速度变慢。镀液中的二价锡含量是决定镀层中锡含量的最主要因素。

氟硼酸主要作用是促使阳极正常溶解以及防止二价锡氧化和水解。游离的氟硼酸对镀层合金成分没有明显影响，而对镀层的结晶颗粒大小有影响。增加氟硼酸游离量，可提高镀液电导率、改善镀液的分散能力。二价锡氧化成四价锡后发生水解，将导致镀液浑浊，电流效率下降和镀层变脆，可用过滤方法消除。

硼酸是缓冲剂，在本体系中主要作用是抑制镀液中金属盐水解。提高阴极电流密度，镀层中锡的含量也会增加。

空气搅拌可使二价锡氧化，应严格禁止，采用阴极移动方法搅拌。阳极应加聚丙烯布袋，布袋事先用清水将有机物洗去。

胶体物质如桃胶、明胶和蛋白胨等的加入可以改善镀液的分散能力，使镀层结晶细致，抑制镀层中树枝状晶体的形成，其中蛋白胨最为明显。镀液中胶体的含量对镀层中锡含量有显著的影响，随着胶体含量的增加镀层中锡含量亦增加。这是因为，这些添加剂对铅的电沉积有较强抑制作用。长期使用蛋白胨，它会分解产生一种难闻的气味，一般每年应三次用活性炭除臭。

温度增加镀层中锡含量降低。但是，温度也不能太低，当温度低于 20℃ 时，阴极电流效率下降，镀层变得粗糙，镀液中的对苯二酚和硼酸等会结晶析出。

常用于氟硼酸盐体系的锡铅合金镀液光亮剂有动物胶、明胶、间苯二酚、蒽醌磺酸盐、醛-胺缩合产物、亚苄基丙酮、肉桂醛、甲醛等。间苯二酚在电镀铅锡合金镀液中是一种稳定剂；它可以抑制 $Sn^{2+} \rightarrow Sn^{4+}$ 的转化，还可以降低镀层的脆性，使镀层光滑细致。此外，随着间苯二酚含量的增加，镀层中锡含量亦有增长趋势。生产中间苯二酚的含量一船控制在 5～6g/L 为宜。

应严禁硫酸根带入镀液，硫酸根与铅生成白色沉淀，悬浮于镀液中，使镀层粗糙、有毛刺、节瘤。因此硫酸根一旦进入镀液应用过滤方法去除。

金属杂质，如铜、银、锌、铬、铁、镍等主要来源于阳极不纯和工件的脱落与腐蚀，将严重影响合金镀层的焊接性能。其中铜影响最大，若镀层中铜含量接近时，钎焊就很难进行。金属杂质也可使镀层变硬，从而降低合金镀层的润滑性和抗蚀性。可用低电流密度电解将镀液中金属杂质去除。

4.2.4 碱性锌铁合金电镀

作为防护性合金镀层，锌铁合金镀层除具有较高耐蚀性外，还具有可焊性、涂装性和易加工性等许多优点。含铁量在 0.2%～0.7% 的锌铁合金，经铬酸黑色钝化后具有相当高的耐蚀性，抗腐蚀性能优于锌镀层，5μm 厚可耐中性盐雾试验 2000h，其延展性与锌相当；含铁量在 1%～8% 的锌铁合金，其耐蚀性能与纯锌镀层相当或略低于纯锌镀层；含铁量在 8%～20% 的镀锌铁合金镀层具有较好的抗点腐蚀和抗孔隙腐蚀能力；含铁量为 80%～90%（质量分数）的合金镀层具有良好的抗蠕变性及涂装性，已大量用于钢板和钢带的生产。锌铁合金镀液分散能力好，成本低，所得镀层可进行彩色、白色或黑色钝化，可用于钢板、钢带等各种工件的电镀。

酸性镀液稳定性差，含盐浓度高，合金成分对电流密度敏感，控制较难。碱性镀液可以得到低含铁量的合金镀层，镀液稳定性好，维护处理方便，设备腐蚀小，合金成分对电流密度很不敏感，容易控制好合金成分，深镀及均镀能力良好，镀层表面亮度均匀。

4.2.4.1 锌铁合金共沉积机理

锌的标准电极电位 $\varphi_{Zn^{2+}/Zn}=-0.762V$，铁的标准电极电位 $\varphi_{Fe^{2+}/Fe}=-0.441V$，锌铁合金的电沉积为异常共沉积。

铁族金属是磁体，它的 3d 轨道上具有非整数个的未成对电子（铁 2.2 个、镍 0.6 个、钴 1.6 个）是产生这一特性的条件。铁族金属的这一特性，使得氧原子及含硫化合物、含氮化合物容易吸附在其表面上，吸附能力较强。

电流密度较低时锌和铁均以离子状态存在，电沉积反应服从离子的电化学特性。这时氢最容易放电，其次是铁，最后是锌。随着电流密度的提高，由于析氢反应，阴极附近生成 $Zn(OH)_2$ 并吸附在阴极上，使铁的沉积受到抑制，锌得以析出，锌的沉积使 $Zn(OH)_2$ 消耗。然后铁开始析出形成合金。随着电流密度的进一步提高，两种金属的电沉积都受扩散控制，因此镀层组成接近于镀液组成。

4.2.4.2 碱性锌铁合金电镀条件

碱性锌铁合金镀液的配合技术可由锌酸盐镀锌液直接转化而来（络合剂为三乙醇胺、焦磷酸钾等及其复合物）。控制镀液中铁离子的浓度、电流密度和温度，可使锌铁合金的共沉积为异常共沉积，即锌优先沉积，从而得到耐蚀性的合金镀层。镀液阴极电流效率达 90% 以上。碱性锌铁合金电镀条件见表 4-17。

表 4-17　碱性锌铁合金电镀配方与工艺

	电镀条件	配方 1	配方 2	配方 3	配方 4
配方	ZnO(99.5%)/(g/L)	14～16	10～15	13	18～20
	FeSO₄/(g/L)	1～1.5			1.2～1.8
	FeCl₂/(g/L)			1～2	
	FeCl₃/(g/L)		0.2～0.5		
	NaOH/(g/L)	140～160	120～180	120	100～130
	络合剂(XTL 型)/(g/L)	40～60		8～12	10～30
	湿润剂/(g/L)		4～6	6～10	
	光亮剂/(g/L)	4～6(XTT 型)	3～5(XTT 型)		6～9(WD 型)
工艺	温度/℃	15～30	10～40	15～30	5～45
	阴极电流密度/(A/dm²)	1～2.5	1～4	1～3	1～4
	阴阳极面积比	1:1	1:2		
	阳极 Zn:Fe		1:5		
	阴极机械摇摆/(m/min)	1～2	1～2	1～2	1～2
	镀层含铁量/%	0.2～0.7	0.2～0.5	0.4～0.8	0.4～0.6

4.2.4.3 配制镀液

镀液中铅≤0.002%，镉≤0.0005%，硫≤0.005%。

在配料槽内加入总体积 1/4 的水，将计算量的氢氧化钠倒入槽中，搅拌直至完全溶解。把计算量的氧化锌用 2～3 倍量的水调成糊状。将氯化铁溶于水制成 20% 溶液。

在不断搅拌下将氧化锌浆加入碱溶液中，溶解过程中溶液温度会升到 80～90℃，这个温度足够溶解所有氧化锌。加入水将镀液稀释至总体积的 4/5 左右，并让溶液冷却至室温，加入计算量的络合剂，按每升溶液加 8～12g 锌粉，搅拌均匀，静置，过滤。

稍作电解，加入计算量的添加剂，在不断搅拌下加入氯化铁水溶液。再加水至规定体积，即可试镀。

4.2.4.4 操作注意事项

① 挂镀时电流密度 $1\sim3A/dm^2$，电压 $2\sim8V$；滚镀时电流密度 $0.5\sim1A/dm^2$，电压 $6\sim12V$，滚镀转速 $2\sim8r/min$。需要用孔隙在 $10\sim20\mu m$ 以下滤纸过滤。每小时过滤整槽镀液 $2\sim3$ 次。

② 电镀时采用锌做可溶性阳极，由于铁易钝化，所以不能使用铁做可溶性阳极，为保持镀液中铁离子浓度，根据消耗量进行即时添加氯化铁水溶液补充。

③ 阳极与阴极的面积比例不能超过 $1:4\sim1:2$。利用铁材料做的篮子盛载锌球或锌块，放进溶解槽中，通过调整锌块的数量来调整镀液中的锌含量（锌含量由化学分析检测），以作为补充锌离子的来源之一。镀液中的锌含量也可以由锌溶解槽外加入补充，即可溶性阳极和外加溶液补充联合控制。

④ 空气搅拌镀液需要平均而强烈，空气需要严格净化，需气量约为 $12\sim20m^3/(h\cdot m^2)$。液面打气管最好离槽底 $30\sim80mm$，与阴极铜棒同一方向。气管需钻有两排直径 $3mm$ 的小孔，$45°$ 角向槽底，两排小孔应相对交错，每边间距 $80\sim10mm$，（小孔交错间距 $40\sim50mm$）。镀槽最好同时有两支或以上的打气管，气管用聚氯乙烯或聚乙烯材料，内径 $20\sim40mm$，两管距离 $150\sim250mm$。

⑤ 阴极摇摆在横向移动时，行程幅度为 $100mm$，每分钟来回摆动 $20\sim25$ 次。上下移动时，行程幅度为 $60mm$，每分钟上下摆动 $25\sim30$ 次。

⑥ 镀液中的尘埃、污秽、碳粉或油脂均会导致镀层粗糙、针孔、失光。因此要循环过滤。过滤泵流量要能在 $1h$ 内将整槽镀液过滤 $2\sim3$ 次，过滤纸孔隙在 $10\sim20\mu m$。过滤泵的入水口不可接近打气管，以免吸入空气。过滤泵内有空气，会导致镀液产生极细小的气泡，造成针孔。

⑦ 镀槽、锌溶解槽采用衬上硬橡胶的碳钢，强化聚氯乙烯、聚氯乙烯/聚酯、聚乙烯或聚丙烯等合适耐腐蚀材料。温度控制加温及冷却管可用石墨、钛、聚四氟乙烯或钢等合适耐温防蚀材料。排气需有良好排废气设备。

锌铁合金镀层若不进行钝化处理，其耐蚀性并不太高。锌铁合金镀层可进行彩色钝化和黑色钝化处理。经钝化处理后，耐蚀性从中性盐雾试验的 $500\sim600h$ 提高到 $1500\sim2000h$。

4.3 特种电镀工艺

4.3.1 高速电镀

4.3.1.1 什么是高速电镀

高速电镀是指镀层沉积速度比普通电镀高数倍到数百倍。普通电镀的沉积速度最大为 $1\mu m/min$，高速电镀可达到几十微米/分，因此可以大大提高生产率。

4.3.1.2 提高电镀速度的途径

提高阴极电流密度虽可使镀层沉积速度加快，但 i_c 的提高受极限电流密度 i_d 的限制。当 i_c 接近 i_d 时，镀层质量急剧恶化。所以要提高 i_c，必须使 i_d 增大。其方法有以下几种。

（1）使用扩散系数 D 较大的盐类

如镀镍电解液使用氯化镍，其扩散系数比硫酸镍大一倍。

（2）增大金属离子浓度

缺点是工件带出溶液量多，停镀时有金属盐析出。

（3）升高温度

可使扩散系数 D 增大，提高金属盐溶解度，降低溶液黏度，这些都有利于使极限电流密度 i_d 增大。但要增加热能消耗。

（4）电解液和阴极高速相对运动

电解液流动，强制搅拌，阴极移动等，使扩散层厚度 δ 减小，从而增大 i_d。

（5）使用高频间歇电流（脉冲电镀）

扩散层厚度是随时间变化的。在通电开始时扩散层很薄，然后增厚，到一定时间后保持不变。故采用高频间歇电流（开始时通以大电流，然后切断电流，再通以短时间大电流），可以使扩散层保持很薄的状态。但由于通电时间短，断电时间长，对高速电镀并无实用意义，主要用于改善镀层质量。

上述各条途径中，以"高速相对运动"最为有效。

4.3.1.3 高速电镀的方法

（1）阴极表面电解液强制流动

① 平行流动法　阴极和阳极之间保持一定的狭窄间距，电解液从狭缝中高速流过。如UHE法（超高速电沉积法）要求流速8ft/s（1ft/s＝0.3048m/s），有时采用20ft/s。使用一般镀液即可。

图4-6是一个例子。在不锈钢或镀铬滚筒上电镀铜、镍、锌等。镀后将其一端剥离，得到 $50 \sim 100\mu m$ 厚的金属箔。该装置使用的 i_c 可达 $150 \sim 450A/dm^2$。沉积速度达 $25 \sim 100\mu m/min$。

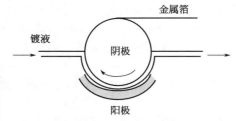

图 4-6　制造金属箔的装置

平行流动法要求阴极和阳极间距小，而且均等，故只适用于圆筒内外表面、平板等简单形状；复杂形状部件不能用。为了保持阴极和阳极间距不变，需使用不溶性阳极，而在镀液返回镀槽后进行调整。

② 喷流法　将电解液通过喷嘴连续喷注到阴极表面进行电镀。此法可获得局部高电流密度，适用于局部电镀，如印刷电路底板接触头或半导体器件的焊接点。

（2）在电解液中移动阴极

① 电极振动法　使镀件在电解液中振动，振幅数毫米到数十毫米，频率数赫兹到数百赫兹。此法比空气搅拌能更有效地提高 i_d。

电极振动法已用于圆棒零件镀镍，使用氯化镍镀液，温度70℃，阴极电流密度可达 $100A/dm^2$。

② 电极高速旋转法　圆板圆筒这类简单而且轴对称的工件，可使其高速旋转来造成相对运动。

（3）在电解液中摩擦电极表面

在电解液中，用固定绝缘粒子（如磨石、砂粒、玻璃球）在不断摩擦阴极表面的情况下进行电镀。这种操作是用机械方法除掉电极表面的离子稀疏层，使电极表面的离子迅速得到补充，从而可以使用高的电流密度。同时还能对镀层起到整平作用。

4.3.1.4 电解铜箔

电解铜箔基本的工艺原理如图4-7所示，将 $1^{\#}$ 电解铜或与电解铜同等纯度的电线返回料为原料制成 $\phi 1.5mm$ 左右的铜米，使其含

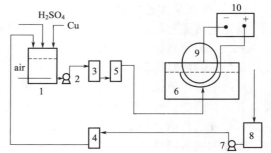

图 4-7　生箔生产工艺流程示意
1—溶解槽；2,7—泵；3—过滤器；4—吸附槽；5—换热器；6—电解槽；8—循环槽；9—阴极辊；10—整流器

有硫酸、硫酸铜水溶液中溶解并离子化，用空气鼓泡搅拌，加快铜米氧化溶解制成电解液，经过滤、换热后，进电解槽喷液管，在以不溶性材料为阳极、底部浸在硫酸铜电解液中恒速旋转的阴极辊为阴极的电解槽中进行电解，溶液中的铜沉积到阴极辊筒的表面形成铜箔，铜箔的厚度由阴极电流密度和阴极辊的转速所控制。待铜箔随辊筒转出液面后，再连续地从阴极辊上剥离，经水洗、干燥、卷取，生成生箔。电解槽贫铜液流进循环槽，经碳粉吸附后回到溶解槽补充铜离子。生箔经过电化学反应为主体的表面处理工序如氧化、粗化、耐热阻挡层、防腐蚀镀层等即为成品。电解铜箔主要技术条件见表4-18。

表 4-18 电解铜箔主要技术条件

项 目		指 标	项 目	指 标
阴极辊筒/mm		$\phi 960 \times 1090$	镀液循环流量/(L/min)	50～80
铅阳极/mm		$R510 \times 1050 \times 5$	电流密度/(A/dm²)	30
阴、阳极间距/mm		25～35	总电流/A	4400～4500
电解液成分/(g/L)	Cu^{2+}	65～70	槽电压/V	4.0～5.0
	H_2SO_4	94～98	辊筒转速/(r/min)	15～18
电解液温度/℃		45～50	加明胶量/[g/(班·槽)]	12～16

（1）阴极辊筒

早期阴极辊用不锈钢制造，电流密度不高，辊面容易发热。为了增加产量，提高电流密度，采用不锈钢框架外套单层钛壳，经过旋压制成的无缝阴极辊，具有良好的耐腐蚀性。阴极辊表面质量直接影响到生箔的表面质量，辊面粗糙度要求 $Ra < 0.4\mu m$。目前阴极辊直径增加到 2.2～3m，宽度为 1400～1500mm。

（2）阳极

采用不溶性阳极。目前使用的阳极材料有两种，一种是铅锑合金或铅银合金阳极（含 Ag 1%、厚度为 5mm 的铅皮为阳极）。随着使用时间的延长，这种合金腐蚀越来越多，致使极距不断增大，槽电压上升，电耗增加；同时由于腐蚀不很均匀，也影响极距的一致性，铜箔均匀性亦差。

现在采用钛阳极，由钛基质和涂层组成。涂层是铱（56%）和钽（44%）混合物，使用这种阳极，槽电压 7～8V，槽电流 $> 2.5 \times 10^4 A$，电流密度可达 60～100A/dm²，生箔厚度均匀性好，但一次性投资较大。

（3）阴、阳极间距

阴、阳极距离保证各处相同，保持电离线均匀。现在最先进的阴、阳极距离只有 3～5mm。

（4）电解液

电解液含铜过低，阴极区铜离子贫乏，阴极极化大，杂质容易在阴极放电析出，铜箔结晶粗糙疏松。用电解法生产铜箔，一般采用高的电流密度，因此需要控制高的含铜量。但是，过高铜量要增加溶液的黏度、比重、电阻。目前先进的可控制含铜为 100g/L。

电解液含酸高可以降低溶液比电阻，节约电耗。但是，当电解液含酸高时，硫酸铜容易析出。如果硫酸铜结晶颗粒附在辊筒和铜箔上，将造成铜箔针孔和破洞。为了保持一定含铜量，防止硫酸铜结晶析出，现在最先进的控制 H^+ 含量为 100～140g/L。

（5）电流密度

采用低电流密度，铜箔结晶细密，直流电低。但是设备利用率和劳动生产率低。尤是电解法生产铜箔，投费用高，用低电流密度，不经济。当然，过高的电流密度，不仅增加电耗，且阴极极化大，杂质容易析出，铜箔结晶粗，影响产品质量。在保证铜箔质量的前提，应该尽可能提高电流密度。现在最先进的已达 $300A/dm^2$。

（6）添加剂

铜箔生产一般采用明胶做添加剂。电解液中加入明胶可使生箔结晶均匀致密，免除粒子形成，更重要的是可以抑制针孔。胶量过少时，铜箔会出现成片针孔，每平方米高达 $80\sim200$ 多个。当胶适量时，每平方米针孔仅 $2\sim3$ 个。胶量过多，铜箔产生粗条状结晶，发脆，抗拉强度急剧下降，影响产品质量。一般来说，电流密度越高，胶量越大。

但是明胶在高温下溶解，冷却后结冻，给操作带来不便，长期使用，毛面的峰谷形态缺乏均匀性，难以保持稳定的质量。现在采用水解动物蛋白粉，它是以明胶为原料经酶解制成的一种低分子多肽（相对分子质量 $1000\sim10000$），能溶解在常温水中而不会结冻，操作方便。当电解液含 $0.001\%\sim0.003\%$ 这种添加剂时，生箔表面获得均匀一致的粗糙面，物理性能优于用颗粒状明胶生产的生箔。

（7）电解液温度

提高电解液温度，增加了 Cu^{2+} 扩散速度，减少浓差极化，而且可以提高溶液导电率，降低溶液黏度和提高硫酸铜的溶解度。但是，温度过高，热消耗大，劳动条件差。特别是随气体逸出的酸雾加重，如果酸雾附在阴极辊筒上，铜箔会出现许多难以洗涤的附酸斑点，甚至生成针孔，严重地影响了产品质量。当电解液温度低时，硫酸铜容易析出。

（8）电解液循环速度

由于采用不溶性阳极，电解液中铜含量不断下降，而含酸逐渐升高，需要不断补充铜离子和调整酸量。过低的循环速度会造成铜离子贫乏，阴极极化大，杂质容易析出，影响产品质量。提高循环速度，可减少浓差极化，铜箔结晶好，但是，过大的循环速度，要庞大的附属设备投资，而且会冲动不溶阳极表面氧化层，降低了阳极寿命。冲动起来的杂质微粒附在辊筒上，影响铜箔质量。一般而言，高的电流密度需要大的循环速度。循环速度现在最高可达 $2\sim3m/s$。

（9）导电体

生箔生产中，如何将大直流电从导电铜排引到阴极辊面，是由阴极辊轴与导电铜排间的导电体连接实现的。比较好的方式为液体导电体（摩擦系数小，解决原来硬接触轴瓦发热而变形的弊端），可以使用汞，因汞容易蒸发，污染环境，现较先进的技术是采用低熔点合金代替汞。

4.3.2　电刷镀

4.3.2.1　工艺过程

电刷镀（brush electroplating，简称刷镀）亦叫做无槽电镀、涂镀、笔镀。其工作原理和普通槽镀是一样的。如图 4-8 所示，被镀工件与直流电源负极相连，镀笔与正极相连。阳极包套中浸满电镀溶液，在被镀工件表面移动，电流通过阳极包套中的电解液构成回路。所以，只有与阳极包套接触的工件表面部位才能形成镀层。工件旋转，使工件周向表面依次与阳极包套接触，完成整个表面的电镀过程。

电刷镀与槽镀的区别有以下几点。

① 电解液不是盛在电镀槽中，而是浸在阳极包套中，由供液集液系统进行电解液供给、补充和循环更新。

② 为了保持阳极和阴极之间很小的间距，应使用不溶性阳极，如石墨、铂铱合金、不锈钢（不适用于卤化物电解液）。阳极应有多种形状和尺寸，以满足刷镀各种形状和尺寸工件的需要，如图 4-8 中的弯月形阳极适用于轴类工件的外圆面。

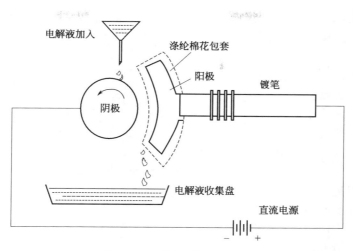

图 4-8　电刷镀工作原理示意

③ 包套材料应吸水性好，不污染镀液。常用脱脂棉，也可用泡沫塑料，合成纤维。棉花外面再包裹布料。包套厚度一般 1～2cm。镀笔上有散热片，以防止局部过热影响镀层质量。

④ 电解液应不断加入阳极包套中。虽然阴极反应使镀液中金属离子浓度减小，但水分蒸发等原因又使金属离子浓度增大，所以镀液成分和 pH 值一般变化很小，不需要分析和调整，只要不断添加即可。

⑤ 工件和阳极包套之间不断擦拭，使阴极表面扩散层厚度大大减小，因而可以使用很高的阴极电流密度，得到很大的沉积速度，故电刷镀也可归于高速电镀的一种方法。

通过以上讨论，表 4-19 对电刷镀和槽镀的区别进行了归纳总结。

表 4-19　电刷镀和槽镀的比较

电　刷　镀	槽　　镀
不需镀槽，工件尺寸不受限制	需要一系列镀槽和镀前镀后处理槽，工件尺寸受镀槽限制
电源设备小重量轻，便于携带	整流电源设备大，地点固定
采用不溶性阳极	多使用可溶性阳极
电解液中金属离子含量高，大多数为有机络合物溶液，一般不用有毒的络合剂，添加剂使用少	电解液金属离子含量较低，除络盐电解液外，还有单盐电解液。采用氰化物络合剂较多
使用很高的阴极电流密度，沉积速度快	阴极电流密度一般较低，沉积速度小
阳极和阴极不断擦拭，造成高速相对运动	多数电镀过程阴极阳极之间无相对运动
一套设备可进行全部刷镀（包括前后处理）操作	一套设备只能作一种镀层。更换镀种和工艺较困难
大多数为手工操作，劳动强度大	已发展自动流水生产线

4.3.2.2　电刷镀的特点

① 镀层沉积速度快，比一般槽镀高几倍到几十倍。镀层与基体结合强度大，对铝、铬、不锈钢等易生成氧化膜的金属部件，也可达到结合力的要求。

② 刷镀是对工件选定部位用镀笔进行的局部电镀。大型机器不需分解，不电镀部分不需遮蔽，对盲孔、凹槽内部也容易镀覆。

③ 不需要庞大的镀槽，设备简单，工艺灵便。对工件尺寸修复，特别是大型机械的现场不解体修理和野外抢修具有突出优点，可节省大量人力物力。

④ 适用于小面积，薄镀层。大面积厚镀层使用不经济。大批量生产和装饰性电镀不如槽镀。不能修复断裂裂纹。故电刷镀和槽镀应是相互补充的关系。

4.3.2.3 刷镀铁

刷镀铁层呈银白色，具有高硬度和耐磨性，镀层硬度 $40\sim55$HRC，化学成分与电镀铁相似，但硬度比电镀铁高 $5\sim10$ 倍，这是由于超细晶粒强化、应力强化、弥散强化之故。刷镀铁层的耐腐性明显优于低碳钢，腐蚀速率比低碳钢低 40%。刷镀铁层一般不用来做防护镀层，而广泛用于修复因腐蚀、磨损而失效的工件，在修复磨损量大的机械零件时，总是想采用一种廉价、易操作、沉积速度快、镀层耐磨性好的镀液，一次刷镀成功。像低温槽镀铁那样一次能镀厚 $2\sim3$mm 的高速刷镀铁液，将给修复磨损量大的零件带来极大的方便。

(1) 刷镀铁概述

要提高沉积速度必须使镀液有良好的导电性，而影响电解液导电率的因素是电解质组分、浓度和温度。常用的镀铁主要由氯化物、硫酸盐和络合物组成，氯化亚铁单盐镀液一个最大缺陷是缓冲性能差，pH 值很不稳定，所以低温镀铁时应经常添加稀盐酸来维持 pH 值。刷镀不同于槽镀，它使用溶液少，间断式高电流密度施镀，维持 pH 值不可能像槽镀那样添加稀盐酸，因此刷镀液必须有一定的缓冲性。

维持 pH 值在工艺规范内是稳定镀液、确保镀层质量的一个重要工艺参数。要防止 Fe^{2+} 水解沉淀，溶液的 pH 值必须控制在 1.98 以下，否则溶液发生水解出现 $Fe(OH)_2$ 黄色沉淀物，夹杂于镀层中引起脆性增大。醋酸的缓冲性对镀层质量提高效果较好。添加缓冲剂后延缓了水解的发生，同样使镀液的稳定性也得到提高。

Fe^{3+} 含量在 0.5g/L 以下能得到较高的分散能力和防止麻孔，少量的 Fe^{3+} 起阴极去极化剂作用，Fe^{3+} 含量超过 2g/L 所得疏松、海绵状镀层，结合力低没有实用价值。

Fe^{3+} 含量在 $0.1\sim10$g/L 范围内对镀层质量无明显的影响，沉积速度随 Fe^{3+} 含量增加而下降。250mL 刷镀液刷镀 1h 后，镀液颜色变绿，Fe^{3+} 含量明显下降，可见在刷镀过程中 Fe^{3+} 在不断被还原。Fe^{3+} 含量 10g/L 的被层分层现象比较严重。

由于刷镀液从配制起到使用完肯定要放置一段时间，空气中的氧气与 Fe^{2+} 发生反应，使溶液的 Fe^{3+} 愈来愈多，H^+ 被消耗后 pH 值上升，Fe^{3+} 水解沉淀。对这种不稳定的现象，有很多可采用的措施，如密封容器、在镀液中添加铁片或铝片，其作用是隔绝空气接触镀液。pH 值升高，刷镀时要调整 pH 值，镀液减少后容器中的空气无法隔绝，氧化反应依然进行。

(2) 刷镀铁镀液配方及工艺条件

刷镀铁阳极电流效率接近 100%，阴极电流效率低于 100%。表 4-20 给出了刷镀铁镀液配方及工艺条件的一些实例。

① 主盐 沉积速度随 Fe^{2+} 浓度升高而增大；同时析氢减少，可降低镀层渗氢对镀层质量的不利影响，也有利于阴极区 pH 值的稳定，减少镀层氢氧化物夹杂，提高了镀层质量。镀液中加入 $NiCl_2\cdot6H_2O$，使 Fe^{2+} 和 Ni^{2+} 共沉积形成合金镀层，可以提高镀层与基体的结合强度与耐蚀性。随着镀液中 $NiCl_2\cdot6H_2O$ 含量的升高，镀层沉积速度加快，以改善镀层的机械性能，提高镀层与基体的结合强度与镀层耐蚀性，镀层硬度降低。

② 缓冲剂 pH 值升高即产生沉淀，刷镀过程中析氢多，pH 值在施镀过程中必然升高，当 pH>2.5 时就可生成胶状的氢氧化铁，将降低电流效率，导致镀层应力大、脆性高和麻点，故必须用盐酸经常调整 pH 值。氯化亚铁镀液缓冲性能差，采用高电流密度循环施镀，镀液的 pH 值变化较大。因此，刷镀铁镀液必须有较高缓冲性。$AlCl_3$、醋酸、HBO_3 是一种较好的缓冲剂，尤其是对阴极区缓冲作用更明显。氨基磺酸铵、氟硼酸亚铁可获得均

表 4-20　刷镀铁配方及条件

组　　分	配方 1	配方 2	配方 3
$FeCl_2 \cdot 4H_2O$/(g/L)	400	300～400	500～600
$NiCl_2 \cdot 6H_2O$/(g/L)			20～40
氟硼酸亚铁/(g/L)			20～30
KCl/(g/L)	30		
NaCl/(g/L)			20～30
氯化锰/(g/L)		50～100	
$AlCl_3$/(g/L)		30～60	
HBO_3/(g/L)			10～15
醋酸/(g/L)	10		
铁粉/(g/L)	0.1		
抗坏血酸/(g/L)		1～3	3～5
糖精/(g/L)	1～2	0.1	5～10
十二烷基磺酸钠/(g/L)		0.05	0.2～0.5
pH 值	0.8～1	0.5～1.0	3.5～4.5
阳极	低碳钢	低碳钢	低碳钢
电流密度/(A/dm²)		1.24	
起镀电压/V	2～4	2～4	
工作电压/V	8～12	5～15	6～10
温度/℃		10～60	
相对运动速度/(m/min)	10～15	5～30	10～15
时间(打底层 快速镍)	1min		
耗电系数/[A·h/(dm²·μm)]		0.08	
沉积速度/(μm/min)	14～17		
一次镀厚能力/mm	2(双边)	0.4	

匀细致的铁镀层,抗氧化性能及酸度缓冲性能较好,生产中不需要通电处理和经常调整酸度。电解液的分散能力及一次镀厚能力较高。此外由于酸度较低,氢难以在阴极上析出,镀层中含氢量少,因而镀层的脆性小、结合强度高、镀层质量稳定。

③　降应力剂　糖精是一种很好的降应力剂,其加入量为 5～10g/L 可起到降低镀层应力,提高镀层结合力和安全厚度作用。对内应力影响较大的因素有温度、电流密度、阴极极化值以及添加剂。升高温度、降低电流密度和阴极极化值都使镀层结晶变粗大、内应力下降。有趣的是添加剂可以使内应力提高许多倍,也能使内应力降为零。所有导致形成高的微观应力的因素,几乎都造成镀层显微硬度的增加。根据位错理论,有机添加剂若能吸附在空穴处,就会影响位错的生成,因而能使应力下降。

④　稳定剂抗坏血酸　主要作用是提高镀液抗氧化性能,$FeCl_2$ 镀液稳定性较差,在刷镀过程中,电解液循环流动,不断与空气接触,Fe^{2+} 会被氧化成 Fe^{3+},Fe^{3+} 过多使镀层脆性增大,结合力降低。在镀液中加入 3～5g/L 的抗坏血酸,可较好地避免 Fe^{2+} 被氧化成 Fe^{3+}。

⑤　附加盐　镀液中加入碱金属或碱土金属是为了提高镀液的导电能力。NaCl 的作用是提高镀液的导电性,改善镀液的分散能力。同时,NaCl 所含的 Cl^- 是一种很好的阳极活化剂,可避免铁阳极钝化,促使铁阳极顺利溶解。氯化钙可降低镀液的挥发性;氯化铵可提高硬度和减慢亚铁氧化速度;氯化锰可以提高一次镀厚能力,使镀层的结晶变细,镀层更平滑,硬度也增加。氯化锰有细化晶粒的作用,同时也是抗氧化剂,抑制亚铁氧化。

⑥ 湿润剂　十二烷基磺酸钠镀液中加入十二烷基磺酸钠，可提高镀液对工件表面的润湿性，有效地防止镀层出现针孔、麻点现象。

⑦ 阳极材料　刷镀铁阳极应为纯铁或含碳量不超过 0.1% 的钢材，可避免 Cl_2 析出污染环境，补充刷镀液中 Fe^{2+} 的消耗，延长镀液的使用寿命，降低刷镀成本。为了减少阳极不溶性杂质对镀层的影响（金属杂质锌、铜、镍、铅和钴对镀铁有害），可在阳极表面先包一层滤纸，然后再包脱脂棉和阳极套，以便起到较好的过滤效果。

⑧ 阴阳极运动速度　运动速度控制在 $10\sim15m/min$ 范围内，先采用低电压起镀，然后逐渐调高电压，从低电压向高电压过渡时应逐渐提高，不能突跃，以避免产生脱层，一般情况下每 $2\sim3min$ 升高 1V 即可；刷镀电压在 $6\sim10V$ 之间变动较好，这样镀层的硬度和应力较小，结合力高，随着电压的升高，沉积速度增大，刷镀效率和镀层硬度提高，有利于提高工作层的耐磨性。

⑨ 温度　随温度升高可允许电流密度增大，沉积速度快。但镀液中二价铁易氧化成三价铁，镀液性能不稳定，造成镀层质量下降。

（3）刷镀铁的工艺操作

刷镀工艺的一个显著特点是前处理都是采用电化学方法进行，当然在最后的除油、活化前进行其他常规前处理操作也是可以的，有时还是必要的工序。刷镀所用典型前处理溶液组成如表 4-21 和表 4-22 所示。

表 4-21　电净液组成及工艺条件

溶液组成/(g/L)	1	2	3
氢氧化钠	60	$20\sim30$	$30\sim50$
磷酸钠		$40\sim60$	$150\sim170$
碳酸钠	40	$20\sim50$	$35\sim45$
氯化钠		$2\sim3$	$4\sim6$
乙酸钠			75
湿润剂			1.5
pH 值	>14	$11\sim13$	$11\sim13$

表 4-22　活化液组成及工艺条件

溶液组成与工艺条件	1	2	3
硫酸 98%/(g/L)	$80\sim90$		
硫酸铵/(g/L)	$100\sim120$		
盐酸 37%/(g/L)		$20\sim30$	
氯化钠/(g/L)		$130\sim140$	
柠檬酸/(g/L)			$90\sim110$
柠檬酸钠/(g/L)			$140\sim150$
氯化镍/(g/L)			$2\sim1$
磷酸 85%/(g/L)			
氟硅酸 30%/(g/L)			
pH 值	$0.2\sim0.4$	0.3	4
工作电压/V	$8\sim6$	$6\sim14$	$15\sim20$
相对运动速度/(m/min)	$4\sim12$	$4\sim12$	$4\sim10$

电镀时电净液操作条件需要根据不同的基体进行调整，钢铁件：$10\sim20V$；$30\sim60s$；铜：$8\sim12V$；$15\sim20s$；使用温度：室温$\sim70℃$。

1号活化液反接用于铸铁和高碳钢，正接用于不锈钢、镍、铬及合金的活化。2号活化液反接用于碳钢、低合金钢、渗碳淬火钢、不锈钢、铸铁、铝的活化，对钢铁腐蚀较快，可用于去毛刺或除旧镀层。3号活化液反接用于除去经1号和2号活化液处理后表面上残留的石墨等污物。

刷镀铁的工艺过程如下。

① 用1号电净液精除油　工件接电源负极，工作电压$8\sim12V$，相对运动速度$4\sim6m/min$，油除净为止，清水冲洗，冲洗后表面润湿性好，不挂水珠。

② 用1号活化液活化　工件接负极，电压$8\sim12V$，相对运动速度$6\sim8m/min$，时间$30s$左右，用水冲洗，表面呈金属本色为好。

③ 用2号活化液活化　工件接正极，电压为$8\sim12V$，相对运动速度$6\sim8m/min$，出现黑灰色为正常，用水冲洗，冲洗后表面呈暗灰色或黑灰色。

④ 用3号活化液活化　除去表面炭黑层，工件接电源正极，电压$12\sim16V$，相对运动速度$6\sim8m/min$，至表面呈银灰色，用清水彻底冲洗掉炭黑脏物和残留液。

⑤ 刷镀铁层　先不通电，用镀笔蘸刷镀液均匀擦拭工件表面，然后接通电源刷镀。运动速度控制在$10\sim15m/min$范围内，先采用低电压起镀，然后逐渐调高电压，从低电压向高电压过渡时应逐渐提高，不能突跃，以避免产生脱层，一般情况下每$2\sim3min$升高$1V$即可。刷镀电压在$6\sim10V$之间变动较好，这样镀层的硬度和应力较小，结合力高，随着电压的升高，沉积速度增大，刷镀效率和镀层硬度提高，有利于提高工作层的耐磨性。

⑥ 镀后处理　镀层尺寸达到要求之后，清洗完毕，可用碱液擦拭镀层表面。碱液组成为：$10\%\sim15\%Na_2CO_3$，$5\%NaNO_2$。擦拭的目的是防止镀件兜带残留电解液而遭受腐蚀，并使镀层表面与碱液作用，以生成一层碱式钝化膜提高镀层防腐蚀能力。

4.3.3　复合电镀

4.3.3.1　什么是复合电镀

使固体微粒与金属离子在阴极工件上共沉积，形成固体微粒均匀弥散分布于镀层基质金属中的复合镀层，叫做复合电镀。复合电镀为电镀开辟了一个新领域。复合电镀层可以具有普通镀层难以取得的优良性能，特别是功能性复合镀层，如耐磨、减摩等复合镀层，这在绪论一章中已有介绍。

复合镀层可分为如下几类。

① 微粒性能起主导作用，如镍-金刚石复合镀层，用于制造钻磨工具时，主要利用金刚石的切削刃，Ni-SiC耐磨镀层，Ni-PF$_4$减摩镀层也是这一类。

② 基质金属性能起主导作用，如锡基复合镀层，复合的微粒（如氧化铝）的作用是改善镀层的可焊性；镍封闭中的固体微粒在套铬时导致形成微孔铬，目的是提高镀镍层的耐蚀性。

③ 微粒和基质金属间的相互作用起主导作用，制备具有催化功能的复合镍镀层就是利用这一作用。

表示复合镀层的成分时，微粒的含量一般用体积分数表示，因为微粒在镀层中所占体积将主要影响复合镀层的性能，而质量分数并不能反映这一影响。

4.3.3.2　复合镀层的形成过程

微粒与金属共沉积的过程可分为以下三个步骤。

① 悬浮于镀液中的微粒由镀液深处向阴极表面附近输送。

② 微粒黏附在电极表面。这一步骤主要取决于微粒与电极之间的相互作用力。

③ 微粒被阴极上析出的基质金属嵌入。要实现这一步，微粒在电极上的停留时间必须超过一定值（极限时间）。一般情况下，微粒周围的金属层厚度超过微粒粒径的一半时，可认为微粒已被金属嵌入。

4.3.3.3 复合电镀工艺

复合电镀工艺可以采用一般的电镀工艺和设备。关键是要解决如何使微粒进入镀液并均匀悬浮？如何促使微粒与基质金属共沉积？

（1）微粒的加入

加入固体微粒的方法有几种。其中最常用的方法是将微粒直接加入镀液中，并通过搅拌使之均匀悬浮，形成悬浊液。对于一些不容易被润湿的和密度较小的微粒（如氟化石墨、碳化硼、聚四氟乙烯），需先用适量的对微粒润湿作用极强的有机溶剂进行处理，然后再加入镀液。为避免极细的微粒在镀液中出现干粉结块，可先用少量镀液润湿微粒，调成糊状后再倒入镀液。有些微粒是以可溶性盐的形式加入，然后让它们在镀液中发生反应，形成固体微粒。例如在镀镍溶液中沉积 Ni-$BaSO_4$ 复合镀层时，可向镀液中加入一定量的 $BaCl_2$ 溶液，Ba^{2+} 与 SO_4^{2-} 反应生成 $BaSO_4$ 沉淀。用这种方法形成的微粒，粒径较小且成球形，易于均匀分布于镀液中。

加入镀液中的可溶性物质（通常是盐）也可以在金属电沉积过程中，通过阴极上的还原反应，使它直接或间接地形成不溶性微粒。

（2）微粒的悬浮

使微粒均匀悬浮于镀液中的方法是搅拌镀液。搅拌克服了重力作用，使溶液中的微粒得以充分地悬浮起来。而且微粒在镀液中的传递过程主要靠对流。搅拌方法如下。

① 机械方法　板泵是专门设计用于复合电镀中搅拌镀液的。在镀槽底部安装一块与槽底平行的平板，板上钻有许多小孔，使平板在镀槽内上下往复运动，以搅起微粒。

② 压缩空气搅拌　优点是可以通过压缩空气导入管的安装位置、管上排气孔的形状、大小和数目等，来调节压缩空气的气流强度和方向，以保证在形状比较复杂的镀件不同部位的镀层中，微粒含量大致相等。

③ 镀液上流循环搅拌　使镀液在镀槽中逐渐上升，最后从镀槽上部溢出。

④ 超声波搅拌

为了加强搅拌效果，有时将两种方法联合使用。

（3）微粒共沉积促进剂

在某些复合电镀工艺中，如果不使用添加剂，微粒不能进入镀层，或者虽能进入，但含量太低，不能满足要求。因此必须加入能促进微粒进入镀层基质金属的添加剂，叫作微粒共沉积促进剂。

在大多数情况下，微粒共沉积促进剂是一些特定的阳离子和一些阳离子型表面活性剂。共沉积促进剂的作用，在很大程度上与微粒对促进剂的吸附有密切关系。由于吸附具有选择性，对一种微粒有促进作用的物质，可能对另一种微粒没有促进作用。具有表面活性的促进剂能降低微粒与镀液之间的界面张力，有利于镀液对微粒的润湿。

例如酸性硫酸盐镀铜，由于硫酸钡微粒表面对 Cu^{2+} 和 H^+ 的吸附能力很低，复合镀层基本不能形成。加入 $1g/L Ti^+$，可使镀层 $BaSO_4$ 含量达到 2.6%（体积分数）。

4.3.4　脉冲电镀

4.3.4.1　什么是脉冲电镀

脉冲电镀是使用脉冲电流沉积金属的一种新工艺。脉冲电流是调制电流的一种，其他有周期换向电流、不对称交流电流、交直流叠加电流等。使用调制电流进行电镀增加了调节和控制镀层质量的手段。

脉冲电流中最常用的是方波脉冲电流。方波脉冲电流有三个独立的可调参数：a. 导通时间 t_{on}；b. 关断时间 t_{off}；c. 脉冲电流密度 i_p。

设脉冲电流周期为 T，占空比为 v（％），则平均电流密度 i_m 为：

$$T = t_{on} + t_{off}$$
$$v = t_{on}/T \times 100\%$$
$$i_m = i_p v$$

脉冲电镀实质上是一种通断直流电镀。在电流导通时间内，阴极表面附近液层中的金属离子被充分地沉积；当电流关断时，阴极周围的放电离子又恢复到初始浓度。这样，不断周期重复的脉冲电流主要用于金属离子的还原反应。如果占空比很小，可以使用很大的脉冲电流密度，阴极过电位很大，不仅可以改善镀层质量，得到结晶细致平滑的镀层，而且可以降低析氢等副反应，提高电流效率，减少镀层孔隙。

4.3.4.2 电容效应

由于电极界面存在双电层，脉冲电流分为两部分：

$$i_p = i_f + i_c$$

i_c 用于双电层充电；当脉冲关断时，双电层放电。显然，双电层的充放电将造成脉冲波形的畸变。只有当双电层充电时间 $t_c \ll t_{on}$，而双电层放电时间与脉冲关断时间相比可以忽略时，才能得到图 4-9 那样的理想波形。在实际情况，充电时间一般会占据一部分脉冲时间，使波形受到干扰。所以，在脉冲电镀中，特别要注意导通时间和关断时间不能比双电层充（放）电时间短，以免造成脉冲波形畸变。

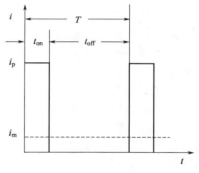

图 4-9 方波脉冲的参数

4.3.4.3 脉冲电镀的优点

① 由于可以使用很高的脉冲电流密度，产生很大的阴极极化，大大改善镀液的分散能力和覆盖能力，因而能够得到结晶细小致密的高导电率的沉积层，这在电子产品电镀中是极其可贵的。脉冲电镀大幅度提高了瞬时电流密度，使其平均电流密度有可能大于直流电镀的实际电流密度。因而，加速了电沉积速度，使生产效率增高，一般可减少受镀时间 $1/3 \sim 1/2$ 或更多。

② 可以降低浓差极化，这是因为关断时间内阴极附近金属离子浓度回升。虽然平均电流密度 i_m 不能超过在同样条件下直流电镀时的极限电流密度，但可以避免棱边和凸出部位烧焦；也可以解决直流电镀时为了使深凹部位有镀层而造成棱边和凸出部位"超镀"的问题，从而节省镀层金属。

③ 减小或消除氢脆，较好的结合力，较好的分散力，能增加镀层的密度，增加硬度，提高延展性和耐磨性，改进了镀层的物理性能。

④ 在直流电镀中，为了实现合金共沉积、增加光亮度等改善镀层的物理性能，通常要加入络合剂、光亮剂等添加剂，而这些添加剂通常都是毒性很强的溶液，所以对生产和环保非常不利。使用脉冲电镀，可以通过调节电镀参数来获得质量好的镀层，而又不使用任何的添加剂，提高了镀层纯度。

⑤ 减少孔隙率，可得到光亮均匀致密的镀层，提高镀层防护性能。在相同的镀层性能指标的前提下，镀层厚度可以减薄 $1/3 \sim 1/2$，进而可节约原材料（如金、银、锡、锗、镍等）$10\% \sim 20\%$。这是因为在关断时间内阴极表面的气体（主要是氢）和其他物质脱附，不

会夹杂在镀层中。

4.3.4.4 脉冲镀铬

脉冲电镀铬层结晶细密，透底的裂纹尺度及数目低，可以做到无裂纹铬。镀铬时脉冲换相和峰值电流产生的电磁搅拌作用，加速了离子的迁移，双电层基本消除，沉积速度与时间呈线性增长。在脉冲导通时间极短的情况下，内扩散层维持在极薄的状态，可在高电流（脉冲峰值）密度下进行电镀，促进成核反应，控制晶核长大。脉冲镀铬除促进了金属沉积外，伴随吸附的氢和杂质在脉冲中断时被解吸，脉冲吸附引起的阻隔增加了阴极极化，进而改善了镀层质量，结晶更加细化、均匀并降低了内应力，提高了韧性，可获得比直流镀铬致密得多的镀层，消除了镀铬采用高电流密度，结晶变粗，边缘效应更大的不利因素，从而较大幅度地提高镀铬电流效率。而双向脉冲电镀铬还可获得纳米晶铬多层的特殊镀层结构，并进一步降低裂纹尺度及数目，提高镀层抗腐蚀能力，降低镀层应力。脉冲镀硬铬配方及工艺条件见表4-23。

表 4-23 脉冲镀硬铬配方及工艺条件

组分	指　标	工艺条件	指　标
$CrO_3/(g/L)$	220～250	温度/℃	50～60
$Cr^{3+}/(g/L)$	3～5	$I_a/(A/dm^2)$	20～90
$H_2SO_4/(g/L)$	2.2～2.5	阳极	铅锑合金板

波形、脉冲参数条件见图4-10所示。

采用脉冲镀硬铬，沉积速度快，电镀时间短，产量可提高2倍，提高了阴极效率，降低能耗50%，节约原料约34%。加厚镀铬，尤其平板件周边与中心镀层差小，减少了磨加工工时。

脉冲电镀减少了镀层应力，厚铬层最佳范围由5～300μm扩至1mm以上。电镀装饰铬在光亮镍上脉冲覆盖一层无裂纹铬，可提高镀层的防腐蚀性。工作电流密度范围宽在工作温度（50℃）范围，采用20～80A/dm² 不同电流密度都能获得细致、均匀的镀层。

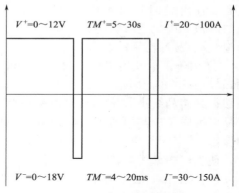

图 4-10　波形、脉冲参数条件

（图中标注：$V^+=0～12V$　$TM^+=5～30s$　$I^+=20～100A$　$V^-=0～18V$　$TM^-=4～20ms$　$I^-=30～150A$）

4.3.4.5 脉冲镀金

可以采用直流电镀中的任何配方，工艺条件也基本相同，只是改变电流的施加方式。常用的脉冲参数为：

导通时间 $t_{on}=0.1ms$，关断时间 $t_{off}=0.9ms$，占空比 $v=10\%$，频率 $f=1000Hz$（周期 $T=1ms$），平均电流密度与直流电镀时相同。如果直流电镀 $i_c=0.5A/dm^2$，则脉冲电流密度 $i_p=5A/dm^2$。

实验表明，直流镀金层的厚度在 2.7～9μm 之间孔隙率最低，而脉冲镀金在厚度只有2.5μm 就可达到最低孔隙率。脉冲镀金层的密度更接近纯金层的密度，脉冲镀金层所含碳和其他元素的量比直流镀金层低得多。

4.3.5 非晶态合金电镀

4.3.5.1 电镀法获取非晶态合金的优点

非晶态合金又称"金属玻璃"，具有很高的强度、硬度、韧性和优异的耐蚀性。熔融法制备非晶态合金是调节好合金成分，并从液态以极大的速度（约$10^6{}^{\circ}\text{C/s}$）淬冷。其他的方法如溅射、激光照射、离子注入，也可得到非晶态合金，但都要求复杂的设备。1949 年首次发表了化学镀镍磷非晶态合金的报告。近几年由于电镀镀液成分、工艺参数有了可靠的自动控制系统，使电镀非晶态合金进展迅速；而电镀方法则具有常温、不需真空、设备简单的优点。

电镀非晶态合金是参照熔融法，以铁、钴、镍为基本元素，与磷、硼、碳、硫、钼、钨等元素共沉积。现已研究开发了镍磷、铁磷、镍钼、镍钨、钴磷等二元非晶态合金，以及镍铁磷等三元非晶态合金的电镀工艺。这些非晶态合金镀层可分为两大类：一类是铁族金属（铁、钴、镍）与非金属元素磷、硼、碳、硫组成的合金，以镍磷合金镀层为代表；另一类是铁族金属与钼、钨等不能单独从水溶液中沉积的高熔点金属或稀土元素组成的合金，这些元素与铁族金属发生前面讲到的诱导共沉积而形成合金镀层。

4.3.5.2　工艺举例

镍铁磷非晶态合金镀层（86％Ni，0.2％～0.4％Fe，8.1％P）可以在瓦特镀镍电解液中加入硫酸亚铁和磷酸而得到。当阴极电流密度 i_c 增大，磷酸含量增加，则镀层中的镍和磷含量上升；磷含量上升则铁含量下降。X 射线衍射表明，当磷含量大于 8％质量分数，就得到非晶态镀层。

图 4-11 是三种镀层的 X 射线衍射图。电解液是瓦特镀镍液加入硫酸亚铁。A、B、C 分别对应于磷酸加入量为 0、5g/L、10g/L。阴极电流密度 $i_c=0.5\text{A/dm}^2$。图中曲线表示，A 有两个较强的回折峰，B 的一个回折峰消失，一个降低；C 无回折峰，呈"馒头形"。镀层组成为：

A：Ni-40％Fe；

B：Ni-13％Fe-5％P；

C：Ni-0.2％Fe-8％P。

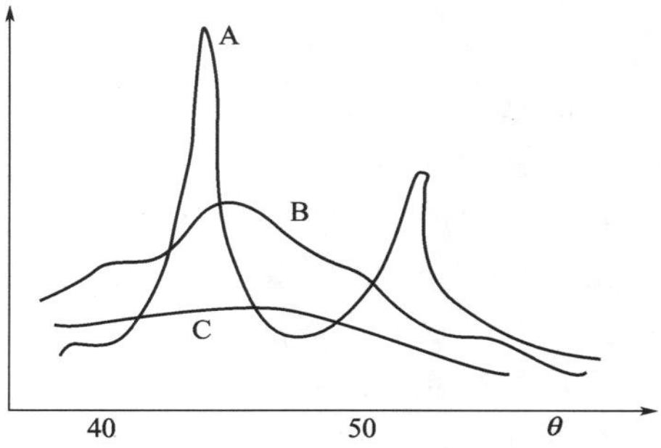

图 4-11　三种镀层的 X 射线衍射

C 镀层为非晶态。这说明镀液组成对镀层结构的影响。

pH 值和阴极电流密度的影响也很大。电镀铁铬合金表明，阴极电流密度大、pH 值低容易形成非晶态。

4.3.5.3　电镀电源

实验表明，当电镀钴磷合金时，采用脉冲电镀，取平均电流密度 $i_m=5\text{A/dm}^2$，导通时间 $t_{on}=1\text{ms}$，如取占空比 v 为 0.05，则脉冲电流密度达到 $i_p=100\text{A/dm}^2$。采用脉冲电镀时，当镀层中磷含量仅 3.84％，已呈非晶态，比直流电镀合金对应的磷含量低得多；而且镀层显著细化，耐蚀性远远优于直流电镀所得非晶态合金镀层。

4.3.5.4　非晶态合金镀层的形成条件

在第 3 章"金属电结晶"一节中已指出，在电镀过程中，阴极过电位 η_c 的绝对值愈大，晶粒的成核速度愈大，形成的晶粒愈细小。实验结果表明，非晶态镀层的晶核尺寸为 2nm以下。所以，形成非晶态镀层的条件是，阴极过电位的绝对值要大到使晶粒的成核速度很大，晶核的临界尺寸小到 2nm 以下。同时又要使晶粒的生长速度受到相当的抑制，使其生长速度很小，甚至无法长大。

在阴极过电位很大时，将发生大量析氢，而析氢对形成非晶态是有利的，因为氢的析出阻碍了金属原子的规则排列。

形成非晶态的另一个原因是合金元素与基质金属的晶格类型不同，合金元素的共析造成基质金属的晶格畸变，阻碍正常的晶粒长大。因此只有合金元素的含量超过某一临界量，才能形成非晶结构。

4.3.6 熔融盐电沉积

4.3.6.1 熔融盐电镀基础

熔融盐是盐的熔融态液体，通常所说的熔融盐是指无机盐的熔融体。形成熔融态的无机盐，其固态大部分为离子晶体；在高温下熔化后形成离子熔体，因此最常见的熔融盐由碱金属或碱土金属与卤化物、硅酸盐、碳酸盐、硝酸盐以及磷酸盐组成。常用熔融盐体系见表4-24。

表 4-24　常用熔融盐体系

熔融盐体系	组成比例(摩尔分数)/%	熔点/℃	工作温度/℃
LiF-NaF	60.9 : 39.1	652	750
LiF-NaF-KF	46.5 : 11.5 : 42.0	454	500
LiCl-KCl	59 : 41	350	450
$AlCl_3$-NaCl	63 : 37	117	200~300
NaCl-KCl	50 : 50	658	750

熔融碱金属卤化物是最简单的熔融盐。在这种熔融盐体系中阴离子被阳离子或阳离子被阴离子所包围。同时 M^+、X^- 间的距离比其固态下离子之间的距离减少约 0.02nm，而配位数则从固态下的 6 减少到 4~5。另一方面，相同离子之间的平均距离则比固态下增加约 0.02nm，配位数则 12 变至 7~12。尽管离子间距增加很小，但固体盐熔化时体积增加达到 10%~30%。这表明熔融盐具有开放的结构，其间可能含有空穴、空位或自由体积。

习惯上往往把熔融盐同"高温"联想在一起。其实存在许多低熔点的共晶盐混合物，如 $LiNO_3$-KNO_3，$LiNO_3$-NH_4Cl，$AlCl_3$-NaCl 的共晶温度分别为 120℃、98℃和175℃。另一方面，同液态范围仅为 100℃ 的水溶剂比较，熔融盐溶剂的液态范围要广大得多，许多熔融盐混合物在高达千度仍可保持其稳定的组成而不被分解。这一性质使得熔融盐溶剂可以有多方面的用途，例如利用它低熔点的性质，就可以实现在不影响基体材料热处理性能的低温度下进行电沉积；而利用高温稳定的性质，则可在高温下依靠温度和沉积速率的控制，或者进行电沉积从而得到无内应力的镀层，或者进行扩散渗镀的过程从而得到金属的扩散渗层。

熔融盐溶剂本身在广阔的电位范围内不会发生电化学氧化和还原，即所谓"电化学窗口"大。同水溶剂由于分解电压低往往在电解过程容易伴随在阳极和阴极上分别析氧和析氢的情况相比较，采用以熔融盐为溶剂的电沉积体系，不但电流效率高，而且可以使不能自水溶液中进行的金属电沉积过程（例如镀铝和镀高熔点金属）得以实现。对多数无机物，熔融盐溶剂具有十分强的溶解能力，而且所有过渡元素的卤化物都能与相应的卤化物熔融盐溶剂形成络合物。

金属镀层或表面合金化对于金属在常温或高温下抗环境腐蚀能力有重要的意义。用一般的方法，如水溶液电镀，获得的镀层有微小的裂纹如孔隙，并且这种镀层在电流作用下对其底层金属的点蚀很敏感，为了克服这个问题，经常增加镀层的厚度。但是通过熔融盐电镀获得的细薄镀层可以克服这个问题，因为此时获得的镀层是由于一种金属的原子扩散并沉积到另一种金属的表面，故镀层非常均匀而且无孔隙，扩散沉积的金属变为另一种金属表面的一部分，这种合金镀层有很高的电流效率，厚度易于控制。

熔融盐电导率、熔融盐中金属的电极电势和电化顺序以及熔融盐电解的机理和电极过程等，都是熔融盐电化学的研究内容。熔融盐的电极电势测定是研究熔融盐溶液热力学性质的有效手段；也是研究熔融盐电解和金属在熔融盐中的腐蚀作用的重要依据。熔融盐导电机理和迁移数测量、熔融盐电解电极表面的扩散和极化研究，以及固态金属在阴极析出时的结晶过程的研究，都是了解和掌握熔融盐电解原理的重要方面。阳极效应是熔融盐电解的特征现象，当电解成分和电流密度达到某种阈值时，阳极效应使槽电压突然急剧升高，并伴有某些特殊的外观征象。阳极效应造成电能损失，但它同时可用作电解槽工作的一个标志。

熔融盐由阳离子和阴离子组成。许多熔融盐和液体金属间有一定的相互溶解度。金属在熔融盐中的溶液有时称为"金属雾"，这是由于过去曾经将这种溶液误认为胶体溶液之故。"金属雾"对电解冶炼极为不利，因为它使阴极析出的金属溶解损失，从而降低了电流效率。不同的金属在不同的熔融盐系中溶解度相差很悬殊。碱金属、钙、稀土金属、镉、铋等在其本身卤化物熔融盐中有较大的溶解度，而镓、铊、锡、铅等则溶解度很小。许多气体也能溶于熔融盐。阳极气体的溶解并和阴极的金属作用，是影响熔融盐电解时电流效率的重要因素。

熔融的用途主要有以下几点。

① 作为电解提取金属的电解质，如金属铝的生产、稀土金属的制取。

② 在核工业中均相反应堆用熔融盐混合物为燃料溶剂和传热介质，在核工业中使用最多的是 $LiF-BeF_2$ 熔融盐体系。

③ 在熔融盐电解质中电解制取结构和性能优良、简单经济的合金材料，如铝锂合金、铅钙合金、稀土铝合金等。

④ 应用熔融盐在铝锂电池、铝酸电池中做电解质。

⑤ 熔融盐应用在化学工业中，如石油的冶炼、有机物的分解，以及高温电催化、催化剂的电化学强化、热腐蚀。

在熔融盐的使用中应注意以下几个方面。

① 避免与水接触。水分进入熔融盐会引起喷溅，大量的水分带进熔融盐中会引起爆炸，特别是 500℃ 以上的硝酸盐熔体，更具危险性。因此，在熔融盐实验和工业生产中，应避免雨水、潮湿的工具以及带水分的原料。

② 某些熔融盐的组成是有毒的，不能进入人体，如氰化物和氟化物等。

③ 在高温下，某些熔融盐的蒸气压比较大，挥发的熔融盐也要避免进入人体。此外，在熔融盐电解过程中，通常在阳极上产生气体而在阴极上析出金属，如在氯化镁电解中，阴极上产生金属镁，阳极上产生氯气；而镁是易燃物，氯气是有毒气体，故需采取特殊的安全措施。又如铝电解中产生的氟化氢气体和氟盐蒸气是有毒的，需要加以净化处理。

④ 大多数熔融盐为高温，应避免人体与其直接接触，以免造成烫伤和烧伤。特别是静止熔融盐，其表面温度看似很低，但内部温度高达几百度。熔融盐还要与可燃物隔离开来，以免造成火灾损失。

与水溶液中电镀相比，熔融盐电镀有如下优点。

① 熔融盐的分解电压高，稳定性高，气体溶解度低，可减轻电镀过程中副反应的影响，熔盐电镀具有高的电流效率，比一般水溶液电解高出 3～4 倍。

② 熔融盐中的电沉积反应通常具有很大的交换电流密度，如 Cd^{2+} 在 LiCl-KCl 熔融盐中浓度为 $6×10^5$ mol/cm^3 时，450℃ 下的交换电流密度为 $i_0=2000A/dm^2$。因此除了可以使用高浓度溶质外，电沉积速度也快，可在不规则表面上获得均匀镀层。

③ 水溶液中电镀的金属镀层常有裂缝或小孔，底层金属易发生点蚀。熔融盐电镀由于晶体生长时无应力，因而得到高纯具有延展性的镀层。熔融盐电镀还可以在多种基体上电镀很厚的涂层。

④ 多种熔融盐均可溶解金属基体上的氧化膜和水膜，所以镀层与基体金属间结合力好，

可通过调整温度（热渗镀温度）和沉积速度，可使电沉积金属扩散进入基体金属，形成扩散合金层。

⑤ 熔融盐具有良好的离子导电性，从能量效率角度考虑，阴极过电位低也是很有利的因素。

⑥ 熔融盐电镀时金属电沉积速度可以由改变其他因素而单独控制，如改变电流密度或沉积电位，或改变金属向基体中扩散速率，如改变温度等。这些方法可使最后电沉积物具有优良的结构和很好的形貌特点。

⑦ 熔融盐电镀还可获得难熔金属镀层，这是水溶液电镀无法获得的，因为水溶液中，难熔金属的沉积电位比氢的沉积电位更负，且电极可以和环境中的氧形成一种氧化膜。此外金属离子和氧形成稳定的氧阴离子，或与水发生氧化还原反应。

熔融盐的特性，主要表现在以下几个方面。

① 离子熔体。熔融盐最大的特征是离子熔体，形成熔融盐的液体由阳离子和阴离子组成，碱金属卤化物形成简单的离子熔体；而二价或三价阳离子或复杂阴离子如硝酸根、碳酸根和硫酸根则容易形成复杂的络合离子。由于是离子熔体，因此熔融盐具有良好的导电性能，其电导率比电解质溶液高一个数量级。

② 具有广泛的使用温度。通常的熔融盐使用温度在 $100 \sim 1000 ℃$ 之间，且具有相对的热稳定性。

③ 低的蒸气压。熔融盐具有较低的蒸气压，特别是混合熔融盐，蒸气压更低。

④ 热容量大。

⑤ 对物质有较高的溶解能力。

⑥ 较低的黏度。

⑦ 具有化学稳定性。

以熔融盐为溶剂的电沉积过程，也有其不利之处，如选用易水解的盐做溶剂或溶质时，必须在惰性气氛下操作，因此需要应用更先进的技术和精密的仪器设备，以确保熔融盐在操作时的稳定性。电镀时的熔融盐需要净化，电解槽材料需要耐腐蚀。考虑到熔融盐具有很强的溶解能力，特别是在高温操作时熔融盐可能像活性腐蚀介质在起作用，高温操作对基体有很坏的影响，或使熔融盐很快地被吸附在基体上，或改变基体内部结构。

熔融盐电沉积通常是扩散控制过程，除非采取特殊措施，一般都获得枝状电沉积物；其缺点是固体盐阻塞在树枝状结晶间，必须浸洗才能分离出纯金属沉积物。另外，树枝状沉积物反映了阴极的不稳定性，可导致电流效率的降低、表面平整度变差，严重时还可使电解槽短路，因此，要得到好的金属保护涂层就必须避免树枝状结晶。

熔融盐电镀后铁片表面形成了电镀铝层，但铝镀层和基体的交界明显，Al-Fe 合金生成，镀层与基体为非扩散结合，或称机械结合。

4.3.6.2 熔融盐电镀铝的反应机理

无水 $AlCl_3$ 熔点为 $91 ℃$，$NaCl$ 熔点为 $801 ℃$，KCl 熔点为 $770 ℃$，而两种或三种盐混合后熔点降低。$AlCl_3$-$NaCl$ 熔融盐体系在共晶组成下熔点为 $108 ℃$，$AlCl_3$-$NaCl$-KCl 熔融盐体系的共晶点为 $93 ℃$。电镀铝所用无机熔融盐基本上以这两种体系为主，这两种体系中均可实现较低温度下铝的电镀，电镀时电流可以调节且很稳定，镀层质量较好。$AlCl_3$-$NaCl$-KCl 熔融盐体系是近年来研究较多的一个无机熔融盐体系。与 $AlCl_3$-$NaCl$ 熔盐体系相比，该体系熔点更低，可在更低温度下实现铝的熔融盐电镀。其共晶点为 $93 ℃$（$AlCl_3$ 60%，$NaCl$ 28%，KCl 12%，摩尔分数）。

在卤化物熔盐体系中，$AlCl_3$ 发生络合后主要以 $AlCl_4^-$、$Al_2Cl_7^-$ 的形式存在。等摩尔的 $AlCl_3$-$NaCl$ 熔体是中性的，$AlCl_3$ 含量在 50% 以下的熔体是碱性的，而含 $AlCl_3$ 50% 以上的熔体是酸性的。碱性熔体中存在的主要离子质点为 $AlCl_4^-$ 和 Na^+，酸性熔体中存在的主要离子质点为 $AlCl_4^-$、$Al_2Cl_7^-$、Cl^- 和 Na^+。离子质点之间存在的主要溶剂平衡反应为：

$$2AlCl_3 \Longrightarrow Al_2Cl_6 \qquad K_0 = 9.4 \times 10^6$$

$$AlCl_3 + Cl^- \Longrightarrow AlCl_4^- \qquad K_1 = 3.2 \times 10^{11}$$

$$AlCl_3 + AlCl_4^- \Longrightarrow Al_2Cl_7^- \qquad K_2 = 1.3 \times 10^4$$

$$2AlCl_4^- \Longrightarrow Al_2Cl_7^- + Cl^- \qquad K_3 = 2.23 \times 10^{-7}$$

从平衡常数可看出，K_0、K_1、K_2 较大，反应较易进行，故 $AlCl_4^-$、$Al_2Cl_7^-$ 较稳定；K_3 较小，说明 Cl^- 在该熔盐体系中不易存在。在该熔盐体系中，能较稳定存在的阴离子为 $AlCl_4^-$、$Al_2Cl_7^-$，而这两种阴离子存在的多少，取决于熔融盐中 $AlCl_3$ 的含量。当 $AlCl_3$ 的含量较少时，$AlCl_4^-$ 相对较多；当 $AlCl_3$ 的含量较多时，$Al_2Cl_7^-$ 相对较多。从阳离子分布来看，Na^+ 和 K^+ 较易以游离状态存在，而 Al^{3+} 基本上以络合离子存在。

$AlCl_3$-NaCl-KCl 熔融盐体系的反应机理 在无机熔融盐中，铝的沉积可描述为铝离子的放电过程。含铝离子的放电反应为：

阳极反应：$Al - 3e \longrightarrow Al^{3+}$

阴极反应：碱性熔融盐 $AlCl_4^- + 3e \longrightarrow Al + 4Cl^-$

酸性熔融盐 $4Al_2Cl_7^- + 3e \longrightarrow Al + 7AlCl_4^-$

上述的阴极反应过程是同时进行的。阳极的铝不断地溶解，在阴极上不断地沉积出来，从而使整个电镀铝过程稳定地进行。为得到光亮的铝镀层，应使阳极反应优先发生，$AlCl_3$ 在熔融盐中要保持一定的活度，才能使 $Al_2Cl_7^-$ 能保持较好的质量扩散。在碱性熔体中阴极还原质点为 $AlCl_4^-$，在酸性熔体中还原质点为 $Al_2Cl_7^-$。$AlCl_4$ 通过溶剂平衡反应来影响铝的沉积过程，$Al_2Cl_7^-$ 的还原反应是准可逆的，反应机理复杂，可能是前置化学步骤或自催化反应。

4.3.6.3 熔融盐电镀铝的工艺

（1）配方工艺条件（表 4-25）

表 4-25 熔融盐电镀铝的配方工艺条件

项 目	指 标		项 目	指 标	
	配方 1	配方 2		配方 1	配方 2
$AlCl_3$/%	78	80	i_c/(A/dm²)	3.3～4.0	4.5～5.0
NaCl/%	11	10	电镀时间/min	45～90	20
KCl/%	11	10	阴阳极面积比	1:(1～2)	1:(1～2)
四甲基氯化铵/%		1	搅拌	需要	需要
温度/℃	150	160	电流效率/%	90	94.4

① 主盐　采用无水 $AlCl_3$，无水 $AlCl_3$ 使用前密封保存。当熔盐中 $AlCl_3$ 的含量较少时，镀液的电镀能力较差，电镀效率较低，阴极试样难以完全镀覆，有基体裸露，施镀困难；而当熔盐中 $AlCl_3$ 的含量较高时，由于 $AlCl_3$ 挥发严重导致镀液成分变化较大，镀液的性质及镀层的状态不稳定，也无法获得理想的镀层。

② 支持盐　NaCl 和 KCl，NaCl 和 KCl 使用前在 400℃ 下干燥。

③ 添加剂　通常采用添加表面活性物质如四甲基氯化铵（TMA）和无机添加剂如 $SnCl_2$、$MnCl_2$、NaI 等来抑制铝枝晶的形成，并细化沉积铝晶粒。在 $AlCl_3$-NaCl-KCl 熔融盐体系中加入质量分数为 0.5%～2.0% 的四甲基氯化铵，可以抑制铝枝晶的生成。在

AlCl$_3$-NaCl-KCl 熔融盐体系中添加质量分数为 5％的 NaI 得到的铝镀层的质量优于不用添加剂的，还可使阴极电流密度达到 7A/dm^2。在熔融的 AlCl$_3$-NaCl-KCl 混合盐体系中采用脉冲电镀时，添加摩尔分数为 1％的 SnCl$_2$ 电镀铝，得到均匀的铝镀层。

在 AlCl$_3$-NaCl 熔融盐体系中加入质量分数为 0.25％～1.5％的 MnCl$_2$，显著增加熔融盐的过电位，因而抑制了枝晶的形成倾向，得到 Al-Mn 合金镀层，镀层具有光亮、均匀、银白色的镜面，其装饰性极强，同时由于 Mn 的加入，合金镀层为非晶态结构，其耐蚀性也较好，可作为防护性或功能性镀层使用，越来越受到人们的关注。

④ 阳极材料　纯铝（＞99.5％）。

⑤ 阴极材料　工件材料对铝镀层的形成有重要影响。其中铅是最适于铝沉积的电极基体，其次是锌、铜、铁、银、铝和碳等。将电极表面预先进行电解抛光处理将有助于改善铝镀层的质量。

⑥ 电流　电流效率 80％～93％，用脉冲电流可以使阴极电流密度高达 15～18A/dm^2，还可以克服枝状晶或粉状沉积物的形成，获得优质镀层。

⑦ 电镀时间　电镀时间对镀层外观形貌的影响很小，随电镀时间的延长，镀层厚度逐渐增加，在电镀时间较短时（小于 30min），镀层厚度与电镀时间呈直线关系；电镀时间继续延长，镀层厚度增加的速率逐渐减小，与电镀时间呈近似抛物线关系。从微观看，电镀初期（30～45min），铝镀层主要呈颗粒状生长；但随沉积时间的延长（60～90min），由于晶核的边缘钝化，镀层有呈针片状生长的趋势；进一步延长沉积时间，晶粒又开始以细小的颗粒形式生长，这是因为一方面晶粒继续长大，另一方面熔盐对沉积物有一定的熔蚀。

⑧ 电镀温度　电镀温度的提高对电流效率有正反两方面的作用，温度升高会降低电镀质的黏度，可加快 Al^{3+} 在电镀质中的扩散速度，提高电流效率。增加 AlCl$_4^-$、Al$_2$Cl$_7^-$ 在电镀质中的粒子活度，有利于 AlCl$_4^-$、Al$_2$Cl$_7^-$ 在阴极的氧化还原反应；同时温度升高会增加已经电沉积出的铝在熔盐中的溶解度，并加速设备的腐蚀。提高电镀温度还会降低电镀质中 Na$^+$ 的放电电位，从而使电流效率降低。温度太低不仅电流效率低，还有可能得不到熔盐和液态铝。温度选择主要依据熔盐的融化温度、传导能力、稳定性和腐蚀性，一般为高出熔点 50～200℃。在电镀时间和电流密度都相同的情况下，在温度低于 160℃的范围内，随着温度的升高镀层厚度急剧增加，而温度达到 160℃后，温度的改变对镀层厚度无明显影响。

⑨ 阴极电流密度　阴极电流密度的大小对所得电镀铝层的形貌有很大的影响，阴极电流密度 2.5A/dm^2 时，所得沉积铝晶粒呈针状；电流密度 6A/dm^2 时，沉积铝晶粒为球状与针状的混合结构；电流密度增大到 10A/dm^2 时，所得沉积铝晶粒全呈球状。电流密度控制好才可以得到均匀、细小、光亮的铝镀层。电流密度增加时，阳极附近金属离子的浓度迅速减少，阴极附近金属离子的浓度迅速增加，电流密度越大，越容易得到铝镀层。但电流密度太大，得到的镀层质量明显变差，出现枝晶或空洞状沉积物。电流密度过小，所得的沉积铝颗粒大，镀层较疏松，沉积不到铝镀层，或只能得到粉末状沉积物。

电镀时间相同时，随着电流密度的增大，镀层不断增厚，电流密度与镀厚之间呈近似直线关系。在相同电镀时间 60min 下，电流密度越大（4.5A/dm），铝镀层越厚（45μm）。

铝镀层与钢基体的结合力，随电镀时间和电流密度的增大基本呈下降的趋势。铝镀层越厚，镀层与基体的结合力越小。正常范围内铝镀层与基体的结合力均大于 30N，即铝镀层与基体间具有良好的结合能力。

（2）电镀铝的工艺流程

电镀铝的工艺流程为：除油→水洗→除锈→水洗→活化→电镀→水洗→干燥。需要注意的还有熔融盐的净化、混合均匀、加热。

① 熔融盐的净化　在熔盐电镀中，杂质和水分的存在将对镀层的质量产生很大的影响。

但通常应用的氟化物盐、氯化物盐等常含有氧化物、碳化物、硅化物、铁、镍和碳等杂质；且某些盐如 KCl、LiCl 等极易吸水，因此必须在镀前将杂质和水分清除干净，以达到净化电解液的目的。熔融盐净化主要有化学净化法和物理净化法两大类。化学净化法包括酸碱中和、卤化、化学置换、氢还原、电化学氧化还原等过程；物理净化包括干燥、真空脱水、再结晶、升华和区域熔炼等过程。氯化物由于其吸水性很强，一般要经过真空处理、通氯气、通氯化氢气、进行置换沉淀、预电解、过滤等净化处理。

熔融盐脱水时通入干燥的 HCl 气或 Cl_2 气，脱水时间为 1～2h。

熔融盐预电解控制阴极电位为 -30mV，预电解 12h 除杂，直至熔体由黑色变为浅黄透明状。采用惰性电极在低电流密度下电解 1～4h；另一种是化学置换法，往熔盐中加入高纯铝粉（99.8%），静置 3～7d。处理过程均应在 N_2 气或 Ar 气保护下，镀覆温度下进行。

② 除油　除油方法可选有机溶剂除油、化学除油、电解除油。

③ 除锈　除锈的方法可用机械法、化学法（酸洗）、电解腐蚀、金属的电抛光。

④ 活化　对于活性金属，如 Ti、Ni 等，要进行活化处理，以增强膜层与基底的给合力。活化方法一般采用以下两种：化学活化是通电前先将工件在熔融盐中浸泡 10～15min，利用熔融盐中的 Cl^- 能使基体表面的氧化膜溶解而使基体活化；电化学活化是以基材为阳极，在熔融盐中大电流电解 1～2s。

⑤ 反应器的材料　不同的熔融盐体系对反应器的材质有不同的要求。一般情况下，使用氯化物体系时，可选用玻璃或石英反应器，氟化物体系时常选用不锈钢、镍合金、高密度石墨和玻璃碳等材质的反应器。还需要注意的是，在使用金属材料的反应器时，必须考虑到它是否可能与溶质发生中间反应，从而避免阳极溶解。

⑥ 电解槽的密封　由于无水 $AlCl_3$ 在 2.5bar（1bar＝10^5Pa）压力下的熔点为 192.6℃，在常压下于 179.7℃升华而不熔融。$AlCl_3$-NaCl-KCl 混合电解质的熔点在 100℃左右，当加热熔融时，大量 $AlCl_3$ 因升华而挥发，导致熔融盐利用率降低质量下降。因此，电解槽的密封对电镀过程至关重要。

⑦ 电镀操作　开始电镀前，在反应容器内通入惰性气体（氩气等），在保护气氛下用电炉加热，熔融盐熔化后，插入电极，试样在熔融盐中浸泡几分钟，待熔融盐内部温度均匀一致后，接通直流稳电源，调节好阴极电流密度进行电镀。整个施镀过程中，熔融盐均需搅拌，以保证熔融盐成分及温度的均匀性。电镀结束后，将试样迅速放入蒸馏水中超声清洗，干燥。

随着熔融盐化学的应用和发展，熔融盐电镀作为一门新型工艺，越来越引起人们的极大关注。熔融盐电镀是在熔融的无机或有机盐中，利用外加电源，在钢铁或其他基体材料上获得结合牢固的金属镀层的一种加工方法。熔融盐电镀铝不仅速度快、操作简单，而且可以通过调节电流密度、电极电位以及电镀时间来控制铝镀层的厚度。无机熔融盐中电镀铝和铝合金时，存在熔融盐中 $AlCl_3$ 易挥发而导致电镀效率降低等缺点，但所得的电镀层镀厚均匀，与基体结合良好，且熔融盐的使用周期长，电镀所需设备简单，因此非常适合大规模的工业化生产，其应用前景非常广泛。

第5章 电镀工程

要实现一个成功的电镀，除了正确的电化学技术条件外，设备和技术管理很关键。正确的设备，准确的设备使用技巧，准确的工艺操作规程是电镀成功的必要条件。配方等电化学技术条件通常是实验室研究的主要内容，要获得工业化的电镀，技术人员的重点往往是工程技术。

5.1 镀 槽

5.1.1 镀槽的种类

按功能可分为电镀槽、除油槽、酸浸槽、中和槽、出光槽、钝化槽、水洗槽等。另外，在化学转化膜处理中还有磷化槽、阳极氧化槽、化学氧化槽、铬酸盐处理槽等。

按溶液性质可分为：有机溶剂槽、碱液槽（盛装碱性化学除油液、电解除油液、中和液、碱性镀液、碱性化学氧化液等）、酸液槽（盛装强浸蚀液、弱浸蚀液、酸性电镀液、阳极氧化液、铬酸盐处理液、磷化液等）、热水槽、冷水槽等。

5.1.2 材质

镀槽的材质根据溶液性质和温度确定，同时还要考虑到材料加工性能、成本和供应情况等。由于碳钢板焊接的槽体强度高、坚固耐用、成本低、制作方便，是工业生产中使用最普遍的镀槽。一般来说，碱液除油槽、热水清洗槽可用碳钢，其他镀槽可用碳钢板内衬塑料、玻璃钢、瓷板等，镀铬槽习惯使用碳钢内衬铅。温度低的镀槽也可用塑料制作。当镀槽体积较大时应在外壁设置水平或垂直加强肋。

5.1.3 尺寸

镀槽的形状与尺寸应根据镀件产量、被镀零件的大小、形状以及挂具的设计和阳极的配置来决定。常见镀槽外形如图 5-1。当零件小、产量低时，应使用较小的镀槽；当零件大或产量高时，如果槽子太小，镀液很容易出现失调，电镀质量不能保证。镀槽的几何形状一般是长方体，目前工业用镀槽尺寸已逐渐趋向规范化，其高度一般为 800～1000mm，宽度为 600～800mm，长度在 1200mm 左右，这种通用标准镀槽的容量在 500～1000L。

镀槽体积不宜太大，太大则槽液难维护，工艺条件难控制，操作不方便。但也不宜太小，太小则通过单位体积的电流太大而使温度升高太快。合理的镀槽容量应该是满负荷运作能力的 1.2～1.5 倍。一般每升槽液的平均电流不超过 1A 为好。用加工零件的受镀面积来估算镀槽的容积，一般 1dm^2 应占用8～12L 的镀液，才

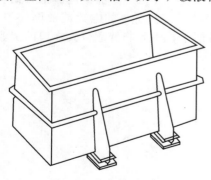

图 5-1 外壁加强的镀槽

可以维持正常的工作。低于镀铬或对温度敏感的镀种，镀槽体积应取上限，并适当加大总容量，比如镀硬铬，每平方分米需要 30L 左右的镀液量。

槽的宽度应保证阴极和阳极之间有一定距离。同时，为方便操作和处理，镀槽不宜太深。

5.1.4 设计镀槽时应考虑的其他问题

（1）导电杆（极杠）的放置

槽内导电系统包括阳极导电杆、阳极座、阴极吊杆、阴极导电座、V 形支承座及绝缘等，如图 5-2 所示。

导电杆用于悬挂工件和极板，并起输送电流作用。常用黄铜棒、黄铜管或紫铜管制作，使用过程中应注意其许用电流的限制，其值受导电杆材料及直径控制（如表 5-1 所示）。一般将阴极放在沿镀槽轴线方向的中间，阳极放置在其两侧。零件应浸入到镀液中，上端距液面 50～100mm，下端距槽应保持 100～200mm。阴极（挂具上的零件）与阳极之间的距离应在 150～200mm。尤其在没有搅拌时，阴、阳极的距离要加大一些。许多电镀产品的高电流区容易发生烧焦，与阴阳极之间的距离不够和挂具设计不合理有关。导电杆放置在镀槽上，阴极和阳极导电杆彼此要绝缘，并与镀槽绝缘。

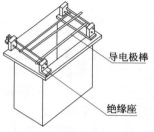

图 5-2　导电杆的设置

表 5-1　黄铜（H62）棒的许用电流

直径/mm	10	12	16	20	25	28	30	32	35	40	50
电流/A	120	150	240	350	470	620	750	900	1000	1100	1350

（2）加热或冷却

根据工艺要求，有的镀液需加热。镀槽加热常采用电加热管和蒸汽加热管。水夹套加热结构复杂、热效率低，一般用于衬铅的钢镀槽。

有的镀液需冷却降温，常用方法有：槽内冷却管冷却、槽外换热器冷却、临时性措施冷却等，各有优点。

（3）排风

有的镀槽会散发出有害气体，需要敷设排风装置。在镀槽槽边安装抽风罩，再与通风管相连，是常用的排风方法。

（4）搅拌

有的镀液需要进行搅拌，如图 5-3 所示，常采用压缩空气搅拌，此法需在镀槽中设置压缩空气管道，槽底安装空气分散管，并配置空气压缩机。

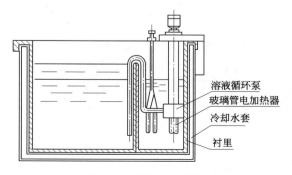

图 5-3　溶液循环搅拌

也可采用溶液循环搅拌，此法需安装溶液循环泵、电加热器和冷却水套等。

（5）阴极移动

当槽内溶液搅拌不适宜空气进入时，可采用阴极移动来实现镀液的搅拌。阴极移动可分为上下、前后、左右三种。垂直（上下）移动机构较简单，因而运用亦最普及。水平移动效果较好，包括前后和左右两个方向，其结构如图 5-4 所示。前后运动（与阳极杆平行）效果虽好，但所有阴极吊

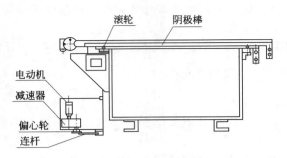

图 5-4　阴极水平移动机构

杆均需特制，成本稍高；左右运动一般只运用于槽体宽度较小的场合，它需将 V 形座、提升 V 形吊钩加宽（大于阴移的摆幅），或采取取放工件时令其移动在正中停止（需 PLC 配合完成）。总之，三种阴极移动方法各有利弊。阴极移动的成本取决于所采用的形式、槽宽、承重量及所需移动的工位数量。阴极移动机构一般安装在镀槽边缘。

（6）镀液过滤和镀槽清洗

循环过滤能净化镀液，减少镀层毛刺。吸出镀液的管口一般设在阳极板下离槽底约50mm 处；过滤后的清洁镀液在近液面处喷向镀件旁边。

考虑到槽底杂质较多易卡住阀门而使其关不严，造成槽液的流失，因此，较贵重溶液的槽底部一般不设放液口。

5.2　挂　　具

挂具对电镀质量的影响非常大，却又往往最容易被忽视。图 5-5 给出了两种常用挂具。有些简单的大零件只做一把钩子将产品一钩，往阴极杠上一挂，就可开始电镀。即使是这样，如果挂钩导电截面不够，挂钩被烧红发烫是常见的事。很多电镀厂的挂具在工作中都发热烫手，人们却习以为常，实在是大错特错。

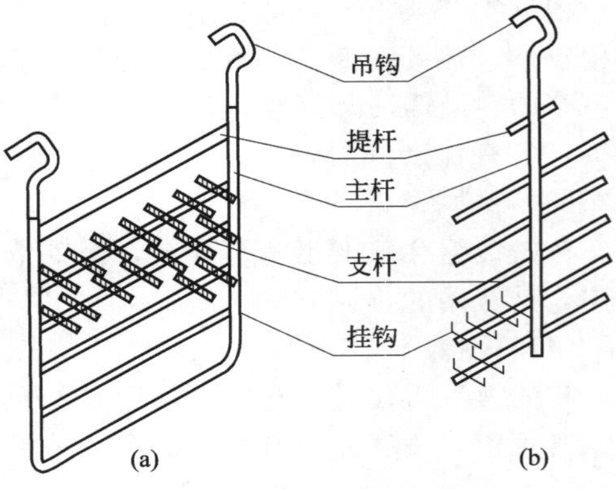

镀种、镀液及使用的电流决定了挂具的尺寸，也决定了挂具可用的绝缘涂料。镀种和挂具材料又决定了退挂具的方法。在设计挂具时要首先确定挂具用在什么镀种和什么镀液中。

5.2.1　挂具的功能

挂具的功能，一是支承镀件，二是将电流由导电杆均匀地传到镀件。挂具导电截面不够，将使接触电阻增大，无功电耗增加；此时电流表上的电流即使很大，实际零件表面的电流密度也可能不足，使电流二次分布恶化，槽电压上升；同时，镀液的温度也会上升很快。因此，在合理选用挂具的主导电杠时，以在大电流下不烫手为原则。应根据镀槽的总电流强度和挂具数量计算导电截面，还要根据零件形状确定挂具上的支杠和挂钩数及分布，并将电流合理分布到各个挂具上。

图 5-5　常用挂具的结构

5.2.2　挂具设计的基本要求

对挂具的要求主要有：导电良好，足够的机械强度，坚固耐用；体积小，重量轻；装卸方便，装载量适当。合理选用和设计挂具对于保证镀层质量、提高生产率、减轻劳动强度、节省材料都有重要意义。

① 正确计算好挂镀件的重量及表面积　有了这一前提即可量体裁衣，确定挂具主、支杆的截面积，保证承受挂件重量及需通过的电流强度。

② 正确选用材料　在选用材料时重点要注意以下两点。一是电性能良好，二是强度较好。同时注意选用轻巧规格的材料，可减轻操作时的劳动强度，减少沉积金属消耗，从而大大降低生产成本。

③ 尽量使电镀时零件表面上的电流能均匀地分布　电流在阴极表面支挂钩分布要合理。支挂钩的合理分布有利于镀件与镀件之间边缘的适当屏蔽，以防该部位因电流过于集中而被镀焦，并达到均匀镀层和有效利用空间，提高生产效率的目的。

④ 重视镀件悬挂位置的选择　悬挂位置与镀层质量有着十分密切的关系，重点需要避免以下几点。

a. 尽可能避免装挂处的接触印痕。在角度允许的条件下，利用孔眼是避免挂钩部位印痕的首选方法，这样做既有利悬挂牢度，又可避免装挂处的接触印痕。

b. 避免镀件的尖端凸出部位朝向阳极而被镀焦。镀件的尖端凸出部位离阳极过近会因电流过于集中而烧焦。

c. 镀后尚需抛光部位宜朝向阳极。抛光面朝向阳极有利于增加镀层厚度，留下被抛层，可以避免抛露底，获得更高的抛光面质量。

d. 挂具设计要考虑前处理和电镀时气体的排出。如果零件的最高点被封死，没有气体的出路，就会形成气袋。在气袋处不会形成镀层。盒盖和筒状物的口要朝上或斜向朝上。应尽可能不使气体沿一条沟形成集中，否则，这些地方镀层会很薄或者形成气流印痕。在气体析出较多的时候，还要考虑下排零件气体析出对上排零件的影响。轴状零件和呈平行线排列的零件最好竖挂，以便气体流出。

e. 要避免在水平面上有平面或台阶，这样的地方容易形成针孔，要尽量让平面和台阶向上或斜放。镀件的形状各式各样，电镀要求也五花八门，装挂时也难以面面俱到。

f. 薄、轻或片状的零件，入水时容易飘落，最好卡住。大的片状零件，其下边最好有点倾斜，使水更快地流走。若采用喷淋清洗，要让水流对着孔，如果是小孔，最好有点偏斜，这样要克服的表面张力较小，水更容易进入小孔。

g. 镀液的分散能力和覆盖能力决定了零件的间距和行距，也决定了零件能不能两面挂。镀种和镀液也决定了挂的方式。如镀锌可以把零件挂在钩上；镀镍的零件必须卡紧，否则若发生断电会造成镀层分层；镀铬的零件必须卡紧，因为镀铬需要很大的电流。

⑤ 要使零件装卸方便，有利于提高劳动生产率　人工操作的挂具要考虑每挂的重量，不要超过 10kg，最好采用双钩框式挂具。自动线上的挂具如果是人工上、下架时，单挂也不可以过重。

⑥ 自动线上的挂具首先要用螺钉固定或用弹片牢固地固定在飞巴上　不固定的挂具会在飞巴上荡秋千，运行时挂具很容易碰上槽壁或风罩。自动线上的挂具要有足够的强度，否则即使挂具固定在飞巴上，挂具的下端还是会来回摆。挂具在使用和存放时会变形，这样挂具在飞巴上不垂直，也容易碰上槽壁或风罩，尤其是镀槽只有 0.2～0.3m 宽时，这个问题更突出。

5.2.3　挂具材料

镀种和镀液决定了挂具能用的材料。铝阳极氧化用铝做挂具，是为了避免铜、铁杂质的影响。镀铬用铜做挂具，是因为要通过的电流很大。电泳漆可以用铁做挂具，是因为电泳漆不腐蚀铁，而且通过的电流不大。当然，有的镀液和镀种可以用多种材料做挂具，应选择资源丰富、价格低、机械强度较高、导电性能良好、不易受腐蚀的材料。

① 钢　资源丰富，成本低，机械强度高。但导电性差（电流密度不宜超过 $1A/mm^2$），易受腐蚀。

② 铜　导电性能好，成本较高，易变形。用于有较大电流密度通过的部位，如吊钩。

③ 黄铜　导电性好（电流密度不宜超过 $2\sim2.5A/mm^2$），机械强度较高，且有一定弹性；成本较高。用作一般电镀挂具的主杆、支杆和吊钩。

④ 磷青铜　导电性能好，机械强度高，弹性好。用于一般的挂钩。

⑤ 铝及其合金　导电性好（电流密度一般为 $1.6A/mm^2$），重量轻；铝合金有弹性，资源丰富。但对酸碱的化学稳定性差。

⑥ 不锈钢　耐蚀性好，镀层易退除，有时可不绝缘，但导电性差。

⑦ 钛　耐蚀性和机械性能好，但成本高。

说明：后三种一般用于有色金属工件和要求较高场合的电镀。

5.2.4　挂具结构

挂具的结构多种多样。电镀厂一般都备有能适用几种常见零件的通用挂具，以及为大批量零件专用的挂具。对于几何形状复杂的镀件所使用的挂具则要特别设计。有的还要配备辅助阳极、防护阴极或屏蔽板等。

挂具的结构一般可分为吊钩、提杆、主杆、支杆、挂钩五个部分。

5.2.4.1　吊钩

吊钩将主杆与导电杆相连接。为保证导电良好，吊钩与导电杆应有较大的接触面，接触状态良好。吊钩尺寸根据阴极导电杆外形尺寸设计，要保证悬挂和取下方便；要保证有足够的机械强度；还要使挂具在阴极移动或行车前进、后退时摆动幅度小，稳定性好。

5.2.4.2　提杆

提杆用于提取挂具，其位置应保证电镀时高于液面不小于 50cm。

5.2.4.3　主杆

主杆是挂具的主体，截面积的选取应保证足够机械强度和导电能力。主杆常用黄铜制作。吊钩和主杆通常使用相同材料，两者可以做成一体，也可以分开制作通过钎焊连接在一起。由于黄铜在某些镀液中容易腐蚀，所以主杆常用钢材，并同紫铜吊钩焊接成一体。

5.2.4.4　支杆

其作用是和挂钩一起支承镀件，并将电流由主杆分配到工件。支杆亦用黄铜制作，保证良好导电性和强度。若电镀时使用的电流不大，也可以用钢材制作。

5.2.4.5　挂钩

挂钩是挂具直接和镀件接触的部分。镀件支承在挂钩上既要接触良好，不脱落；又要便于装卸。挂钩一般使用弹性较好的优质钢丝、不锈钢丝或磷铜丝等制成。镀件支承方式有两种：悬挂式和夹紧式。

（1）悬挂式

将挂钩挂在工件的孔内或适当位置。镀件与挂钩的连接为重力方式。这种方式装卸方便，零件能活动但不会脱落，抖动时还能改变接触点，挂具印迹不明显。适用于重量能经受振动和搅拌的镀件，电镀时阴极电流密度较小的情况［图5-6(a)］。

（2）夹紧式

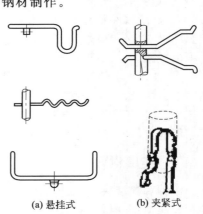

(a) 悬挂式　　　(b) 夹紧式

图 5-6　挂钩的两种形式

利用挂钩的弹性夹住工件某一部位，以保持紧密接触，弹性的大小取决于挂钩材质、板宽、板厚等因素。这种挂钩适用于阴极电流密度较大的情况［图 5-6（b）］，如光亮电镀、镀铬。

挂钩分布要适当，使镀件绝大部分表面或重要表面朝向阳极，避免重叠遮盖，并保证产生的气体能顺利排出，不形成"气袋"而影响镀层质量。中小型平板镀件之间间隔 15～30mm，环状镀件间隔为直径的 1.5 倍。

挂钩焊在支杆上，或者直接焊在主杆上。材料常使用磷青铜丝、片或钢丝。在挂具上除夹持点外，作出其他的辅助接点，是大件电镀使用电流分布更均匀的常见方法。

对小零件可使用筐。零件装在筐内，靠相互接触和与筐接触构成阴极电流通路。筐壁的孔使筐和零件浸在镀槽的电解液中。

5.2.5　挂具制作

制作挂具首先要设计图纸，挂具的制作最好委托专业的机械加工单位制造，有些电镀车间配有专职的挂具制作、维修人员。电镀从业人员要了解制造的以下要点。

5.2.5.1　重视挂具的制作质量

① 挂具制作时焊接要牢固。焊接可根据支挂钩直径，采取气焊或锡焊，采用锡焊时要选用功率稍大的烙铁，以防发生虚焊，否则既影响主、支杆之间的结合强度，又会在虚焊处留下缝隙，缝隙中渗入溶液后较难清洗掉，镀液也会因此而遭到污染。

② 折变角度不宜过小，折变角度过小在使用时易被折断，以有一定弧度为妥。

5.2.5.2　挂具制作工艺（以有枝杈的挂具为例）

材料拉直→下料→去毛刺→折弯→拍扁→除油→除锈→捆绑定型焊接→镀前处理→镀镍。镀镍是为了提高挂具的结构强度，有利于挂具上镀层的退除，并防止锡焊、铜焊污染镀液。

5.2.6　绝缘处理

浸入溶液中的挂具，除去和工件接触的部位外，要用非金属材料绝缘，使电流集中在镀件上，以减少被镀金属在挂具上沉积，导致被镀金属的损失浪费和电能无益消耗。在退镀和酸洗时避免挂具腐蚀，延长使用寿命。

5.2.6.1　材料要求

绝缘材料必须具有良好的绝缘性，良好的化学稳定性，在接触的各种溶液中有足够的耐蚀性、耐热性、耐磨性和耐水性能；坚韧致密，不起泡、开裂和脱落；强度高，与挂具结合牢固，以保证较长的使用寿命。另外，还要求在适当条件下容易去除。

5.2.6.2　处理方法

（1）塑料带包扎

一般使用聚氯乙烯塑料带。该方法简单、方便、成本低，缺点是缝隙中易滞留溶液，残留在夹缝中很难清洗干净而容易污染镀液。

（2）涂料涂覆

常用过氯乙烯漆、聚乙烯漆、聚氯乙烯清漆等。过氯乙烯漆耐热性差。聚氯乙烯漆可用于温度较高或易受碰撞的场合。

（3）沸腾床塑化

挂具表面清洁干燥后，加热到 250℃左右，立即放入专用塑化桶中，利用余热使塑料粉（如聚乙烯）黏附并塑化，形成塑料薄膜。性能好，但操作繁琐，需要专用设备。

5.2.6.3　注意事项

① 挂具绝缘处理之前必须洗刷干净。洗刷的目的是提高绝缘胶与基底的结合强度，按

照涂装工艺规程进行表面预处理。

② 大面积的非绝缘部位绝缘时要妥善保护，防止非绝缘部位粘上绝缘物而影响使用。小面积的非绝缘部位在挂具经过涂封绝缘漆后，挂具金属全部被绝缘漆包封，最后需在挂具与零件的接点部位，用锐利的刀具切除绝缘漆，使接点露出金属，这虽然是一件很简单的工作，但稍不注意，使接点的露出面太大，就削弱了绝缘的作用，使接点周围镀上镀层，若接点露出面太小，有时会造成接触不良，装挂具时稍不小心，造成零件不导电而镀不上镀层。

5.2.7 装挂方法

挂具挂装时常用参考尺寸如下：

挂具底部离槽底	150～200mm
挂具底部超出阳极长度	100～250mm
溶液面距离槽口	100～150mm
溶液面距离镀件	40～50mm
挂具与挂具之间	20～40mm
挂具两侧零件与阳极距离	＞150mm
挂具装载重量	1～5kg

图 5-7 为几种零件的装挂示意，可以从中获得启发。

5.2.8 挂具的使用维护

挂具使用时重点要防止镀液相互遭到污染，维护的工作量相对较大。挂具的使用维护事项如下。

① 挂具必须专用。挂具专用的目的是为防止挂具的绝缘漆翘起、砂眼、焊缝等处滞留的溶液由甲镀槽带入乙镀槽，从而使乙槽溶液遭到污染。

② 挂具使用前需经清洗。清洗目的是去掉挂具在空气中久留之后难免黏附的污物，否则既会污染镀液，又会污染镀件，影响镀层的结合强度。

③ 挂具使用后要及时退除过厚镀层。某些镀层在前处理过程中会溶解，如锌镀层等，故使用前这种镀层需先经退除，否则会污染前处理溶液。挂具经多次使用之后，表面的镀层会加厚，此时若不及时予以退除，粗糙的挂具即会遮盖镀件表面，影响金属的正常沉积，使该部位的镀层难以增厚。镀层过厚的挂具在使用中又会增加能源和资源的过多消耗，并由于镀层较脆，使用时还会使支挂钩折断。

④ 挂具必须妥善保管。电镀车间环境条件相对较差，使用过的挂具必须清洗干净，并分门别类保管好，尽力避免酸、碱气雾的浸蚀。也不宜扎堆存放，以免因相互钩扎而被折断。

⑤ 损坏挂具要及时予以修复。挂具的支钩极易断裂、脱落，既降低了挂具的利用率，还会影响到其周围尚未脱落挂钩上所挂镀件的镀层厚度过厚的弊病。

⑥ 挂具上若绝缘胶脱落、翘起，除会影响到该处周围镀件镀层的沉积之外，该处还会滞留溶液，使下道工序中的溶液遭到污染。

5.2.9 提高镀层均匀性的方法

（1）假阴极法和屏蔽法

假阴极法和屏蔽法是利用挂具提高镀层均匀性的常见方法。

长方形的挂具做一个边框，这个边框如果不绝缘，则是个假阴极，如果绝缘，则是个屏蔽框，都可以减少挂具边缘零件镀层偏厚的倾向。由于零件在挂具上有一定的厚度，有时为

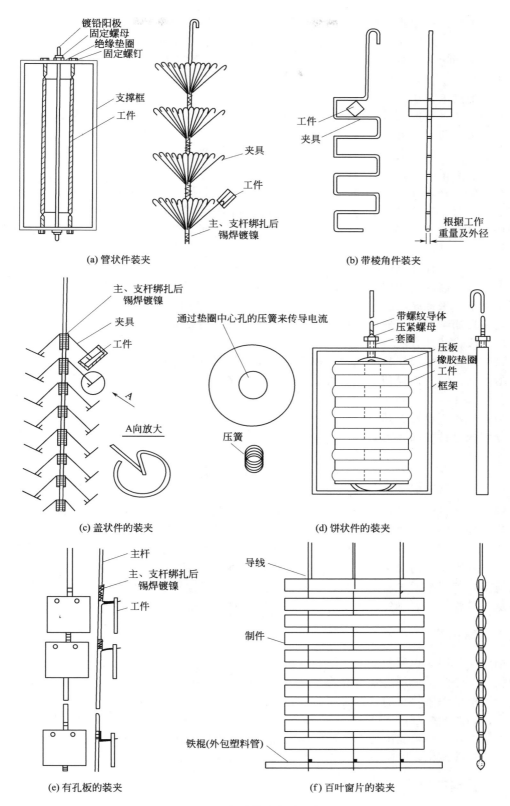

(a) 管状件装夹

(b) 带棱角件装夹

(c) 盖状件的装夹

(d) 饼状件的装夹

(e) 有孔板的装夹

(f) 百叶窗片的装夹

图 5-7　各种装夹方式示例

了增加效果，边框做成前后突出的两个。长轴的两头接两个头，是靠这两个假阴极防止轴两头偏厚或烧焦。减震器杠两头的塑料套，也是用屏蔽法提高轴向镀层均匀性。

屏蔽法的运用，有时可从挂具上独立出来，就是在阴阳极之间做一个开孔的屏蔽板，这种方法广泛用来提高镀层均匀性。屏蔽板的开孔要根据实验来确定。

（2）辅助阳极法

在挂具上做辅助阳极，也是提高镀层均匀度的另一种方法。在自动线上，挂具一落位，辅助阳极也接通了。为了提高分布在辅助阳极上的电流，有时用两台整流器来供电，分别控制主阳极和辅助阳极上通过的电流，从而进一步提高镀层均匀性。

（3）改进接电方式

对长轴类产品电镀时，可考虑不仅从上方接入电流，从下方也接入电流，这也是提高镀层均匀性的一种方法。这种靠接电方式改进来提高镀层均匀度的方法推广开来，就是阳极杠和阴极杠两面进电。苛刻的时候，要求两面直流导线等长，可进一步提高镀层均匀性。

又比如，在轴瓦电镀时，一个飞巴上挂几个轴瓦，每轴分别用一个整流器供电，将更好地保证各轴瓦镀层的均匀性。在减震器杠电镀时，一个飞巴上有 40 根杠，把阴极导电线作成一个网格，来提高电流分配的均匀度。采取桶式阳极来隔离各阴阳极间的干扰，防止一根杆导电不良而影响到其他杆。这些都是用挂具帮助提高镀层均匀性的例子。

（4）改进装挂方法

在印制板上用顶挂具来代替长挂具，使几块印制板紧靠在一起，消除中间的印制板两侧偏厚的倾向。安装浮置挡板来防止底部偏厚。这都是靠改变装挂方法来提高镀层均匀性的例子。

阴极旋转，也是提高镀层均匀性的一种方法，在自动线上已经能做到一个飞巴上的几个挂具分别绕自己的轴旋转。

5.3 镀件绑扎

利用铜丝、铁丝或其他金属丝直接绑扎镀件是电镀工序中传导电流最传统的方法之一，该工艺方法的优点是简便、灵活，可节省挂具、夹具的制作。一些综合性的电镀厂由于电镀加工的产品或零件不固定，品种多而批量小，形状复杂，因而不得不置备各种不同的挂具，成本高、技术难，而采用镀件绑扎可大幅降低成本，使用非常普遍。然而，需要指出的是，用铜线绑扎工件需要丰富的经验，根据不同形状、不同镀种的镀件运用不同的绑扎方法，才能满足质量要求。偶一失误，就有可能引起质量事故，造成不应有的损失。

5.3.1 绑扎丝

铝丝主要用于铝件的化学、电化学抛光，铝的化学、电化学阳极氧化，以及硝酸中处理件的绑扎。最广泛使用的是直径为 $1\sim2mm$ 的软质纯铝丝。纯铝丝质地较软，不宜折断。

紫铜丝要采用软质的，若是硬质的，使用之前必须先经退火和清洗。回火处理最好在电炉内进行，温度控制在 $400℃$ 左右，铜丝表面变色即可。退火温度过高铜丝会发脆，使用时除易折断之外，还可能出现析氢而影响绑扎处镀层的正常沉积。经回火处理后的铜丝要经盐酸酸洗和铬酸钝化，以防铜丝表面的氧化膜污染溶液。

5.3.2 铜丝的直径

根据镀件表面积和镀件的重量选择铜丝的直径，应在能使电流正常畅通，并能承受悬挂重量的前提下，尽量小一点。铜丝过粗，除对镀件会造成过大面积的遮盖之外，还可能导致镀件变形；铜丝过细，除承受不了镀件重量外，还可能影响到所需电流的通过而不能获得正常的镀层质量。另外，受镀的镀种也是应考虑的因素。例如，在绑扎镀亮镍件时，铜丝不宜选得过细。因为亮镍很脆，若铜丝过分细小，就有可能在电镀时因阴极棒的移动或镀件出槽时受力而被折断。当绑扎已经镀镍并经抛光过的装饰性镀铬件时，所用的铜丝则宜适当选得细点，以减轻铜丝在镀件上的遮盖面，且该铜丝应先经镀一层铬才可使用，否则绑扎处难免产生铜丝影。一般情况下，不宜用双股铜丝绑扎镀件，否则极容易产生铜丝影。

5.3.3 镀件上绑扎位置

一般情况下，铜丝在镀件上的绑扎位置应从以下几个方面考虑。

① 要避免绑扎印痕，绑扎在镀件的非装饰部位、接触面积较小的部位、有棱角的部位和孔眼部位。

② 对复杂件，要在绑扎后检查镀件的凸出部位在吊镀时是否会朝向阳极。电镀时由于尖端放电效应，尖角突出部位易遭镀焦，应对该部位采取屏蔽措施，予以保护。

③ 要避免镀件的大平面在吊镀时呈水平面方向。因为这时平面的下表面有可能因氢气泡难以自由逸出而使镀层产生针孔，而平面的上表面则由于溶液中的微粒杂质的沉淀使镀层产生毛刺；同时，镀层厚度的均匀性差。

④ 绑扎凹形和有盲孔的镀件时要防止凹入部位窝气，这样的部位不宜朝下。同样，这样的部位也不宜朝上，否则会兜住上一工序的溶液而污染下一工序的溶液。其预防方法除在进入镀槽之后先在这一部位注满溶液之外，电镀时还要摇动镀件，使该部位产生的氢气及时排出，但往往仍难以达到理想的效果。最有效的方法是选择合适的方向，凹形和盲孔的朝向以面向阳极略向上 $10°\sim20°$ 为宜，这样只要轻轻抖动工件凹位内的溶液即能基本抖净，电镀过程中所产生的氢气也能无障碍地自由逸出。

⑤ 对于镀后需要抛光的部位，吊镀时，宜朝向阳极，以保证有足够的镀层厚度备作抛光时的镀层损耗。镀件的深凹部位镀层不易镀厚，这些部位要拉近与阳极的间距，以便其各自镀上需要的镀层厚度。

⑥ 当绑扎一串中有两件以上的平面镀件时，下面的镀件所绑扎的铜丝宜从上面一件镀件的非装饰面通过，以免产生铜丝影。

5.3.4 绑扎一串镀件的长度

一串镀件绑扎的长度一般以比阳极长 $30\sim50mm$ 为宜。过短会使一串中尾部的镀件镀层过厚，甚至烧焦；而过长则会使这尾部的镀件镀层过薄。

同槽的每串镀件长度要求基本一致，如其中一串过长或过短，也会因电力线的集中而被镀焦。

5.3.5 同串镀件之间的距离

镀件与镀件之间的距离要看镀件外形而定，一般薄片镀件可适当排密些，只要不互相遮盖即可。截面积稍大的镀件，其面对面之间的距离不应小于其相对件截面的尺寸，否则镀件的横面边缘和横面中心部位的镀层厚度会有悬殊的差别。对分散能力较差的镀种如镀铬和镀光亮镍的镀件之间的距离还需更大些。

5.3.6 铜丝与镀件绑扎的松紧程度

铜丝与镀件绑扎松紧程度取决定于镀种，一般镀种宜松绑，以不脱落为准，松绑可以避免产生绑扎处的铜丝痕。镀铬、镀黑镍则不然，要紧绑，否则其结果则相反，甚至有可能镀不上。装饰性镀铬件铜丝要紧贴镀件，才可以避免镀件上的绑扎影痕。

镀黑镍件的绑扎要求与镀装饰铬件相同，这是因为黑镍件电阻大，如绑扎过松，受镀时铜丝与镀件稍一松动即成为镀件表面黑镍层与铜丝表面黑镍层之间的接触，此时铜丝与镀件之间电阻增大，镀件表面实际通过的电流变小，偏离正常的工艺规范，镀件从黑镍溶液中析出成分比例失调，甚至停止析出，从而不可能获得正常的黑镍层沉积。

5.4 电　　源

5.4.1　电镀电源的种类

电镀电源是将工频交流电变换为不同电压、频率和波形的直流电设备。选购直流电源设备时应按镀槽实际需用电压和电流、电流波形要求、生产条件、安装位置和冷却方式等多方面因素综合考虑后确定。

5.4.1.1　整流器

电镀电源可以直接使用直流发电机，将工频交流电变换为直流电。按整流技术可分为硒整流电源、硅整流电源、晶闸管（可控硅）整流电源、高频开关电镀电源等大功率交直流变换设备。

① 硅整流电源　因效率低、体积大、成本高及自动控制难以实现等缺点，在电镀领域中应用受到限制。硅整流装置可以采用不同线路和结构，获得半波、全波和多相平滑直流电流以满足不同镀种要求；它在调节电压时电流波形不受影响，电压可从零伏调整到最大额定值，适合一般镀层电镀对波形和电压调节的要求，在单件小批生产的多品种电镀车间内通用性较大。

② 晶闸管（可控硅）整流电源　在晶闸管整流器中主要应用"整流"技术，设备的体积比硅整流装置小，调压方便，具有稳压、稳流、软启动等功能，容易实现自动控制，可灵活应用于生产线中。采用不同线路和结构可满足多种波形和调压方式的特殊要求。但调压时对电流波形和最大输出电流均有明显影响。结合计算机控制技术可以实现输出波形的换向、直流叠加脉冲、波形分段控制等，还可以实现计时、定时、自动控温、电量计量和定量等控制功能。但晶闸管电镀电源在小电流情况下容易使网侧及负载上的谐波严重，引起电网的波形畸变，从而形成电网"公害"，在电网中需要增加必要的防范措施。

③ 高频开关电镀电源　高频开关电源自 20 世纪 90 年代开始使用。工作过程是将整流后的直流电源，逆变成高频（20～50kHz）交流电，再经整流后获得直流电源。由于采用的是高频率开关工作模式，所以变压器的体积和器件的功耗大大降低，功率因数和运行效率大大提高，有望在大多电镀领域中取代晶闸管整流器。

5.4.1.2　控制方法

按电气功能，电镀电源可分为四种。

① 简单型：仅有手动调压的设备。

② 通用型：具有稳压和稳流特性的设备。

③ 稳定电流密度型：具有稳压、稳流和稳定电流密度特性的设备。

④ 换向型。

5.4.1.3　输出电流类型

电镀电源按波形可分为脉动直流电源、平滑直流电源、周期换向电源、单向脉冲电源、换向脉冲电源、直流叠加脉冲及智能化多波形电源等，以满足不同电镀工艺需要。

（1）波形

整流器的输出电流波形按交流电相数和整流方式可以分为四种：单相半波，单相全波，三相半波，三相全波。单相半波的脉动率很大，三相全波最为平稳。

有的电镀工艺受电流波形影响很大。如镀铬使用单相半波和单相全波电源，产生的镀层呈黑灰色、无光亮、硬度低、覆盖能力差，因此应采用脉动率低的直流电源，如三相全波或恒稳直流。而焦磷酸盐镀铜及铜锡合金，用单相半波或单相全波电源，可以提高阴极电流密度，且镀层光亮细致。

（2）周期换向电源

实践证明，在电镀铜、银等金属时，采用周期换向电流可使镀层结晶细致，表面光滑，且可加大电流密度，提高镀层沉积速度。还有利于防止阳极钝化，促进阳极正常溶解。

周期换向电流的周期，一般为每分钟改变电流方向 $2\sim6$ 次，每个周期中工件作为阳极时间极短，一般为 $0.25\sim0.5s$。

（3）冲击电流

在电镀开始瞬间，通入比正常电流高 $2\sim3$ 倍的阴极电流，在极短时间内使镀件表面沉积一层镀层；然后迅速恢复到正常电流。在某些电镀中（如铸件、铜件上镀铬），使用冲击电流可获得结合力好的均匀镀层。

由于镀铬的阴极电流密度大，在某些情况还要采用冲击电流，故所用直流电源的容量要大，而且有瞬时过载能力。

5.4.2 电镀电源的选择

正确地选择电镀电源是电镀工艺设计的重要组成部分，也是取得理想电镀效果的先决条件。选择电镀电源有以下三个基本要求。

第一，符合电镀工艺所要求的规范，包括电源的功率大小、波形指标、电流电压值可调范围等。

第二，电源本身的可靠性能，这主要是指结构的合理性、安全性以及线路特点、冷却方式等。

第三，设备的性价比高。

5.4.2.1 根据电镀工艺选择电镀电源

普通电镀工艺，容量小于 $3kW$ 的整流器可以选择单相输入电源；而容量大于 $3kW$ 时，为了防止电网电压的不平衡，应选择三相输入电源。对波纹系数要求比较高的特殊电镀工艺（镀硬铬等），波形的连续性尤为重要，可以选择调压器调压的硅整流器或增加滤波器的晶闸管整流器。

特殊电镀工艺对输出波形也有一定的要求，如一次换向、周期换向、单相脉冲、双相脉冲、直流叠加脉冲、直流叠加交流和多段混合波形等。产品的输出波形不同，所对应的用途也就不同。电源生产厂家针对不同的输出波形和用途，规定了不同的型号，因此根据需要的输出波形，即可选择电源种类。

5.4.2.2 额定输出电压

额定输出电压是指电镀电源在允许的电网电压和负载范围内能够保证输出的最大电压值。额定输出电压值的选定按"电镀槽槽压＋线路电压降"确定设备额定输出电压。选择过低，不能满足工艺要求；选择过高，一方面浪费整流器的容量，运行效率低；另一方面对于晶闸管电源或高频开关电源容易造成波纹系数过高，影响电镀的质量。线路电压降在大电流运行时应考虑 $1\sim2V$ 的接触压降和线路压降。

5.4.2.3 额定输出电流

额定输出电流是指电镀电源在正常运行条件下，能够长期稳定输出的最大电流值。工艺设计中考虑到镀槽的大小、浓度、温度、阴阳极面积、电流密度、电镀生产量等因素后确定整流器的最大输出电流。在选择额定输出电流时，应在满足工艺要求的同时，再留有10%～20%的运行余量。

5.4.2.4 电源设备结构形式

电镀电源设备按结构形式分为台式、柜式和防腐型。结构形式的选取应根据电镀工艺现场的腐蚀程度、排气通风方式、电镀槽的放置位置等情况综合确定。目前随着电镀清洁生产的日益普及，多数采用电源与镀槽分室放置，此类情况可以选择柜式结构并增加远控功能。

防腐型设备的主要电器部件借助某种媒质（如变压器油）与周围带腐蚀性的气体隔离或使用密封方法达到防止或减轻腐蚀的目的。防腐型与柜式比较，体积较大、成本较高，但对环境的适应能力强。

5.4.2.5 电源设备冷却方式

电镀电源根据设备的容量、功率器件的类别、环境条件等因素可分为以下几种冷却方式。

① 自冷　采用自然冷却，适用于容量较小的设备，输出电流 50～300A。
② 风冷　采用风机强迫冷却，适用于中小容量设备，输出电流 200～10000A。
③ 水冷　采用水强迫冷却，适用于较大容量设备，5000A 以上。
④ 油冷　采用油循环冷却，适用于中小容量设备并且防腐场合。

有时还会对风冷、水冷、油冷进行混合使用，以达到最佳的散热效果。

5.4.2.6 工作效率

设备的运行效率是直流输出功率与交流输入功率之比。效率的高低说明设备内部的损耗高低。从硅整流（>55%）到晶闸管可控整流（>65%）再到高频开关电源（>80%），电镀电源就是朝着高效率、低损耗的方向发展的。随着额定输出电压的提高，工作效率也提高。

5.4.3 电镀电源的使用

电镀电源作为电镀工艺中重要的电气设备，在使用前应该对其性能和特点进行充分了解，掌握正确的使用方法，一方面可以保证电源的稳定运行并且最大限度地发挥电源的功能；另一方面可以提高电镀生产效率和电镀产品质量。下面将从不同的方面阐述电源使用中应该注意的相关事项。

5.4.3.1 安装位置与冷却条件

柜式结构的电镀电源应与镀槽分室放置，以免受腐蚀性气体的侵蚀；防腐型电镀电源允许放置在镀槽旁边。

电镀电源应放置在良好通风的场所，便于热量的交换。电源周围应留有一定的空间，便于维护。风冷设备的进风口与出风口应留有足够的空间。油浸设备所用的变压器油应符合规定的标号和绝缘强度。水冷设备的水质应保证电导率不大于 0.04S/m，酸度（pH 值）在 6～9 之间。

5.4.3.2 对电网的要求

电镀电源对交流输入电源的波动范围有一定的要求，一般要求控制在 ±15% 以内。当电网电压超出 ±20% 范围后，某些控制电源将会受到影响而出现工作不稳定现象。

交流电网容量应大于所有用电设备容量的总和。交流电网的容量小于用电容量时，将会出现电网电压过低和交流输入导线过热甚至着火现象。电镀电源额定容量按以下方法预算：

硅整流电源　　　视在功率(S)＝有功功率(P)÷0.65
晶闸管电源　　　视在功率(S)＝有功功率(P)÷0.75
高频开关电源　　视在功率(S)＝有功功率(P)÷0.85
有功功率(P)＝额定输出电压(U_e)×额定输出电流(I_e)

5.4.3.3　运行过程操作

电镀电源在运行过程中，应严格按照产品使用说明书规定的操作程序执行。电源的操作顺序一般为：开机→选择运行状态→运行→输出调节→停机。

电镀电源的工作制一般为Ⅰ级工作制，即100％额定电流连续工作。设备的调节范围能够从额定电压的30％开始连续调节，在实际使用时应尽量不低于额定电压的30％。另外电镀电源在设计时，可以保证在额定电压67％以上时按Ⅰ级负载连续工作。

5.4.3.4　镀槽供电方式

① 单机单槽　调节电压电流方便，槽之间无影响，工作稳定，故采用较多。

② 一机二槽和一机多槽　设备利用率较高，但镀槽相互影响大。

③ 二机单槽　整流器容量较小时才使用。

后两种供电方式可以串联，也可以并联。

5.4.4　电镀电源的常见故障分析

电源的故障现象多种多样，原因也是多种多样的。对于各种故障现象，可以分为设备内部的故障和设备外部原因引起的故障。

（1）内部故障

因设备本身原因而引起的故障，可分为器件与工艺两种原因。器件原因主要是因为某个器件因固有的质量原因或偶然原因造成的器件损坏或性能降低，电镀电源常见的内部故障可分为操作显示回路、控制回路和主电路三部分。

操作回路中，如按钮、开关、电位器、指示灯、仪表、风机等较为直观。控制回路中的电源变压器、传感器、触发电路等需要借助万用表查找原因，对一些较难判断的复杂器件或部件，如控制板可以使用代替法加以判断；主回路功率器件的断路和开路借助万用表较易查找故障；变压器类出现的短路、绝缘降低等也可以用万用表测量出来。工艺类故障可以用目测和参照原理图用万用表测量的方法进行判断和排除。如螺钉松动、接插头接触不良、虚焊、断线等，还有长期工作运行造成的导线老化、灰尘、磨损、接触不良等。

（2）外部原因

设备本身没有问题，但是因为环境条件和使用方法不当等原因也容易造成设备的故障。环境方面有设备不按要求放置受到腐蚀、导电尘埃和金属落入设备内部、剧烈震动引起的紧固件松动、通风不良造成运行温度过高、水压不足造成无法开机或元件损坏、水质不良造成漏电和结垢、电网电压过高引起器件损坏、电网电压过低造成无法启动等。

使用方法方面有运行的电压和电流超出设备的正常使用范围、长期过载运行、带故障运行等。

设备出现故障后，不应着急慌张，应该仔细比较故障前后的区别，认真分析与查找原因，循序渐进，逐个排除。对于某些较为复杂的故障应及时与生产厂家联系，请专业人员进行维修。

5.4.5　电镀电源的维护与保养

电镀电源的日常维护和定期保养对于设备的长期可靠运行是非常重要的。设备应设专人维护，维护人员在使用前应在生产厂家的指导下了解设备的基本工作原理和注意事项，并指导操作人员按照操作规程操作。在具体使用过程中应遵循以下原则。

① 严格保证电源的使用环境和使用条件符合技术要求，运行性能符合标准工艺规范，各连接线接头需要紧固，水冷机水开关必需装在进水口，确认水冷机水路通畅，周围环境符合标准规范。

② 在使用过程中应严格按照操作规程操作，面板仪表显示各功能开关是否正常，风机是否正常运转。

③ 应备用部分常用备件。一级备件应足量配备，如操作回路中的风机、电位器、开关等频繁操作与较易磨损的部件，二级备件应有选择地配备。

④ 定期检测交流输入电源，查看是否缺相，输入电压是否在正常的工作范围。

⑤ 日常运行时应查看设备各部分工作是否正常。运行过程中应注意出现的各种异常现象，异常的声音、振动和气味、运行电压电流对应关系的变化、过热或变色等异常情况，这些都有可能是故障或故障的前兆，应能够及时地发现与排除。

⑥ 运行中应注意冷却系统水冷机进水、出水量范围，风冷机由于使用环境恶劣，设备使用一段时间后，铝制散热器表面会有化学沉积和灰尘堆积。若堆积过多，会影响设备的散热，导致设备工作不稳定，严重时会造成设备的损坏。故应定期（间隔应不超过三个月一次）打开机箱侧板，对机箱内部进行清扫除尘。保证空气的顺畅流通，使机箱内的热量顺利散发，以延长设备的使用寿命。

⑦ 定期（2～3年）对设备进行全面检查和保养，对磨损或老化较严重的器件予以维修或更新。

5.5　输电电路

电镀输电电路常用铜排或铝排，敷设要求美观整齐，距离尽量短，并将阳极电排涂成红色，阴极电排涂成黑色或绿色以利辨认。

5.5.1　交流输入

交流输入导线一般采用电缆线或塑胶铜芯软线，导线截面的选取按以下方法计算（以三相五柱双反星为例）：$I=S\times220/3$；$A=I/i$。式中，A 为导线面积；I 为交流输入相电流；i 为电流密度（一般选择 $5A/mm^2$）。

交流电源配电室与电源之间距离不应太长，否则线路压降过大造成电镀电源入口交流电压过低。交流电源侧接线完毕后应对电源设备进行安全接地，防止运行过程中因故障出现漏电，危及人身安全。

5.5.2　直流输出

电源的直流输出直接与镀槽的阴阳极连接。直流输出的"＋"应与镀槽的阳极相连，直流输出的"－"应与镀槽的阴极相连。根据直流输出电流的大小，3000A 以下可以采用电缆线，3000A 以上一般应使用裸铜排。

设备的直流输出端与镀槽之间的距离应在工艺设计范围内，若距离过长，设备在大电流运行时，线路压降过大易造成镀槽端电压过低，达不到工艺要求。为了降低线路压降可以适当减少电流密度选取值，增加导电截面。另外直流输出连线压接应牢固，铜排连接时可适当添加导电膏，降低接触电阻。

脉冲电镀时，为了确保脉冲电流波形引入镀槽时不畸变，且衰减小，希望在安装时，脉冲电镀电源与镀槽的间距 2～3m 为佳，否则对脉冲电流波形的后沿（下降沿）影响较大。

脉冲电源的输出连接需要保证两根导线的极间电容能够抵消导线的传输电感效应，因此阴、阳极导线要双绞交叉后，引送到镀槽边，从而保持脉冲波形不变；在导线选择时，应选择多股芯线作脉冲电源到镀槽的连接线，多股芯线绞织，其间的线电容可以抵消其电感效应。导线的规格一定要满足其通过的额定电流，因为脉冲电流的电流密度要比平均电流的电流密度大很多很多，因此必须考虑能承受脉冲电源的电流所产生的电流热效应，以确保脉冲电源到镀槽的衰减最小。

5.6 电镀中的阳极

在电镀生产中，为良好镀层的获得，必须控制好阴极过程和阳极过程。电镀时的阴极过程与阳极过程是一对互为依存的矛盾，它们之间的关系是否正常，最后就体现在整个电镀过程能否顺利进行，所得到的镀层质量是否合格上。对阳极的技术分析如阳极反应、阳极极化、钝化等仍然是用电化学手段进行。

5.6.1 不溶性阳极

电镀阳极按其溶解性能可分为可溶性阳极与不溶性阳极。不溶性阳极只是起导电作用和控制电流在阴极表面的分布，不参与金属的溶解；对复杂件或深孔件进行电镀时，为使电流能均匀地分布于零件表面上，要采用辅助的不溶性阳极。有时为了防止阳极化学溶解造成放电金属离子浓度过高，也使用不溶性阳极。当电镀贵金属时，为了节省金属，也有使用不溶性阳极。在镀铬中使用不溶性阳极那是不得已的。

不溶性阳极不能把金属离子送入溶液，也不输出电子，因而就必须有其他的氧化反应在电极-溶液界面上产生，这就要求电解质中某个组分能在界面上发生氧化反应。该氧化反应释放出电子进入阳极，进入阳极的电子不断抽走，以保证该物质继续进行氧化。在不溶性阳极上所进行的氧化反应取决于电解液的组成及阳极电极电位，而且有可能同时有几个氧化反应在进行。不溶性阳极将强烈地析氧，有时也产生其他有害气体 Cl_2、NH_3 等，这将导致雾沫夹带，使操作环境不良，设备腐蚀，需要增加排风，额外消耗能量。使用不溶性阳极，镀液的稳定性较差，需要频繁地补入金属盐来保持放电物质的浓度，这往往造成操作麻烦，成本增加。

不溶性阳极有石墨阳极、碳纤维阳极、碳钢阳极等。碳纤维阳极价格便宜、制作方便、性能可靠，储存安全，是较为理想的材料。不锈钢阳极价格便宜，镀层颜色均匀，结晶细致光亮，但接触电阻较高，应用在对铁、钴、镍等杂质的污染不太敏感的镀液，在使用前应电解或机械抛光，使用后应立即取出，防止板上出现焦点腐蚀现象而污染镀液。

镀铂钛网是比较理想的不溶性阳极，具有铂电极优良的抗氧性与电化学特性，又具有钛材抗蚀性能好、抗电化学阳极溶解性能优异、机械强度高的特点。

石墨阳极无钝化现象，具有良好的导电、导热性能，还有一定的抗电化学侵蚀性。但在实际使用过程中，有较多杂质从其表面溶解脱落，石墨表面坑洼不平，尽管脱落的石墨颗粒不溶于镀液，但使镀液混浊，对镀层不利。这种阳极，一般用于大面积、形状简单的工艺。

5.6.2 可溶性阳极

可溶性阳极除具有不溶性阳极的作用外，还可补充主盐金属离子，保证其浓度在电镀过程中稳定。可溶性阳极进行氧化反应的结果，将金属离子投入溶液，而将电子留在电极上，外电源此时就像一个电子泵不断地把电子抽走，阳极溶解过程才能继续不断地进行。

可溶性阳极只在一定的电流密度范围内才进行正常的溶解，若电流密度过高，阳极的电极电位变化到电解液中其他的物质足以发生氧化反应时，则就要有别的物质在阳极上开始放电析出。氧的析出甚至会导致阳极钝化，这时可溶性阳极变成不溶性阳极了。

可从整流器的电压突然升高察觉到阳极发生了钝化。槽压突然升高表明电镀不正常。根据欧姆定律，当电路电阻增大，不是导电棒接触不良、零件脱落等，便可断定是阳极钝化使电压升高，通常以此监督电镀生产。

温度对形成阳极钝化也有影响，一般升温便可增大盐类溶解度，改善阳极溶解性能，提高电导，温度过低又由于临界钝化电流密度值比高温时小，阳极易钝化。

为防止阳极钝化而影响其溶解，镀液中常添加阳极活化剂，如镀镍溶液中的氯离子。在氰化物镀液中，一定量的游离氰化物及阳极去极化剂（酒石酸钾等）可防止阳极的过度极化。

可溶性阳极在电化学溶解中不可避免地要产生泥渣，为保证镀件质量，需用隔离物将阳极与槽液隔开。常用的阳极隔离材料有聚酯、聚酰胺等合成纤维布和帆布等，隔离方式基本上是包裹在阳极上或制成阳极袋套在阳极上。这些材料都是编织物，故孔隙较大，对细微泥渣的阻挡能力低。此外包裹或套装的方式，容易造成胀气，极板锐边有可能磨破材料，在检查阳极状况时，人为因素也有可能磨破材料，从而降低使用寿命。也可选取性能较好的电镀阳极隔膜板材，电镀阳极用的隔膜材料，应选孔径为 $5 \sim 8 \mu m$ 的微孔塑料，其通透性能接近滤纸，且电阻不至太大。如软聚氯乙烯微孔塑料、硬聚氯乙烯微孔塑料、微孔橡胶板等微孔塑料。

5.6.3　阳极选择

电镀生产中所用的阳极的纯度、制造方法、几何形状等，都与阳极的溶解率、金属在阴极上的分布、减少溶液污染、保证镀层质量、提高生产效率、降低生产成本、减少生产故障等密切相关。对电镀生产而言，理想的阳极应具备下述性能。

① 溶解时不产生有害杂质。
② 溶解均匀，尽量少产生阳极泥。
③ 有较高的极限电流，即溶解能力良好。
④ 有足够高的阳极电流效率。
⑤ 有良好的导电能力。
⑥ 不溶性阳极应具有高的化学稳定性。

5.6.3.1　纯度和状态

金属阳板的纯度不仅影响到阳极的利用率，更重要的是影响到镀液及镀层质量。阳极的材质纯度应在 99.9% 以上，否则镀液中的金属杂质会积累性增加。有些镀种对阳极纯度的要求更高，如像镀银、金等要求阳极纯度在 99.99% 以上。如果没有合格的阳极，宁愿用不溶性阳极替代，也不要采用低纯度的阳极，因为如果将其他金属杂质带入镀液，后患更大。

电镀过程阳极的氧化反应与阴极的还原反应同时进行，随着阴极金属离子还原沉积与消耗需要补充，主盐的补充有两种，即可溶性阳极的溶解补充和补加镀液补充。具体采用哪种方式或两者联合补充需要根据原料成本、操作的可靠性来决定。

阳极金属的物理状态与阳极的溶解状态有很密切的关系，而其物理状态则取决于制造方法。通常的阳极制造方法包括：铸造、锻造、辗轧、挤压、电沉积等。

用铸造方法制造阳极最经济，但也存在铸造阳极冷却缓慢，晶粒过分长大，容易引起晶间腐蚀，导致在溶解过程中片状剥落等问题。另外铸造阳极易裹夹氧化物和其他杂质。铸造阳极一般用钢模。将铸造阳极经过压延、锻打或热处理可以改善它的溶解性能。

电解阳极特点是成本低、纯度高、溶解性能不错。晶粒结构细，但是晶体间的附着力较松弛，所以溶解时阳极泥多一些。

5.6.3.2　形状和面积

为适应不同形状和不同尺寸工件的需要，可将阳极制作成各种形状。阳极的形状特别对分散能力及覆盖能力低的电解液关系重大。设计阳极总的原则是仿形，即阳极的工作面要与工件被镀面的形状相吻合，阳级形状应由阴极零件的几何形状来决定；还要求二者的面积比尽可能达到要求；另外还应考虑到阳极溶解、包裹材料。

通常阳极面积要比阴极面积大一些。可溶性与不溶性阳极面积比应由电镀的总电流和可溶性阳极正常溶解所需电流密度来决定。掌握好阴阳极面积比与电流密度，控制在工艺规范内生产，是防止阳极钝化，确保阳极正常溶解的有效措施。除碱性镀锡的阴极面积应大于阳极 [(1.5～2.5)∶1] 外，一般镀种的阳极面积，都应大于阴极，一般 1∶2，少数 1∶1，个别电镀如酸性亮铜可取 1∶(3～4)，这样才能与工艺规范的阴、阳极电流密度相适应，才能使阳极正常溶解而防止钝化，如任意加大阳极电流密度或增挂镀件（阴极）而不相应地增大和调整阳极面积，均可造成阳极钝化。

阳极以使用钛篮装载为最佳方式，既可以保证阳极的表面积不会发生大的波动，又可以使阳极的利用率大大提高。

5.6.3.3　阳极排布

阳极电流密度尽可能高些以利于阳极溶解，节省悬挂阳极的地方，但是它又不能高于钝化电流密度。另外值得注意的是阳极、阳极钩、阳极杠的彼此接触应十分可靠，并保证它们有足够的导电截面积。当导电的截面积不足时会发热，使电能转变为热能而损耗掉，并造成镀液升温。

电镀过程中阳极的主要作用是使槽内不同位置的所有镀件，都能获得均匀的电流密度，这一点实际是做不到的。通常镀槽在工作状态下，阴极上不同位置的挂具、挂具上不同位置上的镀件，其电流密度相差很大，有的甚至相差数倍。

由于边缘效应，这种阴阳极的棱角和边缘部位电流密度往往很高。高的现象，就是边缘效应。

可采用阳极局部屏蔽的方法来消除边缘效应，用绝缘材料做成挡板浸入镀液，遮挡存在边缘效应的部分，被遮挡部分的阳级面积可用多挂阳极的方法来弥补。

阳极在液面交界部位易溶断，从液面交界部位溶断掉落槽底，因为"头"部仍在阳极梗上，稍不注意较难发现。这是因为这一部位阳极处于溶液交界面，通过的电流密度较大，较易受到化学与电化学的加速溶解。在阳极板与液面交界部位（上、下 3～5cm），捆上一段塑料布绝缘，从而有效地防止这一部位阳极过快溶解，大大地提高了阳极板的利用率，由此使因阳极面积过小而引起钝化现象得到了改善。

在电镀槽中阳极的悬挂方式对保证阴极电流密度的均匀分布，即对电解液分散能力的影响是不可忽视的。布置阴阳极间的悬挂方式时，应遵循下述原则。

① 阴极受镀零件形状复杂，极间距应保持得大一些。

② 阴极单个产品的平面积大，极间距也应大一些。

③ 凡能施加辅助阳极或防护阴极的，极间距可小一点。

④ 移动阴极或强制循环镀液有连续过滤时，极间距可小一些，无连续过滤时，阳极应加套，此时极间距应大一些。

在使用悬挂阳极时，要制成长条形板状。其长度应比挂具上加工的零件底端短 100～200mm，宽度约为 100～200mm。所有悬挂阳极应该加套子，并能使挂钩与阳极杠保持良好的导通状态。

调整阳极的排布时，阳极板的高度应预先按高低不一的要求制作，可溶性阳极也可以装在高低不一的钛篮内，然后把阳极板或钛篮按预先确定的位置排好，阳极板底端就形成了所需要的轮廓；而对于阳极板顶部靠近液面的部位，可采用相对介电常数较小的绝缘及耐蚀材料（如聚氯乙烯塑料等）遮挡或包套，使绝缘材料截断由阳极板顶部浸在液面之下一部分通向镀液的电力线，这样，阳极板顶端的有效高度就沉入液面之下的某一规定位置，阳极顶端有效边缘便形成了预先确定的弧线。也可以用绝缘材料对阳极的其他部位遮挡或包套，从而随意调整出所需要的阳极排布图形，改善镀液中阴阳极间电力线的分布状态。

5.6.4 合金电镀阳极

在电镀合金过程中，阳极的作用十分重要，它关系到镀液成分的稳定，而镀液成分的稳定直接影响合金镀层的组成和质量。因此，电镀合金对阳极的要求比电镀单金属更高。

5.6.4.1 可溶性合金阳极

当使用可溶性的合金阳极时，为了维持在电镀过程中镀液成分的稳定，要求合金阳极溶解下来的几种金属的比例，应与合金镀层中的比例很接近，而且要求合金的阳极溶解速度与合金阴极电沉积速度差不多相等。采用这种阳极，工艺控制比较简单且经济，所以应用比较广泛。例如，电沉积的低锡青铜镀层中锡的含量通常为 $8\%\sim12\%$，采用的合金阳极中含锡在 $8\%\sim12\%$ 的范围内。在使用这类阳极时必须注意，除合金的金相组织、物理性质、化学成分以及杂质对合金阳极的溶解状况有影响外，镀液的类型、pH 值、电流密度、镀液温度及搅拌条件等，也都有一定的影响。采用单相的或固溶体类型的合金阳极能够获得满意的结果。若合金阳极为金属间化合物，其溶解电位就比较高，若是由两相组成，往往会产生选择性溶解，造成阳极溶解不均匀。

5.6.4.2 单金属联合阳极

在一些电镀液中，合金阳极很难正常溶解，则可采用分开的可溶性的单金属联合阳极。即将欲沉积的几种金属分别制成单金属的阳极板，按照工艺要求的比例挂入镀槽中。为了使几种金属能够按照所需要的比例溶解，在电镀过程中需要一套比较严格的控制系统。例如，按照工艺中的比例要求，调剂浸入镀液中各单金属阳极的面积，或分别控制流向几种单金属阳极的电流，以保持各阳极的溶解量的比例能够符合规定的要求；或者是分别控制每一种单金属的阳极电位，使之维持一定的比例，或是控制各个单金属阳极与阴极之间的电位降等。

5.6.4.3 不溶性合金阳极

当采用可溶性阳极有困难时，可选择化学性质稳定的金属或其他电子导体作不溶性阳极。电镀过程中所消耗的金属离子，要靠添加金属盐类来补充，这需要频繁地调整溶液，给生产带来很多不便；添加金属盐的同时，不可避免地向镀液中带入大量不需要的阴离子。镀液需要进行连续的或频繁的处理，另外，添加金属盐也将明显变动电镀成本。因此，只有在电镀溶液中不能使用可溶性阳极或在镀液中金属离子浓度允许有较大波动的情况下，才使用不溶性阳极。

5.6.4.4 可溶性与不溶性联合阳极

在电镀合金生产中，有时将可溶性的单金属阳极与不溶性阳极联合使用。对镀液中消耗量较少的金属离子，通常是添加金属盐或氧化物来补充。对于消耗量较大的金属离子，则用可溶的单金属阳极来补充。例如，电沉积含钴量很低的合金时，用镍板做可溶性阳极，不锈钢板做不溶性阳极。电镀中消耗的钴以硫酸钴或氯化钴的形式加入。不锈钢阳极的作用是调节镍阳极的电流密度，防止镍阳极钝化。但是，对于几种组分含量都比较高的合金镀层，使用这种联合阳极不仅会使合金镀层的成分不易稳定，而且由于连续不断地调整镀液，使操作变得复杂。

5.7 镀液现场技术

电镀生产现场技术管理的内容很多，主要包括：a. 控制各槽液成分在工艺配方规范内，遵守规定的化学分析周期；b. 保持电镀生产的工艺条件，如温度、电流密度等；c. 保持阴极与阳极电接触良好；d. 严格的阴极与阳极悬挂位置；e. 保持镀液的清洁和控制镀液杂质；f. 保持电镀挂架的完好和挂钩、挂齿良好的电接触。其中，最重要的工作就是关于镀液的技术管理。

镀液技术管理通常包括配制新鲜镀液、镀液净化、电镀过程中镀液的维护、报废镀液的处理等几个部分。

5.7.1 配制镀液

配制前的投料计算要注意以下三点：一是化学原料中有的含有结晶水，在配制中要加以扣除，有些配方中没有写结晶水或主盐只写了金属的名称，如碱性镀锌写金属锌 8g/L，则加入氧化锌时，要按 10g/L 加入；二是对料源的纯度要加以注意，比如工业用硫酸铜中硫酸铜的含量只有 95%，有些氯化钾的含量只有 90% 等，在用这样的原料配制时，都要按量补足到 100% 的含量；第三是对原料中的杂质含量要进行全面的了解，判断在配制镀液前除去这些杂质好，还是配制后精制更好。

将所有原化学材料全部一次放入镀槽内再加水的方法是绝对错误的。在配制镀液时要分步骤，根据配方中各种化学品的用途进行仔细分析，了解每种药品的物理化学性能，了解相互之间是否会发生化学反应。设计出每种物料溶解的条件和方法，注意投料的先后顺序和浓度控制的方法。否则，会导致配制失败并浪费原材料。

一般情况下，是在镀槽内先放入 1/3～1/2 的清水（特别要求时，则是蒸馏水），然后分别溶入各种化学原料。通常是先溶入络合剂或辅助盐，再溶入主盐、导电盐等。对于难溶的主盐，要先用少量的水调成糊状，慢慢往镀液中溶解，要注意充分搅拌，溶完一部分再加入另外一部分。有些需要加热才能溶解的则应先加热溶解后再加入槽中。添加剂等要在最后加入，并且在加入前要取镀液先做霍尔槽试验，确定最佳添加量后再按量加入。

另外，配置镀液最好用料规格要统一，不要将工业级材料随便加入，应先处理掉杂质后再加入。涉及有毒或危险品时，要严格按安全生产的要求进行操作，并穿戴好劳动保护的防护用品。

5.7.2 镀液净化

5.7.2.1 电解法

电解法净化镀液是在阴极上吊挂假阴极（为去除杂质而制作的电解板），在通电的情况下，使杂质在假阴极上沉积、夹附或还原成相对无害的物质。在少数情况下，电解去除杂质也有在阳极上进行的，在通电的情况下，使某些能被氧化的杂质到达阳极上氧化为气体逸出或变为相对无害的物质。电解法适用于去除容易在电极上除去或降低其含量的杂质。但是在电解去除杂质的同时，往往也伴随有溶液中主要金属离子的放电沉积。为了提高去除杂质的速率，减慢溶液中主要金属离子的沉积速率，要注意电解处理的操作条件。

（1）电解处理条件

① 电流密度 电流密度原则上要按照电镀时杂质起不良影响较大的电流密度范围。如杂质在高电流密度区和低电流密度区都有影响，那么可先用高电流密度电解处理一段时间，然后再改用低电流密度电解处理，直至镀液恢复正常。低电流密度区电解处理 $i_c = 0.1 \sim$

$0.5A/dm^2$。

② 温度和 pH 值 电解处理时温度和 pH 值的选择是根据电镀时杂质起不良影响较大的温度和 pH 值范围。通常随着镀液温度的升高，电解去除杂质的速率也增大，所以电解处理宜在加温下进行。如 NO_3^- 在阴极上还原为氮氧化物或氨，Cl^- 在阳极上氧化为 Cl_2 等，这时就应选用高温电解，使电解过程中形成的气体挥发逸出，防止它溶解于水而重新沾污镀液。

③ 搅拌 电解处理既然是依靠杂质在阴极（或阳极）的表面上反应而被除去，那么就应创造条件，使杂质与电极表面有充分的接触机会。搅拌可以加速杂质运动，使它与电极的接触机会增多，所以为了提高处理效果，电解时应搅拌镀液。在电解处理时用超声波搅拌镀液可提高处理效果。

④ 阴极 电解用的阴极（假阴极）面积要尽可能大。增大阴极面积，可以提高去除杂质的效率，同时为了在不同的电流密度部位电解去除镀液中不同杂质或同一种杂质，要求电解用的阴极做成凹凸的表面（如瓦楞薄钢板），这样可以提高电解处理的效果。但阴极上的凹处不宜太深，以防止电流密度过小而使杂质不能在这些部位沉积或还原。

（2）电解处理操作

① 首先要查明有害杂质是否来源于电解过程，如果有害杂质来源于不纯的阳极，电解处理时仍用这种阳极，那么随着电解过程的进行，杂质会越积越多；又如杂质来源于某些化合物在电极上的分解，那么电解将使这类分解产物逐渐增多。

② 电解净化过程中，要定时刷洗阴极上可能产生的疏松沉积物，它的脱落会重新沾污镀液。

③ 电解处理前，最好先做小试验估计一下电解处理的效果和时间，有些杂质，用电解处理很难除去，若盲目地采用电解处理，可能花了很长时间也不能使镀液恢复正常。

（3）两种电解处理工艺

间歇法是当镀液被杂质沾污到影响镀层质量时，就停止生产，阴极上改为吊挂电解板，进行电解处理，直至镀液恢复正常后再转为正式电镀生产。

连续法是在杂质含量还未上升到影响产品质量时进行，在电镀槽旁边，设计一个小型的专用于电解去除杂质的辅助槽，依靠泵把镀液从电镀槽到辅助槽再回到电镀槽的恒定地来回循环。控制电镀过程中杂质含量到一个可以接受的水平，抑制杂质逐渐增长。例如镀铜后镀镍，镀镍液中铜杂质容易增长，采用连续电解净化，可以抑制铜杂质的增长，防止造成故障。

5.7.2.2 沉淀法

沉淀净化法可分为高 pH 值沉淀法和溶盐沉淀法两大类。杂质沉淀后再经过加热老化或加入絮凝剂沉降或沉降离心机浓缩后除去。

（1）高 pH 值沉淀法

高 pH 值沉淀法又称碱化沉淀法，是通过改变溶液的酸碱度，使镀液中的杂质沉淀出来的镀液净化方法。如用碱提高镀液的 pH 值，镀液中的 Fe^{2+}、Fe^{3+}、Cu^{2+}、Zn^{2+}、Cr^{3+}、Pb^{2+}、Ni^{2+} 杂质通过化学反应 $M^{n+} + nOH^- \Longrightarrow M(OH)_n \downarrow$ 生成难溶于水的氢氧化物沉淀。

高 pH 值沉淀法仅适用于弱酸性的镀液，处理时，究竟用什么碱提高镀液的 pH 值，应根据镀液的具体情况。一般是氯化钾镀锌液中用 KOH；氯化钠镀锌液中用 NaOH，镀液应先用 $NiCO_3$ 或 $CaCO_3$ 等碳酸盐提高 pH 值至 5.5 左右，然后再用 NaOH 或 $Ba(OH)_2$ 提高到所要求的 pH 值。

在向镀液中加碱提高 pH 值前，应将镀液加热至 65～70℃，以防止在提高 pH 值时生成的氢氧化物形成胶体，使之容易过滤而除去沉淀。

（2）难溶盐沉淀法

难溶盐沉淀法简称溶盐沉淀法，通过向镀液中加入适当的沉淀剂，使之与镀液中的有害杂质生成溶度积较小的难溶盐沉淀。

溶盐沉淀法应用范围较广，它可以去除金属杂质，也可以去除有害的阴离子。例如，在氰化物镀液中，用硫化物去除铅杂质；用氢氧化钙或氢氧化钡去除 Na_2CO_3 是利用了 PbS、$BaCO_3$ 的不溶性。在镀镍溶液中，用亚铁氰化钠去除铜杂质，用 Fe^{3+} 去除 PO_4^{3-} 杂质以及用铅盐去除铬酸根杂质是利用了 $Cu_2[Fe(CN)_6]$、$FePO_4$、$PbCrO_4$ 的不溶性。在镀铬液中，用 Ag_2CO_3 去除 Cl^- 及用 $BaCO_3$ 去除过量的 SO_4^{2-}；在氨三乙酸-氯化铵镀锌液中，用磷酸盐去除铁杂质等。

选择沉淀剂时要根据待除杂质所生成的各种化合物的溶度积选择拟加入的阴离子或阳离子，要求杂质沉淀的溶度积要小于主盐离子或其他不能除去的物质的溶度积，根据拟加入的阴离子（或阳离子）选择加入化合物时，其构成物阳离子不能成为新的杂质。

难溶盐沉淀法在具体操作时有几个问题需要注意。一是要根据准确分析出的杂质量加入沉淀剂，避免增加新的杂质品种，通常按沉淀剂以略不足量的方式操作，使除杂后的镀液杂质含量达到允许范围内即可。二是沉淀剂可能还能与溶液中的主金属离子生成沉淀，只是溶度积略高，那么处理时沉淀剂应在强烈搅拌下稀释加入，以促使沉淀剂与杂质作用。通常还要在搅拌下反应一段时间，以使主盐生成的沉淀溶解，转化为杂质沉淀。三是沉淀处理时，一般应将镀液加热，以加快沉淀反应速度和增大沉淀颗粒，使之易于过滤。

5.7.2.3 氧化-还原法

选用适当的氧化剂加入溶液，将杂质氧化除掉或氧化为相对无害的物质，或者氧化成容易用其他方法除去的物质。同样镀液中有氧化性的杂质时，也可以加入适当的还原剂。例如：在碱性镀锡或氰化物-锡酸盐电镀铜锡合金的镀液中有二价锡存在时，会使镀层灰黑或出现毛刺，这时可用双氧水将二价锡氧化为四价锡，变有害为无害。

在焦磷酸盐镀铜液中，有少量氰根存在时，会使镀层粗糙，零件的深凹处呈暗红色，这也可以加入双氧水，将它氧化分解除去。

在某些电镀液中，部分有机杂质会造成镀液故障，它可以用双氧水或高锰酸钾氧化为 CO_2 和 H_2O，或氧化为容易被活性炭吸附除去的物质。

镀液中的 Fe^{2+} 往往比 Fe^{3+} 难除去，这可以用少量双氧水，将 Fe^{2+} 氧化为 Fe^{3+}，然后再用沉淀法将 Fe^{3+} 除去。

六价铬在大多数的镀液中，会降低电流效率，有时甚至使镀件的低电流密度区镀不上镀层，危害性较大。在某些情况下，可以用连二亚硫酸钠（保险粉）或亚硫酸氢钠等还原剂将六价铬还原成三价铬。在某些镀液中，少量的三价铬对镀液影响不大，则可以不必除去。但在有些镀液中三价铬也有影响，那就应提高镀液 pH 值，使生成 $Cr(OH)_3$ 沉淀或用其他方法将它除去。

各类锌镀液或锌合金镀液中，有铜杂质或铅杂质影响时，可以用锌粉置换，将它们还原为金属铜或金属铅，然后过滤除去。镀镍溶液中的铜杂质，也可以用镍粉在低 pH 值条件下置换还原为金属铜而除去。

用氧化-还原法处理杂质，选用的氧化剂或还原剂必须符合下列要求：a. 氧化剂或还原剂不能使镀液成分分解为有害物质；b. 氧化剂或还原剂本身反应后的产物必须无害或容易被除；c. 过量的氧化剂或还原剂要易于除去。

双氧水的还原（或氧化）产物是水，而且过量的双氧水用加热的方法容易除去，所以在一般情况下，大多用双氧水作为氧化剂。但是双氧水对氨三乙酸-氯化铵镀锌液有影响，它与镀液中的硫脲作用产生有害物质，使镀层发黑。

高锰酸钾比双氧水的氧化能力强，高锰酸钾在强酸性溶液中，还原产物为 Mn^{2+}，在弱酸性或中性溶液中，还原产物为 MnO_2；在强碱性溶液中，还原产物为 MnO_4^{2-}。其中 MnO_2 是不溶于水的沉淀物，容易过滤除去。Mn^{2+} 和 MnO_4^{2-} 一般对镀液影响不大。但是，不管是哪种氧化剂或还原剂，对镀液的影响都应通过小试验验证后方能使用。

5.7.2.4 活性炭吸附法

活性炭由胡桃壳、玉米芯和木材等含碳物质炭化后经过多种药品活化而成，是一种具有巨大比表面积的固体吸附剂，1g 活性炭约有 $500\sim1500m^2$ 的表面积。由于它的比表面积大，表面能高，活性炭对气体、液体和固体微粒（吸附质）都有一定吸附能力。在吸附质被活性炭吸附的同时，也发生解吸，吸附与解吸几乎是同时进行的。当活性炭表面有吸附力的点完全被吸附质占据时，此时吸附与解吸的速度相等，即达到动态平衡，吸附量再也不能提高了。

活性炭的吸附过程是放热的，因此在低温下，活性炭吸附杂质的量多，也就是说，在一般情况下，低温有利于吸附，高温加速解吸。然而，在电镀液的一般处理时，常采用加温操作，那是为了使活性炭易于润湿和分散。

活性炭的吸附，在某些情况下是有选择性的；不同的活性炭对不同物质，常具有不同的吸附能力不同。活性炭的吸附，在某些情况下是有选择性的，如 N 型颗粒活性炭对香豆素的分解产物有较好的吸附效果，而粉末的活性炭吸附效果较差，但后者对 1,4-丁炔二醇的分解产物吸附效果较好；又如 E-82 整平性镀镍光亮剂（吡啶类衍生物）在镀镍液中使用了一段时间后，用粉末状活性炭处理后，镀层的光亮度提高，光亮范围扩大，可见这种活性炭对 E-82 光亮剂的分解产物有较好的吸附效果，说明粉末状活性炭只吸附或较多地吸附光亮剂的分解产物，而对光亮剂不吸附或较少地吸附。所以可以在连续过滤的过滤器内，添加一定量的活性炭，通过连续过滤，不断除去光亮剂和其他有机添加剂的分解产物，过滤器使用了一段时间后，再换上新的活性炭；以使镀液中有机物的分解产物含量不至于过高，从而保证电镀产品的质量。

净化镀液时，活性炭的用量，应根据有机杂质污染的程度而定，较少的有机杂质只需用 1g/L 左右的活性炭就可以了；较多的有机杂质需用 $8\sim10g/L$，甚至更多。在用活性炭处理镀液后，在过滤除去镀液中的活性炭时，一定要把它过滤干净，以免小颗粒的活性炭透过滤芯进入镀液，使该镀液在电镀时，出现粗糙、灰暗、针孔或橘皮状的镀层。

有时为了更好地去除有机杂质，在用活性炭处理前，先用氧化剂（双氧水或高锰酸钾）进行氧化处理，即所谓氧化剂-活性炭联合处理。在进行这种操作时，一定要将过量的双氧水除掉后再加活性炭，否则，双氧水和活性炭相互之间会发生氧化-还原反应；另外由于双氧水会分解出氧气，它会堵塞活性炭有吸附力的细孔，降低活性炭的吸附能力。最好在加入活性炭前，先检验一下镀液中是否还有过剩的双氧水存在。

活性炭的吸附过程是比较快的，大多数的有机杂质在开始接触的几分钟内就被吸附了，因此，处理时过长时间的搅拌是不必要的，一般只要连续搅拌 30min 左右就可以了。活性炭吸附法除了强氧化性的镀铬液不能使用外，其他几乎所有的镀液都可应用。

5.7.2.5 离子交换法

离子交换技术是利用离子交换树脂上有一种可交换的离子，与溶液中的离子进行交换。从理论上讲，电渡溶液中的离子型杂质，都可以用离子交换法去除，但是由于离子交换去除杂质的同时，溶液中的主金属离子或其他主要成分，也有可能与离子交换树脂上的离子进行交换而除去，这样，就限制了离子交换法在净化镀液方面的应用。

一般来说，凡是镀液中的杂质离子与主要成分离子的电性不相同时，原则上都可以用离子交换法去除杂质。例如：镀铬液中的 Fe^{3+}、Ni^{2+}、Cu^{2+} 等杂质，与主要成分 $Cr_2O_7^{2-}$、

CrO_4^{2-} 和 SO_4^{2-} 的电性不同，所以可以用阳离子交换树脂进行处理。在进行操作时，由于树脂经不起高浓度镀铬液的氧化，所以通常需要将高浓度的镀铬液稀释后进行离子交换。例如：用 732# 强酸性阳离子交换树脂去除镀铬液中的杂质，需要将镀铬液稀释至 CrO_3 含量 <130g/L 后才能用，这样虽然效果很好，但由于处理后还须将镀液浓缩至工艺要求，还要用适当的方法产生三价铬，操作较为麻烦，所以很少应用。

5.7.2.6 掩蔽法

掩蔽法是向镀液中加入一种对杂质起掩蔽作用的掩蔽剂，从而消除杂质有害影响的方法。这种方法既不需要过滤镀液，又不需要其他处理设备，是一种简便可行的好方法。如氨三乙酸-氯化铵镀锌液中有少量铜杂质存在时，会使镀锌层的钝化膜光泽不好。这时只要适当提高镀锌液中硫脲的含量，少量铜杂质就被掩蔽，不良影响很快就消失，硫酸盐镀铜液中有少量砷和锑存在时，会使镀层发暗，表面略有粗糙，这时只要加入适量的明胶和丹宁酸，就能掩蔽这些有害影响；焦磷酸盐镀铜液中，若有少量铁杂质影响镀层质量时，可加入适量的柠檬酸盐进行掩蔽；又如光亮镀镍液中有少量锌杂质存在，会使镀件低电流密度区的镀层灰暗甚至发黑，这时只要加入适量的"NT"镀镍液杂质掩蔽剂（浙江黄岩荧光化学厂生产），搅拌片刻，有害影响立即消失，获得了全光亮的镀层。这些掩蔽剂既不与有害杂质生成沉淀，也不需要用活性炭等其他方法作进一步的处理，所以这是净化镀液最简便的方法。

5.7.3 镀液维护

电镀与辅助溶液都应建立原始档案，建立档案的目的是为日后遇到故障时查考提供资料。档案内容除了配制时的原始记录之外，平时每次化验分析数据、补充调整结果、出现故障现象、纠正处理经过都需记录在案，以便日后维护时参考。

5.7.3.1 镀液的日常维护要点

（1）防止镀液中混入有害杂质

彻底做好镀件的前处理，擦洗铜梗必须移地，不可在槽面上进行，镀槽需配有防尘盖，液面漂有油花需随时用无填料的洁净纸张吸附除去，每镀一槽镀件之后镀槽内外都需擦刷干净。

（2）溶液出现故障要及时予以调整

镀液出现故障的原因是多种多样的，需根据实际情况，通过分析研究，采取相应措施予以调整。

（3）尽量减少溶液的带出量

形状复杂件出槽时，除镀件表面有吸附溶液之外，在盲孔、凹入等部位还可能兜住溶液，若当时不采取相应措施进行回收，则溶液的损耗是相当大的。不但损耗溶液，引起配比失调，而且会因此而造成严重污染。长期有这类镀件的则要设回收槽，回收镀液予以利用。

（4）工件掉落槽内要及时捞出

电镀件是靠挂、夹具挂夹或铜、铁丝绑扎后进入镀槽的，在进、出镀槽，尤其移动阴极时，镀件掉入槽内是难免的，此时若不及时捞出，不但镀件本身遭到腐蚀，造成镀件报废，溶液也会因此而遭到污染，为此电镀完后打捞槽底镀件又是重要的工作。掉入槽内的工件可用磁铁吸、钩子钩、耙式工具捞，但最好在槽底置一块塑料网，只要提升塑料网即可将掉落的镀件全捡出来。打捞后溶液被搅浑，需暂停 $10\sim20min$ 后方可继续使用。

（5）阳极板要勤检查

可溶性阳极的消耗速度是很快的，有时从液面上看似乎都整齐挂满的，而液位以下往往只留一段短小的板头，或是因溶断而掉入槽底，也有因镀液中有关组分变化而遭到钝化，失去应有的作用，既影响了溶液的导电性能，减弱了镀层的沉积速度，又使溶液的主盐因不断消耗而影响到镀液的组成平衡，电压升高，电流上不去，最后导致不能正常工作。为此，日常工作中阳极要常提出来检查、洗刷、清理，当阳极面积不足时要及时予以补充，若发现钝化状态时，则对镀液中有关成分需进行化验分析，以免因此而引起不良的现象循环发生。

（6）严防溶液被过容量的排风机吸走

电镀厂的排风机的吸力过大时，一旦启动即可见到溶液波动四起，浪尖时有被吸走，有时在室外的排风管下似有湿气，严重的镀液每天要补充 20cm 左右的深度。这一现象对溶液的维护及清洁生产都是不利的，应及时予以调整。

5.7.3.2 电镀槽液加料方法

加料要以"勤加"、"少加"为原则。

（1）固体物料的补充

某些有机固体料先用有机溶剂溶解，再慢慢加入以提高增溶性。若直接加入往往会使镀液混浊。一般的固体物料，可用镀槽中的溶液来分批溶解。即取部分电镀液把要加的料在搅拌下慢慢加入，待静止澄清，把上层清液加入镀槽。未溶解的部分，再加入镀液，搅拌溶解。这样反复作业，直到全部加完。在不影响镀液总体积的情况下，也可以用去离子水或热的去离子水搅拌溶解后加入镀槽。有些固体料易形成团状，影响溶解过程。可以先用少量水调成稀浆糊状，逐步冲稀以避免团状物的形成。

（2）液体物料的补充

可以用去离子水适当稀释或用镀液稀释后在搅拌下慢慢加入。严禁将添加剂光亮剂的原液加入镀槽。

（3）补充料的时机

加料最好是在停镀时进行，加入后经过充分搅匀再投入生产。在生产中加料，要在工件刚出槽后的"暂休"时段加入。可在循环泵的出液口一方加入，加入速度要慢，药料随着出液口的冲击力很快分散开来。

（4）加料方法不当可能造成的后果

如果加入的是光亮剂，则易造成此槽工件色泽差异；如果加入的是没有溶解的固体料，则易造成镀层毛刺或粗糙；如果是加入酸调节 pH 值，会造成槽液内部 pH 值不均匀而局部造成针孔。

5.8 电镀辅助设备

电镀辅助设备包括：槽液温度控制设备，可以在槽底或槽壁安装电加热管或导热液、气输送管，对槽液进行加热或冷却，以保证电镀温度；镀液辅助设备，常用的有过滤机、离子交换纯水机、辅助槽、泵、风机等；工件辅助设备，如工件升降等运动设备、工件温度控制的烘箱或烘道、制冷机组等。电镀辅助设备很多，且随着工业水平的提高，新的设备形式层出不穷，这里简要介绍镀液净化和通风以便对工程技术提高理解。

5.8.1 镀液净化设备

净化设备包括镀液的电化学净化、沉淀净化等设备。这些净化设备的设计安装按化学工程的相应规范进行。

过滤分循环过滤和定期过滤，定期过滤多数采用倒槽过滤。循环过滤时无论过滤机多么好、过滤机容量多么大、过滤介质多细密，都不可能把固体颗粒全部滤干净，因为循环过滤时过滤后的溶液总是和过滤前的溶液混合。但倒槽过滤时，如果过滤介质的精度是 $5\mu m$，

就能把大于 $5\mu m$ 的固体颗粒都滤干净，因为倒槽过滤时过滤后的溶液不会和过滤前的溶液混合。但是，定期过滤也就是工作时溶液不过滤，这时固体颗粒逐步积累，直到溶液快不能工作时再过滤，无疑溶液的状态并不总在最好的状态。为了溶液总是处于较好的工作状态，越来越多地采用循环过滤。

采用循环过滤时，首先要通过溶液体积和过滤流量决定每小时溶液过滤几次。其次选用过滤介质，过滤介质有绕线滤芯、无纺布滤袋、纸质滤芯、叠片式过滤介质和微孔管滤芯等，也有混合型的。叠片式过滤介质和微孔管滤芯过滤精度较好，但前者操作较麻烦后者较易堵。绕线滤芯用得最多但清洗困难使用次数少，无纺布滤袋清洗容易使用次数多但产品来源对过滤精度影响大。总之，各有优缺点要视情况选用。还有活性炭滤芯，可以在工作时做轻度活性炭处理。

过滤泵的选用有立式和卧式两种。立式泵的优点是间隙大更适合于化学镀溶液的过滤，但安装方式比卧式泵复杂一点。卧式泵有机械泵和磁力泵，前者更适合于有较多固体颗粒时用，后者无轴封更不容易泄漏。另外，PP 泵可在 80℃ 以下使用，但不耐铬酸。要耐铬酸可用 PVC 泵，但温度不能超过 50℃。又要耐铬酸，又要超过 50℃，可以用 PVDF（聚偏氟乙烯）泵。还有不锈钢泵、合金泵可以根据情况选用。

5.8.2　通风设备

镀槽通风设备大体由抽风机、通风管道和废气净化器组成。抽风主要是将槽内散发的有害气体尽量排出室外，以改善室内和周围的环境。它由槽边吸风罩（含调节阀门）、支管、主管、风机、风囱、风帽、支撑架等组成。抽风量大小只与所需抽风槽内溶液介质、槽体表面积有关，与其深度无关。

抽风系统的成本决定于需抽风槽的数量、单侧还是双侧抽风、需要分几类排出。所需风机的规格大小、风机位置距主机的远近、风囱需要的高度（与周围环境有关）、废气是否需经处理后再排出（如加装铬雾回收器）等。

5.8.3　其他设备

有时根据需要还有镀液加料、酸碱调节设备；由各种原料储槽、溶解槽、计量器、输送泵和管道组成的镀液配制设备。

5.9　电镀前准备工作内容

电镀前的准备工作就是把公用性方面的工作，诸如工具、设备的维修，电镀溶液的维护，使用材料的准备，技术力量的培训等在投产之前做好，以免占用电镀加工时间而影响生产进度，具体内容分别叙述如下。

（1）挂、夹具的维护

经过多次使用的挂、夹具往往会有损坏，如枝叉挂钩折损，不能再负载应有的工件数量，既影响到生产效率，又会因挂、夹具的枝叉稀疏而引起电流分布不均，导致镀层镀焦等质量问题的发生。有的挂、夹具当时虽未折断，但已损伤的，则还可能在电镀工序间脱落，引起镀件的丢失或砸坏。另外，绝缘胶的脱落会缩短挂、夹具的使用寿命，镀液也会因此而遭到污染，为此在使用之前需进行检查和维修，这一工作很占时间，若投产之前已经修复，则使用时即可拿来就用，从而大大地提高工作效率。

（2）电镀溶液的维护

重点要做好以下五点：①电镀溶液遭到污染要及时予以治理；②电镀溶液要定期进行化

验分析；③落入槽内的镀件要及时捞出；④随时检查阳极的活化及溶解情况；⑤镀槽、极梗要保持清洁。

（3）机、电设备与工具的维护

电镀车间主要的设备是整流器，该设备的维修通常归保养车间管理，一旦发生故障要当即提出申请，以便对方安排处理，使用者要严格执行使用制度，以减少故障的发生。

（4）日常使用材料的经常核实

材料的库存量应有账可查，要尽力避免因材料短缺而影响生产进度（电镀材料并不是一般城市都能随便购买得到的），这也是产前准备工作的重要一环，应予以重视。

（5）有计划地培训人员

开发智力资源，利用高技术人员促进生产是当前保证产品质量、提高经济效益的重要手段之一。有了人才资源的储备，企业就不再会出现有任务而无能力接受的尴尬局面。

5.10　退　　镀

镀层如出现鼓泡、起壳、粗糙、尺寸超差、硬度不符合要求等缺陷时应退除重镀。作为镀件支撑体的挂具也被镀上相应的各种金属镀层，由于挂具要反复使用，生产线中挂具镀层的退镀则同每一种镀层的电镀工序同样重要，在镀完一批镀件进行下一批镀件电镀时必须对挂具上的镀层进行彻底退除，否则将污染镀液，影响镀件质量。因此如何保持电解退镀液退除镀层的良好效果是非常重要。

镀层的退除是电镀工艺中的重要工序之一，尽管退镀只是电镀生产中的一个补充环节。镀层的退除工艺要求严格，当退除液的组成、工艺条件选择不当，操作稍有疏忽，就可能退镀不完全或损伤基体造成工件报废。

为了保证退镀的质量，镀层的退镀工艺希望满足：a. 镀层退除迅速，能满足电镀工艺的需要，避免增加挂具数量；b. 基体本身不被腐蚀，减少工件的报废量；c. 退镀操作方便，电解剥离终点判断明显；d. 退镀工艺的安全性好，强腐蚀、毒性等危险因素尽量避免；e. 工艺产生的三废处理量少，也不困难，环境友好。从整个退镀液的发展历程来看，基本上由强酸、强碱、剧毒型向着中性、环保型的方向发展。如何延长退镀液的使用寿命，消除环境污染，最大限度地降低成本是当前需要探索和解决的关键问题。

5.10.1　常用退镀方法

目前，常用退镀方法有机械切削、电解和非电解退镀三种方法。

（1）机械法

机械退镀法就是采用喷丸、磨削等方法将镀层去除，这种方法简单、退镀快、成本低、无化学污染。但受到几何因素限制，不适合形状复杂零件的退镀。

（2）化学法

化学法退镀机理比较成熟，主要是通过强氧化剂或酸、碱溶解镀层金属。为了提高退镀速率，通常还要加入适当的促进剂或催化剂，使得退镀在规定时间内完成；使用一种对被退除金属的配位能力比对基体金属更强的配位剂或螯合剂，提高其相对溶解性能。加入缓蚀剂（六亚甲基四胺、乙二胺、硫脲等）能化学或物理地吸附在基体上，阻滞或完全抑制基体金属在电解质中的腐蚀，同时对被镀金属缓蚀效果差。

这种方法优点是化学退镀无电场分布不均的影响，不受几何因素限制，操作比较简单，退镀干净，是退镀的首选方法。但存在化学污染、成本高，有时会使基体金属过腐蚀的问题。

（3）电解法

电解退镀工艺是一种电化学过程，镀层金属在阳极失去电子，并在配位剂（三乙醇胺、乙二胺、硫氰酸盐、EDTA、柠檬酸等起活化与配位作用）或沉淀剂或电场作用下进入溶液或沉积在槽底。当镀层溶解完毕露出金属基体时，基体金属在碱性溶液或含有铬化合物的溶液里阳极钝化或在酸性溶液中加入缓蚀剂等物质，使得只有镀层金属发生阳极氧化而溶解，金属基体免受腐蚀。电解退除时当发现电流急剧下降，电压急剧上升，槽液停止泛泡，表明到达了退镀终点。

目前应用较多而又比较成熟的退镀溶液有：a. 防染盐（间硝基苯磺酸钠）＋氰化钠；b. 浓硝酸＋氯化钠；c. 铬酐＋硼酸；d. 硝酸铵＋酒石酸钾钠＋硫氰酸钾；e. 磷酸＋三乙醇胺；f. 硝酸铵＋六亚甲基四胺＋氨三乙酸；g. 硝酸铵；h. 硝酸钠＋铬酸＋硫脲＋硝酸等。

它的优点是：退速快、安全、成本低、污染小。缺点是选择范围窄，退除质量受几何因素影响（但比机械退除法要小得多）。不适用于工件几何形状复杂、尺寸精度要求较高的场合。

5.10.2 常见镀层的退镀工艺

5.10.2.1 镍、铜镀层的化学退除

钢铁基体，底镀铜层上的镍镀层的化学退除配方工艺和钢铁基体镀铜层上的化学退除配方工艺见表 5-2。

表 5-2 镍、铜镀层的化学退除条件

项目	退镀镍		退镀铜	
配方	间硝基苯磺酸钠	100g/L	间硝基苯磺酸钠	100g/L
	硝酸铵	18g/L	氨水（25%）	200mL/L
	乙二胺	80mL/L	硫酸铵	100g/L
工艺条件	温度	80℃	温度	60～70℃

间硝基苯磺酸钠（即防染盐）虽然对基体无腐蚀，但需高温退除，时间长，效率低；而且若与剧毒物质氰化钠同时使用，操作不当，危害也很严重。改用与硫氰酸钾、乙二胺等共同作用效果要好一点。防染盐法的反应机理很复杂：第一步是硝基—NO_2 还原为亚硝基—NO，这一步比较缓慢，因为反应过程伴随着相当高的活化电位。第二步还原反应是迅速的，反应过程中伴随着较低的活化过电位，还原的过程是由亚硝基还原成羟氨基—NH_2OH^+。随后的步骤则取决于退镀液是酸性还是碱性。

另外硝酸、铬酐等氧化锌酸也是好的退镀材料。铬酐退镀的示例如下：铬酐 230～270g/L，硫酸铵 20～40g/L，室温。化学退铜溶液经长期使用将老化、失效。可用过硫酸铵氧化再生。当退镀液中 Cr^{3+} 含量接近 Cr^{6+} 含量的 1/10 时可加入相当于减少 Cr^{3+} 质量 4.5 倍的过硫酸铵，加入后搅拌均匀，放置使 Cr^{3+} 充分氧化，若加热至 70～90℃并保温 1h 效果会更好。

5.10.2.2 铬镀层的电解退镀

（1）退镀条件

底镀层镍的铬镀层上的电解退镀条件见表 5-3。

（2）操作说明

① 阴极可用低碳钢，退除速度约 $5\mu m/min$，由于碳酸钠和磷酸钠都是弱碱，铝质基本不溶解，能够保持原有尺寸精度和粗糙度。

退除时当发现电流急剧下降，电压急剧上升，槽液停止泛泡，表明铬层退尽，取出工

件，刷去内孔表面上的附积物，重复前处理工艺后可重新镀铬。此退除工艺溶液无需加温，退除速度快。

表 5-3　铬镀层电解退镀条件

基体材料	溶液组成	操作温度	阳极电流密度
锌合金	$NaCO_3(Na_3PO_4)50\sim70g/L$	$30\sim50℃$	$0.5\sim2A/dm^2$
铝	$NaCO_3\ 250g/L$ $Na_3PO_4\ 10g/L$	室温	$10A/dm^2$
钢铁	$NaOH\ 40\sim60g/L$	$60\sim70℃$	$4\sim6A/dm^2$

② 退除前先将工件表面污物擦洗干净，必要时按预处理工艺进行。

③ 退除后尚需重新镀铬的，为了保证镀铬层质量，可采取下列措施：a. 在碱液中阳极退除后再在阴极上通电 $5\sim10s$（退镀液不太脏的话）；b. 在碱液中退除后再在铝的硫酸阳极化槽中，在 $8\sim10V$ 条件下阴极处理 $3\sim5s$；c. 在碱液中退除后将工件移至镀锌槽中镀 1min 锌，然后再用稀盐酸退除。

5.10.2.3　不合格锌镀层的退镀

当锌镀层质量不合格时，常采用化学法进行退镀，其退镀液有酸性和碱性两大类。

① 酸性退镀液：盐酸 $200\sim300mL/L$，室温。如退镀时产生大量泡沫，可加入 $1\%\sim2\%$ 的硝酸。

② 碱性退镀液：氢氧化钠 $200\sim300g/L$，亚硝酸钠 $100\sim200g/L$；温度 $100\sim120℃$。高碳钢工件、弹性工件，以使用碱性退镀液为好。

5.10.2.4　铜镀层的退镀

（1）化学法

① 对钢铁上的铜镀层可以使用：铬酐 $400g/L$，硫酸 $50g/L$，在室温下退除。

② 对铜镀层和铜镍复合镀层，可采用间硝基苯磺酸钠（防染盐 S)＋氰化钠溶液（$80\sim100℃$）；或浓硝酸＋氯化钠溶液（$60\sim70℃$）。

（2）电化学法

对钢铁工件上的铜镀层，也可以采用电化学方法进行退镀，退镀液配方及工艺条件如下：

硝酸钾 $150\sim200g/L$；

硼酸 $40g/L$；

pH 值 $5.4\sim5.8$；

室温；

阳极电流密度 $7\sim10A/dm^2$。

5.11　滚　　镀

5.11.1　概述

滚镀是大批小零件放在滚动的容器中进行电镀的过程。滚镀适用于受形状、大小等因素影响无法或不宜装挂的小零件的电镀，它与早期小零件电镀采用挂镀或篮筐镀的方式相比，节省了劳动力，提高了劳动生产效率，而且镀件表面质量也大大提高。滚镀与小零件挂镀最大的不同在于它使用了滚筒，滚筒是承载着小零件在不停地翻滚的过程中受镀的一个盛料装置。

滚镀时大量的镀件放在一个布满小孔的六角形滚桶中，内有阴极导电杆与镀件作不固定接触，以保证零件受镀时所需的电流能够顺利地传输。然后，滚筒以一定的速度按一定的方

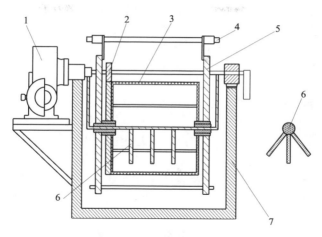

图 5-8　滚镀机示意图
1—动力组件；2—齿轮组；3—滚筒体；4—阳极汇电杆；5、6—阴极导电组件；7—槽体

向旋转，零件在滚筒内受到旋转作用后不停地翻滚、跌落，使零件一会儿被埋进整个零件堆积体的内部，一会儿又翻到外表面。同时，主盐离子受到电场作用后在零件表面还原为金属镀层，滚筒外新鲜溶液连续不断地通过滚筒壁板上无数的小孔补充到滚筒内，而滚筒内的旧液及电镀过程中产生的氢气也通过这些小孔排出筒外。滚筒和阳极置于槽体中，槽体包括槽身和阳极导电杆，以及加热或冷却装置，槽体的材料和结构与相同镀种的固定镀槽基本相同。滚镀机示意图如图 5-8 所示。

5.11.2　滚镀的工艺设备条件

5.11.2.1　滚筒

（1）滚筒形状与尺寸

卧式滚镀的滚筒形状为柱状，使用时卧式放置。滚筒轴向为水平方向，所以卧式滚镀也叫水平卧式滚镀。滚筒材料除导电部分外，浸没在溶液中的滚筒构件都用绝缘的耐腐蚀材料制成。

卧式滚筒的横截面形状有六角形、八角形和圆形等。采用六角形滚筒，零件在翻动时跌落的幅度大，零件的混合较充分，镀层厚度均匀性优于其他形状的滚筒。但圆形滚筒制造方便，而且当外形尺寸相同时，圆形滚筒的装料量比六角形滚筒多 21%，圆形滚筒内壁装上几根纵向矮肋可以促使零件均匀翻滚。当滚筒的内切圆直径大于 420mm 时，应采用八角形滚筒，因为这时六角形内切圆与外接圆的半径相差太大，不利于稳定导电。当经常需要同时滚镀两种不同零件时，可将滚筒分成左右两格。滚筒的直径过大，零件翻滚时内外交替不良，电沉积不均匀。一般滚筒的直径为 300~450mm。为提高产量，不增加滚镀直径，应增加滚镀长度。一般滚筒长度为 600~1000mm。

（2）筒壁小孔

滚筒壁板上布满了许多小孔。电镀时零件与阳极间电流的导通、筒内外溶液的更新及废气的排出等都需要通过这些小孔。用垂直于筒壁的小孔（直眼）滚筒时，像大头针、发夹等类似产品不适用，易从筒眼中漏出，可采用斜眼式（同筒壁成 45°的小孔）滚筒，斜眼式没有直眼式电流效率高，还应尽量增加孔数。

孔的数量在保证滚筒的强度和刚性的前提下应尽量多些并以正三角形排列为好；孔径在保证镀件不漏出情况下，尽量大些，以保证镀液的透过能力，否则，降低电沉积速度，使均镀能力变差，在大电流密度下工作时，零件容易局部烧焦，出现点状花纹（滚筒眼）。孔径的大小与镀层的厚度显示出较为复杂的关系，总的趋势是随着孔径的增大，镀层的厚度有所增加，但这种倾向还与镀液的性质有关。通常当孔直径 1.5mm 时孔中心距 4mm；孔直径 2mm 时孔中心距 4mm；孔直径 5mm 时孔中心距 9mm；孔直径 7mm 时孔中心距 11mm；孔直径 9mm 时孔中心距 13mm。

（3）滚筒门

滚筒门是滚筒壁板的一面开口，电镀时小零件从开口处装进滚筒内，然后盖上滚筒门将开口封闭。滚筒门的结构应保证闭合可靠，开关方便。带指扣边缘的插闩式弹性橡皮条拉紧门，是常用和可靠的一种结构形式。当使用长度较大的滚筒时，应加强门的刚性。

（4）滚筒转速

滚筒的最佳转速与镀种、滚筒直径及表面光亮度要求等有关。因此选用滚筒转速时，首先考虑镀种，其次考虑滚筒直径及对镀层光亮度的要求，而零件的硬度和几何形状是次要因素。

滚镀的转速对镀层的厚度变化的幅度和分散能力都有影响。当转数低时，镀层厚度的变化较大，分散能力也不好，随着转速的增加，厚度差减少，但分散能力提高，再进一步提高转速，镀层厚度的变化差值和分散能力都再度变差。

滚筒转速慢，能提高电沉积速度。滚筒转速快，能提高镀层光泽，但电沉积速度下降，可用增加浓度、提高温度和电流密度等方法来补救。

软质镀层或小件宜选用较缓慢的转速，如镀锌的滚筒转速可取 3～7r/min；硬质镀层或较大工件宜选用较快的转速，如镀镍的滚筒转速可取 8～12r/min。但转速也不可过快，否则沉积速度缓慢。滚筒直径较大时转速取下限，要求镀层有较高的光亮度时转速取上限。

5.11.2.2 工件

（1）零件位置差异

小零件在滚筒内是堆积在一起的，滚镀时，主金属离子实际只在表层零件的表面还原形成金属镀层，而内层零件由于受到表层零件的屏蔽、遮挡等影响只有电流通过，却几乎没有电沉积反应发生。因此，小零件只有不停地翻滚，才能促使内层零件与表层零件不断地变化、转换，并最终保证每个零件都有均匀受镀的机会。小零件在滚筒内如果不翻滚而处于静止状态，那么使用很小的电流密度，就可能使表层零件附近的金属离子匮乏而产生"烧焦"现象。尤其贴近滚筒壁板的表层零件，会使从孔眼处进入滚筒的电流受到阻碍，从而集中停留在零件上紧挨孔眼部位的狭小表面，造成该处镀层烧焦留下黑色眼点。

（2）抛光作用

当工件翻滚时部分工件易脱离群体，使电流时断时续，在此瞬间该部分工件失去放电机会出现化学溶解，滚镀过程中同时具有出光作用。并且，六角形滚筒零件间相互抛磨的作用强，滚镀镀层的结晶会比较细致。更利于提高镀层的光亮度，镀层的分散能力有所改进。因此，滚镀的产品的外观质量一般都优于挂镀的产品。工件装载量大能增加零件的滚光作用。

（3）电流输送方式

滚镀时，零件是整体压在滚筒内的阴极导电装置上的，与阴极导电装置直接相连的零件只有极少部分，绝大部分零件只能通过零件之间的堆积接触与阴极导通，这就是滚镀的间接导电方式。这种间接导电方式由于主要靠零件与零件之间间接导电，而不是零件直接与阴极接触导电，所以，滚镀时零件的接触电阻较之挂镀相应增大。

（4）零件形状

与挂镀一样，滚镀镀件的形状对电镀效果有很大影响，只不过镀件的形状对滚镀的影响更大。首先是不能适用于大型的制件，另外，一些形状的产品根本就不能滚镀，比如片状、易重叠和互相咬合或卡死的小零件，细针类产品等。有些形状不很适合滚镀时，则需要延长电镀时间或将易镀的产品与难镀产品混装来电镀。这样可以提高难镀制件的合格率。

易镀的形状是球状、柱状、管状、圆形等不带钩和弯角等的产品。理想的适用于滚镀的制件就是类似标准件样的产品。在需要的时候，为了让一些片状镀件能利用滚镀加工来提高生产效率，可以用钢珠来做导电媒介和分散片状镀件的陪镀件，这种陪镀钢珠可以反复使用，从而成为滚镀工艺中一种特殊的工具。也可在滚筒内增加翻动零件的附件装置，以增加滚镀设备对不同产品的适应性能。

（5）装料量

滚镀的装载量可以有三种计算方法，即镀件的表面积、镀件的重量和容积。常用的是镀件的容积。根据经验，零件装料量（堆积容积）占滚筒内部容积的1/3左右较合适，镀件的最大容积最好不超过滚筒容积的40%。装料量小，产量低，而且会造成翻滚不良，镀件在桶底部震动，镀层均匀性不良。装料量过大（超过滚筒内部容积的1/2时），则零件翻滚不良及滚筒内溶液浓度相应降低造成零件镀层不均匀，里边的镀件难以镀上镀层而出现漏镀和镀不全的质量问题，而且沉积速度慢。

5.11.2.3 电化学因素

（1）电流密度

滚镀的电流密度差异大。滚镀的阴极电流密度虽然较大，然而由于电流密度差异悬殊，多数电流消耗在高电流密度的工件上，平均电流密度却很小，结果是阴极电流效率低，如操作中稍有疏忽，镀层厚度就难以保证。

在滚筒的装载量一定时，随着电流的增加，镀层厚度的变化幅度增大，镀层的均匀性下降，这种倾向在镀液中有添加剂时有所增加。滚镀镀层的厚度与电流强度并不是呈线性增长的趋势，而是出现阶段性的波动，并且随着电流强度的增大，出现镀层厚度平均值下降的情况，尽管这时可以测到某些高电流强度下最厚镀层值，但也有最低厚度值，平均数仍然低于其他低电流强度的厚度值。因此，滚镀一般在确定一个电流强度后，就不再调整电流，而是视电压变动来调整电压。

（2）电压

滚镀的槽电压要大于挂镀，大的孔径有利于电流的通过，这时的孔径相当于导电体的截面，因此当孔的直径增大时，电解液的电阻会有所下降，槽电压也就会随之下降。由表5-4可以看出这种关系。

表5-4　滚筒孔径与槽电压的关系（瓦特镀镍液）

孔径/mm	槽电压/V	孔径/mm	槽电压/V
2.0	11	4.0	8.5
3.0	9.5	5.0	8.0

由于在筒内受镀，电力线的传送阻力增加，使用电量有所增加。普通挂镀电压在6V以内即可，而滚镀的电压通常在15V以上。因此，要对滚镀液的配方做适当调整，增加电解液的导电性能，并对滚筒的结构做一些调整，以利于电流的通过。

（3）滚镀时间

与挂镀相比，滚镀要获得与挂镀相同厚度的镀层，电镀时间要延长一些，也就是说滚镀的电沉积速度有点慢。这是与电阻增加、有效电流密度降低等有关连的问题，应该尽量设法提高镀筒内的真实电流密度，来提高沉积速度。

（4）阳极

滚筒外径和阳极之间的距离一般为80～150mm。距槽底一般为300mm以上，液面距槽边约80～100mm。由于滚镀槽空间较小，不可能有富余的地方放置较多的阳极，阳极板消耗快，使阳极电流密度升高，溶解速度下降，从而影响镀液的稳定性。滚镀工艺本身阳极面积要求较大，阳极面积不足电流不易上调，难以满足滚镀工艺要求，并由于滚镀溶液波动大，在液面交界处的极板易溶断，常见到只有极板头在阳极杆上挂着，而极板尾早已掉入槽底。

（5）阴极导电装置

滚筒内的阴极导电装置通过铜线或棒从滚筒两侧的中心轴孔内穿出，然后分别固定在滚筒左右墙板的导电座上。阴极导电装置不应与滚筒一起旋转，而应同零件连续接触，并具有一定的弹性，以免零件卡死损坏零件，造成事故。阴极导电装置本身也是被镀件，所以，使用一段时期后，要进行清理。如用化学退镀方法快速清除镀层，不易退除的镀层需更换导电装置。阴极导电装置除与零件接触部分外，都应采取绝缘措施，以免损耗电能，也便于清理。最常用的是象鼻式阴极导电装置。滚筒长度小于 600mm，一般左右两端各设一根"象鼻"式电缆。铜头的直径为 20～40mm，长度为 40～60mm。电缆铜芯与铜头用螺栓压紧联结。滚筒长度大于 600mm 时，可在滚筒轴线的中央穿一根电缆（或有绝缘套的铜轴），从其上引出 3～4 个"象鼻"式电缆。当被镀零件自重较大翻滚均匀性不好时，要求阴极导电装置还要兼作搅拌用。

5.11.2.4 镀液

（1）主盐

滚镀溶液与槽镀基本相同，组分浓度高于挂镀。较高的主盐浓度可采用较大的电流密度，从而达目到加快沉积速度，提高工作效率，改善深镀能力的目的，有利于提高溶液的稳定性。滚镀溶液中主盐消耗较快，这主要是阳极面积常常不足，工件出槽时损耗较多等原因引起的。主盐含量过低时会引起电流效率下降，镀层难以镀厚，为此需根据化验分析数据及时调整主盐浓度。

（2）导电盐

保持足够的导电盐含量有利于改善镀液的分散能力和深镀能力，有利于阳极正常溶解，对补充金属离子快速消耗有利。滚镀配方中的导电盐多为好。

（3）缓冲剂

滚镀时 pH 值的变化相对较快，又由于镀液剧烈搅动，液温相对较高，为不致因阳极溶解受阻而产生副作用，溶液中需要有足够缓冲剂的存在。为维护生产，pH 值需要勤调。pH 值的变化尤其在滚镀镍时很明显，这是因为滚镀镍过程中局部部位析氢激烈。

（4）添加剂

任何添加剂对滚镀的分散能力都是不利的。滚镀液所用的添加剂的选取要更加谨慎，且用量不宜过多。这与挂镀中添加剂的作用结果是完全不同的，添加剂在挂镀中多数有利于提高分散能力。

（5）温度

滚镀时溶液升温快。滚镀时电流大，放出的热量多，因槽液少，难以很快散热，当温度超过允许值时会导致溶液的分散能力和阴极电流效率明显降低，引起镀层硬度和内应力的急剧增加。温度过高的另一问题是某些添加剂不允许在高温度的条件下工作，否则阳极极化性能降低，必须用较高的电流密度，才能获得细化结晶。因此，滚镀的冷却装置是不容省略的，尤其是镀锌。

（6）镀液量

滚筒浸没在溶液中的深度应满足电镀时零件不能露出溶液表面；电镀时滚筒内产生的气泡应能及时排出。因此，全浸式滚筒的滚筒浸没在溶液中的深度为其直径的 70%～80%。半浸式滚筒的滚筒浸没在溶液中的深度为其直径的 30%～40%。

5.11.2.5 辅助工序

（1）预处理

滚镀件预处理难度大。滚镀件只能在篮筐里预处理，难免有重叠，故难以彻底除尽污物。因而滚镀溶液易受污染，如果滚镀溶液对杂质较敏感，溶液的净化处理工作量较大，往往容易因此而耽误生产。

（2）后处理

要重视镀后清洗。滚镀件出槽时表面会黏附不少溶液，为充分利用资源并减轻环境污染，要采取溶液回收并多级逆流漂洗，为防止镀层遭到损伤，筐内装载量不可过多，漂洗时要在水中轻轻抖动。

5.11.3 其他形式的滚镀

5.11.3.1 倾斜式滚镀

如图 5-9 所示，倾斜式滚镀的滚筒形状为"钟"或"碗"形，因此倾斜式滚筒也被称作钟形滚筒。滚筒轴向与水平面约成 40°～45°，则零件的运行方向倾斜于水平面，倾斜式滚镀的名字即由此而来。

目前使用的倾斜式滚镀设备叫做倾斜潜浸式滚镀机。倾斜潜浸式滚镀机由于其操作轻便灵活、易于维护而广受欢迎。另外，使用倾斜式滚镀机镀件受损较轻，比较适合易损或尺寸精度要求较高的零件。但是，倾斜式滚镀机滚筒装载量小、零件翻滚强度不够，在劳动生产效率和镀件表面质量等方面逊色于卧式滚镀机。所以，多年来倾斜式滚镀的应用与发展始终落后于卧式滚镀。

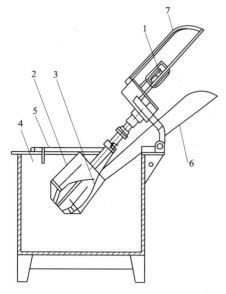

图 5-9 倾斜潜浸式滚镀机

1—电机；2—滚筒；3—阴极；4—镀槽；
5—阳极；6—导料槽；7—升降手柄

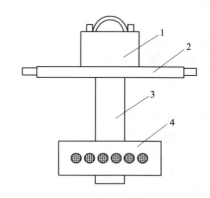

图 5-10 振筛示意图

1—振荡器；2—振杆；3—传振轴；4—料筐

5.11.3.2 振动电镀

振动电镀的滚筒形状为圆筛状（如图 5-10 所示），滚筒内零件的运动靠来自振荡器的振动力来实现。通过控制振筛的振动频率或振幅来控制零件在振筛内混合。振筛的振动轴向与水平面垂直，振筛内零件的运动方向为水平方向。

振筛的料筐上部敞开后，彻底打破了传统卧式滚筒的封闭式结构，消除了滚筒内外的离子浓度差，所以镀层沉积速度快、厚度均匀，电流密度范围宽，机械光整作用好，镀层结晶细致，表面光亮度高。对零件的擦伤、磨损等均小于滚镀。另外，振动电镀时阴极导电平稳，夹、卡零件现象较轻，并且可以随时对零件进行质量抽检。

由于受到振筛结构和振动轴向的限制，振筛的装载量比较小，并且振动电镀设备的造价也比较高，对不宜或不能采用常规滚镀或品质要求较高的小零件，如针状、细小、薄壁、易擦伤、易变形、高精度等零件，振动电镀有着其他滚镀方式不可比拟的优越性。

5.11.4 滚镀光亮性锡钴合金工艺规范示例

5.11.4.1 工艺规范

无氰滚镀光亮性锡钴合金工艺规范见表 5-5。

表 5-5　无氰滚镀光亮性锡钴合金工艺规范

溶液成分	规范	操作条件	规范
焦磷酸钾/(g/L)	150～200	温度/℃	50～55
锡酸钠/(g/L)	60～70	pH 值	10～11
氯化钴（工业级）/(g/L)	6～10	电流密度/(A/dm²)	150～170
EDTA 四钠（工业级）/(g/L)	10～15	吊镀/min	1.5～2
酒石酸钾钠/(g/L)	15～20	镀桶转速/(r/min)	6～10
明胶/(g/L)	0.1～0.2		
Sn^{2+}/(g/L)	0.05～0.1		

5.11.4.2 工艺影响因素

（1）焦磷酸钾

焦磷酸钾含量低于 100g/L，镀层分散能力差，在电流小的部位，镀层带棕色，光亮差；焦磷酸钾含量超过 250g/L，锡阳极以二价锡溶解下来，使镀层发灰白色，无光。正常控制在 150～200g/L 较宜。

（2）EDTA 四钠

EDTA 四钠含量低，钴离子容易析出，使镀层发黑色光泽；EDTA 四钠含量太高，钴难于镀出，使镀层发白色，无光。EDTA 控制在 10～15g/L 范围内为宜。

（3）锡离子的影响

溶液内锡离子除靠锡阳极溶解来补充之外，还需要加锡酸钠供给锡离子。锡含量低，镀层带黑色光泽；锡含量太高，镀层发白色，光亮差。一般锡酸钠控制在 60～70g/L 范围内为宜。

（4）氯化钴

溶液内钴离子靠添加氯化钴或硫酸钴来补充，氯化钴含量低，镀层发白色，无光；氯化钴含量过高，镀层带黑色光泽。一般控制在 1.5～2.2g/L 金属钴。

（5）酒石酸钾钠

酒石酸钾钠含量低于 10g/L，锡酸钠容易水解生成白色沉淀；酒石酸钾钠含量过高，无明显影响。酒石酸钾钠为防止锡酸钠水解，一般控制在 15～20g/L。

（6）pH 值

若降低 pH 值，有利于钴离子的析出，使镀层带黑色光泽；若提高 pH 值，有利于锡离子的析出，使镀层带白色。一般正常控制 pH 值在 10～11 范围内为宜。

（7）温度

温度高，有利于锡的镀出；温度低，有利于钴的镀出。温度控制在 $50\sim55℃$ 为宜。

（8）电流密度

当电流密度高时，有利于锡的镀出；当电流密度低时，有利于钴的镀出。正常电流密度应控制在 $1.5\sim2A/dm^2$ 为宜。滚镀时电流密度为 $150\sim170A/$ 筒为宜。

（9）阳极

阳极挂锡板，面积为阳极∶阴极＝2∶1。正常阳极表面为黄色转棕黑色，锡的四价锡离子进入溶液。若锡阳极表面为白色，锡以二价锡形式溶解下来，需加 $0.2g/L$ 双氧水氧化成四价锡。

5.12　机械镀锌

5.12.1　概述

机械镀锌是在由锌粉及分散剂、促进剂、液体介质等化学物质构成的混合液中，利用冲击介质（如玻璃珠）冲击碰撞钢铁制件表面，在制件表面形成镀锌层的表面处理工艺。

电镀锌由于其工艺成熟、成本低、镀层耐蚀性好而得到了广泛的应用；但是它也存在着一定的弱点，如镀层厚度较薄，工艺过程中易对基体产生渗氢，所以一些机械零件禁止采用电镀锌方法。机械镀锌不需要电源，利用机械能量和电化学反应的作用，使锌粉在旋转的滚筒内在金属零件上沉积锌，无氢脆、无毒、产量大。

机械镀可以在基体上镀上厚度从 $3.80\sim25.4\mu m$ 的锡层、镉层、铝层、锌层（能得到 $5\sim110\mu m$ 锌镀层）和这些金属的各种比例的混合层，镀层厚度易控制；混合层锌和镉、锌和铝、锌和锡、镉和铝，可满足较多的耐腐蚀防护要求。其他一些较软的、延展性较好的金属粉末，如铜、黄铜、铟、金、银和铅也能被机械沉积。

机械镀锌形成的镀层成分为由 Cu、Sn 和 Zn 组成的复合镀层，Cu、Sn 的存在，使镀层在结构上带有一定缺陷，阻碍了镀层耐蚀性能的进一步提高。在镀层厚度相同的情况下，机械镀锌层的耐腐蚀性与电镀锌和热镀锌相当，含铝的机械镀锌层耐腐蚀性要好些。

机械镀是处理大批量长度小于 $150\sim200mm$、重量小于 $0.45\sim0.9kg$ 工件的一种工艺。对那些较大和较重的工件，虽然也能进行机械镀；但从经济上考虑，不适宜使用这种方法。

机械镀锌层外观为均匀的银白色，色泽均匀，并有微小的凹凸点，呈非光亮或半光亮状态；其光滑度和光亮度不如电镀锌层，但比热浸镀层更光亮、更光滑。考虑到机械镀层是对工件提供牺牲阳极保护，所以镀层外观的严格要求并不必要。机械镀层厚度 $25.4\sim88.9\mu m$ 的可代替热镀产品；厚度小于 $25.4\mu m$ 的可代替电镀产品。

机械镀锌的生产车间和作业场所噪声均不超过 85dB；镀锌废水排放少，易处理，生产环境好。

机械镀不像电镀那样需要电能，也不像热浸镀那样需要高的热量。由于具有在室温下进行、能耗小、成本低、工艺简单、配方多样、操作方便、生产效率高、无氢脆现象、环境污染少等优点，越来越受到金属零部件行业的关注，如电力、交通、机械用的紧固件、水暖管件、射钉、水泥钉、环链等，应用前景十分广阔。

5.12.2　机械镀的沉积机理

虽然机械镀锌已经有大量的工业应用，但关于其镀层形成机理的研究目前还不成熟。

较具代表性的观点认为，机械镀的镀层形成机理是在滚桶转动过程中产生的机械能的作用下，冲击介质不断将金属粉末颗粒撞击到工件表面，从而形成一个由无数呈扁平状颗粒组成的连续镀层。整个过程实际上是一个冷焊过程，但是这不能解释为什么镀液中要加入酸、锡及另外的一些金属离子。

　　也有些研究者认为，在较短的时间内，仅靠机械撞击力将金属粉末均匀地敲在工件表面上不太可能，提出锌粉的沉积是电化学和机械携带的共同作用结果。在化学环境作用下，Sn^{2+} 和金属锌粉发生化学反应，造成锌粉团周围呈现正电性，而活性酸根离子吸附在钢铁基体表面造成基体表面呈现负电性。由于电荷的异性相吸造成金属锌粉在表面的沉积，然后在冲击介质作用下，碰撞紧密，进而发生颗粒间的镶嵌变形、成层。上述过程可归纳为富集吸附、紧实变形、镶嵌成层 4 个阶段。

　　通过不断的研究，在目前有关沉积过程和配方对机理方面的内容如下。

　　目前的实验显示，在锌粉的分散溶液体系中，保持一定的 pH 值范围和一定的温度下，选择合适的金属盐溶液 ［如 $CuSO_4 \cdot 5H_2O$、$NiSO_4 \cdot 6H_2O$、$(NH_4)_2SO_4 \cdot FeSO_4$、$CoSO_4$ 等］，可以在金属锌粉颗粒表面获得 Cu-Zn、Ni-Zn、Fe-Zn、Co-Zn 等合金粉体。这说明比锌这种被镀金属较不活泼的金属的离子在沉积过程中被还原了。从平衡电位的角度我们可以选择出可供还原的引发剂及其反应条件。

　　目前的实验显示，闪铜底、有锡工艺和无铜底、无锡工艺都可以使机械镀锌进行。表5-6 是对获得镀层的成分数据分析结果。闪铜底、有锡工艺有明显的闪镀层。

表 5-6　不同机械镀锌的镀层成分

成　　分	闪铜底、有锡工艺			无铜底、无锡工艺		
	基材	界面	镀层	基材	界面	镀层
Zn/%	0.35	10.95	90.12	1.28	42.34	98.32
Cu/%		35.26				
Sn/%		24.70	8.34			
Fe/%	97.88	28.64	1.14	96.96	57.10	1.30
其他物质/%	1.77	0.45	0.40	1.76	0.56	0.38

　　从表 5-6 中可见，镀层中总是含有铁，无铜底、无锡工艺的镀层与基体的界面是含铁超过 50% 的合金，显然沉积过程中夹杂铁离子是不可能的；同样有铜、有锡工艺的镀层界面主要由 Cu、Sn、Fe 构成，含锌 11%。这说明铁作为比锌不活泼的金属参与了沉积，是沉积的引发剂，起到了黏合锌粉颗粒的作用。我们认为，玻璃珠冲击摩擦基材，此时基材表面冲击点被活化，铁溶解导致局部铁离子浓度增加，如果在玻璃珠冲击带上锌粉被冲击到该点附近与基材接触。在锌粉靠近基材的接触点的地方作为阴极，铁离子还原成铁黏合基体和锌粉；锌粉于溶液一侧的锌溶解作为阳极。由此将锌粉沉积到基材上，如果冲击点处没有锌粉，溶解的铁离子进入溶液中，由于铁比锡、铜活泼，如果溶液中有铜离子，将优先还原沉积，然后是锡，最后是铁，这就解释了为什么机械镀锌事实上镀上的是 Fe-Zn 合金。此后镀层厚度的生长仍然是溶液中的沉积引发剂，在玻璃珠冲击到的锌粉与镀层的结合缝隙处还原，采用电化学冶金黏合锌粉和镀层。

　　目前的实验显示，在锌粉中加入 $SnCl_2$ 溶液时，溶液中许多锌粉颗粒之间形成了沉积物，并将锌粉颗粒连接到一起，有些锌粉颗粒与沉积物甚至形成了哑铃状结构，在堆积锌粉的表面生长出一些突起物；随着 $SnCl_2$ 溶液浓度提高，开始锌粉颗粒之间被大量细小的枝状物连接到一起，在堆积锌粉的表面生长出了较大的枝晶；然后堆积锌粉的表面有些部位形成了连续沉积物，有些部位形成了大量的枝晶，以至于这些部位的锌粉颗粒已经看不到了。能谱分析表明，所有的沉积物、突起物和枝晶均为 Sn。

这说明在酸性环境下，模拟一个单个的锌粉颗粒它有一个微阴极区，在这里锡离子获得电子电沉积出锡；它的微阳极发生锌溶解出锌离子的反应，电子在锌粉颗粒中迁移，由此构成一个微电池。被还原电沉积出的金属将锌粉黏合了起来。根据反应原理，锌粉颗粒表面的活性差越大，腐蚀微电池就越容易形成，吸附在颗粒表面的表面活性剂和稳定剂是外在的提高活性差的因素，金属颗粒制造过程产生的活性点是内在因素。

目前的实验显示，对机械镀锌层微观结构的大量分析结果显示镀层结构中间部分均由大小不一的颗粒状 Zn 粉紧密堆积在一起形成，其中小颗粒填塞在大颗粒之间，使镀层致密；镀层主要是由球形和少量的椭球形锌粉颗粒堆垛而成，锌粉扁化不明显，更没有发现扁平状锌粉的层状叠加。

这说明冲击介质的作用主要是撞击出金属颗粒上的活性点，而不是要把金属颗粒撞扁挤压到工件表面上。冲击介质撞击出的活性点是当金属颗粒被表面活性剂较为均匀地覆盖（通常是这样）时的必要因素。

目前的实验显示，在镀层的基层建立阶段发现在螺母（基材）外表面上"锚定"着许多细小的瘤状物，随着时间的延续瘤状物分布更加密集，直至消失，最后在螺母表面形成一层薄薄的金属镀层。镀层增厚阶段的每一次循环加料，都会在螺母表面产生细小瘤状物，在 $4\sim5min$ 内瘤状物会逐渐密集，形成新的镀层，产生镀层增厚的效果。厚度检测表明，增厚阶段每循环一次加料，镀层厚度增加 $10\mu m$ 左右。

这说明镀层的形成同其他化学表面沉积一样是逐渐形成的，基材是沉积的活性点，镀层相对基材是阳极，基材是阴极。镀层的形成是在小阳极大阴极的加速作用下在金属粉末与基材或镀层的结合缝隙处还原，采用湿法冶金方法焊合锌粉和镀层。金属粉末与基材或镀层的结合缝隙是阴极，开始该处与溶液体系中的粉末颗粒和镀层表面都是一样的锌溶解速度，但由于锌的溶解，在缝隙处的锌离子浓度高于颗粒的外表面和缝隙外的镀层处。根据电化学反应原理，该处的阳极反应被抑制，阴极反应被放大。因为缝隙的面积远小于缝隙周围镀层和形成缝隙的颗粒的面积，由此形成大阳极小阴极的腐蚀微电池，电子从缝隙周围镀层和形成缝隙的颗粒表面迁移到缝隙处电沉积引发剂离子。溶液中的比基材和被镀主金属材料惰性的金属离子由于浓差作用朝缝隙处扩散，缝隙处的锌离子朝外扩散，颗粒的外表面和附近的镀层表面溶解出锌离子以达到电平衡。

5.12.3 机械镀的工艺设备条件

5.12.3.1 机械镀的工艺流程

机械镀工艺是把经过镀前处理的零件放入机械转动的滚筒中，加入水和冲击介质玻璃珠，转动滚筒形成一个具有碰撞和搓碾作用的流态环境。根据预定的镀层厚度加入金属粉和添加剂，在化学反应和机械碰撞的共同作用下使零件的表面形成镀层。

典型的机械镀工艺主要包括以下操作步骤：脱脂→漂洗→酸洗→漂洗→闪镀→镀锌→分离→漂洗→干燥。

整个过程可归纳为四个主要阶段。

（1）前处理

该阶段主要是去除工件表面上的油污及氧化物使工件裸露出金属基体，以利镀覆，包括脱脂、漂洗、酸洗、漂洗等步骤。

（2）预镀

预镀处理通常是采用化学浸铜的方法使制件表面先预镀上一层较薄的铜层，铜层的厚度不做要求。此过程耗时短，习惯上称为"闪镀铜"。闪镀铜的目的，一是阻止铁基的氧化；二是利用铜层与后加入的分散活化剂的敏化反应，保证机械镀覆初期锌粉的附着及沉积速度。然而，"闪镀铜"不是机械镀锌工艺的必须步骤，而且闪镀铜层的存在，会给镀层耐蚀性带来潜在的不良影响，当镀层划伤暴露出铜层时，势必会加速镀层的腐蚀。

（3）机械镀覆

闪镀后即进入镀覆阶段。镀覆过程所需金属粉末的数量，主要取决于工件表面积及镀层厚度。例如：镀锌，应加锌粉 $7.7g/(\mu m \cdot m^2)$；镀镉，应加镉 $9.6g/(\mu m \cdot m^2)$；镀 1:1 的镉-锡，应为 $8.8g/(\mu m \cdot m^2)$ 的镉-锡混合物；每次添加能镀 $6.3\mu m$ 厚的金属粉末。如仅需加 1 次金属粉末，正常的机械镀时间为 $10\sim15min$；如需加 2 次，第一次添加后运转 5min，第二次添加后运转 $10\sim15min$。如需添加 2 次以上，第一次添加后，运转 5min，随后每次运转 $2\sim5min$，最后一次运转 $8\sim15min$，得到致密和光亮的镀层。

（4）后处理

镀覆后的分离、漂洗、干燥、钝化、密封等步骤均属此阶段。镀后工件与介质的分离，通常借助于振动筛与磁分离器进行。分离出的介质可返回滚筒重复使用，而工件则经漂洗、干燥后装箱。如需要，工件可进一步钝化或有机物封膜，以提高耐蚀性。

5.12.3.2　机械镀锌的镀液构成

机械镀锌的镀液主要由锌粉、冲击介质、添加剂、分散介质等构成。

（1）锌粉

锌粉是用于形成镀锌层的主要成分。锌的形状、粒径大小、粒径组成和锌粉的金属锌含量及制备工艺等都对机械镀锌层的质量有影响。金属锌粉的粒径通常在 $0.1\sim8\mu m$ 之间，属于微细颗粒。锌粉的一般质量要求是：总锌≥99%，金属锌≥96.5%，铅≤0.05%；平均粒子大小 $6\mu m$；细度 100 目全部通过，325 目筛余物＜2%。

机械镀锌用锌粉的形状主要有球形和片状两种。

球形锌粉颗粒随着粒径的减小，在锌粉表面具有较高的活性，如高化学反应性、高吸附能力、高凝聚性等，有利于在机械镀锌过程发生置换反应产生诱导沉积作用。球形锌粉在沉积、成层过程容易发生松散锌粉颗粒之间的位置重组，导致空隙的迁移和压缩变形，进而致使镀层致密化。球形锌粉颗粒的微变形容易在锌粉颗粒表面产生新鲜的原子面，保证锌粉颗粒间的真正结合，产生较高的结合强度。

采用球形锌粉机械镀锌，可满足某些特殊形状零件（如钉子、小自攻螺钉等）的表面处理要求。

片状锌粉一般以球形颗粒状锌粉为原材料，采用球磨的方法制取。在球磨过程中，球形锌粉颗粒经历反复的压延、断裂、焊合而变形为片状；这一过程也使得锌粉的化学反应活性、吸附能力等变弱，降低了机械镀锌过程置换反应诱导沉积的效果。

采用片状锌粉进行机械镀，镀层封闭性好，孔隙率低，致密度明显高于球形颗粒锌粉构成的机械镀锌层，耐腐蚀性能也更好。但在镀层的致密化过程中，片状锌粉难以像球形锌粉颗粒那样发生塑性变形，进而产生新鲜的原子面，不利于镀层中锌粉之间的金属键合。片状锌粉因片径和厚度尺寸比例较大，所以采用片状锌粉获得的机械镀层外观呈银白色，光滑细腻。

采用球形超细混粉和片状的混合粉可获得外观质量和沉积性能都好的镀层；综合考虑镀层的外观质量、致密性、锌粉的沉积速率、原料成本等因素，机械镀锌时采用超细混合锌粉要优于片状锌粉。

（2）冲击介质

冲击介质通常采用玻璃珠或其他在机械镀锌工序中与所采用的化学物质基本不起化学反

应的珠状物。除要求材质均匀、球形、强度好、耐磨性好外，表面还应光滑无棱角。冲击介质主要作用是随着滚筒的旋转，产生机械冲击力，将锌粉碰撞沉积于制件表面。玻璃珠对锌粉的碰撞力远大于锌粉颗粒之间的作用力，因此，锌粉的紧实变形和镶嵌成层主要依靠机械碰撞力。镀覆过程中冲击介质不仅要提供冲击能量，还要起到缓冲作用，以减少较重工件间的相互撞击及锋利的碎片或棱角对镀层的损害，它还被用来分离粘在一起的扁平工件。此外，玻璃珠还有擦光作用，促进表面准备期间氧化物的去除。最后，玻璃珠使机械镀材料和机械能进入盲孔和深凹处。目前最常用的是玻璃微珠，其直径大小为 0.15～5mm，由多种规格混合而成。混合比例取决于工件形状、尺寸、重量及镀层材料，通常用 3～5 种，使用的关键是要保证玻璃珠均匀地混夹在零件中间。加入较粗的玻璃珠会有助于碰撞细玻璃珠到螺纹根，穿过小孔。不过，玻璃珠的尺寸太大或装入大珠的量比例太高，都会造成镀层表面不平整，且缝隙、凹处不易形成镀层。而粒径小的介质过多，冲击力不够，镀层附着力下降。更不能选同零件的孔洞或凹槽直径相同的珠子，防止玻璃珠滞留在零件的孔洞或凹槽内。

（3）分散介质

通常采用水。水最好为去离子水。

（4）添加剂

添加剂为几类物质的混合物，包括分散剂、活化剂、引发剂、光亮剂等，主要作用是促进锌粉均匀地沉积在制件表面，提高机械镀的沉积速度。同所有水基固-液体系一样，首先需要的添加剂是就是分散剂（如聚氧乙烯、聚乙二醇等）；其次是保证固-液反应所需的活化剂（酸）；然后是使沉积得以进行的引发剂；最后是提供镀层质量的光亮剂。

① 分散剂　分散剂在机械镀体系中的功能是使金属粉颗粒保持分散悬浮状态，控制金属粉在镀件表面均匀沉积；降低表面张力，提高镀液、工件、金属粉、新生镀层的润湿性，以利于固-液反应的均匀进行，控制镀覆速率；清洁工件及金属粉表面；有效分散金属粉、基材上吸附和溶解的杂质或杂质离子形成的凝聚物，防止其沉积到镀层上。

分散剂是由表面活性剂和分散稳定剂组成。

阴离子表面活性剂的机械稳定性好，能较好控制分散凝聚的颗粒，使颗粒细小，但化学稳定性不好。表面活性基团极易吸附在工件表面，具有抑制固-液反应过强的能力。由于阴离子表面活性剂的吸附性，导致其在机械镀过程中易吸附于工件表面或新形成的镀层表面，而成为镀层的一部分，因而在镀液中有一定量的消耗。

非离子型表面活性剂的特点是化学稳定性能十分优良，机械稳定性差。它在工件（金属）表面不会发生强烈吸附，因此在镀液中性能稳定。非离子表面活性剂和阴离子表面活性剂的复配，可使获得两种类型的表面活性剂的效果。

分散稳定剂主要是聚乙二醇、明胶、阿拉伯树胶、高级脂肪酸、木质素磺酸盐聚丙烯酸及其盐、聚丙烯酰胺及离子型聚丙烯酰胺等聚合物。用于防止已经分散好的活性颗粒的凝聚，特别在机械镀液体系的搅拌（机械稳定性）和酸性（化学稳定性）条件下是必不可少的。选用时既要考虑分子量（分子量太低，加入量增加，分子量太大反而影响分散）；也要考虑亲水基团的机械稳定性和化学稳定性；还要考虑对体系黏度的影响，一般加入 0.5%～1%，应根据实验确定。

② 活化剂　活化剂的作用是为了去除零件和金属粉表面的氧化膜，露出新鲜表面，保证工件、金属粉表面的活度和吸附效应。以利于镀层的顺利沉积。

活化剂常用路易斯酸，其解离常数至少低于 10^{-7}。如果酸性太强，解离常数超过 10^{-2}，则必须选择一种缓冲剂以防止酸与被镀覆的金属颗粒在镀层沉积之前发生化学溶解。实用的活化剂还有有机酸（如乙酸、己二酸、苯甲酸、抗坏血酸、柠檬酸、甲酸、丹宁酸、葡萄糖酸、酒石酸等）、无机酸（如硫酸、磷酸等）、酸式盐（如氯化铝、硫酸铅、氟氢化铵、硫酸氢钠、氯化锌等）。

目前有机酸使用较多的是由柠檬酸、柠檬酸氨复合而成的活化剂，它具有反应条件温和、控制性好等优点，但活性较弱，只能镀厚度在 $60\mu m$ 以下的镀层。

无机酸使用较多的是浓硫酸，加入量以使 pH 值在 $1\sim2$ 的范围内为宜。若酸的加入过多，金属粉在工件表面吸附、沉积速度过快，则会导致镀层表面镀层孔隙率增大，粗糙不均匀，外观灰暗无光泽，耐腐蚀性能下降等。因此，采用无机酸活化时，若能结合缓冲溶液体系效果会更好。此外，加入的酸种类不同，最有利于机械镀的 pH 值范围和沉积方式也不同，如加入的是 H_3PO_4，则有利于机械镀的 pH 值为 $1.5\sim2.5$，金属粉团在工件表面以面状沉积方式出现，形成的镀层均匀细致，光洁度好；若加入的是醋酸，则其有利于机械镀的 pH 值为 $3\sim4$，金属粉团在工件表面形成团块状沉积，造成镀层粗糙，外观灰暗；加入 H_2SO_4，则其沉积方式介于两者之间。

在镀液中，酸式盐一方面能起调节 pH 值的作用，也容易组成缓冲溶液对；另一方面金属盐水解出金属离子与金属粉聚集为一定尺寸的粉团，使粉团带电性，在和促沉剂的共同作用下，发生粉团向工件表面的定向连续的吸附和沉积。这样就使打底后的基层在随后的过程中随金属粉的逐次加入而逐渐增厚，在冲击介质的作用下逐次紧实成层，最终形成镀层。

③ 引发剂　机械镀加入的引发剂是含有 Sn^{2+} 的无机酸盐，如 $SnCl_2$、$SnSO_4$ 等。由于整个镀覆过程在酸性溶液中进行，而酸性溶液中 Sn^{2+} 被锌粉还原成锡，锡使金属粉在工件表面形成镀层。若引发剂的加入量过少，形成的镀层过薄或不连续，造成金属粉的后续吸附沉积困难；若引发剂加入量过多，将造成镀层结晶粗化，甚至在工件表面形成明显的点疤。

引发剂的使用方法有两种。一种是在镀覆过程按配比计算量分次分批逐渐加入。其引发剂的加工制作较容易，但镀覆操作较麻烦，质量不易稳定。另一种是将合适配比的固体活化剂、分散剂混合均匀压制成固体的棒状或块状物。在机械镀开始时加入，通过操作过程中的化学溶解作用或机械作用，使它缓慢地弥漫到溶液中，使得溶液在操作期间能保持合适而恒定的添加剂浓度，维持最佳的镀覆条件。

④ 光亮剂　机械镀中使用的光亮平整剂一般都是不溶于水的芳香族化合物，具有较高的挥发度和相当低的黏度，加在机械镀的水溶液中改善镀层质量。常用的有：苯甲醚、茴香醛、苯乙酮、苯丙酮、二甲基苯乙酮等。该类芳香族添加剂由于化学性质上有很大差异，因此使用效果也不同。如茴香醛特别适合于镀黄铜或铜，不适用于镀锌或镀镉。胡椒醛可产生非常光亮的镀锌层。芳香族酮，如苯乙酮、苯丙酮等特别适合于锌和镉的沉积，加入后能产生平滑光亮的镀层，且在滚筒边缘上不产生任何锌层，镀锌效率也较高，其种类的选用及用量应根据实验确定。

5.12.3.3　机械镀锌设备

机械镀锌设备由电机配合减速器驱动滚筒旋转。设备主要由无级变速电机、滚筒和电机支架三部分组成。滚筒多数采用硬聚氯乙烯或有机玻璃板材制造，也可以用钢板内衬软聚氯乙烯或耐酸橡胶。其横截面为正六边形、八棱形，直径和轴向长度之比不超过 $1:3$；从与滚筒转轴相垂直的方向看去，它呈中间粗、两头细的橄榄形。滚筒应能倾斜成不同的角度，工作位置与水平位置呈 $20°\sim30°$，滚筒转轴与水平面之间的夹角可由支架调节。镀锌时一般为 $20°\sim45°$。进出槽时应保证零件从滚筒中顺利进出。滚筒速度采用无级调速。如零件是固定件，滚筒转速确定后，不宜随时变动，以保证产品质量的稳定性。滚筒的转速，应根据零件形状而定。转速过快，零件相互碰撞能量太大，镀层不易沉积，得不到预想的镀层；过慢同样影响镀层的质量。通常转速为 $10\sim50r/min$。能量不足会产生不够结实的镀层。比如，使用滚筒的尺寸和形状不适合于零件的翻滚，零件和介质的混合不够，转动的速度不够，介质的装入量（滚筒的体积和每筒所装零件的数量之间的平衡）不够和时间不够等都会影响镀层质量。

5.12.4　机械镀锌的工艺规范示例

（1）前处理

机械镀锌过程中，除油、除锈等前处理可以采用与电镀锌相同的前处理工艺，可在滚筒外进行，也可以在滚桶内进行。零件与除油液或除锈液在滚筒内滚动时，零件的装载量不宜过多或过少，零件数量过少，分量太轻，零件将在筒内滑动，翻滚不良，冲击能量不足，使镀层粗糙结合力差；反之，零件数量过多，同样零件翻滚不良，并且滚筒负载过重，影响滚筒使用寿命。滚筒除油、除锈可凭借除油液或除锈液的化学作用和玻璃珠的机械摩擦作用，将零件表面的油和锈去除干净。然后加入玻璃珠和少量水。玻璃珠的体积是零件的 $1\sim2$ 倍，零件和玻璃珠的体积是滚筒内体积 $1/3\sim2/3$。液体量一般应刚好足够覆盖滚筒内装的固体料。水太多会稀释了滚筒中的化学药品；水太少将会产生比正常允许量多的摩擦热，会产生金属沉积层的划伤。

（2）闪镀铜

镀铜过程是依靠硫酸铜与钢铁基体的置换反应以及滚筒转动的机械作用共同完成的，其配方及工艺条件如下：

硫酸铜（$CuSO_4 \cdot 5H_2O$）	50g/L	温度	室温
盐酸（HCl）	$50\sim100$mL/L	时间	$2\sim5$min

盐酸提高酸度，防止硫酸铜水解，且能保持零件表面的活性，以利于置换反应的进行。铜底层的厚度没有标准的规定，一般在 $0.127\mu m$ 以下。当确定闪镀厚度在 $0.06\mu m$ 左右时，镀铜液的添加量为 $300\sim450$mL/m^2。滚筒中液体太少，不能保证零件和玻璃珠有较好的流动性，这时可补充适量的水和盐酸，而硫酸铜则无需再添加。另外，在溶液中也可使用锡盐代替铜盐。

镀铜时，将零件和镀铜液倒入滚筒，然后开动电机，通过滚筒上的开口，观察滚筒内的零件表面。如果出现了光亮铜的颜色，便可关闭电机，回收镀铜液并过滤，待补充适量硫酸铜后，重新加以利用。操作进入下一步骤。

（3）机械镀锌

机械镀锌配方及工艺条件为：

柠檬酸	12g/L	锌粉	$8g\mu m/m^2$
硫酸亚锡	$4g\mu m/m^2$	滚筒转动线速度	1m/s
TX-10	3g/L	滚筒倾角	22°
聚乙二醇	1g/L	时间	20min

其中柠檬酸是活化剂，它的主要作用是用以保持锌粉和零件表面的活性，其添加量主要由水的添加量决定；另外还与零件和锌粉的添加量有关。水的加入量应刚好覆盖住筒内的零件和玻璃珠。当镀覆的零件较多，镀层较厚时，柠檬酸的消耗势必会加快。每次镀覆结束，镀液的 pH 值都会由于柠檬酸的消耗而升高。当镀液回收以后，经过快速过滤，柠檬酸需适当补充。补充的量可根据 pH 值来确定。当镀液 pH 值达到 2 时，便可用于下一次的镀覆。

锌粉量由被处理零件总表面积和所需厚度而定［单位面积（$1m^2$）被处理零件被镀单位厚度（$1\mu m$）所需锌粉量为 7.7g］。镀层在 $10\mu m$ 以上最好分 $3\sim5$ 次加入，这样镀层外观较好。对于机械镀锌，金属锌粉的利用率一般略低于 90%，而铜约为 85%，在计算金属粉的加入量时应把利用率考虑在内。

镀层厚度取决于机械镀的时间和每次装载的金属粉末量。镀层厚度的均匀性一般要求在

10%以内。机械镀层厚度的变化与电镀相反，在机械镀的工件上，边缘和凸出部分的镀层较薄，孔眼、深凹处、凹槽处（相当于电镀中的低电流密度区域）镀层较厚。

硫酸亚锡是引发剂，可引起金属粉末附于洁净的零件表面，有利于镀层的增厚。硫酸亚锡的量是由零件表面积和需镀覆的厚度决定的，可与锌粉一起，分多次加入。

TX-10 和聚乙二醇是分散剂，主要用以防止锌粉的过早聚积，增加镀层的均匀性。只要其浓度适当，便可起到分散作用。由于分散剂是非消耗性的，所以在每次回收的镀液中，没必要再补充分散剂。分散剂的补充是和水同时进行的，且二者成正比，即每补充 1L 水，需补充 3g TX-10 和 1g 聚乙二醇。

在进行机械镀过程中，应随时取出工件观察和测量，以保证工件表面均匀，锌层厚度达到要求时，停止加料，继续再进行强化冲击（磨光）5～10min，以使镀层结构更加均匀致密，最终形成所需镀层。

（4）后处理

当机械镀完成后，需对工件和玻璃球进行分离和漂洗，具体操作过程为：将镀好的工件和玻璃珠的混合物从滚筒内倾倒至振荡料斗中，通过振动筛、磁性带或两者结合完成分离。同时，与工件分离的介质被送入中转槽、高位槽内，以便下一次机械镀重复使用。取出的工件用水冲洗干净，然后用热水浸泡 2～3min，取出晾干。

分离后的工件既可直接烘干存放，也可经钝化后干燥。为增强镀锌层的致密度，提高锌层的抗蚀能力，镀锌后多进行钝化处理。常用钝化处理方法有铬酸盐钝化处理和涂覆蜡、清漆或其他有机涂层。经过钝化的工件，其抗蚀能力可提高 3～4 倍。

第6章 化 学 镀

化学镀是近 30 年才发展起来的表面工程技术，化学镀技术的核心是镀液的组成及性能。它特别适合于批量小，形状复杂的工件镀覆，但是它的预处理要求高，镀液管理精细，镀液成本占总成本的比重大，目前，在防腐蚀上的应用主要是镀镍和镀铜。

6.1 概 述

众所周知，电镀是利用外电流将电镀液中的金属离子在阴极上还原成金属的过程。而化学镀是不外加电流，在金属表面的催化作用下经控制化学还原法进行的金属沉积过程。金属离子还原所需要的电子，是靠溶液中的化学反应来提供，确切地讲是靠化学反应物之一还原剂来提供。因此，化学镀实质是一个自催化、可控的化学还原过程，即还原反应只能在基体表面催化作用下进行，而在本体内不能发生。溶液不能自发分解，要具有稳定性。在基体表面还原沉积的金属也是反应的催化剂，因此能使反应持续地进行以形成一定厚度的镀层。由于金属的沉积过程是纯化学反应（催化作用当然是重要的），所以将这种金属沉积工艺称为"化学镀"。

6.1.1 无电源镀层

从金属盐的溶液中沉积出金属是得到电子的还原过程，反之，金属在溶液中转变为金属离子是失去电子的氧化过程。它们是一对共轭反应，可表示为：

$$M^{z+} + Ze \underset{\text{氧化}}{\overset{\text{还原}}{\rightleftharpoons}} M \tag{6-1}$$

Z 是原子价数。金属的沉积过程是还原反应，它可以从不同途径得到电子，由此产生了各种不同的金属沉积工艺。这类湿法沉积过程又可分为三类。

（1）置换法

将还原性较强的基体金属放入另一种氧化性较强的金属盐溶液中，还原性强的金属是还原剂，它给出的电子被溶液中金属离子接收后，在基体金属表面沉积出溶液中所含的那种金属离子的金属层。最常见的例子是铁件放在硫酸铜溶液中沉积出一层薄薄的铜。这种工艺又称为浸镀。置换镀层很薄，原因是基体金属溶解放出电子的过程是在基材表面进行，该表面被溶液中析出的金属完全覆盖后，还原反应就立刻停止了。

（2）接触镀

将待镀的金属工件与另一种辅助金属形成电接触后浸入沉积金属盐的溶液中，金属工件与辅助金属浸入溶液后构成原电池，后者活性强是阳极，被溶解放出电子，阴极（工件）上就会沉积出溶液中金属离子还原出的金属层。接触镀与电镀相似，只不过电流是靠化学反应供给。本法虽然缺乏实际应用意义，但想在非催化活性基材上引发化学镀过程时是可以应用的。

（3）还原法

在溶液中添加还原剂，由它被氧化后提供的电子还原沉积出金属镀层。这种化学反应如不加以控制，在整个溶液中进行沉积是没有实用价值的。目前讨论的还原法是专指在具有催化能力的活性表面上沉积出金属涂层，由于施镀过程中沉积层仍具有自催化能力，使该工艺可以连续不断地沉积形成一定厚度且有实用价值的金属涂层。这就是化学镀工艺，前面讨论的两种方法只不过在原理上同属于化学反应范畴，不用外电源而已。

化学镀过程中还原金属离子所需的电子由还原剂 R^{n+} 供给，镀液中的金属离子吸收电子后在工件表面沉积，反应式如下：

$$R^{n+} \longrightarrow R^{n+z} + Ze$$
$$M^{z+} + Ze \longrightarrow M$$

6.1.2 化学镀的特点

与电镀工艺相比，化学镀具有以下特点。

① 镀层厚度非常均匀，化学镀液的分散力接近100%，无明显的边缘效应，几乎是基材形状的复制，因此特别适合形状复杂工件、腔体件、深孔件、盲孔件、管件内壁等表面施镀。电镀法因受电力线分布不均匀的限制是很难做到的。由于化学镀层厚度均匀、又易于控制，表面光洁平整，一般均不需要镀后加工，适宜做加工件超差的修复及选择性施镀。

② 通过敏化、活化等前处理，化学镀可以在非金属（非导体）如塑料、玻璃、陶瓷及半导体材料表面上进行，而电镀法只能在导体表面上施镀，所以化学镀工艺是非金属表面金属化的常用方法，也是非导体材料电镀前做导电底层的方法。

③ 工艺设备简单，不需要电源、输电系统及辅助电极，操作时只需把工件正确悬挂在镀液中即可。

④ 化学镀依靠基材的自催化活性起镀，其结合力一般均优于电镀。镀层有光亮或半光亮的外观、晶粒细、致密、孔隙率低，某些化学镀层还具有其他特殊的物理化学性能。

不过，电镀工艺也有其不能为化学镀所代替的优点，首先是可以沉积的金属及合金品种远多于化学镀；其次是价格比化学镀低得多，工艺成熟，镀液简单易于控制。化学镀镀液内氧化剂（金属离子）与还原剂共存，镀液稳定性差；而且沉积速度慢、温度较高、溶液维护比较麻烦、实用可镀金属种类较少。因此主要用于非金属表面金属化、形状复杂件以及需要某些特殊性能等不适合电镀的场合。

6.1.3 化学镀发展简史

化学镀的发展史主要就是化学镀镍的发展史。早在1844年 A. Wurtz 就发现了次磷酸盐在水溶液中能还原出金属镍，但直到1947年美国人 A. Brenner 和 G. Riddell 提出了沉积非粉末状镍的方法，弄清楚了形成涂层的催化特性，才使化学镀镍技术工业应用有了可能。

在20世纪60年代之前只有中磷镀液配方，该配方沉积速度慢，镀液不稳定，往往只能稳定数小时，使用周期短，为此在溶液配制、镀液管理及施镀操作方面制定了许多操作规程以避免镀液分解。此外，为了延长镀液使用周期，只好弃去部分旧镀液添加新镀液、加 $FeCl_3$ 或 $Fe_2(SO_4)_3$ 以沉淀亚磷酸根（形成 $Na_2[(OH)(HPO_4)_2] \cdot 20H_2O$ 黄色沉淀）、离子交换法除杂等。

20世纪70年代以后多种络合剂、稳定剂等添加剂的出现，使镀液稳定性提高、镀速加快，更主要的是大幅度增加了镀液对亚磷酸根容忍量，最高达 $600 \sim 800g/L$ 的 $Na_2HPO_4 \cdot 5H_2O$，这就使得镀液寿命大大延长，一般均能达到 $4 \sim 6$ 个周期，甚至 $10 \sim 12$ 个周期，镀速达 $17 \sim 25 \mu m/h$。这样，无论从产品质量和经济效益角度考虑，镀液已不值得进行"再生"，而直接做废液处理。目前，化学镀镀液均已商品化，根据用户要求有各种性能化学镀的开缸及补加浓缩液出售，施镀过程中只需按消耗的主盐、还原剂、pH调节剂及适量的添加剂进行补充，使用很方便。

在化学镀镍溶液质量提高的基础上，化学镀镍生产线的装备和技术发展很快，逐渐从小槽到大槽，从手工操作、断续过滤、人工测定施镀过程中各种参数到自动控温、槽液循环过滤和搅拌。微机控制的生产线能自动监测镀浴 pH 值变化及 Na^+ 含量，并立即补加到位，大大提高了产品质量和生产效率。

6.1.4　化学镀的类型及应用

化学镀溶液的分类方法很多，根据不同的原则有不同的分类法。

按 pH 值分为酸性镀液和碱性镀液，酸性镀液 pH 值一般在 4～6，碱性镀液 pH 值一般大于 8，碱性镀液因其操作温度较低，主要用于非金属材料的金属化（如塑料、陶瓷等）。

按还原剂类型不同有次亚磷酸盐、氨基硼烷、硼氢化物以及肼做还原剂的化学镀溶液；用次磷酸钠得到 Ni-P 合金，硼化物得到 Ni-B 合金；用肼则得到纯镍镀层。

按温度分类则有高温镀液（80～95℃）、低温镀液（60～70℃）以及室温镀液。

按镀层磷含量可分为高磷镀液、中磷镀液和低磷镀液，高磷镀液含磷量 9%～12%（质量分数），镀层呈非磁性、非晶态，在酸性介质中有很高的耐腐蚀性。利用镀层非磁性，主要用于计算机硬盘的底镀层、电子仪器防电磁波干扰的屏蔽等以及工件的防腐镀层；中磷镀液获得的镀层含磷量为 6%～9%（质量分数），具有沉积速率快，外观光亮，稳定性好，寿命长，镀层既耐腐蚀又耐磨，在工业中应用最为广泛；低磷镀液含磷量 0.5%～5%（质量分数），得到的镀层硬度高、耐磨，特别是在碱性介质中的耐腐蚀性能明显优于中磷和高磷镀层。

按镀层金属分类有化学镀镍、化学镀铜、化学镀钴、化学镀锡、化学镀金、化学镀银、化学镀钯等。化学镀钴的美观性、耐蚀性、硬度和耐磨性虽不如化学镀镍，但镀钴层具有强磁性，而且具有适合高密度磁记录的磁性。所以在磁性材料特别是计算机上得到很大应用。化学镀铜主要用于镀塑料，提高装饰性或作为底镀层。其次用于镀覆印刷电路板的导电膜。化学镀金用于集成电路的制造。化学镀钯层是优良的电接点镀层，耐腐蚀性亦好，在高温、高湿或硫化氢含量较高的空气中性能稳定。

化学镀可以得到一些金属如镍、钴、铜、锡等及其合金镀层，也可得到金属与一些化合物微粒共沉积的复合镀层。其中应用最广泛的是化学镀镍。

化学镀镍层因化学稳定性高、硬度高、耐磨性好、易钎焊、外观半光亮或光亮，故广泛地应用于国民经济各部门。如用作石油及化工管道、容器、采油设备的耐蚀镀层，机械、航空、计算机等工业的压缩泵、模具、齿轮、液压轴、喷气发动机、硬盘等零部件的耐磨和自润滑镀层，电子元器件的钎焊镀层、代替金镀层以及非导体的金属化。

6.2　化学镀镍基础

6.2.1　化学镀镍层的性质

化学镀镍层是镍磷合金镀层，主要的特性是耐腐蚀。含磷较高的镀层在许多介质中的耐蚀性显著优于电镀镍，可代替不锈钢和纯镍；镀镍层硬度为 500～600HV（电镀镍的硬度为 160～180HV），经热处理可达 1000HV 以上；耐磨效果好，可代替镀硬铬。

（1）密度

镍的密度在 20℃时为 8.91g/cm³。含磷量 1%～4%时为 8.5g/cm³；含磷量 7%～9%时为 8.1g/cm³；含磷量 10%～12%时为 7.9g/cm³。镀层密度变化的原因不完全是溶质原子质量的不同，还与合金化时点阵参数发生变化有关。

（2）热学性质

化学镀 Ni-P（8%～9%）的热膨胀系数在 0～100℃ 内为 $13\mu m/(m \cdot ℃)$。电镀镍相应值为 $12.3～13.6\mu m/(m \cdot ℃)$。化学镀镍的热导率比电镀镍低，在 $4.396～5.652W/(m \cdot K)$ 范围。

（3）电学性质

Ni-P（6%～7%）比电阻为 $52～68\mu\Omega \cdot cm$，碱浴镀层只有 $28～34\mu\Omega \cdot cm$，纯镍镀层的比电阻小，仅为 $6.05\mu\Omega \cdot cm$。镀层比电阻的大小与镀浴的组成、温度、pH 值，尤其是与磷含量关系密切。另外热处理也明显影响着比电阻值的大小。

（4）磁学性质

化学镀 Ni-P 合金的磁性能决定于磷含量和热处理制度，也就是其结构属性——晶态或者非晶态。P≥8%（质量分数）的非晶态镀层是非磁性的，含 5%～6%P 的镀层有很弱的铁磁性，只有 P≤3%（质量分数）的镀层才具有铁磁性，但磁性仍比电镀镍小。

（5）钎焊性能

铁基金属上化学镀镍层不能熔融焊接，因高温作业后磷会引起基材产生脆性，但钎焊是可行的。在电子工业中，轻金属元件用化学镀镍改善其钎焊性能，如 Al 基金属。镍磷合金层的钎焊性随磷含量的增加而下降，镀液中有些添加剂也显著影响焊接性能，如加 1.5g/L 糖精有利于钎焊。

（6）均镀能力及厚度

化学镀是利用还原剂以化学反应的方式在工件表面得到镀层，不存在电镀中由于工件几何形状复杂而造成的电力线分布不均、均镀能力和深镀能力不足问题。无论有深孔、盲孔、深槽或形状复杂的工件均可获得厚度均匀的镀层。镀层厚度从理论上讲似乎是无限的，但太厚了应力大，表面变得粗糙，又容易剥落，有报道称最厚可达 $400\mu m$。

（7）结合力及内应力

一般讲化学镀镍的结合力是良好的，在软钢上为 210～420MPa、不锈钢上为 160～200MPa、Al 上为 100～250MPa。

6.2.2　化学镀镍的热力学

化学镀镍氧化还原反应能否自发进行的热力学判据是反应自由能的变化 $\triangle F_{298}$，以次磷酸盐还原剂作例子来计算化学镀镍自由能的变化如下：

还原剂的反应：　　　　$H_2PO_2^- + H_2O \longrightarrow HPO_3^{2-} + 3H^+ + 2e$

$$\Delta F_{298} = -23070 cal/mol$$

氧化剂的反应：　　　　　　　　$Ni^{2+} + 2e \longrightarrow Ni$

$$\Delta F_{298} = 10621 cal/mol$$

总反应：　　　　$Ni^{2+} + H_2PO_2^- + H_2O \longrightarrow HPO_3^{2-} + Ni + 3H^+$

该反应自由能的变化 $\Delta F_{298} = [10621 + (-23070)] = -12458 cal/mol$。反应自由能变化 ΔF 为负值、且比零小得多，根据热力学判据可知，用次磷酸盐做还原剂还原 Ni^{2+} 是完全可行的。以上计算虽然是从标准状态下得到的，状态变化也会变化，但仍不失其为判断反应能否进行的指导意义。

6.2.3　化学镀镍的动力学

（1）化学镀镍方法的共同点

在获得热力学判据证明化学镀镍可行的基础上，几十年来人们不断探索化学镀镍的动力学过程，提出各种沉积机理、假说，以期解释化学镀镍过程中出现的许多现象，推动化学镀镍技术的发展和应用。虽然化学镀镍的配方、工艺千差万别，但它们都具备以下几个共同点。

① 沉积 Ni 的同时伴随着 H_2 析出。

② 镀层中除 Ni 外，还含有与还原剂有关的 P、B 或 N 等元素。

③ 还原反应只发生在某些具有催化活性的金属表面上，但一定会在已经沉积的镍层上继续沉积。

④ 产生的副产物 H^+ 促使槽液 pH 值降低。

⑤ 还原剂的利用率小于 100%。

无论什么反应机理都必须对上面的现象作出合理的解释，尤其是化学镀镍一定要在具有自催化的特定表面上进行。

（2）化学镀 Ni-P 合金机理

在工件表面化学镀镍，以 $H_2PO_2^-$ 作还原剂在酸性介质中反应式为：

$$Ni^{2+} + H_2PO_2^- + H_2O \longrightarrow HPO_3^{2-} + Ni + 3H^+$$

它必然有几个基本步骤：

① 反应物（Ni^{2+}、$H_2PO_2^-$ 等）向表面扩散；

② 反应物在催化表面上吸附；

③ 在催化表面上发生化学反应；

④ 产物（H^+、H_2、$H_2PO_3^-$ 等）从表面层脱附；

⑤ 产物扩散离开表面。

这些步骤中按化学动力学基本原理，最慢的步骤是整个沉积反应的控制步骤。

目前，化学镀 Ni-P 合金有四种沉积机理解释，即原子氢理论、氢化物传输理论、电化学理论及羟基-镍离子配位理论。

元素周期表中第Ⅷ族元素表面几乎都具有催化活性，如 Ni、Co、Fe、Pd 等，在这些金属表面上可以直接化学镀镍。有些金属本身虽不具备催化活性，但由于它的电位比镍负，在含 Ni^{2+} 的溶液中发生置换镀生成 Ni 表面，使沉积反应能够继续下去，如 Zn、Al。对于电位比镍正又不具备催化活性的金属表面，如 Cu、Ag、Au、铜合金、不锈钢等，除了可以用先闪镀一层薄薄的镍层的方法外，还可以用接触镀的方法活化，即在镀液中用活化的铁或镍片接触已清洁活化过的工件表面，在工件表面上沉积出 Ni 层，取出 Ni 或 Fe 片后，镍的沉积仍然继续。

化学镀的催化作用属于多相催化，反应是在固相催化剂表面上进行。不同材质表面的催化能力不同，因为它们存在的催化活性中心数量不同，而催化作用正是靠这些活性中心吸附反应物分子增加反应激活能而加速反应进行的。在实际化学镀中催化活性大小与工艺密切相关。人们也不难发现一些并不具备催化活性的表面，如不锈钢、搪瓷、清漆、塑料、玻璃钢等在长期施镀、机械摩擦、局部温度或 pH 值过高，或还原剂浓度过高等条件下，由它们制成的容器壁、挂钩上也会显示出催化活性而沉积上镍，温度高的地区尤甚。这是化学镀镍过程中要不断用浓硝酸处理容器、挂钩、过滤泵等的原因。为了避免在容器底部或壁上沉积Ni，除了在配方上下工夫外，经常调换镀槽进行清洗是必要的。由此可见，化学镀中表现的所谓化学活性也是有条件的，并无绝对意义，也就是说催化剂对反应条件有严格的选择性，要某材质表现出良好的催化活性也要有相应的环境才行。对化学镀镍来说不可能改变镀液组成、施镀条件以满足各种材质表面所需的催化条件，否则镀液会严重的自分解。材质不同，表面的催化活性也不同，在同一条件下施镀其最初的沉积速度也不同，但在覆盖上镍层后靠它的催化活性表面进行反应，沉积速度就会趋于一致。

6.3　化学镀镍溶液及其影响因素

化学镀镍溶液由主盐-镍盐、还原剂、缓冲剂、稳定剂、加速剂、表面活性剂及光亮剂等组成。

6.3.1　主盐

化学镀镍溶液中的主盐就是硫酸镍、氯化镍（$NiCl_2 \cdot 6H_2O$）、醋酸镍 $Ni(CH_3COO)_2$、氨基磺酸镍 $Ni(NH_2SO_3)_2$ 及次磷酸镍 $Ni(H_2PO_2)_2$ 等，由它们提供化学镀反应过程中所需要的 Ni^{2+}。目前使用的主盐主要是硫酸镍。多数时候不用氯化镍做主盐，是由于 Cl^- 会降低镀层的耐蚀性，还会产生镀层拉应力。同 $NiSO_4$ 相比，用 $Ni(CH_3COO)_2$ 做主盐对镀层性能的有益贡献因其价格贵而被抵消。最理想的 Ni^{2+} 来源是次磷酸镍，使用它不至于在镀浴中积存大量的 SO_4^{2-}，也不至于在补加时带入过多的 Na^+，但价格贵。

将镍的氧化物或碳酸盐溶解在稀硫酸中即得到硫酸镍，硫酸镍有含不同结晶水的产品，$NiSO_4 \cdot 6H_2O$ 是翠绿色结晶，常用的是 $NiSO_4 \cdot 7H_2O$，绿色结晶，在水中溶解度 475.8g/$100gH_2O(100℃)$。配制成的深绿色的溶液 pH 值为 4.5。

因为硫酸镍是主盐，用量大，在施镀过程中还要不断补加，所含的杂质元素会在镀液中积累浓缩，造成镀液镀速下降、寿命缩短、甚至报废；所得镀层性能下降、耐蚀性明显降低。所以在采购硫酸镍时应力求高质量和批量间的质量稳定，尤其要注意对镀液有害的杂质元素锌及重金属元素含量的控制。

6.3.2　还原剂

化学镀所用的还原剂有次磷酸钠、硼氢化钠、烷基胺硼烷及肼几种，它们在结构上共同的特征是含有两个或多个活性氢，还原 Ni^{2+} 就是靠还原剂的催化脱氢进行的。

用得最多的还原剂是次磷酸钠，原因在于它的价格合适、镀液容易控制，而且 Ni-P 合金镀层性能优良。次磷酸钠 $NaH_2PO_2 \cdot H_2O$ 在水中易于溶解，水溶解 pH 值为 6。其制备方法是把白磷溶于 NaOH 中，加热得到次磷酸盐与磷化氢。副产物磷酸氢根（$H_2PO_3^-$）加 $Ca(OH)_2$ 生成 $CaHPO_3$ 除去，反应式如下：

$$4P + 3NaOH + 3H_2O \Longrightarrow 3NaH_2PO_2 + PH_3$$

次磷酸 H_3PO_2 虽然有三个氢原子，但它是中等强度的一元酸，$K_a = 10^{-2}$，次磷酸盐是还原剂，很弱的氧化剂，在酸或碱介质中标准电位值如下：

$$H_3PO_2 + H_2O \Longrightarrow H_3PO_3 + 2H^+ + 2e \qquad E^{\ominus} = -0.51V$$
$$H_3PO_2 + H^+ + e \Longrightarrow P + 2H_2O \qquad E^{\ominus} = -0.39V$$
$$H_2PO_2^- + 3OH^- \Longrightarrow HPO_3^{2-} + 2H_2O + 2e \qquad E^{\ominus} = -1.57V$$
$$H_2PO_2^- + e \Longrightarrow P + 3OH^- \qquad E^{\ominus} = -1.82V$$

因此，次磷酸加热会发生歧化反应生成最高和最低价磷化物，同时还生成 H_3PO_3、P、P_2H_4 等磷化合物。这说明化学镀镍溶液空载长期加热对次磷酸盐是不适宜的。

镀 Ni-B 合金用得最多的还原剂是硼氢化钠 $NaBH_4$，$NaBH_4$ 与火接触容易燃烧，在水中溶解度为 55g/$100gH_2O(25℃)$。它在水中缓慢水解析出 H_2，反应式为：

$$NaBH_4 + 2H_2O \Longrightarrow NaBO_2 + 4H_2$$

水解速率与温度、pH 值等因素有关。生产 $NaBH_4$ 的方法是将硼酸盐与金属作用，在 H_2 气氛中 450～500℃ 下加热，在室温下加压用液氨萃取出纯 $NaBH_4$。反应式如下：

$$Na_2B_4O_7 + 7SiO_2 + 16Na + 8H_2 \Longrightarrow 4NaBH_4 + 7Na_2SiO_3$$

近年来发展应用的烷基胺硼烷 $R_3N \cdot BH_3$，由于在水中溶解度限制，实际只用二甲基胺硼烷 $(CH_3)_2NHBH_3$（DMAB）及二乙基胺硼烷 $(C_2H_5)_2NHBH_3$（DEAB）。二乙基胺硼烷的制造方法是把硼氢化钠与盐酸二乙基胺在水-有机溶剂混合物中制得，其反应式为：

$$NaBH_4 + (C_2H_5)NHHCl \longrightarrow (C_2H_5)_2NHBH_3 + NaCl + H_2$$

用肼（联氨）H_2N-NH_2 做还原剂得到纯镍，失去了 Ni-P 或 Ni-B 优异性能，再加上镀液稳定性小，故实际应用很少。表 6-1 是常用化学镀镍还原剂的性质。

表 6-1 化学镀镍常用的还原剂

还原剂	相对分子质量	外观	当量	自由电子数	镀液 pH 值
次磷酸钠	106	白色吸潮结晶	53	2	4～10
硼氢化钠	38	白色晶体	4.75	8	12～14
二甲基胺硼烷	59	溶解在异丙醇中的黄色液体	9.8	6	6～10
二乙基胺硼烷	87		14.5	6	6～10
肼	32	白色结晶	8.0	4	8～11

6.3.3 络合剂

化学镀镍溶液中除了主盐与还原剂以外，最重要的组成部分就是络合剂。镀液性能的差异、寿命长短主要决定于络合剂的选用及其搭配关系。常用的络合剂一般不是简单的有机羧酸，而是取代酸，如羟基酸（醇酸）、氨基酸等。

（1）络合剂的作用

① 防止镀液析出沉淀，增加镀液稳定性并延长使用寿命　如果镀液中没有络合剂存在，由于镍的氢氧化物溶解度较小，在酸性镀液中即可析出浅绿色絮状含水氢氧化镍沉淀。如果六水合镍离子中有部分络合剂分子（离子）存在则可以明显提高其抗水解能力，甚至有可能在碱性环境中以 Ni^{2+} 形式存在（指不以沉淀形式存在）。镀液中还有较多次磷酸根离子存在，但由于磷酸镍溶解度比较大（37.65g/100g），一般不致析出沉淀。镀液使用后期，溶液中亚磷酸根聚集，浓度增大，容易析出白色 $NiHPO_3 \cdot 7H_2O$ 沉淀（$NiHPO_3 \cdot 7H_2O$ 溶解度 0.29g/100gH_2O）。加络合剂以后溶液中游离 Ni^{2+} 浓度大幅度降低，可以抑制镀液后期亚磷酸镍的析出。

镀液使用后期报废原因主要是 HPO_3^{2-} 聚集的结果。当 pH 值为 4.6，温度 95℃，$NiHPO_3 \cdot 7H_2O$ 溶解度为 6.5～15g/L，加络合剂乙二醇酸后提高到 180g/L。该溶解度值称为亚磷酸镍的沉淀点。由此可见，络合剂能够大幅度提高亚磷酸镍的沉淀点，或者说增加了镀液对亚磷酸根的容忍量，使施镀操作能在高含量亚磷酸根条件下进行，也就是延长了镀液的使用寿命。

② 提高沉积速度　不加任何络合剂，沉积速度只有 $5\mu m/h$，非常缓慢；加入络合剂通常可大幅提高沉积速度，如：加入适量乳酸，镀速可提高到 $27.5\mu m/h$，加入乙二醇酸可提高到 $20\mu m/h$，加入琥珀酸可提高到 $17.5\mu m/h$，加入水杨酸可提高到 $12.5\mu m/h$，加入柠檬酸可提高到 $7.5\mu m/h$。加入络合剂使镀液中游离 Ni^{2+} 浓度大幅度降低，降低反应物浓度反而提高了反应速度，这个问题只能从动力学角度来解释。简单的说法是有机添加剂吸附在工件表面后，提高了它的活性，为次磷酸根释放活性原子氢提供更多的激活能，从而增加了沉积反应速度。络合剂在此也起了加速剂的作用。

③ 提高镀浴工作的 pH 值范围　亚磷酸镍沉淀点随 pH 值而变化，如 pH＝3.1 时是

20g/L，要提高到 180g/L、pH 值必须小于或等于 2.6。加络合剂后这种情况立即得到改善，如用乙二醇酸提高亚磷酸镍沉淀点至 180g/L，pH 值可以维持在 4.8 甚至高到 5.6 也不至于析出沉淀，该 pH 值是化学镀镍工艺能接受的。

④ 改善镀层质量　镀液中加络合剂后镀出的工件光洁致密。

（2）常用络合剂

化学镀镍中常用的能络合 Ni^{2+} 的络合剂虽然很多，但在化学镀镍溶液中所用的络合剂则要求它们具有较大的溶解度，在溶液中存在的 pH 值范围能与化学镀工艺要求一致，存在一定的反应活性，另外价格因素也不容忽视。目前，常用的络合剂主要是一些脂肪族羧酸及其取代衍生物，如丁二酸、柠檬酸、乳酸、苹果酸及甘氨酸等、或用它们的盐类。在碱浴中则用焦磷酸盐、柠檬酸盐及铵盐。不饱和脂肪酸很少用，因不饱和烃在饱和时要吸收氢原子，降低还原剂的利用率。而常见的一元羧酸如甲酸、乙酸等则很少使用，乙酸主要用作缓冲剂，丙酸则用作加速剂。

6.3.4　稳定剂

（1）稳定剂的作用

化学镀镍溶液是一个热力学不稳定体系，由于局部过热或 pH 值过高，或某些杂质影响会在镀液中出现一些活性微粒——催化核心，使镀液发生激烈的自催化反应产生大量 Ni-P 黑色粉末，导致镀液短期内发生分解，逸出大量气泡，造成镀液报废。这些活性微粒往往只有胶体粒子大小，其来源为外部灰尘、烟雾、焊渣、清洗不良带入的脏物、金属屑等。溶液内部产生的氢氧化物（有时 pH 值并不高却也会局部出现）、碱式盐、亚磷酸氢镍等表面有 OH^- 的颗粒，从而导致溶液中 Ni^{2+} 与 $H_2PO_2^-$ 在这些粒子表面局部反应析出海绵状的镍。

$$Ni^{2+} + H_2PO_2^- + 2OH^- \longrightarrow 2HPO_3^{2-} + 2H^+ + Ni + H_2$$

这些黑色粉末是高效催化剂，它们具有极大的比表面积与活性，加速了镀液的自发分解，几分钟内镀液将变成无色。

稳定剂的作用就在于抑制镀液的自发分解，使施镀过程在控制下有序进行。稳定剂是一种毒化剂，即反催化剂，只需加入痕量就可以抑制镀液自发分解。稳定剂不能使用过量，过量后轻则减低镀速，重则不再起镀。稳定剂吸附在固体表面阻止次磷酸根的脱氢反应，但不阻止次磷酸盐的氧化作用。也可以说稳定剂掩蔽了催化活性中心，阻止了成核反应，但并不影响工件表面正常的化学镀过程。

（2）稳定剂的分类及作用机理

目前人们把化学镀镍中常用的稳定剂分成四类。

① 第 VI_A 族元素 S、Se、Te 的化合物　一些硫的无机物或有机物，如硫氰酸盐、硫脲及其衍生物巯基苯并噻唑、黄原酸酯等都属于这一类稳定剂。

硫脲是常用的第①类稳定剂，它能在电极表面上强烈吸附。硫脲加速化学镀中 Ni 沉积的原因是它在金属表面吸附后有强烈的加速电子交换倾向，改变阴、阳极过电位，起电化学催化作用。沉积过程是受表面活性控制的，硫脲能吸附到电极表面，有阻挡表面膜的作用，甚至溶解掉表面膜层，从而增加了 Ni^{2+} 的活性。

硫脲对阴极反应过程的影响包括硫脲择优或者完全抑制析氢反应，抑制 Ni^{2+} 或 $H_2PO_2^-$ 的还原反应。如果硫脲能抑制 $H_2PO_2^-$ 的还原，则可以解释加硫脲后镀层中含磷量降低的现象。阳极极化曲线随硫脲浓度增加而电流密度降低，有明显的极限电流。阳极过程是硫脲的择优氧化，它氧化后放出的电子被 Ni^{2+} 接受后还原成 Ni，硫脲则被氧化为二聚物。该二聚物再被次磷酸根还原成硫脲，因此硫脲在一定浓度范围内增加化学镀镍沉积速度的现象，也就是说硫脲既是稳定剂，又有加速剂的作用。

② 某些含氧化合物　常用的含氧化合物稳定剂有：AsO_2^-、IO_3^-、BrO_3^-、NO_2^-、MoO_4^{2-} 及 H_2O_2 等。含氧化合物稳定剂的稳定效果排队的顺序是 AsO_2^-、IO_3^-、NO_2^-、BrO 及 NO_3^- 依次递减。含氧阴离子稳定剂可以改善硫化物类强烈吸附使镀层出现孔洞的缺点。

③ 重金属离子　Pb^{2+}、Sn^{2+}、及 Cd^{2+}、Zn^{2+}、Bi^{3+} 及 Ti^+ 等都属于重金属离子类稳定剂。

Pb^{2+} 对化学镀电位影响很小，即使用高浓度的 Pb^{2+} 也是如此。例如，Pb^{2+} 从 $1×10^{-6}$ 增至 $10×10^{-6}$，镀速从 $15\mu m/h$ 降低到 $2\mu m/h$，电位从 $-625mV$ 提高到 $-609mV$，只变化了 $16mV$。所以 Pb^{2+} 只能轻微地吸附在工件的催化活性表面，而在水解产生的氢氧化镍胶体粒子表面则强烈吸附，使这些粒子带正电荷相互排斥，从而阻止微粒聚集，这些聚集的胶团会导致镀液分解。

④ 水溶性有机物　能作为稳定剂的水溶性有机物含双极性的有机阴离子，至少含六个或八个碳原子，有能在某一定位置吸附形成亲水膜的功能团，如—COOH、—OH 或—SH 等基团构成的有机物。

水溶性有机物稳定剂都是一些短链不饱和脂肪酸化合物，不饱和键是含双键的烯烃或含三键的炔烃，如马来酸、炔属二羧酸，在发生沉积的溶液/金属界面上不饱和键容易发生氢化反应。它们提高镀液稳定性，至少能增加 Pb^{2+}、硫脲等稳定剂的使用效果。其作用机理被认为是吸附在化学镀镍的表面上抑制某一个或几个镀镍的基本化学反应，与硫化物、氧化物作用机理类似。同样是双键与胶体粒子的结合，阻碍它聚集长大成团，与重金属离子作用机理类似，或者两种方式联合作用。

第①、②类稳定剂使用浓度通常在 $(0.1～2)×10^{-6}\,mol/L$ 范围内、第③类为 $10^{-5}～10^{-3}\,mol/L$，第④类为 $10^{-3}～10^{-1}\,mol/L$。有些稳定剂还兼有光亮剂的作用，如 Cd^{2+}，它与 Ni-P 镀层共沉积后使镀层光亮平整。

6.3.5　加速剂

为了增加化学镀沉积速度，在化学镀镍溶液中加入提高镀速的药品被称为加速剂。加速剂的作用机理被认为是还原剂 $H_2PO_2^-$ 中氧原子可以被一种外来的酸根取代形成配位化合物，或者说加速剂的阴离子的催化作用是形成了杂多酸所致。在空间位阻作用下使 H—P 键能减弱，有利于次磷酸根离子脱氢，或者说增加了 $H_2PO_2^-$ 的活性。化学镀镍中许多络合剂即兼有加速剂的作用，实验表明，短链饱和脂肪酸的阴离子及至少一种无机阴离子，有取代氧促进 $H_2PO_2^-$ 脱氢而加速沉积速度的作用。

化学镀镍中常用的加速剂有以下几种。

① 未被取代的短链饱和脂肪族二羧酸根阴离子如丙二酸、丁二酸、戊二酸及己二酸。已二酸价格虽然便宜，但溶解度小，丙二酸价昂也不常用，丁二酸则在价格和性能上均为人们所接受。

② 短链饱和氨基酸。这是优良的加速剂，最典型的是氨基乙酸，它兼有缓冲、络合及加速三种作用于一身。

③ 短链饱和脂肪酸从醋酸到戊酸系列中最有效的加速剂首推丙酸，其效果虽不及丁二酸及氨基酸明显，但价格便宜得多。

④ 无机离子加速剂。目前发现只有一种无机离子的加速剂就是 F^-，但必须严格控制浓度，用量大不仅会减小沉积速度，还对镀液稳定性有影响。它在 Al、Mg 及 Ti 等金属表面化学镀镍有效。

6.3.6　缓冲剂

化学镀镍过程中由于有 H^+ 产生，使溶液 pH 值随施镀进程而逐渐降低，为了稳定镀速及保证镀层质量，镀液体系必须具备缓冲能力。缓冲剂缓冲性能好坏可用 pH 值与酸或碱的容忍度来评价，显然，酸碱浓度波动范围大而 pH 值却基本不变的体系缓冲性能好。

化学镀镍溶液中常用的一元或二元有机酸及盐类不仅具备络合 Ni^{2+} 能力，而且具有缓冲性能。在酸性镀浴中常用的 Hac-NaAc 体系就有良好的缓冲性能，但 HAc 的络合能力却很小，它一般不做络合剂用。在碱性镀浴中则常用铵盐或硼砂体系。表 6-2 是化学镀镍中可起缓冲作用的体系及其 pH 值范围。

表 6-2　缓冲体系及其 pH 值范围

缓冲体系	pH 值范围	缓冲体系	pH 值范围
HAC-NaAC	3.7~5.6	KH_2PO_4-硼砂	5.8~9.2
丁二酸-硼砂	3.0~5.8	H_3BO_3	7.0~9.2
丁二酸氢钠-丁二酸钠	4.8~6.3	NH_4Cl-NH_4OH	8.3~10.2
柠檬酸氢钠-NaOH	5.0~6.3	硼砂-Na_2CO_3	9.2~11.0
丙二酸氢钠-NaOH	5.2~6.8		

即使镀液中含有缓冲剂，在施镀过程中也必须不断加碱以提高 pH 值到正常值。镀液使用后期 pH 值变化较小，$H_2PO_4^{2-}$ 聚集也可能具有一定缓冲作用。

6.3.7　表面活性剂

与电镀镍一样，在化学镀镍溶液中也加入少许的表面活性剂，它有助于气体（H_2）逸出，降低镀层的孔隙率。另外，由于使用的表面活性剂兼有发泡剂作用，施镀过程中在逸出大量气体搅拌情况下，镀液表面形成一层白色泡沫，它不仅可以保温、降低镀液的蒸发损失、减少气体酸味，还使许多悬浮的脏物气浮到泡沫中而易于清除，以保持镀件和镀液的清洁。

化学镀镍溶液中加入的任何有机添加剂，在施镀过程中都可能产生化学反应，这些反应产物必须对镀液和镀层无负面影响才能应用。选用稳定剂时还要考虑它们对镀层性能的影响，如磷含量及应力状态等。硫脲能提高次磷酸盐利用率，使镀层中磷量降低。稳定剂在使用过程中由于吸附和自身的化学反应损失，必须定期补充。研究化学镀液配方时，添加剂的选用及其搭配关系、寻找最佳使用量及补加量都必须由大量实验室及现场来确定，并且施镀条件发生变化时还必须做适当调整。

6.4　化学镀镍工艺条件

6.4.1　基体表面

基体表面必须具有均匀的催化活性，才能引发化学沉积反应，另一方面化学镀层本身也必须是化学镀的催化表面，这样沉积过程才能持续下去直到所需的镀层厚度。化学镀镍层本身就是化学沉积反应的催化剂，然而，需要化学镀镍的基体材料几乎可以是任何一种金属或非金属材料。根据对于化学镀镍过程的催化活性，基体材料可分为催化活性的材料，无催化活性的材料，催化毒性的材料。

对于次磷酸钠化学镀镍浴，元素周期表中第Ⅷ族中氢析出反应低超电势的金属；像铂、铱、锇、铑、钌以及镍，均属于催化活性的材料。这些金属可以直接化学镀镍。

大多数材料表面不具备催化活性，必须通过在它表面沉积具有催化活性的金属，使这种表面具有催化活性之后才能引发化学沉积。这些材料又可大致分为四种。

（1）比镍活泼的金属材料

如铁金属材料，当铁浸入化学镀浴时，由于置换反应开始在铁表面上沉积镍，成为引发化学镀反应的成核中心，继而使化学镀镍反应在大面积上持续进行。电位比镍负的金属，除铁之外，还有铝、铍、钛等。

（2）比镍稳定的金属

如铜、银、金等，这些材料的表面上不可能在镀浴中发生置换反应而沉积镍，因此必须通过施加阴极脉冲电流或者使被镀表面与比镍活泼的金属接触，以便被镀表面沉积上镍从而引发化学沉积。

（3）非金属材料

这些材料必须预先在表面上沉积本征催化活性金属，如浸胶体钯等方法，才能进行化学镀镍。

（4）催化毒性材料

铅、镉、铋、锑、锡、钼、汞、砷、硫均属催化毒性材料。当基体合成金分中含有的这些元素超过一定数量时，浸入镀浴，不仅基体表面不可能镀上，还会溶解而且进入镀浴的这些材料的离子将阻滞化学镀镍反应，甚至停镀。因此这类材料进入化学镀浴之前必须进行预镀，如采用电镀镍或其他方式在其表面形成一层具有足够厚度的完整致密的预镀层。

除基体材料的化学成分和性质对化学镀镍有显著影响之外，基体材料的表面形貌的影响也是十分突出的。由于化学沉积时无外加电场的影响，化学镀镍层是十分均匀的，因此对于基体材料的表面原有缺陷和粗糙形貌几乎没有任何整平和掩盖的作用；即只有在少缺陷和表面粗糙度较低的基体材料表面上才能获得高质量的化学镀镍层。

化学镀镍层在重视基体材料对镀层的影响时，同样应该注意镀层对基体材料的影响。由于化学镀镍层具有比较高的硬度、抗张强度和弹性模量，比较低的延展性。几乎所有化学镀镍后的零件刚性都有提高，但塑性和弹性变形性能降低；在某些情况下，镀层零件的抗疲劳强度明显降低。化学镀镍层基体材料的这些不良影响可以通过镀后处理的方式得到一定程度的克服，如镀后烘烤除氢，较高温度下热处理提高抗疲劳强度等。然而，对基体的不良影响往往起源于基体材料，产生于化学镀镍全过程。例如氢脆即氢原子扩散渗透进入基体金属所造成的某些形式的损伤。金属零件在电解除油、酸洗、施镀，甚至在使用中引起氢致损伤。不同的基体材料对于氢原子渗入的敏感程度是不同的，某些高强钢、内应力和硬度较大的基体金属则特别危险。若从基体材料前处理开始，贯彻化学镀镍全过程，始终注意这些问题，就有可能将对于基体材料的不良影响降低到最低程度。

6.4.2 镀浴温度

化学镀镍过程涉及的氧化还原反应需要热能，即在一定的温度下才能启动化学沉积。除少数镀浴，如某些碱性或中性次磷酸盐镀浴、胺硼烷镀浴能够在室温下沉积之外，绝大多数的镀浴至少在 $50{}^\circ C$ 以上才有明显的镀速。当温度升高时，镀速亦增加。按照化学动力学经验公式，化学镀镍沉积速度为镀浴温度的指数函数，在较高温度下镀速较快；某些化学镀浴温度升高 $1{}^\circ C$，沉积速度增加 $5\%\sim7\%$。但是通过升高温度去提高镀速是要冒镀浴分解的风险。为获得尽可能快的镀速而又不明显降低镀浴的稳定性，每种镀浴都存在一个最佳操作温度范围，通常酸性次磷酸盐镀浴的最佳操作范围在 $80\sim90{}^\circ C$。

温度的影响不仅是镀速，而且包括镀层应力、镀层含磷量等，因此对镀层性能也会有影响。操作中应该注意的是温度传感器尽可能靠近镀件，采用均匀的加热的搅拌等方式使镀浴各处的温差尽可能地减小，温度自动控制仪应定期采用标准温度计加以校正。

6.4.3 镀浴 pH 值

pH 值对于化学镀镍过程产生重大影响，在化学镀镍操作过程中应十分重视镀浴 pH 值的控制问题。氢离子是化学镀镍反应的产物之一，化学镀镍是镀浴中氢离子浓度持续升高的过程，尽管镀浴中含有大量的缓冲剂，仍然需要不断加入 pH 值调整剂，即加入碱才能维持镀浴的 pH 值。

不同的化学镀镍溶液有着不同的 pH 值操作范围，比如酸性次酸钠浴的 pH 值操作范围大都在 4.0～5.1 之间，低磷化学镀镍浴近中性；二甲胺硼烷（DMAB）为还原剂的化学镀镍浴可以在中性、偏酸性范围操作等。商品的化的化学镀镍浴都有其 pH 值的操作范围和最佳值。

通常使用氨水、Na_2CO_3、K_2CO_3 或 NaOH 作为 pH 值调整剂。加入碱调整 pH 值，必须先将镀浴从操作温度冷却至 70℃ 以下，否则会产生 $Ni(OH)_2$ 絮状沉淀，从而引起镀浴分解。目前的商品镀浴是将 pH 值调整剂与还原剂、稳定剂、络合剂复配成水溶液，可在操作温度下调整 pH 值；由于不需要冷却镀浴，从而化学镀镍成为连续操作。尽管如此，在调整 pH 值时应尽可能使用稀碱溶液；无论是手工还是采用计量泵调整镀浴，都应在搅拌下采取少量多次的方式进行。

不少人认为化学镀镍浴性能良好的标志是操作范围宽广。的确，较之操作参数必须严格限制的镀浴，操作人员自然欢迎选用能够在很宽的 pH 值范围内形成质量一致的镀层的镀浴。然而，镀浴 pH 值对于镀层的性能影响是很大的。以至于现在的商品镀浴的 pH 值控制范围仍然很窄，通常限制在最佳值±0.2 范围之内。

6.4.4 镀浴化学成分

化学镀镍浴中的镍盐、还原剂、络合剂、缓冲剂和稳定剂等主要化学成分对于化学镀镍浴以及镀层性能的影响是十分重要的而且是复杂多变的。化学镀镍实际操作中不仅需要使某一化学成分维持在最佳范围内，而且需要使其他各种相关化学成分及技术参数保持在相应的最佳比例范围之内。

各种化学镀镍浴中的镍离子浓度一般在 0.07～0.13mol/L，镍离子浓度升高，镀速略有增加；但是，当达到更高浓度之后，镀速不再增加甚至有所下降；若继续增加镍离子浓度，溶液的稳定性迅速恶化。磷酸钠浓度的影响也有相似之处，在化学镀镍浴中次磷酸钠的浓度在 0.5～0.35 mol/L 范围内。更重要的是应保持镍离子与次磷酸钠的摩尔浓度比在 0.25～0.6，最佳浓度比范围是在 0.3～0.45。只有当镍盐/还原剂浓度比在上述范围内，镀浴的稳定性、镀速、还原效率和镀层质量最佳。比如前述商品镀浴，由浓缩液 A 提供镍盐，浓缩液 B 提供还原剂、络合剂。

按其开缸添加量配制的镀浴中，主要成分的摩尔浓度比为：

$$(Ni^{2+})/(H_2PO_2^-)/(络合剂) = 1.0/2.05/2.0 \tag{6-2}$$

化学镀镍过程中，镍盐和还原剂的消耗并非按某个简单的化学反应式所表示的化学计量进行。实际上沉积 1g 镍至少需要消耗 4.5～5.4g 次磷酸钠，还原效率低于 40%。相当大的一部分还原剂消耗于生成副产物氢气。显然，要维持镀浴中（Ni^{2+})/（$H_2PO_2^-$）的最佳比率以便获得理想的镀层，就必须按实际消耗比例添加补充镍离子和次磷酸盐。次磷酸盐的还原效率（或称利用率）受镀浴的成分、pH 值、温度等诸多因素的影响。

高质量的商品化学镀浴是将各种化学成分按最佳配比预制成浓缩的方式提供使用，通常每种化学镀浴由 2～4 种浓缩液配套，使复杂多变的因素简化，目的在于施镀操作方便。表 6-3 是一种典型的商品镀浴的组成情况。这就是镀液（包括电镀）从配方组合到操作时的添加方法和技术，它将对镀液起稳定作用的添加剂和添加时对镀液起干扰、恶化的试剂组合起来，使添加操作方便、安全。

表 6-3　一种典型商品镀浴的组成

化学镀镍浓缩液	A	B	C
化学成分	镍盐，络合剂、加速剂	还原剂，缓冲剂，润湿剂，稳定剂	还原剂、稳定剂、pH 值调整剂
颜色	绿色透明	浅色透明	无色透明
pH 值	3.0	5.1	12.0
开缸添加量/(mL/L)	65	150	
施镀添加量/(mL/h)（槽负载 1dm²/L）	7.2		14.4

注：槽负载量是指单位容积里一次镀覆的镀件表面面积。

该配方中浓缩液 A 和浓缩液 B 按一定比例混合在一起，经去离子水稀释到位后，即得到能提供全部镀浴化学成分的开缸液，施镀过程中消耗的化学成分可由浓缩液 A 和浓缩液 C 按单位时间添加的方式补充。但是随着镀浴使用时间的延长，误差的积累会使得镍盐和还原剂的浓度比远离正常范围。因此需要定时分析检测镀浴中镍盐和次磷酸盐的浓度并及时添加补充。化学成分的补充添加是根据镀浴中实测镍离子浓度与最佳浓度的值而计算求得。商品镀浴对于这一过程的简化方式通常是将镀浴开缸镍离子浓度设定为 100%，消耗后的分析镍离子浓度以百分数表示，镀液中的镍离子全部来源于浓缩液 A，这样添加补充量仅仅同浓缩液 A 的容积比值相关连，次磷酸盐由浓缩液 C 提供，补充量为浓缩液 A 的容积整倍数。

通常当开缸镀浴中镍盐和还原剂的消耗量达到 10% 左右就应补充添加。调整镀浴成分时应在搅拌下采取少量多次的方式进行。自动控制可以实现镀浴消耗化学成分的连续补充添加，并保持实测浓度与其设定最佳值的偏差始终不超过 5%。

络合剂是化学镀浴中重要的化学成分，化学镀镍实际操作时，通常是将已经选定的最佳浓度比的络合剂一次性加入开缸镀浴中。络合剂被认为是参入化学沉积过程，自身并不发生氧化还原反应，因此是非消耗性的化学成分。然而不应忽视络合剂自身的化学稳定性问题，化学镀浴在长时间的加热过程中，α-羟基羧酸有直链缩聚和成环缩聚的酯化反应的趋向，在异相催化表面化学沉积过程中产生的 H^+ 有利于这种酯化反应。由于有机结构上的差异，不同的络合剂的上述酯化倾向性程度是不同的。因此，由于络合剂自身化学稳定性的不同，在化学镀镍过程中络合剂或多或少有所消耗。加上施镀过程中工件的带出损失，传质和过滤时的物理性消耗等，所以化学镀中同样需要正确地补充络合剂。

化学镀浴中的另一个重要成分稳定剂，特别是当采用水溶性有机酸、无机含氧酸盐作为稳定剂时，也存在消耗性补充问题。络合剂、稳定剂也不能加入过量，否则会引起镀速急剧下降甚至停镀。化学镀镍商品浴是采用定期加入预配制的浓缩液补充络合剂、稳定剂的消耗。

6.4.5　搅拌的影响

化学镀镍反应受扩散过程影响。搅拌改变了工件-溶液界面扩散层内的化学成分和 pH 值，对化学镀浴进行搅拌有利于提高反应物向工件表面的传递速度，同时也有利于反应产物的脱离。由于通常化学镀浴操作是加热升温条件进行的，而且大量氢气泡的逸出形成了"自搅拌"作用，使得一些化学镀操作者误认为没有搅拌镀浴的必要。

表 6-4 和表 6-5 列出了各种搅拌方式对同一种镀浴在不同 pH 值条件下的镀层含磷量、镀速的影响。该镀浴组成和工艺条件如下：硫酸镍 40g/L；柠檬酸钠 50g/L；次磷酸钠 35g/L；pH 值 6～12；温度 60℃。

表 6-4　搅拌对镀速的影响　　　　　　　　单位：μm/h

pH 值	搅拌方式				
	无	机械	空气	超声波	旋转盘电极
6	1.5	2.2	2.4	1.5	1.9
8	6.7	9.3	10.1	9.7	8.0
10	12.2	15.8	11.8	16.9	14.2
12	13.4	10.9	6.2	16.5	10.1

表 6-5　搅拌对镀层含磷量的影响　　　　　　　　单位：%

pH 值	搅拌方式				
	无	机械	空气	超声波	旋转盘电极
6	14.52	8.28	11.42	12.09	14.52
8	10.02	4.11	4.54	6.51	10.02
10	5.76	3.28	4.72	4.58	5.76
12	3.51	2.74	3.59	3.35	3.51

由表可见搅拌镀液提高了镀速，然而，同时降低了镀层的磷含量。在镀浴 pH 值低时（6～8）空气搅拌提高镀速的效果比较显著；在高 pH 值时（10～12）超声波搅拌有利于提高镀速。

搅拌镀浴的作用是多方面的。搅拌镀浴不仅可防止漏镀、针孔，提高镀层外观质量，而且可以防止局部过热，这有利于镀浴的稳定性。化学镀实际操作时采用的搅拌方式与工件尺寸和几何形状密切相关。

6.4.6　镀浴老化及寿命

镀浴寿命是化学镀工业化的关键，目前是用离子更新次数或循环周期来表达镀浴寿命。即补充添加镍盐的累计重量等于开缸镀浴中镍盐重量时为更新一次或称一个周期。在化学镀实际操作中，工件进出镀浴时总会有带入污染和带出损失。因此在镀浴有效化学成分带出损失的同时，同样会有带入的有害物质浓度的带出降低。

当酸性镀浴开缸含离子约 6g/L，每周期亚磷酸离子 $[H_2PO_3^-]$ 的积累为 30g/L；如果无带出损失，则 10 周期时镀浴中亚磷酸离子浓度将上升至 300g/L。此时应该产生亚磷酸盐沉淀，然而在实际操作中，因工件几何尺寸和形状不同，工件上下架频率的高低，吊镀或滚镀等不同，通常每周期的带出损失量的变化范围为 5%～15%。这是镀浴中亚磷酸盐浓度的相当可观的降低量。当带出损失量大于或等于 10% 时，甚至经历 20 个周期后镀浴中 $[H_2PO_3^-]$ 浓度也不会超过 300g/L。这也说明了为什么同一种化学镀浴在不同的工厂操作方式时，镀浴寿命周期数相差很大的原因。

当镀浴的镍离子浓度很低时。化学镀镍浴表现为镀速降低、镀层张应力增大、镀层孔隙率上升，耐蚀性下降。镀层的品质明显下降通常发生于镀浴产出达 $300～400\mu m/(dm^2 \cdot L)$（3～4 周期）之后。因此，镀浴最高寿命是镀层性能满足用户技术要求的最后一个周期。镀浴老化带来的另一个问题是化学镀镍成本问题。延长镀浴寿命可直接降低成本；然而，倘若镀速过低，将会大幅度提高工时和能耗费用，从而使化学镀镍成本反而升高。因此，出于成本考虑，可在达到镀浴最高寿命之前报废镀浴。

6.4.7 化学镀镍液组成和工艺条件示例

以次磷酸盐做还原剂的化学镀镍液按 pH 值可分为酸性和碱性两大类。酸性镀液比较稳定，易于控制，沉积速度快，所得镀层磷含量高（7%～11%）。生产中一般使用这类溶液，其工艺规范见表 6-6。

表 6-6 酸性化学镀镍镀液工艺规范

溶液组成与工艺条件		1	2	3	4	5	6	7	8
$NiSO_4 \cdot 7H_2O$/(g/L)		24	80	35	25	21	23	30	
$NiCl_2 \cdot 6H_2O$/(g/L)									30
$NaH_2PO_2 \cdot H_2O$/(g/L)		24	24	10	30	23	18	36	10
醋酸钠（$NaC_2H_3O_2 \cdot 3H_2O$）/(g/L)			12	7	20				
羟基醋酸钠（$NaC_2H_3O_3$）/(g/L)					30				50
柠檬酸钠（$Na_2C_6H_5O_2 \cdot 2H_2O$）/(g/L)				10				14	
氟化钠（NaF）/(g/L)						0.5			
酒石酸（$C_4H_6O_6$）/(g/L)						0.5			
乳酸（$C_2H_3O_3$，88%）/(mL/L)		30				42.5	20	15	
丙酸（$C_3H_6O_2$）/(mL/L)		2				2		5	
苹果酸（$C_4H_6O_5$）/(g/L)							15	15	
琥珀酸（$C_4H_6O_4$）/(g/L)							12	5	
硼酸（H_3BO_3）/(g/L)			8						
氯化铵（NH_4Cl）/(g/L)			6						
氧化钼（MoO_3）/(mg/L)								5	
铅离子/(mg/L)		1			2	1	1		
硫脲[（CS/NH_2)$_2$]/(mg/L)					3				
工艺条件	pH 值	4.5	4.8～5.8	5.6～5.8	5.0	4.7	5.2	4.8	4～6
	温度/℃	95	93	8	90	97	90	90	88～98
	沉积速度/(μm/h)	17	15～23	85	20	20	1	10	
	镀层磷含量/%	8～9		6.4	6～8		7～8	10～11	12.7

注：乳酸溶液需预先用碳酸氢钠中和至 pH＝5 左右使用。

碱性镀液所得的镀层磷含量较低（3%～7%），镀液对杂质比较敏感；其中氨碱液（用氨水调节 pH 值的溶液）在使用过程中，变化过大，因此生产中这类溶液使用较少，其工艺规范见表 6-7。

另有一类在较低温度下工作的镀液，即中低温化学镀镍溶液，主要用于塑料件、玻璃等表面活化。其工艺规范见表 6-8。

镀液操作维护注意事项如下。

工艺条件：a. 温度必须保持恒定，波动不超过±2℃，以保证镀层成分均匀，防止产生层状组织，尽量采用间接加热；只能直接加热时一定要有搅拌防止局部过热引起自发分解。b. pH 值要及时调整。调整时要降温并充分搅拌，加入稀释后的酸、碱或氨水。

表 6-7　碱性化学镀镍镀液工艺规范

溶液组成与工艺条件		1	2	3	4	5	6	7
硫酸镍($NiSO_4 \cdot 7H_2O$)/(g/L)				33	32			
氯化镍($NiCl_2 \cdot 6H_2O$)/(g/L)		45	30			24	24	24
次磷酸钠($NaH_2PO_2 \cdot H_2O$)/(g/L)		11	10	17	15	12	20	20
柠檬酸钠($Na_3C_6H_5O_7 \cdot 2H_2O$)/(g/L)		100		84	84	45		60
柠檬酸铵[$(NH_4)_2C_6H_5O_7 \cdot 2H_2O$]/(g/L)			65				38	
硼砂($Na_2B_3O_7$)/(g/L)								38
硼酸(H_3BO_3)/(g/L)								40
氯化铵(NH_4Cl)/(g/L)		50	50	50	50	30		
氢氧化铵(NH_4OH)/(mL/L)					60	50		
工艺条件	pH 值	8.5~10	8~10	9.5	9.3	9~10	8~9	8~9
	温度/℃	90~95	90~95	88	89	78~82	90	90
	沉积速度/(μm/h)	10	8				10~13	10~13

表 6-8　中低温化学镀镍工艺规范

溶液组成	1	2	3	4	5
硫酸镍($NiSO_4 \cdot 7H_2O$)/(g/L)	25	30	40		20~30
氯化镍($NiCl_2 \cdot 6H_2O$)/(g/L)				40~60	
次磷酸钠($NaH_2PO_2 \cdot H_2O$)/(g/L)	25	30	25	30~60	20~30
焦磷酸铵($Na_4P_2O_4 \cdot 10H_2O$)/(g/L)	50	60			
柠檬酸钠($Na_3C_6H_5O_7 \cdot 2H_2O$)/(g/L)			20	60~90	10~15
三乙醇铵[$N(C_2H_4OH)_3$]/(mL/L)		100	25		
氯化铵(NH_4Cl)/(g/L)					20~35
铵水($NH_3 \cdot H_2O$,30%)/(mL/L)	30~50				
碳酸钠(Na_2CO_3)/(g/L)			4		

注：工艺条件为 pH 值 5.0，温度 70℃，沉积速度 20μm/h。

主盐和还原剂消耗最快，要及时补充。添加的材料不得以固体形式直接加入必须把溶液温度降低后将已溶解完全的溶液的搅拌条件下分别缓慢加入。中低温镀液补加镍盐时，应先与氨水、乙醇胺络合再加入。

镀液要定期或连续地过滤，去除镀液中沉淀，定期用 1∶1 的 HNO_3 浸渍，以清除镀槽壁上沉淀的镍层。镀液用后过滤、降温保存。

装载量过高或过低都会导致溶液不稳定，一般以 0.5~1.5dm^2/L 为宜，在工作温度下尽量不要空载。

6.5　化学镀镍工艺过程

如同其他湿法表面处理一样，化学镀镍工艺过程包括镀前处理、施镀操作、镀后处理等，正确地实施工艺全过程才能获得质量合格的镀层。与电镀工艺比较，化学镀镍工艺全过程应格外仔细。化学镀镍并无外力启动和帮助克服任何表面缺陷，而靠表面自身条件启动，即异相表面自催化反应，而不是电力；因此，要求工件一进入镀液即形成均匀一致的沉积界面。化学镀镍浴比电镀浴更加敏感娇弱，其中各项化学成分的平衡、工艺参数的可操作范围较狭窄，对于污染物的耐受能力较差，甚至 10^{-6} 级的重金属离子就可能造成镀层性能恶化或漏镀、停镀；化学镀浴的寿命十分有限，需要给予更多的维护以尽可能延长化学镀浴寿命。

化学镀镍层具有优异的耐腐蚀性是它得到应用的主要原因之一。这种镀层是依靠完全的连续的覆盖而防止基体腐蚀的，并非像锌那种属于牺牲性镀层；因此，化学镀镍层必须是完整的；仔细的表面预处理、谨慎的施镀操作是这种镀层完整性的保证。

在化学镀镍过程中，催化性异相表面至少存在三个氧化还原反应。从次磷酸钠酸性浴的总反应式可见，影响化学镀镍速率有七个变量：反应物（$[Ni^{2+}]$、$[H_2PO_2^-]$），生成物，$[H^+]$，$[H_2PO_3^-]$，络合剂，温度，溶液搅拌。其影响不仅仅是沉积速率，而且会显著地改变镀层合金成分、组织结构和使用性能。

6.5.1 镀前准备

化学镀镍的对象是具体的工件。进厂待镀的工件状况，包括工件材质、制造或保护方法，工件尺寸和最终使用情况是不同的，因此前处理方法也应有所不同。在确定正确的前处理工艺流程时，必须对工件有充分的了解。

镀前首先需要了解的内容是：熟悉图纸、镀层厚度、了解待镀表面和不需要化学镀的部位、基体金属的冶金状态、化学组成、预处理和热处理的要求。

6.5.1.1 基体材质

为保证镀层足够的结合力以及镀层质量，必须鉴定基体材质。对于化学镀镍，镍、铁、铝经标准的前处理工序都能自发反应；铜、黄铜是不能自发反应的，需要另外的活化操作以保证引发。

某些含有催化毒性合金成分的材料在镀前处理时加以表面调整，保证除去这些合金成分后才能进行化学镀镍。例如：铅（含铅钢）、硫（含硫钢）、过量的碳（高碳钢）、碳化物（渗碳钢）等。因为这些物质的残留会产生结合力差和起泡问题。而且，在未除净这些物质的表面，镀层会产生针孔和多孔现象。工件必须进行周期换向电解活化或其他合适的电解清洗，以便溶解除去表面的无机物质诸如碳化物。另一种处理方法是在镀前采用预镀的方法隔离基材中有害合金元素的影响。如果不能确定是何种金属，可以向生产厂家询问材质。

6.5.1.2 工件的制造过程

工件机械制造过程中需要使用切削液、冷却液、防锈液等含油化学品，这些化学品所含油类随每道工序、每个工厂都可能由不同的矿物油、植物油、动物油、无机盐和聚合物组成，这直接决定除油工艺条件。

钢件表面渗碳、渗氮、淬火硬化后提高表面硬度是重要的加工工艺之一。通常化学镀镍在硬度范围 HRC58～62 的铁件表面上镀层的结合力难以合格，此时，工件必须进行电化学清洗。另外，在加工中产生的表面应力，必须在镀前进行去应力处理，以获得合格的结合力。

为了提高某些基体金属上的自催化镍-磷镀层的结合强度，应按规定进行热处理，镀层厚度 $50\mu m$ 或低于 $50\mu m$ 的工件应按表 6-9 推荐的规范进行热处理，该热处理温度对合金基体无影响。较厚的镀层应进行较长时间的热处理。

如果消除应力是在喷丸后进行，热处理温度不能超过 $220℃$。表面淬火的零件应在 $130\sim150℃$ 的温度下热处理，时间不少于 5h。

表 6-9　提高结合强度的热处理

基体材料	时间/h	温度/℃	基体材料	时间/h	温度/℃
时效-硬化的铝及合金	1～1.5	130±10	镍和镍合金	1～1.5	230±10
未进行时效-硬化的铝及合金	1～1.5	160±10	钛和钛合金	10	280±10
镁和镁合金	2～2.5	190±10	碳钢和合金钢	1～1.5	210±10
铜和铜合金	1～1.5	190±10	钼和钼合金	2～2.5	200±10

6.5.1.3　工件的维修历史

工件维修时为除去表面的有机涂层、铁锈或氧化皮，采用喷砂处理，这种工件是化学镀前最难处理的。因为这些工件表面不仅嵌进了残留物质，而且腐蚀产物附着得很牢固。在这种情况下，先采用机械方法清洁表面，以保证后续化学清洗和活化工序的质量。

6.5.1.4　工件的几何形状

对于具有盲孔和形状复杂的零件，需要加强清洗工序以解决除去污垢、氢气泡逸出和溶液带出的问题。工件吊挂和放置方法是重要的，镀面必须垂直或朝下；一定要有利于氢气的顺利排出。

6.5.1.5　工件非镀面的保护

许多工件要求局部化学镀镍，因此必须用屏蔽材料将非镀部分保护起来。屏蔽材料可用压敏胶带、涂料、专用塑料夹具等。

6.5.2　表面预处理

化学镀镍前处理包括：研磨、抛光、除油、除锈、活化等过程。前处理的重要性及其对最终镀层的影响是造成化学镀镍生产故障的首要因素，但却经常被忽视，而很轻易地把注意力放在化学镀镍的沉积步骤上。这里需要强调的是，合理的前处理工艺与选择好的化学镀镍镀浴一样重要。

当表面前处理出故障时，化学镀镍层的性能会受到损害。前处理中的任一工序都可能产生孔隙、针孔或由于污迹引起的麻点，对抗腐蚀性能都能造成负面影响。在没有水洗干净遗留下的膜上沉积镍层，有可能是结合力差的根本原因，或是导致镀层的孔隙率增大。

化学镀镍的一个非常有个性的特性是化学镀镍层会复制基材的表面状况。因为化学镀镍没有整平能力，也不能盖住基底的缺陷。许多基底上的毛病，在工件沉镍处理后，会变得更加明显。如果基底表面有纹路或印迹，化学镀镍后，这些情况会更加清晰可见。

6.5.3　化学镀镍实务

6.5.3.1　镀槽

（1）镀槽的材质

镀槽必须由耐热、化学稳定性好、不污染镀液的材料制成。设计制造时应该注意结构强度，热应力的影响等因素。设计尺寸上应尽可能使镀槽装载量处于正常操作范围之内。镀槽应考虑做一个备用槽，化学镀槽附近最好有硝酸储槽。采取高位自流或泵送方式，方便镀槽清洗和钝化。聚丙烯（PP）的优点在于价廉易得，加工方便，且保温性能极佳。氯化聚氯乙烯（CPVC）塑料强度较高，安全性好，不易被硝酸氧化，槽壁亦不易镀上，也不像 PP 那样易燃；其缺点在于价格较贵，焊接制造比较困难，而且不如 PP 板的强度高。不锈钢镀槽的制造技术成熟，机械强度高，使用寿命长，但是价格较贵，首期投资较高。为防止施镀槽壁腐蚀和沉镍，在每次使用前必须在室温下使用 50%硝酸钝化不锈钢槽壁，施镀时最好对槽壁施加阳极保护，常用的阳极电流密度约为 $1mA/dm^2$，使之高于槽壁上镍磷起始沉积的电位。

（2）过滤装置

化学镀镍要在施镀过程中连续循环过滤镀液，对循环过滤设备的要求很高。循环过滤系统主要由循环泵和过滤器两部分组成。循环泵必须耐温、耐硝酸、不污染镀液；多由氟塑料、氯化聚氯乙烯、聚丙烯，不锈钢等材料组成。

滤袋过滤的滤袋一般为 PP 纤维织成，镀液由于重力作用，自行流动过滤。压力过滤的滤芯为 PP 等合成纤维在 PP 或不锈钢支撑筒上绕制而成，过滤器筒上安有压力表。活性炭过滤的活性炭通常封装在滤饼或滤筒中。经活性炭过滤后，镀液中的有机添加剂损失较多，须重新补充，除非有特别的原因，一般不用。

（3）镀槽清洗

所有新镀槽在使用前必须彻底清洗。旧镀槽在重新使用前也必须彻底清洗，多数镀液对有机污染和金属离子污染非常敏感。清洗时先用浓碱溶液处理，然后用酸中和。镀液的第一污染源就是镀槽，其次是溶液或空气搅拌管、护板、加热器支座、软管、泵等。因此，所有这些附件在清洗前须先安装好后一同清洗。其他与溶液接触的配置如挂具等也须处理。

新镀槽最常见的污染是脱模剂、增塑剂、焊料残渣、黏合剂残渣、固化剂及运输污物和灰尘。重新使用的镀槽可分为两种。第一种所装镀液与原来相同或相类似。多数是更换镀液时，因为镀液已完全污染，无法再用，需要彻底清除污染，这时建议进行完整的清洗。第二种是所装镀液与原来不同。这一更换，原则上是不允许的；当需要这样做时，最好安装合适的衬里，然后再清洗。

6.5.3.2　化学镀镍的操作注意事项

① 每班开槽前应分析调整镀液，进行试镀，确定镀液状况良好后工件再批量入槽。

② 每班停镀前必须将镀液循环过滤或倒槽，以去除有害微粒，掉入镀槽内的工件应及时捞出。

③ 过滤机的滤芯用后要取出彻底冲洗干净，严禁过滤机及滤芯不经清洗直接过滤槽液。滤芯用了一段时间后，要用稀硝酸浸泡去除里面的细小杂质，然后用清水反复冲洗干净，放入 1∶1 氨水中浸泡 20～30min（中和），水洗干净后再用纯水冲洗即可使用。

④ 根据工件重要程度可选择新旧镀液区别对待，也可先用旧镀液进行预镀，取出后放入新镀液中镀覆，尤其在镀覆铝基体工件时，此法可延长镀液使用寿命。

⑤ 工件入槽时采取小批量同时入槽的方式，并记下每批入槽的准确时间，镀覆时间应根据镀层的厚度而定，须采用测定小试片的镀厚及镀速来决定镀覆时间。

⑥ 工件放入镀槽后要经常晃动和搅拌，严禁相互接触和碰撞，同时不断变换工件放置位置，一般使盲孔向上，以利气泡的排出，圆柱形工件应竖直悬挂，以避免金属屑等杂质落于工件表面，造成镀层出现毛刺。

⑦ 槽液的装载量一般为 1～2dm²/L，应根据工件的数量选择镀槽大小，槽液多少；工件入槽的数量不能超过镀槽装载量的上限。

⑧ 在镀覆过程中，应连续搅拌过滤，每小时至少分析补加一次镀液组分，同时调整 pH 值，必须定人定槽，严禁工件入槽后无人管理。

⑨ 电加热管应定期放入 1∶1 硝酸中钝化一下，可防止热管被镀覆。如果加热管已经被镀上，则需放入 1∶1 硝酸中退镀。在加热管钝化或退镀处理后，都应彻底清洗，以免将 NO_3^- 等杂质带入镀槽。如为蒸汽管加热，则应涂上保护漆，并定期检查有无镀上，脱漆的地方应及时补上。

⑩ 工件出槽时先排出盲孔中残留镀液，彻底冲洗，然后用干净吸水抹布擦干、吹干，质检合格后应立即包装清点入库，做好记录，严禁用手触摸工件，严禁随便放置。

⑪ 不合格镀层应退除后重镀，工件材料不同，退镀液也不一样，铜基体上的化学镀镍层退镀液应与其他钢铁件区分开，以免退镀液中的 Cu^{2+} 在其他工件上被置换出来。

⑫ 槽液（包括前处理溶液）的维护管理特别重要，镀液中严防带入 Cu^{2+}、Zn^{2+}、Ag^+、Hg^{2+}、Cd^{2+}、Pb^{2+}、Fe^{2+}、Al^{3+}、Sb^{2+}、NO^{3-} 等水溶性杂质。任何物件进入槽液前，必须先弄清它是什么，对槽液有何影响，严禁随意将东西放入槽液，严禁不经除油、除锈、不经彻底清洗的工件进入镀槽。

⑬ 槽液每天的生产状况、维护补加情况及产品质量应由生产班组长在专用记录单上作详细记录，并定期将记录交于技术负责人查阅存档。

⑭ 镀槽应定期清理，定期检查槽壁上有无沉积，及时用1∶1硝酸退除。用了硝酸浸泡后一定要用清水反复冲洗干净，然后用稀氨水冲洗一下（中和），水洗干净后再用纯水冲洗后即可使用。

6.5.3.3 化学镀镍故障及排除方法

化学镀镍常见故障及排除方法见表6-10。

表 6-10 化学镀镍常见故障及排除方法

故障现象	原　因	对　策
镀液分解	①镀液温度太高 ②pH值过高引起沉积 ③局部过热 ④槽壁或设备内壁被镀上镍层 ⑤催化剂带入污染 ⑥单次补充量太大 ⑦剥离的镀层碎片 ⑧镀浴中落入污染物,灰尘 ⑨稳定剂带出损失	①转槽过滤，降温至正常操作范围 ②转槽过滤,用10%硫酸调整pH值 ③转槽过滤,使用慢速均匀加热防止过热 ④转槽过滤,用1∶1硝酸清洗、钝化设备 ⑤转槽过滤,加强镀前清洗 ⑥转槽过滤,在搅拌下少量多次补充添加 ⑦转槽过滤,清理挂具 ⑧转槽过滤,改善车间清洁度 ⑨转槽过滤,适当添加少量稳定剂
镀层结合强度差或起泡	①表面处理不当 ②前处理清洗不够 ③铝件锌酸盐化不当 ④金属离子污染 ⑤有机物质污染 ⑥工件镀前生锈 ⑦热处理不当	①改进除油、酸洗工序 ②改进清洗工序 ③分析浸锌溶液,改进浸锌工艺 ④大面积假镀除去杂质或更换部分镀液 ⑤用活性炭处理镀浴 ⑥缩短工作转移时间 ⑦按规范进行热处理
pH值变化快	①前处理溶液带入污染 ②槽负载过大 ③镀浴pH值超出缓冲范围	①改进镀前清洗工序 ②减少装载量 ③检查、调整pH值至最佳操作范围之内
镀层粗糙	①镀浴中悬浮不溶物 ②镀前清洗不够 ③pH值过高 ④镀槽或滤芯污染 ⑤络合剂浓度偏低 ⑥工艺用水污染 ⑦工作残留磁性	①转槽过滤,检查滤芯是否破损 ②改进清洗工艺 ③用10%H_2SO_4调整pH值至正常 ④转槽过滤,清洗镀槽或更换芯 ⑤减少带出损失检查补充调整量 ⑥使用合格的去离子水 ⑦镀前应作消磁处理
镀层针孔	①镀浴中悬浮不溶物 ②槽负载过大 ③有机物污染 ④金属离子污染 ⑤搅拌不充分	①转槽过滤,检查滤芯,找出污染源 ②减少装载量 ③用活性炭处理镀浴 ④大面积假镀除去杂质或更换部分镀浴 ⑤改进搅拌方式,选用工作搅拌
漏镀	①金属离子污染 ②基体金属影响(如含铅合金) ③镀浴过稳定,稳定剂过量	①大面积假镀除去杂质或更换部分镀液 ②镀前预闪镀铜或闪镀镍 ③大面积假镀除去或者更换部分镀液

故障现象	原　　因	对　　策
镀层花斑和气带	①搅拌不充分 ②表面预处理不当 ③金属离子污染 ④工作表面残留物 ⑤"彗尾"气带	①改进搅拌强度或方式 ②改进前处理工序,加强清洗 ③大面积假镀除去或者更换部分镀液 ④改进预处理,使用不含硅酸盐的清洗剂 ⑤重新安排工作吊挂位置,改进搅拌方式
镀层晦暗失光	①镀后清洗水污染 ②表面前处理不当 ③镀液 pH 值、温度太低 ④还原剂浓度太低 ⑤镍离子浓度太低 ⑥有机物污染 ⑦金属离子污染 ⑧光亮剂带出损失	①改进清洗水质;末道清洗水用去离子水 ②改进除油酸洗工序,加强清洗工序 ③用稀 NaOH(或氨水)调整、升温至正常 ④分析镀浴,补充还原剂至正常浓度 ⑤分析镀浴,补充镍离子至正常浓度 ⑥用活性炭处理镀浴 ⑦大面积假镀除去杂质或者更换部分镀液 ⑧适量补充光亮剂
无镀速	①稳定剂浓度过高 ②表面未活化 ③基体非催化剂 ④镀浴 pH 值,温度太低 ⑤金属离子污染	①更换部分镀浴 ②改进镀前酸洗、活化方式 ③镀层表面闪镀镍,浸胶体钯活化 ④用稀 NaOH(或氨水)调整,升温至正常 ⑤大面积假镀除去或者更换部分镀液
镀浴中出现絮状物	①镀浴 pH 值过高 ②镀浴中络合剂浓度太低 ③补充添加速度太快 ④镀浴老化	①用 10% H_2SO_4 调整 pH 值至正常 ②添加适量络合剂 ③在搅拌下少量多次地补充添加 ④更换部分镀浴或废弃镀浴
镍离子消耗快	①槽壁或设备上镀上化学镍层 ②槽负载过大 ③镀浴带出损太大 ④镀浴分解	①转槽过滤,1:1硝酸清洗钝化槽壁或设备 ②减少槽装载量 ③改进工件出槽速度,滴尽镀液后再转移 ④转槽过滤,分析调整镀液或废弃镀浴
镀速低	①镀浴温度偏低 ②镀浴 pH 值偏低 ③镍离子或还原剂浓度偏低 ④金属离子稳定剂浓度太高 ⑤镀液老化	①升高温度至正常范围 ②用稀 NaOH 或氨水调整 pH 值至正常 ③分析镀浴,补充镍离子、还原剂浓度 ④大面积假镀除去或者更换部分镀液 ⑤更换部分镀浴

　　判断化学镀镍技术人员业务能力的高低,就是一旦出现了故障能否立刻解决,这就需要我们平时善于观察,勤动手、动脑。有的故障可能要从多个方面来分析原因,出现故障后千万不能心急,一定要静下心来,从前处理开始,一项项的加以排查,找到原因后最好把出现的原因及解决办法记录下来,这样有利于提高自己的业务水平。

6.5.3.4　化学镀镍的后处理

（1）镀后热处理

化学镀镍的热处理主要是为了加热除氢、提高硬度、改善耐磨性或改善结合力。热处理对镀层耐蚀性能的影响主要是 Ni-P 合金在热处理后析出金属间相 Ni_3P,它在腐蚀原电池中充当阴极,Ni 固溶体成为阳极,所以 Ni_3P 的析出及其面积增大都会加速镀层的腐蚀。另外,热处理过程中镀层体积收缩 4%~6%,容易出现裂纹增加腐蚀。由此可见,高硬度和高耐蚀性镀层是不可兼得的。随着热处理温度的增加或时间延长,耐蚀性能有所回升,原因是 Ni_3P 弥散粒子逐渐长大聚集、阴极相面积减小。如果在较低温度短时间内处理,镀层尚未晶化,也未析出 Ni_3P 则对耐蚀性影响不大。低温短时间加热去除了氢,还继续保持镀层的非晶结构,同时发生了最大的时效,使其体积缩小,密度增加,孔隙率下降。

镀后的钢铁零件消除氢脆的镀后热处理应根据表 6-11 进行热处理。这是安全的低温热处理方法。

表 6-11 镀后消除氢脆的热处理条件（表面淬火件除外）

钢的最大抗张强度值/MPa	温度/℃	时间/h	镀后允许的最长延迟时间/h
≤1050	无要求	—	—
1050～1450	190～220	8	8
1450～1800	190～220	18	4
>1800	190～220	24	0

如果实验证明未喷丸的零件在较高温度下进行短时间的热处理能达到除氢效果，则可以采用高温热处理，但这会提高镀层的硬度。高温热处理时零件应在回火温度的 50℃ 以下进行。表面淬火工件应在 190～220℃ 下进行不少于 1h 的热处理。如果基体表面的硬度允许降低，可以在更高温度下进行热处理。

如果进行热处理是为了提高镀层硬度，则不必单独进行降低氢脆的热处理。热处理应在机加工前进行。在热处理过程中应该避免快速加热和冷却，确定热处理时间时要参考工件的质量。热处理最好在惰性气氛中进行。提高镀层硬度的热处理在硬度范围 500～600HV 时可以不进行热处理。硬度 HV>600 时按表 6-12、表 6-13 进行热处理。

表 6-12 400℃ 热处理时的保温时间和硬度的关系

含磷量/%	镀后硬度	热处理后硬度（HV$_{0.1}$）				
		0.25h	0.5h	1h	2h	20h
2.8	692	821	—	812	773	—
4.5	732	811	911	923	951	977
6.8	611	782	852	915	957	967
7.1	602	—	921	—	—	916
8.7	584	863	890	893	913	
9.6	547		1001			
12.1	509	845	827	890	766	—
12.5	536	959	961	953	961	960
12.6	524	862	835	855	831	

表 6-13 400℃ 以上热处理时的保温时间和硬度的关系

含磷量/%	温度/℃	热处理后硬度（HV$_{0.1}$）					
		镀后	0.25h	0.5h	1h	2h	20h
2.8	600	692	488	423	288	290	211
4.5	425	732			973		793
	500	732			726		608
	600	732	539	550	602		
6.8	425	611			1010		877
	500	611			926		836
	600	611	715	717	788	652	575
7.1	425	602			958		765
	500	602			843		721
12.5	425	536			944		960
	500	536			903		901
	600	536	859	846	865	837	731

（2）镀层封闭处理

铬酸盐封闭处理是提高化学镀层抗变色能力、延长耐盐雾试验时间及耐蚀性能的一种最简单而有效的方法。例如 Ni-P 镀层用 $40g/LH_2CrO_2$ 在 85℃下浸泡镀层 5min；或 1%～10%CrO_3、77～85℃、浸泡 1～15min；Ni-B 镀层用 20%CrO_3、60℃浸泡 10min，由于将镀层表面甚至基体全部钝化而提高了耐蚀性能。

在化学镀 Ni-P 层上涂有机涂层不仅可以改善耐蚀性，也有利于耐磨性。浸油或涂石蜡在提高镀层耐蚀性的同时还改善了它的润滑能力。经涂层处理后镀层耐盐雾试验能力为：镀态 24h；铬酸盐处理 48h；水基漆 48h；硅酸盐封闭 72h；涂油或石蜡 216h。

6.5.4　镀层质量要求

化学镀镍质量要求包括外观、化学成分、镀层厚度等指标。

（1）外观

镀层的外观取决于基体的光亮度和平整度，基体金属上存在的缺陷，包括隐蔽缺陷，可能在镀层上重现，镀层的表面粗糙度不会优于基体的表面粗糙度，镀层的外观可以是光亮、半光亮或无光，表面应该均匀，无麻点、裂纹、起泡、分层或结瘤等缺陷。镀后热处理可能使镀层变色和产生斑点。

（2）化学成分

一般需方应规定镍-磷合金层的化学成分，若无规定，可参照表 6-14 给出的典型镀层成分范围。

表 6-14　镀层的化学成分

元素	最小	最大	典型	元素	最小	最大	典型
镍/%	85	98	88～95	磷/%	2	15	5～12

（3）镀层厚度

对于中等防腐蚀要求，在光滑、均匀的基体上镀层厚度为 10～25μm。对于弱防腐蚀环境，镀层厚度可以低于 10μm。对于强防腐蚀环境，镀层厚度大于 50μm。对于耐磨性要求镀层厚度为 10～25μm。对于强耐磨性要求，镀层厚度大于 25μm。镀覆 125～600μm 厚的修复磨损零件或加工超差零件，可以采用电镀镍为底层。改善难于焊接的金属的可焊性时镀层厚度为 2.5～7.5μm。

6.5.5　影响化学镀镍层性能的因素

影响化学镀镍性能的因素是基材质量、前处理、镀浴及施镀工艺、沉积层的后处理、各阶段的质量检查等。

6.5.5.1　耐蚀性

（1）镀层中磷含量对耐蚀性的影响

Ni-P 镀层耐蚀性能与磷含量密切相关，在酸性介质中 Ni-P 合金电位随磷含量增加而正移，即高磷层的热力学稳定性比低磷层高。高磷镀层耐蚀性能优越源于它的非晶态结构，这是因为非常均匀的 Ni-P 固溶体组织中不存在晶界、位错、孪晶或其他缺陷。另外，非晶态镀层表面钝化膜也因为基体的特征，其组织也是高度均匀的非晶结构，无位错、层错等缺陷，韧性也好，不容易发生机械损伤。与晶态合金对比，非晶态合金钝化膜形成速度快，破损后能立即修复而具有良好的保护性。

Ni-P 合金在酸性介质中形成的钝化膜是磷化物膜，其保护能力比纯镍钝化膜强。但这层磷化物膜易被氧化性酸如 HNO_3 溶解，所以 Ni-P 层不耐氧化性介质的腐蚀。镀层中磷量分布不均除了形成微电池加速腐蚀外，对磷化物钝化膜的均匀性也会产生影响，以至减小膜的保护性。

（2）镀浴成分对镀层耐蚀性的影响

化学镀镍层的性能，尤其是耐蚀性与镀浴关系十分密切，首先是浴中主盐种类的影响，实验表明硫酸盐与氨基磺酸盐浴得到镀层的耐蚀性基本相同，但用氯化镍作主盐，由于存在Cl⁻，镀层的耐蚀性能明显恶化，故一般不采用。镀浴组成中络合剂与稳定剂的影响有时比镀层含磷量的影响还大，络合剂与耐蚀性关系在碱性镀浴中表现尤其敏感。络合剂对镀层耐蚀性影响在用单一络合剂时，耐盐雾性能好坏的顺序大体与络合剂对沉积速度的影响相反，沉积速度快孔隙率大、耐蚀性也差。

镀浴中稳定剂虽然加入量极微，但对镀层耐蚀性能有着明显影响，重金属离子尤其，因此有人认为高耐蚀镀液中不宜用稳定剂。稳定剂在施镀过程中迅速消耗，在镀件边沿及棱角部位吸附富集，使镀层表面组分不均匀性增加而降低了耐蚀能力。施镀过程中的杂质及悬浮物不仅增加表面粗糙度，同时也增加孔隙率。

6.5.5.2　表面粗糙度

镀件表面愈光洁平整其孔隙率愈小。例如某碱浴得到的镀层，基材表面粗糙度 $Ra=1.0\sim2.5\mu m$，镀层厚度在 $8\sim11\mu m$ 时孔隙率为 $6\sim7$ 点/cm²，而 $Ra=0.2\sim1.25\mu m$，同样厚度则孔隙率降到 $1\sim2$ 点/cm²。一般基材表面粗糙度 $Ra\geqslant0.63\sim1.25\mu m$ 镀 $7\sim8\mu m$、$Ra\geqslant5\sim10\mu m$ 镀 $12\sim15\mu m$、毛坯必须镀大于 $25\mu m$、喷砂表面镀大于 $30\mu m$ 才能得到基本无孔的镀层。厚度相同的镀层如分两次施镀也可以降低孔隙率，如某酸浴一次镀 $10\mu m$ 厚的孔隙率为 $4\sim5$ 点/cm²，分两次镀则降低为 $1.9\sim2.5$ 点/cm²。

影响孔隙率的因素不仅是表面粗糙度，还有它的形貌。表面形貌是镀层产生孔洞的主要影响因素，不同前处理方法得到的表面形貌亦异，抛光表面对耐蚀性的改善不如闪镀 $1\mu m$ 亮镍的效果好，暗镍的作用不明显。亮镍作用显著的原因是它有整平作用，且赋予基材一个成分均匀的表面。

6.5.5.3　高温稳定性

纯镍熔点 1455℃，无论用磷或硼合金化均能使其熔点降低，磷的影响尤其。11％P 的镀层热处理后是磷在镍中形成固溶体并与 Ni₃P 组成低共熔点的化合物（参见 Ni-P 金相图），这时镀层软化点只有 880℃，磷量不同的镀层其熔点在很大温度范围内变动。磷量小于低共熔点组成的镀层当温度升到 880℃时，则出现镍固相与液相共存；而磷大于低共熔点组成的镀层便为 Ni₃P 固相与液相共存。Ni-B 合金熔点比 Ni-P 高，含硼低的镀层达 1350℃，这时Ni-P 已熔化，故称 Ni-B 层具有红硬性。

化学镀 Ni-P 具有比电镀 Ni 更好的抗高温氧化性能。在 650℃空气中做氧化试验，并用未施镀的钢基材对比，结果未施镀的基体钢已强烈氧化，电镀 Ni 随氧化时间的延长重量增加，但化学镀 Ni-P 在 100h 后氧化增重趋于稳定。镀层热处理与否变化不大。显然，纯 Ni高温氧化膜保护性能不及 Ni-P 膜好。

试验表明在 650℃过热蒸汽中保温 3000h 后发现酸浴 Ni-P 镀层的保护性比碱浴镀层好。一般认为 Ni-P 在 300℃、Ni-B 在 350℃连续使用是安全的，高达 500～600℃则必须注意。Ni-P 镀层高温稳定性的报导不多，有些还互相矛盾，这说明问题复杂，使用时最好根据工况条件做实验。

6.6　化学镀铜

化学镀铜在化学镀中的地位仅次于化学镀镍。化学镀铜由于原材料便宜，镀层为纯铜，导电、导热性强，可焊性、延展性好，而得到广泛应用。化学镀铜层通常很薄（0.1～

$0.5\mu m$），也可以较厚（$1\sim10\mu m$），主要用于非导体，如塑料表面金属化，印刷电路板连接孔的金属化以及电子仪器的电磁屏蔽镀层。

6.6.1 化学镀铜基础

铜的电极电位为$+0.52V$，较镍易还原。化学镀铜是以硫酸铜为主盐，提供Cu^{2+}，用甲醛作还原剂，只有在$pH>11$的碱溶液中甲醛才具有还原能力，故镀液中要加入氢氧化钠。采用甲醛作还原剂，在生产过程中会产生有毒且刺激性气体，以次亚磷酸盐作还原剂，以混合的金属离子作催化剂可以避免这种情况。以次亚磷酸钠为还原剂的化学镀铜，沉积速度快，镀层均匀致密有光泽，镀液更稳定。生产中适当延长施镀时间，可获得镀层更厚且导电性更好的镀层。

常用络合剂是酒石酸盐和EDTA二钠盐。前者成本低，但镀液稳定性差，镀层韧性不好；后者成本高，但稳定性好，性能好，因此两者常用组合使用。

6.6.1.1 化学反应原理

以甲醛为还原剂的化学镀铜反应为：

$$Cu^{2+}+2CH_2O+4OH^- =\!=\!= Cu+H_2+2HCOO^-+2H_2O$$

化学镀铜的历程可以用电化学理论予以解释。在铜的催化作用下，发生一对共轭反应。另外还有副反应，即甲醛在浓碱作用下生成甲醇和甲酸的反应（称为坎尼扎罗反应）。

阳极反应为甲醛的氧化：

$$2CH_2O+4OH^- =\!=\!= 2HCOO^-+H_2+2H_2O+2e$$

阴极反应为铜离子的还原：

$$Cu^{2+}+2e =\!=\!= Cu$$

副反应：

$$2CH_2O+OH^- =\!=\!= HCOO^-+CH_3OH$$

为了稳定pH值，镀液中需要加入碳酸钠作缓冲剂。为了使镀层结晶细致，加入酒石酸钾钠或EDTA，或者同时使用酒石酸钾钠和EDTA作络合剂。Cu^{2+}的不完全还原会生成Cu^+，Cu^+发生歧化反应导致生成铜粉和Cu_2O，这将造成镀液分解和镀层性质恶化。为了稳定镀液，需要加入稳定剂，如α,α'-联吡啶、氰化钠、若丹宁等。

6.6.1.2 化学镀铜溶液

化学镀铜溶液也是由还原剂、络合剂、稳定剂、加速剂组成，各组分通常使用的药品如表 6-15 所示。

表 6-15 化学镀铜溶液组成

还原剂	络合剂	稳定剂	加速剂
甲醛	酒石酸钾钠	氧气	氰化物
二甲氨基甲硼烷	乙二胺四乙酸	硫脲	丙基腈
（DMAB）	羟基乙酸	二巯基苯并噻唑	邻二氮杂菲
次磷酸钠	三乙醇胺	二乙基二硫代氨基甲酸盐	（菲罗啉）
		五氧化二矾	

化学镀铜溶液的配方原理同化学反应一样，是通过反应物浓度、催化剂浓度、温度和络合剂、稳定剂浓度间的调整，以达到镀速、镀层质量、经济性的平衡。

（1）主盐

铜盐一般都用硫酸铜。硫酸铜作主盐，以甲醛为还原剂时，提高硫酸铜浓度，可使沉积速度较明显的提高，但镀液不稳定性增加。而以次亚磷酸钠为还原剂时，当硫酸铜浓度较小时（如$<12g/L$），沉积速度随Cu^{2+}浓度增大而加快，当Cu^{2+}继续增加，沉积速度开始变慢，稳定均匀，因此，以次亚磷酸钠为还原剂时，硫酸铜浓度可以在较宽范围内变化，高浓

度也不易产生快速沉积所导致的表面粗糙现象。

（2）还原剂

在催化剂作用下，甲醛和次亚磷酸钠浓度增加，Cu^{2+}沉积速度加快。当浓度太高时，镀层失光、粗糙、不致密；镀液可能不稳定或分解。

（3）催化剂的影响

以次亚磷酸钠为还原剂时，在镀铜溶液中加入具有催化活性作用的金属离子，使铜的化学沉积能自发而持续。可作为化学镀铜催化剂的有镍、钴、锌、钙等金属离子，可单独使用，也可以适量配比混合使用。

化学镀铜溶液中单加入镍离子，有助于塑料表面上得到结合力好而且致密光滑的高质量镀层，但是沉积速度较慢。镀铜溶液中加入钙离子，可显著提高沉积速度，但当加入量高时，镀层变暗，导电性差。

（4）络合剂的影响

加入络合剂可将镀液中的Cu^{2+}络合成络离子状态，从而避免镀液 pH 值升高导致氢氧化物沉积析出，有利镀液的稳定性，对控制适当的沉积速度和保证镀层质量都十分必要。常用的络合剂有 EDTA、酒石酸钾、羟基羧酸盐及胺类，可分别使用，也可混合使用。EDTA二钠盐和酒石酸钾钠组合使用，镀液稳定性好，镀层性能好。当络合剂浓度低时，沉积速度很快，镀层质量粗糙不致密；当浓度高时速度太慢，太低可能导致镀层不连续。

（5）稳定剂

主要选用与一价铜离子 Cu^+ 络合能力强的络合剂，如亚铁氰化钾、α,α'-联吡啶、氰化物、硫氰化物等，防止 Cu_2O 的生成。甲醇可阻止甲醛自身氧化还原反应。

（6）pH 值的影响

甲醛只有在碱性条件下（pH＝11～13）才具有还原能力，氢氧化钠保证甲醛作还原剂所必须的碱性条件，随氢氧化钠增加，沉积速度增加，而后趋于稳定。以次亚磷酸钠为还原剂时，当 pH＜4 时，铜沉积速度非常快，镀层为较粗糙的暗红色；pH 为 5～6.5 时，沉积速度适中且镀层质量致密，呈粉红色，有光泽；当 pH＞6.5 时，沉积速度降低，镀层颜色失常，呈微浅绿色。是因为 pH 值太高，氢氧化铜沉淀物夹杂其中。

（7）温度影响

表 6-16 显示镀液处于较高温度时，会增加铜的活化能，提高铜的自催化作用，可以明显提高沉积速度。但实验中，当温度高于 70℃ 时，随施镀时间的延长，虽然沉积速度很快，镀层质量却较差，同时镀液的使用寿命明显降低。

表 6-16　温度与镀液稳定性、镀层质量、沉积速度的关系

温度/℃	沉积速度	镀层质量	镀液分解时间/天
40	较慢	结合力好、均匀、粉红色	4～5
50	快	结合力好、均匀、致密粉红色光泽	4～5
60	很快	结合力好、均匀、致密粉红色光泽	4
70	非常快	均匀、粉红色	3
80	急剧	粗糙、不致密	2

（8）镀液的稳定性

由于镀件进行钯盐活化处理，如果清洗不彻底，易把钯盐带入镀液中，使镀液中产生反应活性质点，促使铜离子还原反应在镀液中迅速发生，导致镀液很快分解失效。对甲醛作还原剂钯盐的最大容许量是 3mg/L；次亚磷酸钠为还原剂的镀铜液钯盐最大容许量是 28mg/

L，可见，次亚磷酸盐为还原剂的镀铜液更稳定。另外，镀件经钯盐活化后，用稀盐酸浸泡1min，使钯离子充分在镀件上还原，再冲洗。可以防止将钯或其他金属离子带入镀液中，确保镀液的稳定性。

负载量过大，沉积速度会迅速下降，甚至促使镀液迅速分解。次亚磷酸钠为还原剂的负载量为 $0.4\sim0.5dm^2/L$。甲醇为还原剂的负载量一般控制在 $2\sim3dm^2/L$。

6.6.2 化学镀铜工艺规范实例

6.6.2.1 化学镀铜工艺规范

化学镀铜工艺规范如表 6-17 所示。

表 6-17 化学镀铜工艺规范

溶液组成与工艺条件	1	2	3	4
硫酸铜($CuSO_4 \cdot 5H_2O$)/(g/L)	7～9	10～15	15	16
甲醛(HCHO,37%)/(g/L)	11～13	10～15	8～18	16
酒石酸钾钠($KNaC_4H_4O_6 \cdot 4H_2O$)/(g/L)	40～50	40～50	60	15
EDTA 二钠盐($Na_2C_{10}H_{14}N_2O_8$)/(g/L)				24
三乙醇胺[$N(C_2H_4OH)_3$]/(g/L)				
甲醇(CH_3OH)/(g/L)	30～150			
亚铁氰化钾[$K_4Fc(CN)_6 \cdot 3H_2O$]/(g/L)	0.01～0.02			0.012
α'—联吡啶($C_{10}H_3N_2$)/(g/L)				0.024
聚乙二醇($M=1000$)/(g/L)			0.06～0.15	
对甲苯磺酰胺/(g/L)				
氯化镍($NiCl_2 \cdot 6H_2O$)/(g/L)		8～14	2	14
氢氧化钠(NaOH)/(g/L)	7～9		10～15	
pH 值	11.5～12.5	11.5～13.5	12.5～13.5	13～13.5
温度/℃	25～30	15～40	15～40	40
沉积速度/(μm/h)		0.5～0.4	2～4	7～9

配方 1 用于材料电镀前导电底层，厚度在 $1\mu m$ 以下；配方 2、3 适合于一般印刷电路板孔金属，厚度在 $1\mu m$ 以下；配方 4 为高速、高稳定化学镀铜液，厚度可达 $5\mu m$ 以上。

6.6.2.2 工艺说明

（1）镀液配制

① 各种固体药品分别用适量的水溶解，难溶的物质（如 α,α'-联吡啶）加热溶解或用乙醇溶解。随后在搅拌条件下，按下列顺序补充混合各种溶液。

② 混合铜盐溶液和络合剂溶液。

③ 在混合液中缓慢加入氢氧化钠溶液；按配方用氢氧化钠溶液调整 pH 值至规定值。

④ 加入稳定剂及其他添加剂溶液，混合均匀后，用蒸馏水调至规定体积。

⑤ 使用前将溶液过滤，加入甲醛溶液。

（2）操作维护注意事项

① 温度升高沉积速度增加，镀液稳定性降低。因此，加稳定剂和强络合剂的镀液可在较高温度下工作，但一般不宜超过 75℃，并要防止局部过热。

② pH 值愈高甲醛还原能力愈强；但 pH 值过高溶液易自发分解。pH 值一般控制在

11~13。施镀时，要及时补充氢氧化钠溶液，保持溶液 pH 值在规定范围内。溶液不使用时可用稀硫酸把 pH 值调至 9~10，降低甲醛还原能力；使用前，再用氢氧化钠溶液调整 pH 值。

③ 搅拌镀铜溶液浓度低，因此搅拌可使沉积反应加快。用压缩空气搅拌还可防止 Cu_2O 形成，提高溶液稳定性。

④ 过滤采用定期或连续过滤除去溶液中铜粉或其他杂质。及时清除槽壁上的金属沉积物。

⑤ 装载量溶液装载量不宜过大，否则施镀时反应过于剧烈易导致溶液分解，一般控制在 2~3dm²/L。

6.6.3　化学镀铜在塑料电镀中的应用

塑料电镀是目前在塑料制品上制作镀层的一种特殊工艺，常用工艺过程为：碱除油（80~85g/L NaOH，60℃）→ 清洗 → 粗化（30g/L CrO_3，800mg/L H_2SO_4，60℃，10min）→清洗→敏化（10g/L $SnCl_2$，45mL/L 盐酸，10min，室温）→清洗→活化（0.5~0.8g/L $PaCl_2$，10min）→清洗→化学镀铜→清洗→电镀。其中化学镀铜是其工艺过程中的关键步骤。

6.6.3.1　实施塑料电镀的前提条件

塑料制品表面金属化不仅可以改善其外观，使其具有金属光泽，而且有助于克服塑料自身的一些缺点，充分利用两种材料的长处，以满足不同产品的特殊要求（如导电性、导磁性、焊接性、耐磨性、耐热性等）。同时，塑料表面金属化也是节省金属材料的一条重要的途径，因此越来越受到人们的重视。

电镀是实现塑料表面金属化的一种常用方法。为了能在塑料表面进行电镀，并获得质量符合要求的镀层，必须解决以下几个问题。

① 塑料不导电，而电镀必须要通入电流。因此，塑料在进行电镀前必须在其表面上先沉积一层导电层。使用最广泛的方法是化学镀。其他方法还有：涂刷金属或石墨粉，喷镀金属膜，涂刷导电胶等。

其他非金属材料如玻璃、陶瓷、木材等，要进行电镀，和塑料一样也需先覆盖导电层。

② 塑料与金属镀层之间的结合力必须达到一定的数值。仅依靠塑料与金属镀层之间的分子力，其结合是不牢的。而且塑料表面还具有憎水性，使镀液难以润湿，也影响结合力。为了增加结合力，需要对塑料制品表面进行粗化处理，形成机械结合；而且使塑料表面性质发生某些改变。

目前进行装饰性电镀的主要品种是 ABS 塑料，适宜进行电镀的 ABS 塑料称为电镀级的 ABS 塑料。电镀级的 ABS 塑料含丁二烯的量必须在一定的范围；而且必须是接枝共聚物，才能使结合力达到要求。

③ 塑料电镀所得镀层质量和结合力不仅与各工序的工艺条件有关，而且与塑料的品种和质量（如杂质含量）、塑料制品的造型设计、成型工艺等因素有关。

6.6.3.2　化学镀前的表面准备

（1）消除残余应力

由于塑料制品在成型过程中常常具有较高的残余应力，必须进行检查和消除。检查的方法是将塑料制品在室温下浸入相应的溶剂中 2~5min，取出后立即清洗，吹干。如表面出现白色裂纹则表示塑料制品有应力，裂纹愈多则应力愈大。

消除应力的方法是在一定温度下恒温 2~3h，使其内部分子重新排列以减小和消除应力。溶剂选择和热处理条件见表 6-18。

表 6-18　一些常用塑料的检查应力用溶剂和热处理温度

塑 料 名 称	检查应力用溶剂	热处理温度/℃
ABS	冰醋酸或煤油	65～75
改性聚苯乙烯	冰醋酸或煤油	50～60
聚碳酸酯	四氯化碳	110～130
聚砜	四氯化碳	110～120
聚苯醚	四氯化碳	100～120
聚酰胺类	正庚烷	沸水中

（2）除油

除去塑料制品表面的污垢才能保证下一步化学粗化的效果。

除油可用有机溶剂（应对塑料制品不溶解、不溶胀、不造成龟裂）。常用的有机溶剂有：丙酮、甲醇、三氯乙烯。也可用碱性水溶液（加入表面活性剂，常用 OP 系列，因其不形成泡沫，不易残留），碱浓度不必很高，温度不宜超过 70℃，以免制品变形。强氧化性酸溶液（如重铬酸钾、硫酸）除油的优点是可以在室温下进行。

（3）表面粗化

塑料制品与金属镀层之间的结合力为分子间力，很微弱，不能保证结合牢固，需要进行粗化。粗化的目的是使塑料制品表面变粗糙，以增加镀层和基体的接触面积。

粗化方法有：机械粗化、化学粗化、有机溶剂粗化。其中有机溶剂粗化应用较少。

① 机械粗化　机械粗化方法包括喷砂、砂纸打磨、滚磨（小零件）。

② 化学粗化　将塑料制品在粗化液中进行浸蚀。化学粗化液一般是铬酐和硫酸溶液，用于 ABS 塑料的一种粗化液配方为：

铬酐	200g	温度	50～60℃
硫酸（相对密度 1.84）	1000mL	时间	30～60min
水	400mL		

化学粗化的一个作用是对塑料制品表面进行选择性浸蚀，使表面形成无数凹槽、微孔，造成表面微观粗糙。比如 ABS 塑料的 A 组分和 S 组分共聚组成刚性骨架，橡胶状的 B 组分以球形分散于 S-A 骨架中。在化学粗化时，B 组分被粗化液浸蚀掉，S-A 骨架基本不溶，这样表面便形成袋形凹槽结构（如图 6-1 所示），在镀覆金属镀层时可以产生机械的"锁扣结合"。

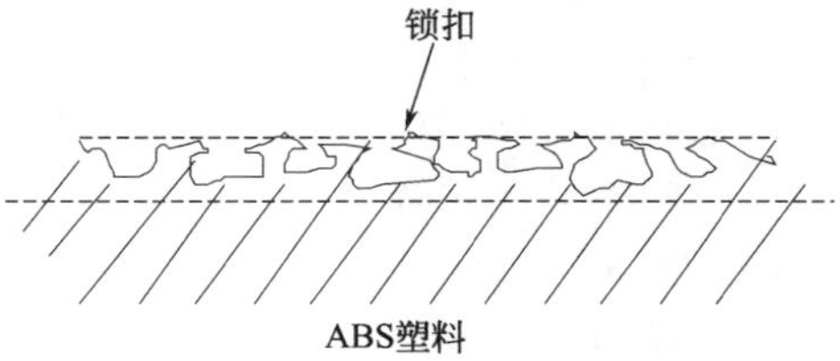

图 6-1　ABS 塑料表面粗化后形成的袋形结构

另一种作用是粗化液使塑料制品表面的物理化学性质发生某些改变，高分子的长链断开，并发生氧化、磺化反应，生成较多的亲水性基团，表面由憎水变为亲水，有利于化学结合。

化学粗化以后必须清洗干净。为了去掉六价铬离子，应进行中和或还原处理。化学粗化可大大增强镀层与塑料基体的结合力，而机械粗化达到的结合力只有化学粗化的 10％左右。因此机械粗化只作为化学粗化的辅助手段。ABS 塑料一般不使用机械粗化。

6.6.3.3　表面活化

由于常用的化学镀溶液中金属离子还原反应的速度很小，需要对塑料制品表面进行活化处理：沉积具有催化作用的贵金属微粒，形成催化中心。在活化处理前要进行敏化处理，以促进贵金属离子的还原。在活化处理之后要进行还原处理，以免影响化学镀的进行。

一种工艺是将敏化和活化分为两个工序，另一种工艺是合在一起。

（1）敏化-活化-还原

① 敏化　将塑料制品浸入还原性溶液中（最常用的是加入一定量盐酸的 $SnCl_2$ 溶液），使其表面吸附一些易氧化物质。锡并不具有催化性能，Sn^{2+} 的作用是促进活化反应中贵金属成核，故称为敏化剂。

② 活化　工件敏化后经水洗，浸入含贵金属离子（如 Ag^+、Pd^{2+}）的溶液中，贵金属离子被 Sn^{2+} 还原析出呈胶体状的银或钯微粒，沉积在塑料表面上。

$$2Ag^+ + Sn^{2+} = Sn^{4+} + 2Ag$$
$$Pd^{2+} + Sn^{2+} = Sn^{4+} + Pd$$

这些贵金属具有较强的催化活性，在化学镀过程中成为催化中心，能加快反应速度。故 Ag^+（常用硝酸银）和 Pd^{2+}（常用氯化钯）称为活化剂。Ag^+ 只适用于化学镀铜，Pd^{2+} 既可用于镀铜也可用于镀镍。

③ 还原　为了不使制品表面的未还原活化剂带入化学镀溶液中，导致镀液分解，在活化后制品经清洗，还要进行还原处理。即将制品浸入一定浓度的化学镀所用还原剂溶液中处理短时间，使未洗净的活化剂被还原掉，然后清洗干燥。

（2）胶体钯活化工艺

胶体钯活化工艺是将敏化和活化两道工序合为一步，亦叫直接活化法。下面是胶体钯活化的一种配方和工艺条件。

甲液：氯化钯	1g	氯化亚锡	2.5g
盐酸（相对密度1.19）	100mL	蒸馏水	200mL
乙液：氯化亚锡	75g	锡酸钠	7g
盐酸（相对密度1.19）	200mL		

将预先配制好的乙液在不断搅拌下缓缓倒入甲液，便得到棕褐色的胶体钯溶液，在60～65℃的水浴中保温3h，再用蒸馏水稀释到1L。

用胶体钯活化处理的制品，其表面上吸附的是一层胶态的钯微粒（以原子态钯为中心的胶团），必须将钯粒周围的二价锡离子水解胶层除去，露出具有催化活性的金属钯微粒，才能在化学镀中起催化中心作用。这一处理过程叫做解胶。解胶一般使用盐酸溶液。

6.6.3.4　化学镀铜

下面是次亚磷酸钠作还原剂在塑料表面进行化学镀铜的工艺条件示例。

化学镀铜液的组成及含量：

$CuSO_4 \cdot 5H_2O$	8～20g/L	混合镍、钙离子催化剂	
次亚磷酸钠	30～40g/L		12～20mL/L
缓冲剂硼酸	20～30g/L	络合剂	10～20L

化学镀条件为：

温度	50～70℃	时间	20min
pH	5～6.5		

化学镀铜其他相关内容参见6.2节。

完成化学镀铜后，塑料表面生成一层导电的铜镀层，然后就可在其表面进行常规的电镀，从而在塑料制品上得到各种电镀镀层。

第7章 化学转化膜

化学转化膜表面处理技术是一个液-固化学反应过程，反应过程使金属表面无机盐化，基体材料提供反应的阳离子，溶液提供反应的阴离子和部分沉积层的阳离子，这些致密的基体金属上的无机盐沉积层赋予表面的防护性、着色装饰性、减摩或耐磨性、绝缘性、高涂装性、润滑等性能。

7.1 概 述

7.1.1 什么是化学转化膜

将金属部件置于选定的介质条件下，使表层金属和介质中的阴离子发生反应，生成附着牢固的稳定化合物。这样得到的保护性覆盖层叫做化学转化膜，其反应一般式可以写成：

$$mM + nA^{z-} === M_mA_n + nze$$

式中，M 为金属原子；A^{z-} 是介质中的阴离子；M_mA_n 是不溶性反应产物，形成表面覆盖层。可见化学转化膜的形成必须有基体金属参与，故可以看做金属的受控腐蚀过程。

需要指出，形成化学转化膜的过程是很复杂的，化学转化膜的组成也并不总像上式一样是简单的典型化合物。形成化学转化膜的方法有两类。一类是电化学方法，称为阳极氧化或阳极化。另一类是化学方法，包括化学氧化、磷酸盐处理、铬酸盐处理和草酸盐处理。图7-1 说明各种金属适用的化学转化膜方法。

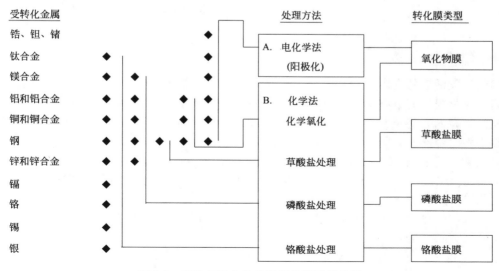

图 7-1 各种金属上的化学转化膜及其分类

7.1.2 化学转化膜的用途

7.1.2.1 金属表面防护层

化学转化膜可以作为金属制品表面防护层。比如铝及铝合金制品阳极化处理、钢铁制品化学氧化处理，能大大提高其耐蚀性；在第3章中已介绍过镀锌层经过铬酸盐处理后，在盐雾试验中出现锈点的时间大大增加。

金属表面的化学转化膜能起到防护作用的原因，一是降低了金属本身的化学活性，使金属的热力学稳定性提高；二是将金属与环境介质隔离开。但是，同其他防护层（例如金属镀层）相比，化学转化膜的防护功能是不高的，它往往不足以使金属得到有效的保护。因此，化学转化膜一般是与其他防护层联合组成多元的防护层系统，化学转化膜常作为这个多元系统的底层。例如化学转化膜＋油漆涂层的多元防护系统得到了广泛的应用。化学转化膜在多元防护层系统中的作用，一是增加表面防护层与基底金属的结合力，二是在表面防护层（如油漆层）局部损坏或者被腐蚀介质穿透时防止腐蚀的扩展。

7.1.2.2 装饰

有的化学转化膜具有各种色彩，如锌镀层经过铬酸盐处理可以得到彩虹色、军绿色、亮白色、黑色等不同外观。有的化学转化膜由于多孔，可以进行染色，如铝及其合金制品经过阳极化处理后可以染上各种色彩。

7.1.2.3 润滑和减摩

在金属的冷作加工中，化学转化膜（特别是磷酸盐膜和草酸盐膜）有着十分广泛的应用，因为这种膜可以同时起到润滑和减摩的作用，从而允许工件在较高的负荷下进行加工。

7.1.2.4 防止电偶腐蚀

由于化学转化膜具有较高的电阻，而且使较活泼的金属的电位正移，因此在异金属部件接触时，经过化学转化膜处理的部件之间的电偶腐蚀问题可以大大减小。

7.1.2.5 金属镀层的底层

对钛、铝及其合金来说，电镀的一个困难问题是表面易钝化而导致结合不良。采用具有适当膜孔结构的化学转化膜作底层，可以使镀层与基体金属牢固结合。

7.2 铝及其合金的阳极化

7.2.1 概述

铝是比较活泼的金属（标准电位－1.66V），又是易钝化金属，在空气中表面很容易生成天然氧化物膜，但只有 $0.01\sim0.1\mu m$ 厚，保护作用很差。经阳极化处理，可以使氧化膜增厚至几十微米，甚至几百微米。这层氧化膜与基体金属结合十分牢固，具有良好的耐蚀性、装饰性、耐磨性、电绝缘性，可以获得多种应用。

铝及铝合金的阳极化是将铝（或铝合金）制品浸在电解液（硫酸、铬酸、草酸溶液，以硫酸溶液应用最广）中，作为阳极通电进行电解，使铝表面生成需要厚度的氧化物膜。

在通入阳极电流的情况下，铝表面上同时发生氧化物生成反应（成膜反应）和氧化物的溶解反应（溶膜反应）：

$$2Al+3H_2O \Longrightarrow Al_2O_3+6H^++6e$$
$$Al_2O_3+6H^+ \Longrightarrow Al^{3+}+3H_2O$$

控制溶液组成和工艺条件，可以使成膜反应速度大于溶膜反应速度，就能使铝表面生成需要厚度的氧化物膜。

铝阳极化生成的氧化膜包括密膜层和孔膜层。密膜层（阻挡层）厚度很小，孔膜层存在大量孔隙（每平方厘米上亿个），因此可以着色处理，获得装饰性外观。

不管是着色或不着色的阳极化膜，都需要进行封闭，使孔闭合以提高膜的保护性能和保持着色效果。

7.2.2 铝阳极化的原理

7.2.2.1 电极反应

图 7-2 是铝的电位-pH 图，可见在 pH＝4.45～8.58 之间为"钝化区"，即铝的氧化物处于热力学稳定状态的电位-pH 范围。由于这种状态下的氧化物膜极薄，在工业上的应用价值很有限。因此，为了得到厚度满足要求的氧化物膜，阳极化过程的条件必须越出图 7-2 的钝化区。铝的阳极化使用酸性溶液，就是这个道理。在酸性溶液中，铝的氧化物虽然不处于热力学稳定状态，但可以处于介稳状态（虚线以上的区域）。氧化物膜在有限溶解的同时继续生成，厚度达到工业应用的要求。

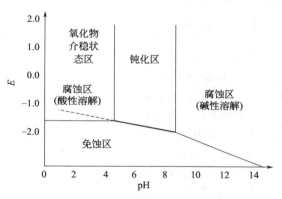

图 7-2 铝的电位-pH 图

在铝的阳极化过程中，铝表面在生成氧化物膜的同时，有氧气析出；铝附近液层中的 Al^{3+} 含量增加了，在阴极上有氢气析出。可知在铝表面发生氧化铝的生成反应：

$$H_2O \Longrightarrow [O] + 2H^+ + 2e$$
$$2Al + 3[O] \Longrightarrow Al_2O_3$$

同时还有铝的溶解和氧的析出反应：

$$Al \Longrightarrow Al^{3+} + 3e$$
$$2H_2O \Longrightarrow O_2 + 4H^+ + 4e$$

在阴极上发生析氢反应：

$$2H^+ + 2e \Longrightarrow H_2 \uparrow$$

铝表面的氧化物则发生化学溶解：

$$Al_2O_3 + 6H^+ \Longrightarrow 2Al^{3+} + 3H_2O$$

膜的生成和溶解同时进行，选择合适的溶液和工艺条件，可以使膜的生成速度大于溶解速度，膜厚便不断增加。

7.2.2.2 氧化膜生成的特性曲线

氧化膜的生成规律，可以用氧化过程的电压-时间曲线来说明。图 7-3 是铝试样在 200g/L 硫酸溶液中，于温度 25℃、阳极电流密度 1A/dm² 条件下进行阳极化时测量的电压-时间曲线。该曲线明显地分为三段，每一段都反映了氧化膜生长的特点。

曲线的 ab 段是在开始通电后的很短时间内，电压急剧上升，这时铝表面生成一层致密的、具有很高电阻的氧化膜，厚度约为 $0.01 \sim 0.015 \mu m$，称为密膜层或阻挡层 [图 7-4（a）所示]。密膜层阻碍了电流通过及氧化反应继续进行。密膜层的厚度在很大程度上取决于外加电压。外加电压越高，密膜层厚度越大，硬度越高。

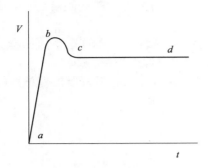

图 7-3 阳极氧化特性曲线

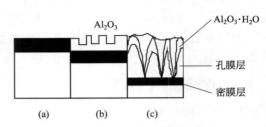

图 7-4 氧化膜生长过程示意

曲线 bc 段说明，当电压达到一定数值后开始下降，一般可以比其最高值下降 10%～15%。这是由于电解液对氧化膜的溶解作用所致。由于氧化膜的厚度不均匀，氧化膜最薄的地方因溶解而形成孔穴，该处电阻下降，电压也就随之下降。氧化膜上产生孔穴后，电解液得以与新的铝表面接触，电化学反应又继续进行，氧化膜就能继续生长，如图 7-4(b) 所示。

b 点的电位以及它出现的时间，主要取决于电解液的性质和操作温度。不同的电解液对氧化膜的溶解作用不同。电解液对氧化膜的溶解速度越快，氧化膜越容易出现孔穴，b 点的电压就越低，出现的时间越早。升高电解液温度，氧化膜的溶解速度加快，b 点的电压降低，出现的时间提前。

曲线 cd 段表明，当电压下降到一定数值后不再下降，而趋于平稳。此时阻挡层的生成速度与溶解速度达到平衡，其厚度不再增加，因而电压保持平稳。阻挡层厚度不增加，但氧化反应并未停止，在每个孔穴的底部氧化膜的生成与溶解仍在继续进行，使孔穴底部逐渐向金属基体内部移动。随着氧化时间的延长，孔穴加深，形成孔隙和孔壁。孔壁与电解液接触的部分也同时被溶解并水化（$Al_2O_3 \cdot xH_2O$），从而形成可以导电的孔膜层，其厚度由 $1\mu m$ 至几百微米，如图 7-4(c) 所示，其硬度也比密膜层大得多。

在阳极氧化的整个过程中，氧化膜的厚度不断增加。但随着阳极化时间的延长，膜的增厚速度减小。这是由于在阳极氧化过程中电流效率逐渐下降造成的。首先，随着膜厚增加，膜中的孔逐渐加深，电解液到达孔底越来越困难。其次，由于孔穴中的真实电流密度很高，其外层水化程度加大，提高了导电能力，从而促使析氧加剧，降低了电流效率。第三，氧化膜的化学溶解使氧化膜的量减少。阳极电流效率与电解液的种类和工艺参数有关，表 7-1 列出了一些阳极化处理的电流效率。

表 7-1　阳极化工艺的电流效率

电解液	电流密度/(A/dm²)	温度/℃	阳极电流效率/%
15%硫酸	1.3	25	79.4～63.8
3%草酸	1.3	22～30	69.4～50.3
9%铬酸	0.33	35	52.4

7.2.2.3　电渗析

从氧化膜的生长过程知，氧化膜的生长与金属电沉积不同，不是在膜的外表面上生长，而是在已生成的氧化膜下面，即氧化膜与金属铝的交界处，向着基体金属生长。在这个过程中，电解液必须到达孔隙的底部使阻挡层溶解，孔内的电解液必须不断更新。实验测出，膜孔的孔径为 $0.015～0.033\mu m$，在这样狭小的孔中，电解液的更新是通过电渗析进行的。

在电解液中水化了的氧化膜孔壁表面带负电荷，在其附近的溶液中靠近孔壁是带正电荷的离子（比如由于氧化膜溶解而产生的大量 Al^{3+}）。由于电位差的影响，产生电渗液流，贴近孔壁带正电荷的液层向孔外流动，而外部的新鲜溶液沿孔的中心轴流向孔内（如图 7-5 所示）。这种电渗液流是氧化膜生长增厚的必要条件之一。

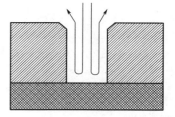

图 7-5　膜孔内的电渗液流

7.2.2.4　氧化膜的组成和结构

阳极氧化膜的具体成分，在很大程度上取决于电解液的类型、浓度和工艺参数。

电子衍射测定证明，在 20%硫酸电解液中得到的氧化膜，未经封闭处理前其外表层是晶态的，由 $Al_2O_3 \cdot H_2O$ 和 $\gamma\text{-}Al_2O_3$ 混合而成，内部是具有 $\gamma\text{-}Al_2O_3$ 结构的无定形 Al_2O_3。用水封闭处理后，则形成 $Al_2O_3 \cdot H_2O$ 和 $Al_2O_3 \cdot 3H_2O$ 的混合物。

在阳极化过程中，随着电解液对孔壁水化过程的进行，膜可能吸附或化学结合电解液中的离子。吸附量取决于电解液性质和工艺参数（温度、电流密度等）。例如可以吸附多达 0.7%的铬酸或者 13%～20%的硫酸。表 7-2 列出了在硫酸电解液中得到的氧化膜的组成。

表 7-2　硫酸中阳极化得到的氧化膜组成　　　　　　　　　　单位：%

成　分	封闭前	用水封闭后
Al_2O_3	78.9	61.7
$Al_2O_3 \cdot H_2O$	0.5	17.6
$Al_2(SO_4)_3$	20.2	17.9
H_2O	0.4	2.8

通过电子显微镜观察，在硫酸、草酸、铬酸和磷酸等电解液中生成的氧化膜的结构基本相似，其孔体都是六角形结构，如图 7-6 所示。靠近金属铝的内层为密膜层（阻挡层），厚度 $0.01\sim0.05\mu m$，电阻率高达 $10^9\Omega \cdot m$，显微硬度可达 15000MPa。外层为孔膜层，厚度可达 $250\mu m$，疏松多孔，电阻率低（$10^5\Omega \cdot m$）。

氧化膜的孔隙率和孔径与电解液性质和工艺参数有关，比如在 10℃、15%硫酸中进行阳极化处理，得到的氧化膜的孔径为 12nm，对应于电压 15V、20V、30V，氧化膜的孔隙率分别为 $77\times10^9/cm^2$、$52\times10^9/cm^2$、$28\times10^9/cm^2$。

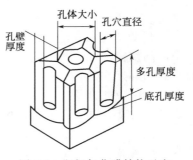

图 7-6　阳极氧化膜结构示意

7.2.3　铝和铝合金的阳极化工艺

7.2.3.1　预处理

（1）除油

铝及铝合金制品除油可以使用酸性、中性、碱性溶液，目前工业上仍以碱性化学除油为主，但与钢铁碱性化学除油相比，NaOH 含量低或者不用，温度也较低。采用水基清洗剂常温除油可以节省能源，采用废硫酸氧化液或废硝酸出光液可以达到综合利用。

（2）碱蚀

碱蚀的目的是除去制件在碱性除油中残存的氧化膜、表面变质层、渗入基体表面层的污物等，使表面均匀一致。常用碱蚀工艺规范列于表 7-3。

表 7-3　常用碱蚀工艺规范

溶液组成及操作条件	1	2	3
氢氧化钠(NaOH)/(g/L)	50～100	50～60	50～70
葡萄糖酸钠 Na[CH$_2$OH(OHOH)$_4$COO]/(g/L)	1～5		
柠檬酸钠(Na$_3$C$_6$H$_5$O$_7$)/(g/L)		1.5	
HD-87 添加剂/(mL/L)			20～30
温度/℃	40～80	50～70	60～70
时间/min	0.5～3	1～6	6～8

碱蚀液以 NaOH 为主，NaOH 与铝发生如下反应：

$$Al_2O_3 + 2NaOH \longrightarrow 2NaAlO_2 + H_2O$$
$$2Al + 2NaOH \longrightarrow 2NaAlO_2 + 3H_2$$
$$2NaAlO_2 + 4H_2O \longrightarrow 2NaOH + 2Al(OH)_3 \downarrow$$
$$\downarrow$$
$$Al_2O_3 + 3H_2O$$

前两个反应分别为溶解氧化膜和基体铝的反应，反应产物为铝酸钠。当铝酸钠积累到一定量时发生水解，最终生成 Al$_2$O$_3$ 硬铝石，沉积于槽底、槽壁和加热管上，缩小槽体有效容积，降低热效率，清除十分困难。为了防止生成硬铝石，可以加入碱蚀添加剂（由络合剂、增速剂、增光剂、缓蚀剂和整平剂复合组成）。

（3）出光

碱蚀之后铝表面上仍残留有不溶于碱的铜、锰、硅、铁等合金元素，俗称"硅灰"，必须除去。同时，还要中和铝表面的碱性。对于一般工业纯铝及铝合金，采用 30%～50%（体积分数）的硝酸溶液；高硅铝合金和铸铝合金，采用 HNO$_3$：HF＝1:3 的混合酸；对于建筑铝合金，因含硅、镁少，基本不含铜、锰、铁等，可采用废硫酸氧化液，既废物利用，又可防止杂质带入氧化槽。

（4）化学抛光和电化学抛光

使制品获得平滑光亮的表面。

7.2.3.2　硫酸阳极化工艺

（1）电解液配方及工艺条件

表 7-4 是硫酸阳极化的电解液配方和工艺条件。硫酸阳极化处理可以通直流电流也可以通交流电流。表 7-4 中的直流法 1 号工艺和交流法适用于一般铝及铝合金的防护-装饰性氧化，直流法的 2 号工艺适用于纯铝和铝镁合金制品的装饰性氧化。

表 7-4　硫酸阳极化工艺规范

电解液组成及工艺条件	直流法		交流法
	1	2	
硫酸/(g/L)	150～200	160～170	100～150
温度/℃	15～25	0～3	15～25
阳极电流密度/(A/dm^2)	0.8～1.5	0.4～6	2～4
电压/V	18～25	16～20	18～30
氧化时间/min	20～40	60	20～40

硫酸阳极化工艺可以得到厚度 5～20μm、无色透明的氧化膜，膜的硬度较高，吸附能力强，易于染色；经封闭处理后耐蚀性较好，主要用于防护和装饰。

硫酸阳极化工艺简单，操作方便；溶液稳定，电能消耗少，成本较低；允许杂质含量范围较大，适用范围较广。但不宜用于孔隙大的铸造件、点焊和铆接的组合件。

（2）影响因素

① 硫酸浓度　在其他条件不变时，硫酸浓度增大将使电解液对氧化膜的溶解速度增加，氧化膜的生长速度减慢，孔隙增多。膜的弹性好，吸附力强，易于染色，但膜的硬度较低。反之，氧化膜生长速度增快，膜的孔隙率降低，硬度较高，耐磨性和反光性良好。

② 温度　温度对氧化膜生长速度和性质的影响与硫酸浓度的影响相似。当温度在 $10\sim20℃$ 之间时，生成的氧化膜多孔，吸附性能好，并富有弹性，适宜染色，但膜的硬度较低，耐磨性较差。如果温度高于 $26℃$，氧化膜疏松、脆性大、硬度低。温度低于 $10℃$ 时，氧化膜厚度大，硬度高，耐磨性好，但孔隙率较低。因此，对硫酸浓度和温度必须严格控制。

③ 电流密度　阳极电流密度与氧化膜的生长关系很大。在其他条件相同时，提高电流密度使氧化膜的生长速度加快，膜的孔隙率高，易于染色；而且硬度和耐磨性也有所提高。反之，减小电流密度，膜的生长速度减慢，但生成的氧化膜致密。不过，提高电流密度对增加氧化膜生长速度和膜厚的作用是有限度的，当氧化膜生长速度达到极限值就不会再增加。这是因为电流密度太高时电流效率下降，同时由于温度升高使膜的溶解速度加快。

④ 搅拌　在氧化过程中，由于产生较多的热量，造成工件附近的溶液温度升高较快，使氧化膜质量下降。因此溶液应当进行搅拌，通常可以采用无油压缩空气搅拌或用泵使电解液循环。

⑤ 合金成分　一般来说，合金元素的存在会使氧化膜质量下降，例如含铜量较多的铝合金上的氧化膜缺陷较多，含硅的铝合金上的氧化膜发灰发暗。在同样的阳极化处理条件下，纯铝上获得的氧化膜最厚，硬度最高，耐蚀性最好。

⑥ 溶液中的杂质　电解液中常见的杂质有 Cl^-、F^-、Al^{3+}、Cu^{2+}、Fe^{2+} 等，其中对阳极氧化膜影响最显著的是 Cl^-、F^- 和 Al^{3+}。当活性离子 Cl^- 和 F^- 存在时，膜的孔隙率增加，膜表面疏松粗糙，甚至使氧化膜发生腐蚀。Cl^- 的最高允许含量为 $0.05g/L$，在配制时应注意水的质量。Al^{3+} 含量增加，氧化膜表面出现白色斑点，吸附能力下降；当 Al^{3+} 含量超过 $20g/L$，电解液的氧化能力显著下降。此时可以将电解液的温度升高到 $40\sim45℃$，在不断搅拌下缓慢加入 $(NH_4)_2SO_4$ 溶液，使 Al^{3+} 生成 $(NH_4)_2Al(SO_4)_2$ 的复盐沉淀，然后过滤除去。Cu^{2+} 含量超过 $0.02g/L$ 时，氧化膜上会出现暗色条纹和斑点。可以用铅作阴极，阴极电流密度控制在 $0.1\sim0.2A/dm^2$，使铜在阴极析出。

⑦ 氧化时间　阳极氧化时间应根据电解液的浓度、温度、电流密度和需要的膜厚来确定。在相同条件下，随着时间延长，氧化膜的厚度增加，孔隙增多，易于染色，耐蚀能力提高。但达到一定厚度后，膜的生长速度减慢，到最后不再增加。为了获得一定厚度和硬度的氧化膜，氧化时间需要 $30\sim40min$；要得到孔隙多、便于染色的装饰性膜，氧化时间需要增加到 $60\sim100min$。

⑧ 交流电流　在使用交流电流时，由于氧化过程中只有一半时间是阳极过程，硫酸浓度应控制低一些，电流密度可以高一些。得到的氧化膜具有很高的透明度和孔隙率，但硬度和耐磨性较低。使用交流电流时，两极上均可装挂制件，但它们的面积应当相等。要得到与直流电流氧化时同样厚度的氧化膜，氧化时间应当加倍。

7.2.3.3　铬酸阳极氧化工艺

（1）工艺规范

铬酸阳极氧化电解液组成及工艺条件列于表7-5。其中工艺1适用于一般机加工和钣金件，工艺2适用于经过抛光并允许公差小的零件，工艺3适用于纯铝及包铝零件。

表 7-5　铬酸阳极氧化工艺规范

电解液组成及工艺条件	1	2	3
铬酐/(g/L)	$50\sim60$	$30\sim40$	$95\sim100$
温度/℃	35 ± 2	40 ± 2	37 ± 2
阳极电流密度/(A/dm²)	$1.5\sim2.5$	$0.2\sim0.6$	$0.3\sim2.5$
电压/V	$0\sim40$	$0\sim40$	$0\sim40$
氧化时间/min	60	60	35
阴极材料	铅板或石墨		

铬酸阳极氧化得到的氧化膜很薄，一般厚度只有 $2\sim5\mu m$。膜层质软，弹性好，耐磨性差。氧化膜呈灰色或者彩虹色，不透明，很难染色。膜的孔隙率很低，不经封闭处理即可使用。膜层与有机涂料结合力很好，是油漆涂料的良好底层。

（2）影响因素

① 电压　铬酸阳极化得到的氧化膜较致密，随着氧化膜增厚，电阻亦逐渐升高。为了使氧化过程能够正常进行，膜厚达到要求，必须在阳极化过程中逐步升高电压，使电流密度保持在规定的范围内。一般是在氧化开始的 15min 内使电压逐步由 0V 升至 25V，维持电流密度在 $2A/dm^2$ 左右，然后再逐步将电压升至 40V，并维持到氧化处理结束。总计时间约 1h。

② 杂质　在铬酸阳极化电解液中，SO_4^{2-}、Cl^-、Cr^{3+} 都是有害的杂质。SO_4^{2-} 含量超过 0.5g/L，Cl^- 含量超过 0.2g/L 时，氧化膜变粗糙。Cr^{3+} 使氧化膜变得暗而无光。

因此，配制电解液时应当使用蒸馏水或去离子水。当溶液中 SO_4^{2-} 含量过多时，可以加入 $Ba(OH)_2$ 或者 $BaCO_3$，使其生成 $BaSO_4$ 沉淀，经过滤除去。如 Cl^- 含量太多，只能弃去部分溶液重新进行调整，或者全部更换。

Cr^{3+} 是在阳极化过程中由 Cr^{6+} 在阴极上还原产生的。当溶液中 Cr^{3+} 积累过多时，可以通电进行处理，使 Cr^{3+} 在阳极上氧化为 Cr^{6+}。通电方法是：以铅作阳极，不锈钢作阴极，维持阳极电流密度 $i_a=0.2A/dm^2$，阴极电流密度 $i_c=10A/dm^2$。

7.2.3.4　草酸阳极氧化工艺

（1）工艺规范

表 7-6 列出了草酸阳极氧化工艺规范，其中工艺 1 适用于纯铝材料制作电绝缘氧化膜，工艺 2、3 适用于纯铝和铝镁合金的表面装饰。

表 7-6　铝及铝合金的草酸阳极氧化工艺

电解液组成及工艺条件	1	2	3
草酸$(C_2H_2O_4 \cdot 2H_2O)$/(g/L)	$27\sim33$	$50\sim100$	50
温度/℃	$15\sim21$	35	35
阳极电流密度/(A/dm²)	$1\sim2$	$2\sim3$	$1\sim2$
电压/V	$110\sim120$	$40\sim60$	$30\sim35$
氧化时间/min	120	$30\sim60$	$30\sim60$
电源	直流	交流	直流

草酸阳极氧化能得到硬度较高和厚度较大（可达 $60\mu m$）的氧化膜，膜的弹性好，电绝缘性能优良。根据铝合金成分的不同，可以直接得到从银白色到棕色的彩色膜，但膜着色困难。当采用交流电进行氧化时，得到的氧化膜弹性和电绝缘性能好而硬度较低，适宜作为铝线绕组的绝缘层。

草酸阳极氧化工艺的缺点是成本高，电能消耗大；另外，草酸有毒。在生产过程中草酸在阳极上被氧化为 CO_2，在阴极上被还原为羟基乙酸，造成电解液不稳定，因此需经常调整。

（2）影响因素

① 电压　由于草酸阳极氧化工艺得到的氧化膜致密，电阻高，只有在高电压下才能获得较厚的氧化膜。为了防止氧化膜不均匀，和高电区发生电击穿现象，操作过程中必须逐步升高电压。以工艺1为例，工件氧化时应带电（小电流）下槽，在最初的5min内保持阳极电流密度在$1\sim2A/dm^2$，将电压由0V升至40V；随后在$10\sim20min$将电压升至90V，阳极电流密度保持不变；然后再在$15\sim20min$将电压升至110V，在此电压下维持氧化$70\sim90min$。在氧化过程中要用无油压缩空气剧烈地搅拌溶液。

② 杂质　草酸阳极化电解液对Cl^-非常敏感，一般允许含量为$0.04g/L$，过高则膜层会出现腐蚀斑点。配制溶液应使用蒸馏水或者去离子水。Al^{3+}的含量不允许超过$3g/L$，过多时需要更换溶液或者弃去部分溶液补加新液。根据经验，每通电$1A\cdot h$，约消耗草酸$0.13\sim0.14g$，同时有$0.08\sim0.09g$铝离子进入溶液。

7.2.3.5　瓷质阳极氧化

瓷质阳极氧化工艺可以得到具有瓷釉或搪瓷般光泽的氧化膜，膜层致密、不透明、结合力好、硬度高、耐磨性和耐蚀性强，还具有良好的绝热性、电绝缘性和吸附性，能染色，色泽美观。

瓷质阳极氧化工艺规范见表7-7。从性能和成本上看，工艺1混酸法最佳，工艺2次之。从工艺操作上看，工艺2稳定，操作简便，容易掌握，工艺1次之，最不易掌握的是工艺3（草酸钛钾法）。

表7-7　瓷质阳极氧化规范

电解液组成及工艺条件	1	2	3
铬酐 CrO_3/(g/L)	$35\sim40$	$30\sim40$	
草酸 $C_2H_2O_4\cdot2H_2O$/(g/L)	$5\sim12$		25
硼酸 H_3BO_3/(g/L)	$5\sim7$	13	$8\sim10$
草酸钛钾 $TiO(KC_2O_4)\cdot2H_2O$/(g/L)			$35\sim45$
柠檬酸 $C_6H_8O_7\cdot H_2O$/(g/L)			$1\sim1.5$
温度/℃	$45\sim55$	$40\sim50$	$24\sim28$
阳极电流密度/(A/dm²)		初始$2\sim3$ 终止$0.1\sim0.6$	初始$2\sim3$ 终止$0.6\sim1.2$
电压/V	$25\sim40$	$40\sim80$	$90\sim110$
氧化时间/min	$40\sim60$	$40\sim60$	$30\sim40$
膜层厚度/μm	$10\sim16$	$10\sim16$	$10\sim16$
颜色	乳白色	灰　色	灰白色

最适合瓷质阳极氧化的材料是纯铝和铝镁合金。配制溶液应当使用蒸馏水和去离子水。

7.2.3.6　硬质阳极氧化工艺

硬质阳极氧化又称为厚层阳极氧化，可以在铝及铝合金制品表面生成质硬、多孔的厚氧化膜，厚度最大可达$250\mu m$。

（1）硬质阳极氧化膜的特点

① 硬度高、耐磨　硬质阳极氧化膜的硬度很高，纯铝上的氧化膜的显微硬度（HV）可达$4000\sim6000MPa$，膜层多孔，可吸附和储存各种润滑油，提高减摩能力。

② 绝缘　硬质阳极氧化膜的电阻率很高，经过封闭处理后平均$1\mu m$厚的氧化膜可耐压25V。

③ 耐热　硬质阳极氧化膜的熔点高达2050℃，而且热导率低，约为$0.42\sim1.26W/(cm\cdot℃)$。

④ 耐腐蚀　硬质阳极氧化膜经封闭处理后在大气和海洋气候条件下具有很好的抗蚀能

力。氧化膜与纯铝及铝合金的结合力很强。

（2）硫酸硬质阳极化工艺规范

能够获得硬质阳极氧化膜的电解液很多，最常用的是硫酸溶液，其工艺规范列于表7-8，阴极材料使用铅板。

表 7-8　硫酸硬质阳极氧化工艺规范

电解液组成及工艺条件	1	2	3
硫酸/(g/L)	100～200	200～300	130～180
温度/℃	0±2	−8～10	10～15
阳极电流密度/(A/dm²)	2～4	0.5～5	2
电压/V	20～120	40～90	开始 5 终止 100
氧化时间/min	60～240	120～150	60～220

工艺 1 和 2 适用于变形铝合金，工艺 3 适用于铸造铝合金。

在进行硬质阳极氧化时，由于电压高，工件与挂具的接触必须牢靠，工件与工件之间、工件与阴极之间必须保持较大距离。

（3）硫酸硬质阳极化工艺影响因素

① 硫酸浓度　在硫酸硬质阳极化工艺中，硫酸浓度一般为 100～300g/L。如果硫酸浓度低，生成的氧化膜硬度高，对纯铝更为明显；但对于硬铝和含铜量较高的铝合金，则应采用高硫酸浓度。

② 温度　一般来说，当温度低时，生成的氧化膜硬度高，耐磨性好。但对纯铝来说，在 6～11℃下得到的氧化膜的硬度和耐磨性比在 0℃氧化得到的膜要高。为了获得具有较高硬度和耐磨性的氧化膜，对有包铝层的钣金件，建议在 6～11℃下进行硬质阳极氧化。

③ 阳极电流密度　开始氧化时的阳极电流密度应当控制在 0.5A/dm² 左右，在 25min 内分 5～8 次逐步提高到 2.5A/dm² 左右，这样可以得到与基体结合力很强的氧化膜。为此，初始电压为 7～11V，对含铜大于 2.5% 又含锰的铝合金为 20～24V。此后，每隔 5min 调整一次电压，保持电流密度为 2.5A/dm²，最高不超过 5A/dm²，直到氧化结束。

④ 合金成分　在硬质阳极化过程中，铝合金的成分对氧化膜的质量有一定影响。当合金的含铜量大于 5% 或含硅量大于 7%，不宜使用直流电流，而宜采用交直流叠加电流或直流叠加脉冲电流。

（4）混酸硬质阳极氧化工艺

混酸硬质阳极化工艺的电解液是在硫酸或草酸溶液的基础上加入一定量的有机酸或少量无机盐，如丙二酸、乳酸、苹果酸、磺基水杨酸、酒石酸、甘油、硼酸、硫酸锰、水玻璃等。这样可以在接近常温的条件下获得较厚的硬质阳极化膜，而且膜的质量有所提高。常用的几种混酸硬质阳极化工艺规范列于表 7-9。

（5）硬质阳极氧化膜的生成过程

硬质阳极氧化过程的机理与普通阳极氧化过程一样，都是膜的电化学生长与化学溶解两个过程同时作用的结果。为了得到硬度高、膜层厚的氧化膜，首先应降低电解液对氧化膜的溶解速度，为此需要使用较低的溶液温度。由于硬质氧化膜厚、致密而且有较高的电阻，影响阳极化过程的正常进行。为了使氧化膜能够继续生长并达到要求的厚度，势必要提高电压来克服电阻的影响，使阳极电流密度保持一定值。电压升高，电流增大，产生大量的热，使电解液温度上升，加速了氧化膜的溶解。因此必须使用制冷设备强制降温，并使用净化空气对电解液进行搅拌，以带走工件周围的热量。

表 7-9 混酸硬质阳极化工艺规范

电解液组成及工艺条件	1	2	3	4
硫酸/(g/L)	120	200		150～240
草酸 $C_2H_2O_4 \cdot 2H_2O$/(g/L)	10		35～50	
苹果酸 $C_4H_6O_5$/(g/L)		17		
丙二酸 $C_3H_4O_4$/(g/L)			25～30	12～24
乳酸 $C_3H_6O_3$/(g/L)				
甘油 $C_3H_8O_3$/(g/L)		12		8～16
硫酸锰 $MnSO_4 \cdot 5H_2O$/(g/L)			3～4	
硫酸铝 $Al_2(SO_4)_3 \cdot 18H_2O$/(g/L)				8
温度/℃	9～10	16～18	10～30	10～20
阳极电流密度/(A/dm²)	10～20	3～4	3～4	2.5～4
电压/V	10～75	20～24	初始40 终止130	35～70

所以，硬质阳极氧化工艺的特点是：较低的温度（-5～10℃），较高的电压（60～120V），较大的阳极电流密度（2.5～4A/dm²）。

由于工艺条件的改变，氧化膜的生长过程亦有所变化，反映在膜层结构上硬质阳极氧化膜与普通氧化膜也有差别。

图7-7是硬质阳极氧化的特性曲线，可以看到与普通阳极氧化特性曲线（图7-3）的不同之处。曲线的 abc 段与图7-3的 abc 段有相似规律：ab 段对应于阻挡层形成，bc 段对应于孔穴出现。cd 段开始与图7-3有明显的不同，电压不是保持稳定，而是平稳地上升。这说明硬质阳极氧化形成的多孔层的孔隙率较小，随着膜的增厚电阻不断增加。cd 段越长，膜的生长速度与溶解速度达到平衡的时间也越长，氧化膜就越厚。图7-7的曲线有一个电压急剧上升的 de 段，达到一定电压后出现火花，

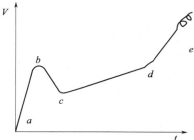

图 7-7 硬质阳极氧化的特性曲线

氧化膜被击穿。这是由于电压升高后，膜孔中的析氧量也增加，氧气不导电，氧的积累使电阻增大，电压升高。在高压作用下，膜层的热量增加，达到一定程度会引起氧气放电，出现火花，使膜层被破坏。此时的电压叫做击穿电压。正常的氧化时间应在 d 点附近结束，时间大约为 90～100min，这样能保证氧化膜的质量。

硬质阳极氧化膜也分为两层：阻挡层和孔膜层，但与普通氧化膜相比，结构上有许多差别。表7-10是在纯铝上得到的硬质氧化膜与普通氧化膜特征的比较。

表 7-10 硬质氧化膜与普通氧化膜特征的比较

类型	膜厚/μm	阻挡层厚/μm	显微硬度/MPa	孔径/nm	孔隙率/%	电阻率/Ωm	击穿电压/V
普通膜	12～30	0.01～0.015	400～800	12.0	20～30	10^7	280～500
硬质膜	30～200	0.1～0.15	内 3300～6000 外 3000～4500	12.0	2～6	10^{13}	800～3000

7.2.3.7 微弧氧化

（1）微弧氧化的概述

人们一直希望能把金属和陶瓷的优点结合起来，以提高金属表面的耐磨损、耐腐蚀性能。电镀、陶瓷喷涂等技术都是把外来陶瓷物料涂覆在金属表面，但陶瓷膜的致密性和结合力仍较差。阳极氧化膜同基体结合良好，但不具备陶瓷膜的高耐磨损及耐腐蚀性能。

早期的理论曾经认为在阳极氧化中，随着外加电压的升高，表面发生了火花，阳极氧化就停止了，后来，科学家发现，继续升高电压，原位生成了新的具有陶瓷性能的膜层。微弧氧化就是直接把基体金属氧化烧结成氧化物陶瓷膜，不从外部引入陶瓷物料，使微弧氧化膜既有陶瓷膜的高性能，又保持了氧化膜与基体的结合力，在理论和应用上都突破了其他技术的束缚。

微弧氧化（MAO）是从普通阳极氧化发展而来，是将 Al、Mg、Ti 等有色金属及其合金作为阳极置于电解质溶液中，在高电流高电压作用下，利用等离子体、化学、电化学原理，使材料表面产生火花或微弧放电，在热、电化学和等离子体的共同作用下，原位生成陶瓷膜层的新型表面处理技术。微弧氧化又称阳极火花沉积（ASD）、微等离子体氧化（MPO）、微弧阳极氧化、金属表面陶瓷化等。

（2）微弧氧化的特点

微弧氧化一般是在碱性溶液中施加高电压，生成陶瓷化表面膜的过程，是物理火花放电与电化学氧化反应协同作用的结果。铝合金微弧氧化膜具有结晶态高温相 α-Al_2O_3。氧化铝只有一种热力学稳定相 α-Al_2O_3 相，属于刚玉结构，这种高温相硬度、耐蚀性极高，理论上只能在很高的温度下才能生成，金属铝氧化时都会生成中间相亚稳氧化铝相。这些亚稳定相在一定的温度下将向具有六方结构的稳定的 α-Al_2O_3 相转变，且这种转变是不可逆的。其中具有尖晶石结构的 γ-Al_2O_3 在 1200℃开始转变，具有六方结构的 γ-Al_2O_3 在 750～1000℃开始转变，而具有六方结构的 δ-Al_2O_3 在 950℃开始转变。

因此可以推断微弧氧化时局部产生了极高温度，被称为等离子体氧化，也是要强调它的高温特性，正因为 α-Al_2O_3 相的性能赋予了微弧氧化膜的特性。微弧氧化技术特点在于把阳极氧化的电压范围从法拉第区提高到微弧区，获得具有高硬度、极耐磨、强绝缘的微弧氧化膜。它不仅用于处理 Al 的表面，而且可以在 Mg、Ti、Zr、Ta 和 Nb 等钝化型金属上得到微弧氧化膜。

（3）微弧氧化的工艺

微弧氧化的工艺包括槽液成分、电源类型和工艺参数三部分。

① 槽液成分　微弧氧化的槽液成分比较简单，目前以碱性槽液为主，没有严重污染的化合物存在。实验室用 1%NaOH 就可以得到微弧氧化膜，实际使用的槽液常加入硅酸钠、铝酸钠、磷酸钠等化合物。为了得到特殊的性能或颜色，可以加入不同的金属盐以获得不同金属离子掺杂的微弧氧化膜。表 7-11 为代表性的四种微弧氧化槽液的成分。

表 7-11　代表性的铝合金微弧氧化槽液成分　　　　　　　　　　　单位：g/L

槽液成分	1	2	3	4
氢氧化钠(氢氧化钾)	1.5～2.5	2.5		
硅酸钠	7～11		10	
铝酸钠		3		
六偏磷酸钠		3		35
磷酸三钠			25	10
硼砂			7	10.5

② 电源特点　微弧氧化电源特点是高电压（一般在 510～700V）、大电流输出（电源输出最大电流可选 5A、10A、30A、50A、100A 等），波形有直流、交流和脉冲三类。电源的结构有电容器式、变压器式和可控硅式等，以可控硅式比较实用。一般来说，直流微弧氧化膜硬度较低，交流和交流脉冲的微弧氧化膜硬度较高，通常用于高耐磨性的工

程需求。

③ 工艺参数　工艺参数中比较重要的是最终外加电压、电流密度等。外加电压从开始起弧电压，慢慢升高使生成的膜不断击穿直到最终电压，最终电压决定了微弧氧化膜的厚度和结构。以下从工艺技术角度对工艺参数进行简述。

a. 工件　微弧氧化工件的形状可以较复杂，部分内表面也可处理。对工件铝材要求不高，不管是含铜或是含硅的难以阳极氧化的铝合金，均可用于微弧氧化，且能得到理想膜层。表面状态一般不需要经过抛光处理，对于粗糙的表面，经过微弧氧化可整平；对于光滑的镜面，则会增加粗糙度。

b. 液体浓度　在相同的微弧电解电压下，电解质浓度越大，成膜速度就越快，溶液温度上升越慢，反之，成膜速度较慢，溶液温度上升较快。电解液碱性，pH 值通常为 8～13。

c. 温度　溶液温度对微弧氧化的影响比阳极氧化小得多，因为微弧区烧结温度达几千度，远高于槽温，溶液温度一般在 20～60℃。温度再高，会产生大量水蒸气。由于微弧氧化以热能形式释放，所以液体温度上升较快，微弧氧化过程须配备容量较大的热交换制冷系统以控制槽液温度。

d. 氧化时间　微弧氧化时间一般控制在 10～60min。氧化时间越长，膜厚不断增大，膜层中的微弧放电通道逐渐减少，膜层的致密程度加强，但其粗糙度也增加。

e. 阴极材料　阴极材料可选用不锈钢、碳钢、镍等，可将上述材料悬挂使用或做成阴极槽体。

f. 工作电压　400～750V。

g. 电流密度　液体不同，工件电流密度不同。电流密度大约 0.01～0.1A/dm²。但也有大电流情况出现，且超过 8A/dm²。

h. 后处理　微弧氧化过后，工件可不经过任务处理直接使用，也可进行封闭、电泳、抛光等后续处理。

i. 微弧氧化工艺流程　去油→水洗→微弧氧化→纯水洗→封闭。微弧氧化装置包括专用高压电源、氧化槽、冷却系统和搅拌系统。

(4) 微弧氧化膜的成分和结构

铝及其合金微弧氧化膜的成分除了铝的氧化物以外，还包括结晶态的 α-Al_2O_3 和 γ-Al_2O_3，并且有槽液中的盐类，如硅酸盐、铝酸盐、磷酸盐等掺入化合物的。微弧氧化膜的具体成分与槽液的成分有关。

微弧氧化膜一般由三层组成，分别为过渡层、工作层和表面层。氧化膜与基体之间界面上无大的孔洞，界面结合良好，微弧区瞬间高温烧结作用使微弧氧化膜具有晶态氧化物陶瓷相结构。铝及铝合金经微弧氧化处理后，其膜层厚度可达 $300\mu m$，且膜层深入基体内部。

① 过渡层　紧贴铝表面的薄层，厚度约为 3～$5\mu m$。由 α-Al_2O_3、γ-Al_2O_3、$K(AlSi_2O_8)$ 所组成。与基体互相镶嵌，构成紧密的冶金结合。因此，膜层与基体之间不会发生崩裂和脱落。

② 工作层　微弧氧化膜的主体，厚度根据工艺参数可调，通常可达 150～$250\mu m$，孔隙度很小，硬度非常高。其成分以 α-Al_2O_3 为主，同时有 γ-Al_2O_3。致密层中 α-Al_2O_3 相和 γ-Al_2O_3 相大约各占一半。

③ 表面层　靠近微弧氧化膜的表面的疏松层，主要成分是 γ-Al_2O_3，Al_2SiO_5。该表层存有大量的圆形堆积物，具有明显的烧结熔融痕迹，上面残留着许多直径为 1～$10\mu m$ 类似火山口的小孔。应用于工程实际中时，一般需要磨去粗糙而疏松的表面层，直接使用工

作层。

(5) 微弧氧化膜的性能

目前，微弧氧化膜的性能数据仍在不断提高改进之中，铝合金微弧氧化膜的典型技术性能如表 7-12 所示。在研究和应用过程中，微弧氧化膜的性能应按照使用要求进行规划，而不是单纯地追求某些高指标，降低综合性能和性价比。

表 7-12　铝合金微弧氧化和阳极氧化典型技术性能比较

性　　能	微弧氧化膜	硬质阳极氧化膜
电压、电流	高压、强流	低压、电流密度小
工艺流程	去油→微弧氧化	碱蚀→酸洗→阳极化→封孔
溶液性质	碱性溶液	酸性溶液
工作温度	<45℃	低温
氧化类型	化学、电化学、等离子体氧化	化学氧化、电化学氧化
氧化膜相结构	晶态氧化物	无定形相
最大厚度/μm	约 400	30～200
显微硬度/(N/mm^2)	17400	4000～6000
击穿电压/(V/mm)	2000	800～3000
均匀性	内外表面均匀	产生"尖边"缺陷
孔隙率	≤2%	2%～6%
耐磨性/[mm^3/(N·m)]	磨损率 10～7(摩擦副碳化钨干摩擦)	差
盐雾实验/h	>1000	>3000($K_2Cr_2O_7$ 封闭)
粗糙度 Ra	可加工至约 0.037μm	一般
抗热震性	300℃、水淬,35 次无变化	好
热冲击	可承受 2500～1300℃热冲击 5 次	差

(6) 微弧氧化膜的应用

微弧氧化膜的多功能性促进了其在各工业领域中的应用，微弧氧化膜由于耐腐蚀、抗磨损、高绝缘和隔热等特性，也已经用在各种机械组件上，比如阀门配件、泵和压缩机部件以及内燃机部件等。

在航空与汽车发动机制造业，汽缸-活塞组件的微弧氧化膜，可以防止高温气体的腐蚀，同时又使金属本身的温度降低大约 3/5，因此也适合用于涡轮叶片和发动机的喷嘴。前苏联造船工业部批准微弧氧化技术在海洋舰船上广泛应用。

在石油化工和天然气工业中，微弧氧化膜显示出很好的耐蚀性和耐磨性，尤其在硫化氢等介质中可以显著提高零部件的使用寿命。在机械制造业用于苛刻条件下的无油真空泵部件、心轴等，与钢相比较可以减轻 2/3 质量。在纺织工业中生产纤维的纺杯、储纱盘、搓轮等高速转动零部件上，微弧氧化膜提高耐热、耐磨和适当的表面粗糙度，已在国内外使用多年。

在民用产品方面，铝合金的微弧氧化膜也得到不少应用，铝合金电熨斗底板的微弧氧化涂层，不仅提高硬度而且降低摩擦系数。铝合金制自行车部件，如车圈、车条和车架等都可以采用微弧氧化膜，提供耐腐蚀和耐磨损的表面。

尽管微弧氧化技术已经得到一些应用，并显示出美好的前景和巨大潜力，但是推广应用的力度还很不够。这与其高能耗带来的高成本有关，也存在市场对微弧氧化技术的特点和优点了解不够。从技术层面上，由于微弧氧化的火花放电，造成火花腐蚀，使表面层比较粗糙。因此在某些应用领域，发展抑弧氧化或无弧氧化新技术来提高表面质感，应该是今后的发展方向之一。

7.2.4 阳极氧化膜的着色与封闭

7.2.4.1 有机染料着色

在铝的氧化膜上进行有机染料染色的机理比较复杂，一般认为有以下几种可能。

① 有机染料与氧化膜不发生化学反应，染色只是由于在氧化膜孔隙中物理吸附了有机染料。

② 有机染料分子与氧化铝分子发生了化学反应，由于化学结合而存在于膜孔中。这种化学结合的方式有如下几种：氧化铝与染料分子上的磺酸基形成共价键，氧化铝与染料上的酚基形成氢键，氧化物中的铝与染料分子形成络合物等。具体结合形式取决于染料分子的性质和结构。

适用于铝氧化膜着色的有机染料很多，主要包括酸性染料、活性染料、可溶性还原染料等。表 7-13 是常用的有机染料及其染色工艺条件。

表 7-13 常用的有机染料及染色工艺

颜色	染料名称	浓度/(g/L)	温度/℃	时间/min	pH 值
红色	茜素红(R)	5～10	60～70	10～20	
	酸性大红(GR)	6～8	室温	2～15	4.5～5.5
	活性艳红	2～5	70～80	2～15	
	铝红(GLW)	3～5	室温	5～10	5～6
绿色	酸性绿	5	70～80	15～20	5～5.5
	直接耐晒翠绿	3～5	室温	15～20	4.5～5
	铝绿(MAL)	3～5	室温	5～10	5～6
蓝色	直接耐晒蓝	3～5	15～30	15～20	
	直接耐晒翠蓝	3～5	40～60	10～15	4.5～5
	活性艳蓝	5	室温	1～5	
	酸性蓝	2～5	60～70	2～15	4.5～5.5
黑色	酸性黑(ATT)	10	室温	3～10	
	酸性元青	10～12	60～70	10～15	
	酸性粒子元(NBL)	10～15	60～70	15～20	5～5.5
	苯胺黑	5～10	60～70	15～30	5～5.5
金黄色	茜素黄(S)	0.3	70～80	1～3	5～6
	茜素红(R)	0.5			
	活性艳橙	0.5	70～80	5～15	
	铝黄(GLW)	2～5	室温	2～5	5～5.5

配制染料的水最好使用蒸馏水或者去离子水，因为自来水中的钙、镁等离子会与染料分子形成络合物，使染色液报废。先将染料溶于温水中，加热至近沸，如有悬粒或沉渣应过滤。要特别注意染色液的 pH 值管理，即时进行调整。染色槽的材料最适宜使用陶瓷，不锈钢或聚丙烯塑料等。

7.2.4.2　无机颜料着色

常用无机着色液的配方及工艺条件列于表7-14。由表可见，采用无机颜料着色时所用溶液分为两种，这两种溶液本身不具有所需颜色，只有在氧化膜孔隙中发生化学反应后才能产生所需色泽。

着色时，先将已经过氧化的铝或铝合金制品用清水洗净，立即浸入表7-14所列溶液①中约10～15min，取出用水清洗一下，即浸入溶液②中约10～15min。此时进入膜孔中的两种盐发生化学反应，生成所需要的不溶性有色盐。取出后用水洗净，在60～80℃烘箱内烘干。

表 7-14　常用无机颜料着色液配方及工艺条件

颜色	组成	含量/(g/L)	温度	生成的有色盐
红色	①醋酸钴 $Co(CH_3COO)_2 \cdot 4H_2O$	50～100	室温	铁氰化钴 $Co_3[Fe(CN)_6]_2$
	②铁氰化钾 $K_3Fe(CN)_6$	10～50		
绿色	①铁氰化钾 $K_3Fe(CN)_6$	10～50	室温	铁氰化铜 $Cu_3[Fe(CN)_6]_2$
	②硫酸铜 $CuSO_4 \cdot 5H_2O$	10～100		
蓝色	①亚铁氰化钾 $K_4Fe(CN)_6 \cdot 3H_2O$	10～50	室温	普鲁士蓝 $Fe_3[Fe(CN)_6]_2$
	②氯化铁 $FeCl_3$	10～100		
黄色	①铬酸钾 K_2CrO_4	50～100	室温	铬酸铅 $PbCrO_4$
	②醋酸铅 $Pb(CH_3COO)_2 \cdot 3H_2O$	100～200		
白色	①氯化钡 $BaCl_2$	30～50	室温	硫酸钡 $BaSO_4$
	②硫酸钠 Na_2SO_4	30～50		
黑色	①醋酸钴 $Co(CH_3COO)_2 \cdot 4H_2O$	50～100	室温	氧化钴 CoO
	②高锰酸钾 $KMnO_4$	12～25		

如果制品所着颜色较浅，可以在烘干前重复着色。

要注意避免两槽互相带入溶液造成污染。

7.2.4.3　电解着色

表7-15列出了常用的电解着色液配方及工艺条件。

铝及铝合金的电解着色是将经过阳极氧化的制件浸入含有重金属盐的电解液中，通过交流电作用，发生电化学反应，使进入氧化膜微孔中的重金属离子还原为金属原子，沉积于孔底阻挡层上而着色。由于各种电解着色液中所含的重金属离子的种类不同，在氧化膜孔底阻挡层上沉积的金属种类也不同，粒子大小和分布的均匀度也不相同，因而对各种不同波长的光发生选择性吸收和反射，从而显出不同的颜色。

用电解着色工艺得到的彩色氧化膜具有良好的耐磨性、耐晒性、耐热性、耐腐蚀性和色泽稳定持久等优点，在建筑装饰用铝型材上获得了广泛的应用。

在电解着色过程中，重金属主盐浓度应控制在工艺范围内，过低不易在膜孔中着上颜色，过高则容易产生浮色，很容易脱落。温度一般控制在20～35℃较为适宜，过低着色速度慢，只能着较浅的颜色，高于40℃则着色速度太快，容易产生浮色。交流电压低，着色较浅，提高电压可以增加着色深度。因此在同样条件下，改变电压就可以在氧化膜微孔内分别着上多种不同的单色。

在着色液的浓度、pH值、温度和交流电压都相同的条件下，随着电解着色时间的逐步延长，可以在氧化膜的微孔内分别着上由浅到深的不同单色。

表 7-15　常用的电解着色液配方及工艺条件

电解液组成	含量/(g/L)	温度/℃	交流电压/V	时间/min	颜色
硝酸银 $AgNO_3$	0.4~10	室温	8~20	0.5~1.5	金黄色
硫酸 H_2SO_4	5~30				
硫酸镍 $NiSO_4 \cdot 7H_2O$	25	20	7~15	2~15	青铜色 →褐色 →黑色
硼酸 H_3BO_3	25				
硫酸铵 $(NH_4)_2SO_4$	15				
硫酸镁 $MgSO_4 \cdot 7H_2O$	20				
硫酸亚锡 $SnSO_4 \cdot 2H_2O$	20	15~25	13~20	5~20	青铜色 →褐色 →黑色
硫酸 H_2SO_4	10				
硼酸 H_3BO_3	10				
硫酸铜 $CuSO_4 \cdot 5H_2O$	35	20	10	5~20	紫色 →红褐色
硫酸镁 $MgSO_4 \cdot 7H_2O$	20				
硫酸 H_2SO_4	5				
硫酸钴 $CoSO_4 \cdot 7H_2O$	25	20	17	13	黑色
硫酸铵 $(NH_4)_2SO_4$	15				
硼酸 H_3BO_3	25				

7.2.4.4　阳极氧化膜的封闭处理

由于铝及其合金的阳极氧化膜具有很高的孔隙率和吸附性能，很容易被污染。染色后的氧化膜若不经特殊处理，已染上的色彩的牢固性和耐晒性也较差。因此，在工业生产中，经阳极氧化后的铝及其合金制品，不论着色与否，都要进行封闭处理。

（1）热水封闭法和蒸汽封闭法

热水封闭的原理是利用 Al_2O_3 的水化作用：

$$Al_2O_3 + nH_2O \Longrightarrow Al_2O_3 \cdot nH_2O$$

式中 n 为 1 或 3。当 Al_2O_3 水化为一水合氧化铝（$Al_2O_3 \cdot H_2O$）时，其体积可增加约 33%；生成三水合氧化铝（$Al_2O_3 \cdot 3H_2O$）时，其体积几乎增大一倍，可将孔隙完全堵塞。早期文献认为水化物层仅在表面 $1\mu m$ 的深度存在；而 20 世纪 70 年代以后的一些论文则认为水化反应首先在孔隙底部开始，逐渐向外扩展，孔隙并未完全封闭，只是孔壁增厚，孔径变窄。这些争论说明了氧化膜封闭中水化反应的复杂性。

热水封闭适用于无色氧化膜。热水温度为 90~100℃，pH 值 6.5~7.5，封闭时间 15~30min。

封闭用水必须是蒸馏水或去离子水，而不能用自来水，因为自来水中的杂质进入氧化膜微孔会降低氧化膜的透明度和色泽。

蒸汽封闭的原理与热水封闭相同。蒸汽温度为 100~110℃，压力 0.1~0.3MPa，处理时间 30min。封闭在蒸缸中进行。蒸汽封闭法不会造成着色氧化膜产生流色现象，但成本较高。

热水和蒸汽封闭应在氧化（或着色）后立即进行。高温封闭易产生粉霜现象，可以加入粉霜抑制剂。

（2）重铬酸盐封闭法

封闭液的配方和工艺条件如下：

| 重铬酸钾（$K_2Cr_2O_7$） 60～70g/L | 温度 | 90～95℃ |
| pH 值（用 Na_2CO_3 调整） 6～7 | 封闭时间 | 15～25min |

注意，配制溶液应当用蒸馏水或去离子水。

当经过阳极氧化后的制件进入溶液时，氧化膜表面和孔壁的氧化铝与水溶液中的重铬酸钾发生化学反应：

$$2Al_2O_3 + 3K_2Cr_2O_7 + 5H_2O \Longrightarrow 2AlOHCrO_4 + 2AlOHCr_2O_7 + 6KOH$$

生成的碱式铬酸铝及碱式重铬酸铝沉淀和热水分子与氧化铝生成的一水合氧化铝及三水合氧化铝一起封闭了氧化膜的微孔。

氧化膜经重铬酸盐溶液封闭后呈黄色，耐蚀性较高。此法适用于封闭硫酸阳极化法得到的氧化膜，而不适宜封闭经过着色的装饰性氧化膜。

（3）水解盐封闭法

在接近中性和加热的条件下，使镍盐、钴盐的极稀溶液被氧化膜吸附，随即发生水解反应：

$$Ni^{2+} + 2H_2O \Longrightarrow Ni(OH)_2 \downarrow + 2H^+$$
$$Co^{2+} + 2H_2O \Longrightarrow Co(OH)_2 \downarrow + 2H^+$$

生成的氢氧化镍或氢氧化钴沉积在氧化膜的微孔中，使孔被封闭。因为少量的氢氧化镍和氢氧化钴几乎是无色的，用来封闭已着色的氧化膜，不会影响制品的色泽，而且还会和有机染料形成络合物，从而增加染料的稳定性和耐晒性。表 7-16 是常用水解盐封闭的工艺规范。

表 7-16 常用水解盐封闭的工艺规范

溶液组成及工艺条件	1	2	3
硫酸镍 $NiSO_4 \cdot 7H_2O$/(g/L)	4～6	3～5	
硫酸钴 $CoSO_4 \cdot 7H_2O$/(g/L)	0.5～0.8		
醋酸钴 $Co(CH_3COO)_2 \cdot 4H_2O$/(g/L)			1～2
醋酸钠 $NaCH_3COO \cdot 3H_2O$/(g/L)	4～6	3～5	3～4
硼酸 H_3BO_3/(g/L)	4～5	3～4	5～6
pH 值	4～6	5～6	4.5～5.5
温度/℃	80～85	70～80	80～90
封闭处理时间/min	10～20	10～15	10～25

（4）常温快速封闭法

常温封闭法的操作温度为 30～35℃，封闭速度 1μm/min，比热水法快 1～2 倍。封闭质量优于热水法，同时节约能源，不产生封闭粉霜，改善劳动条件。

常温封闭剂的主要成分是过渡金属氟化物（如氟化镍）、络合剂、缓冲剂、粉霜抑制剂、表面活性剂。封闭机理包括：金属的水解作用，氧化铝的水合作用，形成铝的化学转化膜。

（5）有机物封闭

采用有机物质，如透明清漆、熔融石蜡、各种树脂和干性油等，对阳极氧化膜进行封闭，不但可以提高阳极氧化膜的防护能力，还可以提高氧化膜的耐磨性和电绝缘性。

7.3 钢铁的化学氧化

7.3.1 化学氧化膜的性质和用途

钢铁的化学氧化是将钢铁制件浸在含有氧化剂的碱性溶液中进行处理，使其表面形成一层保护性氧化膜的过程。氧化膜主要由磁性氧化铁（Fe_3O_4）组成，膜厚一般为 0.5～

$1.5\mu m$，最厚可达 $2.5\mu m$。依据钢铁的成分、表面状态和氧化操作条件的不同，氧化膜的颜色呈灰黑、深黑或蓝黑色，故习惯上又称为发蓝或发黑。

由于化学氧化膜很薄，对零件的尺寸和精度几乎没有影响。化学氧化时不析氢，故不会造成零件发生氢脆。因此化学氧化广泛应用于精密仪器、电子设备、光学仪器、仪表、弹簧和武器等的防护装饰。但是，钢铁件上的化学氧化膜的耐蚀性较差，故应在润滑油或定期擦油的条件下使用。

7.3.2 钢铁化学氧化工艺

7.3.2.1 工艺规范

碱性化学氧化工艺分为单槽法和双槽法，其工艺规范列于表7-17和表7-18。单槽法操作简单，使用比较广泛，其中配方1为通用氧化液，操作方便，膜层美观光亮，但膜较薄；配方2氧化速度快，膜层致密，但光亮度稍差。双槽法是将钢铁部件在两个浓度和工艺条件不同的氧化溶液中进行两次氧化处理，此法得到的氧化膜较厚，耐蚀性较高，而且还能消除零件表面的红色挂灰。由配方1可以获得保护性能好的蓝黑色光亮氧化膜，由配方2可以获得较厚的黑色氧化膜。配方1膜层美观光亮，但膜较薄；配方2氧化速度快，膜层致密，但光亮度稍差。双槽法是将钢铁部件在两个浓度和工艺条件不同的氧化溶液中进行两次氧化处理，此法得到的氧化膜较厚，耐蚀性较高，而且还能消除零件表面的红色挂灰。由配方1可以获得保护性能好的蓝黑色光亮氧化膜，由配方2可以获得较厚的黑色氧化膜。

表 7-17 钢铁化学氧化单槽法工艺规范

溶液组成及工艺条件	1	2
氢氧化钠 NaOH/(g/L)	550～650	600～700
亚硝酸钠 NaNO$_2$/(g/L)	150～200	200～250
重铬酸钾 K$_2$Cr$_2$O$_7$/(g/L)		25～32
温度/℃	135～145	130～135
氧化时间/min	15～60	15

表 7-18 钢铁化学氧化双槽法工艺规范

溶液组成及工艺条件	1		2	
	第一槽	第二槽	第一槽	第二槽
氢氧化钠 NaOH/(g/L)	500～600	700～800	550～650	700～800
亚硝酸钠 NaNO$_2$/(g/L)	100～150	150～200		
硝酸钠 NaNO$_3$/(g/L)			100～150	150～200
温度/℃	135～140	145～152	130～135	140～150
氧化时间/min	10～20	45～60	15～20	30～60

7.3.2.2 影响因素

（1）氢氧化钠

提高氢氧化钠的浓度，氧化膜的厚度稍有增加，但容易出现疏松或多孔的缺陷。浓度过高还易产生红色挂灰，超过 $1100g/L$ 时，则不能生成氧化膜。氢氧化钠浓度过低时，生成的氧化膜较薄，产生花斑，防护能力差。

（2）氧化剂

提高氧化剂浓度可以加快氧化速度，膜层致密、牢固。当氧化剂浓度低时，得到的氧化膜厚而疏松。

（3）铁离子浓度

氧化溶液中必须含有一定量的铁离子才能使膜层致密，结合牢固。铁离子浓度过高，氧化速度降低，工件表面易出现红色挂灰。氧化溶液中铁的含量一般控制在 $0.5\sim2g/L$。当铁的含量过高时，可以将溶液稀释，即将沸点降到 $120℃$，沸腾片刻后静置，这时部分铁酸钠水解成 $Fe(OH)_3$ 沉淀。除去沉淀后再将氧化溶液加热浓缩，待沸点温度升至工艺规范内即可进行生产。

（4）温度

在碱性溶液中进行氧化处理，必须在沸腾温度下进行，溶液的沸点随氢氧化钠浓度的增加而升高。提高温度使氧化速度加快，膜层薄而致密。温度过高，氧化膜的溶解速度加快，成膜速度减慢，膜层疏松。在一般情况下，工件进槽温度应取下限值，出槽温度应取上限值。

氧化处理的温度、时间与钢铁的含碳量有密切关系，如表 7-19 所示。

表 7-19　氧化温度、时间与钢铁含碳量的关系

钢铁含碳量/%	氧化溶液温度/℃	氧化处理时间/min
≥0.7	135～138	15～20
0.4～0.7	138～142	20～30
0.1～0.4	140～145	30～60
合金钢	140～145	60～90
高速钢	135～138	30～40

7.3.3　钢铁化学氧化的机理

钢铁表面化学氧化生成的氧化膜由 Fe_3O_4 组成，Fe_3O_4 可以看作是 $HFeO_2$ 与 $Fe(OH)_2$ 的中和产物。在有氧化剂存在的碱性溶液中，这一转化膜的形成历程是一种电化学和化学过程。

7.3.3.1　电化学过程

由于钢铁表面是不均匀的，当将其浸入电解质溶液中时，表面上将形成无数微电池。在微阳极区发生铁的溶解：

$$Fe = Fe^{2+} + 2e$$

在有氧化剂的强碱性介质中，溶解的铁发生转化：

$$6Fe^{2+} + NO_2^- + 11OH^- = 6HFeO_2 + H_2O + NH_3$$

与此同时，在微阴极区铁酸被还原：

$$HFeO_2 + e = HFeO_2^-$$

随之 $HFeO_2$ 与 $HFeO_2^-$ 相互作用，并脱水生成磁性氧化铁：

$$2HFeO_2 + HFeO_2^- = Fe_3O_4 + OH^- + H_2O$$

7.3.3.2　化学过程

钢铁表面在热碱溶液和氧化剂（硝酸钠或亚硝酸钠）的作用下生成亚铁酸钠：

$$4Fe + NaNO_3 + 7NaOH = 4Na_2FeO_2 + 2H_2O + NH_3 \uparrow$$

$$3Fe + NaNO_2 + 5NaOH = 3Na_2FeO_2 + H_2O + NH_3 \uparrow$$

亚铁酸钠进一步与溶液中的氧化剂反应生成铁酸钠：

$$2Na_2FeO_2 + NaNO_3 + H_2O \xlongequal{\quad} Na_2Fe_2O_4 + NaNO_2 + 2NaOH$$
$$6Na_2FeO_2 + NaNO_2 + 5H_2O \xlongequal{\quad} 3Na_2Fe_2O_4 + 7NaOH + NH_3 \uparrow$$

随即铁酸钠（$Na_2Fe_2O_4$）与亚铁酸钠（Na_2FeO_2）相互作用生成磁性氧化铁：
$$Na_2Fe_2O_4 + Na_2FeO_2 + 2H_2O \xlongequal{\quad} Fe_3O_4 + 4NaOH$$

从上述电化学过程和化学过程来看，氧化膜的生成过程开始是金属铁在碱溶液中的溶解，随后在钢铁表面附近生成 Fe_3O_4。由于 Fe_3O_4 在浓碱溶液中的溶解度极小，很快就从溶液中结晶析出，在钢铁表面形成晶核，而后晶核逐渐长大，形成一层连续致密的黑色氧化膜。

在形成 Fe_3O_4 的同时，部分铁酸钠发生水解变为氢氧化铁（含水氧化铁）：
$$Na_2Fe_2O_4 + (m+1)H_2O \xlongequal{\quad} Fe_2O_3 \cdot mH_2O + 2NaOH$$

含水氧化铁在较高温度下失去部分水而形成红色沉淀物附在氧化膜表面，成为红色挂灰而影响氧化膜的质量。

氧化膜晶核的形成需要在钢铁表面上存在足够高的局部电位差，因此钢铁含碳量对氧化工艺条件有很大影响。含碳量高的钢氧化速度快，获得的氧化膜结晶细、致密。含碳量低于 0.4% 的低碳钢较难氧化，合金钢更难氧化，因此必须提高氧化溶液的温度和延长氧化处理时间。

7.3.4 氧化膜的后处理

为了提高化学氧化膜的抗蚀能力，氧化后应进行填充处理。方法是：

① 30~50g/L 的肥皂水溶液，80~90℃，浸泡 1~2min；

② 50~80g/L 的重铬酸钾（$K_2Cr_2O_7$）溶液，70~80℃，浸泡 5~10min。

除涂漆的零件外，经过填充处理后，必须在 105~110℃ 的机油、锭子油或变压器油中浸 5~10min。

7.3.5 常温发黑工艺

7.3.5.1 常温发黑工艺规范

碱液化学氧化工艺能耗大、效率低、成本高。20 世纪 80 年代开发了常温酸性化学氧化工艺，氧化液的主要成分是铜盐和四价硒盐。钢铁制品在氧化液中首先产生置换铜层，铜层再与硒盐发生氧化还原反应，生成一层硒化铜黑色膜覆盖在钢制品表面：
$$Fe + Cu^{2+} \xlongequal{\quad} Fe^{2+} + Cu$$
$$3Cu + 2SeO_3^{2-} + 6H^+ \xlongequal{\quad} 2CuSe + Cu^{2+} + 3H_2O$$

由于基体铁不参与成膜，所以是一种假转化膜层。

现在常温发黑工艺作为商品技术尚未公开，下面是一个试验工艺：

$CuSO_4$	2g/L	OP-10	0.5g/L
$NiCl_2$	2g/L	pH 值	2.5~3.5
SeO_2	3g/L	温度	5~40℃
RTB-Ⅰ	2g/L	时间	4~10min
RTB-Ⅱ	3g/L		

7.3.5.2 影响因素

（1）硫酸铜和二氧化硒

硫酸铜的浓度以 1.5~3g/L 为宜，浓度小于 1.5g/L 时膜的黑度不好；大于 4g/L 时置换铜的速度快，膜的结合力差。二氧化硒的浓度以 2~4g/L 为宜，浓度低于 1.5g/L 膜仍显红色，浓度过高则带出损失大。

（2）氯化镍

氯化镍是催化剂，可以提高成膜速度，浓度以 1.5～3g/L 为宜。浓度小于 1g/L 时催化作用不显著，大于 3g/L 时反应速度太快，膜的结合力差。

（3）RTB-Ⅰ和 RTB-Ⅱ

RTB-Ⅰ和 RTB-Ⅱ分别是络合剂和稳定剂。RTB-Ⅰ络合铜，控制其置换速度，以保障结合力，加入量以 1.5～2.5g/L 为宜。RTB-Ⅱ可抑制沉淀物的产生，同时拓宽溶液对材质的适用性。

（4）OP-10

OP-10 是表面活性剂，作用是使膜均匀一致，消除发花现象。

（5）pH 值

pH 值控制在 2.5～3.5，小于 2.5 时反应速度慢，膜质差；大于 3.5 时溶液不稳定，产生白色沉淀。使用中 pH 值变化不大，必要时可以用硫酸或氢氧化钠进行调节。

（6）温度

温度以 15～35℃为好。温度低于 10℃时反应速度较慢，黑度和均匀性差；大于 40℃时速度过快，结合力不好。

（7）时间

处理时间依据基体的成分和溶液温度而定，一般 4～10min。时间太短形成的膜不连续，黑度不足；时间太长则膜厚而结合力差。

常温发黑处理所得膜薄且多孔，必须浸脱水防锈油，以提高其耐蚀性。

7.4 钢铁的磷化

磷化就是用含有磷酸、磷酸盐和其他金属盐溶液处理金属，使金属表面通过化学反应，产生完整的、具有中等防腐蚀作用的磷酸盐层的过程。

磷化处理工艺应用于工业已有 80 多年的历史，在此期间，磷化处理技术积累了丰富的经验，有了许多重大的发展，如：磷化处理温度从原来的煮沸溶液处理降到现在的室温处理；磷化处理时间从最初的两个半小时到现在的几秒钟；处理技术的应用范围也从原来的金属防腐蚀发展到金属冷形加工的各个领域；处理方法也从最早的铁盐磷化发展到用 Zn、Mn、Ca、Ni、Sn、Pb 等磷酸盐磷化处理的方法。总之现在已经有多种形式能满足不同需要的磷化处理技术。但对于加工产品要求较高的磷化处理工艺而言，当前仍存在两个突出的问题，其中之一是磷化温度较高，一般需要 70～80℃，也有一些工艺采用 30～60℃，但磷化层较薄；其次磷化过程中产生大量的沉渣，不仅浪费原材料，而且由于沉渣附着在处理零件的表面，影响加工产品的质量。

7.4.1 磷化反应

磷化是一个复杂化学反应过程，磷化膜的形成涉及两大基本要素，即成膜程度与成膜速度，这就必须从化学反应热力学和反应动力学两方面研究，从磷化液的组成和磷化膜的基本成分来综合分析，一般可认为，磷化膜的形成包括电离、水解、氧化、结晶等至少四步反应过程。磷化开始前，磷化工作液中存在游离磷酸的三级电离平衡以及可溶性重金属磷酸盐的水解平衡。

$$H_3PO_4 \rightleftharpoons H_2PO_4^- + H^+ \qquad K_1 = 7.5 \times 10^{-3}$$
$$H_2PO_4^- \rightleftharpoons HPO_4^{2-} + H^+ \qquad K_2 = 6.3 \times 10^{-8}$$
$$HPO_4^{2-} \rightleftharpoons PO_4^{3-} + H^+ \qquad K_3 = 4.4 \times 10^{-13}$$

$$Me(H_2PO_4)_2 \Longleftrightarrow MeHPO_4 \downarrow + H_3PO_4$$
$$3MeHPO_4 \Longleftrightarrow Me_3(PO_4)_2 + H_3PO_4$$

其中 Me 包括 Zn^{2+}、Ca^{2+}、Mn^{2+}、Fe^{2+} 等重金属离子。磷化之前上述电离与水解处于一种动态平衡状态,当把磷化金属(例如钢铁)投入磷化液后,随即发生被处理金属表面的阳极氧化过程:

$$Fe + 2H_3PO_4 \Longleftrightarrow Fe(H_2PO_4)_2 + H_2 \uparrow$$
$$2Fe + 2H_2PO_4 \Longleftrightarrow 2FeHPO_4 + H_2 \uparrow$$

由于金属表面氧化过程的产生,从而破坏了磷化液的电离与水解平衡,随着磷化的不断进行,游离 H_3PO_4 的不断消耗,促进了原电离反应和水解反应的进行,基体表面 Fe^{2+}、HPO_4^- 及 PO_4^{3-} 浓度不断增大,当磷化反应进行到 $FeHPO_4$、$MeHPO_4$、及 $Me_3(PO_4)_2$、$Me_2Fe(PO_4)_2$ 或 $(Me,Fe)_5H_2(PO_4)_4$ 等物质浓度分别达到其各自的溶度积时,这些难溶的磷酸盐便在在处理金属表面活性点上形成晶核,并以晶核为中心不断在表面延伸增长而形成晶体;晶体不断经过结晶-溶解-再结晶的过程,直至在被处理表面形成连续均匀的磷化膜。

7.4.2 磷化膜的性质和用途

将金属制件浸入含有磷酸和可溶性磷酸盐的溶液中进行处理(或采用喷淋方法),使金属表面生成一层难溶的、附着良好的磷酸盐膜,叫做磷酸盐处理,简称磷化。在钢铁、铝、锌及其合金上均可得到磷酸盐膜,对铝、锌及其合金进行磷酸盐处理所得磷酸盐膜仅用于涂漆前的打底,在应用上远不及钢铁磷化处理的应用广泛。这种磷酸盐层,不但在防止金属腐蚀方面起重要作用,而且在金属塑性变形加工,减少金属零件的摩擦阻力,防止金属零件擦伤磨损,提高金属使用寿命方面也有重要的贡献。由于磷化处理工艺简单,容易操作,成本低廉,广泛用于机械工业、汽车工业、航空工业、造船工业和日用品工业等方面。

磷化膜为闪烁有光、均匀细致、灰色多孔且附着强的结晶。随着基体材料和磷化工艺的不同,磷化膜外观呈浅灰至黑灰色。由于磷化膜是由基体金属与磷酸盐反应生成的,所以与基体金属结合非常牢固。磷化膜在结晶的连接点上由于形成细小缝隙,造成多孔结构。结晶的大部分是磷酸锌,小部分是磷酸氢铁。锌、铁的比例取决于溶液的成分、磷化时间和磷化温度。磷化膜具有微孔结构,有良好的吸附能力,因而广泛用作涂漆的底层(约占磷化总工业用途的 $60\%\sim70\%$)。磷化处理得当,可使漆膜附着力提高 $2\sim3$ 倍,整体耐腐蚀性提高 $1\sim2$ 倍。因此金属表面涂装前都要进行磷化处理。磷化膜的厚度一般在 $1\sim50\mu m$。实际应用中往往根据单位面积的重量(g/m^2)划分膜的厚度等级,薄膜($<1g/m^2$),中等膜($1\sim10g/m^2$),厚膜($>10g/m^2$)三种。

磷化膜具有良好的润滑性能,常用作冷变形加工(拉管、拉丝、深冲、冷墩、挤压)时的润滑层,可以减小摩擦,提高拉丝拉管速度,避免或减少表面拉伤和加工裂纹,并能延长模具的使用寿命。摩擦件进行磷化处理,可以减小磨耗。在磷化处理后再浸渍油类或皂类润滑物质,效果更能大大提高。

磷化膜在大气中较稳定,与钢铁的氧化膜相比,其耐蚀性约高 $2\sim10$ 倍,经填充、浸油或涂漆后,能进一步提高其耐蚀性能。

磷化膜具有较高的电绝缘性(击穿电压为 $240\sim380V$,如果浸绝缘漆可以提高到 $1000V$),而且不影响基体材料的机械性能、强度和磁性能,所以也常用作一般变压器、电机转子和定子等的硅钢片绝缘处理。

磷化膜对熔融金属的附着力极差,因此可以用来防止零件黏附低熔点的熔融金属及局部防渗氮件防止粘锡,还可避免压铸件与模具的黏结。

磷化膜层的厚度一般为 $5\sim20\mu m$，在磷化过程中铁的溶解量很小，所以制件经磷化处理后尺寸变化很小。

磷化处理的优点还有：在管道、气瓶和形状复杂的钢制件的内表面，以及难以用电化学方法获得防护层的零件表面上，可以用磷化处理法得到防护层。磷化处理所需设备简单，操作方便，成本低，生产效率高，因此在工业生产中得到广泛应用。

7.4.3 转化型磷化

钢铁磷化处理可以分为两类：一类使用碱金属的磷酸二氢盐（如磷酸二氢钠）溶液，并加入适量的加速剂和其他添加剂。钢铁表面上形成由基体金属自身转化生成的磷酸盐和氧化物组成的表面膜，这种膜属于真正的化学转化膜，称为转化型磷酸盐膜。另一类使用含游离磷酸和加速剂的重金属（锌、锰、铁）磷酸二氢盐溶液，钢铁表面上得到的是由重金属的磷酸一氢盐或正磷酸盐组成的膜，可称为假转化膜（或准转化型磷化）。

磷酸盐膜的形成过程包括铁的溶解并与溶液中的磷酸根离子 PO_4^{3-} 反应生成磷酸铁，磷酸二氢根离子 $H_2PO_4^-$ 转变为磷酸氢根离子 HPO_4^{2-}，析出的氢与氧反应生成水。总反应式可以写成：

$$4Fe+4NaH_2PO_4+3O_2 \Longrightarrow 2FePO_4+Fe_2O_3+2Na_2HPO_4+3H_2O$$

磷化膜由 $FePO_4$ 和 Fe_2O_3 组成，其中 $FePO_4$ 含量达 60%，其结构为无定形。转化型磷化膜很薄，只有 $1\mu m$ 左右（重约 $1g/m^2$，属轻膜）。膜的孔隙率很高（约 2%），因此转化型磷化膜非常适合于作涂料的底层。它与涂漆配套的一个显著特点是使漆膜的抗弯曲、抗冲击性能特别好，优于其他类型如锌系、锰系、锌钙系磷化。磷化槽液抗杂质、抗污染的能力较强，槽液出现故障的机会较少。磷化不需要表面调整；磷化沉渣特别少；槽液工艺范围宽，管理方便，但不足之处是磷化膜耐盐雾性能稍差。与粉末涂装、阳极电泳配套应用多一些，不太适合普通底漆配套。表 7-20 是转化型磷化处理所用的几种溶液组成及工艺条件。

表 7-20 转化型磷化处理工艺规范

溶液组成及工艺条件	1	2	3	4
草酸 $C_2H_2O_4$/(g/L)	5	5	20	20
磷酸 H_3PO_4/(g/L)	10 或 15	10		
草酸钠 NaC_2O_4/(g/L)	4	4	4	4
磷酸二氢钠 NaH_2PO_4/(g/L)	10	10	10	10
氯酸钠 $NaClO_3$/(g/L)	5		12	
硝酸钠 $NaNO_3$/(g/L)		5		12
亚硝酸钠 $NaNO_2$/(g/L)		0.6		0.6
温度/℃	20	20 或 50	20	20 或 50
时间/min	5	5	5	5

工艺控制条件：总酸度 $5\sim20$ 点；游离酸度 $0.3\sim5.0$ 点；酸比 $5\sim20$。

草酸是氧化剂；磷酸和磷酸二氢钠提供形成化学转化膜的阴离子；硝酸钠、氯酸钠、亚硝酸钠是促进剂。

7.4.4 假转化型磷化

7.4.4.1 机理

假转化型磷化处理是在加有磷酸的锌、铁、锰的磷酸二氢盐溶液中进行的，这类磷化处理工艺应用最为广泛。依据溶液中参与成膜的金属离子的同异，可分为不同的体系，常用的有锌系、锌钙系、锌锰系、锰系、铁系等。

假转化型磷化过程可以用电化学机理解释。当钢铁制品浸入磷化液中时，由于钢铁表面存在各种不均匀性，表面上将形成无数微电池。在微阴极区（如杂质）发生氢离子的还原反应：

$$2H^+ + 2e \Longrightarrow H_2 \uparrow$$

有氢气析出。随着反应进行，pH 值逐渐升高。在微阳极区（铁），发生铁的氧化反应，生成的铁离子进入溶液，并与磷酸二氢根离子 $H_2PO_4^-$ 反应，生成磷酸二氢铁。磷酸二氢铁转变为磷酸一氢铁，并最终生成难溶的正磷酸铁，形成晶核，逐渐长大。以上过程的反应式如下：

$$Fe \Longrightarrow Fe^{2+} + 2e$$
$$Fe^{2+} + 2H_2PO_4^- \Longrightarrow Fe(H_2PO_4)_2$$
$$Fe(H_2PO_4)_2 \Longrightarrow FeHPO_4 + H_3PO_4$$
$$3FeHPO_4 \Longrightarrow Fe_3(PO_4)_2 \downarrow + H_3PO_4$$

以上三个反应可以合并为下式：

$$3Fe^{2+} + 6H_2PO_4^- \Longrightarrow Fe_3(PO_4)_2 \downarrow + 4H_3PO_4$$

与此同时，阳极区溶液中的 $Mn(H_2PO_4)_2$ 和 $Zn(H_2PO_4)_2$ 也会发生反应，转变为磷酸一氢盐，并最终生成正磷酸盐 $Mn_3(PO_4)_2$ 和 $Zn_3(PO_4)_2$。$Fe_3(PO_4)_2$、$Mn_3(PO_4)_2$ 和 $Zn_3(PO_4)_2$ 一起沉积于钢铁表面，形成磷化膜。

由上述反应可知，这种磷化膜主要由铁、锰和锌的不溶性磷酸盐构成。在整个过程中，由于微电池的作用，阳极区不断溶解，并生成磷酸盐沉淀，而阴极区不断有氢气析出。当阳极区完全被不溶性的正磷酸盐覆盖，铁的溶解停止，而阴极区也不再析氢，表示磷化处理结束。

可见，磷化过程的反应历程实质上是电化学过程。金属的表面状态对结晶晶核的形成和生长影响很大。电化学过程的进行需要有局部电位差足够大的微阳极区和微阴极区。一般来说，铁素体和晶界是微阳极区，而珠光体、渗碳体、局部夹杂构成微阴极区。随着磷化过程的进行，磷化膜覆盖了微阳极区，使其面积缩小，磷化反应速度就减慢了。

因为磷化是电化学过程，所以通过外加电压也可以改变成膜速度。一般说来，外加阴极极化可以加速磷化过程，而阳极极化则使反应速度减小。加入催化剂（氧化剂、还原剂、重金属化合物、有机化合物等）同样可以加速磷化反应。

铁系磷化主体槽液成分是磷酸亚铁，不含氧化类促进剂，高游离酸度，磷化膜厚度大（膜重≥$10g/m^2$），磷化温度高，处理时间长（≥30min），膜孔隙较多，磷化晶粒呈颗粒状。具有除锈和磷化双重功能。现在应用很少。

锌系磷化膜晶粒呈树枝状、针状、孔隙较多。中温锌系磷化是一种传统的成熟工艺，槽液控制简便，通过选择不同的促进剂、表面调整工序、酸比可获不同的成膜速度和厚度的磷化膜。在中温锌系磷化工序中，即使不经过表面调整处理也能形成均匀完整的磷化膜。但表面调整处理可提高磷化速度和细化磷化晶粒，形成细密磷化膜。表面调整可选用胶体钛型或草酸型，草酸型表调还具二次除锈的功能。广泛应用于涂漆前打底、防腐蚀和冷加工减摩润滑。

锰系磷化膜厚度大、孔隙少，磷化晶粒呈密集颗粒状。广泛应用于防腐蚀及冷加工减摩润滑。纯锰系磷化主要用于防锈与润滑。锰系磷化可控制形成颗粒状紧密磷化晶粒的磷化膜，而表面调整工序会使锰系磷化膜更细密。因此一般阳极电泳前的磷化，往往在磷化槽液中加入一些 Mn^{2+}，以改善磷化膜的阳极溶解性能。

锌锰系磷化膜晶粒呈针状-树枝状-颗粒密堆集状，孔隙较少，磷化膜的颜色要比锌系深。用作防锈磷化具最佳性能，是应用最为广泛的防锈磷化。锌锰系磷化可广泛用于漆前打底、防腐蚀及冷加工减摩润滑。

锌钙系磷化具备锌系磷化的一般特点，锌钙系磷化膜晶粒呈紧密颗粒状（有时有大的针状晶粒），孔隙较少。可以不表面调整处理也能形成细密磷化膜，由于引入 Ca^{2+}，它抑制了磷酸锌晶粒的粗大趋势。因此只要加入足够的 Ca^{2+}，就能形成颗粒状晶粒细密磷化膜，如果 Ca^{2+} 的含量不够，仍将存在部分粗大的磷酸锌晶粒。锌钙系磷化膜不能太厚，一般膜重 $1.5\sim2.5g/m^2$。应用于涂漆前打底及防腐蚀。

7.4.4.2　工艺

（1）三种磷化工艺

目前用于生产的工艺主要有：高温、中温、常温磷化。

高温磷化是在 $90\sim98℃$ 的温度下进行，处理时间 $10\sim20min$。其优点是膜层的耐蚀性、耐热性、结合力和硬度都比较好，磷化速度快。缺点是溶液温度高，加热时间长，能耗大，溶液蒸发量大，成分变化快，磷化膜结晶粗细不均匀易夹杂沉淀物。

中温磷化是在 $50\sim70℃$ 的温度下进行，处理时间 $10\sim15min$。其优点是膜层的耐蚀性接近高温磷化膜，溶液稳定，磷化速度快，生产效率高。由于磷化液中含有大量氧化型促进剂，只要槽液不是大负荷连续操作，一般不会产生过量 Fe^{2+} 形成磷酸铁沉渣。缺点是溶液组成较复杂，调整较麻烦。中温磷化用于漆前打底，主要是锌系、锰系、锌钙系磷化三大类，它们在工业应用中占有最大的份额。中温锌系磷化是所有各种类型磷化中应用最为普遍的一种磷化工艺，在涂装行业，它与各类涂装的配套性均好。中温锌钙系用草酸型表调，因为它可除"二次锈"，对磷化非常有利。磷化液中还容易出现局部形成均匀完整的磷化膜。

常温磷化是在室温下进行，处理时间 $20\sim60min$。其优点是溶液一般不需加热，节约能源，成本低，溶液稳定。缺点是膜层的耐蚀性和耐热性较差，结合力低，处理时间长，生产效率低。因此需要加入多种添加剂改善性能。常温低温磷化绝大部分以锌系磷化为主，也有加入 Mn^{2+}、Ca^{2+}、Ni^{2+} 等来改进性能。低温磷化用胶体钛表面调整是至关重要的工序，有时问题往往出在表面调整。磷化槽液中杂质的积累对低温磷化比较有影响，有时导致成膜困难。

（2）磷化添加剂

① 氧化剂　如硝酸盐、过氧化氢、过硼酸盐、氯酸盐、钼酸盐、氟硼酸盐、氟硅酸盐、稀土金属等，单独或组合使用，主要是加速 Fe 的氧化和氧化阴极区滞留的氢。

② 还原剂　如亚硝酸盐、硝基苯磺酸盐、N-环己氨基磺酸盐、硝酸胍等，其加速作用主要是去极化和封锁阳极区，抑制阳极反应，而不是还原作用。

③ 促进剂　磷化液中加入一定的 Ni^{2+} 以提高耐蚀性，又可使磷化膜的微观结构为颗粒状晶粒，含镍的磷酸盐膜耐碱溶性特别好。比 Fe 电位正的金属盐如 Cu 盐、Ag 盐在酸性磷化液中很容易在 Fe 上发生置换反应形成 Fe-Cu、Fe-Ag 电偶，Cu、Ag 电位比 Fe 正，扩大了阴极区，从而加速了磷化作用。Ni 盐和 Co 盐虽不会发生置换，但它能迅速形成磷化镍晶核，增加了磷化活性点，提高了成膜速度。现在发展到加入 Cr^{6+}、Cr^{3+}、钼酸盐、钨酸盐以改进磷化膜的性能；如用钼酸钠促进剂得到全彩色磷化膜，纯用 NO_3^- 或 ClO_3^- 促进剂得到灰色磷化膜，用钼酸盐和 NO_3^-、ClO_3^- 混合促进剂将形成红蓝黄彩色或灰色混合色膜，钼酸盐使磷化膜成为非晶相。

磷化液中由于有大量的氧化性促进剂，因此槽中 Fe^{2+} 不会积累，并被氧化成为 Fe^{3+} 而形成磷酸铁沉渣。磷化液的促进剂选择参考表 7-21。

表 7-21　不同促进剂体系的常、低温磷化性能

促进剂体系	NO_3^-/NO_2^-	$NO_3^-/ClO_3^-/NO_2^-$	NO_3^-/ClO_3^-	$NO_3^-/ClO_3^-/$有机硝基物
槽液沉渣	一般	多	多	多
槽液颜色	无色-微蓝	无色-微蓝	无色	深棕色
槽液补加	经常补加	经常补加	定期补加	定期补加
槽液管理	简单方便	简单方便	一般	较难
成膜速度	快	快	较慢	一般

此外，加入少量磷化助剂如多羟基酸及其盐类如酒石酸盐、柠檬酸盐、丹宁酸和某些磷酸酯、聚磷酸盐、表面活性剂等对提高磷化膜质量，促使晶粒细化，减少沉渣，降低膜厚起良好作用，但太多时会导致膜薄甚至完全不能成膜。氟化合物起到活性作用，特别是铝件、锌件，氟还改善磷化成膜均匀性。

（3）配方及工艺条件

三种磷化液的配方及工艺条件见表 7-22。工艺 1、2、3 用于钢铁件的防锈，其中工艺 3 可以获得厚磷化膜（20μm），磷化后膜层不需钝化；工艺 4 用作油漆底层和冷加工润滑膜；工艺 5、6 用于工序间防锈和油漆底层。

表 7-22　钢铁磷化处理工艺规范

溶液组成及工艺条件	高温		中温		常温	
	1	2	3	4	5	6
磷酸二氢锰铁盐 $xFe(H_2PO_4)_2 \cdot yMn(H_2PO_4)_2$/(g/L)	30～40		40		40～65	
磷酸二氢锌 $Zn(H_2PO_4)_2 \cdot 2H_2O$/(g/L)		30～40		30～40		50～70
硝酸锌 $Zn(NO_3)_2 \cdot 6H_2O$/(g/L)		55～65	120	80～100	50～100	80～100
硝酸锰 $Mn(NO_3)_2 \cdot 6H_2O$/(g/L)	15～25		50			
亚硝酸钠 $NaNO_2$/(g/L)					0.2～1	
氧化锌 ZnO/(g/L)					4～8	
氟化钠 NaF/(g/L)					3～4.5	
乙二胺四乙酸 $C_{10}H_{16}O_8N_2$/(g/L)			1～2			
游离酸度/点	3.5～5	6～9	3～7	5～7.5	3～4	4～6
总酸度/点	36～50	40～58	90～120	60～80	50～90	75～95
温度/℃	94～98	88～95	55～65	60～70	20～30	15～35
时间/min	15～20	8～15	20	10～15	30～45	20～40

注：1. 磷酸锰铁盐又名马日夫盐，系由 $Mn(H_2PO_4)_2 \cdot 2H_2O$、$Fe(H_2PO_4)_2 \cdot 2H_2O$ 和游离 H_3PO_4 所组成，其中 P_2O_5 占 46%，Mn 不少于 14%，FeO 0.3%～3%，水少于 19%，水不溶物少于 6%。

2. 磷化溶液酸度的点数，是指取 10mL 磷化溶液，用 0.1mol/L NaOH 溶液滴定时所消耗的 NaOH 溶液的毫升数。当以甲基橙作指示剂滴定时，所消耗的 0.1mol/L NaOH 溶液毫升数即为游离酸度的点数。以酚酞作指示剂时，消耗的 0.1mol/L NaOH 溶液毫升数即为总酸度的点数。

（4）磷化液的配制

① 磷酸锌型磷化液配制　用磷酸二氢锌作为原料，应按配方计算各组分用量。将磷酸二氢锌和硝酸锌分别用少量水调合，将调合成糊状的磷酸二氢锌在不断搅拌下溶入 40～

50℃的稀磷酸溶液中，然后将硝酸锌等组分溶入，最后加入余量的水。

也可用氧化锌作原料直接配制。先用水将氧化锌调成糊状，在不断搅拌下缓慢加入同容量的稀磷酸制成磷酸二氢锌，然后再加入硝酸锌等其他组分，最后加入余量水。

② 磷酸锰型磷化液配制　先将计算用量的磷酸锰铁盐单独溶于 60～70℃的水中，水量为总体积的 1/2，加热到 80℃保持 10min 以上，待溶液澄清后，将澄清液移入磷化槽内，再加入余量的水。

（5）影响因素

① 总酸度　总酸度高时磷化反应速度快，获得的膜层结晶细致，但膜层较薄。过高的总酸度会使膜层太薄，从而降低其耐蚀性。总酸度过低，磷化速度慢，膜层厚而粗糙。

总酸度高时可以用水稀释；总酸度低时，加入磷酸二氢锰铁盐或者磷酸二氢锌 5～6g/L，总酸度可升高约 5 点，加入硝酸锌 2g/L 或硝酸锰 4g/L，总酸度可升高约 1 点。

② 游离酸度　游离酸度主要是指游离磷酸。为了保证铁的溶解，磷化溶液中必须保持一定量的游离酸，这样才能得到结晶细致的膜层。游离酸度过高时，氢气析出量大，晶核生成困难，磷化时间延长，得到的磷化膜结晶粗大多孔，耐蚀性降低。游离酸度过低时，生成的磷化膜很薄，甚至得不到磷化膜。

游离酸度低时可以加入磷酸二氢锰铁盐或磷酸二氢锌 5～6g/L，此时游离酸度可以升高约 1 点；游离酸度高时可以加入氧化锌，每加入 0.5g/L 氧化锌，游离酸度可降低约 1 点。

③ 锌、锰离子　Zn^{2+} 的存在可以加快磷化速度，生成的磷化膜结晶致密、闪烁有光。含 Zn^{2+} 的磷化溶液可以在较宽的工作条件范围操作，这对中温和常温磷化尤为重要。锌离子含量过高时，磷化膜晶粒粗大，排列紊乱，磷化膜发脆；锌离子含量过低时，膜层疏松发暗。

锰离子的存在可以使磷化膜结晶均匀，颜色较深，同时提高磷化膜的结合力、硬度和耐蚀性。在中温、常温磷化液中 Mn^{2+} 的含量过高时，磷化膜不易生成。中温磷化液中宜保持 Zn^{2+}：Mn^{2+}＝(1.5～2)：1。

④ 铁离子　在磷化溶液中保持一定量的二价铁离子，能增加磷化膜的厚度、机械强度和耐腐蚀性能，工作条件范围也较宽。但是 Fe^{2+} 很不稳定，很容易被氧化成 Fe^{3+}，并转变为磷酸铁 $FePO_4$ 沉淀，尤其在高温磷化溶液中更为严重，导致磷化液混浊，游离酸度升高。此时磷化膜结晶几乎不能生成，磷化膜质量很差。Fe^{2+} 含量过高时，还会使磷化膜结晶粗大，表面产生白色浮灰，防护性能下降。

Fe^{2+} 的含量，高温磷化液宜控制小于 0.5g/L，中温磷化液宜控制在 1～3g/L，常温磷化液宜控制在 0.5～2g/L。

⑤ P_2O_5　P_2O_5 来自磷酸二氢盐，它能提高磷化速度，使磷化膜致密，晶粒闪烁发光。P_2O_5 含量过高时，膜的结合力下降，工件表面白色浮灰较多；含量过低时，磷化膜的致密性和耐蚀性差，甚至不能形成磷化膜。

⑥ NO_3^-、NO_2^-、F^-　NO_3^- 和 NO_2^- 在磷化溶液中作为催化剂，可以加快磷化速度，使磷化膜致密均匀。NO_2^- 还能提高磷化膜的耐蚀性。提高 NO_3^- 的含量可以降低磷化处理温度，在适当条件下，硝酸根与铁作用可以生成少量一氧化氮，促使亚铁离子稳定。NO_3^- 含量过高时，会使磷化膜变薄，并易产生白色或黄色斑点。F^- 是一种活化剂，可以加快磷化膜晶核的生长速度，使结晶致密，耐蚀性提高。尤其是在常温磷化时，氟化物的作用十分突出。F^- 含量过高时，将缩短常温磷化溶液的使用周期，使中温磷化处理的工件表面产生白灰。

⑦ 杂质　磷化溶液中常见的杂质有 SO_4^{2-}、Cl^- 和 Cu^{2+}。SO_4^{2-} 和 Cl^- 会降低磷化速度，并使磷化膜疏松多孔易生锈。二者含量均不允许超过 0.5g/L。Cu^{2+} 的存在使磷化膜发

红，抗腐蚀能力降低。

⑧ 温度　提高温度可以加快磷化速度，提高磷化膜的附着力、耐蚀性、耐热性和硬度。但是过高的温度易使 Fe^{2+} 氧化成 Fe^{3+} 而沉淀出来，使溶液不稳定。

⑨ 工件材质　不同的材质对磷化膜有明显不同的影响。高碳钢、中碳钢和低合金钢比较容易磷化，磷化膜厚而且颜色深，但结晶有变粗的倾向。低碳钢的磷化膜颜色较浅，结晶致密。磷化膜随材质碳化物含量和分布的不同而有较大差异，因此，对不同材质的零件应选用不同的磷化工艺规范，才能获得较理想的效果。

⑩ 预处理　不同的预处理方法对磷化膜的形成和质量影响很大。用有机溶剂清洗过的零件表面，磷化后获得的膜结晶细而致密，磷化过程进行得较快。只经喷砂处理而不用任何酸洗的钢铁制件表面磷化后所得的膜结晶细致，抗腐蚀能力比经过酸洗的提高 30%～40%。化学除油对磷化膜的影响随除油液碱性强弱而异，经强碱除油的，磷化膜结晶粗大，磷化时间较长；经强酸腐蚀的，磷化膜结晶粗大，膜层重，金属基体浸蚀量大，磷化过程析氢也多。如果要采用酸洗，时间应尽量短，且酸洗液中不能加入若丁缓蚀剂，否则吸附在钢铁表面上会抑制磷化反应。此外，在酸洗后应加一次皂液处理或草酸处理，以提高磷化膜的致密性和耐蚀性。

皂液处理条件：

普通肥皂	30～50g/L	温度	40～60℃
碳酸钠（Na_2CO_3）	3～5g/L	时间	3～5min

草酸处理工艺条件：

草酸（$C_2H_2O_4$）	3～5g/L	时间	1min
温度	室温		

7.4.4.3　磷化膜的后处理

为了提高磷化膜的防护性能，在磷化之后应对磷化膜进行填充和封闭处理。填充处理的工艺条件：

重铬酸钾（$K_2Cr_2O_7$）	30～50g/L	温度	80～95℃
碳酸钠（Na_2CO_3）	2～4g/L	时间	5～15min

然后，可以根据需要在 105～110℃ 的锭子油、防锈油或润滑剂中进行封闭。如需涂漆，应在钝化处理干燥后进行，工序间隔不超过 24h。

防锈磷化的后处理非常重要，因为磷化膜本身的防锈能力是很有限的，盐雾试验只能到几小时。一般要进行涂油涂漆，最好是涂防锈油。经过涂油涂脂等后处理，防锈能力可以大大提高（可达几十倍）。

冷加工润滑型磷化必须进行皂化后处理，以提高磷化膜的润滑性能。耐磨减摩磷化是否后处理不太重要，因为常规的浸油处理也可提高其耐磨和防锈性能，故并不严格要求涂防锈油。

涂装打底磷化的后处理一般用铬酸盐封闭，以使整体的耐蚀性提高 10% 左右。由于环境保护问题，很多国家都取消了后处理，特别是铬酸盐后处理。现在已有无铬后处理封闭技术，但工业应用还很有限。

7.4.5　工业应用

7.4.5.1　磷化的工业应用领域

目前工业领域磷化技术的应用情况见表 7-23。防锈磷化大部分为重型磷化，膜重为 5～30g/m^2。早期防锈磷化主要是无促进剂型铁系磷化，现在常用中温锌系、锰系、锌锰系磷化，以硝酸盐作主体促进剂，磷化温度 70℃ 左右，磷化时间 5～20min。

表 7-23　目前工业领域磷化技术的应用情况

用　途	常用磷化体系	膜重范围/(g/m²)	后处理工序	耐盐雾性能/h	室内防锈期及应用范例
工序间防锈	锌系、锌钙系	5～10	无或钝化		0.5～3个月
库存防锈	锌系、锌锰系	10～20	钝化或浸油	8～20	3～12个月
长效防锈	锌系、锌锰系	10～30	浸防锈油、涂脂	48～120	1～2年
拉丝拉管	锌系、锌钙系	5～15	硼砂或皂化处理		
冷加工深冲	锌系、锌钙系	1～15	皂化		
冷加工挤压	锌系	10～30	皂化		
精密配合承载	锰系	1～3	浸油		活塞环压缩机等
大配合承载	锰系	5～30	浸油		齿轮离合器片等
阳极电泳	锌系、非晶轻铁系	0.5～3.0	无	80～400	自行车农机车等
阴极电泳	锌系、锌锰镍系	2.0～3.5	无或铬钝化	720～1200	汽车等
静电喷漆	锌系、锌钙系	1.0～3.5	无		零部件仪表等
粉末涂装	锌系、非晶轻铁系	0.5～3.0	无	＞500	电器办公具等
空气喷漆	锌系、锌钙系	2.0～4.5	无		零部件电柜等

为承载运动件（齿轮、轴承套、活塞环）提供润滑性、抗热性、吸震性的磷化膜技术得到广泛使用，通常只有锰系磷化才具备这种性能。为冷加工工件提供润滑性磷化膜，主要采用锌系和锌钙系磷化，而锰系磷化几乎不用。这是因为锌系磷化在皂化时与硬脂酸钠反应形成润滑性非常好的硬脂酸锌。该工艺以 NO_3^-，NO_3^-/NO_2^- 为促进体系，磷化温度 70℃左右，磷化时间 5～15min。

涂漆前打底用的磷化一般是薄型磷化，要求磷化膜细致、密实，膜重不超过 4.5g/m²。磷化体系包括锌系、锌锰镍系、锌钙系非晶相轻铁系等。磷化温度 30～70℃（也有极少数不加温），时间 1～10min。

7.4.5.2　磷化的工业应用实例（越野车车身前处理的工艺及设备）

在车身涂漆以前，都需要进行前处理。通常是在表面浸渍形成一层均匀的薄型磷化膜，为随后的阴极电泳底漆提供适合于涂装要求的表面，使电泳底漆能牢固地附着在金属表面，增强涂层的耐腐蚀性能，达到保护车身的目的。

（1）工艺流程和工艺表

手工预清理主要清除车身油污，尤其是底板上的厚重油污；预清理后车身上线进入工艺槽，主要流程如下：

预脱脂→脱脂→水洗1→水洗2→表调→磷化→水洗3→水洗4→循环纯水洗→新鲜纯水喷淋洗

表 7-24 是前处理各工序按工艺流程的工艺规范。

（2）工艺说明

① 脱脂工艺　脱脂的目的是去除车身内外各种油污（如防锈油、轧制油）、铁粉、灰尘以及其他杂质。预脱脂初步清除车身油污和杂质。通过采用喷射时依靠机械作用力、过滤器、磁棒等辅助设备的作用，来达到初步清除油污和杂质的目的。脱脂是去除车身内外表面细微油污及杂质的重要工序。

低温脱脂需要借助压力喷射和搅拌等机械作用。高压喷射脱脂比浸渍脱脂速度快1倍以上。喷射时依靠机械作用力促使碱液脱脂剂渗透破坏油膜，有效地迫使油污脱离车身表面；促使脱离车身表面的油污乳化分散于脱脂溶液中，防止油污再吸附到洗净的车身表面上。

表 7-24 越野车车身前处理工艺表

工序名称	工艺项目	工艺要求	作用与功能	管理方法
手工预清理	表面清洁	无可见油污、锈迹、铁屑等	除油污、锈迹、铁屑等	操作者目视全检
预脱脂（半喷半浸、连续喷淋）	处理时间	(2 ± 1)min	除去油污、锈迹、铁屑等	2 次/班 2 次/日 取样化验
	槽液温度	(52 ± 5)℃		
	槽液游离碱	$7\sim10$Pt		
	喷射压力	$0.15\sim0.2$MPa		
	槽液含油量	液面无浮油		
脱脂（浸渍、出槽喷淋）	处理时间	(3 ± 1)min	除去细微油污	2 次/班 2 次/日 取样化验
	槽液温度	(55 ± 5)℃		
	槽液游离碱	$7\sim10$Pt		
	喷射压力	$0.15\sim0.2$MPa		
水洗 1（半喷半浸、连续喷淋）	处理时间	(30 ± 5)s	清洗脱脂剂	2 次/周 取样化验
	槽液温度	室温		
	总碱污染度	$\leqslant1.0$Pt		
	喷射压力	$0.2\sim0.3$MPa		
水洗 2（浸渍、出槽喷淋）	处理时间	(30 ± 5)s	清洗脱脂剂	水污染度应小于脱脂液 1% 浓度；2 次/周取样化验
	槽液温度	室温		
	总碱污染度	$\leqslant0.5$Pt		
	喷射压力	$0.2\sim0.3$MPa		
表面调整（浸渍、出槽喷淋）	处理时间	(30 ± 5)s	使磷化膜结晶致密	3 次/日 取样化验； pH 值控制在 8.9~9.5
	槽液温度	室温		
	pH 值	$7.5\sim10$		
	喷射压力	$0.15\sim0.23$MPa		
磷化处理	处理时间	(3 ± 0.5)min	形成磷化膜	2 次/班管理控制温度 1 次/班取样化验
	槽液温度	(42 ± 5)℃		
	总酸度	(20 ± 2)Pt		
	游离酸	(1 ± 0.2)Pt		
水洗 3（半喷半浸、连续喷淋）	处理时间	(30 ± 5)s	清洗磷化液	2 次/周取样化验
	槽液温度	室温		
	总酸污染度	$\leqslant1.0$Pt		
	喷射压力	$0.2\sim0.3$MPa		
水洗 4（浸渍、出槽喷淋）	处理时间	(30 ± 5)s	清洗磷化液	2 次/周 取样化验
	槽液温度	室温		
	总酸污染度	$\leqslant0.5$Pt		
	喷射压力	$0.2\sim0.3$MPa		
循环纯水洗（浸渍）	处理时间	(30 ± 5)s	防止涂层起泡、洗去杂质离子，防止其带入电泳槽	1 次/班 取样化验
	槽液温度	室温		
	纯水电导率	$<100\mu$S/cm		
新鲜纯水喷雾洗涤（出槽喷淋）	处理时间	(30 ± 5)s	防止涂层起泡、洗去杂质离子，防止其带入电泳槽	1 次/班 取样化验
	喷射压力	$0.15\sim0.21$MPa		
	纯水电导率	$<50\mu$S/cm		

② 水洗工艺　通常工业水电导率不大于 $180\mu S/cm$，可用于涂装一般清洗用水。为确保磷化性能，在脱脂和磷化工艺之后，各有 2 道工业水洗：通过水洗 1、水洗 3 喷淋车身和水洗 2、水洗 4 浸渍后，车身出水槽时用 V 形喷嘴喷淋，对脱脂和磷化后的车身内外表面的碱液或磷化液及浮渣泡沫进行彻底清洗，尽量减少工件的杂质离子携带量，尽可能少地把处理液带入下道工序。水洗工艺要求当水洗槽中水的各项参数超标时需更换槽液。

③ 表面调整工艺　表调剂主要成分为磷酸钛胶体，使用浓度为 0.1%，pH 值为 $8.5\sim10.0$，控制在 $8.5\sim9.5$ 时钛的活性最好，磷酸钛胶体微粒吸附在金属表面上易形成均匀的吸附层，为磷化处理提供一层致密、均匀的晶核。表调后车身应立即进行磷化处理，若延期磷化，车身表面水分干燥，会产生白色磷酸钛粉层，导致磷化膜粗糙，产生大量的颗粒。

④ 磷化处理工艺　磷化是前处理的关键工序。采用全浸渍磷化方式获得优质磷化膜，膜质量控制在 $1.5\sim2.5g/m^2$，结晶粒度小于 $5\mu m$。磷化膜超过 $2.5g/m^2$ 时导电性差，涂膜的机械性能和防腐性能不好。

磷化药剂有 4 种：磷化开槽剂、磷化添加剂、中和剂、促进剂。需严格执行生产工艺，所有磷化膜外观均匀、完整、细密，无金属亮点，无挂灰和沉渣附着。

磷化过程中总酸度会因消耗而下降，需要依照检验数值不断添加。用槽外加热方式和板式热交换器循环加热，热交换器的液流流速在 $0.4m/s$ 以下，进行热交换的水温、磷化槽液温度应控制在工艺要求范围内。磷化槽底部有搅拌器轻微搅拌槽液，可防止局部槽液温度过高，避免大量沉渣产生。

(3) 设备组成

越野车车身涂装前处理生产线全长 146m，工艺基础宽 9.8m，工艺平面布置为单层结构，用钢铁在厂房内建成一体化三层结构，地面层为工艺设备和辅助设备层，高度为 3.31m；第二层为工艺通道层，高度为 6.5m；第三层为室内顶层。

① 工艺设备　工艺设备包括 9 个间歇式工艺槽、19 台化工泵和管网等。

a. 工艺槽。工艺槽槽体容积按工艺顺序是：预脱脂槽 $27m^3$，脱脂槽 $54m^3$，水洗 $1^{\#}$ $27m^3$，水洗 $2^{\#}$ $54m^3$，表调 $54m^3$，磷化 $57m^3$，水洗 $3^{\#}$ $27m^3$，水洗 $4^{\#}$ $54m^3$，纯水 $54m^3$。其中预脱脂槽、水洗 $1^{\#}$ 和水洗 $3^{\#}$ 为喷淋式处理槽。槽上装有喷淋管和 V 形喷嘴。脱脂槽、水洗 $2^{\#}$、表面调整槽、磷化槽、水洗 $4^{\#}$、循环纯水槽是浸入槽。磷化槽的车身不喷淋。其他各工艺槽在车身出槽时均安装了喷淋装置，以去除车身表面泡沫、杂物。

浸渍式工艺槽由槽体、温度和液面控制装置、溢流与排放系统、蒸气和通风系统、工件装卸装置、除渣装置等组成。排放口下面有排污沟。废液由废水处理站处理，达标处理水可用来清洁车间地面。

槽体由主槽和溢流槽面部分组成。

主槽设计时尽量考虑减少主槽的容积。对于酸洗除锈槽为便于衬里，应尽量使结构简单，减少开口。主槽按其结构特点可分为船形槽和矩形槽两种。船形槽用于连续生产，矩形槽用于间歇式生产。

船形磷化槽的长度决定于工件长度、工序时间、悬挂输送机速度和轨道升角以及轨道弯曲半径。为了便于集渣，常常做成带锥斗的形式。锥斗可满布于底部，也可在局部设计。底部应设计喷管，使渣按要求流至锥斗内。主槽还应有底座，有利于空气流动，以减轻槽底的腐蚀。

溢流槽的作用是控制主槽中槽液的高度，排除漂浮物以及保证槽液的不断循环，没有循环搅拌的浸渍式设备的溢流槽仅起控制槽液高度和排除漂浮物之用。溢流槽的容积不宜过大，满足溢流排污即可，但对于有循环搅拌的溢流槽应满足循环量的需求，其容量一般为循环泵的 3min 流量。为了便于排除漂浮物，溢流槽的长度可以等于与之相应的主槽一侧的长度。溢流时应设置过滤网，以防油泥直接排入下水道。

为了使有循环搅拌的溢流槽中的漂浮物能及时排至槽外，可在溢流格外侧的上部设置排污口，槽底应沿长度方向倾斜，其倾斜坡度为3‰～6‰，在槽体倾斜的最低位置应设置放水管。

对于浮污不多的较小的水洗槽，可以在某适当的位置设置一竖立的溢流管来进行溢流，这样槽的结构就比较简单了。溢流槽所采用的材料应与主槽一致。

喷淋设备可分为单室多工序喷淋设备、垂直封闭式喷淋设备、垂直输送式喷淋设备和通道式喷淋设备等。

喷淋设备包括储液槽、泵、喷射系统、通风系统及包覆喷射系统的壳体等。储液槽通常设置在喷淋处理段下部，可以和设备壳体设计成整体结构，也可以作为单独部件，再与设备壳体连接。通常在储液槽上设置有溢流槽、挡渣板、排渣口、放水管、过滤板及水泵吸口等。储液槽的容量，一般选取下列三种情况中最大容量的一种：每分钟喷射量的3倍；停止加料时，每小时槽液浓度下降不超过1/4；停止加热时，每分钟槽液温度下降不超过0.3℃。储液槽的附槽设在槽体的宽度方向上，一端应伸出设备的外壳，以便补充槽液和安装水泵吸口。

喷射系统是完成工件喷淋的主要工作部分，包括喷管、喷嘴、水泵。整个喷射区的工作液的喷射图样应连续、完整、无空当，保证工件的表面都能均匀地接触到处理液。喷管的种类很多，可选择的范围较大。一般脱脂水洗工序的喷嘴，可选用冲击力较强的喷管形喷嘴，而磷化工序则要选用雾化好、水粗细密均匀、冲击力较弱的离心喷嘴。

b. 化工泵。共装有19台卧式化工泵，用于槽液循环和喷淋。水泵吸入口装有不锈钢过滤阀，防止杂质进入水泵和喷淋管道，堵塞喷嘴甚至损坏各种阀门、传感器、仪表等。

c. 管网。一层安装有蒸汽管道、压缩空气管道、纯水管道、自来水管道，按工艺需求它们连接各个工艺槽、化工泵、热交换器、过滤罐、油水分离装置、热水槽、磷化除渣机、纯水槽和4台化学品补加装置等组成管网。管网上装有精密仪器仪表，如电动调节阀、电磁阀、气动球阀和流量计、传感器、液位计、压力表等，整个管网设备保证了前处理线正常运行。

② 辅助设备　辅助设备有油水分离装置、过滤罐、脱脂槽液与磷化槽液加热用板式换热器及酸洗装置、除渣装置、化学药品补加装置和新鲜纯水槽等。

a. 油水分离装置。该装置的作用是将预脱脂槽液中的油与水分开，除去油分，并将除油后的槽液返回脱脂槽中。随着处理量的增加，有大量油污乳化，并在预脱脂槽液中析出，从而影响脱脂效果，因此，要控制脱脂液中的含油量，使之始终保持最低含量。在预脱脂槽采用蒸汽式加温除油装置，设定工艺槽液加热温度，由电动调节阀实现自动控制。

b. 过滤罐。在预脱脂和脱脂槽采用槽体外过滤方式管路连接4台1.5m² 过滤罐，过滤槽液。每台过滤器罐内均装有3个过滤袋和磁棒，去除槽内车身带入的铁屑、磁性渣滓和杂质。

c. 板式热交换器。对预脱脂、脱脂槽和磷化槽液加热采用板式换热器。预脱脂和脱脂槽液采用蒸汽通过热交换器换热方式进行加热升温，磷化采用槽液外加热方式和板式换热器加热。选用的板式热交换器有BSR35型和BSR40型两种，材质为不锈钢，板式结构，用高压蒸汽（不小于0.4MPa）换热，热效率可达90%，槽液温度自动控制。

d. 除渣装置。伴随磷化膜的生成，磷化沉渣不可避免地产生。磷化沉渣在溶液中含量如果过高，就会附着在工件上，影响涂膜性能。因此，必须适时开启除渣装置进行除渣。采用聚丙烯厢式压滤机，自动压力过滤渣液，清除废弃物，除渣效果好，满足工艺要求。

现在都将槽液加热、过滤、循环设备集成起来，如图7-8所示。

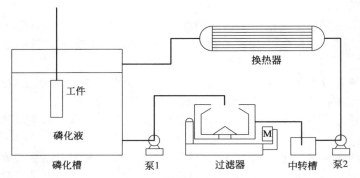

图 7-8　槽液加热循环过滤设备示意

e. 化学药品补加装置。预脱脂、脱脂槽和表调槽、磷化槽均有相应的药品补加装置，加料采用计量泵输送。

当添加药品效果改善不明显时，更换槽液，当水洗槽的水质较差时，应及时更换自来水。表调槽、磷化槽、纯水槽，每班根据化验结果补加新液和化学药品或加大溢流，根据生产情况更换槽液。槽液更换周期为：预脱脂液每2周排放；脱脂液每4周更换；水洗1#、水洗2#、水洗3#、水洗4#和纯水，每周更换；表调液每2周更换（表调液每班补加10kg，保持槽液的活性）；磷化槽，每4个月排放，循环时需根据pH值、酸度及锌锰镍的含量要求进行补加。

f. 酸洗清洗系统。磷化液在加热时，部分沉渣滞留在换热器中，影响换热效果及液体的流通性，需要酸洗清洗系统，利用硝酸溶液对加热器及管路进行清洗，保证加热器的换热效果。

③ 工艺通道层设备　该层设备较少，主要有骨架、壳体、喷管喷嘴、灯具。骨架材料采用方钢、槽钢、工字钢，壳体为镀锌钢板，通道为花纹钢板，表面刷玻璃钢防腐蚀。从预脱脂至表调段是碱性环境，磷化至纯水槽出口是弱酸性环境，槽体、管路设施及辅助设备全部采用不锈钢。前处理工艺通道层入口安装有风幕，拦截预脱脂槽、脱脂槽的外逸高温水蒸气。

④ 室内顶层设备　该层设备主要有自行葫芦输送装置、检修工位、玻璃钢风机和废气烟囱。通过式的喷射设备和浸渍式设备的通风方式用顶部抽风，间歇用的小型浸槽可用槽边抽风。由于前处理通道内全部是酸碱液体，有的液体温度在（55±5）℃，再加上喷淋雾化、搅拌，使通道内产生大量蒸气，这些蒸气会在设备表面冷凝，腐蚀设备，污染环境，还会沿缝隙外逸，影响工艺效果。因此，必须装有风机和烟囱将蒸气抽出，排至高空，以平衡室内气压并保护输送装置免受腐蚀。前处理、电泳及后处理自行葫芦共用一条空中环形铝合金轨道，全长218m，线上配置有集电器、空中车行走电机减速器，装配了10台自行葫芦，自行葫芦吊装简易牢固，运行平稳。检修工位为半环形，设2个维修站点，通道联成一体，可以同时检修2台自行葫芦。

第8章 热 喷 涂

热喷涂是一项修复和预保护技术，自1910年完成最初的金属熔液喷涂装置至今，热喷涂技术已有百年历史。热喷涂的关键技术是热喷涂设备技术和热喷涂材料技术，在防腐蚀领域，热喷涂在大面积长效防护技术中广泛应用，对长期暴露在户外的钢铁结构件采用喷涂铝、锌及其合金涂层，配合阴极保护，代替传统的刷油漆的方法进行长效大气防腐。

8.1 概　　述

8.1.1　什么是热喷涂

热喷涂是一项极其重要的工程材料表面覆盖技术。热喷涂的基本原理是将涂层材料加热熔化，以高速气流将其雾化成极细的颗粒，并以很高的速度喷射到事先已准备好的工件表面上，形成覆层。对被处理工件的形状、尺寸、材料等原则上没有限制（尺寸过小及小孔内壁的热喷涂工艺还有困难）。无论是金属、合金，还是陶瓷、玻璃、水泥、石膏、塑料、木材，甚至纸张，都是适用的基体材料。

涂层材料也是多样的，金属、合金、陶瓷、复合材料都可选用。根据需要选择不同的覆层材料，可以获得耐磨损、耐腐蚀、抗氧化、耐热等方面的一种或数种性能，也可以获得其他特殊性能的涂层。这些涂层能够满足各种尖端技术的特殊需要，也能使普通材料制成的零件获得特殊的表面性能，从而成倍地提高零件的使用寿命，或使报废零件得到再生。

8.1.2　热喷涂技术的分类

热喷涂技术主要根据所用热源进行分类，现有热喷涂设备的热源有五种：气体燃烧火焰、气体放电电弧、电热热源、爆炸热源、激光束热源。采用这些热源加热熔化不同形态的喷涂材料就形成了不同的热喷涂方法，如表8-1所示。

利用各种可燃性气体燃烧放出的热进行的热喷涂称为火焰喷涂。火焰喷涂的历史最悠久，设备最简单，投资最少，目前仍被广泛使用。一般情况下，高温下不剧烈氧化，在2760℃以下不升华，能在2500℃以下熔化的材料都可以使用火焰喷涂形成涂层。根据火焰特征和喷涂材料的形态，火焰喷涂又可分为线材火焰喷涂、棒材火焰喷涂、气体燃烧热源、粉末火焰喷涂、超音速火焰喷涂、粉末火焰喷焊等五种方法，如表8-1所示。

利用气体导电（或放电）所产生的电弧，把电能转变为热能的电弧热源具有电流密度高、能量集中、温度高的优点，是比火焰更理想的喷涂热源。电弧被高度压缩则称为等离子弧，其电流密度、能量集中程度、温度及稳定性都优于一般的自由电弧，所以等离子喷涂质量高于电弧喷涂，表8-1中列出了等离子弧喷涂的一些方法。

利用磁性金属中高频感应产生的二次电流作为热源熔化线材，产生了高频喷涂技术；利用气体爆炸和金属丝大电流加热爆炸的能量实现喷涂，出现了燃气重复爆炸喷涂和线材电爆喷涂；利用激光束作热源研制出了激光喷涂。

表 8-1 热喷涂方法的种类

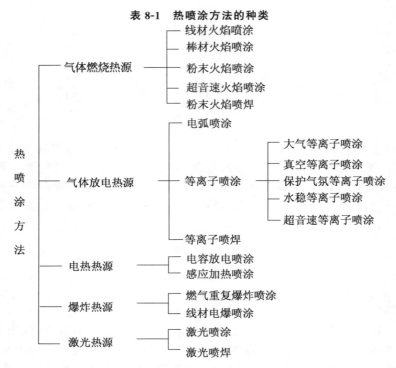

在热喷涂技术的发展过程中出现了热喷焊技术，它与热喷涂技术有一定的差别。热喷涂是利用热源将喷涂材料加热熔化或软化，依靠热源本身动力或外加的压缩空气流，将熔化的喷涂材料雾化成细粒或推动熔化的粉末粒子，以形成快速运动的粒子流，粒子喷射到基体表面形成表面涂层。而热喷焊是在喷涂过程的同时或喷涂层形成后，对金属基体和涂层进行加热，使涂层在基体表面熔融，熔融的涂层和基体之间产生一定的相互扩散过程，形成类似焊接连接的冶金结合。

8.1.3 热喷涂技术的特点

热喷涂技术作为材料表面防护、强化及表面改性手段，具有如下的优点。

① 喷涂材料种类很多，几乎所有的金属、合金、陶瓷都可以作为喷涂材料，塑料、尼龙等有机高分子材料也可以作为喷涂材料，可以制成各种成分和性能的涂层。

② 喷涂方法多，选择合适的方法几乎能在任何固体表面进行喷涂，为制备各种涂层提供了多种手段。

③ 可以用于各种基体的表面处理，金属、陶瓷、玻璃、石膏、木材、布、纸等几乎所有固体材料都可以进行喷涂处理。

④ 可使基体保持较低温度，并可控制基体的受热程度，从而保证基体不变形、不变性。

⑤ 基体尺寸不受限制，既可进行大型构件的大面积喷涂，也可进行工件的局部喷涂。

⑥ 涂层厚度可以控制，从几十微米到几微米，可以根据要求选择。

⑦ 工作效率高，制取同样厚度的涂层所需时间比电镀低得多。

⑧ 能赋予普通材料以特殊的表面性能，使其具有耐磨、耐腐蚀、耐氧化、耐高温、隔热导电、绝缘、密封、减摩、耐辐射、发射电子等不同性能，达到节约贵重材料、提高产品质量和降低生产成本的目的，满足多种工程和尖端技术的需要。

热喷涂技术的不足之处主要有：

① 涂层的结合强度较低，涂层的孔隙率较高；

② 对于喷涂面积小的工件，喷涂沉积效率低，成本较高；

③ 喷涂层的均匀性较差，影响涂层质量的因素较多；

④ 难以对涂层质量进行非破坏检查。

8.2　热喷涂的基础理论

尽管各种喷涂和喷焊方法所用热源、涂层质量及结合强度有所差异，但其喷涂过程、喷涂时粒子流的特点、涂层的成分及涂层的结合机理等却基本相同。

8.2.1　喷涂层的形成机理

8.2.1.1　喷涂过程

在喷涂过程中，所喷涂材料从进入热源到形成涂层一般经过下述几个阶段，如图 8-1 所示。

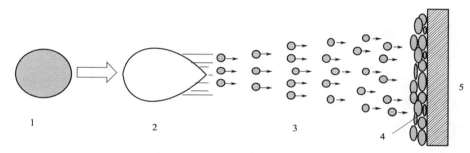

图 8-1　热喷涂过程示意图

1—喷涂材料；2—热源；3—喷涂粒子束；4—涂层；5—基体

（1）喷涂材料的加热熔化阶段

在粉末喷涂时，喷涂粉末在热源所产生的高温区被加热到熔化状态或软化状态；在线材喷涂时，线材的端部进入热源所产生的温度场的高温区时很快被加热熔化，熔化的液体金属以熔滴状存在于线材端部。

（2）熔滴的雾化阶段

在粉末喷涂时，被熔化或软化的粉末在外加压缩气流或者热源本身的射流的推动下向前喷射，不发生粉末的破碎细化和雾化过程；而在线材喷涂时，线材端部的熔滴在外加压缩气流或者热源自身射流的作用下，克服表面张力脱离线材端部，并被雾化成细小的熔粒随射流向前喷射。

（3）粒子的飞行阶段

离开热源高温区的熔化态或软化态的细小粒子在气流或射流的推动作用下向前喷射，在达到基体表面之前的阶段均属粒子的飞行阶段。在飞行过程中，粒子的飞行速度随着粒子离喷嘴距离的增大而发生如下的变化：粒子首先被气流或射流加速，飞行速度从小到大，到达一定距离后飞行速度逐渐变小。这些具有一定温度和飞行速度的粒子到达基体表面时即进入喷涂阶段。

（4）粒子的喷涂阶段

到达基体表面的粒子具有一定的温度和速度，粒子的尺寸范围为几十微米到几百微米，速度高达每秒几十到几百米。未碰撞前粒子温度为粒子成分所决定的熔点温度。在产生碰撞的瞬间，粒子将其动能转化为热能传给基体。粒子在碰撞过程中发生变形，成为扁平状粒子，并在基体表面迅速凝固而形成涂层。

8.2.1.2　涂层的形成过程

　　基体表面的涂层由不断飞向基体表面的粒子撞击基体表面或撞击已形成的涂层表面而堆积成一定厚度的涂层，即在基体或已形成的涂层表面不断地发生着粒子的碰撞-变形-冷凝收缩的过程，变形的颗粒与基体或涂层之间互相交错而结合在一起。涂层的形成过程如图 8-2 所示。研究发现，粒子在与基体撞击直到冷凝的过程中，冷却速度极高。金属喷涂时为 $10^6 \sim 10^8 ℃/s$，陶瓷喷涂时为 $10^4 \sim 10^6 ℃/s$，该过程在 $10^{-7} \sim 10^{-6}$ s 内完成。当前一颗粒碰撞基体表面形成涂层后，后续一颗粒子撞击前一颗粒子的表面区域的时间间隔为 0.1s 左右，这一时间可以使前一颗粒的涂层得到充分的冷却，所以涂层形成过程中可以认为涂层粒子之间互不影响热传导。

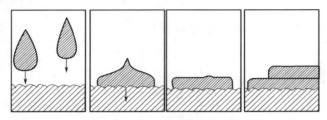

图 8-2　涂层形成过程示意图

8.2.2　飞行中的粒子流

8.2.2.1　粒子的飞行速度

　　喷涂过程中粒子的飞行速度与喷涂方法、喷涂材料的密度和形状、粒子的尺寸、粒子的飞行距离等因素有关。例如，黄铜、钼及锌的线材气体火焰喷涂时，在粒子的飞行距离为 100mm 处，三种粒子的平均飞行速度分别为 120m/s、65m/s、140m/s。图 8-3 和图 8-4 分别是氧化铝棒材及粉末火焰喷涂时，铝线材与钢线材电弧喷涂时的粒子飞行速度的变化曲线。可以看出，棒材喷涂时粒子的飞行速度远高于粉末喷涂时粒子的飞行速度，并以更高的速度碰撞基体表面。

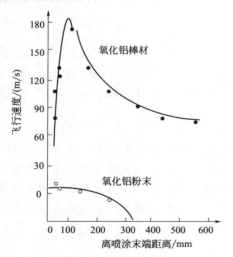

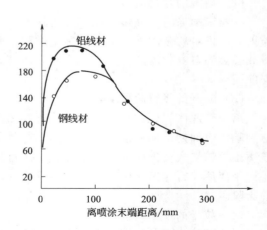

图 8-3　氧化铝火焰喷涂的粒子飞行速度与到喷嘴距离的关系

图 8-4　电弧喷涂时的粒子飞行速度与到喷嘴距离的关系

喷涂时雾化所得的粒子尺寸越小，高速气流越易加速，飞行速度越快。位于气流中心的粒子飞行速度高于气流外缘的粒子。爆炸喷涂时粒子的飞行速度更大，可高达 1000m/s。飞行速度的大小影响粒子与基体表面碰撞时转换能量的大小、粒子的变形程度以及结合强度。

8.2.2.2 粒子的温度

线状喷涂材料都被加热到熔化或熔融状态，若不考虑粒子与基体碰撞时动能转换为热能所引起的粒子自身温度的升高，那么粒子到达基体时的温度为其熔点。

粉末喷涂时粉末被热源加热到熔融状态，这个加热依靠粉末表面向内部的热传导来进行，所以粉末的热物理性能和粉末粒度所决定的粉末尺寸影响着加热和飞行中粒子内部的温度高低。为了获得高结合强度和高质量的涂层，粉末内部离表面90％的深度处应处于熔融状态。

在球状粉末等离子喷涂时，假定粉末粒子离开喷嘴进入等离子弧的瞬间，其表面温度已达到了熔点，并在温度远高于粒子熔点的等离子弧加热，粒子内部温度的高低由粒子尺寸决定。根据下面的公式可以估算，粉末粒子内部离表面90％的深度处，达到熔融状态所允许的粉末颗粒的最大直径：

$$D_{max} = 2\left[\frac{D_T t}{0.3}\right]^{\frac{1}{2}} \tag{8-1}$$

式中，D_{max} 为粉末颗粒的最大直径，cm；D_T 为粉末材料的热扩散系数，cm^2/s；t 为加热时间，s。

所以，粉末的热特性影响着喷涂时粉末允许的最大直径。表 8-2 为不同材质的粉末颗粒在等离子弧中飞行时间为 0.1ms，表面为熔融状态下加热时，粉末粒子中心温度达到熔点的90％时所估算出的允许的粉末粒子最大直径 D_{max}。D_{max} 越小，表明该材料喷涂越困难。喷涂时，相同材质的粉末粒度越小，获得的涂层越致密，结合强度越高；粒度增大则使涂层质量下降。

表 8-2　等离子喷涂时不同材料粉末的加热特性

喷涂材料	ZrO_2	TiC	TaC	ZrC	TiN	B_4C	4340 钢	304 钢	W
热扩散系数/(cm^2/s)	0.005	0.04	0.09	0.05	0.07	0.06	0.08	0.05	0.63
$D_{max}/\mu m$	26	72	110	82	96	90	104	82	280
喷涂难易[①]	5	3	1	3	2	2	1	3	1

① 1 为易于喷涂，5 为难于喷涂。

在复合材料粉末喷涂时，粒子的温度加热有所不同。复合粉末是在金属或非金属心材表面上覆盖 $2\sim3\mu m$ 的其他金属或非金属层，如常用的镍包铝粉末在喷涂过程中生成镍铝化合物和氧化铝，并产生较多的反应热，使粉末的粒子温度上升。同时粉末粒子还受热源作用加热，从而使粒子达到更高温度，使涂层的结合强度明显提高。所以复合粉末常用于打底涂层的喷涂。

熔融状态或液态粒子在飞行过程中会因辐射、对流及蒸发过程而降温。例如 2500K 的熔滴飞行 $10^{-2}s$ 后温度下降至 2144K，其中蒸发热降温占 3.5％，热辐射损失最大。熔滴体积越大，温度下降速度越小，涂层与基体的结合越好。

有关研究表明，在一定的喷涂条件下，喷涂粒子的尺寸存在着最小的临界尺寸，小于这个尺寸，吹到工件上的气流就会把喷涂粒子卷走，使之无法到达工件表面。粒子质量越小，则其轨迹偏离初始流速直线方向就越多，如图 8-5 所示。

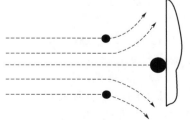

图 8-5　小颗粒的喷涂

等离子喷涂时，可以达到工件表面粒子的最小临界直径的估算公式如下：

$$D_{\max} = \sqrt{\frac{18\gamma kl}{\rho v}} \tag{8-2}$$

式中，γ 为等离子体的黏度系数；ρ 为喷涂材料的密度；v 为粒子的飞行速度；l 为送粉喷嘴到焰柱面的距离；k 为系数。

喷涂材料的粒子表面在飞行过程中发生的反应将影响涂层的质量。在火焰喷涂时，除了燃烧所用气体外，会有进入火焰气氛的空气；以氩气或氮气保护的等离子喷涂时，也总有少量空气卷入保护气氛中；在电弧喷涂时，本身利用压缩空气输送喷涂材料。所以粒子在飞行中会不同程度地与氧、氮发生反应，所生成的氧化物和氮化物不可避免地形成了夹杂，降低了涂层质量。

但是也可通过调整粒子飞行时的气氛而控制粒子飞行中的表面反应，以获得某些难得的涂层，这方面的研究近几年进行得较多。

8.2.3 涂层的成分和结构

8.2.3.1 涂层的成分

表 8-3 是线材火焰喷涂和电弧喷涂前后几种元素质量分数的变化数值，可以看出，涂层的成分和喷涂材料的成分有所差异。由于电弧喷涂时弧柱区温度高，使粒子表面在飞行中发生强烈的氧化烧损，涂层中 w_c 下降很明显，其他元素的质量分数也有所降低。

表 8-3 线材喷涂时合金元素质量分数的变化

喷涂材料中元素的质量分数/%		涂层中元素的质量分数/%	
		火焰喷涂	电弧喷涂
w_c	0.91	0.88	0.39
	0.69	0.65	0.61
	0.30	0.30	0.13
	0.07	0.05	0.04
w_{Mn}	0.60	0.55	0.45
	0.52	0.46	0.36
	0.50	0.48	0.36
	0.41	0.35	0.30
w_{Si}	0.27[①]	0.27	0.22
	0.23	0.21	0.14
	0.23	0.20	0.14
w_{Cr}	1.18	1.12	

① $w_{Cr}=1.18\%$ 的钢丝。

在氩气和氮气保护下的等离子喷涂时，由于保护效果好，空气不易进入电弧区，所以涂层的成分变化小。

8.2.3.2 涂层的结构

涂层的形成过程和喷涂时粒子的表面反应决定了涂层的结构特点，如图 8-6 所示。涂层是由无数变形的粒子互相交错而呈波浪式堆叠在一起的层状组织结构，或者说涂层是由熔融粒子撞击后的扁平状的变形粒子组成。由于喷涂时飞行中的高温粒子与喷涂工作气体或进入喷涂气氛的空气发生反应，使熔融粒子的表面不可避免地存在着氧化物夹杂（图 8-6）。在部分粒子之间会形成小区域的熔合区，即粒子间的界面消失而形成类似焊合的冶金结合，在粒子间的相互熔合区域不存在氧化膜。在涂层中可能存在因碰撞时未到达完全熔融状态而没有发生变形的圆形粒子。另外，在变形粒子之间还可能存在着孔洞。由于喷涂工艺不当还可能引起其他缺陷。

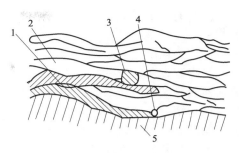

图 8-6　涂层断面构造示意图
1—粒子间互相熔融区；2—氧化膜；
3—不完全熔融粒子；
4—气孔；5—基材

　　喷涂层内气孔的形成如图 8-7 所示。在喷涂过程中，一些熔融粒子在同方向上平行地到达基体表面时因阴影效果而形成如图 8-7（a）所示气孔。扁平状粒子之间不完全堆积会形成如图 8-7（b）所示气孔。在基材待喷涂表面的凹陷处若含有空气或其他气体时也会形成气孔，如图 8-7（c）所示。

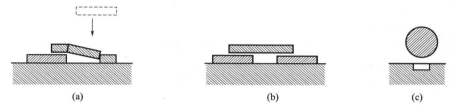

图 8-7　涂层内气孔形成过程示意图

　　由上述可知，喷涂层是由变形颗粒、氧化物夹杂、未变形颗粒及气孔组成。涂层的结构特点取决于喷涂热源、材料及工艺等因素。选用高温热源（如激光热源、等离子弧）、超音速喷涂、以及保护气氛或低压下喷涂，都可以减少涂层中的氧化物夹杂和气孔，改善涂层的结构和性能。

　　喷涂层的结构还可以通过重熔处理来改善，涂层中的氧化物夹杂和孔隙会在重熔中消除，涂层的层状结构会变成均质结构，与基体的结合强度也会提高。

8.2.4　涂层的结合机理

8.2.4.1　涂层与基体的结合

　　（1）机械结合

　　最初认为涂层与基体的结合是严格的机械结合，又称为"抛锚效应"。被热源升温到熔融状态且被气流加速的快速飞行的喷涂材料粒子与经过粗化处理的基体表面碰撞时，发生变形，成为扁平状，并随基体表面的凸凹不平而起伏，这些覆盖并紧贴基体表面的液态薄片，在冷却凝固时收缩咬住凸出点而形成机械结合。

　　机械结合与基体表面的粗糙度有关。采用喷砂、粗车、车螺纹或化学腐蚀等方法来粗化基体表面，以提高涂层与基体的机械结合，可以达到提高涂层与基体的结合强度的目的。

　　另外，基体表面粗化使粉末凝固时的收缩应变分布在局部区域，减少了内应力，也有利于提高涂层与基体的结合强度。

　　（2）扩散结合

　　高速运动的高温状态的喷涂粒子与基体表面碰撞而形成紧密接触时，在变形和高温的同时作用下，基体表面的原子得到足够的能量，涂层材料与基体表面间会发生原子的相互扩散。扩散的结果增加了涂层与基体的结合强度，也会在结合面上形成一层固溶体或金属间化合物层。

（3）物理结合

当高速运动的高温状态的喷涂粒子与基体表面碰撞后，若二者之间紧密接触的程度，使界面两侧原子之间达到原子晶格常数范围时，在涂层与基体间形成范德华力而提高结合度，这种结合称为物理结合。

基体表面的清洁程度和喷涂粒子的氧化情况都会影响界面两侧原子间距离，从而影响物理结合。喷砂能使基体呈现异常清洁的高活性的新鲜金属表面，喷砂后立即喷涂可以增强物理结合程度。

（4）冶金结合

在使用放热型喷涂材料或采用高温热源喷涂时，基体表面某些区域的温度达到基体的熔点，熔融态的喷涂材料的粒子会与熔化态的基体之间发生"焊合"现象，形成微区冶金结合，从而提高涂层与基体的结合强度。

关于涂层与基体的结合机理，目前的观点并不统一。一般认为在涂层与基体之间机械结合起主要作用，同时，其他几种结合机理也在不同程度地起作用，其程度受粉末的成分、表面状态、温度、热物理性能等因素的影响。

另外，在喷涂过程中还会发现"外延生长"和再结晶现象，也会影响结合强度。

8.2.4.2　涂层间的结合

喷涂层内喷涂粒子间的结合以机械结合为主，而扩散结合、物理结合、冶金结合等也起一定作用。

喷涂粒子在飞行过程中会发生表面反应，所生成的氧化物、氮化物的热膨胀系数会影响涂层间的结合强度。这些生成物的热膨胀系数一般小于金属。二者相差越大，涂层间结合强度越低。

为了提高涂层的质量，获得良好的结合性能，在喷涂时应注意以下几点。

① 喷涂粒子尺寸合适，到达基体表面时应保持液态，以保证粒子与基体的良好接触。

② 喷涂粒子的飞行速度足够大，以使碰撞时产生足够大的动能。

③ 基体表面洁净并具有一定的粗化度，以提高物理结合、扩散结合和机械结合强度。

④ 尽量提高碰撞时的接触温度和高温停留时间，以提高扩散结合强度和冶金结合强度。

⑤ 防止扁平粒子与基体表面产生残余变形，以防止涂层开裂。

8.3　热喷涂工艺

8.3.1　喷涂方法

8.3.1.1　火焰喷涂

火焰喷涂是利用气体燃烧火焰的高温将喷涂材料熔化，并用压缩空气流将它喷射到工件表面上形成覆层。喷涂材料可以用金属丝，也可以用粉末。

粉末气体火焰喷涂可以获得结合力较高的涂层，可喷涂的材料也较广，而且设备简单便宜，操作方便，容易推广。

气体燃烧火焰采用氧气作助燃剂，可燃气体最常用的是乙炔气，也可以用氢气、城市煤气、工业煤气、丙烷和丁烷。下面重点介绍氧乙炔火焰粉末喷涂枪。

中小型喷枪的结构基本上是在气焊枪上加一套供粉装置，其典型结构如图 8-8 所示。

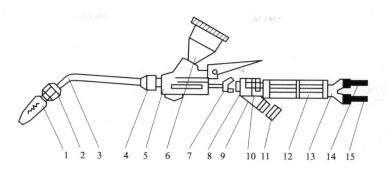

图 8-8　小型喷枪结构示意图

1—喷嘴；2—喷嘴接头；3—混合气管；4—混合气管接头；5—粉
阀体；6—粉斗；7—气接头螺母；8—粉阀开关；9—中部主体；
10—乙炔开关阀；11—氧气开关阀；12—手柄；13—后部接体；
14—乙炔接头；15—氧气接头

　　当送粉阀不开启时，其作用与普通的气焊枪相同，可作喷粉前的预热。当火焰将工件预热到一定程度，随即按下送粉阀，粉末就在氧气的抽吸作用下进入枪体，并随混合气一起由喷嘴喷出。粉末喷出后被氧-乙炔火焰加热到塑性状态，同时被加速，以高速冲向工件表面而形成喷涂层。

　　大型喷枪内另外设置了送粉气路，由氧气送粉，仍从喷嘴喷出。为了操作方便，这类枪多做成手枪形，其典型结构如图 8-9 所示。

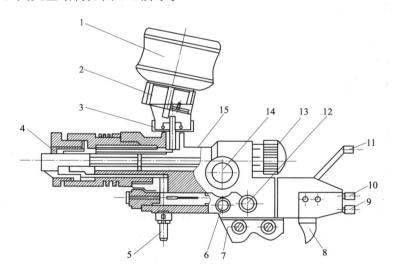

图 8-9　大型喷枪结构示意图

1—粉斗；2—粉斗座；3—锁紧环；4—喷嘴；5—支柱；6—乙炔阀；
7—手柄；8—气体快速关闭阀；9—乙炔进口；10—氧气进口；
11—附加送粉气体进口；12—氧气阀；13—粉末流量控制柄；
14—送粉气体控制阀；15—主体

　　火焰粉末喷涂枪主要由两大部分组成：火焰燃烧系统和粉末供给系统。对火焰燃烧系统的要求是保证火焰燃烧稳定、工作效率大、可调节，且不易回火。对粉末供给系统的要求是抽吸粉末能力强、吸粉量大、送粉装置开关灵活可靠、送粉量能均匀调节。对于手持式喷枪，还要求重量轻，使用操作方便。

8.3.1.2 电弧喷涂

喷涂材料为金属丝，用电弧发出的热量将金属丝熔化。电弧电源可用直流，也可用交流，以直流效果较佳。金属丝熔点高时，需要较高的电压。压缩空气是输送金属丝的动力，又是将熔化金属雾化并喷射到工件上的动力。压力通常为 $0.49\sim0.686\mathrm{MPa}$。图 8-10 为电弧喷涂设备简图。从图中看出喷枪中的两根金属丝分别接电源两极，彼此绝缘，另一端能接触，以产生电弧而熔化。压缩空气经过空气过滤器送入喷枪内，与金属丝等速向前推进至喷枪。当电源系统通电后，两金属丝不断产生电弧而熔化。压缩空气将熔化金属雾化并喷射到工件上，便得到涂层。

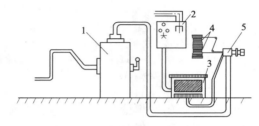

图 8-10　电弧喷涂设备简图
1—空气过滤器；2—配电板；3—变压器；4—金属丝卷；5—电喷枪

电弧喷枪的优点是构造简单，操作灵活，喷涂材料的利用率高，材料价格低，气源单一，总的处理成本低。缺点是喷涂材料局限于能制成丝的金属和合金材料。另外，金属丝导孔易磨损，金属丝往往由于接触不良而打火，甚至焊住；金属丝导孔内锈皮等脏物易卡住而不能顺利送丝。

8.3.1.3 等离子喷涂

等离子喷涂技术是利用等离子弧作热源，熔化粉末喷涂材料，喷射到工件表面上而获得一层具有特殊性能的表面涂层。等离子喷涂系统如图 8-11 所示。

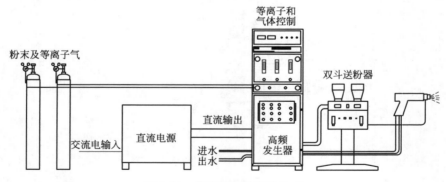

图 8-11　等离子喷涂系统构成

在热喷涂领域里，等离子喷涂技术明显地优于氧-乙炔或氢氧焰喷涂工艺。其主要优点是：温度高，当使用惰性气体时，能防止在喷涂中材料的氧化；等离子喷涂速度比普通的火焰喷涂高，因此被喷涂的粉末质点能获得较高的速度。等离子喷枪结构如图 8-12 所示。

进行等离子喷涂时，一般采用两种方法来防止材料的氧化。一是在净化过的真空惰性气氛室里进行喷涂；二是使用如图 8-13 所示的特别设计的保护性喷嘴，以挡住周围空气，保护等离子喷射的火焰。在实际应用中以后者为好。

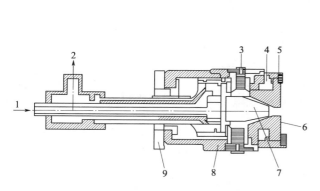

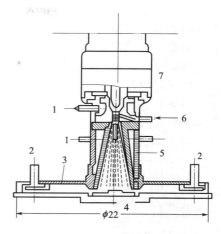

图 8-12　等离子喷枪结构示意图　　　　　图 8-13　保护性喷嘴和保护盖
1—进口；2—冷却水出口；3—氩气入口；　　　　1—冷却水；2—氩气入口；3—保护盖；
4—冷却水入口；5—送粉；6—铜阳极；　　　　　　4—试样；5—保护性喷嘴；
7—钨阴极；8—绝缘体；9—电极调节　　　　　　　6—供粉；7—喷枪

等离子喷射火焰温度越高，越均匀，喷射速度越快，则喷涂的粉末与基体的黏附力越强，结合力越好。由于等离子弧可以达到理想的高温，能瞬间熔化任何材料的粉末，因此可喷涂的材料不受熔点限制，可以喷涂各种金属及其合金、金属陶瓷、陶瓷、自熔性材料以及复合材料等。

8.3.1.4　超音速喷涂

在热喷涂工艺中，涂层质量主要依赖于喷涂材料及其加热和加速的方法，粒子飞行速度对涂层质量影响很大，高的粒子速度使涂层质量得到很大提高。超音速喷涂就是在热喷涂中使离子飞行速度超过音速的喷涂方法。

粒子速度高，粒子沉积时对基体的撞击作用就强，粒子变形就充分。有利于粒子与基体、粒子与粒子之间的结合，从而提高涂层的结合强度和内聚强度；粒子速度高，粒子沉积前在空气中的飞行时间短，飞行中产生的氧化物就少，有利于粒子的结合，从而提高涂层的内聚强度，降低涂层的孔隙率。粒子速度越高，越有利于获得高质量的涂层。

超音速雾化减小了粒子的粒度，降低了涂层的粗糙度。粗糙度是涂层的一项重要性能指标，它取决于雾化后粒子的粒度。超音速雾化加强了气流对丝材端部熔化金属间的作用，雾化的粒子细小均匀，大大降低了涂层的粗糙度。同时，粒子粒度的减小，也降低了粒子扁平化过程中的飞溅，有利于降低涂层的孔隙率。

超音速喷涂方法有超音速火焰喷涂、超音速电弧喷涂、热动能喷涂、爆炸喷涂等，其中爆炸喷涂的原理与其他三种差别较大，将在后面单独介绍。

（1）超音速火焰喷涂

超音速火焰喷涂是氧与燃料以高速、高压喷入燃烧室，燃烧后产生 2727℃ 的高温和 1500m/s 的高速膨胀气流，喷涂粉末送入这种气流中，粉末颗粒被加热并被加速使粒子撞击速度达到 610～1060m/s，喷射到基体上，得到高质量的涂层。超音速火焰喷涂涂层的结合强度、硬度、致密性和耐磨性均优于等离子喷涂层，并且表面光滑、化学分解少、氧化物含量少，其涂层质量与爆炸喷涂涂层性能相当，成本却低得多。

但超音速火焰喷涂也存在不足之处。目前的超音速火焰喷涂基本上都是用纯氧作助燃剂，氧气消耗大。例如，以煤油作为燃料的超音速火焰喷枪，耗氧量达 10 瓶/h，以丙烷、丙烯等作燃料的超音速火焰喷枪也超过 3 瓶/h，给操作、供气带来诸多不便，沉积速度和沉积效率也不高，如喷涂镍铬碳化铬粉末，沉积速度和沉积效率分别只有 1.8～4.4kg/h 和 30%～40%，使其成本相对较高。

超音速火焰喷涂设备由喷枪、送粉器、控制系统、热交换系统和各种管路五部分组成，喷涂设备紧凑，操作简单，工作稳定，燃耗低，涂层性能好。

① 喷枪　超音速火焰喷涂关键设备是超音速火焰喷枪。超音速火焰喷枪的结构是参考喷气式火箭发动机的原理设计的，图 8-14 是超音速火焰喷枪的原理示意图。

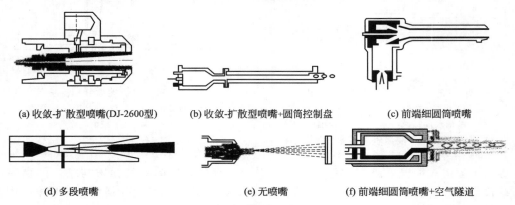

(a) 收敛-扩散型喷嘴(DJ-2600型)　　(b) 收敛-扩散型喷嘴+圆筒控制盘　　(c) 前端细圆筒喷嘴

(d) 多段喷嘴　　　　　　　(e) 无喷嘴　　　　　　　(f) 前端细圆筒喷嘴+空气隧道

图 8-14　超音速火焰喷枪的原理示意图

图 8-14(a) 是简单的收敛扩散型产生超音速流的喷嘴。图 8-14(b) 所示喷枪与其他喷枪相比有几点不同：使用安全的液体燃料、高压喷涂、吸入式送粉以及热效率高等。氧气和液体燃料送进喷枪后部的燃烧室，并用火花塞点燃。粉末沿径向并从双孔加入内喷嘴喉管后的过度膨胀负压区，从而不需要高压送粉系统。

图 8-14(c) 所示喷枪的氧气和燃气在位于手柄内的燃烧室燃烧，高温气体通过一定角度的环形内孔达到枪筒。粉末沿轴向送进枪筒内孔，高温气体加热粉末并将其加速喷出枪筒，燃烧室和枪筒均采用水冷方式。

图 8-14(d) 所示喷枪经过多段扩散综合喷枪 (a) 和 (b) 的优缺点。

图 8-14(e) 所示喷枪没有枪筒也未采用水冷，而采用喉管燃烧、中心送粉方式。不采用水冷，具有易操作优势，但没有高压燃烧室和高压气体压缩枪筒，不利于粒子的加速。此外，由于在喷枪中同轴空气流动层使火焰温度降低，而火焰射流压力较低，热量向粉末转移困难，这就要求使用昂贵、粒度接近的细粉。

图 8-14(f) 所示喷枪由于采用从喷嘴外部火焰喷出部送粉，所以粉末与喷嘴不产生摩擦，且粉末选择粒度范围广。而且，送粉量和喷涂火焰能量相匹配，可大幅度降低涂层成本；火焰周围喷出的压缩空气呈筒状，形成空气隧道，保持火焰集束；微细粉末易熔融，粉末中含适量的微细粉末，可控制涂层形成时的微粒状态，即熔融微粒和半熔融微粒混合，使涂层残余应力接近于零；喷涂粉末与喷嘴不产生摩擦，喷嘴无磨损，无需维修，可实现长时间安全运行。

表 8-4 给出了一种超音速火焰喷涂设备喷枪的参数示例。

② 送粉器　超音速高速火焰喷涂送粉器是用来储存喷涂粉末并按工艺要求向喷枪输送粉末的装置。采用氮气为送粉气，喷涂粉末通过送粉气的雾化振动使粉末输送到送粉器出口处，连同送粉气体一起离开送粉桶进入喷枪中。通过调节控制柜面板上的定位器可以调节送粉速度的快慢。表 8-5 是超音速火焰喷涂送粉器参数示例。

表 8-4 超音速火焰喷涂设备喷枪参数示例

序号	项 目	基本参数	序号	项 目	基本参数
1	火焰速度	2100m/s	9	适宜喷涂粉末大小	5～120μm
2	火焰温度	2700℃	10	燃气(丙烷)压力及流量	0.65MPa,88L/min
3	喷枪功率	100kW	11	氧气压力及流量	11MPa,305L/min
4	粉末颗粒速度	500～600m/s	12	空气压力及流量	0.75MPa,440L/min
5	冷却方式	水冷	13	氮气压力及流量	1.2MPa,18L/min
6	冷却水流量	9.5L/min	14	氢气压力	0.35MPa
7	涂层气孔率	<1%	15	喷枪外型尺寸	420mm×230mm×50mm
8	涂层结合强度	>70MPa	16	喷枪重量	2.8kg

表 8-5 送粉器参数示例

序号	项 目	基本参数	序号	项 目	基本参数
1	送粉方式	雾化压力式	6	送粉精度	±1%
2	单筒容积	3.0L	7	送粉气体流量	400～800L/h
3	送粉气	氮气	8	送粉器外型尺寸	500mm×460mm×1300mm
4	送粉气压力	1.1～1.3MPa	9	送粉器重量	50kg
5	送粉速度	0～160g/min			

（2）超音速电弧喷涂

超音速电弧喷涂与普通电弧喷涂（亚音速雾化）一样，但在雾化方式上，超音速电弧喷涂是采用超音速雾化，雾化效果好，雾化后的粒子细小均匀，速度高，有利于获得高质量的涂层。超音速电弧喷涂关键设备是超音速电弧喷枪。超音速电弧喷涂采用拉伐尔喷嘴，将气流的速度从亚音速提高到超音速。

（3）热动能喷涂

热动能喷涂特点是通过压缩空气与燃料燃烧产生高速气流加热粉末，但并未使粉末完全熔化，同时将粉末加速至 700m/s 以上，撞击基体，撞击动能转化为热能加热粉末，形成极低氧化物含量和极高致密度的涂层。这种喷涂工艺过程对被喷涂材料的热退化影响非常低，制备的涂层表现出卓越的耐磨损及耐腐蚀特性；另一个突出的特点是生产效率高，其喷涂速率是传统超音速火焰喷涂的 5～10 倍，沉积效率也优于传统超音速火焰喷涂。所有这些特点使热动能喷涂在很大程度上降低了涂层的加工成本，更有利于热喷涂技术的推广应用。

8.3.1.5 爆炸喷涂

爆炸喷涂技术的实质是利用脉冲式气体爆炸的能量将被喷涂的粉末材料加热加速轰击到工作表面后形成坚固涂层。随着高频脉冲爆炸喷涂技术的日趋完善和材料制造水平的不断提高，爆炸喷涂的沉积效率有了显著提高，加之其相对低廉的操作成本，对材料的多适用性注定了其应用领域的广阔性。与等离子喷涂比较，它几乎无所不能，而且涂层质量相当优良。一般认为，爆炸喷涂是当前热喷涂领域内最高的技术。

（1）爆炸喷涂的原理

爆炸喷涂是利用气体爆炸产生高能量，将喷涂粉末加热加速，使粉末颗粒以较高的温度和速度轰击到工件表面形成涂层。不同喷枪进行爆炸喷涂的原理也有所不同。

① 凸轮阀门式爆炸喷涂 使用凸轮阀门式喷枪进行爆炸喷涂的过程原理如图 8-15 所示。将经过严格定量的氧气和乙炔气分别经阀门送入水冷式喷枪（喷枪内径 25.4mm，长约

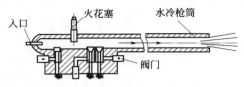

图 8-15　凸轮阀门爆炸喷涂枪的原理

2000mm），然后从另一入口以氮气为载体将喷涂粉末（如 $44\mu m$ 的碳化钨粉末）送入。当粉末在燃烧室浮游时，通过火花塞点火瞬间引爆，枪筒内的温度突然上升到 3300℃ 以上，气体燃烧的速度超过音速 10 倍，形成冲击波。爆炸的热能将喷涂粉末加热到熔融或半熔融状态，并使熔粒加速到 2～3 倍音速喷出枪口，撞击到基体表面形成大约 $6\mu m$ 厚的涂层。在爆炸后瞬间，将氮气经阀门引入枪筒内置换并清扫枪膛，直到下一个爆炸过程重新开始。通入气体和粉末的爆炸过程，每秒可重复 4～8 次，根据涂层所要求的厚度反复进行，直到涂层厚度足够并有充裕的机加工余量为止。

氧气和 C_2H_2 混合气体的自由燃烧温度为 3100℃，但其爆炸式燃烧温度可达 4200℃ 或更高，因而喷涂粉末粒子的温度可达 3500℃ 以上，而其爆炸波传播速度可达 3000m/s，从而使粉末的速度达 700m/s 以上。例如在距喷枪口 75cm 处可达 820m/s，最高可达 1500m/s。此处产生的冲击热可使粉末的温度升到 4000℃。每次爆喷可产生一个直径约 25mm、厚约数微米的圆形涂层斑，整个涂层即是由这样一些小圆形涂层斑有序地相互错落重叠而成。喷涂不同材料、不同粒度的粉末使用不同的爆炸频率，最快可达 10 次/s。

② 步进缸式爆炸喷涂　步进缸式爆炸喷涂装置结构如图 8-16 所示。活塞通过连杆与凸轮（轴）连接，其左右往复运动由凸轮操纵，它在左右极端位置时，运动停止一段时间。活塞杆末端 4 个导轮导向，驱动凸轮机构可在每秒 4～10 周范围内调整，喷涂频率可在 4～10 次/s 内调整。

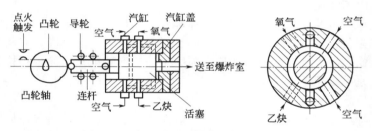

图 8-16　步进缸式爆炸喷涂装置示意图

步进缸式没有控制各种气体输入的阀门，是依靠活塞在汽缸中的运动打开或封闭气体输入的进气口。

步进缸式爆炸喷涂的工作过程如图 8-17 所示，主要分为以下 4 步。

a. 进气：当活塞处于图 8-17(a) 位置时，C_2H_2 和 O_2 分别通过各自的进气口进入汽缸内和沉井孔，并经汽缸端盖中心孔进入爆炸室。当活塞开始行进时开始堵塞氧气和乙炔气入口。

b. 压缩：当活塞行至图 8-17(b) 位置时，开始封闭沉井孔，此时沉井孔内封闭有0.1MPa 的混合燃气。

c. 当活塞继续前行至图 8-17(c) 位置时，活塞尾部打开压缩空气进气口，0.4～0.5MPa 的压缩空气经汽缸壁的孔进入活塞槽，并进入沉井孔道稀释该处原有的混合燃气。

d. 当活塞继续前行至极限（上止点）位置时，活塞前端平面与汽缸前端盖接触，活塞前塞全部进入汽缸前端盖中心孔，由于它们之间有很好的锥面配合（锥度很小，约 3°），完全堵死汽缸源与爆炸室的通道，此时由凸轮轴控制的点火触发器触发，火花塞放电点火引爆爆炸室的混合燃气。

爆炸后活塞开始后退，而汽缸壁沉井孔道及活塞槽内具有的 0.4～0.5MPa 的压缩空气，

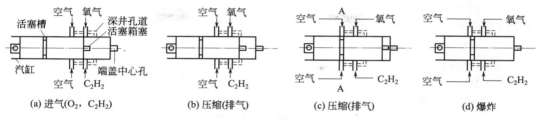

图 8-17　步进缸式爆炸喷涂工作过程原理

构成了抵消爆炸余威的"安全气垫"。之后，活塞开始后退到图 8-17(c) 位置时，汽缸壁的沉孔开始被活塞后部封闭，储存 0.4～0.5MPa 的压缩空气，而活塞继续退至图 8-17(b) 位置时，活塞前端打开沉井孔内的压缩空气通过汽缸和前端盖中心孔进入爆炸枪，清扫枪膛，为下一次喷涂做准备，当活塞后退到图 8-17(a) 位置，开始打开 C_2H_2 和 O_2 入口，C_2H_2 和 O_2 重新注入。原有周期的结束下一个周期重新开始。

（2）爆炸喷涂的特点

爆炸喷涂主要优点如下。

① 爆炸喷涂涂层的结合强度高。喷涂时由于粉末颗粒迅速被加热、加速，半熔粉末对基体的撞击力大，所以涂层结合强度高。喷涂陶瓷粉末时，涂层的结合强度可达 70MPa，喷涂金属陶瓷粉末时，涂层结合强度可达 175MPa。

② 涂层致密，孔隙率低，一般小于 2%。

③ 涂层的耐磨性高。由于喷涂时，粉末颗粒撞击到工件表面后受到急冷，在涂层中可以形成超细组织，因此耐磨性较高。

④ 涂层硬度高。如 YG12 硬质合金涂层的硬度达 1300HV，而一般 O_2-C_2H_2 火焰涂层却只能达 800HV，等离子涂层只能达 1100HV。

⑤ 涂层均匀、厚度易控制、表面粗糙度低。爆炸喷涂每次喷涂形成的涂层厚度约为 0.006mm，所以涂层的厚度易控制，工件加工余量小；粗糙度可低于 $Ra1.6\mu m$，经磨削加工可达 $Ra0.025\mu m$。

⑥ 工件的热损伤小。爆炸喷涂是脉冲式喷涂，热气流对工件表面作用时间只有几毫秒，再加上清扫气又可在一定程度上对工件表面起冷却作用。因此爆炸喷涂时，工件表面的温升可控制在 200℃ 以下，不会造成工件变形和组织变化。

⑦ 涂层成分的可控制性好，在爆炸喷涂时，碳化物的分解、脱碳现象比火焰喷涂、等离子喷涂低得多，从而保证涂层成分的可控制性和涂层性能。

但是爆炸喷涂也存在着一些缺点，如下所述。

① 产生的噪音大（高达 180dB），需要在专用的隔音间中进行，并由设在隔音室外控制，爆炸喷涂时会产生极细的尘粒，产生粉末飞散现象，因此需专用的防尘室等措施。

② 对材料的粒度要求比较严格，沉积效率不太高。爆炸频率低，为 2～10 次/s，每次只能形成涂层厚度仅 4～6μm，面积仅 $\phi25mm$ 一个圆域的涂层。

③ 爆炸喷涂的喷涂粉末从喷枪中喷出，只能以直线行进，所以喷涂受基材形状限制较大，对于形状复杂的工件和小内径内腔表面和长内腔内表面很难喷涂。

④ 设备造价很高。

（3）爆炸喷涂的应用

爆炸喷涂涂层较成功的涂层主要有耐磨涂层和热障涂层。在涡轮发动机的高低压压气机叶片、涡轮叶片、轮壳封严槽、齿轮轴、火焰筒外壁，飞机的衬套副翼、襟翼滑轨、制动装置，各种机械密封件、轴类、辊类、柱棒类等表面的耐磨强化，切纸刀片、导卫板等表面的耐磨强化，风机叶轮、汽轮机叶片等表面的耐磨耐冲蚀耐腐蚀强化，过丝轮、导流板、拉丝机滚筒等纺织机械零件表面的耐磨减摩强化等方面，均大量采用爆炸喷涂技术来制备预保护涂层。

① 爆炸喷涂耐磨涂层　只靠发展结构材料来提高材料的耐磨性能已接近极限，喷涂技术的发展为解决材料的磨损问题带来了新的途径。爆炸喷涂因其涂层结合强度高、致密度高、对工件无热影响性及涂层均匀、表面光洁度好等优点，成为高质量耐磨涂层主要的制造技术。目前常用的耐磨涂层主要有碳化钨涂层、碳化铬涂层、氧化铝涂层、碳化钛涂层等。

碳化钨涂层具有较高的硬度和优异的耐磨粒磨损、擦伤性能，其硬度仅次于金刚石，但抗氧化性较差，使用温度＜500℃。喷涂碳化钨时，WC容易分解，采用钴将碳化钨包覆起来，制成钴包碳化钨粉末。钴的包覆减小了碳化钨的氧化和分解，钴在高温下熔化，喷涂时增强了涂层与基体及涂层自身的结合强度，涂层的致密度增大，气孔率下降（＜2％），而且提高了涂层的冲击韧度，降低了涂层的摩擦系数，提高了涂层的耐磨性。目前碳化钨涂层主要用于提高航空航天发动机叶片、主动齿轮及一些传动件和轴类等部件的耐磨性能。

碳化铬涂层呈灰白色、斜方晶系（菱面体），熔点为1895℃，硬度较高，在高温环境下具有较好的耐磨损、抗氧化及耐擦伤性能，常用于喷涂腐蚀性环境下耐高温磨损涂层（＜900℃）。但碳化铬的硬度很高，在实际使用中虽提高了涂层的耐磨性，却使摩擦副产生了严重的磨损。常用的碳化铬粉末是由75％的Cr_3C_2和25％的镍铬合金（80Ni-20Cr）复合而成的。由于碳化铬的耐磨耐腐蚀性能，其涂层在石油和化工工业中（如在油泵柱塞和化工阀芯喷涂碳化铬涂层），得到较好使用。

氧化铝涂层呈白色，喷涂所用氧化铝粉末是用高纯氧化铝形成的α-Al_2O_3经熔炼粉碎后获得的。氧化铝在1700～1800℃高温时具有较强的抗气体腐蚀作用（除了氟），在1900℃以下的强氧化性气氛或强还原性气氛中都很稳定，氧化铝还有良好的耐磨损、电绝缘性能。目前氧化铝涂层广泛应用于曲轴、凸轮轴等表面耐磨耐腐蚀涂层的制备。

② 爆炸喷涂热障涂层　航空航天业的迅速发展，对发动机性能提出了越来越高的要求，要求有较高的涡轮前温度。先进的发动机涡轮前温度已达1900K左右。过去为了解决这个难题，主要是靠发展高温合金，但靠发展高温合金的方法已满足不了发展的要求，所以需要利用在高温部件上喷涂热障涂层来降低基体合金温度。氧化锆的熔点较高，热导率低，是典型的热障涂层材料。

氧化锆有低温型单斜晶和高温型四方晶。在高温下，这两种晶型会发生转变，并附带着体积突变，所以喷涂纯氧化锆会发生涂层开裂和剥落。为解决这个问题，常在氧化锆中加入适量的氧化钇等氧化物，来稳定氧化锆，避免涂层的开裂和剥落。另外，氧化锆涂层和高温合金基体的热膨胀系数相差很大，高温工作时易使涂层剥落，因此常将氧化锆涂层做成双层结构，在基体上先喷涂一层底层，然后再喷涂氧化锆涂层。

8.3.1.6　各种热喷涂方法的比较

主要热喷涂方法的工艺质量比较见表8-6。

表8-6　主要热喷涂方法的比较

项目	喷涂方法			
	氧-乙炔焰喷涂	电喷涂	等离子喷涂	爆炸喷涂
喷涂材料	金属丝及熔点＜2700℃粉末	金属丝、合金丝	各种粉末	各种粉末（无熔点限制）
工件材质	金属和陶瓷	金属和陶瓷	金属和陶瓷	金属和陶瓷
微粒温度/℃	800～2500		约3000	4000

项目	喷涂方法			
	氧-乙炔焰喷涂	电喷涂	等离子喷涂	爆炸喷涂
微粒速度/(m/s)	50～270	100～220	140～750	800
工件温度/℃	260～320		＜120～200	＜200
涂层结合	机械的	机械的	机械的	机械的(强化)
喷涂件直径/mm	＞1.5		＞0.65	5～1500
涂层厚度/mm	(0.13～5.0)±0.075		(0.05～2.5)±0.025	(0.025～0.03)±0.025
表面粗糙度/μm	150～300		75～125	125
喷涂热效率/%	13	57	12	

8.3.2　喷涂材料

8.3.2.1　材料

（1）金属及其合金

具有单独使用性能的纯金属均可作为热喷涂材料，如防腐的金属锌、铝和铅，难熔金属钼和钨，导电材料铜和铝等。除纯金属外，还有为改善性能而加入其他元素形成的合金，如碳钢、不锈钢等。钼有独特的扩散能力，它可以与很多金属和合金形成冶金结合，其中包括普通碳素钢、不锈钢、镍铬合金、铸铁、铝和铝合金等，是一种自黏结材料。钽和铌与也是一种自黏结材料。

（2）自熔合金

自熔合金无论是镍基合金，还是钴基合金、铁基合金，都包含有硼、硅元素。硼、硅可降低合金的熔点并能导致合金的固相和液相之间有较宽的温度区间，使合金的流动性好；硼、硅的脱氧还原及造渣作用，在熔融过程中使合金得到保护；此外合金凝固后，硼、硅在固溶体中能形成高硬度的弥散强化相，以提高合金的强度和硬度。

8.3.2.2　线材

喷涂线材主要是各种金属丝及其合金丝，以及复合线材和陶瓷棒材。

金属丝要绕成圈状，丝表面必须光洁、无锈、无油和无折痕。钢丝中的杂质 S≤0.03%，P≤0.03%。硬度要适中，有色金属丝要选用较高硬度的。金属丝的种类、成分和直径应根据喷涂设备和涂层性能的要求并兼顾成本进行选择。通常凡满足上述要求的金属丝都可以采用，也可以采用焊丝。复合型喷涂丝适用于氧-乙炔火焰喷涂，其特点是涂层内氧化物夹杂少，成分均匀，与基体结合力强，容易储存，喷涂操作简便，对环境污染少。由复合焊丝金属粉和合金粉填充管状焊丝制作成。

用粉末材料获得的涂层性能优于金属丝，而且材料和性能可以在很大范围内选择，适应性很强。但喷涂粉末的要求较高，生产工艺复杂，价格贵。

8.3.2.3　合金粉

（1）结合粉

结合粉喷在基体材料和工作层之间，可使两者的结合强度提高。它是工作层的底层，故又称为打底粉。

结合粉目前多为镍铝复合粉，其特点是每个粉末颗粒中的镍铝都是单独存在的。平时镍和铝不发生反应，喷涂时，当粉末通过火焰受热温度高于 600℃后，镍和铝之间就会发生强烈的放热化学反应。同时，部分铝还会发生氧化，产生更多的热量。这两种放热反应在粉末撞击到工件表面后还能进行一段时间，可使粉末与工件接触处瞬时温度达到 900℃ 以上。在这种高温下，镍就可以扩散到基体材料中去，从而形成原子扩散结合。

由于制造方法不同，镍铝复合粉可以分为镍包铝和铝包镍两大类。镍包铝粉是较早研制的产品，目前使用较多的镍包铝粉的镍铝重量比为 80：20 或 90：10。它们用化学冶金方法制取，以铝粉为核心，外层包以镍，铝粉被包覆的完整程度应大于 80%。用氧-乙炔火焰喷涂后，涂层密度为 5.5～6.5g/cm³，熔点 1535℃，洛氏硬度 70～80HRC。可在全部普通碳钢、淬火合金钢、不锈钢、氮化钢、铸铁、铸钢、镍、镍铬合金、镍铜合金、镁、铝、钛、铁镍钴合金、钼、铌等材料上进行喷涂，不宜喷涂铜和钨为主要成分的材料。用镍铬合金代替纯镍作粉末芯核，制成铝包镍铬合金的复合粉末，可使涂层具有更好的耐高温性能和抗氧化性能。

（2）工作粉

组成工作层的粉末应有承担服役条件的能力，同时还要能与结合层可靠地结合。作为火焰喷涂常用的工作粉有合金粉、金属包覆粉。常用的国产工作粉可分为镍基、钴基、铁基、铜基四大类。

① 钴基合金粉末　钴为基体，添加铬、钨、碳等合金元素形成的钴基合金具有耐腐蚀、耐磨损、抗氧化等特点。钴基自熔性合金粉末是以钴元素为基体，添加铬、钨、镍、硼、硅等元素组成，具有优越的高温性能、良好的红硬性、耐磨性和抗氧化性能。

② 镍基合金粉末　镍基合金粉末是以镍为基体，加入铬、碳、硼、硅、钼等合金元素形成的自熔性合金。镍基合金可根据工作条件需要，选择合适的合金元素，配成所需要的镍基合金使其具有综合力学性质，如耐磨、耐腐蚀、耐热、耐氧化等优点。是目前使用最广泛的一种自熔性喷焊合金粉末。

③ 铁基合金粉末　以铁为基体，添加硼、碳、硅、铬、镍等合金元素形成的合金。铁基合金粉末分为两种，一种是不锈钢型，含有较多的镍和铬元素；另一种是高铬铸铁型，含有较高的铬和碳元素。铁基合金较为便宜，适用于室温下或温度低于 400℃ 而且腐蚀轻微的工作条件，还能满足耐磨性要求。

④ 铜基合金粉末　以铜为基体，加入锡、磷等合金元素形成的合金。这类合金粉末主要用于易加工、摩擦系数小的工件，适用于机床导轨、轴类、柱塞、泵转子等耐磨工件，也可用于部件修复。铜基自熔性合金粉末是添加适量的镍、铬、硼、硅、锰等元素组成，这类合金粉末具有机械性能好、塑性高、易于加工、耐蚀性好、摩擦系数低等特点。

除了上述四种基本的合金粉末外，还有金属陶瓷粉末、等离子喷涂专用粉末等，可依据要求选用。

（3）制粉原理

金属、合金、自熔合金通常采用雾化法，雾化法制作合金粉末，属于物理方法制粉。它是将来自气瓶的高压气体作为气刀或将来自高压水泵的高压水作为水刀，对熔化后，经漏嘴约束后成一细流的熔融金属液流进行切割，雾化成极微小的金属液滴，最后凝固成合金粉末。雾化合金制粉的工艺过程大致如下：

配料→熔炼→除渣→脱氧→雾化→粉末收集→干燥→筛分→成分检测→包装

8.3.3　热喷涂工艺

8.3.3.1　喷涂前的预处理

由于涂层与工件基体之间主要是一种机械结合，喷涂前工件的表面状态对涂层结合力的影响极大。因而喷涂表面要求清洁、粗糙，有时还要求预热。

（1）工件清洗

工件在喷涂前都要仔细清洗，去除一切油污、锈蚀、氧化皮等，使工件表面呈现金属光泽。具体方法见第 2 章。

（2）表面粗糙化处理

表面粗糙化处理是热喷涂工艺的一个极为重要的环节。表面粗糙化处理的方法有：车削、磨削、喷砂、点焊、化学处理、喷打底层等。化学处理很少有实用价值，其他处理方法要根据零件情况和对涂层的要求进行选用。

① 车削　当工件为旋转体（如轴类）时，以采用车削加工最为方便。既可粗化表面，对修复零件而言又可去掉零件表面疲劳和磨损层，同时还可以增加涂层厚度。常用车光面或车螺纹两种方法，它们都能增加基材表面与涂层的结合面积。特别是车螺纹，结合面积要比车光面时大 40% 左右，可增大机械咬合力，对增加结合强度十分有利。

② 磨削　经硬化处理而无法车削的工件，或者不能车削的平面等非旋转面和局部小面积等部位，可采用磨削加工。注意磨削粗化时与一般光磨相反，要设法使表面粗糙些。磨削可采用磨床，也可用砂轮打磨。

③ 喷砂　喷砂的成本低、效率高，既起净化作用又起粗化作用，同时还能使表面产生一定的残余压应力，对提高喷涂后工件的疲劳强度有利。所用的砂粒有：钢砂、钢玉砂（Al_2O_3）和石英砂（SiO_2）等，其中以石英砂最硬，且有一定的尖角，效果最好，但价格较贵。刚玉便宜，但硬度较低，不过一般已能满足要求。

（3）其他

在对喷涂表面进行仔细准备的同时，还要对不需喷涂的表面进行保护处理，如涂刷专用的保护液，也可涂石灰水，或在表面用油棉纱擦一下。工件表面不需喷涂的圆孔、键槽等，可用粉笔堵塞，喷后加工时除去即可。

8.3.3.2　喷涂

不同的喷涂方法和设备，其喷涂操作和工艺参数的选择都会有所不同，这里仅扼要介绍氧-乙炔火焰喷涂的一般规律，具体操作和工艺参数要参照设备的说明书、工件的特点和要求以及操作员的实践经验来确定。

（1）金属涂层形成过程

第一阶段气体燃烧，金属熔化（粉末喷涂有时仅达高温高塑性状态）。第二阶段是熔化金属雾化。在压缩空气流的作用下，熔化金属雾化，大量微粒金属氧化、降温后撞击到工件上。第三阶段是形成涂层，金属微粒沉积在工件表面上，冷却后形成涂层。

（2）热喷涂参数

所用气体压力与比例，火焰功率，喷涂距离的远近，喷射角，喷射时喷枪的移动速度，涂层的冷却等工艺参数都会直接或间接地影响喷涂后涂层的性质。

8.3.3.3　喷涂后处理

工件经喷涂后表面尺寸精度和表面粗糙度通常达不到技术要求，因此，在喷涂后应进行机械加工。另外，为了改善涂层品质（如提高结合力、气密性等），有时在喷涂后还要进行机械的、化学的处理以及热处理。

（1）精加工

精加工是为了使喷涂零件的尺寸和表面粗糙度达到设计要求。精加工可采用车削和磨削。

① 车削加工　当涂层硬度较低，且加工余量较大时，采用车削。

② 磨削加工　涂层硬度较高和加工余量较小时宜采用磨削。要想获得较好的磨削质量，并有较高的生产率和较低的生产成本，必须选用合适的砂轮和磨削规范，此外还要求磨床有

足够的刚度。

由于涂层的多孔性，磨削时产生的磨粒会嵌入孔隙，在工件使用过程中，这些磨粒使工作面受到严重损伤。如果喷涂层采用石蜡封孔后处理再精磨，既可以密封孔隙防止磨粒嵌入污染涂层，又可作为切削润滑剂。

（2）改善涂层品质的后处理

① 提高气密性 涂层的多孔性对于耐磨性和隔热性是有利的，但对于耐腐蚀性以及强度是不利的。为了提高气密性，需要采取部分或全部堵塞孔隙的特殊处理。除车削、磨削和抛光能在不同程度上提高致密度和气密性外，还可采用喷丸、旋光、浸润等方法。

② 提高与基体的结合力 采用高频加热能使钢涂层与基体的结合强度提高 1.3 倍左右。在普通炉中加热至 324℃保温 1h 也能提高 3 倍，加热到 900℃保温 1h，提高 3.5 倍。但若再延长加热时间，其效果反而下降。

③ 提高抗热性 钢件喷铝（0.2～0.3mm）后，涂上一层水玻璃，撒上细石英粉，烘干后再涂第二层水玻璃。这样 2～3 层水玻璃能防止加热时氧化。加热到 600～1000℃保温 3～5h，能使铝扩散到钢中，形成铁铝合金，其表面因氧化而含有 Al_2O_3 晶体，能耐 900℃以上的高温，可以延长高温下的寿命。

④ 提高减摩性 在切削加工前于 80～100℃的油中浸润 0.5～1h，可以提高钢涂层的减摩性，对于有色金属锌、铝、黄铜等涂层可改善其切削加工性能。

8.3.4 涂层设计

8.3.4.1 涂层设计的指导原则

在涂层设计前首先要对零件进行失效分析。因为修复或强化一个零件，首先需要了解其早期失效的原因和影响寿命的主要因素，才能判断有无使用喷涂的必要性。在分析时，要把零件的工作条件所要求的性能和不同材料、不同工艺所能提供的性能结合起来考虑，才有可能设计出高质量的涂层。

其次，要综合考虑质量、经济和技术三方面的情况。

① 质量的可靠性。要分析涂层可能产生的破坏形式及破坏后可能引起的后果，在选择材料、设备、工艺及质量控制等方面采取相应的措施。

② 经济的可行性。使用喷涂工艺后，在提高寿命的同时，产品的成本也会增加，故需综合考虑。

③ 技术的可能性。要根据本厂技术水平和具体情况，分析是否能满足喷涂所涉及的各种工艺要求。

8.3.4.2 喷涂材料的选择

根据工件的使用条件和失效原因，应选择合适的喷涂材料，以获得最佳的综合效果。对结合强度要求不高，且无冲击时，可直接采用工作粉喷涂。如果工作条件恶劣，或工件特别重要时，涂层可设计为双层的，即先喷结合层，再喷工作层。需要特别薄的涂层时，只要结合层也可以获得结合质量高、工作性能好的涂层。在生产中，可根据合金粉使用说明书的推荐和生产者的经验进行选择。

8.3.4.3 确定涂层厚度

涂层厚度可按工件允许的极限磨损量加余量来确定。此余量一般可选 0.2mm 左右。喷涂层厚度一般以不超过 1mm 为宜，过厚时容易因收缩过大而造成脱壳。

8.3.4.4 基体材料的选用

有些零件的失效方式主要是表面磨损或腐蚀。为了提高其使用寿命，有的设计人员喜欢选用优质合金钢，并采用复杂的热处理技术，以使表面具有较高的硬度和耐磨性。这种材料设计方法在某些场合下不尽合理。若使用喷涂技术以强化表面的同时，将基体材料改为廉价的普通材料以降低成本，这也是当前最佳的材料设计方法之一。但如改用喷涂表面强化方法，就应考虑零件基体材料对喷涂的适应性问题。当然，如属修复性喷涂，就不能改变基体材料了。

8.3.4.5 技术条件的提出

在涂层设计的同时，就要提出相应的技术条件，以便工艺和检验部门执行。

8.3.4.6 工艺过程设计

工艺过程设计包括喷涂前的预处理，喷涂和喷涂后的处理。应合理安排好各工序的顺序，确定使用的设备、材料、操作方法、工艺参数及注意事项等。内容比较多时，应以影响涂层质量的主要环节为重点进行设计。

一般应考虑四个方面的因素：

① 工艺过程设计；

② 毛坯设计（喷涂特点）；

③ 用粉量计算；

④ 尺寸变化情况。

以 C640 车床主轴 35CrMo 为例，要求硬度为 48～50HRC，其喷涂工艺过程是：预热 150℃→外圆 ϕ144.5mm 车至 ϕ(143.7±0.1)mm→喷结合粉 F505 单面厚度 0.1～0.15mm→喷工作粉 G102，喷后尺寸 ϕ(145.5±0.1) mm。

其中，G102 是镍基合金粉，其主要成分为：Fe 5%～8%，Cr 14%～17%，B 0.5%～1.0%，Si 1.0%～2.0%，其余为镍。F505 是铝包镍结合粉。

第9章 热 浸 镀

热浸镀是一个比较古老的表面工程技术，但是由于其覆盖层厚，处理技术成熟，非常适合于大规模的工业生产。而在使用性能上目前的技术也不能完全替代它，就镀锌而言，虽然机械零件中的标准件已经大都采用了冲击镀，但轧制钢板的热浸镀锌牺牲阳极防腐蚀方法从费效比上仍然是其他覆盖层技术不可替代的；同样，热镀铝这种在钢铁表面覆盖铝的方法也难能替代，熔盐电镀铝要从实验室走向大规模工业生产从技术上还存在很多难于克服的问题，经济上更难以看到优于热镀铝的前景。目前，有规模的钢铁厂都有热浸镀工段。

9.1 绪 论

9.1.1 热浸镀概述

热浸镀（熔融镀、热镀）是将被镀金属材料经过表面预处理后，放入远比工件的熔点低的熔融金属或合金中获得金属镀层的方法。此法的基本特征是在基体金属与镀层金属之间有合金层形成，靠近工件的内层，成分接近工件；镀层表面的成分含镀层金属最多。内外层之间的中间层是合金层。合金层较脆，其厚度应控制。因此，热浸镀层是由合金金属和镀层金属构成的。

被镀金属材料一般为钢、铜、铸铁及不锈钢等。用于热浸镀的低熔点金属有锌（熔点419.5℃）、铝（熔点658.7℃）、铅（熔点327.4℃）、锡（熔点231.9℃）及其合金等。热浸镀前工件需进行表面预处理，清除表面的油污和氧化皮。热浸镀后还要进行化学处理、涂油或必要的整形。

热浸镀的优点在于得到的镀层较厚，能在较恶劣的环境中长期使用。但浸镀层厚度和均匀性不易控制，外观也不如电镀层好。

9.1.2 热浸镀工艺种类

根据热浸镀工件前处理方法的不同，热浸镀工艺分为熔剂法和氢还原法两大类。其中，氢还原法多用于带钢的连续热镀层。

9.1.2.1 熔剂法

熔剂法多用于钢丝及钢结构件的镀层。该法是在钢件浸入镀锅之前，先在经过净化的钢件表面涂一层熔剂，在浸镀时，此熔剂层受热分解或挥发，使新鲜的钢表面外露与熔融金属直接接触，发生反应和扩散而形成镀层。

熔剂法工艺流程为：

工件→碱洗→酸洗→水洗→稀盐酸处理→熔剂处理→热浸镀→后处理→成品。

① 碱洗 目的是除工件表面油污。碱液一般由氢氧化钠、碳酸钠和磷酸三钠配成。碱洗温度一般为 70～80℃。

② 酸洗 目的是除工件表面氧化皮。

③ 稀盐酸处理 目的是防止工件氧化，同时去除工件上残存的铁氧化物。所用稀盐酸

水溶液浓度一般为 $0.5\% \sim 1.5\%$。

④ 熔剂处理　目的是：a. 对工件，清除其表面残存的铁盐及酸洗后在空气中重新产生的氧化膜；b. 对熔融金属，清除其表面的氧化物，降低其表面张力，改善与工件表面的湿润性。

在熔剂法中，溶剂处理有两种方法：湿法（又称熔融熔剂法）和干法（又称烘干熔剂法）。湿法是较早的使用方法。它是将净化的钢材浸涂水熔剂后，不经烘干直接浸入熔融金属中热镀，但需在熔融的金属表面覆盖一层熔融的熔剂。干法是在浸涂水熔剂后经烘干，除去其中的水分，然后再浸镀。由于干法工艺简单，镀层质量好，目前大多数钢结构件的热镀锌生产均采用干法，而湿法逐渐被淘汰。

⑤ 热浸镀　经溶剂处理的工件放入熔融金属中，即可在其表面镀上一层金属。浸镀时加热可采用煤气、天然气或油加热，也可用感应电加热。热浸镀槽如图 9-1 所示。

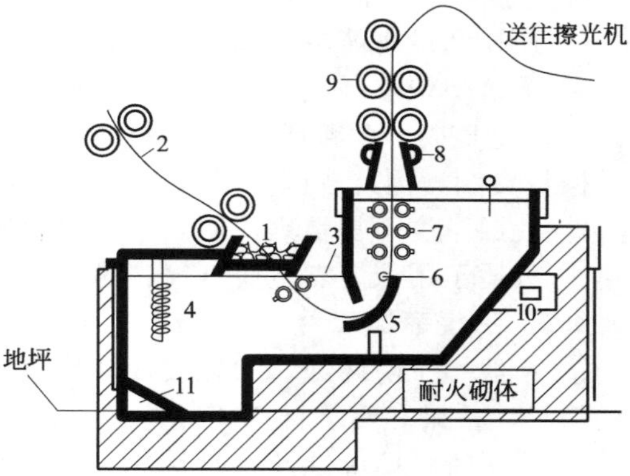

⑥ 后处理　目的是保证产品质量。后处理内容包括：冷却和平整矫直。

冷却：热浸镀后工件必须冷却，目的是避免未凝固的镀层被划伤。

图 9-1　热镀锡锅结构示意
1—熔剂；2—镀锡原板；3—加锡口；4—加热盘管；5—导板；6—刮锡板；7—镀锡辊；8—空冷器；9—提升机；10,11—烟道

平整矫直：热浸镀后工件（如钢板或带钢）表面有变形（波浪或翘曲），需平整矫直。

9.1.2.2　保护气体还原法

这种方法的实质是表面氧化皮及铁锈不用酸洗，而是在还原气气氛（H_2 和 N_2）中被还原成铁，然后进行热镀。

保护气体还原法工艺流程为：

工件→微氧化炉→还原炉→冷却→热浸镀→后处理→成品。

① 微氧化炉　由煤气或天然气加热。工件进入氧化炉，火焰将工件表面油污、乳化液烧掉，同时工件表面生成氧化膜。

② 还原炉　用电阻或辐射管间接加热。炉内密封有保护气体 （氢气与氮气混合）。工件进入还原炉，一方面将工件表面的氧化皮还原为适合热浸镀的活性海绵状铁；另一方面将工件继续加热进行再结晶退火。

③ 冷却　工件在保护气氛中冷却到一定温度，再进行热浸镀。

9.1.3　热浸镀的性能及应用

9.1.3.1　热浸镀层的性能

目前，在工业上常用的热浸镀有热镀锌、热镀铝、热镀锡和热镀铅等。热镀锌是耐蚀性良好的镀层，对钢铁基体具有牺牲阳极保护作用，大量用于大气腐蚀环境；热镀铝具有优异的抗工业大气和海洋大气腐蚀性能，也具有良好的耐高温腐蚀能力；热镀锡主要用于食品包装，目前在电缆铜线表面也应用较多；热镀铅的耐硫酸稳定性好。

热镀铅钢板实际上是含锡 $10\% \sim 25\%$、含铅 $90\% \sim 75\%$ 的铅-锡合金镀层钢板，热镀铅液中需要加入一定量的锡或锑才能获得镀层，也称为镀铅锡钢板。

热镀铅的主要特点是：a. 耐蚀性好，铅-锡合金具有良好的化学稳定性，特别耐酸碱介质的腐蚀，在工业大气中的使用寿命是其他镀层无法比拟的。b. 钎焊性好，镀铅锡钢板表

面上所镀的合金是同钎焊用的焊料类似的合金，因此其钎焊性当然是很优良的。c. 涂着性好，铅锡镀层的表面张力小，有较好的润湿性。同时，镀层表面也较粗糙故对各种涂料均有良好的附着性。d. 加工性好，因铅锡合金很软，钣金加工时不会剥落。同时，铅锡合金镀层本身又具有润滑性，故深加工性比其他镀层钢板都优良。e. 焊接性好，镀铅锡钢板能用同冷轧板几乎相同的电阻焊接方法进行焊接，但焊接中铅的污染也大。

热浸镀层的性能特点有下述几点。

① 操作和设备简单；效果比电镀好。

② 覆盖层较厚；镀层分层次。靠近工件的内层，化学成分含工件成分最多；接近表面的外层，化学成分含镀层金属最多。内外层之间的中间是合金层。合金层中因含少量工件金属及微量夹杂，因此较脆，对镀层力学性能影响甚坏，其厚度应有所控制。

③ 镀层厚度不易精确控制。不规则的制件不容易形成均匀的膜。

④ 只适于用低熔点金属（锌、锡、铝、铅）覆盖。

9.1.3.2 热浸镀层应用

① 一般用于防腐蚀，如热镀锌、热镀铝；一般大气及水等弱腐蚀介质，如用于高速公路的护栏、桥梁和建筑材料。

② 用于特种防腐蚀及特种性能，如镀锡与镀铅-锡合金，有良好的耐汽油性、钎焊性、深冲性等。

9.2 热 镀 锡

热镀锡钢板（即马口铁板或回丝铁）是指表面镀有一薄层金属锡的钢板，是最早应用的热浸镀钢板，相对于电镀锡板镀锡层更厚。近些年来，由于锡资源的紧张，电镀锡已在若干领域取代了热镀锡，但在一些需要厚镀层及电器、无线电工程等方面，热镀锡仍在应用。

9.2.1 热镀锡原理

在 300℃时，铁与锡相互反应生成 $FeSn_2$，在热镀锡时，经过前处理的钢板进入含有氯化铵及氯化锌的溶剂层，形成铁锡合金：

$$ZnCl_2 + 2H_2O \Longrightarrow Zn(OH)_2 + 2HCl$$
$$FeO + 2HCl \Longrightarrow FeCl_2 + H_2O$$
$$Fe + 2HCl \Longrightarrow FeCl_2 + H_2$$

生成的氯化亚铁（$FeCl_2$）与炼锡（Sn）反应，生成 $SnCl_2$ 及 $FeSn_2$：

$$3Sn + FeCl_2 \Longrightarrow SnCl_2 + FeSn_2$$

生成的 $FeSn_2$，一部分附在钢板上，另一部分进入锡槽形成锡渣。附着 $FeSn_2$ 层的钢板再进入熔融锡中热镀锡。

9.2.2 热镀锡工艺

9.2.2.1 单张板热镀锡工艺

工件→酸洗→水洗→溶剂处理→热浸镀锡→浸油处理→空冷→脱油及抛光→分选→成品。

① 酸洗 给料机从板垛上取下工件（原件），送入酸洗槽酸洗，去掉氧化皮，然后用水冲洗。酸洗液一般用盐酸或硫酸电解酸洗。电解酸洗时，工件接阴极。

② 熔剂处理 熔剂主要由氯化锌及3%～5%氯化铵组成（有时还加入10%氯化钠）。熔剂配成较浓的水溶液，浮在熔锡上面，总处于沸腾状态。熔剂的作用是促使铁锡合金

（FeSn₂）的形成。

③ 热浸镀锡　经熔剂处理的钢板进入 310～315℃ 的熔锡中浸镀。

④ 浸油处理　镀锡板进入 235～240℃ 的棕榈油槽处理。油的作用是防止锡氧化和使锡在所镀钢板上保持熔融状态。浸在棕榈油中的镀辊还可调节镀锡层的厚度及均匀性。

⑤ 空冷　浸油处理后，工件立即喷空气冷却，再经脱油及抛光进入分选。

⑥ 分选　手工或称重，对镀层及板进行质量检查，合格板为成品。

9.2.2.2　铜线材热镀锡工艺

铜导线镀锡后具有良好的焊接性能和耐蚀性能，可以防止绝缘橡皮发黏，线芯发黑变脆。镀锡铜线主要用于橡皮绝缘的矿用电缆、软电线、软电缆和船用电缆等作为导电线芯，以及用作电缆的外屏蔽编织层和电刷线。在热镀锡中添加 1%～2% 的金属铋，有利于提高镀锡层的抗腐蚀性和镀层硬度，并降低锡的熔点。

放线→除油→水洗→酸洗→助镀→热浸镀锡→抹锡抛光→冷却→收线。

酸洗液一般用含氧化剂的酸效果较好，也可用硫酸或硝酸的混合酸；熔融锡温度一般为 260～310℃。

铜线材镀锡后，须通过抹锡工序，抹锡有两种形式，一种用耐高温橡胶板夹来抹锡，但是它无法对镀锡线表面锡层进行严格控制，特别在生产较粗直径镀锡线时若控制不当，镀锡线表面较粗糙，严重时有锡粒现象存在。另一种是用镀锡模来抹锡，镀锡线通过镀锡模抛光以达到光亮、平整的目的，其精度较高，模子的外层用铁合金制作，中间用人造金刚石制造。金刚石上钻有不同的孔径。模具的孔径基本与线径相同，镀锡时线速度不宜过快，否则由模具处产生的阻力会使镀锡线线径波动；将它用于生产细线时，穿模也较困难，而且每种规格产品都必须配套有相应的模具，工装费用很大。

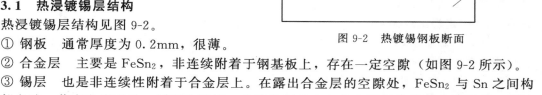

图 9-2　热镀锡钢板断面

9.2.3　热浸镀锡钢板的结构和性能

9.2.3.1　热浸镀锡层结构

热浸镀锡层结构见图 9-2。

① 钢板　通常厚度为 0.2mm，很薄。

② 合金层　主要是 FeSn₂，非连续附着于钢基板上，存在一定空隙（如图 9-2 所示）。

③ 锡层　也是非连续性附着于合金层上。在露出合金层的空隙处，FeSn₂ 与 Sn 之间构成局部电池，若有电流通过，则发生溶解。在酸性环境中，合金层电位较正，易极化，腐蚀速率不大。在露出钢基体表面的空隙处，Sn 同 Fe 构成局部电池，极化作用小，锡的溶解速率加快。因此，为获得高质量镀锡板，合金层应尽量均匀。

④ 氧化膜　氧化膜是锡被氧化后的产物，主要是 SnO 及 SnO_2。SnO 是不稳定的氧化物，不耐蚀。SnO_2 是稳定的氧化物，耐蚀性好。一般镀锡板在室温下长期储存时，镀锡板表面易生成 SnO_2。在涂料烘烤（一般 150～210℃）时，生成 SnO。

⑤ 油膜　一般热浸镀锡板上涂油量为 2～10mg/m²，其作用是防止板运输中的机械划伤及增加板的耐蚀性。

9.2.3.2　热浸镀锡钢板的性能

热镀锡涂层的特点是：具有良好的抗腐蚀性能，有一定的强度和硬度，成型性好又易焊接，锡层无毒无味，耐有机酸腐蚀、无毒、能防止铁溶进被包装物，表层光亮且不易变色，印制图画可以美化商品。主要用于食品罐头、化工油漆、油类、医药等包装材料工业。

热浸镀锡作为钢铁基体上的涂层，在不同环境下，其耐蚀性能是不一样的。

① 在空气中（相当于罐头外）的腐蚀　若空气是干燥的，则镀锡板不易生锈。若是潮湿空气，则在锡层孔隙处 Sn 与 Fe 构成局部电池。Sn 的电极电位比基体金属 Fe 更正，钢板会发生阳极溶解，开始生锈，因此，镀锡层对钢板不具保护作用。

② 在不含氧的弱酸（相当于罐头内部）中的腐蚀　若 Sn 与 Fe 接触，则电位发生逆转，Sn 的电极电位比 Fe 更负，于是 Sn 溶解，钢铁基体得到保护。在含氧的环境下，上述情况正好相反，铁迅速腐蚀。

热浸镀锡钢板在进行涂饰时，必须对涂料有良好的附着性。同时，在焊接时，焊料易于渗入需要焊接部分，达到牢固的结合。

热浸镀锡钢板表面质量检验有各种标准，主要进行镀锡量、合金锡量的测定和耐蚀性评定。统计镀锡板产量必须按镀层后的重量计算。

9.3　热浸镀锌

9.3.1　热浸镀锌的性能及应用

热浸镀锌在钢结构的大气防腐蚀中应用极广，是公认的一种经济实惠的材料保护工艺。同时在热浸镀技术中，热镀锌也有着重要地位，其原理、工艺也研究得最多。

9.3.1.1　热镀锌层特性

（1）结合强度

在热浸镀锌过程中，熔融锌可以充分浸入经过良好处理的基体表面，形成铁-锌合金层覆盖于整个工件表面，且此合金层有一定韧性、硬度，可耐较大摩擦和冲击，与基体有着很好的结合。

（2）耐蚀性

镀锌层出锅后在空气中冷却时会生成氧化锌膜，当氧化控制适当，膜厚度适中时该膜很薄，这层致密氧化膜比锌层钝化后在大气、水、土壤及混凝土中耐蚀性更好。但由于由锌生成的 ZnO 体积要比锌大 $44\%\sim59\%$，膜层厚度增加到 300nm 左右时就容易脱落。因此该防腐蚀处理方法难于实现。同样吹锌时用二氧化硫气流而形成的致密氧化膜以提高镀锌层的耐蚀性的处理方法也如此。另外锌在大气中能在表面形成一层致密、坚固、耐蚀的 $ZnCO_3 \cdot 3Zn(OH)_2$ 保护膜，也可以起保护基体 Zn 快速氧化的作用。

工业上提高镀锌层的耐蚀性的方法是铬酸盐钝化处理法和磷化处理法。这样可以改善镀锌层表面的结构成分及光泽；提高镀锌层的耐腐蚀性能及使用寿命；防止运输与储藏中产生"白锈"；为涂刷底漆作优良的衬底。铬酸盐钝化主要应用在不再需要进行涂装的镀锌表面上，防止工业气氛的灰色锈蚀，减少在海洋环境中粗糙氧化物的生成。而磷化主要用于镀锌钢件还需要进行油漆的条件下。经过磷酸盐处理的热镀锌板，其表面附有一层 $1.5\sim2.0g/m^2$ 的磷酸锌系薄膜，因而使镀锌板失去了特有的光泽，而呈现出一种均匀的银灰色表面，可大大提高涂料的黏附性。

（3）阴极保护作用

由于锌的电极电位（$-0.96V$）比铁的电极电位（$-0.44V$）更负，在有电解质条件下，基体（铁）与涂层（锌）组成原电池，锌为阳极，铁为阴极，锌不断溶解，而基体（铁）得到保护。

9.3.1.2　热镀锌钢材应用

① 热镀锌板、带主要用于交通运输业中的高速公路护栏、汽车车体、运输机械面板、

底板；机械制造业中的仪表箱、开关箱壳体；各种机器、家用电器、通风机壳体；建筑业中的各种内外壁材料、屋顶板、百叶窗、排水道，各种水桶、烟筒、槽、箱子、柜子等。

② 热镀锌钢管主要用于石油、化工中的油井管、油井套管、油加热器、冷凝器管、输油管及架设栈桥的钢管桩；配管用中的水、煤气、蒸汽与空气用管，电线套管，农田喷灌管等；建筑业中的脚手架、建筑构件、电视塔、桥梁结构等。

③ 热镀锌钢丝主要用于普通民用、结扎、捆绑、牵拉用；通信与电力工程中的电话、电报、有线广播及铁道闭塞信号架空线；铠装电线和电缆；高压输电导线；水暖及一般五金件；电信构件、灯塔。

9.3.2 热浸镀锌层原理

通常认为热浸镀时，镀锌层形成过程如下：

固体铁溶解于熔锌中→铁与锌反应生成铁锌化合物→在铁锌合金层上形成纯锌层。

当经过溶剂处理的工件进入熔融锌槽时，工件表面的溶剂离开基体，使铁基体与熔融锌反应。铁被溶解，形成锌在 α 铁中的固溶体。由于相互扩散，生成铁锌合金化合物。工件离开镀锌槽时，带出纯的熔融锌，覆盖在合金层上，形成纯锌层。

热镀锌对工件的要求如下：a. 浸件表面不允许有飞溅、毛刺、焊渣、气孔、锈蚀坑及化学方法无法清除的涂料；b. 热镀锌过程中易于变形的工件，工件中有空气无法溢出的死角，工件中有锌液无法流入的死角，公称直径小于 15mm 的直管，公称直径小于 20mm、其弯曲总角度大于 90°、长度大于 4m 的管子。

热镀锌的锌材选用含锌量 99.5% 的锌或 4 号锌锭，锌液每星期测定一次成分，从锌池液面下 100mm 经搅动后提取锌液，含锌量不应低于 97.5%。

9.3.2.1 热浸镀锌层结构

在生产中热镀锌温度一般不超过 490℃。而且浸锌时间是以秒计算的。这样，普通低合金钢在标准热浸镀锌温度（450～470℃）时，可能仅形成 δ_1、ξ、γ、η 等 4 个相层。

图 9-3 镀层示意了在热镀锌工艺的温度范围内，它所产生的相层，由铁开始分别是：

α 相，它是锌溶入铁中所形成的固溶体。当温度在 450～460℃ 时，其含锌量约为 10%。当温度下降时，则锌在该相内的溶解度减小。冷却至室温时含锌量为 6%。多出的锌则生成了少量含锌高的 γ 相（Fe_3Zn_{10}），形成 α＋γ 的共晶混合物直接附在钢基体上。α＋γ 含铁量为 22.96%～27.76%（质量分数），化学成分为 Fe_5Zn_6，性脆且硬，具有体心立方结构。

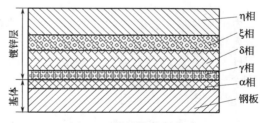

图 9-3 热浸镀锌层示意

γ 相，它是由 Fe_3Zn_{10} 和 Fe_5Zn_{21} 为主组成的中间金属相。它是具有最大的晶格常数（$a=8.9560～5.9997nm$）的立方晶格。每个晶包内有 52 个原子。这个相是镀层中最硬也是最脆的相。

δ 相，它是以 $FeZn_7$ 为主体的中间金属相。硬度较高，但塑性比较好。含锌量为 88.5%～93%（质量分数），化学成分相当于 $FeZn_7$，为六方晶格。

ξ 相，它是以 $FeZn_{13}$ 为基础的中间金属相。位于纯锌层与 δ 相之间，含锌量为 93.8%～94%（质量分数），化学成分为 $FeZn_{13}$，性脆，具单斜晶格。

η 相，是以锌为主，只含微量（0.003%）铁的铁-锌固溶体，几乎是纯锌，塑性好，为密排六方晶格。

9.3.2.2 熔剂理论

熔剂的作用主要有以下几点。

① 保护钢板表面使其不被继续氧化，并将已生成的 FeO 溶解，生成能被熔化的锌所还原的铁盐。而它不与铁发生化学反应。

② 降低锌液的表面张力，增强锌液对钢板表面的浸润能力。

③ 在进入锌液时，能迅速进行反应，反应的产物能驱散锌液表面的污物，本身并不残留在钢板表面（或者在镀后容易从表面清除）。

④ 分解产物或残余熔剂不进入锌液中。

⑤ 熔剂无毒性，不对环境造成污染。

到目前为止，得到广泛应用的是以氯化铵和氯化锌为主体的水溶液。熔剂中的水使 NH_4Cl 发生水解反应：

$$NH_4Cl + H_2O \Longrightarrow NH_4OH(NH_3 + H_2O) + HCl(H_3O^+ + Cl^-)$$

但由于 NH_4OH 的水解常数远远小于 HCl 的水解常数，所以在水溶液中的 H^+ (H_3O^+) 多于中性溶液而呈现酸性（pH＜7）。这样，一方面抑制 Fe 的氧化，另一方面，又由于以下反应：

$$2FeO + 2HCl \Longrightarrow FeCl_2 + H_2O$$

而溶解了部分已产生的铁的氧化物或氢氧化物。

当熔剂加热时（钢板烘干），氯化锌与水形成 $ZnCl_2 \cdot H_2O$。在钢板进入锌液后，钢板温度迅速升高，钢板表面的熔剂也接触到了锌液，温度迅速升到锌的熔点（419℃）以上。于是发生了下面的一系列化学反应：

$$ZnCl_2 \cdot H_2O + FeO \Longrightarrow ZnCl_2 \cdot FeO + H_2O$$
$$NH_4Cl + FeO \Longrightarrow FeOHCl + NH_3$$
$$Zn + 2NH_4Cl \Longrightarrow Zn(NH_3)_2Cl_2 + H_2$$
$$FeOHCl + 2Zn(NH_3)_2Cl_2 \Longrightarrow FeCl_2 + FeOHCl + NH_3$$
$$ZnO + 2NH_4Cl \Longrightarrow ZnCl_2 + 2NH_3 + H_2O$$
$$FeCl_2 + Zn \Longrightarrow ZnCl_2 + Fe$$
$$3ZnCl_2 + 2Al \Longrightarrow 3Zn + 2AlCl_3$$

由上述反应可见，钢板表面的氧化亚铁或氯化铁被清除。它们最终与 Zn 反应，生成的铁进入锌液，再生成 Zn-Fe 化合物（$FeZn_7$），以锌渣的形式沉入锌液底部。氯化铵则分解为 NH_3、H_2 和 HCl 而挥发。锌液表面的 ZnO 亦反应而变为 $ZnCl_2$，与熔剂中的 $ZnCl_2$ 及反应生成的 ZnOHCl 共同浮在锌液表面。另外一部分的 $ZnCl_2$ 消耗了锌液中的铝而变为锌溶入锌液，产物 $AlCl_3$ 则挥发掉了。应指出的是 $ZnCl_2$ 在锌中有一定的溶解度。

从熔剂的反应来看，熔剂中起主要作用的是氯化铵。但是它与氯化锌共用时，才能有较好的效果。这是因为氯化锌与氯化铵共熔时，对 FeO 的熔解能力比各自单独使用时要高出许多。另外氯化铵在 338℃ 时升华，而氯化锌在 283℃ 才熔化，730℃ 时沸腾。将它们按一定比例配成复合体，可以在镀锌温度下维持液态-气态，从而保证了在镀锌温度下，氯化铵仍存在，并具有一定的反应能力。

9.3.3 热浸镀锌工艺

9.3.3.1 微氧化还原法热镀锌

微氧化还原法是连续式热浸镀，适合于大批量生产。热浸工艺流程如下。

冷轧板→氧化→还原退火→调节温度到镀锌温度→热浸锌→冷却→矫直。

这种方法亦称为森吉米尔法，即将氧化炉、还原炉及冷却段联接起来，构成一个整体。

工件在氧化炉中由煤气火焰加热，用煤气（或天然气）以高温烧掉管表面油污，对工件采取高温快速加热，最高温度达 1300℃，一般温度为 1150～1250℃，其作用一方面是令工件表面油污等挥发，另一方面在尽量减小工件表面氧化情况下，将工件预热到 550～650℃。这样工件表面氧化物少，形成氧化层均匀，还原就容易，且保护气中 H_2 含量可减少，减少工作中的危险性。

经氧化后工件进入还原炉，还原气体为 N_2（75%）及 H_2（25%），进入还原炉中后，炉内的氢气将工件表面氧化铁还原成海绵状纯铁。反应式为：

$$FeO + H_2 \longrightarrow Fe + H_2O$$
$$Fe_3O_4 + 4H_2 \longrightarrow 3Fe + 4H_2O$$
$$Fe_2O_3 + 3H_2 \longrightarrow 2Fe + 3H_2O$$

由于反应是可逆的，故必须适当提高氢气浓度、降低水蒸气浓度。还原后的钢板经冷却再进入热镀锌。工件在还原时间时退火，退火温度根据需要，可在 700～800℃进行再结晶退火，亦可在 900℃以上进行退火。经退火后，工件再在还原气氛中冷却到 480℃并直接在不与空气接触下进入热锌镀槽。

热锌镀槽锌液温度为 450～460℃，锌液温度测量装置在锌池两端液面下 50mm 处，锌液中含 0.10%～0.15%的铝，目的是限制 Zn-Fe 合金层的增长。锌层厚度可用气体喷射法控制。镀锌工件再自然冷却（或再强制冷却到 40℃以下）。

9.3.3.2 热镀锌钢丝

热浸镀锌钢丝分低碳钢丝及中、高碳钢丝。热浸镀锌钢丝主要用于种植大棚、养殖场、棉花打包，弹簧及钢丝绳的制造。因此要求钢丝韧性和弹性好，抗拉强度高（低碳钢丝，抗拉强度 343～686MPa；中、高碳钢丝，抗拉强度 1176.7～1961.2MPa），耐扭转和反复弯曲，耐腐蚀力持久。这样对镀锌层要求就是均匀、附着力强、合金层薄。

低碳钢丝和中、高碳钢丝的热浸镀工艺流程略有不同。

① 低碳钢丝　低碳钢丝→退火→水洗→酸洗→水洗→溶剂处理→烘干→热镀锌→后处理→收线成品。

② 中高碳钢丝　中高碳钢丝→除油→水洗→酸洗→水洗→溶剂处理→烘干→热镀锌→后处理→收线成品。

（1）前处理

前处理包含退火、清洗除油、酸洗除锈及水洗、熔剂处理。

熔剂处理目的是防止钢丝进入镀锌槽前再被氧化，同时在烘干进入锌液时助镀。熔剂配方是：①氯化铵水溶液相对密度 1.01～1.02，溶液内含铁量不超过 90g/L，温度 70℃以上；②氯化锌与氯化铵复盐混合物，混合物配比是：$ZnCl_2$：$NH_4Cl = 3:2$，溶液总浓度控制在相对密度为 1.05～1.07 范围，含铁量低于 35g/L，温度 75～85℃。

（2）热镀锌

根据要求镀锌层的厚薄可采用下述两种方法进行热镀锌。

① 垂直引出法　如图 9-4 所示。钢丝与锌液垂直。适于镀厚锌层，锌层一般可达 300g/m² 左右。锌液温度为 440～470℃。为避免镀锌层粗糙，在锌槽液面用牛油凡士林浸过的木炭粒覆盖，有助于锌液保温并防止氧化，还可起揩擦作用，令锌层光滑。

② 斜向引出法　如图 9-5 所示。钢丝与锌液面呈 35°。适于镀薄锌层，锌层厚度在 200g/m² 以内。为令锌层光滑，在距锌液面 150～300mm 处，采用石棉绕制的钢丝夹或带孔钢板作为揩擦工具。

（3）收线

直接绕在工字轮上，或利用倒立式下线机进行收线。

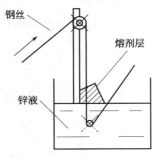

图 9-4　垂直镀锌钢丝

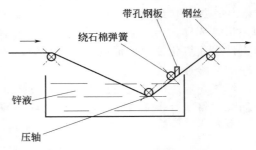

图 9-5　斜向镀锌钢丝

（4）影响镀锌钢丝主要因素

① 锌液温度　这是影响锌镀层质量的关键。一般以 440～450℃为宜。温度过高，会使铁、锌扩散加快，令合金层变厚；温度过低，锌液流动性差，令镀锌层粗糙不均匀。

② 锌灰氯化铵渣和锌渣。锌灰是锌液表面氧化产生，主要成分是氧化锌。氯化铵渣（亦称熔剂残渣），主要成分是碱性氯化锌。锌渣是锌与铁的反应产物。锌灰、氯化铵渣、锌渣均会影响锌层质量。如果锌层中夹有锌渣，会令锌层挠性变坏。

③ 揩擦　采用垂直引出法时，钢丝需通过一个厚 50～80mm 的木炭层，其作用是令锌液均匀光滑地附着于钢丝表面，同时令锌液面上保持还原气氛。木炭层由木炭与凡士林按 2：1 比例混匀。

9.3.3.3　热镀锌钢管

热镀锌钢管常采用熔剂法进行，其工艺流程为：

工件→碱洗除油→酸洗除锈→盐酸处理→熔剂处理→热镀锌→吹锌→冷却→钝化处理

① 碱洗除油　一般钢管不需除油，当管有油污时才用化学除油法除油。

② 酸洗除锈　采用化学酸洗。用硫酸（180～200g/L）或盐酸（180～200g/L），同时加 0.5～1.0g/L 的缓蚀剂。

③ 盐酸处理　目的是清除管表面的盐基性铁盐。应用的盐酸浓度为 15g/L 的稀盐酸。盐基性铁盐（$FeSO_4$）清除的化学反应是：

$$FeSO_4 + 2HCl \!=\!\!=\!\!= FeCl_2 + H_2SO_4$$

生成的氯化亚铁（$FeCl_2$）是易被清洗的。盐酸处理约 3～5min。

④ 熔剂处理　早期采用湿法熔剂处理，但此法造成熔剂与铝剧烈反应，令锌锅中铝迅速损失。故现在改为用干法熔剂处理。将工件浸入浓的熔剂中处理，熔剂组成：600～650g/L 氯化锌，80～100g/L 氯化铵和 1～2g/L 的 OP-7 或 OP-10 表面活性剂。熔剂处理后在 150～200℃的炉中烘干。

⑤ 热浸镀锌钢管方法有湿法、干法及铅-锌法。湿法和铅-锌法因缺点甚多，应用甚少。目前普遍应用的是干法，即将经熔剂处理烘干的管倾斜浸入锌液，使锌液从一端流进钢管。镀锌后的管用机械抽出，再进行下一步处理。锌液温度为 450～460℃，镀锌时间据不同管径，在 20～50s 之间。锌液中含铝量为 0.1%～0.2%。加铝的作用是：一方面在锌液表面可生成一薄层 Al_2O_3 保护膜，防锌液氧化；另一方面令锌镀层塑性增加。

⑥ 吹锌　管内吹锌目的是使管内壁镀锌层均匀、光滑。方法是顺着锌液流动方向（即从锌锅管端）吹锌，喷吹气体为过热蒸汽，温度为 200～250℃，蒸汽压力根据管径在 0.1～0.7MPa 范围选取。喷吹时间一般为 6～7s。管外表面吹锌一般用压缩空气，据管径不同，气体压力在 0.3～0.6MPa 范围内选取。管外吹锌亦可用压缩空气与过热蒸汽混合气体，混合比为 1：1。

⑦ 冷却　吹锌后，先空冷，再水冷。生产中用流动水，水温 25～50℃。

⑧ 钝化处理　采用铬酸盐钝化，目的是防止锌层产生白锈，提高其耐蚀性。

9.3.3.4　钢构件防腐热浸锌工艺流程示例

钢构件防腐热浸锌工艺布置为：

构件检查（5min）→除油（10min）→漂洗（5min）→硫酸浸蚀（10min）→盐酸浸蚀（5min）→漂洗（10min）→浸溶剂（10min）→烘干（10min）→检验（5min）→装挂具浸锌（6min）→冷水爆光（5min）→钝化（10min）→清洗（10min）→整修（4min）→检验（5min）→打包（2min）→入库（2min）。其工艺流程简图如图 9-6 所示。

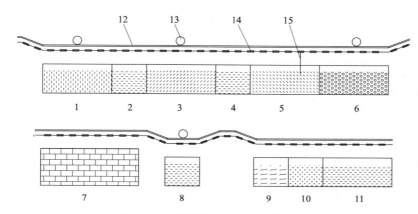

图 9-6　钢构件防腐热浸锌工艺流程

1—脱脂槽；2,5,11—漂洗槽；3—硫酸酸洗槽；4—盐酸槽；6—助镀槽；7—烘道；8—热镀锌槽；
9—冷却槽；10—钝化槽；12—轨道；13—振动机；14—输送链；15—挂钩

冷水爆光使镀层光亮，是把工件趁热浸入 1% 氯化铵水溶液中 1～5s 进行出光处理，出光后的工件立即在流动清水中冷却。

9.3.3.5　合金化工艺

合金化是指把热浸镀得到的纯锌镀层立即在 450～550℃ 下进行镀层扩散退火，获得铁含量在 7%～15% 的锌铁合金镀层的过程，可提高镀层的抗点腐蚀和抗孔隙腐蚀能力。影响合金化的因素主要有锌液有效铝含量、锌锅温度、带钢入锌锅温度、合金化温度、带钢速度、基板化学成分及镀层厚度等。高品质合金化产品的镀层往往希望钢板和镀层之间不含齿状 γ 相（Fe_3Zn_{10}），镀层表面不含大量柱状 ξ 相（$FeZn_{13}$）。这需要选择合适的合金化镀层退火工艺，对加热速率、时间和冷却速率进行严格控制。

9.3.4　镀锌设备

9.3.4.1　锌锅

最初的热镀锌锌锅曾使用过铸铁制造，后来使用工业纯铁或低碳钢板焊接制作，它普遍用于钢板热镀锌和其他热浸锌产品的生产。由于锌液对铁的浸蚀作用，所以不论是铸铁制作的锌锅，还是用工业纯铁或含硅量极少的低碳钢板焊制的铁锅，其使用寿命都不长久。针对金属锌锅的缺陷，出现了使用非金属材料制作的陶瓷锌锅。这类锌锅的出现，彻底解决了锌锅的腐蚀问题。

目前的锌锅设备主要包括沉没辊、稳定辊及其附属设备。现有的先进热镀锌生产线多采用熔沟式陶瓷锌锅，内置 1 个沉没辊和 2 个稳定辊（或称矫正辊），气刀及它们的结构部件。安装在锅内沉没于锌液中的沉没辊是无传动的转向辊。它靠带钢与辊子的摩擦力来驱动，沉没辊的直径一般为 500～700mm。因长期受锌液的侵蚀，沉没辊及其轴承更换比较频繁。位

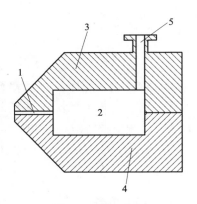

图 9-7 气刀示意
1—喷嘴缝隙；2—气室；3—上偶合体；
4—下偶合体；5—进气口

于其上方的稳定辊，起着限制带钢左右摆动的作用，这样可以使带钢与气刀喷嘴的距离保持稳定，有利于通过气刀来控制带钢两面的镀层厚度。

气刀是一个特制的喷气设备，气体从它的缝形喷嘴中喷出连续的扁平气流，这种气流可以发挥像刀刃一样的作用，用来刮平或刮除液态类的物质，如图 9-7 所示。

9.3.4.2 锌渣

使用不同方法进行的热镀锌钢板生产过程中，由于溶剂的反应、空气的氧化、锌锅的浸蚀、带钢表面铁粉和钢基的溶解，都会使相当数量的铁进入锌液中，并与锌反应生成锌渣。锌渣黏附到镀层表面就形成锌渣缺陷，它是热镀锌产品的主要缺陷之一。铁进入锌液后，一般有 83.7% 形成底渣，6.1% 形成浮渣，10.2% 附着于镀层。

锌锅中锌渣分为面渣、底渣和悬浮渣，当锌液中加铝时，铁与铝反应生成相对密度为 4.29 的 Fe_2Al_5 的化合物，浮于锌液表面，并且浮渣还含有氧化锌、氧化铝、氯化锌及氯化铵，后两者是在使用溶剂法时的产物。在生产过程中，浮渣一般采用人工捞取的方法从锌液表面清除掉。主要是防止它粘连到钢板表面，影响产品质量。

与锌反应的一部分铁，生成熔点为 640℃、相对密度为 7.25 的 $FeZn_7$ 化合物，熔点高于锌液温度，密度略大于锌液的密度，因此当生成的 $FeZn_7$ 在锌液中达到饱和之后，即会凝成细小的晶粒，缓慢地沉向锅底，并夹带有少量的合金元素，如铅、铝和少量的锌，其中锌的含量可能达到 90%～95%，在捞取的过程中带出。一条大型生产线，每天生成的底渣数以吨计，极大增加了锌耗和成本。

可通过锌锅铝含量、铁含量控制，锌锅温度稳定控制以及锌锅温度场、浓度场的稳定控制来减少锌渣缺陷。锌锅内锌液的流动规律一般采用实体或数值模拟方法来模拟锌锅内锌液的流动，实体模拟主要是用水进行模拟。利用带有感应加热器、刮刀和折流板的 1:5 透明水模拟器模拟锌锅流场，研究锌液的流动特性和沉没辊对流场的影响，确定锌锅的加热方式和锌锭的加入位置。也可以采用同时生产高表面质量纯锌和合金化热镀锌产品的双锌锅系统，分别生产纯锌产品和合金化热镀锌产品，以减少采用单个锌锅系统在进行产品切换时产生的大量锌渣缺陷，提高产品表面质量，同时也有利于锌锅温度和铝含量的稳定控制。

当锌液中含铝时，$FeZn_7$ 和铝反应，生成 Fe_2Al_5，其密度较锌轻而形成浮渣。两种渣的生成都消耗了大量的锌和铝。

无底渣操作是利用化学反应 $2FeZn_7 + 5Al \Longrightarrow Fe_2Al_5 + 14Zn$ 的原理，在电磁加热的陶瓷锅镀锌时，控制锌锅中铝的含量，使它既不加速钢铁的溶解、浸蚀，又能保证 Al 与 $FeZn_7$ 反应的需要，以使进入锌液中的铁只生成 Fe_2Al_5，而不生成 $FeZn_7$，并且使已生成的少量底渣也会逐渐反应直至消失，这样就可以实现无底渣操作，不必停车捞渣。底部无锌渣锌锅如图 9-8 所示。

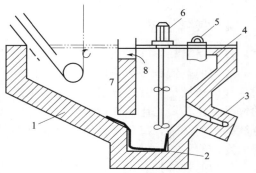

图 9-8 底部无锌渣锌锅
1—陶瓷锅；2—底渣；3—感应加热器；4—浮渣；
5—锌块；6—胶板器；7—镀锌区；8—反应区

9.3.5 影响热镀锌层厚度、结构和性能的因素

9.3.5.1 浸镀时间

在标准热浸镀锌温度（450℃）下，浸镀时间越长，镀层厚度越厚，但不同基体材料情况有所不同。对一般碳钢，当浸镀时间超过某个限度时，镀层不再变厚。对含硅量高的高强度钢其变化呈直线关系。镀层厚度用附着量表示，附着量越大镀层越厚。在浸镀过程中，合金层厚度与浸镀时间呈抛物线变化。锌液温度不同，曲线规律不同。

9.3.5.2 锌液温度

在480℃以下，锌液对基体铁溶解缓慢，当锌液温度在430～480℃时，铁损按抛物线规律随时间变化。在此温度范围内，生成的合金层致密且连续。因此，一般热镀锌温度控制在450℃左右。495℃左右，是锌液对铁的恶性溶解温度，此时镀层疏松，是热镀锌的禁区；当锌液温度在490～530℃时，铁损与时间呈直线关系。当锌液温度在530℃以上的（最高到580℃）反应又恢复到抛物线规律。在540℃左右，锌液对铁溶解力很强，可用于灰铸铁件；但温度愈高，锌与铁的结合能力愈大、合金反应愈快，锌液流动性加大，故此时的涂层由厚合金层加薄的纯锌层组织。由于厚合金层外表粗糙，故涂层外表粗糙。620℃左右，铁锌结合层很快就会形成；660℃以上，铁急剧溶解，工件表面挂不上锌，这是应避免的温度。

9.3.5.3 钢铁表面和基体成分

表面粗糙的表面，其镀层的黏附性较好。表面粗糙化使钢基表面生成凹凸点，而各凹凸点生成了相应的结晶组织。

钢铁基体中的化学成分对热镀锌质量影响很大，尤其是硅影响更大。硅对铁和锌液反应的影响比较复杂，公认的看法是：钢铁基体中含有过多的硅，对热镀锌是不利的。铁和硅的亲和力要大于浸涂金属（锌），因此易形成 FeSi 相，并以极小惰性粒子通过合金层到达涂层，同时易使合金层不连续。上述缺点可通过提高热浸温度（530℃以上）来克服。

9.3.5.4 工件提出速度

工件从锌液中提出速度，不影响合金层厚度，只影响外层纯锌层厚度。一般来说，提出速度愈快，纯锌层愈厚；反之则薄。但速度太快，则锌层外观不良。

9.3.5.5 锌液中合金元素的影响

（1）锌液中铁的影响

铁的过量存在是有害的，它使镀层变脆，表面变灰暗，增加锌渣的生成，增加了锌和铝的消耗量。在450℃时，铁在锌中的溶解度为0.03%，铁作为锌锭的杂质而被带入锌液的量是很小的。若锌液中铁的含量超过0.03%，铁将与锌生成铁锌化合物 $FeZn_7$，由于其密度大于锌而沉入锅底，即成为底渣。

锌液中铁的存在，将使锌液的黏度和表面张力增加，恶化了锌液对钢板的润湿条件，也使锌液的流动性变差。如相应地延长镀锌时间则会使镀层变厚。锌液中铁的存在还会提高镀层的硬度，并阻碍再结晶过程。

（2）锌液中的铅对钢铁热镀锌的影响

铅主要因为自然界中锌铅总是伴生成矿而作为杂质由锌锭带入，通常锌锭中含铅量为0.003%～1.75%。因此，锌液中含铅是不可避免的。有时在镀锌时铅也作为原料加入，铅在温度为450℃的锌液中的溶解度为1.5%，过量的铅会沉到锌锅底部。

适量铅能增加锌液的流动性，便于操作，提高涂层外观质量。铅使锌液的黏度和表面张力降低，使涂层外面光滑，增强了锌液对钢板的浸润能力，从而减少了带钢的浸锌时间，同时铅的存在还能使锌液的熔点降低，延长了锌液的凝固时间。铅在锌液中溶解度很小，能促进树枝状组织凝固，使锌镀层上易生闪亮组织，促进了锌花的成长，获得较大的锌花。但是

铅的加入会使镀层颜色发暗，当铅在锌液中的含量超过1％时，还会引起镀层的晶间腐蚀，降低镀层的耐腐蚀性能；铅的蒸发将污染环境，危害操作人员的健康。

在使用铁制锌锅时，在锌锅内加入铅，锅底形成10～30cm厚的铅层（湿法镀锌时更多），是为了以铅作为Fe-Zn之间的传热介质，减少了铁与锌的接触面积，从而减少了锌对铁锅的侵蚀。另一方面，锌渣可以浮在铅液上面，便于捞取。

（3）锌液中金属锑对热镀锌的影响

金属锑的加入主要是代替铅以利于形成较大的锌花。锑的加入不会像铅那样引起镀层的晶间腐蚀。但是，锑会引起纯锌层的脆性，降低其挠性；另外它还会使合金层增厚；增加铁在锌中的溶解度，从而增加铁损，也使锌的损耗增加，还会使镀层变得灰暗；在使用钢制锌锅时，一旦出现局部过热现象时锑使钢的浸蚀增加。另外，在酸性介质中，锑使镀层的腐蚀溶解速度增加。锌液中含有0.01％～0.02％的作为杂质存在的锑时，锑的不良影响并不明显，当含量达到0.05％时即产生不利影响。

锡作为锌锭中的杂质元素，含量不应大于0.002％，当含量大于0.002％时，会使锌液的黏度增加，并使镀层的黏附性能变坏，影响镀锌层的挠性。

（4）锌液中加铝对镀锌的影响

热镀纯锌时，在锌液中加入0.005％～0.020％的Al，可显著提高热镀锌层的光亮性，其原因是钢离开锌液，并开始冷却至锌液的熔点。锌凝固，铝和氧亲和力大，易生成Al_2O_3薄膜并连续包覆在锌涂层外面，钝化性好，可大大提高锌涂层的耐蚀性。当铝含量达3％时，涂层耐蚀性明显提高；铝含量达5％时，耐蚀性更好。当锌液中含5％铝与微量稀土元素（镧和铈）时，涂层耐蚀性会更佳。

热镀纯锌时，借助于加铝后在锌液表面形成的保护性氧化膜而大大减少锌液表面的氧化，降低表面锌灰的生成速度和数量，因而降低了因氧化而造成的一部分锌耗。

而当锌液中加入超过0.15％的Al时，可抑制Fe-Zn合金相的形成并获得厚度适宜、黏附性良好的镀层。在带钢连续热镀锌时，锌锅中铝含量通常控制在0.10％～0.20％。钢浸入到含铝的锌液中后，钢与锌液的温度达到一致，从热力学角度来看，由于Fe-Al化合物的生成热高于Fe-Zn化合物的生成热，所以Fe-Al化合物优先生成，并附着在钢的表面。Fe_2Al_5优先形成并达到一定的厚度。Fe_2Al_5层的存在，对Zn-Fe的扩散和反应起了阻碍作用，使其比纯锌镀锌时缓慢，但是大大增加了镀锌层的附着力。

在钢板浸入锌液后，锌液中的铝都富集在钢板表面上，形成了作为黏附介质的厚度在$0.01～0.1\mu m$的中间层Fe_2Al_5层。在锌中加入0.2％～0.3％铝后，在钢板表面形成了保护性的薄膜，它能阻碍铁往锌中扩散，从而阻止了含铁较高的δ相和γ相的生成，而生成的含铝的金属间化合物薄层，使基体与涂层结合良好，延展性提高。

存在的铝，将和溶剂中的$ZnCl_2$和NH_4Cl反应，反应表示如下：

$$3ZnCl_2 + 2Al \rightleftharpoons 3Zn + 2AlCl_3 (123℃)$$
$$3NH_4Cl + AlCl_3 \rightleftharpoons AlCl_3 \cdot NH_3 (400℃) + HCl$$

这些反应削弱了溶剂的作用，在生产中造成钢板表面的漏镀。$ZnCl_2$和NH_4Cl也大量消耗了锌液中的铝。所以，在湿法镀锌时不能加铝。

9.3.6 热镀锌涂层检测

测定标准包括《连续热镀锌钢板及钢带》（GB/T 2518—2008）、《热镀锌钢管》（GB/T 3091—2008）、《桥梁缆索用热镀锌钢丝》（GB/T 17101—2008）等。

9.3.6.1 镀锌层附着性（结合强度）

镀锌层附着性（结合强度）的测定常采用适用于检测镀锌钢板涂层附着力的180°弯曲

试验和用以检测钢丝上镀锌层附着力的缠绕试验进行。

9.3.6.2 镀锌层耐蚀试验

通常采用盐雾试验测定热镀锌涂层耐蚀性。

9.3.6.3 锌涂层重量测定

采用化学溶解法，将镀锌板放入盐酸内，将锌层溶掉。两次称重求出重量差，即为锌层重量，并可估算锌层厚度。

9.3.6.4 锌涂层均匀性测定

采用化学溶解法，利用化学反应：

$$CuSO_4 + Zn = ZnSO_4 + Cu$$

试样浸入溶液达规定时间后，迅速取出试样，立即洗擦掉锌层上黑色铜沉淀物。对均匀性良好镀锌层试样，经 5 次浸入，并擦干后，不应在基体上出现擦不掉的棕色铜沉淀物。但镀锌钢管在距试样末端 25mm 以内及离试液面 10mm、镀锌钢丝在距试样末端 20mm 以内与距液面 10mm 部位，有红色铜沉淀者除外。

9.3.7 提高热镀锌镀层耐蚀性能的方法

耐蚀性能好是热镀锌产品的最大优点，但人们对热镀锌产品的耐蚀性能要求越来越高。目前提高热镀锌镀层耐蚀性能的常用方法有以下几种。

① 增加镀层厚度。

② 合金化，以获得锌铁合金镀层。这种镀层的耐蚀性明显比纯锌镀层强，$7\mu m$ 厚的合金化镀层相当于 $10\mu m$ 厚的纯锌镀层。合金化也叫镀层扩散退火处理，发展较早。经过合金化处理的镀层，不仅耐蚀性能增加，而且焊接性能和涂装性能也得到了很大的提高，因而大量应用于汽车、家电等领域。

③ 改善锌液成分。通过改善锌液配方，已开发出耐蚀性比传统镀层高 18 倍的高耐蚀镀层，并已投入工业化生产。除了 Zn-5％Al 合金镀层外，人们还开发出了耐蚀性高的锌合金镀层和特殊性能的镀锌层，如 55％Al-43.5％Zn-1.5％Si 合金镀层、Zn-6％ Al-3％Mg 合金镀层、Zn-Ni 合金镀层和锌镁合金镀层等。另外，对锌液成分的改善，及对稀土等微量元素的添加所产生的影响依然是目前研究的一个重要方向。

④ 采用两步热镀法，第 1 次镀纯锌，第 2 次镀 Zn-6％Al-0.5％Mg-0.1％Si 合金，可进一步提高耐蚀性。

9.4 热 浸 镀 铝

9.4.1 热镀铝概述

9.4.1.1 热镀铝层的形成

当液态铝与固态铁接触时，发生铁原子溶解和铝原子的化学吸附，形成铁铝化合物以及铁、铝原子的扩散过程和合金层的生长。所形成的镀铝层由两部分构成：靠近基体的铁-铝合金层及外部的纯铝层。当工件浸入铝液时，铝中铁浓度增大，形成金属间化合物 $FeAl_3$（θ相）。开始时，θ相不向铝液内部生长，同时在工件（铁）表面产生铝的固熔体。两种金属原子（Al、Fe）相互扩散达到一定时，产生 Fe_2Al_5（η相），η相快速生长形成柱状晶，与此同时 Fe 穿过 $FeAl_3$ 向铝中渗透。当 Al 进一步扩散时，Fe_2Al_5 变为 $FeAl_3$。由于 Fe_2Al_5 的生长及铁向铝中的快速扩散，令铝在铁中固溶区消失，η相成为扩散层主要成分。

9.4.1.2 热镀铝层特性

（1）抗高温氧化性

钢材热镀铝后，耐热氧化性大大提高。镀合金铝（如铝硅合金）比镀纯铝层耐热性更佳。例如碳钢件，不镀铝最高使用温度为 550℃，镀铝后可耐 1000℃ 不氧化。

（2）耐蚀性

热镀铝层有优良的耐大气腐蚀能力，特别耐含有 SO_2、H_2S、NO_2、CO_2 等工业大气腐蚀性，从表 9-1、表 9-2 可见热镀铝层比热镀锌层具有更好的耐蚀性。

表 9-1 几种材料在不同大气中腐蚀率

环　　境	热镀层腐蚀速度/[g/(m²·a)]	
	热镀锌钢材	热镀铝钢材
乡村大气	6	2
工业大气	22	6
海洋大气	21	5
海洋飞溅区	120	23

表 9-2 几种材料在水中腐蚀率

钢　　种	腐蚀率/(mg/cm²)	钢　　种	腐蚀率/(mg/cm²)
碳钢	6.6	热镀铝钢材	0.16
热镀锌钢材	1.16		

（3）对光、热的反射性

热镀铝层对光、热有良好的反射性，这主要是因为镀铝层表面的致密而有光泽的 Al_2O_3 膜，即使是在经暴晒后也保持很高的反射率。

（4）机械、加工、力学性能

热镀铝带钢分为耐热用Ⅰ型板和耐候用Ⅱ型板两个种类。Ⅰ型板主要用来加工成形，所以要求镀层要有良好的附着性，即在加工弯曲成形时保证镀层不开裂不脱落，为了达到此目的，除了要求选用 $40\sim100g/m^2$（双面）的薄镀层之外，还要向铝液中添加 4%～10% 的硅。Ⅱ型板主要追求高的耐腐蚀性为主，镀液为纯铝。镀层厚度要求最小为 $200g/m^2$（双面），此类热镀铝板的镀层黏附性较差，不能用来弯曲加工成形。

在镀铝过程中，钢基的化学成分直接影响镀层的黏附强度、拉伸和弯曲性能。热镀铝带钢钢基成分随着碳含量增加，有助于合金层结构均匀化（钢组织由铁素体→珠光体）。镍、铬含量增加，合金层厚度也增加。含锰量增加，合金层厚度及硬度均减小。表 9-3 显示了一个热镀板型对板材成分的要求。

表 9-3 钢材化学成分及用途

元　　素	成分/%	
C	＜0.15	＜0.1
Mn	＜0.60	＜0.5
P	＜0.035	＜0.025
S	＜0.040	＜0.035
用途	用于弯曲成形、中等变形量和或中等冲压的零件	用于深冲或大变形量成形。在热镀时铝液中不能添加硅以防钢材的塑性下降

（5）缺点

热浸镀铝法也有一些缺点。例如，镀层中含有金属间化合物脆性相，而使其加工性变坏；钢材表面被铝液侵蚀并溶解于铝液中，而使铝层中含有铁，从而影响其耐蚀性；镀铝的温度高，影响铝锅的使用寿命；镀层表面易黏附铝渣，影响外观等。

9.4.1.3 热镀铝钢材应用

（1）热镀铝钢板的应用

纯热镀铝钢板主要用于耐蚀方面，如大型建筑物层顶板及侧板、通风管道、高公路护栏、汽车底板及驾驶室、水槽、冷藏设备等；铝硅热镀铝钢板主要用于耐热方面，如粮食烘干设备、烟筒、烘烤炉及食品烤箱、汽车排气系统等。

（2）热镀铝钢管的应用

热镀铝钢管主要用于化工设备（如热交换器管道、热交换器、化工介质输送管道、塔器等）、食品工业中各种管道、蒸汽锅炉管道等。

（3）热镀铝钢丝的应用

低碳钢丝用作编织网，如渔网、篱笆、围栏、安全网等；高碳钢丝用作架空通信电缆、架空地线、舰船用钢丝绳等。

9.4.2 热镀铝工艺技术

热镀铝的生产均采用干法镀铝。干法热浸镀铝采用水溶剂作为助镀液，将水洗后的工件放入助镀槽中 3~4min 取出干燥，工件表面形成一层助镀膜。这种方式工艺简单，助镀成分稳定可以多次使用。合理的助镀液成分、浓度、烘干温度是重要参数。助镀后干燥的工件放入熔融的铝液槽中镀铝。

9.4.2.1 铝锭

热浸镀铝生产中所用的铝锭为含铝 99% 的合金铝，浸镀材料选用工业纯铝（牌号为 Al-01）和铝合金（Al-6-1.5RE）。铝液中铝含量不小于 99%。铝液中要严格控制硼、铜的含量，因为铜、硼的含量增加，将导致镀层防腐蚀能力急剧下降，铝液中铁含量增多，导致铝液黏度变大，工作条件恶化。当铝液中铁的含量增至 2.5% 时，必须进行捞渣。在捞渣时，应在 670℃ 温度下待铝液静置 3h 后进行。

9.4.2.2 铝液温度

通常合金层厚度随镀铝温度的提高而增大。镀铝温度对钢和铸铁镀铝合金层影响更为明显。当温度从 665℃ 增加到 800℃ 时，扩散速度加快，合金层厚度猛增。生产中当温度＜700℃ 时，铝液流动性较差，镀件挂铝较多，表面不光滑，外观质量不佳。重要的是由于铝液温度低影响了铁原子和铝原子之间的相互扩散，所形成的铁铝化合物层太薄，镀层脆性大。当温度从 800℃ 增加到 950℃ 时，合金层厚度又下降，950℃ 时合金层的厚度很小，即在温度与厚度曲线上出现最大值。当生产温度高于 740℃ 时，虽然改善了铝液的流动性，但由于铝液温度较高，挥发较多，同时增加镀件中铁原子在铝液中的溶解量，污染了铝液。当铝液中的铁含量超过 2.0% 时将直接影响到浸镀件质量。

9.4.2.3 镀铝时间和工件提出速度

工件与铝液接触要完成界面反应与扩散反应，必须有一定的反应时间。时间长，反应就充分、完全；另外，表面镀层厚度与浸镀时间有一定的线性关系，但浸镀时间超过极限值则这种线性关系就不存在。随着浸镀时间的延长，工作的侵蚀速度也在加快，为避免工件的侵蚀，减少铁损，又保证反应的必要时间，浸镀时间在 20~50s 间变化比较适宜。温度高取上限，温度低取下限。

工件从镀铝锅中的提出速度对合金层无大的影响，主要影响镀层表面纯铝层的厚度。纯铝层的厚度还与铝液的黏度有关。铝液黏度愈大，提升速度愈高，则表面层愈厚。其中，提升速度的影响远大于黏度的影响。

9.4.2.4　热镀铝的助镀剂

热镀铝的助镀剂是指溶剂和铝液表面的覆盖熔剂。热镀铝的溶剂不能单纯采用氯化锌、氯化铵的复合盐水溶液，这是由于在 338℃ 温度下，氯化铵分解成 NH_3 及 HCl，分解的 HCl 与铝作用生成易挥发的 $AlCl_3$。氯化锌在高温下，易被铝还原生成金属锌和易挥发的 $AlCl_3$，这样，将导致溶剂失效。

热镀铝采用的溶剂，多为碱及碱土金属的盐或锆系盐组成的复合盐。常用溶剂有 NaCl、KCl、$BaCl_2$、KF、$AlCl_3 \cdot 6H_2O$、Cr_2O_3、K_2ZrF_6、$ZnCl_2$、$SnCl_2$、NH_4HF、KHF_2 及冰晶石（Na_3AlF_6）等组成的复盐溶液。

以下是热镀铝采用的三种助镀剂示例。

① 5％硼砂，1％氯化铵，其余为水。使用温度为 90～95℃。处理时间 2～4min。

② 浓盐酸 1L 加锌粒 5～6g，使用温度为室温。处理时间 4～5min。

③ NaCl（40％）、KCl（40％）、AlF_3（10％）、Na_3AlF_6（10％）使用温度为 700～710℃。处理时间 8～15min。

9.4.2.5　铝液中各种添加元素

硅可提高铝镀层的耐热性，能提高铝液的流动性从而降低铝液温度。硅有阻止合金层长大的作用，当铝液中加 1％～1.4％Si 时，可使扩散层从纯铝的 32～65μm 下降到 5～27μm。锌可降低镀铝温度和缩短浸铝时间，且所得镀层附着力好、光泽高。镍对扩散层厚度影响明显，在 720～730℃ 下镀铝时，铝中加入＜0.5％的 Ni，可使扩散层厚度从 20～30μm 提高到 35～50μm。铁增加铝液的黏度和镀层厚度，但使镀层粗糙、变暗，通常控制在 2％～3％。铜可以较大幅度降低合金层厚度，但是含铜量大会引起耐蚀性下降，通常控制在 2％～3％。

9.4.2.6　铝液保护

铝液表面与空气接触，形成白色的氧化铝面渣。对此面渣可任其形成，当达到一定厚度时，对铝液有保护作用，可阻碍铝液进一步氧化，并有隔热作用，使铝液面的散热减少。但是这样铝的损失大。因此在热镀铝过程中，铝液表面最好进行有效的保护，以防止铝液氧化，保持铝液有良好的流动性。保护的方法可采取气体保护和表面熔剂保护。采用气体保护，需专门的制氮设备。采取表面熔剂保护简便易行，费用低廉。使用的熔剂由 KCl、NaCl、Na_3AlF_6 组成，其质量比为：$KCl : NaCl : Na_3AlF_6 = 3 : 3 : 4$。熔剂中的 KCl 和 NaCl 能显著地改善铝液的流动性，冰晶石具有强的溶解氧化铝能力。固态铝在普通温度下比熔剂要轻，但在熔融状态下，则与此相反，温度愈高，铝和熔剂的质量相差愈大。冰晶石在高温下会分解成氟化钠和氟化铝。

$$Na_3AlF_6 = 3NaF + AlF_3 \quad （加热分解）$$

氟化铝在熔体中升华，致使氟化钠的含量增加，熔剂呈碱性，溶解氧化铝的能力下降。在生产中应不断添加氟化铝使 $NaF : AlF_3$ 的分子比在 2.6～2.8 范围内，此时，熔剂呈弱碱性，具有最大溶解氧化铝的能力。

9.4.2.7　镀液成膜

热浸镀铝的过程实质上是铝在钢表面凝固及热扩散成膜的过程。因此过程控制的目的是要获得晶粒细小、组织致密、性能优良的镀层。概括说来，改进金属的熔炼、凝固、成形过程是镀层凝固过程控制的基本途径，主要包括：a. 通过快速凝固控制冷却速度，可以较简单地获得细晶组织；b. 利用机械或电磁搅拌强化对流的多种振动方式，促进枝晶折断重熔细化晶粒；c. 通过孕育和变质处理，达到控制凝固组织的目的；d. 凝固过程中施加特殊外场，如压力场、微重力场、电场、磁场、超声场等对液态金属凝固加以控制。

9.4.2.8 喷吹

热浸镀铝后的工件，表面有铝渣和过剩的铝液凝固，表面不光滑，厚度也不均匀。因此，镀铝后常采用压缩空气或蒸汽喷吹，处理过的工件可空冷或先空冷再水冷以改善铝层的耐蚀性和冷弯性能。

9.4.3 热镀铝工艺流程

9.4.3.1 热镀铝钢带

热镀铝钢带的典型工艺流程是：

开卷（或剪切）→氧化→冷却→酸洗→水洗→还原→冷却→热浸镀铝→冷却→卷取。

钢带在氧化炉内被加热到450～650℃，烧去表面油污及杂物，被氧化成蓝灰色，经空气及水冷却。然后在8%～10%的盐酸中酸洗10s除去氧化膜，马上用风动挤压胶辊从钢带表面挤去残余酸液，然后在水槽中用高压水冲洗，经热风吹干，进入还原炉。炉中通有分解氨气体。在炉中钢带加热到900℃进行常规退火或加热到730℃进行再结晶退火，此时表面氧化膜被还原。然后冷却到稍高于铝液温度通过密封槽导入铝液，进行热镀铝。镀完后吹冷空气冷却到400℃以下。

上述生产线为连续生产，速度为60m/min，铝液中含6% Si和0.4% Fe，铝液温度为680～720℃，镀铝层厚度为3～10μm（150g/m²），合金层厚度为10～15μm。此生产线亦称英国涂层金属公司法。

美国钢铁公司带钢热镀铝工艺流程为：开卷→剪切→焊接→电解除油→水洗→干燥→还原炉→冷却→热镀铝→冷却→卷取。这个工艺前处理及工艺过程与热镀锌相同。钢带进入铝液温度约680～700℃，保护气的纯度要求比镀锌高。

图9-9是一个热镀铝工艺流程的较为详细的示例，其中脱脂段的工艺流程为：1#脱脂喷淋→1#刷洗喷淋→2#脱脂喷淋→2#刷洗喷淋→3#脱脂喷淋→3#刷洗喷淋→1#清水喷淋→2#清水喷淋→热风烘干。脱脂液及清水均使用软水并用蒸汽加热保温，温度为（70±5）℃。各槽液体均自成循环系统，喷淋压力为0.14～0.2MPa。

活套是为了满足带钢连续成形，在带钢头尾剪切对焊时保证机组等设备能够连续地工作。必须设置活套储料装置，使得前后带卷在上料开卷、头尾切断对焊的准备工作时，活套可将预先储存的带钢不断地输送出来，提供一定数量带钢保证机组能够连续生产，直至后续带钢不断补充进入活套。活套的形式有架空式活套、地坑式活套、笼式活套、螺旋活套等。架空式活套多用于带钢厚度在5mm以内的机组，占地面积较大且储料量少，不宜高速或大规格机组。地坑式活套、笼式活套具有结构简单、占地小、投资省的优点，但也有折叠、拉料功耗大的缺陷。螺旋活套具有活套储量大、板面损伤小、充料速度快等许多其他类型活套不可比拟的优点，是目前较先进的活套型式，螺旋活套可分为立式和卧式两种。

9.4.3.2 热镀铝钢丝

（1）熔剂法钢丝热镀铝

工艺流程为：卷取→铅槽处理→水洗→酸洗→水洗→电解酸洗→水洗→熔剂处理→干燥→热镀铝→水洗→卷取。

铅槽处理的作用是：用熔融铅对钢丝退火并烧掉轧制油和拉拔润滑剂。酸洗用浓度12%～18%的盐酸。熔剂用水溶性熔剂，为4%的锆氟化钾（K_2ZrF_6）水溶液。溶液温度为98～99℃。熔剂的作用是：令净化的钢丝表面得到保护并增加铝对钢的浸润。干燥后钢丝进入铝液，浸入铝液的长度为1.5～1.8m。

（2）氢还原法钢丝热镀铝

工艺流程为：放线→除油氧化→还原→冷却→热镀铝→冷却→卷绕。

钢丝（单根）从放线架引出进入氧化炉管，温度为450℃，在此烧去轧制油的拉拔润滑剂，同时表面被氧化成蓝色，进入还原炉管。辐射加热至730～830℃，在还原气氛下，表面氧化铁膜被还原为纯铁，再经冷却管冷却到700℃进入铝液热镀铝，热镀铝后垂直向上拉出卷绕。

9.4.3.3 热镀铝钢管及部件

钢管及钢件热镀铝，不能像钢带和钢丝那样连续进行，只能是断续的。

（1）钢管热镀铝工艺

工艺流程为：钢管→酸洗→除油→活化→钝化→热镀铝→取出。

酸洗活化：是将管浸入3%～5%HCl中，室温下5～10min，表面活化，然后水洗。

钝化处理：活化管立即进入钝化液中钝化，钝化液为>60% HNO_3 或0.5%～1%铬酐水溶液，时间0.5～1min，然后冷水冲洗干燥。

热镀铝铝液温度（700±20）℃，时间5～18min，镀铝液表面覆盖KCl+NaOH（1∶1）熔盐。在钢管浸入铝液前及从铝液中提出之前，应将铝液表面上的熔剂清除。

（2）钢件热镀铝工艺

钢件热镀铝工艺与钢管相同。

需要指出的是，为获取均匀镀层，钢管及钢件表面要进行预保护处理。除上述的钝化处理（形成 Fe_3O_4）外，还有熔剂处理、预涂非金属保护层、预镀金属等方法。

9.4.4 热镀铝工艺设备

干法热浸镀铝设备主要有：酸洗池、清洗池、溶剂池、烘干炉、镀铝锅及板材矫平机。如再进行表面合金化处理和机械抛光，还应有渗铝加热炉及抛光机。

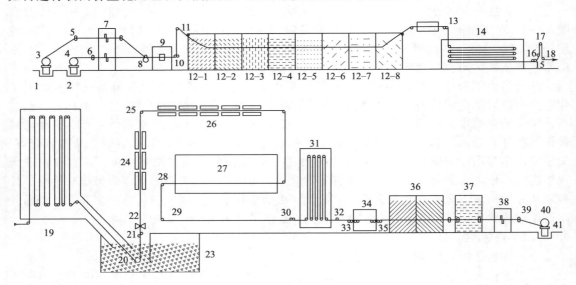

图9-9 热镀铝生产线工艺流程

1—1#钢卷小车；2—2#钢卷小车；3—1#开卷机；4—2#开卷机；5—1#夹送辊；6—2#夹送辊；7—双剪机；8—混合夹送辊；9—焊机；10—转向夹送辊；11—1#纠偏机；12—脱脂段；13—1#张力辊；14—水平活套；15—2#纠偏机；16—2#张力辊；17—张力调解器；18—测张辊；19—塔式炉；20—沉没辊；21—稳定辊；22—气刀；23—铝锅；24—垂直风冷箱；25—水平转向辊；26—水平风冷箱；27—水淬槽；28—4#纠偏辊；29—5#纠偏辊；30—3#张力辊；31—立式活套；32—5#纠偏辊；33—4#张力辊；34—拉弯矫直机；35—5#张力辊；36—钝化槽；37—涂油机；38—单剪机；39—转向夹送辊；40—张力卷取机；41—3#钢卷小车

第10章 化学热处理

化学热处理是一种改变钢铁表层化学成分及组织结构的方法，它依靠化学反应产生活性原子，活性原子依靠热扩散进入基体金属，形成渗层组织，渗层组织遵循合金相图的规律。热处理炉是主要设备，处理工件受热处理炉限制，生产周期长。

10.1 概　　述

10.1.1 化学热处理概念

10.1.1.1 化学热处理过程

金属表面化学热处理是利用固体扩散，使合金元素渗入金属表层的一种热处理工艺，故化学热处理又叫做渗镀、表面合金化。化学热处理的基本过程是：首先将工件置于含有渗入元素的活性介质中，加热到一定温度，使渗入元素通过分解、吸附、扩散渗入金属表层，从而改变了表层的成分、组织与性能。

10.1.1.2 化学热处理的目的

① 提高金属表面强度、硬度和耐磨性。如渗氮可使金属表面硬度达到 $950\sim1200HV$；渗硼可使金属表面硬度达到 $1400\sim2000HV$ 等，因而使工件表面具有极高的耐磨性。

② 提高金属的疲劳强度。如渗碳、渗氮、渗铬等渗层中由于相变的比容变化，导致表层产生很大的残余应力，从而提高疲劳强度。

③ 使金属表面具有良好的抗黏性、抗咬合的能力和降低摩擦系数，如渗硫等。

④ 提高金属表面的耐蚀性能，如渗氮、渗铝、渗硅、渗铬等。

10.1.1.3 化学热处理渗层的基本组织类型

① 形成单相固溶体，如渗碳层中的 α 相等。

② 形成化合物，如渗氮层中的 ϵ 相（$Fe_{2\sim3}N$），渗硼层中的 Fe_2B 等。

③ 化学热处理后，一般可同时存在固溶体、化合物的多相渗层。

10.1.1.4 化学热处理后的性能

经过化学热处理后，金属材料表层、过渡层与芯部在成分、组织和性能上有很大差别。强化效果不仅与各层的性能有关，而且还与各层之间互相的联系有关。如渗碳的表面层含碳量及其分布，渗碳层深度和组织以及热处理后从表层到心部的硬度梯度等均可影响材料渗碳后的性能。

10.1.2 化学热处理的种类

根据渗入元素的介质所处状态不同，化学热处理可以分为以下几类。

① 固体法。包括粉末填充法、膏剂涂覆法、电热旋流法、覆盖层扩散法等。

② 液体法。包括盐浴法、电解盐浴法、水溶液电解法等。

③ 气体法。包括固体气体法、间接气体法、流动粒子炉法等。

④ 等离子法。

10.2 扩散镀层形成的机理

一般认为，扩散镀层的形成包括以下几步：

① 向基体金属提供扩散元素的原子；

② 使这些原子处于活化状态；

③ 活化的原子逐渐向基体内部扩散。

为了向基体金属提供扩散元素的原子，可以通过电镀、化学镀、电泳、热浸镀、喷涂和粉末包装等方法，使渗剂金属原子与基体金属表面直接接触。

扩散是各种原子在体系中趋向均匀化的过程。为了使这种均匀化加速，各种原子必须得到足够的能量，使它们能以一定的速度移动，因此需要加热。从扩散的角度考虑，温度越高扩散速度越快。但是温度过高可能会使基体金属的晶粒过分长大，并引起脱碳现象，反而会导致基体性能下降。因此提高温度应有一定限度。

10.2.1 渗层金属的沉积

目前大多利用金属氯化物在高温下发生置换反应与还原反应，以获得大量活化的渗剂原子。将基体金属 M 置于渗层金属 B 的氯化物 BCl_2 蒸气中，发生置换反应：

$$BCl_2 + M \Longrightarrow MCl_2 + B$$

金属 M 上形成活性的渗层金属 B 原子，随后扩散到基体金属中去形成渗层。上述反应的平衡常数为：

$$k = \frac{a_B p_{MCl_2}}{a_M p_{BCl_2}} \tag{10-1}$$

a 表示活度，p 表示分压。式(10-1) 可以写成两个反应之和：

$$M + Cl_2 \Longrightarrow MCl_2$$
$$B + Cl_2 \Longrightarrow BCl_2$$

其平衡常数分别为：

$$k_M = \frac{p_{MCl_2}}{a_M p_{Cl_2}}, \quad k_B = \frac{p_{BCl_2}}{a_B p_{Cl_2}} \tag{10-2}$$

于是有：

$$k = \frac{k_M}{k_B} \tag{10-3}$$

或者写成对数形式：

$$\lg k = \lg k_M - \lg k_B \tag{10-4}$$

式中，k_M 和 k_B 可以由自由熵变化 $\Delta G^{\ominus}$ 计算。当 $\lg k = -1$，表明有 10％的 BCl_2 蒸气转变为镀层金属；如果 $\lg k = -2$，表明有 1％的 BCl_2 蒸气转变为镀层金属。从扩散工艺的经济价值来说，1％的转变是最低的要求。

根据热力学数据，可得：

对 $CrCl_2$，$\lg k_{Cr} = \dfrac{20681}{T} - 6.88$；

对 $FeCl_2$，$\lg k_{Fe} = \dfrac{17809}{T} - 6.80$；

对 $NiCl_2$，$\lg k_{Ni} = \dfrac{16503}{T} - 7.63$。

因此，在 1000℃，Fe 基上沉积 Cr 的平衡常数为 $\lg k = -2.18$，$k = 0.66％$；Ni 基上沉积 Cr

的平衡常数为 $\lg k=-4.03$，$k=9.3\times10^{-5}$。所以，在 Fe 上沉积 Cr 是可行的，而在 Ni 基上难以沉积 Cr。

利用氢作还原剂，发生反应：

$$BCl_2+H_2=\!=\!=B+2HCl$$

其反应平衡常数：

$$\lg k=\lg k_H-\lg k_B \tag{10-5}$$

由热力学数据，对反应 $H_2+Cl_2=\!=\!=2HCl$，平衡常数：

$$\lg k_H=\frac{9654}{T}+1.02$$

在 1000℃，由 $CrCl_2$ 蒸气沉积 Cr 的平衡常数为 $k=-0.76$，$k=17.38\%$。可见加入还原剂 H_2 后，Cr 的沉积倾向大大增加。

10.2.2　渗层原子的扩散

活化的渗剂原子能否向基体金属内部扩散与很多因素有关，其中较重要的因素是尺寸。在金属的点阵中，原子间的距离是 0.4nm 左右。因此，只有尺寸较小的原子才可能从原子的间隙扩散入金属内部。这类原子有碳、氢、氮和氧等。它们向金属内部移动受到的阻力较小，因此扩散速度较快。但是一种金属原子在另一种金属中的扩散，由于原子半径的数量级相同，间隙扩散的可能性较小。一般认为，这种类型的扩散归因于金属内部的缺陷（晶格中的空位）。渗剂金属原子进入空位，空位向相反方向移动。可想而知，如果扩散元素原子的直径比基体金属原子的直径大得多，扩散元素的原子就无法进入基体金属的原子点阵中，即使可能挤进，也会造成点阵畸变，使固溶体处于不稳定状态。一般认为，与基体金属原子直径之差约小于 16% 的金属元素，才有可能扩散入基体金属中。根据试验，在钢铁表面可能形成扩散层的元素列于表 10-1。

表 10-1　可扩散入钢材的元素

元素	与 α-Fe 原子直径之差/%	元素	与 α-Fe 原子直径之差/%	元素	与 α-Fe 原子直径之差/%	元素	与 α-Fe 原子直径之差/%
Cu	1	Al	10	C	−40	Ta	15
Au	13	As	10	Si	−8	W	11
Be	−11	Cr	1	V	6	Mn	2
Zn	8	Mo	10	Nb	15	Re	8
B	−34	Ti	15				

10.3　渗　铝

10.3.1　渗铝层的形成方法

10.3.1.1　粉末法

主要工序包括：被渗部件表面净化，渗剂的制备，被渗件装箱，热扩散处理，拆箱取出部件并清洗表面。

为了保证渗层质量，渗镀前必须将部件表面的污物清除干净，因此应根据部件表面状态，相应地进行除油、酸洗、喷砂或喷丸等处理。

渗铝剂的组成包括三个部分：a. 铝粉或铝-铁合金粉，提供铝的来源；b. Al_2O_3 粉为防黏剂；c. 催渗剂，常用氯化铵，它在加热时产生氨气与氯化氢，氨又进一步分解为氮和氢。它们可以保护箱内不产生氧化性气体，防止工件和渗剂氧化。

渗铝时发生的反应：

$$NH_4Cl \Longrightarrow NH_3 + HCl$$
$$6HCl + 2Al \Longrightarrow 2AlCl_3 + 3H_2$$
$$Fe + AlCl_3 \Longrightarrow FeCl_3 + [Al]$$

反应的结果，在钢铁表面上析出了原子状态的活性 [Al]，并立即扩散进入钢件的表层。从以上反应式可以看出，氯化铵的作用是促进产生活性铝，加速渗铝过程，同时将空气从渗铝箱中排挤出去，防止渗铝剂与工件氧化。下面是几种曾使用的渗铝剂：

① 99％铝-铁合金粉，1％氯化铵；

② 50％铝粉，49％ Al_2O_3 粉，1％氯化铵；

③ 50％～70％铝-铁合金粉，25％～49％ Al_2O_3 粉，1％氯化铵；

④ 5％～10％铝粉，85％～95％ Al_2O_3 粉，2％氯化铵。

渗铝时，先在渗箱底部铺一层渗铝剂，然后放上已清洗干净的钢铁部件，再盖上一层渗铝剂。渗箱加盖后应通入氢气或氩气半小时以上，以便赶净渗箱中的空气，然后升温。扩散温度一般控制在 800～1100℃ 范围。扩散一段时间后，停止加热，让渗箱自然降温。热扩散的时间视要求的渗层厚度和扩散温度条件而定。在氢气氛中于 900℃ 渗铝 6h，可获得 100μm 厚的渗铝层。渗铝后，用热水将部件表面上的渗剂残渣清洗干净。

钢铁部件上某些部位不需要渗铝时，可涂一层防渗剂。防渗剂通常是采用 75g 滑石粉，45mL 水和 20mL 水玻璃（相对密度 1.33）的混合物。

为了获得质量良好的渗铝层，可以适当降低铝-铁合金粉和铝粉的颗粒度，并减少氯化铵的用量。例如，用含 5％铝粉（粒度为 5μm），95％ Al_2O_3（粒度为 50～100μm）和 0.1％氯化铵的渗剂，在合金钢试样上渗铝时，于 1000℃ 加热数小时，可获得表面光洁的渗铝层。为了防止铝粉黏结在工件表面，可适当减少铝粉在渗剂中的比例。铝粉含量低于 15％时，效果较好。

当渗铝层表面上的铝浓度较高时，渗层较脆，必须进行扩散退火。扩散退火的温度范围是 900～1100℃，时间一般为 2～4h。经过扩散退火处理后，不仅降低了渗层脆性，而且可增加渗层的厚度。

10.3.1.2 气体法

与粉末法相同，也是利用氯化铝等在高温下发生还原和取代反应，在被渗部件表面析出活性铝原子。

渗铝时，将工件放在渗箱的一端，在渗箱的另一端放置氯化铵、氧化铝和铝粉等混合物。把混合物加热到 600℃ 左右，将形成氯化铝。在高温下用氢气作载体，将氯化铝蒸气送到加热至 900～1000℃ 的钢铁部件表面。用这种方法渗铝，效率较低。若用铝-铁合金代替上述混合物，并通入氯气或氯化氢气，在 1000℃ 下渗铝 2h，就可形成较厚的渗铝层。用气体法渗铝时，如果采用高频加热，可以大大提高扩散效果。

10.3.1.3 热镀-扩散法

先在钢铁部件上热镀一层铝，然后再进行扩散处理，把纯铝层全部转化为合金层。经过热扩散处理，可明显提高部件的耐热和耐蚀性能。

10.3.1.4 电泳-扩散法

利用电泳法把铝粉均匀涂覆在工件表面，然后进行热扩散处理。电泳铝涂层在 500℃ 加热，仅形成铝烧结层，不形成合金层。在 600℃ 加热，即可形成连续的合金层。

电泳法所用铝粉，其粒度约为 10μm。以无水乙醇作溶剂，加入适量铝粉，并加入少量硝酸铝或氯化铝作充电剂，配制成悬浮液。然后以钢铁部件作阴极，通入直流电，使铝粉沉积在部件表面。接着在高温下于保护性气氛中进行热扩散。

10.3.2 渗铝层的组分与结构

渗铝层的组分与结构，和渗铝条件、基体材料的种类等有较大关系。从铁-铝系状态图可知，铝和铁可形成 Fe_2Al_7、Fe_2Al_5、$FeAl_2$、$FeAl$ 和 Fe_3Al 等相。但是，在渗铝层中并未同时发现这些相。

粉末法渗铝时，若渗剂中含有较多的氯化铵，形成的渗层主要由 $FeAl_3$ 构成。经过扩散退火，渗层将转变成单相组织（铝在 α 铁中的固溶体）。

含 Mn 和 Al 较多的铁基合金，用料浆法渗铝形成的渗层具有多层结构。外层以 $FeAl_3$ 为主，并含有一定数量的 $FeAl$ 和 Fe_3Al。其余两层则为 $FeAl$ 和 Fe_3Al。

铸铁上的渗铝层具有多种相组织。在上面有 $FeAl_3$、Fe_2Al_5 或 $FeAl$ 相；在下面，发现有 Fe_3Al 相和铝固溶在 α 铁中的固溶体。

用热镀法得到的镀层具有双层结构，上层几乎是纯铝，下层是合金层。合金层的组织与钢基体、铝液成分以及镀铝条件有密切关系。经过热扩散处理，由于铁和铝互相扩散，镀层组织发生较大的变化。例如，热镀铝后的 10 号钢，经过热扩散处理形成的渗层中，最外层是 Fe_2Al_5 层；其下面是金属间化合物和铝在 α 铁中的固溶体的混合物，这一层较薄；再下面是铝在 α 铁中的固溶体。

总之，采用不同的基体材料和渗镀工艺，得到的渗层的组织和成分是不同的。一般的规律是：外层为含铝量较高的相，靠近钢基体的相含铁量较高；在两种相层之间有时还存在两相的混合物层。

10.3.3 影响渗铝层厚度的因素

10.3.3.1 渗铝温度和时间

随渗铝温度升高和处理时间增长，渗层厚度增加（如图 10-1 所示）。

10.3.3.2 渗剂组分

表 10-2 列出在 T8 钢上渗铝层厚度随渗剂组分的变化。随渗剂中铝粉含量增加，渗层厚度亦相应增大。

用含 50% 铝粉和 Al_2O_3 及氯化铵的渗剂，在 910℃下于氢气中对工业纯铁渗铝 1h，其渗层增重随氯化铵含

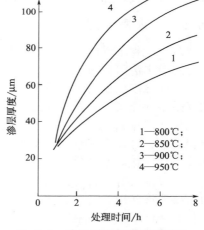

图 10-1　渗层厚度与渗铝温度和处理时间的关系

量的增加而变化的情况示于图 10-2。从图中看出，氯化铵含量为 10% 时，渗层厚度达到最大值。继续增加氯化铵浓度，厚度反而减小。因为氯化铵分解出来的盐酸对渗层有浸蚀作用。

表 10-2　渗剂成分对 T8 钢渗铝层厚度的影响（1000℃，2~8h）

渗剂号码	渗剂组分/%			渗层厚度/μm
	Al	Al_2O_3	NH_4Cl	
1	5	95	2	136~224
2	10	90	2	176~283
3	15	85	2	178~365

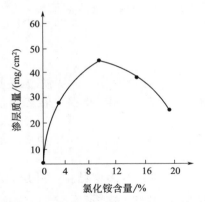

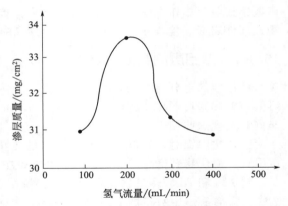

图 10-2　渗层质量与氯化铵含量的关系　　　　　图 10-3　氢气流量对渗铝层增重的影响

10.3.3.3　氢气流量

用粉末法在 1050℃对 Cr18Ni10 钢渗铝 3h，其渗层增重与氢气流量的关系示于图 10-3。从图中可知，氢气流量过大，会使渗铝层厚度减小。这可能是氢气将一部分卤化铝带出渗箱所致。

10.3.3.4　钢基体成分

在相同的渗铝条件下，基材不同，渗铝层厚度也不同。工业纯铁最厚，铸铁最薄。钢中合金元素含量增加，渗铝层厚度减小，以 W 的影响最大，Mo、Ni 次之，Si 的影响较小。

10.3.4　渗铝钢的特性

10.3.4.1　物理性能

用粉末法渗铝时，由于钢材在高温下长时间加热，渗铝后冷却速度较慢，因此晶粒显著变粗。加之渗铝层属于脆性组织，所以渗铝件在常温下的机械强度要比未渗铝的低碳钢低，尤其是塑性和韧性。但是经过调质处理，它的力学性能仍可恢复并有所改善。

用含碳量 0.1%的钢材渗铝，渗层的维氏硬度随铝含量的增加而增大，因此适当控制渗层铝含量，可以改善钢材的耐磨性。

10.3.4.2　抗高温氧化性

渗铝钢具有优良的抗高温氧化性能，原因是其表面形成了一层稳定的氧化膜。一般认为，要使渗铝钢材具有抗高温氧化性，表面上的铝必须达到一临界值（临界浓度）。在断续氧化的条件下应用渗铝钢时，临界浓度约为 5%，在连续氧化的条件下应用渗铝钢时，临界浓度约为 2%，若在高温下长期使用，渗铝层厚度应达到 0.3mm。

渗铝钢的使用寿命随温度升高而缩短。一般认为，在 750℃以下，渗铝钢具有十分优良的抗氧化性能，可以长期使用。试验表明，低碳钢渗铝后，在 850℃使用，抗氧化性能约提高 15～20 倍；在 900℃下使用，约提高 10～15 倍；在 1000℃下使用，约提高 5～6 倍；在 1100℃下使用，约提高 3～4 倍；在 1200℃下使用，约提高 2～3 倍。

基体材料的含碳量对渗铝后的抗高温氧化性能有一定影响。钢材部件在含有硫化氢的高温气流中工作，将受到严重腐蚀。在这种工况条件下使用渗铝钢，效果很好。

10.4　渗　　铬

10.4.1　渗铬层的形成方法

10.4.1.1　粉末法

工件包装在粉末渗剂中。渗铬剂内含有 60%金属铬或铬-铁合金粉，38%氧化铝与 2%

固态卤化铵（氯化铵、溴化铵、碘化铵）。卤化铵在渗剂中起活化作用，最常使用的是氯化铵。在高温下氯化铵发生分解反应：

$$NH_4Cl \Longrightarrow HCl + NH_3$$

生成的 HCl 与铬粉等发生反应，形成 $CrCl_2$。亚铬盐 $CrCl_2$ 是活化剂。在渗铬过程中，反应室内通常要保持含氢的还原气氛，因此，$CrCl_2$ 还可以发生还原反应，并向部件提供活性的铬原子。在钢上沉积铬的三种反应为：

置换反应 $\qquad Fe + CrCl_2 \Longrightarrow FeCl_2 + Cr$

还原反应 $\qquad CrCl_2 + H_2 \Longrightarrow 2HCl + Cr$

热分解反应 $\qquad CrCl_2 \Longrightarrow Cr + Cl_2$

粉末包装箱必须气密，附有适当的密封装置。在低碳钢上渗铬，温度范围为 $980\sim1050℃$。

10.4.1.2　气体法

在密封的炉膛内进行。炉膛的一边置有金属铬或铬-铁合金，在炉膛的中心及另一边放置被渗部件。在炉子加热期间，将已净化并烘干的氢气沿导管送入炉膛内。当炉子达到所需温度（$950\sim1200℃$），将氢气通入盛有发烟盐酸的容器，使形成的 H_2 和 HCl 的混合物自放置金属铬或铬-铁合金的一端进入炉膛。在工件上沉积出铬并形成渗铬层。

含碳量较高的钢在 H_2+HCl 气体介质中渗铬，经常发生表面脱碳现象，同时，硬度也有所降低。如果渗铬的目的在于获得高的表面硬度，被渗工件周围最好用铬-铁合金块或铬块充填，这样可以得到满意的结果。另外，气体渗铬时要注意防止爆炸。

10.4.1.3　熔盐法

将钢铁部件放入熔融的盐浴中渗铬。曾用过的熔盐浴有：含三氯化铬或铬粉的硼砂浴，含氯化亚铬的氯化钡熔盐浴，含铬粉或铬-铁合金粉的氯化钡熔盐浴等。在氯化钡熔盐浴中，常加入一定数量的氯化钠和氯化钙。为了增加渗铬层的厚度，可在熔盐浴中加入适量的钒-铁或铌-铁合金粉。因为钒和铌是容易形成碳化物的元素，它们与钢中的碳反应形成碳化物，从而减少了碳化铬的形成量，使渗入基体的铬能继续向内部扩散。

另外还可以将镀铬的钢铁部件浸入熔盐浴中进行扩散处理。例如，在钢件上镀 $15\mu m$ 厚的铬后，放进含 15%（质量分数）铬粉的无水硼砂浴中，在 $1000℃$ 扩散处理 $15h$。经过这样处理的钢件，浸在 36% 盐酸溶液中 $200h$，几乎不发生锈蚀。

10.4.2　影响渗铬层形成的因素

10.4.2.1　温度和时间

随渗铬温度升高和处理时间延长，渗层厚度增加。

10.4.2.2　气氛和渗剂

（1）气氛

渗铬气氛不同，扩散速度也不同。例如，扩散处理时以同样速度通入氩气和氢气，则通氢气的效果明显优于通氩气，这可能是因为氢可以还原钢基体、铬粉和卤化铬表面的氧化膜，从而有利于活化原子与钢基体表面直接接触。

（2）渗剂

渗剂组分不同，铬扩散速度也明显不同。当以卤化铬代替铬粉时，可以显著提高铬的扩散速度。若在渗剂中加入少量氟化钠、氟化钾或氟化氢钾等化合物，当温度低于 $800℃$ 时，这些化合物将熔融为液体，并与钢基体、铬粉或铬铁粉表面的氧化物发生反应，起着净化作用。当温度继续升高，这些化合物还可以分解出钠、钾等元素，它们都是较强的还原剂，可以进一步净化钢基体和渗剂表面，从而加速活性铬原子在钢件表面的吸附。

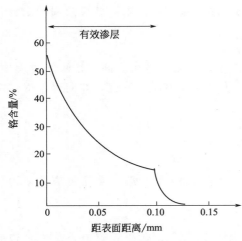

图 10-4　渗铬低碳钢中铬浓度的变化

10.4.2.3　钢基体

钢基体的成分对扩散层的形成也有较大的影响。例如，工业纯铁、3 号钢和灰口铸铁在相同条件下渗铬，渗层厚度与相组分的差异较大（如表 10-3 和图 10-4 所示）。钢基体含碳量较高时，由于容易形成 $Cr_{23}C_6$ 和 $(Cr，Fe)_7C_3$ 等碳化物，因而将阻碍铬的扩散。因此，为了提高渗铬层厚度，最好用低碳钢作基体，或在渗铬前进行表面脱碳处理。有时向钢中加入一些碳化物稳定化元素（钒、铌和钛等），或在渗剂中加入这些元素，对增加渗铬层厚度也有好处。钢中含硅量对渗铬层厚度也有较大影响。在相同条件下，含硅量较高的钢上获得的渗铬层厚度较大。一般认为，奥氏体形成元素（如锰、镍、钴、铜等）会降低铬的扩散速度，而铁素体形成元素（如钒、铝等）会促进铬的扩散。

表 10-3　工业纯铁、3 号钢和灰口铸铁渗铬层的相组分和厚度

渗剂成分	渗铬条件	基　体	渗层厚度/mm	结构和相组分
50%铬铁	1050℃ 12h	工业纯铁	0.153	铬在 α 铁中的固溶体
40%黏土		3 号钢	0.09	铬在 α 铁中的固溶体加碳化物（Cr_7C_3 和 $Cr_{23}C_6$）
6%氯化铵		灰口铸铁	0.13	铬在 α 铁中的固溶体加碳化物 Cr_7C_3

10.4.3　渗铬钢材的性能

10.4.3.1　渗铬层的组分与结构

由铁-铬状态图可知，在 1000℃ 下，当铁中含铬量增至 12% 时，它的组织将由 γ 相转变为 α 相。含铬量超过 12% 的合金加热时没有相变，达到熔点前其组织仍为铁素体。α 相连续到 100% 铬为止。铬在铁素体组织中扩散速度较快，因此铁素体区中铬的浓度迅速提高。铬在奥氏体（铬含量小于 12%）中扩散速度较慢。因此，在扩散层中奥氏体和铁素体的交界，铬的浓度发生突变。

用含不同合金元素的钢基体渗铬，得到的渗层，其相组分也不同。当钢中含有一定数量的钛、钒和铌时，在渗层中没有发现碳化铬相。

10.4.3.2　物理性能

渗铬低碳钢的表面硬度与钢材心部相近，这种渗铬钢具有良好的延展性。渗铬钢中碳钢（含碳 0.3%～0.4%）表面硬度较高，可用作耐磨材料。

钢的极限强度和屈服强度一般随渗铬温度升高而下降。用粉末法在 1100℃ 渗铬，极限强度可能降低 15%，屈服强度降低 20%。

10.4.3.3　耐蚀性能

低碳钢渗铬后的耐蚀性能相当于高铬不锈钢（含铬 30%）。但由于渗层组织不均匀，存在孔隙和夹杂物等，影响了其耐蚀性能。

渗铬钢在普通大气中放置 9 年，仍可保持光亮外观；在相对湿度 100%、温度 45℃ 的环境中暴露 500h，不受侵蚀。在常温下，只有当环境被 SO_2 饱和时，渗铬钢材才会受到轻微侵蚀。在潮湿和含盐的环境中使用渗铬钢材，效果良好。在渗铬层中铬含量平均值

为 20%～30%、渗层厚度 20μm 的渗铬钢板，具有优良的耐海水腐蚀性能，大大优于渗钛、渗铝钢板。

渗铬钢在硝酸及其蒸气中是耐蚀的，耐蚀性优于 Cr18Ni10Ti 不锈钢。在一般的碱液中，渗铬钢耐蚀性优良，但在 100℃ 以上的 50%NaOH 中会发生严重腐蚀。

10.4.3.4　抗氧化性能

渗铬钢具有优良的抗高温氧化性能。在空气中，700～800℃ 温度范围内，渗铬低碳钢可以长期使用；温度达到或超过 900℃，氧化速率较快，寿命有限。这是因为在高温下发生铬的二次扩散，同时铁也向表层扩散，降低了表面层中铬的浓度。

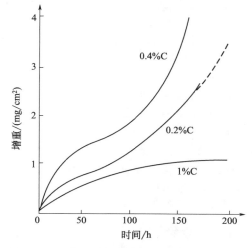

图 10-5　基体含碳量对渗铬层氧化性能的影响

钢中碳含量不同，渗铬后抗高温氧化性能有较大差别。图 10-5 表明，渗铬高碳钢的抗高温氧化性能优于渗铬低碳钢。在温度低于 880℃ 时，低碳钢（含 C0.2%）的组织基本上是铁素体，渗铬层也具有铁素体组织。在高温下氧化时，由于铬的再扩散，渗铬低碳钢的氧化速率随时间明显增大。渗铬高碳钢（含碳 1%）的渗层，主要由碳化物组成。在 950℃ 时，碳化铬在奥氏体中溶解度较低，因此渗层成分比较稳定。一般认为，当温度达到 870℃，渗铬低碳钢中铬的再扩散就开始明显进行；而渗铬高碳钢中铬的再扩散，需要温度达到 950℃。因此渗铬高碳钢的抗高温氧化性能优于渗铬低碳钢。用含碳 0.4% 的钢渗铬，渗层组织主要是铁素体，在渗层与基体之间有一定数量的碳化物。由于渗层的铁素体组织和基体在冷却时形成的珠光体组织不同，将在渗层中引起应力。当重新加热时，这种应力会导致渗层破裂，因而降低了耐蚀性。

除碳钢外，不锈钢经渗铬，抗高温氧化性能也有明显提高。

10.5　渗　　硅

10.5.1　渗硅层的形成方法

10.5.1.1　粉末法

常用的粉末渗剂含有硅铁（或硅）粉，填充剂和活化剂。常用的填充剂除氧化铝和耐火黏土等物质外，还可以用石墨粉。活化剂一般为氯化铵，还可以用氟化钠和氟化氢钾。渗硅温度一般控制在 950～1050℃ 范围。

用粉末法渗硅，一般不容易得到均匀的渗层，而且渗层中往往存在孔隙。在粉末中加入适量的铬铁粉，可以改善渗层的均匀性。但粉末法的主要缺点是硅铁合金等的消耗量较大，而且要得到厚度达 0.5～1.0mm 的渗层，需要较长的时间和较高的温度。

10.5.1.2　熔盐法

用熔盐法渗硅时，可以采用含氯化钡和氯化钠的熔盐浴。其中加入 15%～20% 硅铁（含硅 70%～90%，粒度 0.3～0.6mm）；也可以用硅酸钠熔盐浴，其中加入适量的氟化钠（加入量一般控制在 5% 左右）。用前一方案渗硅时，在 1000℃ 保温 2h，可在 10 号钢上形成厚 0.35mm 的渗层。后一方案用于电解渗硅，在 1050～1070℃，用 0.2A/cm² 的电流密度，

渗硅 $1.5\sim2.0h$，可在钢铁上形成无孔的渗硅层。

10.5.1.3　气体法

将被渗钢铁部件与硅铁粉、碳化硅或氧化硅碳（生产结晶型碳化硅的副产品，约含78％碳化硅，13％二氧化硅，7％碳以及其他杂质）一起装入渗罐中，加热至 $950\sim1050℃$，然后通入氯气或氯化氢，发生下列反应：

$$Si+2Cl_2=\!=\!=SiCl_4$$
$$Si+4HCl=\!=\!=SiCl_4+2H_2$$
$$SiC+2Cl_2=\!=\!=SiCl_4+C$$
$$SiC+4HCl=\!=\!=SiCl_4+2H_2+C$$

当生成的 $SiCl_4$ 与钢铁部件接触时，将发生如下反应：

$$SiCl_4+2Fe=\!=\!=2FeCl_2+[Si]$$
$$3SiCl_4+4Fe=\!=\!=4FeCl_3+3[Si]$$

生成的活性硅原子 $[Si]$，在高温下向基体内部扩散。在渗硅过程中，氯气还会腐蚀钢铁，造成表面蚀坑。因此目前大多采用 $SiCl_4$ 代替氯气。$SiCl_4$ 在室温时是液体，加热至 $60℃$ 即可气化。渗硅时，将钢铁部件装入渗罐中，缓慢升温，并通入氮气以防止部件表面氧化。当达到渗硅温度（$950\sim1050℃$）时，开始保温，停止通氮并送入 $SiCl_4$。$SiCl_4$ 可用氮气、氢气、氩气或分解氨作载体，送入渗罐中。也可将气化的 $SiCl_4$ 直接送入渗罐。在渗硅过程中，渗罐内应始终保持正压，以防空气进入渗罐。渗硅结束后，待冷却至 $100\sim200℃$ 时，开罐取出部件，用沸水或 0.1％柠檬酸溶液清洗部件表面，除去附着的 $SiCl_4$ 残渣。

10.5.2　渗硅层的结构和性能

10.5.2.1　渗硅层的组分与结构

如图 10-6 所示，在渗硅层中，含硅量可达 14％。渗硅层中的硅由外向内逐渐降低，只是在较深的地带才发生突然的下降。

渗硅层通常是硅在 α 铁中的固溶体。在某些情况下，渗硅层具有双层结构：外层是化合物 Fe_3Si；内层是硅在 α 铁中的固溶体。渗硅层与基体的交界处，有一层富碳层。一般认为，在渗硅时，硅由渗件表面向内部扩散，此时整个部件是奥氏体组织。随着扩散的进行，表面硅含量不断增加，并形成一浓度梯度。当外层的硅含量达到一定值时，该层的组织将由奥氏体转变为铁素体。随着硅的继续扩散，具有铁素体组织的渗层范围逐渐向内部扩展。

因此，铁素体的晶粒逐渐向内部伸长，形成柱状晶体结构。由于碳在铁素体中溶解度很小，当由奥氏体转变为铁素体时，碳含量远远超过铁素体所能溶解的数量。过量的碳，除少量石墨化外，大部分被迫向内部未转变成铁素体的奥氏体层落实，并形成富碳区。

10.5.2.2　影响渗硅层厚度和质量的因素

渗硅层的厚度随渗硅温度的提高和渗硅时间的延长而增加。气体法渗硅的渗层厚度与渗硅条件的关系如表 10-4 所示。从表中可知，用硅铁合金粉渗硅时，形成的渗层较厚；用碳化硅粉末渗硅时，部件的表面比较干净、平整。若渗硅时部件表面不撒渗剂粉末，则形成的渗层较薄，而且不均匀，但却比较干净。

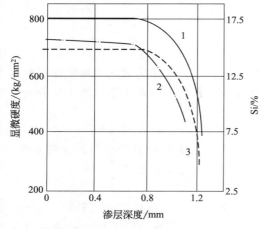

图 10-6　工业纯铁渗硅层的硅含量和
显微硬度随深度的变化

1—1150℃，6h；2—1100℃，4h；3—1050℃，8h

表 10-4　渗层厚度与渗硅条件的关系

粉末渗剂种类	渗硅参数	通入渗罐的气体	渗层厚度/mm	
			部件上不撒粉末	部件上撒满粉末
硅铁合金粉（含 Si 60%）	980℃，2h	氯	0.53	1.38
碳化硅	980℃，2h	氯	0.51	1.07
硅铁合金粉（含 Si 60%）	980℃，2h	氯化氢	0.59	1.12
碳化硅	980℃，2h	氯化氢	0.62	0.95

　　用含铬的粉末渗硅时可形成无孔的渗层。例如用铁-硅-铬合金粉末（含硅 20%～30%，铬 30%～40%），在氢气中于 1100℃渗硅 4h，可在铸铁上形成厚 50～60μm 的无孔渗层。渗层中含硅约 9%，含铬约 2%。

　　用粉末法渗硅时，渗层中的硅含量随被渗部件含碳量的增加而增加，但渗层厚度却随含碳量的增加而减小。用气体法渗硅时也有类似规律。

　　钢基体中碳含量对渗层孔隙有较大影响。实践表明，提高钢中碳含量，是减少渗层中气孔的有效途径。钢基体中含铬，可降低渗硅层厚度，但可提高渗层的致密性、均匀性和抗蚀能力。含铬钢的渗硅层，实际上是硅和铬在铁中的均匀固溶体。

10.5.2.3　渗硅层的性能

　　10 号钢经渗硅后表面硬度 HV 在 175～230。提高钢的含碳量，可提高渗硅层的显微硬度。

　　钢材渗硅可提高其表面在加热时的抗氧化性能，但提高的程度比渗铝和渗铬小。钢铁渗硅后长时间处在 700～750℃的氧化性气氛中，不会形成氧化皮。

　　渗硅层的主要优点是在硝酸、硫酸和盐酸溶液以及海水等介质中具有较高的耐蚀性。试验结果见表 10-5。

表 10-5　渗硅铁在几种介质中的腐蚀数据

试验时间/h	样品失重/(mg/cm²)					
	未渗硅	渗　硅	未渗硅	渗　硅	未渗硅	渗　硅
	10%盐酸		10%硫酸		10%磷酸	
1	4.7	0	12.2	0.06	0.73	0.07
3	13.6	0	34.8	0.16	2.22	0.21
6	26.8	0	67.3	0.32	4.08	0.35
10	61.37	0.08	103.1	0.36	7.02	0.41
	3%氯化钠		5%氯化钾		5%硫酸	
1	0.3	0.08	0.20	0.01	0.18	—
3	0.5	0.25	0.47	0.03	0.71	0.04
6	0.8	0.43	0.93	0.05	1.27	0.12
10	1.4	0.48	1.72	0.06	2.15	0.12

10.6　渗　　硼

10.6.1　渗硼层的形成方法

10.6.1.1　粉末法

　　可以使用各种含硼物质的粉末作为基本的渗剂。表 10-6 是推荐使用的渗硼渗剂组分和渗硼工艺。在固体渗硼剂中，偏重于使用以工业碳化硼为主要组分的粉末混合物或金属热还原混合物，前者的工艺性能较其他好，后者在相同的渗硼能力下价格较低。

表 10-6　推荐使用的渗硼渗剂组分和粉末渗硼工艺

方法	方式	渗剂组分（质量分数）	渗硼参数		渗硼层厚度 /μm	相组分
			温度/℃	时间/h		
粉末	密封容器中	无定形硼或碳化硼粉末＋30％～40％惰性添加剂（$Al_2O_3 \cdot SiO_2$，MgO）＋1％～3％活性剂（NH_4Cl、NaF、AlF_3 等）	950～1050	3～5	100～300	$FeB+Fe_2B$
		硼铁或粗硼铁粉末＋30％～40％ Al_2O_3＋1％～3％ NH_4Cl	950～1050	3～5	100～300	$Fe_2B+\alpha$ 相
	开口容器中	50％B_4C＋43％ Al_2O_3＋3％KBF_4＋4％NaCl	970	3～4	100～300	$FeB+Fe_2B$
	真空中	100％硼（无定形）	900～1000	2～4	50～150	$FeB+Fe_2B$
	保护气氛中	1.0％～1.5％Na_2CO_3＋0.5％～1.5％$CaCO_3$＋98.5％～96.5％B_4C	900～1000	3～6	150～250	$FeB+Fe_2B$
	导电混合料中	（30％～32％B＋40％B_4C＋28％～30％SiC）＋2.5％～10％活化剂（MgF_2、KBF_4、$Na_2B_4O_7$、NH_4Cl）	950～1050	1～4	60～350	$FeB+Fe_2B$
	流态床中	70％硼铁＋20％硼（无定形）＋10％B_4C	950～1050	5～7	80～120	Fe_2B
金属热还原粉末	密封容器中	99.5％[70％Al_2O_3＋30％（25％Al＋75％B_2O_3）]＋0.5％NaF99.5％[80％Al_2O_3＋20％（50％CK_{25}＋50％B_2O_3）]＋0.5％NaF	950～1050	2～8	35～315	$FeB+Fe_2B$

使用前，粉末渗剂的所有组分均应烘干并磨细至所需尺寸，碳化硼还要进一步在 350～400℃烘烤 1.5～2h。反应混合物在使用前应在滚筒式混料机中混匀。

碳化硼粉末渗剂可以多次使用（10～30 次），其余的渗剂经 2～5 次渗硼后，可用添加 10％～30％新料的方法使其再生。

容器的装料按下列顺序进行。在容器底部放上一层 20～30mm 厚捣紧了的渗剂，然后放入部件。部件至容器壁及部件与部件之间的距离不小于 15～20mm；将部件用渗剂埋上，然后压紧；部件层与层之间的距离不小于 20mm；上缘到容器口应不小于 50mm。

粉末法渗硼过程可采用不同方式进行：在密封与非密封容器中，在中性与保护气氛中，在真空中与在含硼粉末的流态床中。但应用得最广泛的是在密封容器中的固态渗硼工艺。

10.6.1.2　液体介质渗硼

该法分为两种：电解质溶液渗硼，熔融盐类与氧化物中渗硼。

电解渗硼使用工业硼砂（$Na_2B_4O_7 \cdot H_2O$）作为熔融料的主要组分。为了提高熔融料的流动性和扩散能力，往硼砂中加入 20％（质量分数）以下的氯化钠或 10％以下的氟化钠。在需要得到单相硼化物层的情况下，往硼砂中加入 5％～10％MnO。

电解渗硼在专门的金属坩埚内进行。部件作为阴极接入电解回路，石墨或碳化硅棒作为阳极。石墨棒在使用前进行"玻璃化"（在熔融硼砂中保持 15～20min）。新坩埚使用前先在 930～950℃、电流密度 0.1A/cm² 下渗硼 20～30h。

电解渗硼适用于大批量生产，生产效率高，处理结果稳定，渗层质量好。主要缺点是坩埚和夹具寿命低，夹具装卸工作量大，对形状复杂的部件难以获得均匀渗层。

非电解液渗硼（液态渗硼）在以碱金属硼酸盐（主要是 $Na_2B_4O_7$）为基础的熔融料中

进行。作为 $Na_2B_4O_7$ 及其他四硼酸盐的电化学还原剂，可以使用化学活泼的元素（Al、Si、Ti、Ba、Ca、Mn、B）及以这些元素为基础的中间合金，如 B_4C、SiC 等。

液态渗硼工艺比较简单。熔化硼砂与电解渗硼相同。还原剂预先磨细并烘干，在渗硼温度下一小份一小份地加入熔融料中。每加入一份还原剂后需搅拌，全部加完后再次将熔融料搅拌均匀。

部件成捆或装在夹具上，浸入前在盐浴液面上方烘烤到 $400\sim450℃$，然后浸入熔融料中，在温度 $900\sim1050℃$ 范围，进行液渗 $2\sim6h$。保温结束后，从盐浴中取出部件，在空气中冷却或直接进行淬火。液态渗硼法最适合小批量和中等批量生产。

10.6.1.3 气体法

将部件在气体硼化物与氢气中加热进行渗硼。气体渗硼需用易爆的乙硼烷或有毒的氯化硼，故没有用于生产。

10.6.2 渗硼层的组织和性能

10.6.2.1 渗硼层的组织

硼原子在 γ 相或 α 相的溶解度很小，当硼的含量超过其溶解度时，会产生硼的化合物 Fe_2B。当 B 含量大于 9% 时，会产生 FeB。当 B 的含量在 $6\%\sim16\%$ 时，会产生 FeB 和 Fe_2B 白色针状混合物。一般希望得到单相的 Fe_2B 层。

10.6.2.2 渗硼层的性能

① 渗硼层的硬度很高。如 Fe_2B 的硬度为 $1300\sim1800HV$；FeB 的硬度为 $1600\sim2200HV$。由于 FeB 脆性大，一般希望得到单相的、厚度为 $0.07\sim0.15mm$ 的 Fe_2B 层。

② 在盐酸、硫酸、磷酸、碱中，具有良好的防蚀性，但不耐硝酸。

③ 热硬性高，在 $800℃$ 时仍保持高硬度。

④ 在 $600℃$ 以下抗氧化性能较好。

10.7　二元和三元共渗

10.7.1 铝-铬共渗

10.7.1.1 方法

铝-铬共渗可以获得比单独渗铝和渗铬层更优良的性能。

铝-铬共渗的方法较多，有粉末法、熔盐法、料浆法等，其中应用最多的是粉末法。采用粉末法进行铝-铬共渗时，渗剂中一般含铬粉、铝粉、氧化铝和氯化铵等。也可以用铝-铁和铬-铁合金粉代替铝粉和铬粉。增加渗剂中的铝-铁合金粉量，渗层中的铝含量亦增加。

10.7.1.2 性能

铝-铬共渗层的抗高温氧化性能与渗层中铝和铬的含量有密切关系。图 10-7 表示几种不同铝和铬含量的渗层在 $900℃$ 下于大气中加热时的氧化情况。图 10-7 中曲线 1 的渗层含 Cr40%、Al0.4%，曲线 2、3、4 渗层的铝、铬含量分别为：2—Al 1.8%、Cr15%，3—Al 5%、Cr8%，

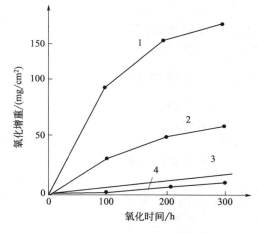

图 10-7　4 种铬-铝共渗层的抗氧化性能

4—Al 8%、Cr0.2%。

10.7.2 铬-硅共渗

10.7.2.1 方法

铬-硅共渗的方法有：粉末法、气体法、熔盐法等。

采用粉末法时，共渗温度一般控制在 $900\sim1000℃$，共渗时间视所需厚度而定，一般为 $3\sim15h$。曾经用过的粉末渗剂有：a. 铬粉、硅粉、氧化铝和氯化铵的混合物；b. 铁-铬-硅合金、耐火黏土和氯化铵的粉末混合物；c. 氧化铝、氧化铬、二氧化硅、金属铝和氯化铵等粉末混合物。

熔盐法分电解法和非电解法两种。采用的熔盐浴一般含硅酸钠和氧化铬。为了提高熔盐浴的流动性，可以加入适量的氯化钠。采用非电解法时，浴中还需要加入约 10% 的硅钙合金粉（粒度 $0.32\sim1.6mm$）作为还原剂。采用电解法时，阴极电流密度一般控制在 $0.3A/cm^2$。

用电解法共渗时，采用含 $15\%Cr_2O_3$、$75\%Na_2SiO_3$ 和 $10\%NaCl$ 的熔盐浴，于 $1050\sim1100℃$ 共渗 5h，可在工业纯铁上形成铬含量为 $40\%\sim50\%$、硅含量为 $8\%\sim10\%$ 的共渗层。

10.7.2.2 性能

表 10-7 是铬-铝共渗前后 45 号钢的耐蚀性，铬-硅共渗层的韧性比渗硅层好，共渗层形成的速度比渗铬层快。在一些介质中，铬-硅共渗层的耐蚀性和耐热性优于渗铬层和渗硅层。

表 10-7 铬-铝共渗前后 45 号钢的耐蚀性

腐蚀介质	腐蚀时间/h	失重/(g/cm²)	
		共渗前	共渗后
10%硫酸	48	0.0604	0.0490
	120	0.1440	0.0679
	408	0.5384	0.0978
96%硫酸	120	0.0031	0.0029
	408	0.0105	0.0049
	648	0.0132	0.0050
	1008	0.01558	0.0061

铬-硅共渗层的硬度与钢基体的碳含量有较大关系。在一般情况下，共渗层的硬度随钢基体碳含量的增加而提高。铬-硅共渗的中碳钢和高碳钢不仅具有良好的抗高温氧化性能，而且有较高的硬度，可用作金属热压加工的模具。

10.7.3 铬-钛共渗

10.7.3.1 方法

一般采用粉末法。可以采用含铬粉、钛粉、氧化铝和卤化物的粉末渗剂，也可采用含铬和钛的氧化物、卤化物、铝粉和氧化铝的粉末渗剂。

适当控制渗剂中铬和钛的比例，可获得性能良好的共渗层。试验表明，用含 $40\%Al_2O_3$ 和 $5\%AlF_3$、Cr_2O_3、TiO_2 以及铝粉的粉末渗剂（其中 $Cr_2O_3：TiO_2=70：30$），在 $1100℃$ 共渗 4h，渗层厚度随渗剂中铝含量增加而增大；当渗剂中铝含量大于 25%，则急剧增大。

10.7.3.2 性能

铬-钛共渗层具有良好的耐酸、碱腐蚀性能和抗高温氧化性能，见表 10-8。

表 10-8　几种合金钢渗铬和铬-钛共渗后的抗氧化性能

钢基体	渗层类型	试验时间/h							
		6	26	46	66	86	100	120	150
		增重/(mg/m²)							
2Cr13	Cr	6.9	10.9	22.1	25.4	32.3	35.2	38.3	44.9
	Cr-Ti	6.3	9.1	11.9	13.2	16.1	16.4	19.2	24.2
Cr25Ti	Cr	4.7	11.9	14.4	17.4	19.3	20.7	29.2	38.0
	Cr-Ti	4.0	11.2	16.8	20.6	23.4	26.4	29.1	32.4
Cr18Ni9Ti	Cr	12.7	16.8	28.4	34.9	40.3	43.9	47.7	54.1
	Cr-Ti	3.8	7.8	9.9	12.7	15.5	16.4	18.9	25.8

10.7.4　铬-硅-铝共渗

10.7.4.1　方法

一般用粉末法。粉末渗剂含纯金属粉（或铁合金）、填充剂和卤化物，也可以用金属氧化物代替纯金属粉。用含有铝粉的粉末渗剂共渗，渗层厚度随铝粉含量增加而增大。当铝含量超过 40％时，主要是渗铝。实际应用的粉末渗剂成分如下：

$95\%\{30\%Al_2O_3+70\%[30\%\sim40\%Al+70\%\sim60\%(85\%Cr_2O_3+15\%SiO_2)]\}+5\%AlF_3$

10.7.4.2　性能

2Cr13、Cr25Ti 和 Cr18Ni9Ti 等不锈钢经过铬-硅-铝三元共渗后，在 1000℃进行高温氧化试验，表 10-9 的结果表明，2Cr13 和 Cr18Ni9Ti 不锈钢经过共渗后，抗高温氧化性能得到明显改善；但对 Cr25Ti 的影响不大。

表 10-9　铬-硅-铝三元共渗不锈钢的抗高温氧化性能

钢　　种	氧化时间/h	在 1000℃的增重/(g/m²)	
		共渗前	共渗后
2Cr13	100	1480	11
Cr18Ni9Ti	150	205	32
Cr25Ti	100	45	43

10.8　化学热处理新工艺

10.8.1　真空渗碳

10.8.1.1　真空渗碳工艺参数

真空渗碳是在真空加热的基础上，通入渗碳介质的低压渗碳工艺。

（1）渗碳介质

真空渗碳可以采用多种渗碳介质，但考虑到目前采用的真空渗碳炉大多应用碳质加热元件和绝热材料，不适用于平衡渗碳工艺；另一方面为防止产生内氧化，目前多使用不含氧的烃类为真空渗碳介质，主要为甲烷、丙烷。甲烷是烃类中较稳定的，通常在 600℃开始分解，1000℃可完全分解为碳和氢。随着温度的升高，甲烷的分解速度加快，渗碳能力加强。甲烷渗碳反应可用下式表示：

$$CH_4 \Longrightarrow [C] + 2H_2 \uparrow$$

生产中实际使用的甲烷含量远远大于平衡值，所以真空渗碳是一种非平衡渗碳，不能用与热力学平衡概念对应的碳势说明介质的渗碳能力，应采用供碳能力或渗碳能力的概念。

丙烷比甲烷的渗碳能力更强，但也容易产生炭黑。丙烷容易储存和运输，是目前应用较多的真空渗碳介质。

（2）渗碳温度

真空渗碳炉大部分为内热式，以石墨板或石墨棒为加热元件，最高使用温度为1300℃，适用于950～1100℃的高温渗碳工艺。表10-10为不同温度下总渗碳深度与渗碳时间的关系。为得到3mm的渗层，把渗碳温度从927℃提高到1040℃时，渗碳时间可减少2/3。真空渗碳时，采用高温渗碳是提高渗碳速度的主要方法。

表10-10　在不同温度下需要的处理时间与总渗碳深度的关系　　　　单位：h

深度/mm ＼ 温度/℃	871	927	954	1010	1040
0.5	1.2	0.62	0.46	0.24	0.18
1.0	4.8	2.5	1.84	0.97	0.73
1.5	10.8	5.6	4.15	2.18	1.65
2.0	19.1	9.9	7.37	3.88	2.93
3.0	42.1	22.3	16.59	8.72	6.59

（3）供气方式

真空渗碳时，介质的供碳能力与压力、流量有关。提高介质压力使供碳能力提高，但产生炭黑的倾向增加。为控制表面碳量，可采用多种供气方法。如恒压供气与脉冲式供气。恒压供气有两种方式：一次供气达到一定压力后停止供气，或在恒压下保持一定介质流量。前者仅适用于薄层渗碳，应用较少。脉冲式供气时炉内压力变化较大，对于零件的凹槽、盲孔部分，由于渗碳介质周期性的充入和排气，因而具有良好的搅拌效果，因此适用于有凹槽及盲孔的零件均匀渗碳。

（4）渗碳时间与渗扩比

真空渗碳时间包括渗碳时间与扩散时间。为控制零件表面的含碳量，应调整渗碳时间与扩散时间的比例（渗扩比）。渗碳时间与扩散时间的关系可以用下示说明：

$$\tau_2 = k\tau_1 \left[\left(\frac{C_1 - C_0}{C_2 - C_0} \right)^2 - 1 \right] \tag{10-6}$$

式中，τ_1 为渗碳时间；τ_2 为扩散时间；C_1 为渗碳时达到的表面碳量；C_2 为扩散后应达到的表面碳量；C_0 为原材料的碳含量；k 为系数。

上式表明，增大渗扩比（τ_1/τ_2），将使表面碳量增大。

10.8.1.2　真空渗碳的特点

① 不产生内氧化，可以得到光亮的表面。

② 对于有凹槽及盲孔或壁厚差很大的部件，渗碳均匀性明显地优于一般气体渗碳，但对有尖角的部件易在尖角处产生过渗现象。

③ 真空渗碳适于高温渗碳，有较好的表面净化作用，是供碳能力很强的非平衡渗碳方法，渗碳速度高。

④ 不需要专用的渗碳介质发生炉，介质消耗量小，设备启动性能好。

⑤ 环境污染少，操作环境好。

⑥ 适用于特殊工艺要求。如适于渗碳层厚度0.1～7mm的薄层或厚层渗碳，可用于不

锈钢（如 2Cr13）或含硅量较高的难渗碳材料，适于高速钢或模具钢渗碳，并可直接进行升温淬火。

10.8.1.3 真空渗碳件的机械性能

真空渗碳可以防止内氧化，使表面碳量和碳量的分布得到很好的控制，渗碳效果有很高的再现性。因此经真空渗碳的部件，机械性能明显地优于一般气体渗碳。图 10-8 为材料及硬化深度相同时，真空渗碳与一般气体渗碳件旋转弯曲疲劳强度的对比。

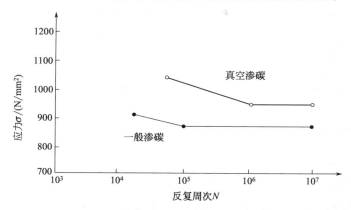

图 10-8　SNCM23 钢经真空渗碳与一般渗碳后旋转弯曲疲劳强度的对比

由于真空渗碳常采用高温渗碳，介质具有很高的供碳能力，渗碳后渗层与心部组织成分的变化规律将一般渗碳不同，但是有关真空渗碳工艺、组织成分、性能的确切关系，还有待进一步研究。

10.8.2　离子渗氮

10.8.2.1 离子渗氮的物理化学过程

在充有渗氮介质的真空容器内，在部件（接电源阴极）与阳极间加上较高的电压，会产生异常辉光放电现象。离子渗氮就是在异常辉光放电区内进行的。在异常辉光放电区内可发生多种与渗氮过程密切相关的物理、化学现象。

（1）离子溅射

离子轰击阴极表面，使金属表面原子获得逸出功和动能后，就会以一定速度从金属表面分离出来。这一过程称为离子溅射或阴极溅射。离子溅射过程实际上是微小区域范围的蒸发过程。离子溅射可使表面化合物分解，清除氧化膜，对表面进行净化，可促进金属表面的化学反应。

（2）离子轰击加热

离子轰击阴极（部件）表面时，一部分能量转化为溅射原子的逸出功与动能，另一部分能量转化为热能，使部件被加热。当不设置外加热源时，部件是由离子轰击被加热到渗氮温度的。部件所能达到的温度取决于单位部件表面积上离子轰击功率和部件的散热条件。对于冷壁式离子渗氮炉，为达到渗氮温度所消耗的离子轰击功率约为 $1\sim3W/cm^2$。

（3）凝附

凝附与溅射是两个相反过程，溅射使原子从部件表面逸出，而凝附使原子或分子在部件表面上沉积。这一过程与表面吸附现象密切相关，可以通过改变介质压力、离子轰击电压等参数调整溅射与凝附过程，控制渗层的组织成分。

（4）表面反应

当离子轰击部件表面时，产生表面加热和离子溅射，被溅射出的铁原子与附近等离子体中的氮原子结合成 FeN。由于表面吸附作用使 FeN 沉积在部件表面。由于部件表面被加热和离子轰击作用，FeN 可分解为 Fe_2N、Fe_3N、Fe_4N 与氮，分解出的氮原子一部分向部件内扩散，另一部分返回到等离子区中。

10.8.2.2　离子渗氮的特点

（1）可以得到高质量的渗氮层

可以根据对性能的要求，调解渗氮层的组织成分，这是离子渗氮的一个重要特点。离子渗氮时，可以改变介质成分、压力、电参数，调节部件表面附近的氮离子浓度，改变溅射与凝附过程，使渗氮层组织成分得到控制。通过以下各方面也可改善渗氮层组织：

① 可以得到单相化合物或无化合物扩散层；

② 使化合物层的致密性提高；

③ 减少分布于晶界的碳氮化合物，提高渗氮层的韧性；

④ 渗氮层均匀。

（2）渗氮速度高

实验表明，38CrMoAl 钢于 550℃渗氮，为得到 0.4mm 渗氮层，气体渗氮时间为 20h，而用离子渗氮仅需 7h。离子渗氮速度高与下列因素有关。

① 离子轰击与溅射具有良好的表面净化与活化作用。因为离子轰击与溅射可去除表面钝化膜，增加表面反应活性点，能提高表面反应速度。

② 渗氮介质被高度活化。渗氮介质在电场中被离子化和强烈加速，成为具有高动能的活化状态，供氮能力很强。不仅可用氨作为渗氮介质，而且可直接以氮气作为渗氮介质。

③ 提高了氮在钢表面的扩散速度。从离子渗氮表面反应可知，离子渗氮与气体渗氮相反，可首先在表面上形成高氮量氮化物，由于离子轰击，在表面层 0.05mm 深度内能形成高密度的位错，使氮的扩散速度加快。

离子溅射时碳原子比铁原子更容易逸出，在离子渗氮时伴随有脱碳现象，致使分布于晶界上的碳氮化合物减少，因而减少了碳氮化合物对扩散的阻力，并使在更低温度下（如400℃）也能得到良好的渗氮效果。

（3）减少环境污染

气体渗氮要消耗大量的氨，液体渗氮时采用有剧毒的氰盐，均会造成环境污染。离子渗氮可直接用无毒的氮气为渗氮介质，即使是用氨为渗氮介质，因其消耗量极低，也可大大减

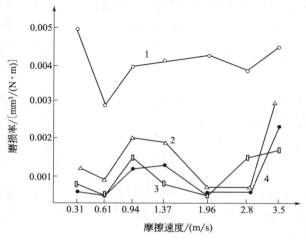

图 10-9　38CrMoAlA 钢的磨损率与摩擦速度的关系

1—未渗氮；2—气体渗氮；3—离子渗氮（$N_2$80%）；4—离子渗氮（$N_2$25%）

少对环境的污染。

10.8.2.3　离子渗氮的组织性能特点

（1）高韧性渗氮层

离子渗氮时可采用氨、氨分解气或氮氢混合气，介质的成分和压力可以在很大范围内进行调节。另外还可以改变离子溅射的强度，使渗氮层的组织更容易控制，获得用一般气体渗氮难以得到的高韧性渗氮层组织。

（2）耐磨性

钢铁件渗氮后耐磨性提高，而离子渗氮的效果又大于气体渗氮。图 10-9 是不同渗氮方法的磨损率比较。

（3）疲劳强度

离子渗氮后试件的疲劳强度与一般气体渗氮相近。疲劳强度随 α 扩散层的深度及含氮量的增加而增大，离子渗氮后再经固溶处理，可使疲劳强度提高。

第11章 耐蚀金属覆盖层

把具有耐蚀性和一定需要特性的金属及其板材覆盖在设备表面的方法有堆焊和金属衬里。最常见的衬铅层就是典型的金属衬里，主要应用在化工硫酸介质防腐蚀设备上。金属衬里的结合也要使用堆焊技术。金属衬里的方法主要有堆焊、锚固衬贴、黏合衬贴、涨和衬贴、搪制等。

11.1 堆 焊

堆焊是焊接领域中的一个分支，是一种熔焊工艺。但堆焊的目的并不是为了连接机件，而是借用焊接的手段对金属材料表面进行厚膜改质，即在零件上堆覆一层或几层具有使用性能的材料。这些材料可以是合金，也可以是金属陶瓷，它们可以具有原机件不具有的性能，例如高的抗磨性，良好的耐蚀性或其他性能。这样一来，对于本来是用一般材料制成的零件，如普通碳钢零件，通过堆焊一层高合金，可使其性能得到明显的改善或提高。堆焊也是用于修复的重要方法之一，许多表面缺陷都可以通过堆焊进行消除。

异种金属的堆焊，一般来说比同种金属的堆焊要困难一些，这是因为堆焊层材料和基体材料的成分差异可能会导致堆焊层的成分稀释，另外，材料性能的差异也严重影响堆覆焊接性。

堆焊技术的进步，一是体现在工艺方法上，例如由最初的手工电弧堆焊、氧乙炔堆焊发展为埋弧堆焊、振动堆焊、气体保护堆焊和等离子堆焊等；另一方面是体现在堆焊材料上，从成分上由原来的碳钢、低合金钢发展为多种性能的高合金钢（如高速钢、高铬合金铸铁）、镍基合金、钴基合金、铜基合金以及超硬的碳化钨金属陶瓷。为了最有效地发挥堆焊层的作用，希望采用的堆焊方法有较小的母材稀释、较高的熔覆速度和优良的堆焊层性能，即优质、高效、低稀释率的堆焊技术。

11.1.1 金属表面堆焊的特点

堆焊就其物理本质和冶金过程而言，具有焊接的一般规律，原则上已有的熔焊方法都可以用于堆焊。但是由于其作用同一般起连接作用的焊接完全不同，它还具有自身的特性。

11.1.1.1 堆焊自身的特性

① 堆焊的目的是用于表面改质，因此，堆焊材料与基体材料往往差别很大，因而具有异种金属焊接的特点。

② 与整个机件相比，堆焊层仍是很薄的一层，因此，其本身对整体强度的贡献，不像通常焊缝那样严格，能承受表面上的要求即可。堆焊层与基体的结合力，也无很高要求，一般冶金结合即可满足，但是必须保证工艺过程中对基体的强度不损害，或者损害可控制在允许限度之内。

③ 要保证堆焊层自身的高性能，要求尽可能低的稀释率。

④ 堆焊用于强化某些表面，因而希望焊层尽可能平整均匀。这要求堆焊材料与基体应有尽可能好的润湿性和尽可能好的流平性。

用堆焊的方法能使金属表面获得与基体金属完全不同的新性能。可以根据机件工作状况的要求，在普通钢材表面堆焊各种合金，使表面具有耐磨损、耐腐蚀、耐气蚀、耐高温等特性。

11.1.1.2 堆焊方法的优点

堆焊方法较其他表面处理方法有如下优点。

① 堆焊层与基体金属的结合为冶金结合，结合强度高，抗冲击性能好。

② 堆焊层金属的成分和性能调节方便，一般常用的手工电弧焊堆焊条或药芯焊丝调节配方很方便，可以设计出各种合金体系，以适应不同的工况条件。

③ 堆焊层厚度较大，一般堆焊层厚度可在 2~3mm 内调节，更适合于严重磨损的工况条件。

④ 堆焊方法具有高的原料投入的性价比，当工件的基体采用普通材料，表面堆焊高合金层时，不仅降低了制造成本，而且还节约许多贵重金属。

⑤ 堆焊是机械维修和不合格工件修复中不可或缺的方法，正确地选用堆焊合金，可以延长维修后的机件寿命，延长维修周期，降低设备的使用成本。

11.1.2 堆焊的应用

基于堆焊方法的优点，在矿山机械、冶金机械、建材机械、农业机械、发电设备、施工机械、冷热模具等产业中可以大量应用堆焊技术。按用途和工件的工况条件堆焊有以下应用场合。

11.1.2.1 恢复工件尺寸

金属摩擦副相对运动时，由于黏着作用使材料由某一表面转移至另一表面所引起的磨损称之为金属间磨损。轴类、轮盘、大型齿轮等常由于金属间磨损而出现配合间隙过大，堆焊这些工件的主要目的是恢复工件尺寸。

11.1.2.2 抗磨损堆焊

按工件的低应力、高应力、冲击工况条件，加工抗磨损堆焊层，改变工具或机器零件表面耐磨性等性能。如：a. 磨料（沙、土、粉尘等）与工件之间相对自由滑动，作用应力小于磨料压溃强度，工件材料表面产生微小切削痕的低应力磨料磨损，像推土机刃板、泥浆泵轮、排粉机叶轮、选粉机导向片、散料盘、料仓漏斗、水渣输送管、合泥刀、螺旋输送面叶片等表面；b. 磨料在两个工件之间互相挤压和摩擦，磨料不破碎，局部应力很高的高应力磨料磨损，像研磨机中的磨杆、磨球、衬板，滚式破碎机中的滚轮，挖掘机的链条与链轮等；c. 磨料以很大冲击力冲击工件表面，在凿削磨损工况条件下，磨料可以切入金属表面，切削下大颗料金属并形成沟槽的凿削型磨损或冲击磨料磨损，像颚式破碎机的齿板、辗辊、破碎机锤头、滑槽、溜槽、矿石挖掘机斗齿等；d. 液体相对于金属表面高速运动，表面产生的气穴在破灭过程中对金属表面产生的强烈冲击，以及介质的腐蚀作用的气蚀，像水轮机转子叶片、船舶螺旋桨、水泵叶轮等。

11.1.2.3 抗腐蚀堆焊

主要用于石油、化工行业中的防腐蚀表面不锈钢堆焊，如硫化物反应器内衬、耐酸容器内衬等。

11.1.3 异种金属熔焊基础

11.1.3.1 熔合区的形成与结构

由于堆焊层金属和基体金属的化学成分和晶格类型都有差别，不可避免地会在分界面的过渡层中引起晶格畸变，从而造成晶格的各种缺陷。由于靠近熔合区各段上焊缝的结晶特点不同，可能由于成分的变化而形成性能不良的过渡层，从而使焊接质量恶化。

（1）熔合区

所谓熔合区一般包括熔合线和具有结晶层与扩散层的过渡区段，在这个过渡区段内成分是不固定的。堆焊层与基体金属之间的界线称为熔合线。在熔焊条件下，熔池的结晶中心是未熔化的基体金属的晶粒，结晶新相的原子就附着在结晶中心上面。焊缝完全冷却以后，熔合区一部分由基体金属组成，另一部分由熔合金属组成。

（2）熔合区的结构特点

分析焊缝的微观组织可以发现，两种金属尽管合金化特性彼此差别很大，但只要它们的晶格相同，基体金属与焊缝金属的熔合区就有相容性。而且只要熔合区内没有组织的畸变，金相组织类型相同的异种钢焊接接头、晶界的吻合也很清晰。

对于组织类型不同的钢，熔合区的形成过程就比较复杂。根据结晶方向和尺寸相适应的规律，被焊金属晶格的周期彼此相差不超过 9% 才会产生共同的结晶。否则在熔合区内就出现从一种晶格过渡到另一种晶格的单原子层，此过渡层总是受到一定的应力。

（3）结晶过渡层的化学成分

在结晶过程中形成的过渡层，称为结晶过渡层。熔合区中的结晶过渡层由于是异材焊接，在熔合区的边界上，就不可避免地会产生化学成分介于基体金属和焊缝之间的过渡层。过渡层的厚度随焊接电流的增大而减小。一般说来，用手工电弧焊时，过渡层的平均厚度为 0.4～0.6mm，而用埋弧时为 0.25～0.5mm。

元素在熔合区中的扩散，不像元素在理想溶液中扩散那样，从高浓度向低浓度平稳变化，而往往是跳跃式过渡。这种扩散的规律是很复杂的，受具体操作环境和动作的影响。不过，用物理化学的观点来说，扩散的结果必定要趋向于自由能（或自由焓）最低的状态。

（4）扩散过渡层的化学成分

因合金元素扩散所形成的过渡层称为扩散过渡层。焊接异种金属时，当基体金属与堆焊金属的成分相差很大时，在焊缝金属熔合线附近，会形成一个成分变化不定的区域，即扩散过渡层。在堆焊过程中，固态基体金属和液态金属互相作用必定会引起熔合线附近合金元素的异扩散。异扩散速度的大小取决于温度、接触时间、浓度梯度和原子的迁移率。

异扩散形成的扩散过渡层往往会损害堆焊层的性能。因此，不仅在异种钢焊接接头的熔合区内可以见到由于碳的扩散重新分布而形成的过渡层，就是在合金化不同的钢相互接触的情况下，也能发现扩散层。如复合钢板的基层与覆层的界面上，碳钢与镀铬层的界面上都会出现这种过渡层。

在分析熔合区内形成扩散过渡层的特点时，首先应当了解其中扩散能力最大的元素的迁移条件。在钢中这种扩散运动能力最强的是碳。不论在 α 固溶体中，还是在 γ 固溶体中，碳的扩散运动都比其他合金元素大 10^4～10^6 倍，因此钢基体中的碳化物形成元素会降低扩散过程的速率和提高扩散温度。非碳化物形成元素会使扩散层厚度明显下降；会对熔合区质量产生有益影响。

同时，无论在什么温度下，碳在 α 相中的扩散能力都明显高于在 γ 相中的扩散。如，在 910℃，碳在 α 铁中的扩散是 γ 铁中的 39 倍，在 755℃ 是 126 倍，在 500℃ 是 855 倍。

在珠光体钢上堆焊奥氏体不锈钢，就会出现明显的扩散过渡层组织，在靠近碳钢的一侧出现了粗大柱状铁素体晶粒的贫碳层，而靠近奥氏体焊缝一侧，出现了一条易被试剂腐蚀的高硬度的黑带。这一黑带是由于较多的碳扩散的结果。这种扩散过渡层在碳钢与不同合金化焊缝的接触处都可能出现。

11.1.4 堆焊方法

11.1.4.1 手工电弧堆焊

手工电弧堆焊的设备简单通用，机动灵活，焊条配制方便，容易得到小批量特种成分堆焊焊条。因此，这种方法是应用较广泛的方法。它的缺点是生产效率低，劳动条件差，稀释率较高，容易产生操作上的失误，影响堆焊层性能。

手工电弧堆焊的工艺特点有：a. 为降低稀释率应采用小电流、短弧长、慢速度的方法，焊接电流应比普通焊条小 10%～15%；b. 为防止堆焊层开裂，对于一些用于与泥沙、粉尘、矿石直接磨损的工件，堆焊金属一般选用高铬合金铸铁堆焊条，基体为低碳、低合金钢，韧性较好，可以允许堆焊层存在密集的小裂纹。

控制裂纹的主要工艺措施有以下几种。

① 在保证堆焊层性能的前提下，选择与基体材料线膨胀系数相近的堆焊合金，以减小由于线膨胀系数不同造成的热应力。

② 采取预热，中间消氢热处理，焊后缓冷的工艺方法，预热温度可以根据堆焊金属的碳当量确定，见表 11-1。

表 11-1　根据碳当量确定预热温度

碳当量/%	预热温度/℃	碳当量/%	预热温度/℃
0.4	≥100	0.7	≥250
0.5	≥150	0.8	≥300
0.6	≥200		

表 11-1 中，碳当量 $C_{eq} = \left(C + \dfrac{Mn}{6} + \dfrac{Si}{24} + \dfrac{Ni}{15} + \dfrac{Cr}{5} + \dfrac{Mo}{4} + \dfrac{Cu}{13} + \dfrac{P}{2} \right)\%$；适用成分范围为：C < 0.6%；Mn < 1.6%；Ni < 3.0%；Cr < 1.0%；Mo < 0.6%；Cu 0.5%～1%；P 0.05%～0.15%。

堆焊淬硬倾向较大的耐磨合金，当合金含量大于 10% 时，一般预热温度为 300～550℃。

③ 当堆焊金属或母材硬度很高时，可先基体上堆焊一层高塑性材料作为堆焊过渡层，如不锈钢或镍基合金，然后在过渡层上堆焊，这种方法对防止裂纹很有效。

④ 为防止工件变形，对批量较大的工件，应采用专用工、卡、夹具工装以防止变形。也可以采用预制反变形法。对于工况条件为低应力磨料磨损的工件，在基体表面堆焊成网格状焊道，就可以获得很高的抗磨损性能，这样既可以降低成本，又可以防止变形过大。

11.1.4.2　氧-乙炔堆焊

氧-乙炔火焰温度较低（3050～3100℃），火焰加热面积大，可获得较低的稀释率（1%～10%），堆焊层厚度较小，在 1mm 左右。氧-乙炔火焰尤其适用于堆焊碳化钨管状焊丝，这种合金要求在堆焊时 WC 颗粒不熔化，这样才能最好地发挥 WC 的耐磨性。而氧-乙炔火焰正适合这一温度要求。氧-乙炔火焰堆焊方法的主要缺点是生产效率低，工件变形大。

氧-乙炔火焰堆焊的工艺特点如下：a. 焊前清除工件表面上的油、锈；b. 将工件放平防止铁水流出；c. 用碳化焰将工件表面加热至半熔化温度，即呈现"出汗"状态，此时添入堆焊材料进行堆焊；d. 堆焊时，注意堆焊时不要使母材完全熔化形成熔池。焊丝和熔化区应处于还原焰的保护中，不得将火焰急速移开，以防止堆焊金属氧化；e. 单层堆焊一般在 2～3mm 厚，厚度不够时可用多层堆焊，必要时可用火焰重熔堆焊层，以消除堆焊缺陷。

碳化焰是氧与乙炔的体积的比值小于 1.1 时的混合气燃烧形成的气体火焰，因为乙炔有过剩量，所以燃烧不完全，焰中含有游离碳，具有较强的还原作用和一定的渗碳作用。

11.1.4.3　埋弧堆焊

埋弧堆焊的生产效率高，堆焊质量稳定，适用于批量零件堆焊和大面积堆焊。当堆焊材料可以用冷加工方法（如冷拔丝等工艺）成形时，采用实芯焊丝或焊带作堆焊材料；硬度高、塑性差的堆焊金属常用药芯焊丝或焊带，还可以将合金粉直接由送粉器铺到焊道上，实现堆焊渗合金。

（1）单丝埋弧堆焊

方法简便易行，但熔深大，效率偏低，稀释率较高（有时高达50%）。为降低稀释率常采用焊丝摆动方法，有时也采用填丝方法、填合金粉方法、下坡焊法、焊丝前倾或减小焊道间距等方法以降低稀释率。

（2）多丝埋弧堆焊

双丝、三丝或多丝埋弧堆焊是将几根并列的焊线接在电源的一个电极上，并同时向堆焊熔池送进，电弧将周期性地从一根焊丝移到另一根焊丝。由于每次起弧的焊丝获得很高的电流密度，使熔覆效率大大提高。这种方法熔池浅、焊道宽、效率高。

（3）带极堆焊

将堆焊材料轧制成焊带（宽40～100mm，厚0.4～0.7mm），在熔炼焊剂或烧结、黏结焊剂层下进行带极堆焊。堆焊时，电弧在带极局部燃烧，并在带极宽度上来回移动，使得堆焊的稀释率很低（3%～9%）。这种方法目前主要用于容器内衬的不锈钢防腐堆焊。

（4）串联电弧堆焊

串联电弧堆焊是电弧在两条自动送进的焊丝之间燃烧，由于母材不接电极，因而，热源间接作用于母材上，电弧的大部分能量用于熔化焊丝，所以，可得到较低的稀释率。

（5）埋弧堆焊工艺

在埋弧堆焊工艺中，要注意以下几个方面：

① 堆焊电流　堆焊电流增大时，熔深增大，焊缝宽度变化不大，焊丝熔化速度增加，堆高增大。堆焊电流应控制适当，一般电流 I（A）应取85～110倍焊线直径 d（mm），即 $I=(85\sim110)d$。

② 电弧电压　电流电压增高，弧长增大，熔宽增加、熔深略有减小，但电弧过长时，电弧稳定性明显下降。埋弧堆焊的电流与电压之间需要配合良好，才能得到稳定的电弧，堆焊电流与电弧电压之间的规范配合参数可在表11-2中查出。

表 11-2　埋弧堆焊电流与弧压配合关系

焊条直径	焊接电流	电弧电压	焊条直径	焊接电流	电弧电压
2.5mm	200A	28～30V	4.0mm	500A	35～37V
	300A	29～33V		600A	34～38V
	400A	31～35V		800A	37～39V
	500A	34～37V		900A	38～40V

③ 堆焊速度　堆焊速度对堆焊焊道成形影响较大，在堆焊电流与电弧电压不变的情况下，堆焊速度增加，堆焊宽度变窄，熔深降低，反之则相反。但过快的堆焊速度易造成未焊透和断弧等问题。

④ 焊丝直径　一般埋弧堆焊的焊丝直径为2.5～5mm。焊丝直径增大，可选更大的堆焊电流，有利于提高效率，但工件的变形量要增大，薄工件还易被焊穿，因此，应选适中的焊丝直径。

⑤ 焊丝伸出长度　焊丝伸出长度增加，伸出部分的电阻热增加，焊丝熔化速度加快，对增加熔覆效率、降低稀释率有利，但伸出长度过长时，会发生焊丝伸出部分整段熔化而引起断弧。伸出长度一般为20～50mm。

⑥ 电源的极性　当采用直流电源时，常采用反接方法，反接有利于堆焊过程的稳定。

11.1.4.4　等离子弧堆焊

等离子弧是将电弧在焊嘴的机械压缩作用下，使电弧的能量密度提高，弧柱中心温度可达 24000～50000K，能顺利堆焊难熔材料，熔深可以调节，稀释率小于 8%。等离子弧堆焊设备较复杂，氩气消耗较大，堆焊成本较高。

（1）等离子弧堆焊装置

等离子弧堆焊系统主要有主电源、控制装置、气路、焊炬、焊炬冷却装置、送丝或送粉装置。必要时还可以有焊炬摆动装置、自动行走装置等。

① 焊炬　焊炬有添丝堆焊焊炬和粉末堆焊焊炬。其中对电弧性能影响较大的主要是喷嘴直径和孔径比，喷嘴的基本结构如图 11-1 所示。喷嘴直径 d 可根据表 11-3 堆焊电流选定。

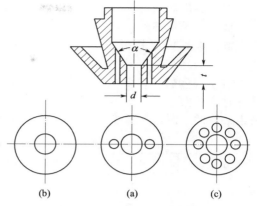

图 11-1　喷嘴的基本结构

表 11-3　喷嘴孔径与许用电流

喷嘴直径 d/mm	1.4	2.0	2.5	3.0	3.5	粉末堆焊 6～10
电流/A	30～70	40～100	约 140	约 180	约 300	100～300

当电流和气流一定时，d 越大，对电弧的压缩作用越小，d 过大则无压缩作用，过小易引起双弧，堆焊时一般取 $I/d = 0.6～0.98$，锥角 $\alpha = 60°～70°$。

② 电源　等离子弧堆焊，要求电源具有陡降的外特性，空载电压为 65～85V，采用直流反接，在没有专用电源的情况下，具有陡降外特性的电源都可以用作等离子弧堆焊电源。

③ 气路系统　供气系统应能分别供给并可调节离子气、保护气和送粉气。气路中必须串接干燥器，用以排除气体中的水分。氢气的纯度一般不低于 99.7%。

（2）等离子弧堆焊工艺

在等离子弧堆焊工艺中，要注意以下几个方面。

① 离子气流量　离子气用于压缩电弧，它的大小影响电弧刚性。离子气流过小，电弧挺度下降，电弧不稳定；离子气流过大则等离子弧的穿透能力提高，熔深增加。离子气的流量一般取 300～500L/h。离子气流量应与堆焊电流配合，电流大时应该提高气量。

② 堆焊电流　堆焊电流对堆焊质量影响较大，电流过小，易发生未焊透，焊道成形不良，在粉末堆焊时，粉末飞散较多；如电流过大，熔深加大，熔合比提高。

③ 送粉气流量和送粉量　在粉末等离子堆焊时，送粉气起输送合金粉末作用，流量以满足稳定的送粉过程为准，过大的送粉量会破坏堆焊过程的稳定性；过小则易造成粉末堵塞喷嘴。通常送粉量为 1000～6000g/min。送粉气的流量为 400～600L/h。

④ 喷嘴端面与工件的距离　喷嘴端面与工件的距离可以根据堆焊电流调节，一般应在 5～10mm。

11.1.4.5　气体保护堆焊

（1）CO_2 气体保护堆焊

CO_2 气体保护堆焊为熔化极堆焊，焊丝可以是实芯焊丝，也可以是药芯焊丝，以 CO_2 为保护气体。所用的设备、焊接规范参数与一般 CO_2 气体保护焊相同，这种方法成本低，堆焊效率比手工电弧堆焊高 3 倍以上。

CO_2 保护气体可以与氩气、氦气混合，以改善堆焊质量，其中加入氩气对堆焊道表面成型改善较大。

药芯焊丝可以形成渣气联合保护。药芯焊丝能制成各种高合金成分的堆焊合金。一些不能制成实芯焊丝的堆焊合金，可以制成药芯焊丝，这样扩大了 CO_2 气体保护焊的应用领域。

堆焊时采用细丝（$\phi \leqslant 1.2mm$）、小电流短路过渡方式，对母材热输入小，熔深浅，稀释率低，堆焊效率较低；采用 $1.2 \sim 1.6mm$ 焊丝，大电流，可提高生产率，但稀释率会增加。

CO_2 气体保护焊多为半自动方法，可以适应现场堆焊、不规则零件堆焊和小零件堆焊。堆焊时明弧操作，可见度好，并且半自动设备简单、通用、灵活性强。CO_2 气体保护堆焊采用平特性电源，等速送丝方式，极性为直流反接，堆焊电流与电压的关系见表 11-4。

表 11-4　CO_2 气体保护堆焊电流与电压的关系

焊条直径/mm	焊接电流/A	电弧电压/V	焊条直径/mm	焊接电流/A	电弧电压/V
0.9	60	17～20	1.2	100	18～21
	100	18～21		200	23～25
	150	20～23		250	24～26
1.6	150	20～23	2.0	200	23～25
	250	24～26		300	26～28
	300	26～28		350	28～30

（2）钨极氩弧堆焊

钨极氩弧堆焊电流很稳定，电弧的挺度适中，可见度好，堆焊层形状容易控制，堆焊质量很好。因而，这种方法常用来堆焊形状复杂、质量要求高的工作，如模具的堆焊修复、气轮机叶片表面钴基合金堆焊等。

手工钨极氩弧堆焊设备可以与焊接用的设备通用。由电源、控制箱、焊枪、供气装置、送丝机构和行走机构组成。熔化极自动或半自动氩弧堆焊，要求电源具有陡降或垂直陡降的特性，细丝熔化极半自动氩弧焊则要求电源具有平的或微升的特性。

钨极氩弧堆焊常用直流正接，以减少钨极对堆焊层沾污，堆焊时，喷嘴孔径和保护气流量见表 11-5。

表 11-5　喷嘴孔径和保护气流量的选用范围

电流/A	喷嘴孔径/mm	保护气流量/(L/min)	电流/A	喷嘴孔径/mm	保护气流量/(L/min)
10～100	4～9.5	4～5	200～300	8～13	8～9
101～150	4～9.5	4～7	300～500	13～16	9～12
150～200	6～13	6～8			

11.1.4.6　其他堆焊方法

（1）电渣堆焊

这种方法利用熔化态焊剂的电阻热熔化堆焊材料和基体金属。堆焊材料可以是焊丝、焊带、管状焊带、板极等，也可以将合金粉末直接通过送粉器填入熔池。由于堆焊过程中无电弧存在，因而稀释率很低，焊剂一般采用高 CaF_2 含量的熔炼或烧结焊剂，以得到必要的电阻。电渣堆焊需要用平特性的电源。

（2）碳弧堆焊

将需要堆焊的材料用黏结剂制成合适的形状，放于工件表面，然后用碳弧熔化堆焊金属。这种方法堆焊金属合金含量可以达到很高，但堆焊效率较低，劳动条件差。

（3）激光堆焊

将激光束热源用于堆焊，可以堆焊一些结构精密的机件。激光束用来重熔热喷涂涂层，可将喷涂层机械结合变为冶金结合。

11.1.4.7 堆焊方法的选择

堆焊方法很多，满足同样堆焊金属的成分和性能，用几种方法都能实现，如铲斗刃的表面高铬合金耐磨堆焊层，可以用堆焊焊条手工电弧焊方法、铸棒氧-乙炔方法或钨极氩弧堆焊（TIG）、药芯焊丝熔化极气体保护堆焊方法、等离子弧堆焊等几种方法。选择堆焊方法要考虑多方面因素，应根据工件使用环境的要求，尽量选择性价比高的工艺方法。各种方法有各自的特点，应综合考虑以下因素。

（1）稀释率

不同的堆焊方法稀释率差别较大，表 11-6 列出了几种堆焊方法的主要技术参数。当堆焊金属合金含量高，价格较高时，应尽量选择稀释率低的堆焊方法。

表 11-6　几种堆焊方法特点比较

堆焊方法		稀释率[①]/%	熔数速度/(kg/h)	最小堆焊厚度/mm	熔数效率/%
氧-乙炔焰堆焊	手工送丝	1～10	0.5～1.8	0.8	100
	自动送丝	1～10	0.5～6.8	0.8	100
	粉末堆焊	1～10	0.5～1.8	0.8	85～95
手工电弧堆焊		10～20	0.5～5.4	3.2	65
钨极氩弧堆焊		10～20	0.5～4.5	3.2	98～100
熔化极气体保护电弧堆焊		10～40	0.9～5.4	3.2	90～95
自保护电弧堆焊		15～40	2.3～11.3	3.2	80～85
埋弧堆焊	单丝	30～60	4.5～11.3	3.2	95
	多丝	15～25	11.3～27.2	4.8	95
	串联电弧	10～25	11.3～15.9	4.8	95
	单带极	10～20	12～36	3.0	95
	多带极	8～15	22～68	4.0	95
等离子弧堆焊	自动送粉	5～15	0.5～5.8	0.8	85～95
	手工送丝	5～15	0.5～3.6	2.4	98～100
	自动送丝	5～15	0.5～3.6	2.4	98～100
	双热丝	5～15	13～27	2.4	98～100
电渣堆焊		10～14	15～75	15	95～100

① 指单层堆焊结果。

（2）堆焊工件的批量

如果被堆焊的工件是大批量连续生产，就应选用生产率高、自动化程度高的堆焊方法，如埋弧自动堆焊、熔化极气体保护堆焊等方法。

小批量或单件修复一些零件，应选用最通用的交流手工电弧堆焊。因不需添置新设备，会使整体堆焊成本降低。另外，气体保护堆焊需单独购买气体，使用不够方便，不一定适合小批量或单件堆焊。

（3）堆焊工件使用性能要求

一些工件对堆焊层有使用性能要求，如模具的刃口，要求堆焊层表面平滑，形状准确，采用钨极氩弧堆焊方法最佳。容器、反应器衬里不锈钢堆焊，面积大，要求堆焊层无裂纹、气孔、夹杂等缺陷，采用稀释率低的带极埋弧堆焊或带极电渣堆焊最为合适，用堆焊方法制造耐磨复合钢板，要求熔覆效率高，堆焊层质量稳定，电弧热能利用率高，添粉式埋弧堆焊能满足要求。

（4）要求质量均匀稳定的堆焊

要考虑对堆焊质量均匀稳定的要求，手工堆焊的方法易造成堆焊层不均匀，或留下堆焊缺陷，当对堆焊层质量要求严格时，应采用自动堆焊方法。

11.1.5 堆焊检验

堆焊检验的原理和方法与焊接检验原理相同，但侧重点不同。堆焊检验侧重于堆焊层的外观是否平滑，是否有未焊透，堆焊后堆焊层硬度等。在有特殊要求时还要进行拉伸、弯曲和冲击试验。

11.1.6 挤压辊堆焊方法实例

旧辊套堆焊工艺流程如图 11-2 所示。

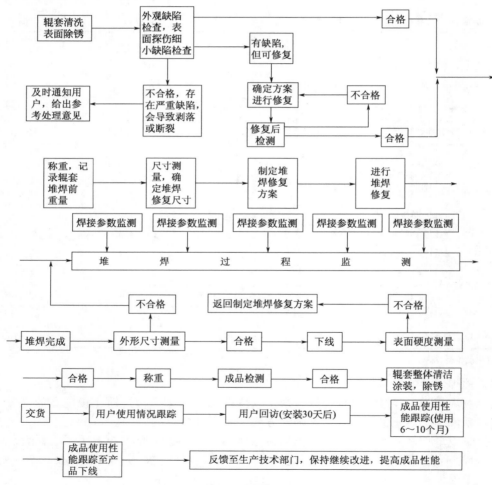

图 11-2 旧辊套堆焊工艺流程

采用手工电弧焊，堆焊双辊破碎机辊面堆焊要点如下。

（1）焊条的选用

要按使用要求选用焊条，堆焊前，按焊条使用说明，将焊条烘干，放在保温箱中备用。

506 焊条是低氢钾型药皮碳钢焊条。焊接工艺性好，电弧稳定，飞溅少，易脱渣，其熔敷金属具有优良的力学性能和抗裂性能，低温冲击韧性好。用于焊接中碳钢和低合金钢结构，也用于厚板及可焊性较差的碳钢结构的焊接。

D-667 焊条是高铬铸铁耐磨焊条，可堆焊在低、中碳钢、低合金钢、高锰钢和铸铁零部件表面，承受高冲击磨损，焊后硬度 HRC≥55～65。在 500℃高温以下具有良好的耐磨损、耐腐蚀和耐气蚀能力，也用于受强烈冲击下作业的耐磨件。

D-65 焊条是耐磨高合金焊条，优点是堆焊成形好，焊后无渣，利用率高，耐磨性能好。可堆焊在低、中碳钢、低合金钢、高锰钢和铸钢零部件表面或某些灰铸铁件表面。能承受低等冲击、耐强烈磨粒磨损，焊后硬度 HRC≥63。

（2）辊面处理

辊面修复可分为局部直接补焊和整体清除后整体补焊两种方法。沿辊宽方向的不均匀磨损和花纹、硬质点的不均匀磨损以及辊面的整体磨损，可采取局部修复方法直接补焊。在经过 5～6 次直接补焊以后，由于母体反复承受高挤压应力作用，焊接微裂纹不断扩展，磨辊表面会产生一定厚度的疲劳层，此时若再用耐磨修复焊条直接补焊，易产生层间脱落，故需对磨辊表面疲劳层彻底清理后再进行耐磨层堆焊。清理辊面疲劳层，可用碳弧气刨进行清理，要将辊面的疲劳层刨净，使辊子露出母材层。堆焊前，要按焊条使用说明，对焊条进行烘干，对焊件预热，焊后缓冷。

（3）电焊机选用

要选用功率为 10kW 以上的直流或 20kW 以上的交流电焊机。使用直流焊机要反接（焊条接正极）。堆焊时，用交流焊机要求空载电压≥70V，电流应掌握在 200A 左右。如空载电压低于 70V 时，要加大电流，以焊条和母材充分熔合为准。焊道宽度和高度的比例以 3∶1 为宜。这样才真正和母材熔结牢固，形成所需的耐磨组织。

（4）堆焊次序及厚度

辊面预热后，要先用 506 焊条堆焊 1～3 层，将辊找圆。然后均匀地堆焊数层 D-667，达到应有厚度。D-667 焊层堆焊完后，再堆焊一层 D-65，堆焊厚度为 3～5mm；D-65 焊层堆焊后，再用 D-65 堆焊一层菱形花纹。

菱形花纹的作用是因为辊面磨损的产生，同时具备粉碎物料所需的压力和相对滑动两个因素。压力由物料性质所决定，通常难以改变。而通过辊面花纹形式来减少物料在挤压过程中与辊面的相对滑动，较容易些。早期使用的人字形花纹虽然能阻止物料的圆周滑动，但并未制约对物料在挤压过程中的轴向滑动，尤其在挤压颗粒较小的物料时，磨损更为严重。与此相比，采用菱形花纹且中间加硬质点的辊面，耐磨性为最好。菱形花纹的边长为 4～5cm，焊道宽度为 1cm 左右，高度为 4mm 左右。各耐磨层的厚度要力求均匀一致，以使挤压辊在使用过程中永远保持圆形。

（5）连续堆焊

堆焊时，要三班倒，连续进行堆焊，使焊件长时间地保持堆焊所需的较高的温度。

11.2 钛与钛合金衬里技术

11.2.1 衬里用纯钛与钛合金

11.2.1.1 工业纯钛

工业纯钛在湿氯气，氧化性和还原性介质中耐腐蚀性能特别好，而且其综合性能均较优越，成本价格也要比钛合金低得多。因此，工业纯钛在化工等生产中得到了广泛应用。我国现行标准中，将工业纯钛分为三级，即 TA₁、TA₂ 和 TA₃。这三种工业纯钛的间隙元素是逐级增加的，其强度和硬度也随之增高。TA₂ 是化工装置中最常用的一种，它的耐腐蚀能力和机械性能都较适中；TA₁ 的强度和硬度较低，有较好的加工成形性能；而 TA₃ 则在耐蚀和强度和硬度上有所提高。在某种条件下，特别是在强氧化性或还原性酸溶液中，由于钛中含有铁元素杂质，可能引起热影响区的金相组织变化，使其耐腐蚀性能下降，因此，其铁元素含量不要超过 0.05%。

11.2.1.2　钛-钯合金

Ti-Pd 合金是在工业纯钛基础上加入了稀有金属钯的钛合金，它与工业纯钛相比，有以下三方面的优点。

① 钛-钯合金既对氧化性介质具有良好的耐腐蚀性能，又对弱还原性介质有一定的耐腐蚀性能。例如，钛-钯合金对硝酸介质的耐腐蚀能力和工业纯钛同样优越，但在稀盐酸、稀硫酸介质中，却比工业纯钛提高了 500～1000 倍。

② 钛-钯合金具有很好的耐缝隙腐蚀能力。而工业纯钛对缝隙腐蚀比较敏感，往往由于设备的某一角落存在缝隙，导致腐蚀加速。这种条件下，钛钯合金来替代工业纯钛，就不会产生缝隙腐蚀现象。

③ 吸氢能力小，不易产生氢脆。工业纯钛在高温时，能大量地吸收氢，特别是在腐蚀情况下所产生的原子氢更容易吸收，从而导致氢脆现象。而钛-钯合金表面，生成一种氧化膜，具有较高的抗氢渗透能力，其抗氢脆能力比工业纯钛要大得多。

11.2.1.3　钛-钼-镍合金

Ti-0.3Mo-0.8Ni 合金改善了工业纯钛在还原介质中耐腐蚀性能，而且保留了纯钛在硝酸、铬酸等氧化性介质中的耐腐蚀性能。Ti-0.3Mo-0.8Ni 合金还具有优良的耐缝隙腐蚀能力。它的合金元素较少，特别是不含稀有贵金属元素钯等，使其只比工业纯钛的制造成本高约 10% 左右。它的焊接性能、加工性能都与工业纯钛相类似。在 200～300℃ 温度下，其强度要比工业纯钛高出 1.5～2 倍。由于它有以上优点，大可取代工业纯钛在高温、高浓度的氯化物介质中使用。

11.2.1.4　钛-钼合金

Ti-Mo 合金在沸腾的 40% 硫酸和 20% 盐酸溶液中，耐腐蚀性能比工业纯钛有明显的提高，而在氧化性介质中的耐蚀性却很差。由于含钼量较高，增加了脆性倾向。使其工艺性能不如工业纯钛好。如果这种合金加入铌、钒、锆等合金元素，就会改变它的工艺性能。另外，Ti-Mo 合金含钼较高，钼的熔点较高，密度大，冶炼时会产生偏析、夹杂或成分不均匀现象。因此，这类合金目前多采用粉末冶金技术生产。

11.2.1.5　钛-镍合金

Ti-2Ni 合金是脱盐装置中的结构材料，使用温度一般可达 200℃ 左右。这种合金耐缝隙腐蚀能力较好，但是使用范围比 Ti-Pd、Ti-Mo 合金窄得多。一般多在蚁酸、热浓氯化镁溶液中使用，耐蚀性能很好，但在盐酸、硫酸中耐蚀性却很差。因此，它仅限用于中性和弱性的还原盐液介质中。

11.2.1.6　钛-铝-钒合金

Ti-6Al-4V 合金应用较广，耐蚀性能比工业纯钛稍差，但在海水，多种酸、碱介质中，都具有令人满意的耐蚀性能。它的综合力学性能良好，在 400℃ 高温中，仍有较好的强度；200℃ 时，延性和韧性均在良好状态。这种合金可以冷、热成形，在防止污染条件下近似于不锈钢。其可进行熔焊和电阻焊接，经固溶后能达到强化效果。Ti-6Al-4V 合金一般多用在高强度或高疲劳条件的防腐蚀环境中。

11.2.1.7　Ti-6Al-2Nb-1Ta-0.8Mo 合金

这种钛合金抵抗高流速海水磨蚀，以及抗应力腐蚀的性能良好，同时也具有很好的韧性和焊接性能，它是一种较理想的船用材料。

11.2.2　衬钛

由于钛材的价格较费，采用全钛材制造容器的成本太高；且当钛板厚度超过 25mm 时，焊接质量不易保证。因此，对于壁厚超过 12mm 的容器，一般均采用钛衬里制造。

衬里结构的优点是用价格便宜的碳钢制作外壳，承担机械应力；价格较贵的钛材，仅起耐腐蚀衬层作用。所以钛衬里容器近年在化工、炼油等行业中，得到了广泛的推广应用。但是由于钛的线膨胀系数较碳钢小 1/3，而弹性模量仅为碳钢的 1/2，在操作温度较高时，会使衬里产生变形，甚至发生破裂或疲劳破坏。

采用钛制松套衬里的设备，使用温度一般不超过 100℃，也不适用于真空或容器壁传热条件的设备。采用钛钢复合板材料制造容器，其操作温度可达到 300℃。因为钛复合板的覆层与基层连成一体，它们之间实现了良好的结合，具有较好的导热性，能承受较大的热应力、热疲劳载荷，以及真空吸力和其他载荷作用。

钛衬容器的外壳，一般推荐采用碳钢、普低钢、低合金钢或不锈钢制作。待衬的表面焊缝应平滑，以保证全部衬里与外壳里表面贴合良好。外壳的形状应尽可能地呈圆柱形；封头可为平底盖、锥形、碟形、椭圆形和球形。在转角处尽可能采用较大的转角半径。

容器的接管口，一般尽量开在封头上，其中心线应垂直于衬里封头表面。如果必须在筒体上开孔，要着重考虑壳体衬里与接管衬里的不同膨胀量导致的相对运动，以及承受压力后所产生的弹性扭曲或局部塑性变形。

衬里要在设备外面预制好，其焊缝应采用对接接头，并要在装衬前进行各种无损探伤检验，结果合格。外壳筒节也要在衬里前做好，并经装配前处理和各种检验，直到达到衬里要求为止。松套衬里应有几处固定在外壳上，至少衬里的两端必须固定在外壳上，以承受靠外壳支承衬里的质量和因外壳与衬里热膨胀差而产生的轴向应力。

11.2.3　钛的表面处理

钛及钛合金表面处理的方法很多，例如喷砂、打磨、清洗、酸洗、钝化等。表面处理的目的通常是为了改善钛及钛合金表面抗高温氧化性能、耐腐蚀性能、耐磨损性能等使用性能。

11.2.3.1　钛的表面机械处理

钛在热力学上是很活泼的金属，极易被氧化生成致密的氧化物膜。氧化膜一般很稳定，对钛金属起保护作用。由于氧化膜的存在，使钛的表面电镀困难。在钛的表面进行机械处理，能使表面得到清理、抛光、强化，但在实际生产中却应用得并不广泛。常用的表面机械处理方法主要是喷丸处理。它可以改善钛及钛合金的疲劳寿命；另一目的则是以喷丸的压力来抵消结构的残余应力。

11.2.3.2　钛的表面酸洗、钝化

对钛衬里表面进行酸洗，主要是为除掉在生产过程中带来的气体污染、铁污染，以及进行焊接前的准备清理。

钛极易溶解于氢氟酸（HF）中，当氢氟酸小于 1% 时，钛开始溶解。因此对钛的酸洗，多采用氢氟酸为主要酸洗液组分。钛与氢氟酸的反应式为：

$$2Ti+6HF =\!=\!= 2TiF_3+3H_2 \uparrow$$

采用氢氟酸作为酸洗液时，应与硝酸混合使用，这样能防止钛在酸洗过程中的渗氢。对于清除钛表面的气体污染，推荐使用表 11-7 的酸洗配方及条件。

表 11-7　清除气体污染的酸洗配方及条件

配方 1		配方 2	
组分	数量	组分	数量
$H_2SO_4(d=1.84)$	$180\sim200g/L$	HNO_3	20%（体积分数）
NaF	40g/L	HF	5%
$NaNO_2$	40g/L	H_2O	75%
水	余量	时间	2.5min
温度	$40\sim50℃$	温度	室温

配方 1 酸洗液的主要优点是在酸洗过程中，能大大减小酸液产生黄红烟（NO_2），有利于工人操作。配方 2 用于钛表面的铁污染以及焊前准备清理时的酸洗。钛表面酸洗后，应做纯化处理，防止酸洗残液对钛的腐蚀。一般纯化是在低、中浓度的 HNO_3 中进行。

11.2.4　钛的焊接

11.2.4.1　钛的焊接特点

① 钛的化学活泼性大，不仅在熔化状态，即使在 400℃ 以上的固相态，也极易被水分、空气、油脂及氧化物污染，吸收氧、氮、氢、碳等形成化合物，使焊接接头塑性和韧性下降，并产生气孔。因此，焊接过程中对熔池、焊缝及温度近于 400℃ 的高温区，都必须进行保护。

② 钛的熔点高，热容量大，导热性差，焊接接头易形成过热组织，产生粗大晶粒。特别是 β 钛合金，更易造成塑性降低。而当焊接接头冷却较快时，又易生成不稳定的 α 相（钛马氏体），使焊接接头塑性下降。因此，焊接时应采用小电流、快焊速。

③ 在氢及焊接残余应力作用下，易导致冷裂纹。为此应对焊接接头含氢量加以控制，复杂的结构焊件应进行消除应力热处理。

④ 钛的弹性模量约比钢小一半，焊接时电流大，发热量大，矫正困难。

⑤ 对钛及其合金的可用焊接方法见表 11-8。

表 11-8　钛及钛合金焊接方法

类　别	焊接方法	保护措施	类　别	焊接方法	保护措施
熔化焊	氩弧焊	氩气	压力焊	高频焊	氩气
	等离子焊	氩气		扩散焊	真空
	电子束焊	真空		电阻焊	
	埋弧焊	无氧焊剂		摩擦焊	一般可不另加保护措施
	电渣焊	氩气＋焊剂		爆炸焊	
	激光焊	氩气		超声波焊	
钎焊	感应	真空或氩气	钎焊	炉中钎焊	真空或氩气

11.2.4.2　钛的焊接方法和工艺

（1）手工氩弧焊

在钛及钛合金的熔化焊中，氩弧焊是应用最广泛的一种焊接方法。这种方法的特点是通用性强，操作灵活、方便和焊接设备简单。

钛及钛合金焊缝质量在很大程度上取决于焊接区的保护效果。焊缝的外观是用 10 倍放大镜检验表面气孔、夹杂、焊瘤、未焊透、咬边、裂纹等缺陷。对于直径小于 0.5mm 的气孔夹杂、深度小于 0.5mm 的咬边，允许采用 120 目铅粒砂轮打磨圆滑。超标缺陷则应完全清除后重新补焊。

氩弧焊时，氩气纯度要求≥99.99%，露点−40℃以下。常用的保护方法有三种方式：a. 将焊件放在可控气氛的操作室（或箱）中整体保护；b. 利用局部保护罩对焊件局部保护；c. 通过焊枪的喷嘴、尾罩、垫板等吹送氩气，对熔池、焊缝和热影响区的正反面进行局部保护。

对焊接区正、反面的表面颜色观测，可大致评定出氩气保护的程度，焊接区的颜色由银白色（金属光泽）→金黄色（金属光泽）→紫色（金属光泽）→青色（金属光泽）→灰色（金属光泽）→暗灰色→白色→黄白色变化，青色以上为焊接合格，银白色质量最好，其保护效果最好，受污染程度最小。后处理时焊接区的颜色要用酸洗去掉。

手工钨极氩弧焊的工艺参数见表 11-9，工业纯钛钨极自动氩弧焊接头力学性能要求是极限强度 420～510MPa（板由厚到薄）。冲击强度：焊缝 192N·m/cm²，母材 214N·m/cm²。

表 11-9　手工钨极氩弧焊工艺参数

板厚/mm	接头形式	钨极直径/mm	焊丝直径/mm	焊道数	焊接电流/A	氩气流量/(L/min)		
						喷嘴	保护罩	背面
0.5		1	1	1	20～30	6～8	14～18	4～10
1		1	1	1	30～40	80～10	16～20	4～10
2		2	1.6	1	60～80	10～14	20～25	6～12
3		3	1.6～3.0	2	80～110	11～15	25～30	8～15
5		3	3	3	100～130	12～16	25～25	8～15
10		3	3	6	120～150	12～16	25～30	8～15

（2）等离子弧焊

等离子弧焊接，按电弧形式分为熔透法与穿透法两种。熔透法是靠熔池的热传导实现焊透，它的焊接技术与钨极氩弧焊相类似；穿透法又称做"小孔法"，是靠强劲的等离子电弧穿透工件来实现焊接的。由于钛的液态表面张力大，很适合使用"小孔法"等离子弧进行焊接。焊接厚度 3～12mm 的对接接头，焊接过程稳定，工艺参数的调节范围大，焊缝两面成形美观。其工艺参数见表 11-10。

表 11-10　工业纯钛等离子弧焊接工艺参数

板厚/mm	喷嘴直径/mm	钨级内缩/mm	焊接电流/A	电弧电压/V	焊接速度/(mm/min)	送丝速度/(mm/min)	氩气流量/(L/min)			
							离子气	熔池	水冷	背面
5	3.8	1.9	200	29	333	1500	5	20	25	25
10	3.2	1.2	250	25	150		6	20	25	25

（3）真空电子束焊

电子束焊是一种新的焊接工艺方法，其特点是电子束能量密度极大，可达 10^8 W/mm²；温度高度集中，焊缝熔深、宽比可达 20∶1～25∶1。钛合金对接焊缝电子束焊接工艺参数参见表 11-11。

表 11-11　钛合金电子束焊接工艺参数

工件厚度/mm	加速电压/V	电子束流/mA	焊接速度/(m/min)
2	100	5	190
3	60	28	40
5	60	16	20

高真空电子束焊时，真空度达 10^{-4} mmHg（1mmHg＝133.322Pa，下同）时有害气体含量小于 0.000014％；低真空电子束焊的真空度在 10^{-2} mmHg 时，有害气体含量也仅为 0.0012％。因此，采用真空电子束焊接能获得高质量的接头，其接头性能比纯钛焊丝的氩弧焊接头高 30％，基本达到母材性能。同时，焊接接头晶粒长大倾向很小，晶粒尺寸 0.2～0.64μm，钨级氩弧焊晶粒尺寸 0.89μm，从而可降低接头焊缝的脆性。

（4）钎焊

通常钛及钛合金的钎焊，都是在真空或惰性气体保护中进行。钛的氧化膜及氮化膜在钎焊温度达到 700℃ 时，即开始强烈溶解于金属中，另外，在加热过程中，钛还会发生组织变化。为此要控制钎焊温度，避免过热生成 β 相和引起晶粒长大。

由于钛与许多金属易形成脆性化合物，这给钎料的选择带来很多不便。一般钛的钎焊料可选用银基、铝基和金基钎料，如银-铜、银-铝-锰、钛-铜-镍等几种。钛在选用火焰钎焊时，由于没有理想的钎剂可对钛进行保护（在真空和惰性气体中钎焊时不用钎剂保护），不易获得理想的质量。

（5）钛的其他焊接方法

钛及钛合金还能采用微束等离子弧、电阻点焊、缝焊等方法焊接。但这些方法在钛衬里设备制造中极少使用，故不作详细介绍。

11.2.5　钛衬里的施工方法

在钢制容器内衬钛，比衬其他金属材料要困难得多，因为衬其他金属时，可以直接采用熔焊法，而对钛是绝对不允许的。因为铁与钛熔焊时要生成化合物，导致接头塑性降低，耐腐蚀性能下降。下面分别讲述几种常用的筒体衬钛过程。

按照钛衬里与外壳的连接情况，钛衬里的结构形式可分为三类，即松套衬里、局部固定衬里和钛复合板衬里。对于采用哪种结构形式，在设计中要根据设备的操作压力、温度、物料特性、浓度、流速以及开停车状态和频繁程度等决定。另外还要考虑到设备的内、外部构件，制造施工难易程度和费用。下面介绍一下几种衬里结构形式的特点及应用范围。

11.2.5.1　松套衬里法

所谓松套衬里，就是把钛衬里层直接装入已制成的钢外壳内即可。这种方法最简单，衬里不会有损伤，耐蚀性能好。为了支承衬里质量，防止衬里串动，衬里两端应加以固定，或者两端选用钛复合板制造短筒节。这是一种比较经济的衬里结构，而且检验、修补和检修更换都比较方便。因此，这种方法应用较普通。但这种结构一般仅用在不承受很大压力或真空下、温度不大于 100℃ 或不发生温度波动、容器壁不要求传热的设备上，并且限用于 $d\leqslant$ 400mm 的小型容器。

11.2.5.2　灌铅衬里法

用熔融的铅填充容器外壳与钛衬里之间的间隙，灌满后冷却，使之结合为一体。制造时，先分别做好内、外筒体，将钛内筒反扣放置，设好间隙定位块，扣上钢外壳并注意间隙均匀，一般灌铅间隙（铅层）约为 7mm 左右。装配后采用工频感应法将外壳加热，并保持在 150～200℃ 的温度，随后把熔融铅液从孔注入。浇注时必须缓慢，边浇注边冷却，以便使液态铅能灌满间隙。如果浇注过快，铅液灌满而未凝固，给衬里层加上了很大的侧压，会使衬里出现鼓泡或变形等缺陷。另外，由于整体冷却时的收缩，得不到铅液补偿，会产生缩孔现象。在灌铅后，浇孔和排气孔应用螺塞堵塞好。另外，采用可塑性的环氧等树脂注入衬里与外壳的间隙中，靠这层填充物把衬里与外壳结合为一体。

纯铅的熔点为 327℃，一般铅合金从 240℃ 即开始熔化，因此这种衬钛设备的使用温度应限制在铅合金熔点以下。

11.2.5.3　局部固定衬里法

局部固定衬里，是指在采用松套衬里方法时，要选定某点加以固定。由于钛不能实现与钢的直接熔焊，故在碳钢上固定钛衬里，只能采用螺钉、垫层的电阻焊、钎焊、爆炸焊等几种固定方法。

（1）钛螺钉固定法

当衬里用衬胎固定在外壳上后，纵向、环向焊缝尚未施焊前，先用钛螺钉将衬里固定在外壳上，然后，采用密封焊把螺钉头和衬里焊住。螺钉的大小和间距设置，应根据热应力情况而定，热应力大时，间距应选得小些。

采用螺钉固定的方法，能消除在焊接纵、环缝时引起的衬里变形以及应变集中现象。但增加了施工的复杂性，焊接点较多。故仅用于平底、平盖容器或管板的衬里。

一般采用的螺钉有碳钢螺钉和钛螺钉两种。用碳钢螺钉时，要在螺钉外加钛盖板，周边焊死。用钛制螺钉固定衬里后，要用氩弧焊把螺钉封焊。一般螺钉的直径应在 M6 以上。

（2）局部电阻焊固定法

局部电阻焊固定法是采用能结合钛与钢的中间材料，如银合金（85％银、15％锰）、黄铜（60％铜、40％锌）和纯镍等，放在钛衬里和碳钢外壳之间作为中间材料，再用电阻焊的方法，将钛衬里固定在外壳上。电阻焊法是依靠塑性环和中心熔化，来实现塑性连接和熔化连接。这种固定方法施工较复杂，成本较高，而且连接的强度也不算高，因此，一般很少采用。

（3）局部钎焊固定法

在钛与钢的表面，覆上一层钎焊料或用银、铝、钼、锆、镍、铜、钴等材料喷涂一层以防止由于扩散作用，在接头处形成固熔体和金属间化合物，防止钎焊料向钛和钢内的扩散。然后进行钎焊连接。当采用银和银-锰合金作钎料时，由于生成 Ti-Ag 金属间化合物的脆性较低，在厚度较薄时，对强度的影响不大，也可以不用覆层。

钎焊的热源一般可采用氧-乙炔气体火焰。用银合金钎料，钎焊钛与碳钢其焊接强度平均在 120MPa 左右。但在受热温度过高时，强度会明显降低。由于钎焊的成本较高，这种固定法一般多用在法兰的封口焊等场合。

（4）局部爆炸固定法

局部爆炸焊接有两种方式，一种是碳钢外壳和钛衬里分别制成，进行套合后，在需要处进行爆炸焊；另一种则是先爆炸成钛复合板，然后再制成设备。局部爆炸焊的特点是在需要焊接的部位，放上炸药，利用炸药在爆炸时产生的强大冲击波能量，使两种金属产生冶金结合。局部爆炸焊接按结合面的形状，分为点爆和线爆两种。

点爆采用单点爆炸用手枪，施工很方便，而且结合强度较好，点爆距离要根据衬里设备的使用压力、温度以及波动条件而定，一般可取 100～300mm。点爆后，在金属表面产生球状压痕，两金属板仅在球面的周边部分产生环形结合；而圆的中心部分仅是紧密接触。线爆后表面产生细长压痕。其结合面与点爆时相同，即中央部分不结合，只在压接部位的两侧形成两条带状的结合。

爆炸焊接的局部衬里固定法，无论从施工难度，制造费用等方面，都比前几种局部固定方法优越。因此，是一种很有发展前途的局部固定衬里方法。

11.2.5.4　机械撑紧衬里法

这种衬里方法是在容器外面预先制成衬里片，装入外壳后用衬胎把衬里与外壳就位贴紧。然后焊接衬里的纵、环焊缝。钢外壳与钛衬里分别制作，衬里的拼接焊缝必须全焊透，经 100％X 射线探伤合格，与外壳贴合面的焊缝应打磨平整，然后方可进行钛衬里的施工工序。衬里时，将收口处（没焊接的衬里纵缝）对准外壳的钛垫板上，为防止铁污染，收口的卡子上应包一层钛板，当衬里放入外壳中，即可卸去卡子，用撑杆将衬里撑开，装入撑胎（按筒节长度决定撑胎数量）。在撑胎的开口处以及中间直径方向上放置千斤顶，撑紧衬里层，上好调整螺栓。此时就可用氩弧焊点焊牢固，拆出撑胎后焊接衬里的纵环缝（先焊纵缝，后焊环缝）。

在碳钢外壳上焊接钛衬里，会使钛形成脆性金属间化合物，为了避免脆化现象，焊接接头常用以下几种形式。

（1）加垫板对接焊

衬里焊缝采用对接焊接头，焊接质量较搭接焊好，且便于检查。这类接头有两种形式。其一是在外壳基体上开槽放入垫板，但这种槽会造成筒体强度的削弱和产生应力集中。故这种接头方法很少使用。其二是在外壳筒体内放置垫板，这种接头克服了开槽的困难，但衬里接头需要折弯。

（2）加盖板对接焊

这种方法是先焊好衬里，为了不让钛层被基体铁污染，其衬里焊缝只能采用不焊透的办法，因而降低了衬里承受载荷的能力，需要在焊缝接头处加上盖板搭接焊好两侧，借助盖板来提高接头的承载能力。它的优点是克服了垫板制造时的困难，但增加了焊接工作量，特别是增加了与腐蚀介质接触的焊缝长度。

（3）搭接焊

搭接焊缝质量不如对接，容易产生未焊缝、夹渣和气孔等缺陷，而且不易检查；在衬里搭接焊缝熔合线上易产生应力集中。但由于施工简便，造价低而获得广泛应用。另外需要把接头用胎具压弯，而且接头处表面不会平整，衬里的一端还要采用螺丝钉固定在外壳上。加盖板的搭接形式施工较简便，但平盖板在内压的作用下，容易产生变形，使搭接焊缝承受附加的剪力，导致搭接焊缝拉裂。

11.2.5.5　热套衬里法

这种衬里方法是需先制作钛内筒，根据钛内筒的实际尺寸（外圆周长）来确定外壳的内径下料尺寸。外壳的过盈量一般控制在 0～0.2％范围内。当热套时，钛内筒内部要加支撑环，增加内筒刚度。同时为防止钛内筒的温度超过 350℃，对钛内筒要喷水冷却。

优点是贴合率较高，由于内、外筒间有过盈，温升时衬里在环向不受附加应力，对衬里焊缝可进行 100％无损探伤，保证焊接质量。其缺点是要求严格控制内、外筒的下料尺寸，不允许有严重的凹坑、棱角等缺陷和不圆度。热套长度受筒体轴向弯曲度的限制，对于较长的筒体纵缝和环缝处，仍不能紧密贴合，而只能是没有过盈的铺衬。必要时，为保证内、外筒的过盈量，要把外筒制得厚些，然后将内径进行机械加工。这样可以精确地达到要求尺寸。

钛的线胀系数小于碳钢的线胀系数，所以在工作温度下，保证钛与钢贴紧，必须有一个下料的常温过盈量，才能保证在工作温度下钛衬层不产生松脱。热套前，结合面必须清洗干净。对钢外壳的内径，必须采用机械加工，内筒要进行精确找圆，要求内外筒表面有很好的平整度。

外筒的加热应视工厂条件而定，可以采用煤气炉、红外线装置以及工频电加热等，要求加热均匀，能控制和测定温度，保持外壳内径清洁。

热套时要迅速、平稳和对中正确，所以衬前要做好准备。先分别将钛筒的内撑胎撑好、紧固，碳钢外筒吊入工频感应炉，找平放正，盖上盖板后送电加热，待温升至 300～400℃时停电，拿去盖板测量内径，炉内中心有导向杆，与钛筒的内胎相配。衬筒预先吊好，待炉盖撤去后慢速对中热套，然后用压缩空气冷却，待 5min 后再把套好的筒体吊出炉外冷却，拆掉内胎。用 0.1kg 的铜或不锈钢锤敲击，检查松动面积，折算贴合率。

一般未贴合处多在钛衬里筒的纵向焊缝两侧 30～50mm 处，这是焊接变形和修磨的圆滑、平整程度不良所致。

11.2.5.6　热压胀衬里法

热压胀是利用工业纯钛在高温下，屈服强度降低，延性增加和回弹量减小，使其在较低的压力下产生塑性变形，让衬里紧贴外壳。采用这种方法，一般温度控制在 300℃，外传递压力 3～6MPa，能使衬里有较好的贴合。但在衬里与外壳间的间隙过大时，也会在热胀过程中，将衬里拉裂。

把预先制作好的钛衬里放入钢外壳中，盖好带有通入压缩空气管的盖子，加热钢外壳，直到钛衬里层的温度达到 300℃左右时，通入 3MPa 的压缩空气，使钛衬里受压产生塑性变形，让衬里紧紧贴于外壳壁上，然后降温卸压。

热胀衬里的焊缝，必须做 100% 的射线探伤，以保证焊缝受压承载质量。衬里与钢外壳之间的间隙应尽量小，一般为外壳内径的 0.4%，最大也不要超过 6mm。同时，在衬里前，必须对贴合面进行修整、清理以及钛表面酸洗等。

热压胀衬里比热套法更优越，它操作简便，尺寸公差和表面精度没有热套时要求那么严格。同时由于受压力和内外层的膨胀系数不同，使贴紧度更好。

11.2.5.7　爆炸衬里法

爆炸衬里的方法，是先把衬里制成与外壳近似的形状，衬里的外径要尽量接近外壳的内径。衬里放入外壳后，将两端密封，并抽空衬里和外壳之间的空气，利用炸药爆炸产生的能量，以水作压力的传导介质，把能量传给衬里，让衬里产生塑性变形，紧贴于外壳壁上。

利用这种方法，钛衬里的回弹量很小，衬里贴合度好，而且是在高压下的冷加工行为，不会给金属组织带来影响。施工也较方便，不需要特殊设备，生产成本较低。但对衬里与外壳间的尺寸偏差，应有正确选择，否则因间隙过大或不均匀，会造成衬里撕裂现象。爆炸衬里与爆炸复合板的区别是衬里层在爆炸碰撞基层之前，有一个扩径过程。爆炸时衬里层产生塑性变形紧贴于外壁，而不发生冶金结合。衬里与外壳安装间隙对爆炸贴合有直接关系。间隙过大时衬里易产生裂纹；间隙过小时，碰撞速度不够，达不到贴合状态。一般安装间隙应控制在 1.5%～2%。

爆炸衬里的安装结构示意如图 11-3 所示。衬里与外壳间的空气，要用真空泵抽出，并保持一定的真空度。炸药应安装在筒体中心轴线上。对于药量的多少应做适当选择。圆筒节爆炸衬里的药量计算可按下式：

$$W_1 = C(S^2 R^{1.2} \sigma_g \delta)^{0.8} \qquad (11-1)$$

式中，W_1 为胀形所需炸药量，kg；S 为衬里层厚度，cm；R 为贴合层半径，m；σ_g 为衬里层的最大变形抗力，N/cm^2；δ 为间隙，m。

另外，还需注意：a. 公式(11-1) 为近似值，需通过实际应用调整；b. 起爆设在筒体中心比两端好；c. 下部变形比上部大。将雷管向上（即导线向下，如图 11-3 所示），整个筒体悬空后，能减少下部变形；d. 选用圆柱形药包，一般来说筒体中间部位变形量大，但上下为球封头时差别不明显。

这种衬里法，国内已在尿素塔等化工容器中得到

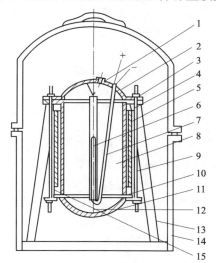

图 11-3　爆炸胀紧示意

1—入水口；2—上封头；3—密封垫片；4—钛衬层；5—钢外壳；6—药包；7—电雷管；8—水；9—螺栓；10—橡皮绳；11—下封头；12—挂钩；13—支架；14—真空井；15—外壳支承脚

应用，且效果良好。

11.2.5.8 钛复合板设备

复合钢板的基层和覆层之间具有一定的结合强度，能承受由膨胀差而引起的热应力和真空吸力。所以采用钛复合板制造的设备，能用于高温、高压、真空以及经常波动和有传热要求的化工设备。目前，制造钛复合板的工艺方法有以下几种。

（1）爆炸复合板

爆炸复合是利用炸药为能源的一种高能加工工艺。它是将炸药均匀地分布在覆板上，当炸药引爆时，产生飞快向前的高压力，在瞬间驱使覆板向基板倾斜碰撞，使两板的接触面产生波状的冶金结合。这种物理运动改善了复合材料的热传导性和提高于两种金属间的结合强度。

目前，国产钛复合钢板，其剪切强度和剥离强度，都分别超过标准规定的30%和20%，冷弯角度满足180°要求，并能经受反复升温到350℃和用水急冷的循环作用。而对结合强度无明显影响。

钛复合钢板的覆层钛板，通常选2～3mm厚为宜，在某些特殊环境下（例如高压热交换器的钛复合管板），钛的覆层厚度也可用到10mm以上。

爆炸复合的工艺比较简单，不需要成套的复杂专用设备。因此，爆炸复合钢板已成为我国主要的生产手段之一。

（2）钎焊复合钢板

这种复合方法是在钛覆层与碳钢基层之间，放置适当的钎焊料，并设法夹紧，放入有氩气保护的加热炉或真空炉中，快速加热到850℃左右，保温30min，然后从炉中取出快速冷却。由于复合是在炉内进行，不能对大面积板材加工，而且成本较高，故不能广泛推广应用。

（3）轧制钛复合钢板

这种方法是在高温下轧制，正火、回火时温度也较高，容易使钛复合层晶粒粗大。而且由于碳从基层向钛覆层扩散，在结合面生成钛的碳化物，形成一个低塑性区，降低了结合强度，所以一般都不采用轧制法生产钛复合板。

为了克服上述缺点，可在两金属层中间加入一层银合金垫片，等于在进行热轧制时进行了一次钎焊过程，从而提高结合强度，尽管如此，强度也只能达到爆炸焊强度的2/3。

11.2.5.9 封头衬里

小型封头可采用加热冲压复合板制造，多用于中、低压化工设备。大型封头可采用爆炸衬里封头。

管道衬钛，一般多采用钛-铜复合板制作。在化工衬钛容器的制造中，人孔、法兰等连接部位的密封面大部分要采用钛-钢组合结构。其钛镶环热套钎焊到钢件上；或钛镶环与碳钢法兰进行机械连接。

较大直径设备，筒体采用钛复合板制造，将筒节、法兰、钛环加工好（钛环留有余量），然后装配法兰，复合板筒体、法兰二次加工，装配钛衬环，钛衬环二次加工，加盖板，密封焊接，检验泄漏。

11.2.6 钛衬里的制造要求

11.2.6.1 钛衬里的制造要求

（1）划线、下料

① 钛材的下料划线，应尽量使用金属铅笔，在剪切工序时可去除掉的部位上允许打冲眼标记。

② 钛材可使用火焰切割、等离子切割、冲剪等方法下料。但边缘加工时，必须采用机械法切除掉。

③ 当采用氧-乙炔或等离子切割时，要避免火花飞溅到钛材表面上。气割边缘必须用机械方法去掉污染层。

④ 钛的机械加工性能与18-8型不锈钢相类似，可以采用一般切削、刨削等方法加工，但进刀量应采用较大值。切削速度采用较低值，切削过程中不要停止走刀，并且冷却剂不准使用氯化油。

（2）卷板

① 钛板的卷制应在光洁、干净的卷板机上进行。

② 卷板前应将钛板两端在模具上压弯，然后卷制成形。

③ 卷制成的筒节纵焊缝，其错边量应等于或小于板厚的10%。

④ 对接焊缝形成的棱角，用弦长为1/6公称直径，且不小于300mm的内样板或外样板检测，其间隙应小于或等于壁厚的10%。

⑤ 筒体纵焊缝的不平行度，在1000mm范围内应小于或等于0.3mm。

（3）衬里

① 筒体、封头的衬里，可采用机械撑紧法、多层包扎法、爆炸法、旋压法和热套法等方法进行。但无论采用哪种方法，均需保证衬里与外壳贴紧。在检查任一贴合区时，其不贴合长度应小于300mm，单个不贴合面积应小于2500cm²，总未贴合面积应小于衬里总面积的10%。

② 当衬里达不到上述要求时，允许用低熔点铅合金或塑料，填充间隙使之与外壳结合为一体。

③ 衬里的外壳或筒体，其椭圆度应小于0.5%。在同一截面上的最大直径与最小直径差应小于25mm。

④ 衬里外壳的焊缝内表面，应打磨光滑，不允许有凸台或棱角，以及影响衬里质量的其他附着物。在衬里前，壳体内表面应进行喷砂处理或清洗，除去表面氧化皮、油垢，使内表面光洁、干净。

⑤ 外壳纵、环缝的错边量，以及棱角度、接缝不平行度的要求，与衬里相同。

⑥ 进行衬里时，应加强对衬里的保护。严防钢制工装卡具将钛表面划伤、拉毛和刻痕，且不允许用铁锤敲击衬里。

⑦ 钛衬里的打磨，只能用橡胶或塑料掺和氧化铝制砂轮。在打磨过程中应防止过热，不允许钛材有改变色泽现象。不准使用打磨过碳钢的砂轮打磨钛衬里。

11.2.6.2 钛衬里的焊接要求

（1）焊前准备

① 钛制压力容器的施焊，必须由考试合格的焊工承担。焊工考试参照国家技术监督局颁发的"焊工考试规则"的规定。

② 首次焊接钛材，首次采用的焊接材料和焊接方法，均应进行焊接工艺评定。评定方法及合格标准参照相关标准进行。

③ 焊接坡口加工推荐在刨边机上完成，并用较细锉刀去除毛刺及异物。对用等离子切割的坡口，在焊前应用机械法去除污染层。

④ 钛衬里焊缝两侧母材，每侧至少25mm范围内应采用直径0.1mm的奥氏体不锈钢丝刷子刷净，以保证除掉水锈、污垢、漆皮、金属颗粒和尘土等可能与钛反应的杂物。不准使用钢丝刷或砂布等进行清理。

⑤ 准备就绪的焊缝应夹紧定位，防止移动，如采用定位焊时，点焊的工艺规范应与正

式焊接相同。

（2）焊接

① 对焊缝及温度超过 400℃ 的热影响区，要完全采用高纯度惰性气体保护。惰性气体（氩或氦）的纯度为 99.99%，最高露点为 $-50℃$。

② 层间应采用机械法清理并清洗脱脂。

③ 钛焊丝应采用与母材相匹配的材质。施焊过程中焊丝热端必须始终处于惰性气体保护下，从新始焊前焊丝端部应至少截掉 15mm 的被污染部分。

④ 焊工佩戴的手套，焊前应用酒精或丙酮等清洗，并要无棉绒。

⑤ 所有完成的焊缝应保持焊后状态，不应用钢丝刷清理或擦拭。

⑥ 对接焊缝的加强高度在衬里厚度≤12mm 时为 0～1.5mm，衬里厚度＞12mm 时为 0～2.5mm。角焊缝按焊件的较薄者加强高度。

11.2.6.3　钛衬里的检验

钛衬里设备完成后要对焊接接头进行硬度测定，包括焊缝及热影响区，其维氏硬度高于母材 30HV 时，判定为不合格。

无损探伤，对接焊缝的产品试板，衬里检漏，水压试验，气压试验，致密性试验合格后进行铁离子的检验和清理，才可提供用户使用。

铁离子的检测通常采用铁氰化钾或硝酸溶液进行检验。铁氰化钾与 Fe^{2+} 反应，生成暗黄色沉淀——藤氏蓝，沉淀不溶于稀盐酸。铁氰化钾与 Fe^{3+} 反应生成普鲁士蓝 $Fe_3Fe(CN)_6$，无沉淀。

溶液的配比是 36%～38% 的盐酸 10mL；铁氯化钾 3g；水 85mL。铁氰化钾具有一定的毒性，检验时，用滤纸浸渍，贴于钛衬里表面，如有铁污染，试纸即出现蓝点，反应迅速、灵敏。

11.2.6.4　钛衬里的后处理

① 对全部施工完成的钛衬里内表面，用 30% 硝酸加 3% 氢氟酸酸制溶液，在 50℃ 温度下进行钛表面酸洗。酸洗后再用清洁自来水冲洗干净。

② 对所有钛表面，特别是焊缝部位，进行最终着色检查，以验证钛衬里表面无任何缺陷。

③ 在交付使用前，如有必要，应使用酒精或丙酮擦拭表面。

11.3　不锈钢衬里技术

11.3.1　不锈钢衬里方法

不锈钢衬里是指由较薄的不锈钢板与低碳或低合金底板间歇或连续地焊接合成的组合板。有多种制造不锈钢衬里容器的方法。

11.3.1.1　制造不锈钢衬里容器的方法

（1）松套法

将衬里与外壳套住而不用焊接。这主要用于结构简单、无搅拌、震动、压力等场合。

（2）熔焊法

熔焊法内衬不锈钢板层，即采用塞焊法、条焊法和熔透法在金属外表面衬贴一层不锈钢板层。一般适用于 150～300℃ 工况环境，外壳体厚度大于 6mm 设备。对不锈钢板层厚度要求，应根据环境和使用寿命要求选用，一般不锈钢板厚度为 1.6～4.8mm。

（3）爆炸法

这种工艺方法简单，费用低，不锈钢衬层厚度薄（＞0.3mm），但对基体要求强度高，一般基体钢板厚度应大于 9mm。爆炸法可以分两种形式衬层，其一是先爆炸复合成不锈钢板与碳钢板的复合材料板，当然，其他铁镍板、铜板等金属板也可以用此法，制成复合板后，再制造内衬不锈钢板层的设备，制造过程的复合板焊就要应用堆焊技术；其二是先把基体成形后，再把不锈钢板置于容器内，再爆炸成形，把不锈钢板层复合在金属壳体上。

（4）热轧复合钢板

它是采用热轧的轧制方法获得的复合板。其不锈钢板层厚度一般为 2～4mm，其中基体与不锈钢相接处有 0.7～1.3mm 厚的增碳层，设计时应注意。因此要求简体件不锈钢层不小于 1mm，封头不小于 1.5mm 厚，换热器管板不小于 2mm 厚。

11.3.1.2 不锈钢衬里技术的特点

不锈钢衬里技术的特点如下。

① 用焊接技术解决防腐问题，质量高、易检测。不锈钢面板材料一般选用稳定型和超碳型不锈钢，不锈钢面板层厚度则根据防腐蚀寿命要求选择。

② 强度设计时按基体材料算；使用温度也按基体材料的耐用温度选择；耐蚀性选择按不锈钢焊缝堆焊技术性能设计。

③ 凡内径小于 600mm 的设备，不用复合板制造；结构设计时，焊缝布置应尽量使加工方便，基体板各不锈钢板层的焊接焊条应使用相对应的焊条焊接；过渡层应用高一级合金焊条。

④ 热轧法和爆炸法制成不锈钢容器加工后应进行热处理以消除残余应力，但要避免敏化温度和防止覆层与基体间的热扩散增碳。

⑤ 性价比高，经济合理。不锈钢衬里设备的成本是纯不锈钢设备的 1/4～1/2，但比玻璃钢衬里价格高一些，运行费用低。

⑥ 应用前景广阔。适宜油田的油、气、水储罐、污水罐、管道的内衬防腐，容器的修旧。但对于形状复杂的设备不宜选用。

11.3.2 尿素塔不锈钢衬里

尿素塔不锈钢衬里多层简节内简为不锈钢，相邻的盲层为低合金低强度碳素钢，以外的强度层为低合金中等强度的碳素钢。国产中小型尿素塔壳体常用 15MnVR（多层简体层板），18MnMoNbR（单层简体厚钢板），锻件常用 20MnMo。大型尿素塔采用日本神钢 K-TEN62M 层板，球形封头用德国 19Mn6 厚钢板。

内简不锈钢面板以中国为代表的无镍奥氏体铁素体双相铬锰氮不锈钢是 0Cr17Mn13Mo2N（A4），具有良好的耐蚀性，其抗应力腐蚀性、缺氧时耐蚀性比 316L 优越，以日本为代表的超低碳低镍钢是 00Cr25Ni5Mo2（R4）。

11.3.2.1 焊接工艺

焊接时其环缝属于厚壁深槽焊缝，要承受高压，内壁要经受介质强烈腐蚀的考验。环缝的坡口形式为深槽的 U 形外坡口，内面开 U 形小坡口，根部要开通盲层。

（1）焊接顺序

① 氩弧焊碳钢封底。

② 由外面手工焊碳钢层至一定深度，内面根据封底成形情况进行必要的清根。

③ 由内面焊过渡层。

④ 焊耐蚀层。

⑤ 由外面自动焊碳钢层将深槽填满。不锈钢衬里焊接示意如图 11-4 所示。

（2）手工电弧堆焊要点

① 必须在俯焊位置施焊。

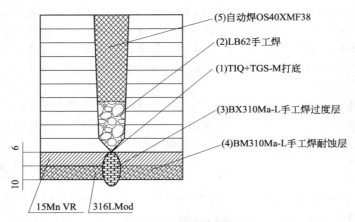

图 11-4　不锈钢衬里焊接示意

② 保证堆焊层总厚度为 8mm。耐蚀层最少要焊两层。

③ 焊接时焊条不能横向摆动。

④ 工艺评定和产品焊接要用同一炉号的焊条。

⑤ 焊接速度用熔条比来控制，最佳熔条比为 0.8～0.85。

$$\text{熔条比} = \frac{\text{熔覆焊缝长度}}{\text{熔化焊条长度}} = \frac{\text{焊缝长度}}{L - L_1} \tag{11-2}$$

⑥ 焊道与焊道间的搭叠宽度应不小于 1/2 焊道宽度，即 $a > b$，现场施工时可按每 50mm 宽范围内至少有 8 道以上焊道来控制，如图 11-5 所示。

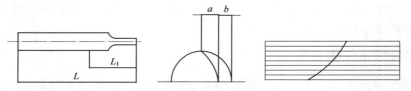

图 11-5　熔条和焊道搭叠、收弧点排列示意图

⑦ 在同一层上的各个焊道的收弧点要相互错开，最好在一条斜线上，以利于打磨。

⑧ 焊完一道再焊相邻焊道时，要将焊道的一侧稍微打磨。焊完一层再焊上面一层时要用砂轮清理打磨焊道顶部。

⑨ 多道焊按同一方向，不能混向焊。

11.3.2.2　不锈钢衬里层成形后的后处理

热处理是清除加工应力。特别是奥氏体不锈钢衬层，必须在 620～670℃进行热处理。

表面处理。喷砂（丸）、抛光、磨光、酸洗钝化等。

成形后设备检验外观，探伤（不得有裂纹、焊缝夹渣、气孔等），泄漏检验，水压试验等。

11.3.2.3　衬里层在现场施工中应注意的问题

超低碳奥氏体不锈钢的制作，要求有一个清洁的场地和环境，避免铁素体污染和磕、碰、划伤，否则会影响不锈钢的耐蚀性能。由此，参加尿素塔内筒衬里或其他内件制作的工人要接受这一方面工艺守则的教育，并在施工过程中严格遵守。

具体的施工注意事项如下。

① 保持现场干净、整洁。不能用普通的粉笔当作记号笔在衬里板上写画。标记用的记号笔应是经过核定的不含氮离子、硫化物的颜料。

② 与不锈钢接触的工装和用具也应采用奥氏体不锈钢制作，卷制圆筒时必须在专用卷

板机上进行，不能与卷铁素体钢的卷板机混合使用，除非将其进行认真的清洗。

③ 下料场地应采用橡胶板铺地，禁止穿带有铁钉子的鞋在不锈钢板上走动或作业。

④ 焊前对坡口及两侧 50mm 范围内用酒精或丙酮仔细清洗，焊缝两侧采取保护措施，防止清洗液飞溅黏附到板面上。

⑤ 严防耐蚀的表面被电弧擦伤。不允许在坡口外引弧。不允许用碳弧刨清根。弧坑必须打磨。层与层间收弧处要错开。

⑥ 当不锈钢表面或焊缝需要打磨时，应使用橡胶式尼龙掺和氧化铝的砂轮打磨，打磨时间要控制，不要使局部发红、过热造成回火。

⑦ 当超低碳奥氏体不锈钢冷变形超过 20％时，应进行热处理。热处理炉内的气体含硫且要控制，以防止硫化物对不锈钢的渗透。

⑧ 作为多层包扎或热套内筒的衬里层纵焊缝外口必须打磨平滑，因为要与相邻的外层的内壁贴合一致。其他焊缝如表面平整、焊波大小一致不必打磨。如成形不良，焊波高低不平。局部有凹陷，应打磨平滑。因为凹陷及不平部位会缺氧而加剧介质对该处的腐蚀。

11.3.3 塞焊法不锈钢衬里

钢制储罐不锈钢塞焊衬里适用于工作温度＜300℃，用 2～3mm 的 0Cr18Ni9 不锈耐酸钢材与厚度＞6mm 的 Q235A 等碳素钢板组成储罐设备。

11.3.3.1 塞焊衬里工艺方法

在滚弧好的单体壁板上先进行衬里工作，再按单体钢板那样完成钢制储罐倒装法（充气顶升或提升）施工工艺过程。为了使基层钢贴合的区域保证足够的强度，焊接不致影响到衬里材料的抗腐蚀性，应使衬里板盖满整个基层板面，并在板料的周边留出 2mm 区域，待基层筒体的纵环焊缝接并、检验探伤合格后，按复合衬里焊缝进行分层焊接再进行补衬。

焊接时会产生较大的热应力，冷却过程又会出现较大的拉伸应力，因此防止塞焊裂纹、防止变形是保证质量的一个关键因素。

不锈钢衬里的覆层和基层，分别用相应的焊条或焊丝进行焊接。在覆层与基层相交处的焊缝称为过渡层焊缝，所用的焊条称为过渡层焊条，应选用铬、镍含量比覆层材料高的焊条或填充焊丝，使覆层焊缝的合金成分与原来接近。

不锈钢衬里板规格为 2000mm×1000mm（长×宽），塞焊孔直径为 16mm，间距 250mm，每张衬里板之间采用对接焊缝。罐壁与罐底之间衬里接头采用 50mm×50mm×4mm 不锈钢角钢圈。

11.3.3.2 塞焊点的设计

塞焊点的设计是一个复杂工程，它包括塞焊孔径、塞焊点数量以及塞焊点布置的设计。

（1）塞焊孔径设计

确定塞焊孔径大小主要从两方面入手。

一是根据材料及衬里层板厚，按经验公式计算：

$$d = 5\delta^{1/2} \tag{11-3}$$

式中，d 为塞焊点孔径，mm；δ 为衬里层厚度，mm。

二是考虑施焊工艺，如图 11-6 所示，确保衬里层与壳体熔透，塞焊孔要有足够的空间先允许焊条以倾斜一定角度焊接一圈，再盖面。因此，一般在上述计算尺寸基础上，扩大一倍所选用的焊条外径。

（2）塞焊点数量计算

为了使塞焊点数量计算方便，需作两点假设：a. 假设各塞焊点和焊缝承受均布的内应力；b. 将内应力 σ_t 假想为静载荷。那么，在壳层与衬里层的熔合金属接触面上，将受到力

F 的剪切作用。容器不失效取决于塞焊点和焊缝的承载能力,与壳体金属和衬里层熔合金属面积的大小成正比。此外,熔合金属面积的大小还受焊接方法及可焊性的影响。所以,常在确定焊接熔合金属面积公式中乘系数 M。

$$S = \left(n\,\frac{\pi}{4}d^2 + \Sigma La\right)M \tag{11-4}$$

式中,S 为壳体与衬里层焊接熔合面积,m^2;n 为塞焊点数量;ΣL 为壳体与衬里层的焊缝长度,m;a 为焊缝宽度,m;M 为系数,$0.7 \leqslant M \leqslant 1$。对可焊性较好,熔深较大的焊缝,可取 $M = 1.0$,如容器不失效则:

$$\sigma_t = \frac{F}{S} \leqslant [\sigma_t] \tag{11-5}$$

式中,σ_t 为壳体与衬里层熔合金属内的剪切应力,MPa;$[\sigma_t]$ 为熔合金属抗剪切许用应力,其大小不但与焊接工艺和材料有关,而且与焊接检验方法的精确程度密切相关。在工程上,常采用焊缝或焊点基本金属的许用应力乘系数 K,即 $[\sigma_t] = K[\sigma]$。对低碳钢、低合金钢,K 取 $0.3 \sim 0.5$。但若检测精密可靠,可取 $K = 1.0$。

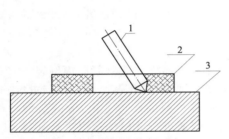

图 11-6　塞焊孔施焊示意
1—焊条;2—衬里层;3—外壳

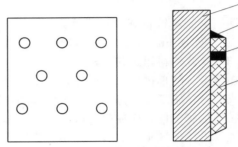

图 11-7　塞焊点布置示意
1—外壳;2—焊缝;3—塞焊点;4—衬里层

用公式可求得塞焊点数量计算公式:

$$n \geqslant \frac{4}{\pi d^2}\left(\frac{\sigma A}{MK[\sigma]} - \Sigma La\right) \tag{11-6}$$

式中,A 为计算的面积。

(3) 塞焊点的布置

实践证明,各种接头电弧焊后,都有不同程度的应力集中。其集中程度与 t/d 有关(t 是焊点距离),t/d 越大,则应力分布越不均匀。从降低应力集中的观点来看,缩小焊点间的距离有利。但焊点间距离减小,焊接分流必将增大,反而引起焊点强度降低。为此,塞焊点一般采用多排交错布置,以减小内应力,如图 11-7 所示。

11.3.3.3　塞焊衬里施工技术要点

① 在不锈钢衬层板塞焊之前,在木平面操作台上按计算的间距钻塞焊孔。塞焊孔不得位于衬里层的焊缝上,两者距离不得小于 30mm。

② 为了减少表面磨损,禁止用硬质划线用记号笔、划规等工具,并在装运过程中轻拿轻放,避免造成机械划痕。为保证塞焊质量,减少污染,焊前清除碳钢基层氧化皮,露出金属光泽,以使不锈钢衬里能紧贴壁板。

③ 尽可能地使衬里贴紧,且应使衬里的曲率半径较基层筒体小。衬里的铺设由下至上进行,每铺一块必须使其与碳钢板紧密贴合,可使用专门卡具,其间隙不允许超过 0.3mm。为了避免热量过于集中而引起变形,采用对称分段跳焊方法,塞焊运条时,尽量使焊条熔化塞焊孔周边与壁板。

罐外圆弧单张板铺衬不仅间隙和塞焊质量易于保证，而且操作方便，工艺简单，生产效率高。

④ 在主体完工后进行罐底抽真空方式检验其合格后方可进行塞衬施工。焊条按异种钢焊接要求选用，从衬里板中央开始向两边扩展，逐一进行塞焊。全部塞焊点完成后经检验合格即可进行充气安装。

⑤ 相邻两块不锈钢衬里板间隙为 2mm，使对接焊缝施焊时与壁板部结合，然后采用手工弧焊进行焊接，塞焊结束后将所有对接处环焊缝、纵焊缝焊合，塞焊点与拼焊焊缝的加强高度不得高出衬里层 2mm。

⑥ 对塞焊衬里进行外观检查，塞焊点与拼焊焊缝上应无气孔、裂纹、夹渣等缺陷，咬边深度不得大于 0.13mm。

⑦ 塞焊点与拼焊焊缝应无渗漏现象，检验方法如下：a. 焊缝表面进行 100% 着色；b. 焊缝进行气压检验，其压力值为 0.15~1kgf/cm² （1kgf/cm²＝98.0665kPa）。

⑧ 不锈钢衬里表面采用钝化膏进行酸洗钝化，蓝点法试验。衬里表面用白布擦干净，操作人员穿软底鞋进入罐内。

⑨ 基层与衬里层拼焊焊缝采用复合焊接工艺方法，正确选择基层焊条牌号，过渡层焊接焊条号，覆面层焊条牌号。

11.3.4　不锈钢衬里复合管

不锈钢复合管的制造主要有机械胀接成形和爆炸成形、液压胀合成形方法。

11.3.4.1　机械胀接成形

机械胀接成形法滚胀压力不均，生产效率不高，劳动强度较大。胀接质量主要依靠经验来保证，而且制造中两管之间贴合不足时往往需要多次滚胀，这样易造成衬里的减薄、开裂或抗腐蚀能力的下降。

11.3.4.2　爆炸成形

爆炸成形法对于较长的复合管炸药量很难准确确定，具有一定危险性，加工成本较高，生产效率较低。

11.3.4.3　液压胀合成形

液压胀合成形生产复合管，内管没有反复的碾压过程，因而内管内表面无加工硬化现象，减薄效应也不明显；又由于在胀合时，内管受到的液压分布均匀，从而在设计时就可以根据胀合后所要达到的层间贴合残余应力水平，准确地确定所需胀合液压，液压胀合需通过液压大小控制胀合质量。因此液压胀合成形生产复合管的方法与其他方法相比较，在产品质量和生产效率等方面有较大的优势。

液压胀合原理是将两管套装在一起，则管间存在原始平均间隙，对内层管，在胀合液压的内压力作用下，首先发生弹性变形，然后产生塑性变形，随液压力的增加内、外管之间的间隙消除，液压继续升高时内管自由变形被外管阻止，在内管外壁与外管内壁间产生接触压力，外管内壁发生弹性变形。当卸去胀合压力，内管与外管就会发生弹性回复，如外管内壁的自由弹性回复量大于内管外壁的自由弹性回复量，由于外管的内径不可能小于内管的外径，自由弹性回复受阻，就会在内管与外管之间产生残余压应力。

11.3.4.4　修复工艺

不锈钢衬里复合管的施工方法同样按本节介绍的方法。对于从业者来讲还要注意的是不锈钢衬里复合管在使用过程中的修复，下面是国内某单位的修复工艺流程实例。

① 使用 304# 2mm 厚不锈钢带状薄板，按 DN1220 和 DN870 进行机械卷制成形，按先小口径后大口径顺序引入待修复管内。

② 管段之间进行环缝校正对拼，氩弧焊接。

③ 弯管处采用不锈钢薄板成形下料，在弯管内对拼，氩弧焊接。

④ 拼接焊缝打磨抛光，形成光滑管道内壁。

⑤ 在不锈钢内壁钻开注浆孔口，安装注浆机和真空机。

⑥ 在注浆孔口内注入环氧树脂混合料填充浆，同时抽真空，使混合料填充浆在不锈钢薄板衬里和原管道之间的缝隙内均匀流动，填满缝隙，然后自然固化。

⑦ 焊补注浆孔口，打磨抛光，清洗管道。

⑧ 被修复管道采用不锈钢法兰和U形密封圈连接。

⑨ 已修复管道整体试压。

11.4 衬铅与搪铅

铅以板状铺贴在钢铁表面，这种结构叫做铅衬里。其施工方法叫做衬铅。衬铅施工简单，生产周期短。主要用于稀硫酸和硫酸盐介质中。适用于正压、静负荷、工作温度小于90℃的情况。衬铅不能使铅与被保护的钢铁表面紧密结合，在真空、回转、搅拌震动等场合铅衬里结构易发生变形、剥离、发生裂纹等问题。真空操作设备一般不宜采用衬里。如真空度较低，也可考虑采用，但衬里层须用拉筋固定以防吸瘪。

搪铅就是利用铅的可焊性，把它焊在钢铁表面。铅是低熔点软金属，不能与熔点很高的钢直接结合，但是可利用一种既能与钢铁结合又能与铅结合的中介物来实现铅与钢铁间的结合，锡锌合金是常用的中介物质，为了增加搪铅的牢固度，要求钢铁必须进行表面处理。

铅焊的热源是有多种的，现在普遍采用的有氢-氧焰、氧-乙炔焰等几种。

11.4.1 铅的性能及其在防腐蚀中的应用

在常温下，铅的物理力学性能为：密度 $11.34g/cm^3$，熔点 327.4℃，沸点 1620℃，硬度 4~4.2（布氏），伸长率 45%~50%，热导率 0.084W/(m·K)，线膨胀系数 $29.5×10^{-5}$ K，抗拉强度 1.0~1.2MPa（硬铅可达 5.2MPa），当加入锑 4%~12%，可增加铅的硬度，称为硬铅，使布氏硬度达 10.5，使用温度可达 150℃，但耐蚀性下降。铅合金用于制作化工设备、管道等耐蚀构件时，以含锑 6%左右为宜；用于制作连接构件时，以含锑 8%~10%为好。锑起提高硬度和强度、降低凝固收缩率的作用；锑是用于强化基体的重要元素之一，仅部分固溶于铅，既可用于固溶强化，又能用于时效强化；但如果含量过高，会使铅合金的韧性和耐蚀性变坏。铅合金的变形抗力小，铸锭不需加热即可用轧制、挤压等工艺制成板材、带材、管材、棒材和线材，且不需中间退火处理。

铅及硬铅是一种耐腐蚀材料，金属铅在空气中受到氧、水和二氧化碳作用，其表面会很快氧化生成保护薄膜；在加热下，铅能很快与氧、硫、卤素化合；在许多腐蚀性介质中化学稳定性良好，在 50℃、硫酸浓度<75%中很稳定，这是因为铅与硫酸作用生成致密而牢固的保护膜硫酸铅（$PbSO_4$），能阻止硫酸的进一步腐蚀。铅耐氯化氢和室温下小于10%的盐酸，但随着盐酸的浓度增大和温度升高，腐蚀速度加快。

铅在铬酸、亚硫酸及磷酸、卤素气体中的耐腐蚀性能良好。当在硫酸、硝酸及水的混合溶液中，水分含量不大于25%时，铅的耐腐蚀性能也很好。

硫酸浓度超过80%时，铅表面上的保护膜被溶解而遭破坏。铅在硝酸、醋酸中不耐蚀，但与浓硝酸不反应。铅在苛性碱溶液中保护膜溶解而生成铅酸盐和亚铅酸盐，故它在苛性碱溶液中不耐腐蚀。

铅在中性介质中生成的产物一般为碳酸铅和氧化铅，这两种化合物的溶解度都很小，所以铅在中性介质中耐腐蚀性能很好。铅在二氧化硫气体中，即使温度很高，也很稳定。

凡是硫酸为原料的生产工艺设备多用铅制或衬铅层设备，虽然部分可用玻璃钢和塑料代替，但铅的锻、铸、焊工艺性好，可回收性也好，在硫酸介质中和防辐射领域仍然是主要的防腐蚀材料。

铅的熔点低，因此铅的使用温度不得超过140℃，作独立结构时只能在100～120℃使用。另外，铅的热导率略小，换热效率低。铅的硬度低，质软，不耐磨。铅的强度也很低，因此一般化工设备用的铅板、铅管常选用 Pb-4 的硬铅（铅锑合金）。

11.4.2 衬铅的施工技术

11.4.2.1 铅板的固定方法

衬铅的主要方法有：螺栓固定、搪钉固定、压板固定、焊接铆钉固定等，这些是采用铆、螺、焊等固定方式将板材衬贴到基体上。

确定衬铅的固定点是在需衬铅的表面按间距 250～900mm 确定铅板固定点的位置，使固定点呈等边三角形排列，打上冲眼。设备顶部可适当增加固定点，平底设备的底部可少用或不用固定点。为了使铅板与设备本体贴合紧密，且焊后避免出现凸凹不平现象，优先选用铅铆钉固定法和搪钉固定法。

（1）铆钉固定法

在设备上已确定好的固定点处钻 ϕ32mm 的孔。并清除铁屑和孔边毛刺。将衬铅的铅板在需防腐的表面上布置好，在与设备上的孔对应处的铅板上开 ϕ32mm 的孔，同时用 ϕ30mm 铅铆钉固定，钉头固定于设备壳体上，钉尾与铅板焊接成一体。

（2）搪钉固定法

对每个固定点周围直径不小于 200mm 范围内进行表面处理，在每个固定点的位置上用搪铅的方法逐个搪成直径为 50～60mm，且高度大于所衬铅板厚度的搪钉。在下好料的铅板上按搪钉位置及尺寸开孔，并将其铺设在设备本体上将钉尾与铅板用气焊焊接。

（3）焊接衬铅法

先涂焊剂层，然后将铅板通过气焊焊接内衬在设备内。

11.4.2.2 铅的焊接

铅的熔点极低（只有 327℃），热传导率也很低，气焊时热源要小些，否则会使之过热，造成下塌，甚至烧穿。铅在熔化后，其表面层极易氧化生成氧化铅薄膜，这层薄膜熔点很高，覆在焊缝表面使气焊工作很难进行。

铅的沸点较低（1520～1690℃），焊接时铅蒸气会与空气中的氧化合，生成有毒性的氧化物。在气焊工作中要注意防止铅中毒。

氢氧焰是铅焊的理想热源，火焰温度较低（2500℃左右），燃烧过程没有其他反应，熔池表面也比较清洁，火焰气流也较和缓，熔池铅液的流动性又很强，所以极易保持熔池的平稳操作，灵活方便有利于提高焊接质量。

氧-乙炔焰热源结构简单，价格低廉。但火焰温度较高（3200℃），由于火焰温度较高，热冲击大，所以容易烧穿，使焊接操作较难掌握。搪铅才采用氧-乙炔焰。

由于铅的熔点低，气焊时火焰要小，采用小口径焊嘴，宜采用氢-氧或乙炔中性焰气进行气焊。这是因还原焰易在接头中沉积烟灰，而氧化焰又降低润湿作用。因为铅与氧亲和力大，易生成氧化膜，阻止熔滴与熔化母材结合，导致夹渣、未焊透、咬边等缺陷。另外，焊接时选择合适的气焊参数也是保证焊接质量的一个重要因素。气焊技术参数的选择详见表11-12。

表 11-12　铅气焊的焊接规范参数

板厚 /mm	焊缝位置							
	平焊		横焊		立焊		仰焊	
	焊嘴号	焰芯长度/mm	焊嘴号	焰芯长度/mm	焊嘴号	焰芯长度/mm	焊嘴号	焰芯长度/mm
1～3	1～2	8	0～2	6	0～1	4	0～1	4
4～7	3～4	8	1～2	8	0～2	6	0～2	6
8～10	4～5	12	3～4	10	2～3	8	2～3	8
12～15	6	15	3～4	10	2～3	8	2～3	8

铅丝可采用如图 11-8 所示的角铁或铁模熔化铅。而铅丝的粗细，则要视焊件工作的厚薄而定，焊件厚的就粗一点，焊件薄的就细一点。

11.4.2.3　焊接施工

首先检查基体是否符合衬铅的要求。衬铅要求基底表面应平整、无毛刺，焊缝光滑平直、无气孔；壳体转角需加工成半径大于 5mm 的圆角；壳体焊接等加热工序，应在衬铅前完成，以免焊接时熔化铅板；衬铅设备底部钻孔（6～10mm）数个，以备衬铅后查漏；在非金属基体上（例如木材、混凝土）衬铅时，应先在其表面上涂刷沥青漆或贴石棉板。

施焊前，用刮刀将焊缝处的铅板刮出金属光泽，刮净的焊口要保持干燥，并在两个小时之内焊完。多层焊时，必须将上一道焊缝表面氧化膜刮净后才允许焊下一道。平焊对接焊缝，板厚 3～6mm 时，焊接不少于三道，立焊、仰焊和横焊搭接焊缝，板厚 3～4mm 时，焊接不少于两道，板厚 5～7mm 时，焊接不少于三道。多块铅板对接时，应避免十字交叉，相邻焊缝间距≥50mm。

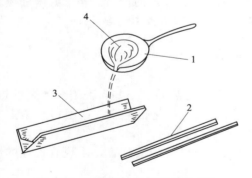

图 11-8　气焊用的自制铅焊丝方法
1—勺；2—铅焊丝；3—钢模具；4—铅溶液

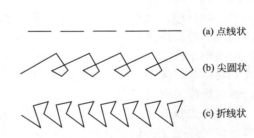

图 11-9　焊丝摆动形式

(a) 点线状
(b) 尖圆状
(c) 折线状

气焊时速度要快，以免烧穿和下塌，在气焊时，预热火焰要对准焊件，当焊件熔化成液态时，即将焊丝伸前一些，挡住火焰，也要防止焊丝熔化滴落到焊件溶池上混合成一体。火焰的前移，均匀地熔化焊件和焊丝，循环往返，在平焊铅缝时，下边应有衬托；焊接时焊炬与焊缝的夹角保持 60°～70°。焊丝和焊炬也要保持 80°左右的夹角；在焊接过程中，要将焊丝连续不断地送到火焰下面，使焊缝丰满、均匀、整齐。焊炬应有规律地摆动，如图 11-9 所示。

11.4.2.4　焊接接头形式的选择

常见的焊接接头形式有三种，详见表11-13。如何根据具体情况，正确地选择接头形式，对保证焊接质量起着至关重要的作用。

表 11-13 焊接接头条件

接头形式	接头尺寸/mm	接头形式	接头尺寸/mm
δ, C	$\delta\leqslant3,C=1\sim2.5$	δ, α, P	$\delta>15,C=1\sim25,P=1\sim2,$ $\alpha=60°\sim90°$
δ, C, P	$\delta\leqslant3,C=1\sim2.5,P=2\sim15$	δ, L	$\delta\leqslant7,L=25\sim40$
δ, α, P	$\delta=4\sim15,C=1\sim2.5,$ $P=1\sim2,\alpha=30°\sim90°$		

选择接头形式应遵循以下原则:平焊一般采用对接接头形式,也可以采用搭接接头形式,立焊、横焊和仰焊时则采用搭接接头形式。在设备拐角处和在设备开孔处宜采用图 11-10 所示的接头形式。

衬铅的质量检查方法有:外观检查法、剖割检查法、试压检查法。

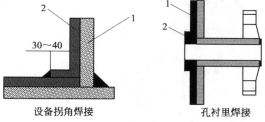

图 11-10　焊接工艺
1—设备本体;2—衬铅板

11.4.3　搪铅的施工技术

为了改善衬铅设备的衬层和基体金属不能紧密贴合的缺点,改变和扩大其使用范围,采用搪铅。搪铅就是将铅在熔融状态下,使之一点点覆合在金属设备表面的施工方法。搪铅与设备器壁之间结合均匀而牢固,没有间隙,传热性能也较好,但施工比衬铅复杂,在搪铅过程中会放出大量有毒铅蒸气,因而施工环境较差,施焊速度也较慢,一个熟练的焊工只能搪制 $0.1\sim0.15m^2/h$。搪焊时,也易引起设备变形,而且只能作平焊和 30°以下的坡焊,30°以上坡焊就较难施工。

在石油化工防腐蚀中,对于受负压的设备、受震动的轴和叶轮、需要传热的耐腐蚀层、温度较高(150℃以下)或温度变化比较频繁的设备,用搪铅代替衬铅,可以获得较好的效果。

搪铅适用范围:硫酸温度低于 150℃浓度为 70%~80%;硫酸、硝酸和水的三元混合物中水含量低于 25%;浓度小于 10%的盐酸、亚硫酸、硝酸、磷酸、氢氟酸;氨水溶液;干燥的氟、氯、溴气体;高温二氧化硫气体。

11.4.3.1　施工工艺

(1) 搪铅施工工艺

搪铅的施工工艺过程如下:检查设备→表面处理→配制焊药→搪铅→检查质量→交工。

(2) 搪铅施工过程

根据设计施工图提出的搪铅要求或有关部门提出的搪铅要求,编制搪铅施工方案。参加搪铅的施工人员需进行技术培训,熟悉搪铅施工过程,掌握搪铅操作方法,明确搪铅的施工质量标准,对搪铅施工的环境要求及安全防护要求有很清楚的了解。

(3) 搪铅施工方法

搪铅施工方法有焊接法和浇铸法两种。焊接法是用铅焊条堆焊在金属面上,这种方法生产效率低,设备易变形,但比较可靠,铅耗低,适用范围广,尤其适用于形状复杂的构件。搪铅火焰是选择中性氧乙炔焰施焊,焊接处的温度保持 250~320℃。浇铸法搪焊是将熔融铅浇铸在金属面上,这种方法生产效率高,质量好,但工序复杂,操作繁重,搪铅层厚,铅耗高,除特殊需要外,一般不使用。

焊接法搪铅又有"直接搪铅"和"间接搪铅"两种，所谓"直接搪铅"，就是直接把铅焊在金属的表面上，而"间接搪铅"，则是先在金属表面上焊上一层锡，再把铅焊在锡层上。

间接搪铅时，将处理好的设备表面，先刷一层焊药后，用气焊加温，当温度达到 320～350℃时再涂一层焊剂水，如果表面形成的焊剂层呈现湿润光泽，就把焊条熔化上去。火焰对着熔化铅向前走动，熔铅就焊着在设备表面上。把焊条加入熔池，火焰向前倾斜，前部温度就自然升高，焊炬向前推进，熔铅也向前流动并熔化在设备表面上。搪铅适用于真空、震动、较高温度和传热等。

搪铅的质量检查方法有外观检查、剖视检查、稀硫酸检查法、蒸气检查法。

11.4.3.2 搪铅操作技术

(1) 搪铅焊条选用

焊条的材质应符合设计要求，无明确要求尺寸，应选用 4 号铅（P-4）。焊条规格按表 11-14 选用。

单位：mm

表 11-14　搪铅焊条选用表

焊条号数	1	2	3	4	5
规格 $\phi \times L$	5×230	8×250	11×280	14×300	18×320
搪铅厚度	1～2	2～3	3～4	4～5	—

由于商品焊条很少，故铅焊条一般自制。制作过程如下：用一坩埚将铅锭熔化，根据所需焊条规格制作一个金属模，把模具烘干后即可将熔铅浇入模中，冷却后起模。要求焊条近似圆形，长度、形状一致即可。

(2) 搪铅焊剂的原理

用铅条直接熔化浇铸在金属内壁上，尽管焊前铅条和容器内壁已作去除氧化膜处理，但在实际搪制时，氧化膜还在产生。为去除金属氧化膜，在软钎剂中一般选用卤族盐类 $ZnCl_2$、$SnCl_2$ 等去除氧化物。其去除氧化物的原因是焊剂能形成卤化氢，如氯化锌的水解为：

$$ZnCl_2 + 2H_2O == Zn(OH)_2 + 2HCl$$

而水解产生的氯化氢能把金属氧化物变成氯化物：

$$2HCl + FeO == FeCl_2 + H_2O$$

Fe 能置换 $SnCl_2$ 产生 Sn：

$$Fe + SnCl_2 == FeCl_2 + Sn$$

Sn 具有反应焊剂的性能，而 Sn 与 Pb 为共晶体，这样就产生了结合力。

(3) 搪铅焊剂配制

搪铅焊剂一般采用氯化锌（23%）和氯化亚锡（6%），其余为水配制而成，或用氯化亚锡（30%）、氯化锌（50%）、氯化铵（15%）、氟化钠（5%）配成糊剂使用。搪铅时焊剂采用现场配制方法，具体配方见表 11-15。

表 11-15　搪铅常用焊剂配比

序　号	成分/g			
	氯化锌	氯化锡	氯化亚锡	水
1	65			300
2	25	25	35	75
3	45	1	5～7	30
4	2			6

配制要求：氯化锌、氯化锡的纯度98％以上；称量器具要准确；使用的器皿要干净。

配制过程：在配制器皿中放入水，水温保持在50～80℃，氯化锌和氧化锡一起放入水中并充分搅拌。

（4）搪铅操作

选平搪的位置进行操作，操作时与水平面倾角不大于30°，在筒体内部沿轴向长条搪制时，搪完一道后，筒体转过一道，始终使待搪道处于滚轮架的最低点上，因为铅的密度很高，熔池易向下流淌。

在准备搪铅的表面涂刷焊剂，使用中性焰进行局部加热，当温度达到320～350℃时再涂刷一层焊剂，若表面呈现湿润光泽，就可将焊条熔化上去，如果由于温度未稳定及焊剂层未很好成型，铅的附着比较困难。为此，可以多次涂抹焊剂，并用焊条摩擦，等到温度合适，表面呈现湿润光泽时就能够焊合，操作时一般加热到铅条熔化，熔池平铺后火焰后移。边搪制边用漆刷蘸吸焊剂涂刷在筒体内壁待搪部位。

每次搪2～4mm厚度为宜，宽度宜为20～30mm，前后两焊道的叠合宽度为焊道宽度的1/4。搪铅厚度为5mm时，至少要搪两层，在搪完第一层后，检查外观质量及其黏着力，用清水洗净表面的焊剂，并用刮刀将焊道表面刮光、用铅焊条直接焊在铅层上，切不可再涂焊剂，第二层为铅上搪铅，热源可适当选择小些，其余各遍类推，直至所需厚度。为防漏涂、针孔和不平整，一般搪铅层不少于两层。最后一层铅必须用火焰重熔一次，即用热源加热至微熔，让其在表面吸附力的作用下使之平整，外观成形达到要求。并消除缺陷。

搪铅进行中，火焰不宜直接对着未搪铅的表面，否则影响焊剂层的形成。火焰带动熔池运动，随着焊条加入熔池，焊炬向前微倾、饱满的熔铅就会向前进，并附着在基体表面。形成连续的焊道。这是因为熔池周围的温度较稳定，能保持搪铅的适宜温度，熔池中铅的密度小、流动性好。

一般容器内部大面积地采用搪铅工艺制作，而容器上的接管由于管径较小，只能采用铅管内衬，两端加长后扳边施焊，法兰面搪铅。

11.4.3.3　浇铸搪铅

大口径接管若操作方便，就按前述方法施工。小口径接管可以采用浇注的方法来完成搪铅。浇铸搪铅的操作过程如下。

挂锡：在搪铅表面涂焊剂，将3：2（质量比）的锡铅合金熔化成条状。将接管加热至300～350℃，一边用锡铅合金条在管壁上摩擦，一边涂抹焊剂，使整个搪铅表面都挂上锡。

设置木芯：挂好锡的接管用盲板法兰盲死，中心放置木芯，木芯应有1：15斜度，便于搪铅之后取出。如图11-11。

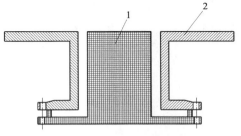

图11-11　接管浇铸搪铅
1—木芯；2—设备

注铅：将铅锭熔化，沿着注入口将熔铅浇注到位；待铸铅冷凝后，打开盲板，取出木芯。

11.4.3.4　搪铅作业安全特殊要求

钢铁表面处理按有关规范规定，应防粉尘、中毒和火灾。

在工作场所内设置良好的通风设备，以排除空气中的铅污染；操作时，焊工要戴静电防尘口罩，穿好工作服，戴好手套，裸露部位最好擦上油脂加以保护，避免铅质与皮肤直接接触；工作时不吃东西，不吸烟，换岗时要换掉工作服，洗手、洗脸、刷牙；定期进行身体检查。

在密闭的容器内作业时，外面必须有专人监护，作业人员应半个小时左右轮换一次，容器内照明灯具电压不得超过 12V。

熔铅作业时，加入坩埚中的铅应进行质量检查。当坩埚中的铅已经熔化，再加入的铅应预热后加入。接触熔铅的工具要预烘干，铸模干燥无水分。在熔铸铅条时，熔炉上需安装排气罩。

发现作业人员面孔灰白、头晕、关节酸痛、肚子绞疼等症状，应停止作业，送医院检查治疗。

第12章 先进表面工程技术

先进表面工程技术是当代材料科技、真空科技与高科技的交叉领域和发展前沿，成为现代高新技术领域和先进制造业的重要前沿之一。先进表面工程技术在高性能防护涂层和功能薄膜方面应用广泛，一方面使防护涂层走向多功能化，既提高了产品的品位，同时还有利于降低成本，便利应用；另一方面，又使表面工程技术逐步发展成为新型材料制备工艺，其中既有作为体材料的制备工艺，如电铸成型、气相沉积特种材料（热解石墨、六方氮化硼、碳化硅）、喷射成型等，又有薄膜和微制造工艺，这后一类技术的特征尺寸还在不断地向更低数值扩展。其结果是，微小特征尺度的先进表面工程技术正在逐步发展成为微/纳技术的重要组成部分。

12.1 材料表面高能束改性处理技术

12.1.1 概述

采用激光束、电子束、离子束等高能量密度束流（简称高能束）对材料表面进行改性或合金化的技术，是20世纪70年代后发展起来的材料表面新技术领域之一。激光束、电子束、离子束表面改性技术不仅可用于提高机件表面的耐蚀性和耐磨性，还可用于半导体技术和催化剂技术，因为催化行为是由表面成分和结构决定的。在半导体材料中，各种电性能通常是由材料的最外层微米数量级厚的成分和结构控制的。

用这些高能束流对材料表面进行改性的技术主要包括两个方面：其一，利用脉冲激光束可获得极高的加热和冷却速度，从而可制成微晶、非晶及其他一些奇特的、热平衡相图上不存在的亚稳合金，从而赋予材料表面以特殊的性能，目前的激光束、电子束发生器已有足够的功率在短时间内加热和熔化大面积的表面区域；其二，利用离子注入技术可把异类原子直接引入表面层中进行表面合金化，引入的原子种类和数量不受任何常规合金化热力学条件的限制。

这些束流用于材料表面加热时，由于加热速度极快，所以整个基体的温度在加热过程中可以不受影响。用这些束流直接加热的材料表层一般深度在几微米，加热熔化这些微米级厚的表层所需能量一般为 $1\sim10\mathrm{J/cm^2}$。电子束、离子束的脉冲宽度可短至 $10^{-9}\mathrm{s}$，激光的脉冲宽度可短至 $10^{-12}\mathrm{s}$，它们的能量沉积功率密度可以相当大，在被照物体上，由表面向里能够产生 $10^6\sim10^8\mathrm{K/cm}$ 的温度梯度，使表面薄层迅速熔化。正因为达到了这样高的温度梯度。冷的基体又会使熔化部分以 $10^9\sim10^{11}\mathrm{K/s}$ 的速度冷却，致使固液界面以每秒几米的速度向表面推进，使凝固迅速完成。

对于离子束来说，其作用不仅仅是加热材料表面，离子还会与表面原子发生交互作用，这些交互作用是比较复杂的。射到材料表面上的离子，通过库仑交互作用把能量传给材料表面的电子和原子。电子能量的耗散对于金属和半导体来说是缓慢的，最终将转化为热量。原子间的弹性交互作用可达到很激烈的程度，从而导致基体点阵的巨大扰动和损伤，可使表面原子被大量溅射出去。当固体表面受到这种轰击时，表面形貌会产生明显的变化。典型的表面结构是柱形或小平面形，其尺寸比入射粒子本身的尺寸大好几个数显级。在多晶体的单个晶粒上或单晶体上、这些组织结构在外形或横向剖面上显示出高度的规律性。

高能束技术对材料表面的改性是通过改变材料表面的成分或结构实现的。成分的改变包括表面合金化和熔覆；结构的改变包括组织和相的变化。

近年来，人们对亚稳合金产生了极大的兴趣。在许多情况下，用平衡凝固的方法生产的合金不能满足需要时，只好寄希望于亚稳合金。亚稳合金往往具有较好的耐蚀性和较高的机械强度。另外，亚稳金属玻璃具有令人注目的磁性和高硬度等良好的综合性能，甚至可达到一种理想的性能结合。

用这些高能束流技术制造超导材料也引起了人们的极大兴趣。采用离子注入技术已成功地制造了各种超导金属玻璃，低温离子注入既可使溶质浓度超过固溶度极限，又可使点阵进入无序状态，这两种效应对超导性都是有利的。因为某些晶体结构中的成分变化有利 Fermi 能级处的电子状态密度 $N(0)$ 的变化，而晶体结构的变化会改变系统的声子谱 $F(\omega)$，这样就有可能通过改变 $N(0)$ 和 $F(\omega)$ 这两个重要参数而获得材料的超导性能。

12.1.2 激光束表面改性处理技术

激光束的英文名字是 laser beam，而 laser 一词又是 light amplification by stimulated omission of radiations 的简称，其含义是受激发射的光放大。用这种光对材料进行辐射，可使材料表面的温度瞬时上升至相变点、熔点甚至沸点以上，并产生一系列物理或化学的现象。人们常称这种激光处理方法为激光束表面改性处理技术。

12.1.2.1 激光束表面改性原理

（1）激光的特点

对金属材料的表面改性而言，激光是一种聚焦性好、功率密度高、易于控制、能在大气中远距离传输的新颖光源，具有以下三个典型特点。

① 高方向性。激光光束的发散角可以小于 1 到几个毫弧度，可以认为光束基本上是平行的。一般的平行平面型谐振腔的激光发射角 θ 由式（12-1）表示：

$$\theta = 2.44\lambda/d \tag{12-1}$$

式中，d 为工作物质直径；λ 为激光波长。

② 高亮度性。激光器发射出来的光束非常强。通过聚焦集中到一个极小的范围之内，可以获得极高的能量密度或功率密度，聚集后的功率密度可达到 $10^{14}\ W/cm^2$，焦斑中心温度可达几千度到几万度，只有电子束的功率密度能和激光相比拟。

③ 高单色性。激光具有相同的位相和波长，所以激光的单色性好，激光的频率范围非常窄。比过去认为单色性最好的光源如 Kr^{86} 灯的谱线宽度还小几个数量级。

（2）激光束与金属材料的相互作用

激光束照射到材料表面时，与材料间的相互作用根据辐射密度与持续时间可分为以下几个阶段：a. 激光照射到材料表面；b. 激光被材料吸收变为热能；c. 表层材料受热升温；d. 发生固态转变、熔化甚至蒸发；e. 材料在激光作用后冷却。当激光辐射的功率密度与持续时间不变时，上述过程的进展除取决于被处理材料的特性外，还与激光的波长、材料的温度和表面状态等有关。

当激光束直接作用在金属材料表面时，可以产生热作用、力作用及光作用。这里面涉及复杂的物理机制及数学表达，在此仅作简要的介绍。

① 热作用 在激光与金属材料交互作用过程中，一般不考虑材料表面对激光的折射。当激光与金属材料相互作用时，一部分光被金属表面反射，而其余部分进入金属表层并被吸收。事实上，激光光子的能量向固体金属的传输或迁移的过程就是固体金属对激光光子的吸

收和被加热的过程。由于激光光子的吸收而产生的热效应即为激光的热作用。激光与金属材料交互作用而产生的加热效应取决于材料对激光光子的吸收。

② 力作用　激光在金属材料中产生的力作用包括热膨胀压力、不均匀应变内应力以及冷却时的弹性收缩拉应力等多种类型。当作用在金属材料表面的激光功率密度超过一定阈值，且激光的作用时间低于一临界值时，由于表面吸收光子层被瞬间加热到其沸点以上，光能转化成的热能来不及向基体传递，从而在表层产生爆炸气体，这种热膨胀产生的压力是很大的。如激光功率密度为 $10^{14}\,W/cm^2$，激光源宽为 $20\sim100ns$ 时，在铝合金上的冲击力可以达到 8GPa。正由于此，生产中往往利用这种压力波对无马氏体相变的铝及其合金实施冲击硬化以达到表面强化之目的。当激光束强度远低于熔化临界值时，高温度梯度在金属亚表层区产生严重的不均匀应变，由此而产生的内应力超过弹性极限和屈服应力，材料发生塑性变形。激光照射使材料表面温度迅速升高，材料发生热膨胀和塑性变形，变形的结果使材料被挤出自由表面，冷却时则将发生弹性收缩而产生塑性拉应力。此外，激光束作用在材料的表面还会产生光压作用，不过当激光的功率密度较低时，这种光压的作用甚微，通常不予考虑。

③ 光作用　激光束与金属材料交互作用产生的热学与力的作用是直接作用所致，激光与金属材料的交互作用也可以通过光作用而实现，不过这种作用是一种间接的作用。由于这种作用主要用来制备特殊的非金属材料和无机材料，如金刚石薄膜、类金刚石薄膜、Si、α-Si、H 等，这里不作介绍。

12.1.2.2　激光束表面改性设备

激光束表面改性设备主要由激光器、功率计、导光聚焦系统、机械系统、辅助系统以及加工工件表面温度测量与控制系统等组成。

（1）激光器

激光器是激光束表面改性的关键设备，主要由激活物质（也称工作物质）、激活能源和谐振器等三部分组成。现已有几百种激光器，可分为以下几种。

① 固体激光器：晶体固体激光器（如红宝石激光器、钕-钇铝石榴石激光器等）和玻璃激光器（如钕离子玻璃激光器）。

② 气体激光器：中性原子气体激光器（如 He-Ne 激光器）、离子激光器（如 Ar^+ 激光器，Sn、Pb、Zn 等金属蒸气激光器）、分子气体激光器（如 CO_2、N_2、He、CO 以及它们的混合物激光器）、准分子激光器（如 Xe^+ 激光器）。

③ 液体激光器：螯合物激光器、无机液体激光器、染料激光器。

④ 半导体激光器：砷化镓激光器。

⑤ 化学激光器。

这些激光器发生的激光波长有几千种，最短的 21nm，位于远紫外区；最长的 4mm，已和微波相衔接、X 射线区的激光器也将问世。

目前，工业上常用的激光器有横流 CO_2 激光器和 YG 激光器两种。横流 CO_2 激光器多用于黑色金属大面积零件改性；YG 激光器多用于有色金属或小面积零件的改性。此外，准分子激光器的波长为 CO_2 的 1/50、YG 的 1/10，它可使材料表面化学键发生变化，因此大多数材料对它的吸收率特别高，能有效地利用激光能量，称为第三代材料表面改性激光器。目前，准分子激光器主要用于半导体工业、金属、陶瓷、玻璃、天然钻石等材料的高清晰度无损标记，以及光刻加工等。在材料改性的固态相变重熔、合金化、熔覆、化学气相沉积、物理气相沉积等方面也有应用，但目前用得较少。表 12-1 是三种常用激光器的性能和适用范围比较。

表 12-1　三种激光器性能比较

指标和类型	CO₂ 激光器	YAG 激光器	准分子激光器
波长/μm	10.6	1.05	0.193~0.351
与材料表面耦合效率	低	高	最高
光纤传输额定功率	≤10W	≤200W	小于几瓦
结构	庞大	紧凑	大
重(质)量	重	轻	较重
商品功率/kW	2、5、10	0.05、0.1、0.2、0.4	0.02、0.1、0.2
研究最高功率/kW	60	1	1
方向性/mrad	10^{-3}	10^{-2}	10
运转效率	10%	1%~3%	
每瓦输出功率的成本	低	高	最高
表面改性选择范围	相变硬化、熔覆、合金化	黑色金属非晶化,有色金属表面改性,冲击硬化	化学和物理气相沉积

（2）功率计

目前国内外在生产线上都采用功率计来测量和控制激光输出功率的大小和稳定性。激光功率是描述激光器特性和拉制加工质量的最基本参数，它是用光电转换的原理，利用吸收体吸收激光能量后转变成温升，通过温升的变化来间接测出激光功率。

（3）导光聚焦系统

导光聚焦系统是把激光束传输到工件加工部位的设备，是一种从激光输出窗口到被加工工件之间的装置，它要根据加工工件的形状、尺寸及性能要求，把激光束的功率，经测量及反馈控制，光束传输、放大、整形、聚焦，并通过可见光同轴瞄准系统找准工件被加工部位，实现激光束的精细加工。整个导光系统主要有：光束质量监控设备、光闸系统、扩束望远镜系统、可见光同轴瞄准系统、光传输转向系统和聚焦系统等。

（4）机械系统

激光加工过程中驱动光束或零件移动的装置，包括光束不动（包括焦点传置不动）零件按要求移动的机械系统，零件不动（包括焦点传置不动）光束按要求移动的机械系统，光束和零件同时按要求移动的机械系统。

（5）辅助系统

辅助系统包括的范围很广，有遮蔽连续激光工作间断式的遮光装置，防止激光造成人身伤害的屏蔽装置，喷气和排气装置，冷却水加温装置，激光功率和模式的监控装置等。

（6）加工工件表面温度测量与控制系统

激光束经传输、聚焦后作用于不同材料工件表面产生的温度变化是决定激光加工产品的质量所在。过去只能用假设的数学模型来计算激光加工时的工件表面温度，不可能完全反应温度场的真实情况。现今已可用热像仪测定钢铁材料受激光照射时表面的温度场分布，并研究出激光相变硬化非稳定态温度场的计算机软件，用这种软件可揭示激光扫描加热的全过程，定量描述激光加热的非稳定温度场，还可预测熔化区和相变区的形状和深度。

12.1.2.3　激光束表面改性技术及应用

（1）激光束表面改性技术的主要类型

激光束表面改性，主要包括激光表面相变硬化、激光冲击硬化、激光熔覆、激光合金化和激光非晶化等（如图 12-1 所示），可使材料的表面性能得到提高，特别是材料的表面硬度、强度、耐磨性、耐蚀性和耐高温性的改进，大大提高了产品的使用寿命。它们的理论基础是激光与材料相互作用的一些规律；从工艺上看，它们各自的特点是作用在材料表面的激光功率密度不同，冷却速度不同所致（表 12-2）。目前，激光束表面改性技术主要用于汽车、机械、冶金、石油、机车、轻工、农机、纺织机械行业中的部件及配件和刀具、模具等。

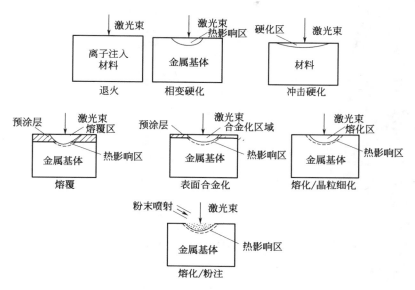

图 12-1　激光表面改性技术简图（缺非晶化）

表 12-2　各种激光热处理工艺的特点

工艺方法	功率密度/(W/cm²)	冷却速度/(℃/s)	作用区深度/mm
激光淬火	$10^3 \sim 10^5$	$10^4 \sim 10^6$	$0.2 \sim 1$
激光合金化	$10^4 \sim 10^6$	$10^4 \sim 10^6$	$0.2 \sim 2$
激光熔覆	$10^5 \sim 10^6$	$10^4 \sim 10^6$	$0.2 \sim 2$
激光非金化	$10^6 \sim 10^{10}$	$10^6 \sim 10^{10}$	$0.01 \sim 0.10$
激光冲击硬化	$10^9 \sim 10^{12}$	$10^4 \sim 10^6$	$0.02 \sim 0.2$

（2）激光处理前表面的预处理

材料的反射系数和所吸收的光能取决于激光辐射的波长。激光波长越短，金属的反射系数越小，所吸收的光能也就越多。由于大多数金属表面对波长 $10.6 \mu m$ 的 CO_2 激光的反射高达 90％以上，严重影响激光处理的效率。而且金属表面状态对反射率极为敏感，如粗糙度、涂层、杂质等都会极大改变金属表面对激光的反射率，而反射率变化 1％，吸收能量密度将会变化 10％。因此在激光处理前，必须对工件表面进行涂层或其他预处理。常用的预处理方法有磷化、黑化和涂覆红外能量吸收材料（如胶体石墨、含炭黑和硅酸钠或硅酸钾的涂料等）。磷化处理后对激光吸收率约为 88％，但预处理工序烦琐，且不易清除。黑化方法简单，黑化溶液如胶体石墨和含炭黑的涂料可直接刷涂或喷涂到工件表面，激光吸收率高达 90％以上。

（3）激光相变硬化与激光冲击硬化

① 激光相变硬化　激光相变硬化就是一种以激光作为热源的淬火技术，又称激光淬火。这种淬火是利用激光的高能量密度和高方向性，使光束集中在一个很小的面积内形成高达 $1 MW/cm^2$ 的功率密度，它比太阳光聚焦后的功率密度高 1000 倍。当聚焦的激光束扫射到材料表面时，一部分被反射掉，一部分被材料表面所吸收，由自由电子传递给晶格，变成热

能，在材料表面产生极高的温度，造成一个有限的温度场，使材料表面层发生相变。激光束离开材料表面后，热量迅速向内部传递，形成极大的冷却速度。金属在快冷之下发生马氏体转变，使表面硬化。

激光相变硬化如同传统的表面硬化技术一样，原理都是使构件表层获得淬硬的马氏体组织。但与传统的表面硬化技术相比，激光相变硬化具有高效、清洁、便于自动控制、硬化后变形极小、可区域性处理等优点，可以解决某些其他热处理难以实现的技术目标，迅速取得了广泛应用。表 12-3 列出了激光表面淬火的一些应用实例。

表 12-3　激光表面淬火实例

序号	材料和零件名称	采用的激光设备	效　果
1	齿轮转向器箱体内孔（铁素体可锻铸铁）	5 台 500W 和 12 台 1kW CO_2 激光器	每件处理时间 18s，耐磨性提高 9 倍，操作费用仅为高频淬火或渗碳处理的 1/5
2	EDN 系列大型增压采油机汽缸套（灰铸铁）	5 台 500W　CO_2 激光器	15min 处理一件，提高耐磨性，成为该分部 EMD 系列内燃机的标准工艺
3	轴承圈	1 台 1kW CO_2 激光器	用于生产线，每分钟淬 12 个
4	操纵器外壳	CO_2 激光器	耐磨性提高 10 倍
5	渗碳钢工具	2.5kW CO_2 激光器	寿命比原来提高 2.5 倍
6	中型卡车轴管圆角	5kW CO_2 激光器	每件耗时 7s
7	特种采油机缸套	每生产线 4 台 5kW CO_2 激光器	每 2min 处理一个缸套（包括辅助时间），大大提高耐磨性和使用寿命
8	汽车转向机导管内壁	每生产线 3 台 2kW 激光器	每天淬火 600 件，耐磨性提高 3 倍
9	轿车发动机缸体内壁	"975"4kW 激光器	取消了缸套，提高了寿命
10	汽车缸套	3.5kW 激光器	处理一件需 21s
11	汽车与拖拉机缸套	国产 1～2kW CO_2 激光器	提高寿命约 40%，降低成本 20%，汽车缸套大修期从 $(10～15)×10^4$ km 提高到 $30×10^4$ km。拖拉机缸套寿命达 8000h 以上
12	手锯条（T10 钢）	国产 2kW CO_2 激光器	使用寿命比国家标准提高 61%，使用中无脆断
13	发动机汽缸体	4 条自动化生产线 2kW CO_2 激光器	寿命提高一倍以上，行车超过 $20×10^4$ km
14	东风 4 型内燃机汽缸套	2kW CO_2 激光器	使用寿命提高 $50×10^4$ km
15	2-351 组合机导轨	2kW CO_2 激光器	硬度和耐磨性远高于高频淬火的组织
16	硅钢片模具	美国 820 型横流 1.5kW CO_2 激光器	变形小，模具耐磨性和使用寿命提高约 10 倍
17	采油机汽缸套	HJ-3 型千瓦级横流 CO_2 激光器	可取代硼缸套，耐磨性和配副性优良
18	转向器壳体	2kW 横流 CO_2 激光器	耐磨性比未处理的提高 4 倍

② 激光冲击硬化　激光冲击硬化是应用脉冲激光作用使材料表面硬度与强度提高的激光处理技术。脉冲激光作用在材料表面，产生高强冲击波或应力波，使金属材料表面产生强烈的塑性变形，在激光冲击区，显微组织呈现位错的缠结网络，其结构类似于经爆炸冲击及快速平面冲击的材料中的亚结构。这种亚结构明显地提高了材料的表面硬度、屈服强度和疲劳寿命。

虽然都是激光表面硬化技术，激光冲击硬化的原理与激光相变硬化却存在本质的区别，其研究与发展过程也晚得多。激光冲击硬化目前仍是一项正在开发的材料表面处理改性新技术。因为冲击硬化可在空气中进行，且不产生畸变，极具实用价值，可用来冲击强化精加工工件的曲面，如齿轮、轴承的表面。它可增强冲击区的裂纹扩展抗力。其中一个重要的应用是局部强化焊接件及精加工后的工件，尤其适合铝合金，可大幅度地提高飞机紧固件孔周围的疲劳寿命。但距真正的实用性生产还需进行大量应用研究。可以预计，激光冲击硬化在许多工业领域，将会有较大的发展前景。

（4）激光熔覆与激光合金化

① 激光熔覆　激光熔覆是使用激光在基体表面覆盖一层薄的具有特定性能的涂覆材料的激光处理技术。这类材料可以是金属和合金，也可以是非金属，还可以是化合物及其混合物。与常规的表面涂覆工艺相比较，具有涂层成分不受基体成分干扰和影响，涂层厚度可以准确控制，涂层与基体的结合为冶金结合，十分牢固，稀释度小，加热变形小，热作用小，以及整个过程很容易实现自动控制等优点。激光涂覆主要用于提高工件表面的耐蚀、耐磨、耐热、减摩及其他应用。

应该指出的是，对部分有色金属的激光熔覆远不如钢铁那么容易，如铝合金、钛合金等。铝合金与涂覆材料的熔点相差很大，而且铝合金表面存在高熔点、高表面张力、高致密度的 Al_2O_3 氧化膜，常出现熔覆层与铝合金基体未浸润而脱落或熔覆元素被铝熔体混合而合金化的现象，甚至在熔覆层出现裂纹、气孔等缺陷。避免涂层开裂的简单方法是工件预热，一般铝合金激光熔覆与合金化的预热温度在 300～500℃，钛合金预热在 400～700℃。

② 激光合金化　激光表面合金化技术是利用激光将材料局部区域表面加热到一定固态温度或形成一薄的熔区，通过扩散或添加合金元素或化学反应改变表面化学成分以改善材料表面的力学、物理和化学性能的技术。激光表面合金化是一种既改变表层的物理状态，又改变其化学成分的激光表面处理技术。与常规的表面合金化方法（即化学热处理）相比，它具有可局域处理，低的基体形变，对基体性能无损伤，效率高和快速加热等优点，特别适用于工件的重要部位，如模具的合缝线，气门挺杆和凸轮轴的局部表面。这样，既改善了工件寿命的"瓶颈"部位，又可简化工艺和节约合金元素。

常见的激光表面合金化方法有两类：a. 预涂式激光合金化；b. 送粉式激光合金化。过程示意见图 12-2。即用镀膜或喷涂等技术把所需合金元素涂覆在金属表面（预先或与激光照射同时进行），激光照射时使涂覆层合金元素和基体表面薄层熔化、混合，而形成物理状态、组织结构和化学成分不同的新的表层。

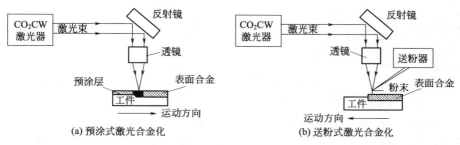

(a) 预涂式激光合金化　　(b) 送粉式激光合金化

图 12-2　激光表面合金化的过程示意图

③ 激光熔覆与合金化工艺　激光熔覆与合金化可分为脉冲激光熔覆与合金化和连续激光熔覆与合金化。若按被掺合的合金元素的物质形态来分类，激光合金化又可分为激光固态合金化、激光液态合金化和激光气态合金化。表 12-4 列出了几种激光熔覆与合金化工艺的参数与特点。

表 12-4　　激光熔覆与合金化工艺参数及特点

种　类	需控制的主要参数	特　点
脉冲激光熔覆与合金化	激光束的能量、脉冲宽度、脉冲频率、光斑的几何形状及工件的移动速度	①可以在相当大的范围内调节合金元素在基体中的饱和程度 ②生产效率低，表面易出现鳞片状宏观组织
连续激光熔覆与合金化	光束形状、扫描速度、功率密度、气体种类、气流流向、引入材料的成分、粒度、供给方式、供给量及稀释度（基体熔化面积/涂层面积＋基体熔化面积）	①生产效率高 ②容易处理任何形状的表面 ③层深均匀一致
激光固态合金化（被渗入合金的元素的物质形态在激光作用时是固态）	需控制的工艺参数同上，激光固态合金化工艺可分为：非金属合金化，如碳、硼、氮等；金属元素合金化，如铬、铝、钨、钴等；化合物合金化，如难熔金属碳化物，TiC、NbC、VC、WC 等	用于激光合金化的元素及其化合物具有广泛的可选择性，根据合金化目的和工艺条件可以选择不同合金化物质
激光液态和气态合金化（被渗入合金元素的物质形态在激光作用前是气态或液态）	渗入液态或气态物质中的元素或化合物成分、密度以及工件在其中被照射的激光功率密度、作用时间等	①利用相应的液体、气体与金属表面发生反应，形成难溶的硬质相 ②通过熔池对流可使金属间化合物均匀分布，提高耐蚀和耐磨性

激光熔覆和激光合金化的质量与激光功率密度、作用时间（由扫描速度决定）、基质材料性质（包括化学成分、几何尺寸、原始组织等）、引入材料（包括化学成分、粉末粒度、供给方式、供给量、热物理性质等）以及光束处理方式等诸因素有关。为保证激光熔覆层与合金化的质量，在工艺实施中，应特别注意成分的污染控制、氧化与烧损的控制，熔覆层开裂与气化以及工件变形和表面粗糙度的控制等。

④ 应用实例　激光熔覆和激光合金化的应用实例见表 12-5。

表 12-5　　激光熔覆和激光合金化的应用实例

工件名称	处理方法	优　点
电接触开关	在钢基体上用激光熔覆银	①可节约大量贵金属 ②可避免原化学镀银工艺的污染
发动机涡轮叶片	在镍基合金基体上熔覆钴基合金	①耐热耐磨性好 ②生产周期短 ③质量稳定
灰铸铁阀座	用 6.5kW CO_2 激光使铬、钴、钨粉末与灰铸铁表面形成 0.75mm 厚的合金层	①耐磨、耐热、耐蚀性好 ②使用寿命比原工艺提高 1～3 倍

（5）激光表面非晶态处理

激光加热金属表面至熔融状态后，以大于一定临界冷却速度激冷至低于某一特征温度，防止晶体成核和生长，从而获得非晶态结构的金属玻璃。这种方法称为激光表面非晶态处理，又称激光上釉。非晶态处理可减少表层成分偏析，消除表层的缺陷和可能存在的裂纹。非晶态金属具有高的力学性能，在保持良好韧性的情况下具有高的屈服点和非常好的耐蚀性、耐磨性以及特别优异的磁性和电学性能，受到材料界的广泛关注。

与急冷法制取的非晶态合金相比，激光法制取的非晶态合金的优点是：冷却速度高，达到 $10^{12}\sim10^{14}$K/s，而急冷法的冷却速度只能达到 $10^6\sim10^7$K/s；可在金属零件的表面上形成可控的非晶层，甚至对纯金属元素也可获得非晶。激光法制取的非晶态合金的缺点是：目前还不能直接生产非晶金属薄带。激光一次扫描制造非晶合金的宽度不能过宽。

常用的激光非晶化工艺是使用 YAG 激光器进行脉冲激光非晶化。为获微秒级、纳秒级（10^{-9}s）、皮秒级（10^{-12}s）、飞秒级（10^{-15}s）的脉宽，必须采用相应的锁模和调 Q 技术。对半导体材料的激光非晶化应采用倍频技术。连续激光非晶化常用 CO_2 激光器。非晶化工艺参数往往取决于被处理材料的特性。对易形成非晶的金属材料，其工艺参数为：脉冲激光能量密度 $1\sim10$J/cm^2，脉宽 $10^{-6}\sim10^{-10}$s（激光作用时间），连续激光功率密度 $>10^6$W/cm^2，扫描速度 $1\sim10$m/s。表 12-6 给出了一些激光非晶化工艺实例。

表 12-6　激光非晶化工艺参数实例

合　　金	工　艺　参　数
Au-Si	脉宽 30ns,YAG 脉冲激光,冷却速度 1010K/s
Fe-B	脉冲 30ps,YAG 激光,能量密度 0.8J/cm²,连续 CO₂ 激光激光功率 500W,扫描速度 80～560mm/s,搭接移动距离 50～150μm
Ni-Nb	脉宽 30ps,YAG 脉冲激光,能量密度 1J/cm²
Pb-Cu-Si	连续 CO₂ 激光,功率 300～500W,熔池直径 0.2mm,扫描速度 100～800mm/s
Pb-25Rh-10P-9Si①	连续 CO₂ 激光,功率 300～500W,扫描速度 100～800mm/s,熔池表面宽 0.2mm,搭接移动距离 75μm
Fe-Ni-P-B	采用 7kW 连续 CO₂ 激光,光斑直径 0.2mm,扫描速度 5m/s,非晶层厚度 10μm

① 数字为质量分数。

　　纺纱机钢令跑道表面硬度低,易生锈,造成钢令使用寿命低,纺纱断头率高。用激光非晶化处理后,钢令跑道表面的硬度提高到 1000HV,耐磨性提高 1～3 倍,纺纱断头率下降 75%,经济效益显著。汽车凸轮轴和柴油机铸钢套外壁经激光表面非晶态处理后,强度和耐腐蚀性均明显提高。激光表面非晶态处理对消除奥氏体不锈钢焊缝的晶界腐蚀也有明显效果,还可用来改善变形镍基合金的疲劳性能等。

12.1.3　电子束表面改性处理技术

　　电子束是一种高能量密度的热源。它被高压电场加速而获得很高的功能,再在磁场聚焦下成为高能密度电子束。当它以极高的速度冲击到材料极小的面积上时,其能量大部分转变为热能,这样便可把千瓦级以上的能量集中到直径为几微米的点内,从而获得高达 $10^3 MW/m^2$ 左右的功率密度。如此高的功率密度,可使被冲击部分的材料在几分之一秒内升高到几千摄氏度以上,当热量还没来得及传导扩散时,就可把局部材料瞬时熔化、气化甚至蒸发,人们称这种处理为电子束表面处理。

12.1.3.1　电子束表面改性原理

　　高速运动的电子具有波的性质。当高速电子束照射到金属表面时,电子能深入金属表面一定深度,与基体金属的原子核及电子发生相互作用。电子与原子核的碰撞可看作为弹性碰撞,因此,能量传递主要是通过电子束与金属表层电子碰撞而完成的,所传递的能量立即以热的形式传给金属表层原子,从而使被处理金属的表层温度迅速升高。这与激光加热有所不同,激光加热时被处理金属表面吸收光子能量,激光光束穿过金属表面;电子束加热时,其入射电子束的动能大约有 75% 可以直接转化为热能;而激光加热时,其入射光子束的能量大约仅有 1%～8% 可被金属表面直接吸收而转化为热能,其余部分基本上被完全反射掉了,因此,这两种能束的加热工艺存在很大的差别。目前,电子束加速电压达 125kV,输出功率达 150kW,能量密度达 $10^3 MW/m^2$,这是激光器无法比拟的。因此,电子束加热的深度和尺寸比激光大。

12.1.3.2　电子束表面改性设备

　　电子束表面改性处理的设备主要由电子枪、真空、控制、电源、传功等系统组成(其结构如图 12-3 所示)。

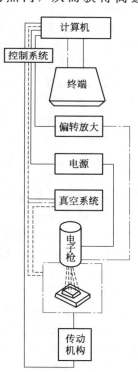

图 12-3　电子束表面改性设备结构示意

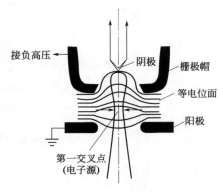

接负高压 —— 阴极

栅极帽

等电位面

阳极

第一交叉点
(电子源)

图 12-4　电子枪原理示意

（1）电子枪系统

电子枪是电子束表面改性的加热源和关键设备。常用的是热阴极电子枪，其结构如图 12-4 所示。

电子枪由发射阴极、控制栅极和加速阳极所组成。在控制栅极的上方加负偏压，用以初步聚焦和控制电子束的强弱，自偏压线路给栅极提供比阴极负几百到近千伏的偏压，当阴极电位和阴极高度（阴极尖端至栅极的距离）一定时，电极间的电位分布主要取决于栅极电位，使阴极尖端发射的电子限制在 $100\mu m \times 150\mu m$ 的区域内。当阴极加热电流或阴极本身电阻变化导致发射电子束流变化时，自偏压回路将自动改变栅偏压，从而调整阴极尖端发射电子区域的大小，使电子流的发射稳定饱和。从阴极加热发射出来的电子其功能还远不能满足电子束表面改性的要求，需通过图 12-4 中的中央带小孔的阳极板对发射出来的电子加速，以使电子束获得足够大的动能。电子枪的亮度与电子流密度、加速电压成正比，而与阴极热力学温度成反比。

（2）真空系统

为保证发射阴极免受高温下的氧化，减少它对工件表面产生金属蒸气的污染，并保证电子的高速运动以及电子束改性工艺的要求，一般采用机械泵和扩散泵的两级真空系统，以保证达到 $133.3 \times (10^{-4} \sim 10^{-6})$Pa 的真空度。

（3）控制系统

由聚焦、加速、偏转、对准装置所组成。

① 聚焦装置　利用电磁透镜，通过磁场进行聚焦。聚焦的目的是提高能量密度。而电子束聚焦的大小，最终还是取决于工件表面改性的面积和性能要求，根据电子学原理，为消除像差，获得更细的焦点，常进行二次聚焦。

② 加速装置　加速装置的作用是使电子流得到更高的速度，在阳极或工件上加 $5 \times 10^4 \sim 15 \times 10^4$V 的止高压（或在阴极加负高压）。为避免热量扩散到工件上无需加热的部分，可使电子束作间歇脉冲运动。脉冲延时为 $1 \sim 10\mu s$。

③ 偏转装置　一般用磁偏转（也可用静电偏转）以改变电子束的运行方向，控制 x、y 两个方向上的焦点位置。

④ 对准装置　主要是通过莫尔干涉条纹探测器实现电子束的对准。这是一种利用莫尔干涉条纹原理，实现电子束对准的先进可靠的方法。

（4）电源系统

电源电压要求波动范围不超过 1%，这是因为电子束聚焦和阴极发射强度与电压波动的关系密切，所以需用稳压，各种控制电压与加速电压由升压整流或超高压直流发电机供给。电源有高压和低压两个基本电压，除电子枪外，都以低压供电。

12.1.3.3　电子束表面改性技术及应用

（1）电子束表面相变强化处理

电子束表面相变强化处理又称电子束表面淬火，用散焦方式的电子束轰击金属工件表面，控制加热速度为 $10^3 \sim 10^5 ℃/s$，使金属表面加热到相变温度以上，随后快速冷却产生相变强化，达到表面改性的目的。这种方法适用于碳钢、中碳低合金钢、铸铁等材料的表面强化处理。例如，用 $2 \sim 3.2$kW 电子束处理 45 钢和 T7 钢的表面，束斑直径为 6mm，加热速度为 3000~5000℃/s，工件表面产生隐针和细针马氏体，45 钢表面硬度达 62HRC，T7

钢表面硬度达 66HRC。

电子束表面淬火工艺，在 45 钢、GCr15 钢导轨，船用柴油机活塞及一些工、模具上应用都取得了很好的效果。

（2）电子束表面重熔处理

利用电子束轰击工件表面使表面产生局部熔化并快速凝固，从而细化组织，达到硬度和韧性的最佳配合。对某些合金，电子束重熔可使各组成相间的化学元素重新分布，降低某些元素的显微偏析程度，改善工件表面的性能。目前，电子束重熔主要用于工模具钢的表面处理上，以便在保持或改善工模具韧性的同时，提高工模具的表面强度、耐磨性和热稳定性。如高速钢孔冲模的端部刃口经电子束重熔处理后，获得深 1mm、硬度为 66～67HRC 的表面层，该表面层组织细化，碳化物极细，分布均匀，具有强度和韧性的最佳配合。由于电子束重熔是在真空条件下进行的，表面重熔时有利于去除工件表层的气体，因此，可有效地提高铝合金和钛合金表面处理质量。

（3）电子束表面合金化处理

先将具有特殊性能的合金粉末涂覆在金属表面上，再用电子束轰击加热熔化，或在电子束作用的同时加入所需合金粉末使其熔融在工件表面上，在工件表面形成一层新的具有耐磨、耐蚀等性能的合金层。电子束表面合金化所需电子束功率密度约为相变强化的 3 倍以上，或增加电子束辐照时间，使基体表层的一定深度内发生熔化。

（4）电子束表面非晶化处理

电子束表面非晶化处理与激光表面非晶化处理相似，只是所用的热源不同而已。利用聚焦的电子束所特有的高功率密度以及作用时间短等特点，使工件表面在极短的时间内迅速熔化，而传入工件内层的热量可忽略不计，从而在基体和熔化的表层之间产生很大的温度梯度，表层的冷却速度高达 $10^4 \sim 10^8 ℃/s$。因此这一表层几乎保留了熔化时液态金属的均匀性，可直接使用，也可进一步处理以获得所需性能。

电子束表面非晶化处理目前还处在研究阶段。此外，电子束覆层、电子束蒸镀及电子束溅射也在不断发展和应用。

（5）电子束表面处理的应用实例

① 汽车离合器凸轮电子束表面处理。汽车离合器凸轮由 SAE5060 钢（美国结构钢）制成，有 8 个沟槽需硬化处理。沟槽深度为 1.5mm，要求硬度为 58HRC，采用 42kW 六工位电子束装置处理，每次处理 3 个，一次循环时间为 42s，每小时可处理 255 件。

② 薄形三爪弹簧片电子束表面处理。三爪弹簧片材料为 T7 钢，要求硬度为 800HV，用 1.75kW 电子束能量，扫描频率为 50Hz，加热时间为 0.5s。

③ 美国 SKF 工业公司与空军莱特研究所共同研究了航空发动机主轴轴承圈的电子束表面相变硬化技术。用含 Cr4.0%、Mo4.0%（质量分数）的美国 50 钢所制造的轴承圈容易在工作条件下产生疲劳裂纹而导致突然断裂。采用电子束进行表面相变硬化后，在轴承旋转接触面上得到 0.76mm 的淬硬层，有效地防止了疲劳裂纹的产生和扩展。

12.1.4 离子束表面改性处理技术（离子注入）

离子束和电子束基本相似，也是在真空条件下将离子源产生的离子束经过加速、聚焦，使之作用在材料表面。但与电子束有所不同的是，除离子与负电子的电荷相反带正电荷外，主要是离子的质量比电子要大千万倍。由于质量较大，故在同样的电场中加速较慢，速度较低；但一旦加速到较高速度时，离子束比电子束具有更大的能量。高速电子在撞击材料时，质量小速度大，动能几乎全部转化为热能，使材料局部熔化、气化，它主要是通过热效应完成。而离子由于本身质量较大，惯性大，撞击材料时产生了溅射效应和注入效应，引起变形、分离等机械作用和向基体材料扩散，形成化合物产生复合、激活等化学作用。这种处理称为离子束表面处理或离子注入。

12.1.4.1　离子束表面改性原理

（1）离子注入基本原理

高能离子进入工件表面后，与工件内原子和电子发生一系列碰撞，这一系列的碰撞包括三个独立的过程。

① 电子碰撞　荷能离子进入工件后，与工件内围绕原子核运动的电子或原子间运动的电子非弹性碰撞。其结果可能引起离子激发原子中的电子或原子获得电子、电离或 X 射线发射等。

② 核碰撞　荷能离子与工件原子核弹性碰撞（又称核阻止），碰撞的结果是使工件中产生的离子大角度散射和晶体中产生辐射损伤等。

③ 离子与工件内原子作电荷交换　无论哪种碰撞都会损失离子自身能量，离子经多次碰撞后，能量耗尽而停止运动，并作为一种杂质原子留在工件材料中。离子这种能量衰减的过程就是金属基体中能量传递和离子淀积的过程，衰减区实际上就是离子注入深度。用于表面改性的离子注入能量范围通常是 $35\sim200\text{keV}$，相应的离子注入深度为 $0.01\sim0.5\mu m$。

离子注入深度是离子能量和质量以及基体原子质量的函数。一般情况下离子能量愈高，注入愈深；离子愈轻或基体原子愈轻，注入愈深。离子注入时，外来离子的注入浓度离子注入元素的分布，根据不同的情况有高斯分布、埃奇沃思分布、皮尔逊分布和泊松分布。具有相同初始能量的离子在工件内的投影射程符合高斯函数分布。因此注入元素在离表面 x 处的体积离子数 $n(x)$ 为：

$$n(x) = n_{\max}\text{e}^{\frac{-x^2}{2}} \tag{12-2}$$

式中，$n_{\max}$ 为峰值体积离子数。

设 N 为单位面积离子注入量（单位面积的离子数）；L 为离子在工件内行进距离的投影，d 为离子在固体内行进距离的投影的标准偏差，则注入元素的浓度可按下式求解：

$$n(x) = \frac{N}{d\sqrt{2\pi}}\exp\left[-\frac{(x-L)^2}{2d}\right] \tag{12-3}$$

离子进入固体后，对固体表面性能发生的作用除离子挤入固体内的化学作用之外，还有辐照损伤（离子轰击所产生的晶体缺陷）和离子溅射作用，这些在材料改性中都有重要的意义。

（2）离子注入的优缺点

离子注入的优点主要有以下几点。

① 离子注入最重要的优点是可注入任何元素，不受固溶度和扩散系数的影响，即元素的种类不受冶金学的限制，注入的浓度也不受平衡相图的限制。因此可以获得不同于平衡结构的特殊物质和新的非平衡状态物质，在开发新的材料上，是一种非常独特的好方法。

② 对注入元素的数量可控性、重复性好。通过控制监测注入电荷的数量，即可控制注入元素的精确量；通过改变离子源和加速器的能量，可调整离子注入深度和分布；通过扫描机构，不仅可在大面积上实现均匀化，而且还可在小范围内进行局部的材料表面改性。

③ 注入离子时，靶温可控制在低温、室温和高温。低温和室温离子注入可保证工件尺寸精度，不发生变形，退火软化，表面粗糙度一般无变化。由于在真空中进行，工件表面也不会氧化，可作为工件的最终工艺。

④ 通过离子注入，可获得两层和更多层以上性能不同的复合层材料，而且复合层不易脱落，注入层薄对工件尺寸基本没影响。

⑤ 通过磁分析器分析注入束，可获得纯的离子束流。

⑥ 离子注入的直进性（横向扩展小）特别适宜集成电路微细加工的技术要求。

⑦ 加速的离子可通过薄膜注入到金属衬底内，使薄膜和衬底界面处形成合金层，也可使薄膜与衬底牢固黏合，实现辐射增强合金化与离子束辅助增强黏合。

⑧ 用多种离子注入，实现了注入层的抗磨耐蚀性能，又因在蒸发和溅射过程中伴随注入，改善了镀膜特性，发展了离子束辅助增强沉积技术。

由于离子注入技术具有上述的特点，这种高技术的出现，引起了科技工作者的高度重视，特别是材料科技工作者的重视，并在许多的技术领域中得到应用，特别是半导体工业中的微细加工技术领域和材料的表面改性及应用领域。从目前的技术进展和发展水平看，离子注入也存在以下一些缺点。

① 对金属离子的注入，还受到较大的局限。这是因为金属的熔点一般较高，注入离子繁多，组织结构、成分复杂，注入能量高，难于气化等特殊难题。1985 年初美国人布朗设计和研制的金属蒸气真空弧放电离子源（MEVVA），引出了 20～30 种金属离子，为金属离子注入的材料改性提供了较好的技术支撑和潜在的应用前景。

② 注入层薄，一般 $<1\mu m$，如金属离子注入钢中，一般仅几十至二三百纳米。

③ 离子注入一般直线行进，不能绕行（全方位离子注入除外）。对复杂和有内孔的零件注入困难。

④ 目前还有一些特殊的物理问题需要解决，诸如工艺上高剂量注入的溅射和升温，溅射腐蚀，注入过程中的优选溅射，高量注入元素浓度的修正，复杂形状的注入技术（倾斜注入、转动注入、柱体注入，以及注入后的溅射影响）等。

⑤ 离子注入设备造价高，影响推广应用。

（3）离子注入的沟道效应、辐照损伤与辐照增强扩散

① 沟道效应　高能束的离子在注入金属表层的过程中，必然会与金属组织内的原子发生碰撞。当高能束的离子沿主晶轴方向注入时，在与晶格原子发生的随机碰撞中，离子穿过晶格同一排原子而偏转很小，并进入表层深处的这种现象称为沟道效应。实验表明，高能束离子沿晶向注入，穿透较深；沿非晶向注入，穿透较浅。沟道离子的射程分布随着离子剂量的增加而减少，表明入射离子使晶格受损。沟道离子的射程分布受到离子束偏离晶向的显著影响，并随靶温的升高沟道效应减弱。

② 辐照损伤　具有足够能量的入射离子或碰撞出的离位原子与晶格原子碰撞，晶格原子可能获得足够能量发生离位。离位原子最终在晶格间隙处停留下来，成为间隙原子，它与原先位置上留下的空位形成空位-间隙原子对，这就称为辐照损伤。只有当碰撞损失能量才能产生辐照损伤，而与电子碰撞一般不会产生损伤。

③ 辐照增强扩散　离子注入除在表面层增加注入元素含量外，还会在注入层中增加许多空位、间隙原子、位错、位错团、间隙原子团等缺陷，它们对注入层的性能有很大影响。而辐照增强了原子在晶体中的扩散速度，由于注入损伤中空位数密度比正常的高许多，因此原子在该区域的扩散速度比正常晶体高几个数量级，这种现象称为辐照增强扩散。

（4）离子束表面改性机理（离子注入表面改性机理）

① 离子注入提高材料表面硬度、耐磨性和疲劳强度的机理　离子注入提高硬度是由于注入的原子进入位错附近或固溶体产生固溶强化的缘故。当注入的是非金属元素时，常常与金属元素形成化合物，如氮化物、碳化物或硼化物的弥散相，产生弥散强化。离子轰击造成的表面压应力也有冷作硬化作用，这些都使得离子注入表面硬度显著提高。

离子注入之所以能提高耐磨性，其原因是多方面的。离子注入可以引起表面层组分与结构的改变。大量的注入杂质聚集在因离子轰击产生的位错线周围，形成柯氏气团，起钉扎位错的作用，使表层强化，加上高硬度弥散析出物引起的强化，提高了表面硬度，从而提高耐

磨性。另一种观点认为耐磨性的提高是离子注入引起摩擦系数的降低起主要作用，还认为可能与磨损粒子的润滑作用有关。因为离子注入表面磨损的碎片比没有注入的表面磨损碎片更细、接近等轴，而不是片状的，因而改善了润滑性能。

离子注入改善疲劳性能是因为产生的高损伤缺陷阻止了位错移动及其间的凝聚，形成可塑性表面层，使表面强度大大提高。分析表明，离子注入后在近表面层可能形成大量细小弥散均匀分布的第二相硬质点而产生强化，而且离子注入产生的表面压应力可以压制表面裂缝的产生，从而延长了疲劳寿命。

② 离子注入提高材料抗氧化性的机理　注入元素在晶界富集，阻塞了氧的短程扩散通道，防止氧进一步向内扩散。形成致密的氧化物阻挡层，某些氧化物，如 Al_2O_3、Cr_2O_3、SiO_2 能形成致密的薄膜，其他元素难以扩散通过这种薄膜，起到了抗氧化的作用。离子注入改善了氧化物的塑性，减少氧化产生的应力，防止氧化膜开裂。注入元素进入氧化膜后改变了膜的导电性，抑制阳离子向外扩散，从而降低氧化速率。

③ 离子注入提高耐蚀性的机理　离子注入不但能形成致密的氧化膜，提高材料表面耐蚀性；而且还能使一些不互溶的元素形成表面合金、亚稳相合金、非晶态合金，改变表面电化学性能，从而提高了材料表面的耐蚀性。如 Cr^+ 注入 Cu，能形成一般冶金方法不能得到的新亚稳态表面相，改善了铜的耐腐蚀性能；用 Pb^+ 注入 Ti 后，在沸腾的浓度为 1mol/L 的 H_2SO_4 中腐蚀电位接近纯铅，使耐蚀性大大提高。

12. 1. 4. 2　离子注入设备

图 12-5 是离子注入设备基本原理的简图。其主要组成部分有：离子源（电离室、供电装置、引出电极）、聚焦电极（系统）、加速电极（系统）分析磁铁、扫描装置（系统）、靶室、真空及排气系统。

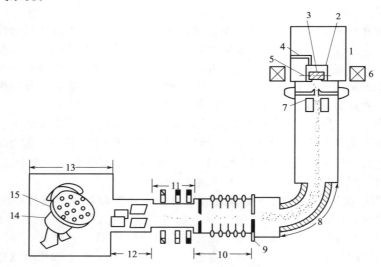

图 12-5　离子注入设备原理

1—离子源；2—放电室；3—等离子体；4—工作物质；5—灯丝（阴极）；6—磁铁；7—引出
离子预加速；8—质量分析检测磁铁；9—质量分析缝；10—粒子加速管；11—磁四极
聚焦透镜；12—静电扫描；13—靶室；14—密封转动马达；15—滚珠夹具

从离子源发出的离子由几万伏电压引出，按其电荷质量的差异，将一定质量/电荷比的离子分选出来，在几万伏至几十万伏的离子加速管中进行加速，并获得高的动能，经聚焦透镜，使分析束聚于要轰击的靶面上，再经过扫描系统扫描轰击工件表面，注入到工件中。

根据不同的分类方法，离子注入设备（即离子注入机）可分成多种类型。

① 按能量大小分：低能注入机（5～50keV）、中能注入机（50～200keV）、高能注入机（0.3～5MeV）。

② 按束流强度大小分：低束流、中束流（几微安到几毫安）和强束流（几毫安到几十毫安）。强束流注入机适用于金属离子注入。

③ 按束流状态分：稳流注入机和脉冲注入机。

④ 按类型分：质量分析注入机（与半导体工业用注入机基本相同，能注入任何元素），工业用氮注入机［只能产生气体束流（几乎只出氮）］，等离子源离子注入机（主要是从注入靶室中的等离子体产生离子束）。

12.1.4.3 离子注入技术的应用

（1）离子注入在微电子工业中的应用

离子注入技术在微电子工业中是应用最早、最为广泛、最为有效、最为成功的先进技术。主要集中在集成电路和微电子加工上。引发了从集成电路（IC）发展到大规模集成电路（VLSI）、超大规模集成电路（ULSI）和吉规模集成电路（GSI）的一场微电子革命。它的微细加工，对发展离子注入浅结工艺和快速退火技术等实现了集成电路的腾飞。特别在集成电路的掺杂中，不仅满足了离子注入工艺的多样化，更实现了浅结工艺、超浅结工艺的微细化，使浅掺杂和细线条工艺，随芯片尺寸的增大，线条的变细，在最小图形尺寸，对准精度和有效沟道长度，结深、栅氧化层厚度及电容器厚度变薄等方面，不断地刷新，从而提高了集成度。在微电子的应用中，其意义极为深远。

（2）离子注入在核反应堆材料模拟试验中的应用

在原子反应堆中，材料都受到中子束和离子照射而引起核反应堆中材料体积的变化，特别是堆中的核心——燃料元件包壳材料和核燃料的肿胀，给反应堆的安全运行带来很大的影响。要想确定材料在反应堆中能否经得住考验，需用大量中子辐照几年以上才能有结果。由于离子的质量比中子大，注入离子于金属上可以产生与注入大量中子状态相同或相当的变化，即通过离子注入向核反应堆材料进行大量的中子束辐照模拟试验，可以在很短的时间模拟出材料的损伤和辐照肿胀，判明该材料用于反应堆中是否安全可靠。特别是聚变堆和增殖堆的发展，更承受大量的中子束和离子的照射。这类研究在美国、英国进行得最多，在法国和德国也取得了不少研究成果。我国结合反应堆工程的发展，在模拟生产堆、动力堆的发展和工程需要，做过相应的材料模拟实验，并取得了一些有价值的实用成果。

（3）离子注入在冶金学上的应用

离子注入是物理冶金的一种研究手段，是一门新兴的学科。注入冶金，就是用离子注入技术制备新的表面合金。这种注入的表面合金具有常规方法得不到的冶金参量和基体性质。这些参量包括注入原子晶格位置扩散、增强扩散、溶解度、沉淀等，为制备新的金属间合金提供了新的途径，用低温和高温两个温度范畴来看原子是否扩散，其依据如下。

低温范围：$\sqrt{D_A(T)t}<a$，温度较低，原子扩散约为零。

高温范围：$\sqrt{D_A(T)t}>a$，温度较高，有明显的原子扩散。

式中，D_A 为注入原子在其热峰值衰减后的扩散系数；T 为温度；t 为实验延续时间；a 为晶格常数。

在低温范围内，离子注入技术主要用于亚稳定相。因为实验的低温，原子扩散速度极小，可忽略不计，使得亚稳定相持续存在，超过固溶度而析出的第二相在低温范围并不析出。平衡的热力学在此时并不适用。离子注入可以在互不溶解的元素间形成置换式固溶体和非晶态合金等。例如：在研究亚稳定相中，把3%原子浓度的 Au 沿 ［100］方向注入到单晶Cu 中，Au 对 Cu 有100%的置换性；在常规下互不相溶的二组元（如 W 和 Cu），将3%原子浓度的 W 注入单晶 Cu 中，其中90%的 W 将占据 Cu 的晶格位置，随后进行高温退火，

W 将会沉淀出来，就如同平衡时互不相溶一样。这类亚稳定置换式固溶体的成功注入，为制备研究新合金、新型材料提供了有效的手段。

在温度较高范围时，过程中发现有明显的扩散，注入条件下的亚稳定态通过扩散向着热力学平衡状态变化。此时的表面合金实为平衡态合金。用离子注入技术在较高的温度范围中，主要研究扩散动力学和第二相的形核与长大。

在高温范围内，当离子注入浓度大于溶解度时，可用离子注入研究第二相的沉淀规律。因为离子注入会沉淀出第二相。而在合金中，第二相的存在又使合金的性能得到很大的提高，用离子注入法研究第二相的形核、长大，可有效地控制合金性能。

材料中化学成分的变化会引起相变。相变时，相变区域需很大的变形。因此要促进相变，研究相变机理，要注入大量的离子方能引起相变，而形变引起的应力，用离子注入法是比较容易实现的。如 18-8 不锈钢在 77K 用 $10^{17}/cm^2$ 的氮离子注入，可产生黑色的小板条马氏体，而未注入的 18-8 不锈钢在 77K 进行深冷处理，不会产生马氏体，离子注入直接获得马氏体，使 18-8 不锈钢表面硬化。因此，离子注入法可以用来研究低温下奥氏体变成马氏体的机理。

（4）离子注入在机械工业中的刀具、工具、模具等重要零部件上的应用

① 刀具　因氮的强离子束易于获得，在用氮离子注入加工较轻质的工具，可使寿命提高 2～12 倍，而且注入件的刀口锋利，加工效率高。

② 模具　离子注入在模具上的应用，不仅保持了模具的精度（如金属拉丝模具，精度≤$2.5\mu m$），而且还延长了模具的使用寿命。其中有一点值得指出的是：注入拉丝模的孔径磨损，是沿直径方向均匀增大的，这就可继续拉更大直径的金属丝，一直可以继续使用。使用过的拉丝模再进行离子注入，又可进一步延续拉丝模的使用寿命。而未注入的拉丝模其磨损沿着径向的增长不均匀，这种损坏使模具难以再继续使用。另外，离子注入后的拉丝模具，还可降低它与金属丝之间的摩擦系数，降低拉动金属丝的拉力，且拉出来的金属丝表面光滑，可使拉丝模的使用寿命提高 2～12 倍。

（5）离子注入在生物医学中的应用

离子注入技术在生物医学上，主要应用于假体，诸如骨钉、人工关节等。注入离子后，假体的寿命可超过患者的寿命。

① 对 Co-Cr 合金骨科植入物，经氮离子注入后明显增强了耐蚀性，减少了毒性元素 Cr、Co、Ni 离子的释放。

② 把氮离子注入到 316LVM 外科级不锈钢中，疲劳寿命提高了近 2 个数量级，注入 B 和 Ta，显著减少点蚀。

③ 氮离子注入到用 Ti6Al4V 合金制成的假体中，具有很好的抗磨损性能。

（6）离子注入在军事工业中的应用

离子注入在军事工业中的应用，主要在于改善燃气轮机、航天器、飞机以及舰艇和其他武器关键部件的耐磨性和抗疲劳性能，延长使用寿命。例如：汽轮机的燃料喷嘴，经 Ti、B 离子注入后，其高温使用寿命延长 2.7～10 倍；航天发动机液氮系统低温轴承经 Ti＋C、Ti＋Cr 离子注入后，使用寿命延长 400 倍；直升机传动齿轮注入 Ta 离子后其载重量增加了 30%。

另外，航空系统中的齿轮对尺寸精度、抗磨损和抗疲劳特性要求严格，使用离子注入技术可实现提高抗磨损和抗疲劳特性的同时，不影响尺寸精度的要求。例如，用在航空微光摄谱仪过滤器上的分度齿轮，其尺寸公差小于±$20\mu m$，疲劳寿命大于 6×10^6 次。用 N 离子注入 304 和 416 不锈钢可使磨损率下降为原来的 2%～4%，抗疲劳提高 8～10 倍。

（7）离子注入在材料科学研究中的应用

① 注入元素位置的测定。轻元素的晶格位置对金属的性能起决定性作用。美国萨达实验室用氢的同位素氘注入铬、钼、钨，靶温 90K，用核反应 $D(^3He, F)^4He$ 分析和沟道技术测量，可测定氢是在四面体间隙还是在八面体间隙的位置。

② 扩散系数的测定。在室温将 Cu^+ 注入单晶铍，然后扩散退火，用离子背散射沟道方法测定扩散前后铜在铍中的分布，从而测出铜在铍中的扩散系数接近 $10^{-13} cm^2/s$。这是用通常方法不可能测出的。

此外，利用离子注入还可进行相变和三元相图的研究。

（8）离子注入在材料表面改性中的应用

从材料现代表面改性技术来看，离子注入技术是一种能精确控制材料表面和界面特性的有效方法，其中应用最广的是半导体材料、金属材料，而陶瓷材料、高分子材料、绝缘材料、超导材料和光学材料等材料改性方面也取得了一些重要的应用。

经离子注入后可大大改善基体的耐磨性、耐蚀性、耐疲劳性和抗氧化性。我国生产的各类冲模和压制模一般寿命为 2000～5000 次，而英、美、日本的同类产品寿命达 5000 次以上。国外生产的电冰箱、洗衣机等的活塞门，材料基本与我国的相同，甚至是普通低碳钢，由于采用了所谓"专利性"处理工艺，使用寿命是我国同类产品的几倍到几十倍。有的钢铁材料经离子注入后耐磨性可提高 100 倍以上。用作人工关节的钛合金 Ti6Al4V 耐磨性差，用离子注入 N^+ 后，耐磨性提高 1000 倍，生物性能也得到改善。铝、不锈钢中注入 He^+，钢中注入 B^+、He^+、Al^+ 和 Cr^+，耐大气腐蚀性明显提高。铂离子注入到钛合金涡轮叶片中，在模拟高温发动机运行条件下进行试验，疲劳寿命提高 100 倍以上。

离子注入的许多独特优势，诸如能量密度高、可控性好、加工精细等，都还有很大的开发应用潜力。目前离子注入还主要以钢为主，注入氮离子为多。在有色金属上，将氮离子注入铝合金、锆合金，碳、硼离子注入钛合金的应用较多。从最新的报道来看，在离子注入方面还有很多工作值得科技工作者进行大量的研究、探索和应用。特别在实现新材料设计，配制二元、三元、多元合金和化合物膜，在双离子束和多离子束系统所形成离子束清洗、抛光、溅射与沉积、材料迁移、改性与混合、新材料的合成等方面，都会再次把离子注入与材料表面改性推向新的阶段。特别是用离子注入技术来研究薄膜的含气、应力、离子强化与扩散、低能离子注入、薄膜的微结构、晶粒的演变、超晶格结构、多层膜、多相材料等方面，将会展示出丰富新颖的研究成果和更多的在高新技术领域中的应用。

12.2 气相沉积技术

12.2.1 概述

气相沉积技术是近 20 世纪 80 年代以来迅速发展起来的一门新技术，它利用气相之间的反应，在各种材料或制品表面沉积单层或多层薄膜，从而使材料或制品获得所需的各种优异性能。按机理不同，气相沉积技术通常被划分为物理气相沉积（PVD）和化学气相沉积（CVD）两大类。但无论是物理气相沉积还是化学气相沉积，都包括三个必备环节，即 a. 提供气相镀料；b. 镀料向所镀制的工件（或基片）输送；c. 镀料沉积在基片上形成膜层。它的主要特点在于不管原来需镀物料是固体、液体或气体，在输运时都要转化成气相形态进行迁移，最终到达工件表面沉积凝聚成固相薄膜。

12.2.2 物理气相沉积

物理气相沉积（physical vapor deposition，PVD），是利用热蒸发或辉光放电、弧光放电等物理过程，在基材表面沉积所需涂层（或薄膜）的技术。它包括真空蒸发镀膜、离子镀膜和溅射镀膜。

与其他镀膜或表面处理方法相比，物理气相沉积具有以下特点：镀层材料广泛，可镀各种金属、合金、氧化物、氮化物、碳化物等化合物镀层，也能镀制金属、化合物的多层或复合层；镀层附着力强；工艺温度低，工件一般无受热变形或材料变质的问题，如用离子镀得到等硬质镀层，其工件温度可保持在550℃以下，这比化学气相沉积法要低得多；镀层纯度高、组织致密；工艺过程主要由备同样的镀层所需的电参数控制，易于控制、调节；对环境无污染。虽然存在设备较复杂、一次投资较大等缺陷，但由于以上特点，物理气相沉积技术具有广阔的发展前景。

12.2.2.1 真空蒸发镀膜

真空表面沉积技术起始于真空蒸发镀膜，它是在真空容器中将蒸镀材料（金属或非金属）加热，当达到适当温度后，便有大量的原子和分子离开蒸镀材料的表面进入气相。因为容器内气压足够低，这些原子或分子几乎不经碰撞地在空间内飞散，当到达表面温度相对低的被镀工件表面时，便凝结而形成薄膜。

蒸发成膜系统如图12-6所示。主要部分有真空容器（提供蒸发所需的真空环境），蒸发源（为蒸镀材料的蒸发提供热量），基片（即被镀工件，在它上面形成蒸发料沉积层），基片架（安装夹持基片）和加热器。

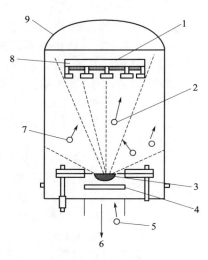

图 12-6　真空蒸发镀膜原理
1—基片架和加热器；2—蒸发料释出的气体；
3—蒸发源；4—挡板；5—返流气体；
6—真空泵；7—解吸的气体；
8—基片；9—钟罩

蒸发成膜过程是由蒸发、蒸发材料粒子的迁移和沉积三个过程所组成。参与成膜作用的，主要是蒸发材料、基片以及气相环境的特性。

（1）蒸发过程

镀膜时，加热蒸镀材料，使材料以分子或原子的状态进入气相。在真空的条件下，金属或非金属材料的蒸发与在大气压条件下相比要容易得多。沸腾蒸发温度大幅度下降，熔化蒸发过程大大缩短，蒸发效率提高。以金属铝为例，在一个大气压条件下，铝要加热到2400℃才能达到沸腾而大量蒸发，但在1.3mPa压强下，只要加热到847℃就可以大量蒸发。

一般材料都有这种在真空下易于蒸发的特性。

蒸镀材料受热蒸发的速率z由下式给出：

$$z=3.51\times10^{22}p_x\left(\frac{1}{TM}\right)^{1/2} \tag{12-4}$$

式中，z为单位时间内单位面积上蒸发出的分子数，个分子/$(cm^2 \cdot s)$；p_x为蒸发材料的蒸气压，是材料蒸气在其固态（或液态）表面平衡过程中所表现出的压力，Pa；M为材料的摩尔质量，g/mol；T为热力学温度，K。

单位面积、单位时间内蒸发的质量$G_z[g/(cm^2 \cdot s)]$由下式给出：

$$G_z=5.83\times10^{-2}p_x\left(\frac{M}{T}\right)^{1/2} \tag{12-5}$$

材料的蒸发速度，除受上式中的参数p_x、M、T的影响外，还受蒸镀材料表面洁净程度的影响。蒸发料上出现污物，蒸发速度降低。特别是氧化物，它可以在被蒸镀金属上生成不易渗透的膜皮而影响蒸发。如果氧化物较蒸镀材料易于蒸发（如 SiO_2 对 Si）或氧化物加热时分解，或蒸发料能穿过氧化物而迅速扩散，则氧化物膜将不会影响蒸发。

（2）蒸发分子的迁移过程

蒸发材料分子进入气相，就在气相内自由运动，其运动的特点和真空度有密切关系。常温下空气分子的平均自由程 $\bar{\lambda}$(cm) 为：

$$\bar{\lambda} = \frac{0.652}{p} \tag{12-6}$$

在 $p = 1.3 \times 10^{-1}$ Pa 时，$\bar{\lambda} = 5$cm；$p = 1.3 \times 10^{-4}$ Pa 时，$\bar{\lambda} \approx 5000$cm。在压力 $p = 1.3 \times 10^{-4}$ Pa 时，虽然在每立方厘米空间中还有 3.2×10^{10} 个分子，但分子在两次碰撞之间，有约 50m 长的自由途径。在通常的蒸发压强下，平均自由程较蒸发源到基片的距离大得多，大部分蒸发材料分子将不与真空室内剩余气体分子相碰撞，而径直飞到基片上去，只有少数粒子在迁移途中发生碰撞而改变运动方向。

若设蒸发出的分子数为 z_0，在迁移途中发生碰撞的分子数为 z_1，蒸发源到基片的距离为 l，则发生碰撞的分子数占总蒸发分子数的比率可由下式求出：

$$\frac{z_1}{z_0} = 1 - \exp\left(-\frac{l}{\bar{\lambda}}\right)\frac{z_1}{z_0} \tag{12-7}$$

即迁移途中发生碰撞的分子数：

$$z_1 = z_0\left[1 - \exp\left(-\frac{l}{\bar{\lambda}}\right)\right] \tag{12-8}$$

图 12-7 是迁移途中发生碰撞的分子分数与实际路程对平均自由程之比的曲线。当平均自由程等于蒸发源到基片的距离时，有 63% 的分子发生碰撞；当平均自由程 10 倍于蒸发源到基片的距离时，只有 9% 的分子发生碰撞。可见，平均自由程必须较蒸发源到基片的距离大得多，才能在迁移过程中避免发生碰撞现象。

由图 12-6 可知，在镀膜室内，残余气体主要是真空系统表面上的解吸气体，蒸发源的释气，由真空泵回流的气体，以及因密闭不严造成的漏气。若真空系统结构设计良好，则回流现象并不严重，漏气的情况也可以降至最小。对于一个具有密闭的、洁净的、设计良好的真空系统的镀膜

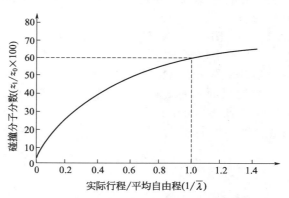

图 12-7　迁移途中发生碰撞的分子分数与实际路程对平均自由程之比的关系

机来说，当气压为 1.3×10^{-4} Pa 时，除了蒸发源在蒸发时释气外（如果蒸镀材料较纯，这种释气是不多的），真空室内壁解吸的吸附气体分子是主要的气体来源。在计算镀膜机真空系统抽气能力时，除根据真空室容积选择真空泵外，还要考虑解吸气体的影响。

残余气体对成膜过程的影响的另一个重要方面是污染作用，因为残余气体分子以一定速度在真空室内作无规则的运动，并以一定的概率与工件表面相碰撞。即使在高真空的条件下，单位时间内与基片碰撞的气体分子数也是十分可观的。蒸气分子到达基片后，因基片温度较低而在其上凝结。残余气体分子到达基片后，不是全部留在基片上，而有一部分飞走。

在大多数系统中，水汽是残余气体的主要组成部分。如真空度为 1.3×10^{-4} Pa 时，残余气体中 90% 是水。水汽可与金属膜反应，生成氧化物而释放出氢；或与热源（如钨丝）

作用，生成氢和一种氧化物。

为了尽量减少残余气体及水汽的影响，提高膜层的纯度，一般采用下列措施。

① 烘烤。使钟罩内壁、内部夹具、基片等器件上吸附的气体解吸出来，由真空泵排除。这对镀制要求较高的膜层是极为重要的。

② 对蒸发材料加热除气。即在镀膜开始前让蒸镀材料先自由蒸发一段时间（此时用挡板挡住基片，防止镀在基片上），然后打开挡板开始蒸镀。由于室内活性气体减少，提高了膜层质量。

③ 把真空度提高到 $1.3 \times 10^{-4} \mathrm{Pa}$ 以上，使蒸镀材料分子到达基片的速率高于残余气体分子到达率。

（3）在基片上淀积成膜过程

在通常的蒸发压强下，原子或分子从蒸发源迁移到基片的途中并不发生碰撞，因此迁移中无能量损耗。当它们入射到接近于基片的若干原子直径范围时，便进入工件表面力量的作用区域，并在工件表面沉积，形成薄膜。

蒸发材料蒸气分子到达基片的数量 z_{m}［个分子/$(\mathrm{cm}^2 \cdot \mathrm{s})$］可用下式表示：

$$z_{\mathrm{m}} = 3.5 \times 10^{22} p_{\mathrm{x}} \alpha \left(\frac{1}{TM}\right)^{1/2} \tag{12-9}$$

式中，α 称为凝结系数，是指到达基片并被凝结的部分占入射原子数的比率。α 与基片的洁净程度有关。洁净的基片 $\alpha = 1$。所以在蒸发镀膜之前，基片的清洁是十分重要的。

在金属材料的表面强化工艺中，单纯的蒸气沉积薄膜应用不多。但新兴的表面强化方法是在这个基础上发展起来的，上面介绍的概念及过程对其他沉积薄膜技术是有参考价值的。

12. 2. 2. 2　阴极溅射镀膜

（1）溅射镀膜的原理及特点

溅射镀膜的生成也是由三个阶段组成。

① 靶面原子的溅射　当高速正离子轰击作为阴极的靶材时，靶面产生许多复杂的现象。根据在金属靶上所作的实验，以 100eV 到 10keV 的带正电的 Ar 离子入射靶面所产生的现象来看，平均每个入射离子的发生概率大致如表 12-7 所示。

表 12-7　离子轰击固体表面发生的现象及其概率

现　象	名称及发生概率	
溅射	溅射率 η	$\eta = 0.1 \sim 1.0$
离子溅射	一次离子反射系数 ρ	$\rho = 10^{-4} \sim 10^{-2}$
离子散射	被中和的一次离子反射系数 ρ_{m}	$\rho_{\mathrm{m}} = 10^{-3} \sim 10^{-2}$
离子的注入	注入率	$1 - (\rho + \rho_{\mathrm{m}})$
	注入深度 d	$d = 10^{-7} \sim 10^{-6} \mathrm{cm}$
二次电子放出	二次电子放出系数 γ	$\gamma = 0.1 \sim 1.0$
二次离子放出	二次离子放出系数 K	$K = 10^{-6} \sim 10^{-4}$

当靶为电介质时，一般比金属靶的溅射率小，而二次电子的放出系数大。

在表 12-7 所列诸现象中，最重要的是溅射量 S，且：

$$S = Q\eta \tag{12-10}$$

式中，Q 为入射的正离子数。要提高溅射量 S，必须提高溅射率 η，或增加正离子量 Q。

溅射率 η 与下列因素有关。

a. 各种元素的 η 值不同，这可以从有关手册中查得。

b. 与工作气体的离子能量有关。适当的离子能量，有最佳的 η 值（如图 12-8 所示）。

c. 与工作气体的种类有关。如 Ne、Xe 比 Ar 的 η 值高。

d. 与靶的温度有关，温度高更有利于溅射。

e. 与工作气体离子入射的角度有关。

正离子量 Q 的增加，虽能增加溅射量 S，但这将增加工作气体的压力，伴随带来杂质的增加，影响膜层质量。

关于溅射的理论，目前尚无统一的认识。有人认为是因入射离子的高能量引起靶材受轰击部位局部高温而蒸发，有人认为溅射是弹性碰撞的直接结果，较多的则认为溅射是热蒸发和弹射的综合结果。

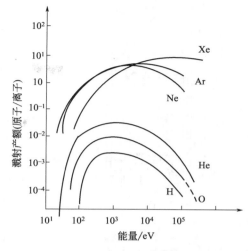

图 12-8　溅射产额与入射离子能量的关系

② 溅射原子向基片的迁移　成膜过程中有以下几个重要问题。

a. 沉积速率　沉积速率与粒子从阴极逸出的速率成正比，即：

$$z = CS = C\eta Q \tag{12-11}$$

式中，C 为表示溅射装置特性的常数。

影响 z 的因素，除了前面已讨论的 η、Q 以外，为了收集最多的溅射粒子，工件应尽可能靠近作为阴极的靶面而又不影响辉光放电。

b. 薄膜的纯度　要提高薄膜的纯度，必须减少碰撞工件的不纯物质和杂质气体，特别与"残余气体压力/成膜速度"的比值有关。若设 p_0 为残余气体压力，p_a 为工作气体 Ar 的压力，Q_0 为残余气体量，Q_a 为进入的 Ar 气量，则：

$$p_0 V = Q_0 , \quad p_a V = Q_a$$

故：
$$\frac{p_0}{p_a} = \frac{Q_0}{Q_a}$$

即：

$$p_0 = \frac{Q_0}{Q_a} p_a \tag{12-12}$$

可见，要降低 p_0，必须增大 Q_a，相当于用 Ar 气冲洗真空室。为了保证要求的工作压强，必须匹配较大抽速的真空泵。另外，提高真空室的预真空度，这样 Q_0 就小。也就是说，所配真空系统的极限真空度要高。如溅射工作压强为 $1.3 \times 10^{-1} Pa$，预真空度应为 $1.3 \times 10^{-4} Pa$ 或更高。

c. 沉积过程中的污染　这种污染来自真空室和系统内部吸附气体的解吸，因此在溅射开始前，有的设备要烘烤真空室以解吸吸附的气体，由真空泵抽除。工件在装炉前要进行彻底的净化。系统设计时采取措施减少油扩散泵蒸气的返流。

d. 其他与沉积薄膜质量有关的因素　溅射气体对溅射材料呈惰性，有高的溅射速度，本身纯度高，价格便宜且来源方便，通常使用 Ar 气。为特殊需要而附加其他气体时，将显著改变膜层的结构和特性。

溅射电压与基片的电状态也有很大影响。如在 3kV 以下溅射钽膜，膜层表现出明显的多孔性，而电压在 4～6kV 时，成膜质量较好。

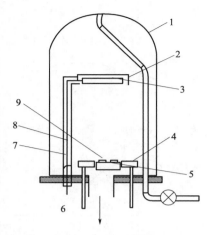

图 12-9　直流二极溅射
1—钟罩；2—阴极屏蔽；3—阴极；4—阳极；5—加热器；6—高压；7—高压屏蔽；8—高压线路；9—基片

工件的电状态（如接地、漂浮、加固定偏压）对膜层特性的影响不亚于污染。工件若有目的地加上偏压，便按所加电压的极性接受电子或离子，可改变薄膜的晶格结构。

工件的温度会影响膜层的结晶状态和结合强度。

溅射沉积膜层的特点是：膜层和工件的附着力强，可以制取高熔点物质的薄膜，在较大面积制取厚度均匀的薄膜，容易控制膜层的成分，可以制取各种成分和配比的合金膜，且成膜的重复性好。若通入反应气体，便可以进行反应溅射以制取各种化合物膜，可方便地镀制各种多层膜，便于工业化生产，易于实现连续化自动化操作。溅射镀膜的种类很多，下面仅以二极溅射为例，进行简单介绍。

（2）二极溅射

这是最基本最简单的溅射装置。图 12-9 是直流二极溅射装置，由被溅射的靶（阴极）和成膜的工件（基片）及固定支架组成。

工作时，真空室预抽到 6.5×10^{-3}Pa，通入 Ar 气使压强维持在 $1.3\times10\sim1.3$Pa，接通直流高压电源，阴极靶上的负高压在极间建立起等离子区，其中带正电的 Ar 离子受电场加速轰击阴极靶，溅射出靶物质，以分子或原子状态沉积于工件表面。

这种装置的溅射参数为靶电压、放电电流、气体压强和极间距离。

在直流二极溅射的基础上，发展出多种二极溅射的形式。

① 偏压溅射　在基片上加接 $-200\sim-100$V 的直流负偏压，在溅射过程中工件表面将受到低能量的正离子轰击，使吸附的气体解吸，提高膜的纯度。由于负偏压的存在，对膜的生长速度有不利的影响。

② 不对称交流溅射　其特点是应用不对称交流电源。在靶和基片之间通以 50Hz 的低频交流电压。当靶为负极性时，溅射出来的粒子沉积在工件上。但在另半周，工件上沉积的薄膜发生再溅射。在电路设计时，使靶为负极性时放电电流显著大于工件为负极时的放电电流。宏观上的总效果在工件上有薄膜沉积，且膜层结合牢固。

③ 射频溅射（RF 溅射）　上述溅射方法不适用以绝缘材料为靶的情况。如在直流溅射装置中以绝缘体为靶材，则 Ar^+ 便在靶表面积蓄，从而使靶面电位升高，结果导致放电停止。但若在绝缘材料背面的金属板电极（将绝缘材料紧贴在金属电极上）上通以 10MHz 以上的射频电源，由于在靶上的电容耦合，就会在靶前面产生高频电压，使靶材内部发生极化而产生位移电流，靶表面交替接受正离子和电子轰击。在靶电极处于负半周时，Ar^+ 在电场作用下使靶材溅射；而在正半周时，开始是电子跑向靶电极，中和了靶材表面的正电荷，并迅速积聚大量电子，使靶面呈负电位，仍然吸引 Ar^+ 撞击靶材而产生溅射。

表 12-8 列出了射频二极溅射的沉积速率。目前用射频溅射的方法已成功地得到石英、玻璃、氧化铝、蓝宝石、金刚石、氮化物、硼化物薄膜。几乎可以说，射频溅射大大扩大了制取薄膜的选材范围，其靶材不限种类。

工业上一般采用 13.56MHz 或 11.3MHz 的射频频率。利用射频放电能在低压强下形成密度很大的等离子区，能获得优质的膜层。

表 12-8 射频二极溅射的沉积速率

靶 材 料	沉积速率/(μm/min)	说　明
金	0.3	
铜	0.15	
铝	0.1	靶尺寸 φ17cm 圆板
不锈钢	0.1	靶和基板间隔：4.5cm
硅	0.05	射频电源功率：1kW
石英	0.025	氩压力：2.6Pa
ZnS	1	
CdS	0.6	

二极溅射的缺点如下。

① 溅射设备用油扩散泵为主抽泵，在直流二极溅射的工作压强范围内，扩散泵几乎不起作用。主阀处于关闭状态，排气速度小，所以残余气体对膜层的沾污较严重。

② 基板升温高达几百度，所以不允许变形的精密工件不能用此法沉积薄膜。

③ 膜的沉积速率低，因此 $10\mu m$ 以上厚度不宜采用二极溅射。要注意的是，提高离子入射能量就能提高沉积速率。溅射概率 η 是离子能量 E 的函数：当 $E=150eV$ 时，η 和 E 成正比；当 $E=150\sim400eV$ 时，η 和 E 成正比；当 $E=400\sim500eV$ 时，η 和 $\sqrt{E}$ 成正比，而后 η 趋于饱和；E 再增加 η 反而减小。这个关系在图 12-9 中已有表示。在一般情况下，在所选的离子能量 E 的范围内，二极溅射的靶压均是较高的。

12.2.2.3 离子镀膜

（1）离子镀膜的优点

离子镀膜技术将真空室中的辉光放电等离子体技术与真空蒸发镀膜技术结合在一起，不仅明显地提高了镀层的各种性能，而且大大地扩充了镀膜技术的应用范围。它兼有真空蒸发镀膜和真空溅射镀膜的优点。

① 膜层的附着力强，不易脱落，这是离子镀膜的重要特性。如在不锈钢上镀制 $20\sim50\mu m$ 厚的银膜，可以达到 $300N/mm^2$ 的黏附强度。钢上镀镍，黏附强度也极好，只有当材料折断时膜层才随之脱落。离子镀膜的基本过程直接决定了膜层的黏附特性，原因如下。

a. 离子轰击对基片产生溅射，使表面杂质层清除和吸附层解吸，使基片表面清洁，提高了膜层附着力。

b. 溅射使基片表面刻蚀，增加了表面粗糙度。溅射在基片表面产生晶体缺陷，使膜离子向基片注入和扩散，而膜晶格中结合不牢的原子将被再溅射，只有结合牢固的粒子保留成膜。

c. 轰击离子的动能变为热能，对蒸镀表面产生了自动加热效应，提高表层组织的结晶性能，促进了化学反应。而离子轰击产生的晶格缺陷与自加热效应的共同作用，增强了扩散作用。

d. 飞散在空间的基片原子有一部分再返回基片表面与蒸发材料原子混和离子注入基片表层，促进了混合界面层的形成。结合上述扩散作用，改变了结合能和凝聚蒸气粒子与基体粒子的黏附系数，增大了黏附强度。

② 绕射性好　首先，蒸发物质由于在等离子区被电离为正离子，这些正离子随电场的电力线而终止在带负电压的极片的所有表面，因而基片的正面反面甚至内孔、凹槽、狭缝等，都能沉积上薄膜。

其次是由于气体的散射效应。这种情况特别发生在工作压强较高时（≥1.3Pa），沉积材料的蒸气分子在到达基片的路途上将与残余气体分子发生多次碰撞，使沉积材料散射到基片周围，因而基片所有表面均能被镀覆。

③ 沉积速率快，镀层质量好　离子镀膜获得的镀层组织致密，针孔、气泡少。而且镀前对工件（基片）清洗处理较简单。成膜速度快，可达 $75\mu m/min$，可镀制厚达 $30\mu m$ 的镀层，是制备厚膜的重要手段。

④ 可镀材质广泛　离子镀膜可以在金属表面或非金属表面上镀制金属膜或非金属膜，甚至可以镀塑料、石英、陶瓷、橡胶。可以镀单质膜，也可以镀化合物膜。各种金属、合金以及某些合成材料、热敏材料、高熔点材料，均可镀覆。

采用不同的镀料，不同的放电气体及不同的工艺参数，就能获得与基体表面附着力强的耐磨镀层，表面致密的耐蚀镀层，润滑镀层，各种颜色的装饰镀层以及电子学、光学、能源科学等所需的特殊功能镀层。

在众多的离子镀技术中，下面仅简单介绍直流离子镀和射频离子镀。

（2）直流二极、三极及多极型离子镀膜

这是最简单的离子镀膜装置，其原理见图 12-10。镀前将真空室抽空至 6.5×10^{-3} Pa 以上真空，然后通入 Ar 作为工作气体，使真空度保持在 $1.3\sim1.3\times10^{-1}$ Pa。当接通高压电源后，在蒸发源与工件之间产生气体放电。由于工件接在放电的阴极，便有离子轰击工件表面，对工件作溅射清洗。经过一段时间后，加热蒸发源使镀料气化蒸发，蒸发后的镀料原子进入放电形成的等离子区中，其中一部分被电离，在电场加速下轰击工件表面并沉积成膜；一部分镀料原子则处于激发态而未被电离，因而在真空室内呈现特定颜色的辉光。

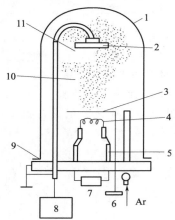

图 12-10　离子镀膜原理

1—钟罩；2—工件；3—挡板；4—蒸发源；
5—绝缘子；6—挡板手轮；7—灯丝电源；
8—高压电源；9—底板；10—辉光区；
11—阴极暗区

当用电子束加热时，必须将离子镀膜室和电子枪室用差压板分开，采用两套真空系统，以保证电子枪在高真空下稳定工作。

直流二极离子镀膜设备简单，技术上容易实现。但由于放电空间中电离概率低（2%以下），阴极电流密度小（$0.25\sim0.4mA/cm^2$），施加电压较高（$1\sim5kV$ 左右），工件温度因离子轰击可高达数百度，使镀层表面粗糙，膜层质量差，成膜速度低，参数难以控制。为此经过改进，研制成功三极型和多极型离子镀膜装置。

三极型是在垂直于二极型蒸气迁移的方向上，设置了一对阴阳极，用作辅助放电，使蒸发粒子在迁移过程中增加碰撞，提高了电离概率，基板电流密度提高10～20倍。

多阴极方式是把被镀工件作主阴极，同时在其旁设几个热阴极。利用热阴极发射电子来促进气体电离，在热阴极和阳极的电压下维持放电。

采用多阴极，放电开始时的气压可降低一个数量级，由直流二极型的 1.3Pa 降到 1.3×10^{-1}Pa。在多阴极方法中，只要改变热阴极的灯丝电流，即使在气压不变的情况下也可使放电电流发生很大的变化，从而控制放电状态。多阴极的存在扩大了阴极区，降低了辉光放电区，因而降低了离子对工件的轰击能量，改善了绕射性，提高成膜质量。

（3）射频法离子镀膜

无论采用三极还是多极，核心的问题是提高电离概率。射频法的特点是在作为阳极的蒸发器和作为阴极的工件支架之间的空间内，设置一个用直径 3mm 的铅丝绕制 7 匝做成的直径 70mm、高 70mm 的射频线圈。使用的射频有 13.56MHz（功率 1.2kW）和 18MHz（功率 2kW）。阴极和阳极的距离保持在 200mm，直流偏压多为 0～500V。当被蒸发材料的蒸气分子通过气体放电和射频磁场激励的作用，其电离效率得到很大提高，离化率可达 10%，工作压强仅为直流二极型的 1%，可以在 $1.3 \times 10^{-1} \sim 1.3 \times 10^{-4}$Pa 下稳定工作。

射频法离子镀膜的主要特点如下。

① 和直流二极型相比，膜层纯度高，组织更致密。

② 蒸发材料分子受射频振荡场的激励，其氮化与氧化的作用有所提高，因而可以容易地形成氧化物和氮化物薄膜。

③ 用射频法离子镀膜形成的膜层有良好的外延性。和真空蒸发镀膜相比，外延温度低，如真空蒸发镀膜的外延温度为 350℃，射频法在 120℃ 就可形成薄膜。

④ 易于操作。以蒸发源为中心的蒸发区，以线圈为中心的离化区，以基板为中心的加速和沉积区，可分别独立地控制。通过对三个区域的控制，可改造膜层的特性。沉积时基片所需的温度也低。

12.2.2.4 物理气相沉积的特点

为了更清楚地了解三种物理气相沉积技术的特点，表 12-9 对它们进行了对比。

表 12-9　三种物理气相沉积技术与电镀的比较

	真空蒸发	真空溅射	离子镀膜
镀覆物质	金属及某些化合物	金属、合金、陶瓷、化合物、聚合物	金属、合金、陶瓷、化合物
方法	真空蒸镀	真空等离子体法、离子束法	真空等离子体法、离子束法
粒子动能/E_v	0.1～1.0	1～100	10～5000
沉积速率	快（>1μm/min）（3～75μm/min）	慢（<0.1μm/min）	快（>1μm/min）（达 50μm/min）
附着力	一般	好	很好
膜的性质	不太均匀	高密度、针孔少	高密度、针孔少
基片温度/℃	30～200	150～500	150～800
压强/Pa	$<6.5 \times 10^{-2}$	Ar1.3×10^{-1}～6.5	1.3×10^{-1}～6.5
膜的纯度	取决于蒸发物质的纯度	取决于靶材料的纯度	取决于镀覆物质的纯度
基板（工件）尺寸	受真空室大小的限制	受真空室大小的限制	受真空室大小的限制
镀覆能力（对复杂形状）	只镀基片的直射表面	只镀基片的直射表面	能镀基片所有表面，镀层厚度均匀

12.2.2.5 镀膜技术的应用

包括真空蒸镀、溅射镀膜、离子镀在内的物理气相沉积技术，在生产中所镀制的膜底可分为两大类：一类是机械功能膜，包括耐磨、减摩、耐蚀、润滑、装饰等表面保护和强化膜，一般为厚膜，即厚度超过 1μm；另一类是物理功能膜，包括声学、光学、电学和磁学膜，一般为薄膜，即厚度在 1μm 以下。目前，物理气相沉积技术已经广泛用于机械、电子、电工、光学、航空航天及轻工业等部门中。表 12-10 中列出了硬质镀层在机械、化工、橡胶加工等部门的典型应用。

表 12-10　硬质镀层在机械、化工、塑料橡胶加工等部门的典型应用

应用分类	改善的性能	涂覆的工具部件	推荐镀层				
			TiC	TiN	TiCN	CrC	Al$_2$O$_3$
切削加工	切削刀 月牙槽磨损 防裂纹	切削刀具刀片	○	○	○		○
		车刀、钻头	○	○	○		○
		铣刀、成形刀具	○	○	○		○
		穿孔器	○				
成形加工	防咬合 耐磨损 防裂纹	拔丝膜	○		○		
		精整工具	○		○		
		扩孔、轧管工具	○		○		
		割断工具	○		○		
		锻造工具	○		○		
		冲压工具	○				
化学工业		挡板	○				
		滑阀	○	○	○	○	
		冲头	○				
		阀芯、阀体	○	○	○		
		喷嘴	○		○		
		催化剂、反应器	○	○	○	○	

（1）表面硬化镀层

我们经常使用的刀具、量具、模具、滚动轴承以及一些零件表面要求耐磨，这可以用离子镀方法，镀覆铬、钛、钨等，或者利用活性反应离子镀法便可以得到 TiC、TiN、CrN、VC、NbC、CrC$_2$ 等高硬度化合物的镀层，大大提高表面耐磨性。提高材料表面硬度的方法很多，如渗碳、氮化、渗铬等，但由于工艺温度高带来一系列问题，如变形、晶粒粗化等；而离子镀法则不然，可以在较低温度甚至室温下均可以镀覆。这样能完全保证零件尺寸精度及表面粗糙度。例如，用高速钢制造切削工具、模具，它们的回火温度约为 560℃，而离子镀可在 500℃以下进行，因此，完全可以安排在淬火、回火后，即最后一道工序进行。

利用 PVD 法（包括反应离子镀、溅射和磁控溅射、电弧蒸镀等）对高速钢刀具进行 TiN 镀层处理，是高速钢刀具的一场革命，氮化钛镀层保证高速钢刀具能在更高的切削速度、更大的进给量下切削，并使刀具的寿命延长。被处理的刀具除滚刀、插齿刀之外，还包括钻头、各种类型的铣刀、绞刀、丝锥、拉刀、带锯和圆片锯、甚至高速钢的刀片等。一些发达国家的不重磨刀具中 30%～50% 是加涂耐磨镀层的。

高速钢刀具在 550℃ 下镀覆一层 TiC、TiN 后，进行连续切削时，寿命可提高 5～10 倍。经 550℃ 镀覆 TiC 的高速钢丝锥，使用寿命可提高 4～5 倍。利用 PVD 技术在汽缸套内表面镀一层耐磨、耐热的金属镀层，即可将使用寿命提高 10 倍以上。

（2）耐热抗蚀镀层

在宇航工业、船舶制造工业、喷气涡轮发动机和化工设备中，经常遇到表面热腐蚀、高温氧化、蠕变、疲劳等问题。用离子镀法制备耐热防腐蚀镀层，不仅耐腐蚀、抗氧化，而且使零件的蠕变抗力、疲劳强度明显提高，从而提高了设备的寿命和安全可靠性。通常使用的耐蚀涂层及其应用范围如表 12-11 所示。

表 12-11　离子镀各种耐蚀涂层及其应用

镀层种类	基体材料	镀覆方法	应用范围
Pt	Ti 合金	离子镀	汽轮机叶片
Pt＋Rh			喷气发动机叶片
Al_2O_3	不锈钢	离子镀	煤气发生炉衬板
Fe-Cr-Al-Y	钢	离子镀	涡轮发动机叶片
Co-Cr-Al-Y			
Al	高强钢	离子镀	航天工业中使用的螺栓、钮钉等紧固件
Cr	钢	离子镀	代替电镀
Ti	钢	离子镀	船用机械
Ti	铝	离子镀	防止煤气腐蚀

（3）润滑镀层

为防止互相接触的部件表面由于滑动、旋转、滚动或震动引起的摩擦破坏，必须使摩擦和磨损减到最低限度，并保持良好的润滑。例如，宇宙飞船、航天飞机中有大量的轴承、齿轮、齿槽等动力机械部件，这些部件必须保持一个高度精确的运动状态，特别是航天设备，要在超高真空（10^{-8}Pa）、射线辐照、高温下工作。要满足这种严格的环境条件，通用的油润滑和脂润滑已无能为力，必须采用固体膜润滑。由溅射镀膜和离子镀制取的固体润滑膜，不需要黏结剂，而且具有镀层附着牢固、薄而均匀、摩擦磨损性能良好、镀覆重复性好等优点，避免了黏结膜在高真空、高温、辐照等环境中因黏结剂挥发或分解放出气体而干扰精密仪表、光学器件的正常工作，或因黏结剂变质而使润滑失效的不良现象，所以它特别适宜于高真空、高温、强辐照等特殊环境中的高精度滚动或滑动部件上使用。

固体润滑膜一般由低剪切强度材料制取。利用溅射镀膜和离子镀已能成膜的有 MoS_2、WS_2、$NbSe_2$、石墨、CaF_2、BN、Au、Ag、Pb、Sn、In、PTFE（聚四氟乙烯）、聚酰亚胺等。

12.2.3　化学气相沉积（CVD）

化学气相沉积（chemical vapor deposition，CVD），是利用气态物质在基体受热表面发生化学反应，生成固态沉积物形成涂层（或薄膜）的技术。化学气相沉积可以在常压下进行，也可以在低压下进行，是当前获得固态薄膜的重要方法之一。

利用 CVD 技术，可以沉积出玻璃态薄膜，也能制出纯度高、结构高度完整的结晶薄膜，还可沉积纯金属膜、合金膜以及金属间化合物，如硼、碳、硅、锗、硼化物、硅化物、碳化物、氮化物等薄膜。在微电子制造工艺中，CVD 技术主要用在表面钝化膜、绝缘膜、多层布线、扩散源、太阳电池等方面。此外，用 CVD 技术获得的氮化物、硼化物、碳化物、金刚石及其类金刚石薄膜，可作为耐磨、耐蚀、装饰、光学、电学等功能薄膜而得到应用。

由于 CVD 技术是热力学条件决定的热化学过程，一般反应温度多在 1000℃以上，因此限制了这一技术的应用范围。尽管如此，由于 CVD 技术具有沉积层纯度高，沉积层与基体的结合力强，以及可以得到多种复合层等特点，使这项技术一直处在广泛研究和应用之中，向着采用无污染源和大批量生产的方向发展。CVD 法作为材料制备的一种方法，它不仅可以沉积各种单晶、多晶或非晶态无机薄膜材料，而且具有设备简单，操作方便，工艺上重现性好，以及适用于批量生产和成本低廉等优点。

12. 2. 3. 1　化学气相沉积的一般原理

化学气相沉积一般包括三个过程：产生挥发性运载化合物；把挥发性化合物运到沉积区；发生化学反应形成固态产物。因此，CVD 反应必须满足以下三个挥发性条件：a. 反应物必须具有足够高的蒸气压，要保证能以适当的速度被引入反应室；b. 除了涂层物质之外的其他反应产物必须是挥发性的；c. 沉积物本身必须有足够低的蒸气压，以使其在反应期间能保持在受热基体上。总之，CVD 法的反应物在反应条件下是气相，生成物之一是固相。CVD 反应原理可以从微观和宏观两个方面来解释。

从微观方面来说，反应物的分子在高温下由于获得较高的能量得到活化，内部的化学键变松弛或断裂，促使新键生成，从而形成新的物质。例如，当气相 $TiCl_4$ 与 CH_4（或 N_2）和 H_2 反应时，$Ti—Cl$ 键、$C—H$（或 $N≡N$）键和 $H—H$ 键变得松弛，当分子相撞就可能完全断裂，形成新的化合物 TiC（或 TiN）和 HCl 等。所生成的 TiC（或 TiN）可沉积在金属表面上。

从宏观方面讲，一个反应之所以能够进行，是由于其反应的自由焓变 $\Delta G^{\ominus}$ 为负值。根据热力学状态函数的数据，可以计算一些有关反应的标准自由焓变 $\Delta G^{\ominus}$ 随温度变化情况，如图 12-11 所示。

由图 12-11 可见，随着温度升高，有关反应的 $\Delta G^{\ominus}$ 值是下降的，因此升温有利于反应的自发进行。从图中不难看出，在同一温度下，$TiCl_4$ 与 NH_3 反应的值比 $TiCl_4$ 与 N_2、H_2 反应的值小。这说明对同一种生成物（如 TiN）来说，采用不同的反应物进行不同的化学反应，其温度条件是不同的。因此，寻求新的反应物质，试图在较低的温度下生成性能较好的 TiC、TiN 之类的涂层是可行的。最近，已开发了以有机碳氮化合物（如氰甲烷 CH_3CN）为 C、N 的载体，与四氯化钛及氢之间产生如下化学反应，在工件表面涂覆 $Ti(CN)$ 的方法。该反应在 700～900℃ 进行，因此称为中温 CVD(MT-CVD)。

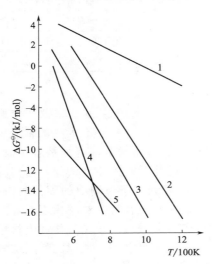

图 12-11　$\Delta G^{\ominus}$-T 图

$1—TiCl_4+\dfrac{1}{2}N_2+2H_2 \Longrightarrow TiN+4HCl$;

$2—TiCl_3+\dfrac{1}{2}N_2+\dfrac{3}{2}H_2 \Longrightarrow TiN+3HCl$;

$3—TiCl_4+\dfrac{1}{2}H_2+NH_3 \Longrightarrow TiN+4HCl$;

$4—TiCl_4+2NH_3 \Longrightarrow TiN+4HCl+H_2+\dfrac{1}{2}N_2$;

$5—TiCl_2+H_2+\dfrac{1}{2}N_2 \Longrightarrow TiN+2HCl$

$$2TiCl_4+2R\cdot(CN)+3H_2 \Longrightarrow 2Ti(CN)+6HCl+2R\cdot Cl$$

化学气相沉积是利用气相物质在一固体表面进行化学反应，而在该固体表面上生成固态沉积物的过程。目前最常见的化学气相沉积反应有热分解反应、化学合成反应和化学传输反应等几种基本类型。

（1）热分解反应

最简单的沉积反应是化合物的热分解。热分解法一般在简单的单温区炉中，在真空或惰性气体保护下加热基体至所需要温度后，导入反应物气体使之发生热分解，最后在基体上沉积出固相涂层。热分解法已用于制备金属、半导体和绝缘体等各种材料。这类反应体系的主要问题是源物质与热解温度的选择。在选择源物质时，既要考虑其蒸气压与温度的关系，又要特别注意在不同热解温度下的分解产物中固相仅为所需要的沉积物质，而没有其他的夹杂物。目前用于热分解反应的化合物有以下几种。

① 氢化物　由于氢化物 $H—H$ 键的离解能、键能都比较小，所以热分解温度低，唯一

的副产物是没有腐蚀性的氢气。例如：

$$SiH_4 \xrightarrow{800\sim1000℃} Si + 2H_2$$

② 金属有机化合物　金属的烷基化合物，其 M-C 键能一般小于 C—C 键能，可广泛用于沉积高附着性的金属膜和氧化物膜。例如：

$$2Al(OC_3H_7)_3 \xrightarrow{420℃} Al_2O_3 + 6C_3H_6\uparrow + 3H_2O$$

利用金属有机化合物可使化学气相沉积的温度大大降低。因此，目前已有不少人进行这方面的研究，力图解决由于 CVD 的反应温度过高而引起基体材料的机械性能变化以及基体变形等问题。

③ 氢化物和金属有机化合物体系　利用这类热解体系可在各种半导体或绝缘体基体上制备化合物半导体膜。例如：

$$Ga(CH_3)_3 + AsH_3 \xrightarrow{630\sim675℃} GaAs + 3CH_4\uparrow$$

$$(1-x)Ga(CH_3)_3 + xIn(CH_3)_3 + AsH_3 \xrightarrow{675\sim725℃} Ga_{1-x}In_xAs + 3CH_4\uparrow$$

④ 其他气态络合物和复合物等一类化合物中的羰基化合物和羰基氯化物，多用于贵金属（铂族）和其他过渡族金属的沉积。例如：

$$Pt(CO)_2Cl_2 \xrightarrow{600℃} Pt + 2CO\uparrow + Cl_2\uparrow$$

$$Ni(CO)_4 \xrightarrow{140\sim240℃} Ni + 4CO\uparrow$$

单氨络合物已用于热解制备氮化物，例如：

$$AlCl_3 \cdot NH_3 \xrightarrow{800\sim1000℃} AlN + 3HCl\uparrow$$

（2）化学合成反应

绝大多数沉积过程都涉及到两种或多种气态反应物在一个热基体上相互反应，这些反应称为化学合成反应。用氢气还原卤化物来沉积各种金属和半导体，以及选用合适的氢化物、卤化物或金属有机化合物沉积绝缘膜等都是化学合成反应。

与热分解法相比，化学合成反应的应用更为广泛。因为可用于热分解沉积的化合物并不多，而任意一种无机材料原则上都可以通过合适的反应合成出来。除了制备各种单晶薄膜以外，化学合成反应还可以用来制备多晶态和非晶态的沉积层，如二氧化硅、氧化铝、氮化硅、硼硅玻璃及各种金属氧化物、氮化物和其他元素之间的化合物等。其代表性的反应体系有：

$$SiH_4 + 2O_2 \xrightarrow{325\sim475℃} SiO_2 + 2H_2O\uparrow$$

$$SiCl_4 + 2H_2 \xrightarrow{1200℃} Si + 4HCl\uparrow$$

$$Al_2(CH_3)_6 + 12O_2 \xrightarrow{450℃} Al_2O_3 + 9H_2O\uparrow + 6CO_2\uparrow$$

$$3SiCl_4 + 4NH_3 \xrightarrow{350\sim900℃} Si_3N_4 + 12HCl\uparrow$$

$$TiCl_4 + \frac{1}{2}N_2 + 2H_2 \xrightarrow{800\sim1100℃} TiN + 4HCl\uparrow$$

这些沉积层都具有重要的应用价值，其中氮化硅用于晶体管和集成电路的钝化处理，可阻挡 Na^+ 和 K^+ 等离子的穿透；而沉积在工模具表面上的氮化钛可显著提高工模具的使用寿命。

（3）化学传输反应

把所有沉积的物质当作源物质（不挥发性物质），借助于适当气体介质与之反应而形成一种气态化合物，这种气态化合物经化学迁移或物理载带运输到与源区温度不同的沉积区，再发生逆向反应，使得源物质重新沉积出来。这样的反应过程称为化学传输反应，上述气体介质叫做传输剂。这种方法最早用于稀有金属的提纯。例如：

$$I_2(g) + Zr(s) \underset{T_2}{\overset{T_1}{\rightleftharpoons}} ZrI_2$$

$$ZnS(s) + I_2(g) \underset{T_2}{\overset{T_1}{\rightleftharpoons}} ZnI_2 + \frac{1}{2}S_2$$

在源区（温度为 T_1）发生传输反应（向右进行），源物质 Zr 或 ZnS 与 I_2 作用，生成气态的 ZrI_2 或 ZnI_2；气态生成物被运到沉积区之后在沉积区（温度为 T_2）则发生沉积反应（向左进行），Zr 或 ZnS 重新沉积出来。

如果传输剂 xB 是气体化合物，而所要沉积的是固体物质 A，则传输反应通式为：

$$A + xB \underset{(2)}{\overset{(1)}{\rightleftharpoons}} AB_x$$

反应平衡常数为：

$$K_p = \frac{p_{AB_x}}{(p_B)^x} \tag{12-13}$$

式中，p_{AB_x} 和 p_B 分别为 AB_x 和 B 的气体分压。

在源区（温度 T_1）希望按（1）的方向进行传输反应，尽可能多地形成 AB_x 向沉积区传输；在沉积区（温度 T_2），则希望尽可能多地沉积出 A，而使 p_{AB_x} 尽量低。为了使可逆反应易于随温度的不同而改向（即所需的 $\Delta T = T_1 - T_2$ 不太大），平衡常数 K_p 值接近 1 为好。

12.2.3.2　化学气相沉积技术

（1）CVD 工艺的模型

在 CVD 技术中，沉积物的形成机理涉及各种化学过程，这些化学过程是受某些因素影响的。有些因素与 CVD 反应器系统的设计有关，而另一些因素则取决于工艺参数和气体的性能特点。

CVD 工艺模型的建立是基于反应的平衡热力学。确定 CVD 反应系统时考虑的因素包括以下几点。

① 工艺参数：温度，压强以及输入气体的成分。

② 系统化学：在反应时可能形成的化学物质的成分，它们的热力学和动力学特性以及反应机理。

③ 质量传输特性：气体的扩散，热对流和强制对流。

④ 气流特性：流体流动类型，气流图，气体的黏度和速率。

后两项在很大程度上取决于反应室的布置和尺寸。

虽然对 CVD 中的各种工艺参数能以相当高的精度加以确定，但现在要考虑所有的因素来描述完整的 CVD 工艺模型仍然是不可能的。这是由于至今尚没有关于高温反应可能形成的以及已经形成的多种化学物质的资料。另外，由于缺乏多种反应的动力学数据，基于热力学考虑的对反应过程的描述常常随实验结果而变化。

所以，为了描述 CVD 工艺模型，就要求某些简化的假设。图 12-12 是 Spear 在 1984 年提出的模型。该模型的步骤为：

① 反应气体被强制导入系统；

② 反应气体由扩散和整体流动（黏滞流动）穿

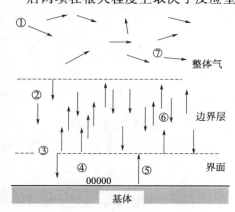

图 12-12　CVD 反应模型（Spear）

过边界层；

　　③ 气体在基体表面吸附；

　　④ 吸附物之间的或者吸附物与气态物质之间的化学反应；

　　⑤ 吸附物从基体解吸；

　　⑥ 生成气体从边界层到整体气体的扩散和整体流动（黏滞流动）；

　　⑦ 将气体从系统中强制排出。

　　（2）CVD 反应器系统

　　反应器是 CVD 装置最基本的部件，反应器的几何形状和结构材料由该系统的物理、化学性能及工艺参数决定。

　　根据反应器结构不同，可将 CVD 技术分为开管气流法和闭管气流法两种基本类型。

　　① 开管气流法　开管式反应器的特点是：反应气体混合物连续补充，同时废弃的反应产物不断排出。这种反应器按加热方式不同可分为热壁式和冷壁式。

　　热壁式反应器的器壁用直接加热法或其他方式来加热，反应器壁通常是装置中最热的部分，在管状回转窑中沉积热解碳薄膜电阻就是用热壁式反应器。图 12-13 是热壁式开管卧式反应器示意。

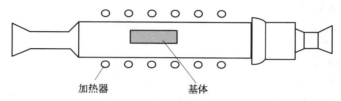

加热器　　　　　　基体

图 12-13　开管卧式反应器示意

　　冷壁式反应器只有基体本身才被加热（基体通电加热、感应加热或红外辐射加热等），因此基体温度最高。

　　开管气流法工艺特点是能连续地供气和排气。物料的运输一般是靠外加不参加反应的中性气体来实现的。由于至少有一种反应产物可以连续地从反应区排出，这就使反应总是处于非平衡状态而有利于形成沉积层。在绝大多数情况下，开管操作是在一个大气压或稍高于一个大气压下进行的（以使废气从系统中排出）。但也可以在减压或真空下连续地或脉冲地抽出副产物。这种系统有利于沉积层的均匀性，对于薄层沉积也是有益的。开管法的优点是试样容易取出，同一装置可以反复多次使用，沉积工艺条件易于控制，结果容易再现。

　　若装置设计和加工适当，还可消除水和氧的污染。

　　② 闭管法　这种反应系统是把一定量的反应物与适当的基体分别放在反应器的两端，管内抽空后充入一定的输运气体，然后密封。再将反应器置于双温区炉内，使反应管内形成一个温度梯度。由于温度梯度造成的负自由能变化是传输反应的推动力，所以物料从闭管的一端传输到另一端并沉积下来。在理想情况下，闭管反应器中所进行的反应的平衡常数值应接近于 1。若平衡常数太大或太小，则输运反应中所涉及的物质至少有一种的浓度会变得很低而使反应速度变得太慢。

　　由于这种系统的反应器壁要加热，所以通常为热壁式（如图 12-14 所示）。

　　闭管反应器的优点是：内容物被空气或大气污染物（水蒸气等）偶然污染的机会很小；不必连续抽气就可以保持反应器内的

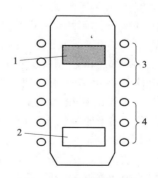

图 12-14　闭管式蒸气传输反应器示意

1—料源；2—基体；3—低温加热区；4—高温加热区

真空，对于必须在真空条件下进行的沉积十分方便；可以沉积蒸气压高的材料。

闭管法的缺点是：材料生长速度慢，不适宜进行大批量生产；反应管（一般为高纯石英管）只能使用一次，这不但提高了成本，而且在反应管封拆过程中还可能引入杂质；在管内压力无法测定的情况下，一旦温度控制失灵，内部压力过大，就有爆炸的危险。因此，反应器材料的选择、装料时压力的计算，温度的选择和控制等，是闭管法的几个关键环节。

12.2.3.3　化学气相沉积的特点

① 在中温或高温下，通过气态的初始化合物之间的气相化学反应而沉积固体膜。

② 可以在大气压或者低于大气压下进行沉积。

③ 采用等离子和激光辅助技术可以显著地强化化学反应，使其在较低的温度下进行沉积。

④ 可以控制镀层的密度和纯度。

⑤ 镀层的化学成分可以变化，从而获得梯度沉积物，或者得到混合镀层。

⑥ 在复杂形状的基体上以及颗粒材料上的镀制，可以在流化床系统中进行。

⑦ 气流条件通常是层流的，在基体表面形成厚的边界层。

⑧ 通常沉积层具有柱状晶结构，不耐弯曲。通过各种技术对化学反应进行气相扰动，可以得到细晶粒的等轴沉积层。

⑨ 为使沉积层达到所要求的性能，对气相反应必须精细控制。

⑩ 可以形成多种金属、合金、陶瓷和化合物镀层。

12.2.3.4　化学气相沉积技术的应用

目前化学气相沉积法用来制备高纯金属、无机新晶体、单晶薄膜、晶须、多晶材料膜，以及非晶态膜等各种无机材料。这些无机新材料由于其特殊的功能，已在复合材料、微电子学工艺、半导体光电技术、太阳能利用、光纤通信、超导电技术和保护涂层等许多新技术领域得到了广泛应用。

（1）化学气相沉积制备的材料

① CVD 法制备高纯金属　用碘化物热分解法制取高纯难熔金属是人们所熟知的，用碘化物热分解法提纯锆就是典型一例。待精炼的粗锆是工业锆粉、海绵锆，I_2 作为运输剂，封装在高真空的反应器内。金属丝用通电的方法加热到 $1300\sim1400℃$，而容器壁（源区）则保持在 $300℃$ 左右低温。其传输-沉积过程为：在源区元素碘与金属锆反应生成 ZrI_4，并向热丝传输，在 $1300\sim1400℃$ 的金属丝表面 ZrI_4 热解成金属锆沉积在热丝上，形成的元素碘再扩散到源区反复传输金属。由于粗金属中存在的氧化物、氮化物等杂质，在碘化物形成温度下几乎不与碘作用，而对于能生成相应碘化物的金属杂质，如铁、铬、镍、铜、磷等，在过程所控制的温度下挥发性较低或传输速度很慢，因而使沉积的金属纯度大大提高。目前，钨、钼、铌、金、铀和钛等金属都可用此法提纯。该法的主要缺点是生长周期长。

② CVD 法制备无机新晶体　新的晶体生长方法中，气相生长法，特别是化学传输、气相外延等化学气相沉积法应用最多，发展最快。这不仅由于这类方法能大大改善某些晶体或晶体薄膜的质量和性能，而且还能用其制备许多其他方法无法制备的晶体。CVD 方法设备简单，操作方便，适应性强。利用该法制备的晶体材料有 ZnS、$ZnSe$、ZrS、$ZrSe$、$YbAs$ 和 $InPS_4$ 等。

③ CVD 法制备单晶薄膜　在一定的单晶材料衬度上制备外延单晶层是化学气相沉积技术的最重要的应用。最早的气相外延工艺是硅外延，即利用氢还原高纯四氯化硅在单晶硅片上制备硅外延层，结合不同的掺杂形成各种半导体器件。其后又制备出外延化合物半导体层。化合物半导体具有许多奇异的性质，如在力学、电学、光学、磁学、发光、激光和能量转换等方面的特殊性质。

气相外延技术也广泛用于制备金属单晶膜（如钨、钼、铂、铱等）和其他一些元素间化合物，其中包括 $NiFe_2O_4$、$Y_3Fe_5O_{12}$、$CoFe_2O_4$ 等多元化合物单晶薄膜。气相外延技术之所以能普遍应用，除了这种工艺在选择化学反应体系方面具有很大的灵活性之外，这种工艺还具有以下两大特点：一是气相组成可以任意调节，因而可以制备化学成分渐变的物质，从而广泛用于固溶体单晶薄膜的研制；二是这种技术不仅可以进行同质外延，也特别适于进行异质外延。由于制备同一材料有许多个化学反应可供选择，所以易于找到形成良好单晶层的生长条件，并且通过调整气相组成，可以生长出成分渐变的过渡层。这样对于基体材料的选择就不那么苛刻了。

④ CVD法制备纤维沉积物和晶须　纤维沉积物就是连续的细丝，而晶须是不连续的单晶纤维。晶须是一维发育生长的单晶，其长度可达十几毫米，而直径尺寸仅数十微米或数微米。由于它们具有一些特别的物理性能，如晶格缺陷很少，主要是沿轴线方向的螺旋位错，因而其强度比块状材料高得多，可以用来增强塑料、陶瓷或金属的强度，而且在抗氧化、耐腐蚀等方面亦有显著改善。如在陶瓷中加入微米量级的超细晶须，已证明可使复合材料的韧性得到明显改进。

CVD法已经成功地沉积了多种化合物晶须，包括 Al_2O_3、TiN、Cr_2C_2、Si_3N_4、ZrC、TiC、ZrN 等，用氯化物氢还原制备的金属晶须有 Cu、Ag、Fe、Ni、Co、$Co-Fe$ 和 $Cu-Zn$ 等。

⑤ CVD法制备多晶材料膜　半导体工业中用作绝缘介质隔离层的多晶硅沉积层，以及属于多晶陶瓷的超导材料 Nb_3Sn 等，大都是用CVD法制备的。一般说来，多晶材料膜的沉积与单晶外延膜的制备在反应体系上没有什么不同。这种沉积是非外延的，对基体材料和沉积条件的要求不十分严格，能够充分发挥气相沉积的特点，几乎所有的无机多晶材料都可以使用这一工艺。

⑥ CVD法制备非晶材料膜　非晶态的材料层有特殊的性能和用途，特别是在现代微电子学器件工艺中，其应用愈来愈广泛，属于这类材料的有磷硅玻璃、硼硅玻璃、氧化硅和氮化硅等。有些材料，如 $CuO-P_2O_5$、$CuO-V_2O_5-P_2O_5$、$V_2O_5-P_2O_5$ 等具有开关性质，很有希望发展成开关和存储记忆材料。这些材料的制备大都采用化学气相沉积法。

（2）化学气相沉积的应用领域

① 复合材料制备　CVD法制备的纤维状或晶须状的沉积物多半用来制造各种复合材料。20世纪60年代初以研究硼纤维增强的铝基复合材料为主，20世纪60年代中期出现石墨纤维以来，又开始大力研究碳纤维增强的铝基或塑料基复合材料。以后又相继出现了 Be、B、Fe、Al_2O_3、SiO_2、SiC、Si_3N_4、AlN 和 BN 等纤维或晶须增强的 Al、Mg、Ti、Ni、Cu 及各种树脂类高分子聚合物等基的复合材料，以及纤维和晶须增强的各种陶瓷类复合材料。

② 微电子学工艺　半导体器件，特别是大规模集成电路的制作，基本工艺流程都是由外延、掩膜、光刻、扩散、器件构筑和金属连接等过程组合而成的。其中半导体膜的外延、p-n结扩散源的形成、介质隔离、扩散掩膜和金属膜的沉积等是这些工艺的核心步骤。化学气相沉积在制备这些材料层的过程中逐渐取代了像硅的高温氧化和高温扩散等旧工艺，在现代微电子学工艺中占据了主导地位。化学气相沉积高纯硅的问世使半导体进入了集成化的新时代。而在集成电路向着大规模集成方向发展的过程中，化学气相沉积同样起到了重大的作用。

③ 半导体光电技术　半导体光电技术的出现标志着半导体电子技术进入了一个崭新的发展阶段。它包括了半导体光源、光接受、光波导、集成光路及光导纤维等一系列基础理论和应用技术的边缘学科。CVD法可以制备半导体激光器、半导体发光器件、光接受器和集

成光路等。半导体光电器件中的主要部件是半导体激光器，最早研制成功的半导体激光器是 GaAlAs/GaAs。到目前为止，已获得了在室温下连续工作的波长 $1\mu m$ 左右的半导体激光器。光通讯中的光接受器件主要是由硅材料和Ⅲ～Ⅴ族化合物材料制备的，如 $In_xGa_{1-x}As$ 是用气相外延工艺制作的。集成光路是采用低温气相沉积技术制备的，如应用氢化物、金属有机化合物为源的沉积方法，在绝缘的透明衬底上（如蓝宝石、尖晶石等）通过异质外延生长Ⅵ族、Ⅲ～Ⅵ族化合物材料及其组合的集成化材料。

④ 太阳能利用　利用无机材料的光电转换功能制成太阳能电池是太阳能利用的一个重要途径。现已试制成功硅、砷化镓同质结电池及利用Ⅲ～Ⅴ族、Ⅱ～Ⅵ族等半导体制成了多种导质结太阳能电池，如 SiO_2/Si、$GaAs/GaAlAs$、$CdTe/CdS$ 和 Cu_2S/CdS 等。它们几乎全部制成薄膜形式，气相沉积和液相外延是最主要的制备技术。

⑤ 光纤通信　与通常的通信手段相比，光纤通信具有容量大、抗电磁干扰、体积小、对地形适应性强、保密性高，以及制造成本低等优点，发展非常迅速。

通信用的光导纤维是用化学气相沉积技术制得的石英玻璃棒经烧结拉制而成的，其具体工序是：首先用化学气相沉积技术制得石英玻璃预制棒，烧结拉制成几千米的细丝（一般 $100\sim500\mu m$），再立即涂上一层适当厚度（$5\sim20\mu m$）的树脂加固，然后再进行二次涂覆。其中关键步骤是制备石英预制棒，利用高纯四氯化硅和氧气可以很方便地沉积出高纯石英玻璃。在气相沉积过程中，加入 Ge、P、B 等元素的气态混合物，以便形成特定折射率分布的掺杂层。

⑥ 超导技术　化学气相沉积技术生产的 Nb_3Sn 超导材料是绕制高场强小型磁体的优良材料。化学气相沉积法生产出来的其他金属间化合物超导材料还有 Nb_3Ge、V_3Ga 和 Nb_3Ga 等，其中 Nb_3Ge 的临界温度已高达 22.5K。

⑦ 保护涂层　现代技术对材料的要求愈来愈苛刻，很难用单一材料满足它们的需要。应运而生的涂层技术可在基体上涂覆一层保护膜，使其能抵抗磨损、腐蚀、高温氧化和扩散，以及射线辐照等影响，满足工作条件的特殊要求。

a. 耐磨涂层

耐磨涂层一般包括难熔的硼化物、碳化物、氮化物和氧化物。按照这些材料的化学键可以对它们进行分类：金属键（硼化物、碳化物、过渡金属的氮化物），共价键（金刚石、硼化物、碳化物和铝、硅、硼的氧化物），离子键（铝、铍、钛、锆的氧化物）。除了涂层的重要特性外，还必须考虑基体和界面的性能。重要的性能包括涂层的结合强度，界面的扩散和热损失，基体的硬度、强度和韧性。涂层以及涂层-基体复合体在涉及摩擦和冲击的应用中，断裂韧性是一项重要的性能。晶粒尺寸、化学比以及涂层的均匀性也很重要，因为这些性能极大地影响涂层的磨损性能。

在耐磨涂层中，用于切削刀具、刃具、工具及模具的占主要地位。在切削应用中，涂层的重要性能包括硬度、化学稳定性、耐磨、低的摩擦系数、高的导热性以及热稳定性。满足这些要求的涂层包括 TiC、TiN、Al_2O_3 以及它们的组合。

化学气相沉积还被用来在枪筒内壁涂覆耐磨层。在电镀镍枪筒的内壁化学气相沉积钨后，在模拟弹药通过枪筒发射的试验中，其耐剥蚀性能几乎增加到 10 倍。对 CVD 技术沉积 Ta-W 合金和 W-C 合金的工艺可行性研究试验表明，W-C 层比 Ta-W 层显示出更高的耐剥蚀性。

b. 高温涂层

对于在高温应用的涂层，主要是要求热稳定性。具有低的蒸气压、高的分解温度的难熔金属及化合物，一般是适宜高温应用的，当然还应考虑其使用环境。许多难熔金属和陶瓷可以在惰性气氛或真空中使用。对于涉及到环境气氛或反应性气氛的应用来说，还必须考虑氧化和化学稳定性。在 CVD 技术的应用中，所采用的典型涂层包括碳化硅、氮化硅、氧化铝以及各种难熔金属硅化物。其中 SiC 除了具有高温耐摩擦性和化学稳定性外，还有高的硬度、强度。SiC 的高温性能取决于它的纯度及微观结构。

这类涂层的典型高温应用包括火箭喷嘴、加力燃烧室部件、返回大气层的锥体、高温燃气轮机热交换部件、陶瓷汽车发动机等。例如，在反应结合氮化硅的燃气轮机叶片上化学气相沉积一层 Si_3N_4，由于 $CVDSi_3N_4$ 的硬度几乎是整块 Si_3N_4 硬度的两倍，因而可改善其表面硬度、耐磨性能及抗氧化性能。

12.2.4 物理气相沉积与化学气相沉积的对比

工艺温度高低是 VCD 和 PVD 之间的主要区别。温度对于高速钢镀膜具有重大意义，CVD 法的工艺温度超过了高速钢的回火温度，用 CVD 法镀制的高速钢工件，必须进行镀膜后的真空热处理，以恢复硬度。镀后热处理会产生不容许的变形。

CVD 工艺对进入反应器工件的清洁要求比 PVD 工艺低一些，因为附着在工件表面的一些脏东西很容易在高温下烧掉。此外，高温下得到的镀层结合强度要更好些。

CVD 镀层往往比各种 PVD 镀层略厚一些，前者厚度在 $7.5\mu m$ 左右，后者通常不到 $2.5\mu m$ 厚。CVD 镀层的表面略比基体的表面粗糙些。相反，PVD 镀膜如实地反映材料的表面，不用研磨就具有很好的金属光泽，这在装饰镀膜方面十分重要。

CVD 反应发生在低真空的气态环境中，具有很好的绕镀性，所以密封在 CVD 反应器中的所有工件，除去支承点之外，全部表面都能完全镀好，甚至深孔、内壁也可镀上。相对而言，所有的 PVD 技术由于气压较低，绕镀性较差，因此工件背面和侧面的镀制效果不理想。PVD 的反应器必须减少装载密度以避免形成阴影，而且装卡、固定比较复杂。在 PVD 反应器中，通常工件要不停地转动，并且有时还需要边转边往复运动。

在 CVD 工艺过程中，要严格控制工艺条件，否则，系统中的反应气体或反应产物的腐蚀作用会使基体脆化，高温会使镀层的晶粒粗大。

比较 CVD 和 PVD 这两种工艺的成本比较困难。有人认为最初的设备投资 PVD 是 CVD 的 3～4 倍，而 PVD 工艺的生产周期是 CVD 的 1/10。在 CVD 的一个操作循环中，可以对各式各样的工件进行处理，而 PVD 就受到很大限制。综合比较可以看出，在两种工艺都可用的范围内，采用 PVD 要比 CVD 代价高。

最后一个比较因素是操作运行安全问题。PVD 是一种完全没有污染的工序，有人称它为"绿色工程"。CVD 的反应气体、反应尾气都可能具有一定的腐蚀性、可燃性及毒性，反应尾气中还可能有粉末状以及碎片状的物质，因此对设备、环境、操作人员都必须采取一定的措施加以防范。

近年来，随着气相沉积技术的发展和应用，上述两类型气相沉积各自都有新的技术内容，两者相互交叉，你中有我，我中有你，致使难以严格分清是化学的还是物理的。比如，人们把等离子体、离子束引入到传统的物理气相沉积技术的蒸发和溅射中，参与其镀膜过程，同时通入反应气体，也可以在固体表面进行化学反应，生成新的合成产物固体相薄膜，称其为反应镀。在溅射 Ti 等离子体中通过反应气体 N_2，最后合成 TiN 就是一例。这就是说物理气相沉积也可以包含有化学反应。又如，在反应室内通入甲烷，借助于 W 靶阴极电弧放电，在 Ar、W 等离子体作用下使甲烷分解，并在固体表面实现碳键重组，生成掺 W 的类金刚石碳减摩膜，人们习惯上把这种沉积过程仍归入化学气相沉积，但这是在典型的物理气相沉积技术——金属阴极电弧离子镀中实现的。另外，人们把等离子体、离子束技术引入到传统的化学气相沉积过程，化学反应就不完全遵循传统的热力学原理，因为等离子体有更高的化学活性，可以在比传统热力学化学反应低得多的温度下实现反应，这种方法称为等离子体辅助化学气相沉积，它赋予化学气相沉积更多的物理含义。

在今天，讨论化学气相沉积与物理气相沉积的不同点，恐怕只剩下用于镀膜物料形态的区别，前者是利用易挥发性化合物或气态物质，而后者则利用固相（或液相）物质。这种区分似乎已失去原来定义的内涵实质。

12.3 材料表面复合处理技术

12.3.1 概述

单一的表面技术往往具有一定的局限性，不能满足人们对材料越来越高的使用要求，因此，近年来综合运用两种或两种以上的表面处理技术的复合表面处理得到迅速发展。将两种或两种以上的表面处理工艺方法用于同一工件的处理，不仅可以发挥各种表面处理技术的各自特点，而且更能显示组合使用的突出效果。这种组合起来的处理工艺称为复合表面处理技术。复合表面处理技术在德国、法国、美国和日本等国已获广泛应用，并取得了良好效果。各国正在加大投资力度，研究发展新型特殊的复合表面处理技术。

目前已在工程上应用的复合表面处理就有热处理与表面形变强化的复合，镀覆层与热处理的复合，电镀（镀覆层）与表面化学热处理的复合，激光增强电镀和电沉积，表面热处理与表面化学热处理的复合，复合表面化学热处理，化学热处理与气相沉积的复合，激光淬火与化学热处理的复合，覆盖层与表面冶金化的复合，热喷涂与喷丸的复合，堆焊与激光表面处理的复合，等离子喷涂与激光技术的复合，激光束、电子束、离子束复合气相沉积等。这些都已经获得良好的应用功效，有的还有意想不到的效果。

12.3.2 热处理与表面形变强化的复合

普通淬火回火与喷丸处理的复合处理工艺在生产中应用很广泛，如齿轮、弹簧、曲轴等重要受力件经过淬火回火后再经喷丸表面形变处理，其疲劳强度、耐磨性和使用寿命都有明显提高。

复合表面热处理与喷丸处理的复合工艺，例如离子渗氮后经过高频表面淬火后再进行喷丸处理，不仅使组织细致，而且还可以获得具有较高硬度和疲劳强度的表面。

表面形变处理与热处理的复合强化工艺，例如工件经喷丸处理后再经过离子渗氮，虽然工件的表面硬度提高不明显，但能明显增加渗层深度，缩短化学热处理的处理时间，具有较高的工程实际意义。

12.3.3 镀覆层与热处理的复合

镀覆后的工件再经过适当的热处理，使镀覆层金属原子向基体扩散，不仅增强了镀覆层与基体的结合强度，同时也能改变表面镀层本身的成分，防止镀覆层剥落并获得较高的强韧性，可提高表面抗擦伤、耐磨损和耐腐蚀能力。

① 在钢铁工件表面电镀 $20\mu m$ 左右含铜 30％（质量分数）的 Cu-Sn 合金，然后在氮气保护下进行热扩散处理。升温时在 200℃左右保温 4h，再加热到 580～600℃保温 4～6h，处理后表层是 $1\sim2\mu m$ 厚的锡基含铜固溶体，硬度约 170HV，有减摩和抗咬合作用。其下为 $15\sim20\mu m$ 厚的金属间化合物 Cu_4Sn，硬度约 550HV。这样，钢铁表面覆盖了一层高耐磨性和高抗咬合能力的青铜镀层。

② 铜合金先镀 $7\sim10\mu m$ 锡合金，然后加热到 400℃左右（铝青铜加热到 450℃左右）保温扩散，最表层是抗咬合性能良好的锡基固溶体，其下是 Cu_3Sn 和 Cu_4Sn，硬度 450HV

（锡青铜）或 600HV（含铅黄铜）左右。提高了铜合金工件的抗咬合、抗擦伤、抗磨料磨损和黏着磨损性能，并提高表面接触疲劳强度和抗腐蚀能力。

③ 在钢铁表面上电镀一层锡锑镀层，然后在 550℃进行扩散处理，可获得表面硬度为 600HV（表层碳的质量分数为 0.35%）的耐磨耐蚀表面层。也可在钢表面上通过化学镀获得镍磷合金镀层，再在 400～700℃扩散处理，提高了表面层硬度，并具有优良的耐磨性、密合性和耐蚀性。这种方法已用于制造玻璃制品的模具、活塞和轴类等零件。

④ 在铝合金表面同时镀 20～30μm 厚的铟和铜，或先镀锌、后镀铜和铟，然后加热到 150℃进行热扩散处理。处理后最表层为 1～2μm 厚的含铜和锌的铟基固溶体，第二层是铟和铜含量大致相等的金属间化合物（硬度 400～450HV）；靠近基体厚的为 3～7μm 厚的含铟铜基固溶体。该表层具有良好的抗咬合性和耐磨性。

⑤ 锌浴淬火法是淬火与镀锌相结合的复合处理工艺。如碳的质量分数为 0.15%～0.23%的硼钢在保护气氛中加热到 900℃，然后淬入 450℃的含铝的锌浴中等温转变，同时镀锌。这种复合处理缩短了工时，降低了能耗，提高工件的性能。

12.3.4 电镀（镀覆层）与化学热处理的复合

镀渗复合技术是指在金属零件表面首先镀覆一层或多层金属材料，然后再进行扩散处理或化学热处理。必要时，零件在镀覆之前或镀渗之后再进行淬火-回火热处理。镀渗工艺是镀覆技术和热处理技术的一种复合强化技术。常见的镀覆技术有电镀、化学镀、液体镀、喷镀等。镀渗复合技术是在镀覆层与金属基体机械结合的基础上，通过热处理产生的原子扩散转变为冶金结合，保证了镀层和金属基体之间具有高低结合强度。此外，经过镀渗热处理技术还能改变镀层的化学、组织结构和机械力学性能。

镀渗复合技术与单一镀覆比较有以下优点。

① 通过镀渗复合热处理镀渗层和金属基体的结合为冶金结合，较单一镀层与金属基体的机械结合有更高的结合强度。

② 镀渗复合处理后的镀渗层在性能上具有更广的多样性，而且优于单一的镀层或常规的化学热处理渗层。

③ 借助镀渗复合技术，可以在有色金属零件表面获得耐热合金和各种化学热处理的渗层，扩大化学热处理应用范围。如在铜或铜合金表面，先镀镍再镀铬并进行扩散处理，可获得牢固结合的镍铬合金的耐热层。又如在铝合金表面镀铁，可获得类似钢铁化学热处理的各种渗层。

目前，镀渗复合技术主要用于在钢铁零件表面获得高硬度、高耐磨、高耐蚀和抗高温氧化的镀渗层，研究也大多集中在镀铬层的化学热处理方面。镀铬层硬度高、用量大、涉及面广，先前的研究方法主要是对镀铬层进行液体氮化处理，继而对镀层进行辉光离子氮化处理，最后再进行离子碳氮共渗处理。用弥散镀铬方法制取含有活性炭的弥散镀铬层后，进行离子碳氮共渗复合处理，生成具有特殊界面及硬度高、耐磨性好的表面，也是一种有发展前景的新型表面强化技术。为了获得要求性能和厚度的镀渗层，必须根据零件或工模具的服役条件和要求，正确选择好镀覆层的化学成分、工艺方法、制造零件或工模具的材料和热处理、镀覆层的厚度，采用多层镀覆时，还必须选择好过渡层的成分和厚度等。

表 12-12 是这种复合工艺的一组试验结果。可以看出，复合处理的表层硬度比镀铬、离子氮化、离子碳氮共渗都高，弥散镀铬后离子碳氮共渗所生成的表层还具有较高的红硬性，400℃时高温显微硬度为 7000MPa，而普通硬铬层仅为 4000MPa；复合处理的表层耐磨性和边界润滑条件下的抗擦伤负荷也有明显提高。

表 12-12　电镀/化学热处理复合层的性能比较

基体材料	复合处理工艺	性　能				
		硬度	$Ra/\mu m$	f	TWI	擦伤比压
42CrMo4	电镀硬 Cr 30μm	1000HV	0.45	0.21		
42CrMo4	电镀硬 Cr＋560℃辉光离子氮化	1200HV	0.52	0.58		
42CrMo4	电镀硬 Cr＋950℃离子碳氮共渗	2000HV	0.50	0.58		
Cr12	电镀弥散铬	1000HV			3.0	158N/mm²
Cr12	电镀弥散铬＋900℃离子碳氮共渗	1650HV			1.44	320N/mm²

12.3.5　激光增强电镀和电沉积

在电解过程中，用激光束照射阴极，可极大地改善激光照射区的电沉积特性。激光增强电沉积，可迅速提高沉积速度而不发生遮蔽效应，能改善电镀层的显微结构，可望在选择性电镀、高速电镀和激光辅助刻蚀中获得应用。例如，在选择性电镀中，一种被称为激光诱导化学沉积的方法尤其引人注目，即使不施加槽电压，对浸在电解液中的某些导体或有机物进行激光照射，也可选择性地沉积 Pt、Au 或 Pb-Ni 合金，具有无掩膜、高精度、高速率的特点，可用于微电子电路和金属电路的修复等高新技术领域。在高速电镀中，当激光照射到与之截面积相当的阴极面上，不仅其沉积速率可提高 $10^3 \sim 10^4$ 倍，而且沉积层结晶细致，表面平整。

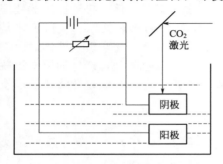

图 12-15　激光增强电镀试验装置

成都表面装饰应用研究所采用如图 12-15 所示的一种激光电镀试验装置，研究了在高强度 CO_2 激光束照射下（图中为背向照射阴极，也可以正向照射阴极），瓦特镍 Ni/Ni^+ 电极体系电沉积镍层的性质和变化规律。研究表明，激光照射能提高阴极极化效果。虽然激光电沉积镍层为微裂纹结构，但与基体结合力高，在一定的光照时间内，可获得结晶细致、表面平整的镍镀层。这类装置也可用来电镀 Cu、Au 等金属，并取得了良好的效果。

12.3.6　表面热处理与表面化学热处理的复合强化处理

表面热处理与表面化学热处理的复合强化处理在工业上的应用实例较多，举例如下。

① 液体碳氮共渗与高频感应加热表面淬火的复合强化。液体碳氮共渗可提高工件的表面硬度、耐磨性和疲劳性能。但该项工艺有渗层浅、硬度不理想等缺点。若将液体碳氮共渗后的工件再进行高频感应加热表面淬火，则表面硬度可达 60～65HRC，硬化层深度达1.2～2.0mm，零件的疲劳强度也比单纯高频淬火的零件明显增加，其弯曲疲劳强度提高10％～15％，接触疲劳强度提高 15％～20％。

② 渗碳与高频感应加热表面淬火的复合强化。一般渗碳后要经过整体淬火与回火，虽然渗层深，其硬度也能满足要求，但仍有变形大，需要重复加热等缺点。使用该项工艺的复合处理方法，不仅能使表面达到高硬度，而且可减少热处理变形。

③ 氧化处理与渗氮化学热处理的复合处理工艺。氧化处理与渗氮化学热处理的复合称为氧氮化处理。就是在渗氮处理的氨气中加入体积分数为 5％～25％的水分，处理温度为550℃，适合于高速钢刀具。高速钢刀具经过这种复合处理后，钢的最表层被多孔性质的氧化膜（Fe_3O_4）覆盖，其内层形成由氮与氧富化的渗氮层，耐磨性、抗咬合性能均显著提

高，改善了高速钢刀具的切削性能。

12.3.7　复合表面化学热处理

将两种热处理方法复合起来，比单一的热处理具有更多的优越性，因而发展了许多种热处理工艺。在生产实际中已获得广泛应用。

① 渗钛与离子渗氮的复合处理强化方法是先将工件进行渗钛的化学热处理，然后再进行离子渗氮的化学热处理。经过这两种化学热处理复合处理后，在工件表面形成硬度极高、耐磨性很好且具有较好耐腐蚀性的金黄色 TiN 化合物层。它的性能明显高于单一渗钛和单一渗氮层的性能。

② 渗碳、渗氮、碳氮共渗对提高零件表面的强度和硬度有十分显著的效果，但这些渗层表面抗黏着能力并不十分令人满意。在渗碳、渗氮、碳氮共渗层上再进行渗硫处理，可以降低摩擦系数，提高抗黏着磨损的能力，提高耐磨性。如渗碳淬火与低温电解渗硫复合处理工艺是先将工件按技术条件要求进行渗碳淬火，在其表面获得高硬度、高耐磨性和较高的疲劳性能，然后再将工件置于盐浴中进行电解渗硫。盐浴成分（质量分数）为 75% KSCN＋25% NaSCN，电流密度为 $2.5 \sim 3 \mathrm{A/dm^2}$，时间为 15min。渗硫后获得复合渗层。间为渗硫层是呈多孔鳞片状的硫化物，其中的间隙和孔洞能储存润滑油，因此具有很好的自润滑性能，有利于降低摩擦系数，改善润滑性能和抗咬合性能，减少磨损。

12.3.8　化学热处理与气相沉积的复合

气相沉积生成的硬质膜 TiN、TiC 类金刚石（DLC）本身具有很高的硬度和化学稳定性，但当它们沉积在工模具上时，其优良的耐磨、减摩、耐蚀等性能能否得到充分发挥，很大程度上取决于膜与基体的结合状况。因此，提高膜基结合性能一直是气相沉积硬质膜研究的重要内容。改善膜基结合，除优化膜的成分与结构外，更重要的是从膜和基体的整个体系来考虑选择基体材料的组织、结构和性能，使其适合不同膜的沉积。膜基间的物理、化学性能差异越大，其结合强度亦越差。另外，膜的疲劳抗力及抵抗塑性变形的能力与基体的关系也十分密切，如基体的抗塑性变形能力差，接触疲劳抗力低，仅沉积几微米厚的硬质膜，则难以有效地提高其耐磨性。钢铁渗氮后，在其表层形成氮的化合物层和扩散层，提高了零件表层硬度。氮化件较未渗氮件，更适合作为硬质膜的基体。这是因为氮化提高了基体的承载能力，不仅使膜的抵抗变形能力提高，同时由于膜层下形成了一个较平缓的硬度过渡区，当载荷作用时，从膜层到基体的应力分布连续性较好。未渗氮基体则因膜层与基体的机械性能相差较大，弹性模量的不同使应力呈非连续分布，在膜基界面处形成应力集中，若载荷超过基体屈服强度，使基体产生大量塑性变形，为协调膜基应变一致，在界面处必然对膜层产生很大的约束力，当其超过膜基结合强度时，导致界面开裂和膜剥落。另外，氮化时形成的多种氮化物、氮碳化物具有与一些膜相似的晶体结构与相近的晶格常数，这使得随后沉积的膜和基体间的结构匹配优于未氮化的基体，沉积的膜甚至可在这些化合物上外延生长，从而减少膜基界面的应变能，提高膜基结合强度。

复合处理时需考虑工艺的适应性，特别是处理温度。如 CVD 的处理温度高（>800℃），经 CVD 处理后，钢铁零件需重新淬火。CVD 和随后的淬火加热均使氮化物聚集长大或分解，氮化层硬度大大降低。因此渗氮不适合与 CVD 硬质膜复合。

从理论上说，选择适合复合处理的硬质膜，主要考虑膜与渗氮层化学组成、组织结构的匹配及具有类似的弹性模量、热膨胀系数等性能。实际上很难同时满足这些要求。目前适于单纯 PVD、PECVD 沉积的硬质膜大都也适合于复合处理。目前已研究得到的硬质膜有

TiN、TiC、CrN 等单种膜，Ti(N,C)、Cr(C,N)、(Ti,Al)N、(Ti,Si)N、(Ti,Al)(C,V)、(Ti,Al,V)N 等复合膜，以及 TiN/Ti(N,C)/TiC 等多层膜。

复合处理不仅适用于高碳高合金钢刀具、模具的表面强化，而且由于渗氮提高了基体强度，也适用于提高中、低碳合金钢零件的耐磨、耐蚀等性能。该技术已开始由实验室研究进入工业应用。随着该研究的不断深入，基体、膜及其配合的不断优化、发展，复合处理将产生具有更加综合性能的处理层，其应用领域将会进一步扩大。

12.3.9　离子氮碳共渗与离子氧化复合处理技术

离子软氮化与离子氧化复合处理技术〔简称 Ion（NC＋O）复合处理〕是近几年国外兴起的一种新的离子化学热处理新工艺，国外称其为 PLASOX 技术或 IONIT OX 技术。它是在离子氮碳共渗处理后再进行离子氧化处理，在氮碳共渗硬化层上再生成一层致密的 Fe_3O_4 膜。这样在钢表面硬度高耐磨性好的基础上，可大幅度提高钢的耐蚀性能。Ion（NC＋O）复合处理解决了 QPQ 技术对环境污染的问题，国外已将这项技术用于汽车零部件的表面耐磨耐蚀处理。由于国外是在一种新式外辅助加热式离子热处理炉内进行 Ion（NC＋O）复合处理，而我国目前现有的离子氮化炉都是双层水冷式结构，不适合用于这项新技术，因此这项技术在我国至今仍是空白。青岛科技大学表面技术研究所研制成功了保温式多功能离子热处理装置，并获得国家专利。该装置结构简单、节能效果显著、能适合各种离子热处理工艺。

12.3.10　激光淬火与化学热处理的复合

激光淬火是一种有效的硬化金属表面的高能束热处理工艺，可广泛地用于处理汽车、航空发动机及兵器的耐磨零件，可显著提高零件的硬度、耐磨性、使用寿命和生产效率。渗氮层具有优异的耐磨性和耐热性，可使钢件达到内韧外硬。一般认为，渗氮引起硬化的原因有两个方面：一是由于扩散渗入的氮元素形成各种细小的氮化物；二是因为固溶氮使铁的晶体点阵发生畸变。

使用激光对渗氮层进行强化处理，可使表面硬度提高，硬化层深度加深，硬化处理效果更好，有良好的耐磨性和抗腐蚀性能，渗氮层的各项性能得到提高。将钛的质量分数为 0.2％的钛合金经激光处理后再离子渗氮，硬化层硬度从单纯渗氮处理的 600HV 提高到 700HV；钛的质量分数为 1％的钛合金经激光处理后再离子渗氮，硬化层硬度从单纯渗氮处理的 645HV 提高到 790HV。

12.3.11　覆盖层与表面冶金化的复合

利用各种工艺方法先在工件表面上形成所要求的含有合金元素的镀层、涂层、沉积层或薄膜，然后再用激光、电子束、电弧或其他加热方法使其快速熔化，形成一个符合要求的、经过改性的表面层。

例如，柴油机铸铁阀片经过镀铬、激光合金化处理，表层的表面硬度达 60HRC，该层深度达 0.76mm，延长了使用寿命。45 钢经过 Fe-B-C 激光合金化后，表面硬度可达 1200HV 以上，提高了耐磨性和耐蚀性。

复合表面处理在有色金属表面处理中也获得应用，ZL109 铝合金采用激光涂覆镍基粉末后再涂覆 WC 或 Si，基体表面硬度由 80HV 提高到 1079HV。

在激光照射前，工具的预涂覆还可采用电镀沉积（镍和磷）、表面固体渗（硼等）、离子渗氮（获得氮化铁）等。激光处理层的问题是出现裂纹，通过调整激光参数、涂覆材料和激光处理方法可减少裂纹。

12.3.12 热喷涂与喷丸的复合

热喷涂是一种迅速发展的表面强化新工艺新技术。它采用专用设备，利用各种热源将金属或非金属材料加热到熔化或半熔化状态，用高速气流将其吹成微粒并喷射到机件表面，形成覆盖涂层，以提高机件耐磨、耐蚀、耐热等性能。热喷涂几乎可以将所有的金属或非金属（金属、合金、氧化物、碳化物、塑料、尼龙、石墨等）喷涂于金属或非金属基材料上。硬度可以视需要进行选材及工艺处理达到。而作为表面强化中的一种重要技术，喷丸强化也可以有效地改善金属材料的抗疲劳性能，它是利用高速运动的弹丸流喷射材料表面，并使其表层发生塑性变形的过程（此塑性变形层深度通常为 $0.1 \sim 0.8 mm$）。合理地利用表面塑性变形层内的残余压应力场（应力强化）和变形的显微组织（组织强化），可以改善金属材料的疲劳断裂、应力腐蚀（氢脆）及断裂抗力。

将热喷涂和喷丸强化两种工艺复合，在实际应用中取得了一些良好的效果，正发挥着十分重要的作用。例如，针对锅炉高温受热面管子运行中产生的锈层引起管子超温过热的问题，采用外壁电弧和棒材火焰喷涂 NiCrAl、FeCrAl 等耐高温烟气腐蚀涂层，并与内壁喷丸的方法相结合，对 12Cr3MoVSiTiB 材料的锅炉对流过热器管进行了复合处理，经实际运行 2000h 后割管取样，进行表层横截面扫描电镜分析结果表明，外壁火焰棒材喷涂 NiCrAl （DCP）涂层并以 WT-600＋Al_2O_3 封闭涂层孔隙，可完全防止烟气对管壁的腐蚀损伤，并明显减轻管子表面的粘灰；在此基础上附以内壁气动喷丸处理，可有效减轻水蒸气对管子的高温氧化，内壁氧化膜厚度可减小至未处理管子的 1/3 以下，提高内外壁抗高温腐蚀性能总有效率为 4 倍以上。该复合处理法的综合成本仅为更新新管的 1/4。

12.3.13 堆焊与激光表面处理的复合

以激光堆焊为代表的高能束堆焊技术是一种新的复合表面处理技术，其能源利用率可达 30％以上，近十几年来得到了迅速发展，已成为国内外学者的研究热点。在激光堆焊处理过程中，基材的加热不受金属蒸气的影响，熔覆金属冷却速度快，熔覆层的耐磨性往往成十倍地提高。但激光设备一次性投资昂贵，运行费用高。因此，国内外对低成本、高效率的激光堆焊技术的研究开发十分重视。

激光堆焊材料的成分直接决定了堆焊层的使用性能，为了适应复杂的应用环境，人们研究出了多种成分、多种形态的堆焊材料。目前常用的堆焊材料为铁基合金、钴基合金、镍基合金，它们共同的特点是较低的应力磨粒磨损能力、优良的耐磨蚀、耐热和抗高温氧化性能。其中铁基合金不仅因其价格低廉、而且由于通过调整成分、组织，可以在很大范围内改变堆焊层的强度、硬度、韧性、耐磨、耐蚀、耐热和抗冲击性，是应用最为广泛的一种堆焊合金。

激光堆焊技术具有普通堆焊技术无法比拟的优点。

① 可准确控制热输入量，激光扫描速度快，工件加热速度和冷却速度快，热畸变小，厚度、成分和稀释率的可控性好，可获得组织致密、性能优越的堆焊层。

② 节省贵重金属材料，可实现在普通材料上覆盖高性能（耐磨、耐高温、耐蚀等）的堆焊层。

③ 激光加工为无接触加工，无加工惯性。

④ 堆焊工艺参数一经确定，堆焊质量易于保证，堆焊可靠性高，故易于实现自动化。

⑤ 在经济上和覆层质量上优于传统的堆焊和热喷涂工艺。

修复零件是目前我国激光堆焊技术的主要应用形式。在生产实践中，零件由于磨损而造成失效，例如轧辊、石油钻杆和钻头、采掘机的零件等，这些零件的修复技术多采用堆焊工艺。据相关介绍，堆焊金属总量的70%以上用于零件的修复工作。修复的费用比制造新产品低很多，且修复零件的使用寿命也比新产品长。例如，采用激光堆焊工艺修复轧辊的费用是制造新轧辊的30%，且轧制金属量提高了3～5倍。此外，采用激光堆焊工艺修复零件还具有节约金属、充分发挥堆焊层金属的性能、克服配件供应困难等许多优点。激光堆焊技术已成为再制造过程的关键技术，其经济效益和社会效益都十分显著。

另外，随着现代表面工程技术的发展，近年来国内外都非常重视改善零件表面性能以满足工作条件的特殊要求。例如，采用激光堆焊工艺制造双金属新零件，即对零件的基体与表面堆焊层选用具有不同性能的材料制造，以满足工作条件的技术要求，使工件表面层具有较高的耐磨、耐蚀等特殊性能，同时保持了基体的韧性，降低了生产成本。因此，利用激光堆焊技术直接制造复合金属零件能充分发挥特种材料的作用与潜力，不仅可节约大量的贵重金属，而且可大幅度提高零件的使用寿命。

12.3.14 等离子喷涂与激光技术的复合

在工程应用中，可利用等离子喷涂的方法，先在工件表面形成所需性能要求含有的合金化元素的涂层，然后再用激光加热的方法，使它快速熔化或合金化，形成符合性能要求、经过改性的优质表面工作层。

① 用等离子喷涂与激光技术复合提高钢基材的性能　用等离子喷涂在钢基材上涂覆一层优质的合金，然后再用 1.2kW 的 CO_2 激光器进行熔融和表面合金化，使钢材的表面获得优质性能的涂层。例如：Metco 公司首先用等离子喷涂法在 AISI6150 钢材表面形成 Ni-Cr 合金、WC 合金涂层，然后再用 1.2kW 的 CO_2 激光进行复合处理，大大提高了 AISI6150 钢材的表面硬度和耐磨性能，延长了工件的使用寿命。

② 用等离子喷涂与激光技术复台提高精锻机芯棒的高温高速锻打的使用寿命　现今大多数国家使用的大型精锻机大多从奥地利 GFM 公司进口，其芯棒表面采用爆炸喷涂工艺形成一层耐高温、耐冲击、耐磨蚀、抗热疲劳的薄涂层。这一先进的涂层技术，被美国联合碳化物公司垄断。奥地利 GFM 公司制造的精锻机，也是配以美国联合碳化物公司的涂层芯棒。针对爆炸喷涂的特点进行分析，也可用两种工艺技术来提高精锻机芯棒的使用寿命，一是采用低压等离子喷涂替代爆炸喷涂，另一技术途径就是用等离子喷涂加激光重熔的复合处理工艺。

用低压等离子喷涂，可保证喷涂过程中 WC 涂层不失碳，涂层成分不变，粉末飞行速度快，涂层致密，与精锻机芯棒基材结合强度高，可减少涂层应力。经生产现场试验，精锻机汰层芯棒在高速、高温锻打石油钻铤达 89 根/支芯棒，达到美国联合碳化物公司涂层芯棒的国际先进水平。

另外也可用等离子喷涂加激光重熔的涂层复合技术，用超音速等离子体把能耐 850～900℃高温和抗冲击性良好的 WC-10Co-4Cr（平均粒度 7.3μm）涂层粉末，先喷涂在精锻机芯棒表面上（其中加 Cr 的目的为提高涂层的高温性能）。喷涂后，辅以激光器对涂层进行重熔，使涂层进一步致密、相结构稳定，并使涂层中的组分对芯棒基材有一定的扩散作用，更进一步提高 WC-10Co-4Cr 涂层与芯棒基材的结合强度，延长精锻机芯棒在 850～900℃高温高速苛刻条件下锻打石油钻铤的使用寿命。这类涂层与复合技术，也可用于各类模具的强化和修复。

12.3.15 激光束复合气相沉积技术

激光与气相沉积复合技术比较适合于有色金属和陶瓷涂层的涂覆，举例如下。
① 铝合金表面的涂覆要比钢铁困难，因铝合金与涂覆材料的熔点差别太大，而且在铝

合金的表面还存在高致密度、高表面张力、高熔点的 Al_2O_3 膜。因此，涂层易开裂、脱落、产生气孔或与铝合金混合时产生新的合金。气相沉积上涂覆层后，通过激光的照射，可从根本上改变工件的表面性能。如西安交通大学在 ZLl01 铝合金发动机缸套内用激光涂覆 Si 和 MoS_2，发现有 $0.1 \sim 0.2$mm 的硬化层，其表面硬度比 ZLl01 铝合金的硬度高 3.5 倍。

② 供给异种金属粒子，并利用激光照射使之与保护气体反应而形成陶瓷层。在 Al 表面涂覆 Ti 或 Al 粒子，然后通入氮气或氧气，同时用激光照射，可形成高硬度的 TiN 或 Al_2O_3 层，使耐磨性提高 $10^3 \sim 10^4$ 倍。

③ 在材料表面涂覆两层涂层（例如在钢表面涂覆 Ti 和 C）后，再用激光照射使之形成陶瓷层（例如 TiC）的复层反应。

④ 一边供给氮气或氧气一边用激光照射，使 Ti 或 Zr 等母材表面直接氮化或氧化而形成陶瓷表层。

⑤ 在钛合金表面采用激光气相沉积 TiN 后，再沉积 Ti（C，N）形成的复合层，硬度可达 2750HV。

12.3.16　电子束复合气相沉积技术

最典型的就是等离子体辅助电子束蒸镀，包括离子镀和活化反应蒸镀。产生等离子体的工作压强范围为 $10^{-2} \sim 1$Pa，这也是电子束蒸发与基体材料之间所允许的压强。图 12-16 就是一种具有横向电子束和环形电极的等离子体活化反应沉积的复合处理设备。用这种设备可以沉积一系列的氧化物、碳化物、氮化物和硫化物。

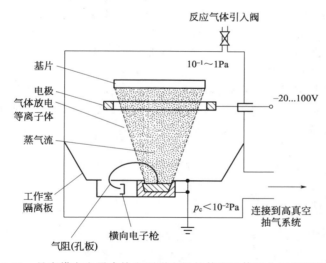

图 12-16　具有横向电子束枪和环形电极的等离子体活化反应沉积设备

12.3.17　离子束复合气相沉积技术

离子束辅助沉积（ion beam assisted deposition，IBAD），有时也称为离子束增强沉积（IBED），是利用离子束混合法，把离子束注入与气相沉积技术相结合的复合表面处理技术。这种复合沉积技术于 1979 年由 Weissmantel 等人首先提出。在离子注入材料表面改性过程中，由半导体材料拓展到工程材料，往往希望改性层的厚度远超离子注入的厚度，同时保留离子注入工艺的优点，如改性层与基体间无尖锐界面，又可在室温下处理工件等。因此，人们设想用别的方法先在基体上生长一层膜，然后再用高能离子注入，使膜与基体在界面上由注入离子引发的级联碰撞造成混合，产生过渡层而牢固结合。因此在沉积薄膜的同时，进行

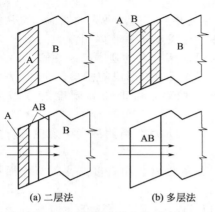

A B

(a) 二层法　　　　(b) 多层法

图 12-17　离子束混合法示意图

离子束轰击便应运而生。这种被称为离子束辅助沉积的新工艺既保留了离子注入工艺的优点，又可实现在基体上覆以与基体完全不同的薄膜材料。离子束辅助沉积工艺从 20 世纪 80 年代诞生以来，科技工作者作了大量的研究，并已在某些方面实现了工业应用。因此它是离子束改性技术的重要发展，也是离子注入与镀膜技术相结合的表面复合处理新技术。

图 12-17 是离子束混合法示意图。其中图 12-17（a）表示预先在试样 B 上用真空蒸镀或真空溅射法生成涂覆层，然后把大量高能离子打入到界面附近，高速打入的离子与原子晶格相碰撞，产生混合效应，使涂层获得了牢固的黏着性。图 12-17（b）表示预先交替沉积的薄层，通过离子注入在表面生成两者的混合物或化合物层。由于可改变各层的厚度来改变所得表层的成分，所以容易获得非平衡固溶成分的涂覆层。当然，还可打入特定的离子，生成与这种离子结合的合金或化合物。

目前，采用加速电压之间的氮离子注入与硼或钼的气相沉积相结合的 IBED，已生产出立方氮化硼和氮化钼。用 IBAD 法涂覆 TiN，Ti 在电子束蒸发器中蒸发并沉积在试样表面，同时进行 30keV 的 N_2^+ 注入，可获得更好的表层性能。

氧化铝上钛涂层的离子束诱发混合物已经试验成功。这是利用射频溅射先将钛薄膜（200～400μm）沉积在氧化铝基体上，再用 400keV 的离子注入机进行离子轰击，在基体温度为 30～230℃时产生能量高到足以渗入钛膜的氮离子。用次级离子质谱和卢瑟福反射表征检测表明，试件温度为 230℃时，在 Ti/Al_2O_3 的界面上明显地有混合物产生，这就提高了钛涂层与氧化铝基体的结合强度。

研究表明，在用等离子氮化进行离子渗氮之前，用氩离子溅射对表面进行预处理，可产生一个很不规则的表面，它有利于氮化层的形成。利用这种工艺，可在许多铝合金上形成满意的涂层。根据合金成分的不同，涂层的硬度可在 1000～1600HV 变化。

12.4　其他先进表面工程技术

12.4.1　表面微细加工技术

表面微细加工技术是表面技术的一个重要组成部分，是微电子工业重要的工艺技术基础。在集成电路的每一道制造工序中，它都起到关键性作用。对于微电子工业来说，微细加工是一种加工尺寸从微米到纳米量级的制造微小尺寸元器件或薄膜图形的先进制造技术。

集成电路制作过程中的光刻、腐蚀、外延、掺杂等复杂工艺中，微细加工技术都起着核心作用，其工艺精度决定了集成电路的特征尺寸。由于微电子工业产品不断更新换代，发展日新月异，对微细加工技术的要求也越来越高，目前加工尺寸已从微米量级、亚微米量级发展到纳米量级。随着半导体集成电路微细加工技术和超精密光机电加工技术的发展，微型传感器、微型执行器（微马达、微泵、微阀、微开关、微谐振器）、微光机电器件和系统、微生物化学芯片、微型机器人、微型汽车、微型飞机、微型双级元火箭发动机等高技术微光机电系列产品相继问世，其制作过程充分显示出微细加工技术在微电子工业以及未来的微光机电产业中所发挥的重要的关键作用，所以微细加工技术不仅是集成电路、半导体、微波技术、光集成技术发展的工艺基础，而且也是未来微光机电产品制造技术发展的工艺基础。由此可知，表面微细加工技术在微电子工业和微光机电系统等方面具有举足轻重的作用。

12.4.1.1 光刻加工

光刻加工是一种复印图像和化学腐蚀相结合的表面微细加工技术，在平面器件和集成电路生产中广泛应用。它是用照相复印的方法将光刻掩模上的图形印制在涂有光致抗蚀剂的薄膜或基材表面，之后通过选择性腐蚀，刻蚀出目标图形。

光刻工艺按技术要求不同而有所不同，但基本过程包括涂胶、前烘、曝光、显影、坚膜、腐蚀和去胶等七个步骤。在 SiO_2 层表面涂布一层光刻胶膜，并在一定温度下进行前烘处理→在光刻胶层上加掩模，用紫外光曝光→在适当的溶剂里溶除基片上应去除的部分胶膜，然后在一定温度下烘焙坚膜→浸入适当的腐蚀剂，对未被胶膜覆盖的基片进行腐蚀以获得完整、清晰、准确的光刻图形→再次显影使光刻胶全部溶除。在集成电路的制作中，这样的过程往往需要重复多次。

目前光学光刻方法已从接触-接近式、反射投影式、步进投影式发展到步进扫描投影式，光源波长从 436nm 和 365nm（汞弧灯）缩短到 248nm（KrF 准分子激光源）。通过对光源、透镜系统、精密对准、光刻胶以及相移掩模（PSM）技术等方面的深入研究，光学光刻方法可以在芯片上印制出特征尺寸比光源波长更小的图形。

一般认为，利用光学光刻方法印制微细图形已接近极限。在 50nm 及以下，光学光刻方法被其他新技术所取代。目前正在开发的技术有 X 射线光刻技术、极紫外光刻技术、电子投影光刻技术、离子投影光刻技术、多通道电子束直写光刻技术等，前述五种技术是目前人们普遍认为的下一代光刻技术的主要候选技术，至于将来在 100nm 及以下的 IC 制造工业中，是 157nm 光学光刻还是上述的五种光刻技术中的一种居主导地位还没有最后的结论。一般认为光学光刻方法仍将与上述新技术相竞争。

（1）X 射线光刻（XRL）技术

X 射线光刻是解决 100nm 以下光刻节点最为现实的技术。XRL 光源波为 $0.7\sim1.3nm$，由于易于实现高分辨率曝光，自从 XRL 技术在 20 世纪 70 年代被发明以来，就受到人们广泛的重视。欧洲、美国、日本和中国等拥有同步辐射装置的国家或地区相继开展了有关研究，是所有下一代光刻技术中最为成熟和现实的技术。XRL 的主要困难是获得具有良好机械物理特性的掩模衬底。近年来掩模技术研究取得较大进展，由于与 XRL 相关的问题的研究已经比较深入，加之光学光刻技术的发展和其他光刻技术的新突破，XRL 不再是未来"唯一"的候选技术，美国最近对 XRL 的投入有所减小。尽管如此，XRL 技术仍然是不可忽视的候选技术之一。

（2）极紫外光刻（EUVL）技术

由于 MO 和 Si 组成的多层膜结构对 13nm 有较高的反射系数，13nm 的 EUVL 已经从一个单位概念发展成为下一代集成电路生产的候选技术。极紫外光刻用波长为 $10\sim14nm$ 的极紫外光作光源。虽然该技术最初被称为软 X 射线光刻，但实际上更类似于光学光刻。所不同的是由于在材料中的强烈吸收，其光学系统必须采用反射形式。如果 EUVL 得到应用，它甚至可能解决 2012 年的 $0.05\mu m$ 及以后的问题。

（3）电子束投影光刻（SCALPEL）技术

电子束直写光刻在现时的工艺水平下光刻技术的束流强度与抗蚀剂的分辨率已接近极限，这种技术生产效率低，以后也不会有很大的提高，无法与光学光刻竞争。贝尔实验室最近开发的角度限制散射投影电子束光刻 SCALPEL 技术为电子束技术在集成电路中的应用开辟了一条新的途径。该技术如同光学光刻那样对掩模图形进行缩小投影，并采用特殊滤波技术去除掩模吸收体产生的散射电子，从而在保证分辨率条件下提高产出效率。

SCALPEL 技术最有可能应用在特征尺寸为 $0.1\mu m$ 以下的集成电路制造中，因为其他的一些光刻技术要受到衍射的限制，而这种技术几乎不受衍射的限制，可望得到更高的分辨率。

（4）离子束投影光刻（IPL）技术

离子束光刻（IBL）与电子束光刻相比，由于离子质量比电子大，其散射比电子少，邻近效应可以忽略，因此 IBL 具有极高的极限分辨率。但该技术由于生产效率低，很难在生产中得到应用。基于 IBL 技术的限制，人们发展了具有较高曝光效率的 IPL 技术。它是利用一种流体照明的掩模和电子静态投影光学系统，可以完成缩小掩模图形，成像于有抗蚀剂的硅片上。1997 年欧洲和美国联合了大量企业、大学和研究机构，开展了一个名为 MEDA 的合作项目，用于解决设备和掩模等方面的问题，研制全视场 IPL 设备。2001 年生产商用 IPL 设备，其分辨率 $0.10\mu m$，曝光面积 $22mm \times 22mm$，套刻精度 $0.04\mu m$，每套售价 800 万～900 万美元。

12.4.1.2 电子束加工

利用阴极发射电子束，经加速、聚焦成电子束，直接射到真空室的工件，按规定要求进行加工。这种技术具有束径小（用于微细加工时约为 $10\mu m$，用于电子束曝光的微小束径是平行度好的电子束中央部分，仅有 $1\mu m$）、易控制、可加工各种材料等优点，得到广泛应用。目前主要有两类加工方法，一是高能量密度加工；二是低能量密度加工。

（1）高能量密度电子束加工

高能量密度加工是用经加速、聚焦后电子能量密度达 $10^6 \sim 10^9 W/cm^2$ 的高能电子束冲击工件表面极小的面积，可在几分之微秒内把大部分能量转变为热能，工件受冲击部位的表面温度达到几千摄氏度高温，作用时间极快，热量还没来得及传导扩散，便可把材料局部瞬时熔化、气化及蒸发。

电子束高能量密度加工主要应用在热处理、区域精炼、熔化、蒸发、穿孔、切槽、焊接方面。在各种材料上加工圆孔、异形孔和切槽时，最小孔径或缝宽可达 0.02～0.03mm。

（2）低能量密度电子束加工

低能量密度加工是用低能量电子束轰击高分子材料，发生化学反应，进行加工，主要用于电子束曝光（EBL）等。电子束由电子束曝光机内的微型计算机控制，经过一系列静电和磁性透镜系统后折射并成形，随着曝光机内微机控制电子束的偏转、工作台的位置以及电子束的通断等，将所读出的设计器件图形直接写在工作台的晶片（或掩模）上，对光刻胶进行曝光从而获得结构图形。电子束光刻不受衍射极限的影响，可获得极高的分辨率（40nm）。但通过光刻胶材料，特别是经过衬底的电子散射限制了实际的分辨率（邻近效应）。

电子束直写光刻是很灵活的，它不需要用掩模版。但顺次写也造成了生产效率低和投资成本相对高的问题。电子束直写光刻刻蚀圆片产量低，约为每小时 5～10 个圆片，远小于目前光学光刻的每小时 50～100 个圆片的水平。这使得电子束设备与掩模版复印方法相比，只有在制造少于 50 片硅片时才被考虑使用，是加工用于特殊目的的器件和结构的主要方法。

12.4.1.3 离子束加工

离子束加工是利用离子源中电离产生的离子，引出后经加速、聚焦形成离子束，向真空室中的工件表面进行冲击，以其动能进行加工。目前用于微细表面加工的离子束技术主要有离子束注入、刻蚀、曝光、清洁和镀膜等。

（1）离子束刻蚀技术

离子束刻蚀技术在微光学元件、微电子器件制造中具有广泛的应用前景，它包括离子束铣、等离子体刻蚀、化学辅助离子束刻蚀、离子束辅助刻蚀。可用于集成电路的制造，即用加速离子或中性原子与固体表面的原子相碰撞将原子冲击出去而实现工件表面被刻蚀的目的。这类干腐蚀可以进行极精密的加工，还可形成亚微米级的图形，如用于形成磁泡存储的微细电极图形等。但是，由于离子刻蚀没有选择性，所以在半导体器件加工方面的应用受到许多限制。

（2）离子束曝光（IBL）技术

离子束曝光技术是一种用作直接写和应用在缩小投影中的方法，与电子束光刻相比，该方法邻近效应可以忽略，具有极高的极限分辨率。

离子束光刻采用液态原子或气态原子电离后形成的离子通过电磁场加速及电磁透镜的聚焦后对光刻胶进行曝光。其原理与电子束光刻类似，但德布罗意波长更短（小于 0.0001nm），且具有邻近效应小、曝光场大等优点。离子束光刻主要包括聚焦离子束光刻（FIBL）、离子束投影光刻（IPL）等。其中 FIBL 发展最早，最近实验研究中已获得 10nm 的分辨率。该技术由于效率低，很难在生产中作为曝光工具得到应用，目前主要用作 VLSI 中的掩模修补工具和特殊器件的修整。

（3）聚焦离子束（FIB）技术

聚焦离子束技术是一种将微分析和微加工相结合的新技术，在微电子领域，特别在亚微、深亚微米级 IC 器件的设计和制造方面有着广泛的应用，它具有微区溅射和增强刻蚀、特定区域沉积导电薄膜与绝缘薄膜、高分辨率扫描离子显微成像以及半导体器件离子注入等功能。现已应用于失效分析、工艺诊断、对亚微米器件的修补、为 TEM 制备样品、掩模版的修补、光刻、离子注入等。

12.4.1.4　激光束微细加工

（1）激光束加工的种类

从光与物质相互作用的机理看，激光加工大致可以分为热效应加工和光化学反应加工两大类。

激光热效应加工是指用高功率密度激光束照射到金属或非金属材料上，使其产生基于快速热效应的各种加工过程，如切割、打孔、焊接、去重、表面处理等。波长 $1 \sim 10 \mu m$ 的红外激光加工大多为热效应加工，它主要的缺点是热熔解、流动及凝结，使加工产生的残留物难以去除，严重影响加工精度，使材料变形，光洁度变差，产生热应力等。

光化学反应加工主要指高功率密度激光与物质发生作用时，可诱发或控制物质的化学反应来完成各种加工过程。这种加工过程又称为激光冷加工。

（2）准分子激光技术

20 世纪 70 年代研发成功的准分子激光技术，热影响区域较小，未受照射的区域不受影响，不被破坏。因此准分子激光加工被视为冷加工。

准分子激光是由惰性气体原子与化学性质活泼的卤素原子混合后放电激发出高功率的紫外光，其输出紫外光波长为 $157 \sim 351nm$，由于其光子能量大，光线照射在工件表面，工件吸收准分子激光后，将材料内部的化学键直接打断，当光子密度足够高时，键断裂速度超过复合速度，材料迅速分解，在光照射层内引起压强剧烈增加，被分解的材料高速喷射出去，将多余的激光能量带走，这种光的化学作用引起材料高速排出的过程称为"光烧蚀离解"。当光子密度较低，不足以引起材料的直接烧蚀时，可以实现各种表面加工，如制作标记、薄膜沉积等。

（3）准分子激光在微细加工中的应用

准分子激光的光子能量大，输入能量密度较低，脉冲窄，作用时间短，材料去除量易控制，无残留物，加工速度快，热影响区小，可获得很高的加工精度和高深宽比，可加工有机物、陶瓷和金属材料以及硅等晶体材料，所以广泛地应用在微机械、微光学、微电子和医学生物微元件等精密加工领域。准分子激光在表面微细加工上的主要应用有：

① 在多芯片组件中用于钻孔；

② 在微电子工业中用于掩摸、电路和芯片缺陷修补、选择性去除金属膜和有机膜、刻蚀、掺杂、退火、标记、直接图形写入、深紫外光曝光等；

③ 液晶显示器薄膜晶体管的低温退火；

④ 低温等离子化学气相沉积；

⑤ 微型激光标记、光致变色标记等；

⑥ 三维微结构制作；

⑦ 生物医学元件、探针、导管、传感器、滤网等。

12.4.1.5　超声波加工

超声波加工（ultrasonic machining，USM）是通过超声振动的工具在干磨料中或含有磨料的液体介质中，对被加工件产生磨料的冲击、抛磨、液压冲击及其空化效应来去除材料，以及利用超声振动使工件相互结合的加工方法。

（1）超声加工的基本原理和空化效应

① 基本原理　超声加工设备一般包括超声波发生器、超声振动系统、磨料悬浮液循环系统和机床。超声波发生器的作用是将工频交流电转换为功率为 20～4000W 的 16kHz 以上的高频超声振荡，以供给工具端面往复振动和去除工件材料的能量。超声波振动系统主要包括换能器、变幅杆、工具。其作用是将由超声波发生器输出的高频电信号转变为机械振动能，并通过变幅杆放大，使工具端面作纵向小振幅为 0.01～0.1mm 的高频振动，以进行超声加工。磨料悬浮液循环系统通常使用小型离心泵使磨料悬浮液搅拌后浇注到加工间隙中去。大型超声加工机床常采用流量泵自动向加工区供给磨料悬浮液。

② 空化效应　超声波在液体介质中传播时，会使液体介质连续产生压缩和稀疏区域，由于压力差而形成气体空腔，并随着稀疏区的扩展而增大，内部压力下降，同时，受周围液体压力及磨粒传递的冲击力作用，又使气体空腔压缩而提高压力，于是，转入压缩区状态时，迫使其破裂产生冲击波。由于进行的时间极短，因此，会产生更大的冲击力作用于工件表面，从而加速磨粒的切蚀过程。可在界面上产生强烈的冲击和空化现象，由于去除工件材料主要依靠磨粒瞬时局部的冲击作用，故工件表向的宏观切削力很小，切削应力、切削热更小，不会产生变形及烧伤，表面粗糙度也较低（$Ra0.63～0.08\mu m$），尺寸精度可达 $\pm0.02mm$，也适于加工薄壁、窄缝、低刚度零件。

（2）影响加工精度的因素

超声加工的精度，除受机床、夹具精度的影响之外，主要与磨料粒度、工具的精度及磨损、横向振动、加工深度、工件材料性质等有关。

超声加工孔时，其孔的尺寸将比工具尺寸有所扩大，扩大量约为磨料磨粒直径的两倍，孔的最小直径约等于工具直径加所用磨料磨粒平均直径的两倍。

此外，孔的形状误差与工具的不均匀磨损及横向振动大小有关。一般可采用工具或工件转动的加工方式来减小孔的圆度误差。

超声加工具有较好的表面质量，非但不会产生烧伤和表面变质层、热应力，有时反而产生表面压应力，对提高工件的疲劳强度和抗应力腐蚀能力有益。超声加工的工件表面粗糙度较低，可达 $Ra0.63～0.08\mu m$。主要取决于每粒磨料每次冲击工件表面后留下的凹痕大小，并与超声振动的振幅、磨料粒的直径、工件材料的性质以及磨料悬浮液的成分等有关。当磨粒比较细，工件材料硬度较高、超声振幅较小时，工件的表面粗糙度得到改善，但生产率随之降低。磨料悬浮液的性能对表面粗糙度的影响比较复杂，且报道较少。资料表明，用煤油或润滑油代替水可使表面粗糙度有所改善。

（3）超声加工在微细加工方面的应用

超声加工是一种加工如陶瓷、玻璃、石英、宝石、锗、硅甚至金刚石等硬脆性半导体、非导体材料有效而重要的方法。即使是电火花粗加工或半精加工后的淬火钢、硬质合金冲压模、拉丝模、塑料模具等，最终的抛光加工也常使用超声加工。目前，生产上多用于以下几个方面。

① 成形加工　超声波加工在成形加工方面可用于加工各种硬脆材料的圆孔、型孔、型枪、沟槽、异形贯通孔、弯曲孔、微细孔、套料等。虽然其生产率不如电火花、电解加工，但加工精度及工件表面质量则优于电火花、电解加工。例如，对硅等半导体硬脆材料进行套料等加工，在直径 90mm、厚 0.25mm 的硅片上，可套料加工出 176 个直径仅为 1mm 的元件，时间只需 1.5min，合格率高达 90%～95%，加工精度为 ±0.02mm。随着超声波加工技术向微细加工领域的发展，现已在玻璃上加工出直径仅 $9\mu m$ 的微孔。

② 切割加工　超声精密切割半导体、铁氧体、石英、宝石、陶瓷、金刚石等硬脆材料，比用金刚石刀具切割具有切片薄、切口窄、精度高、生产率高、经济性好的优点。例如，超声切割高 7mm、宽 15～20mm 的锗晶片，可在 3.5min 内切割出厚 0.08mm 的薄片；超声切割单晶硅片一次可切割 10～20 片。在陶瓷厚膜集成电路用的元件中，加工 8mm、厚 0.6mm 的陶瓷片，1min 内可加工 4 片；在 4mm×1mm 的陶瓷元件上，加工 0.03mm 厚的陶瓷片振子，0.5～1min 以内，可加工 18 片，尺寸精度可达 ±0.02mm。

③ 焊接加工　超声焊接是利用超声频振动作用，去除工件表面的氧化膜，使新的工件表面显露出来，并使两个被焊工件表面分子在高速振动撞击下，摩擦发热，粘接在一起。它不仅可以焊接尼龙、塑料及表面易生成氧化膜的铝制品等，还可以在陶瓷等非全局表面挂锡、挂银、涂覆薄层。由于超声焊接不需要外加热和焊剂，焊接热影响区很小，施加压力微小，故可焊接直径或厚度很小的（0.015～0.03mm）金属材料，如大规模集成电路引线连接，薄到 $2\mu m$ 的金箔等。此方法已广泛用于微电子器件、微电机、铝制品工业以及航空、航天领域。

12.4.1.6　微细电火花加工

电火花加工用于微细加工技术的研究起步于 20 世纪 70 年代，初期以微孔加工为目标，经多年的发展，其加工设备与工艺技术已日益完善与成熟，特别是 1984 年东京大学增泽隆久等人所发明的线电极电火花磨削技术（WEGD）的应用，使微细电火花加工拓展到了三维微细型腔的加工。

（1）电火花加工工艺

在电火花加工设备中，工具电极为直流电源的负极（成型电极），工件为正极，两极间充满液态电介质。当正极与负极靠得很近时（几微米至几十微米），液体电介质的绝缘被破坏而发生火花放电，电流密度达 $10^5～10^6\,A/cm^2$，电源供给的是放电持续时间为 $10^{-7}～10^{-3}\,s$ 的脉冲电流，电火花在很短时间内就消失，因而其瞬时产生的热来不及传导出去，使放电点附近的微小区域达到很高的温度，金属材料局部蒸发而被蚀除，形成一个小坑。如果这个过程不断进行下去，便可加工出所需形状的工件。

（2）电极损耗与补偿策略

目前，制约微细电火花加工技术发展的主要因素是微细电极损耗与补偿方案。加工中，放电间隙和放电面积均极小，放电点位置在空间与时间上容易集中，增加了放电过程的不稳定性，影响火花放电的蚀除率，且电蚀产物不易排除，使有效脉冲利用率降低、加工速度减慢。同时放电点集中于电极的尖角棱边，使电极在此处的损耗大，从而影响工件加工精度。在加工过程中，电极的损耗情况是十分复杂的，它并不是按固定的损耗速度进行的。实验证明，在加工初期，电极损耗较大，随着加工的进行，电极损耗速度逐渐减小，趋于相对稳定。因此，对电极损耗进行适当规划，采取相应的补偿策略，可得到较高的加工精度。

电极等损耗概念的提出和应用大大地简化了电极损耗的补偿策略，分层进行电火花铣削，并在每一加工层面上合理安排电极运动轨迹，实现电极等损耗，是高精度微细电火花加工的关键所在。在分层电火花铣削中，每层加工厚度应小于放电间隙，将放电过程局限在电极底面，其电极损耗也在底面，可有效地避免电极尖角及侧面的损耗，实现电极等损耗。

12.4.1.7　电解加工

电解加工是在电解抛光的基础上，利用金属在电解液中因电极反应出现阳极溶解的原理，对工件加工。广泛用于打孔、切槽、雕模、去毛刺等。

（1）电解加工的特点

① 加工不受金属材料硬度和强度的限制。

② 加工效率约为电火花加工的 5～10 倍。

③ 可达到 $Ra = 1.25 \sim 0.2 \mu m$ 的表面粗糙度和 ±0.1mm 的平均加工精度。

④ 不受切削力的影响，无残余应力的变形。

⑤ 主要缺点是较难达到更高的加工精度和稳定性，不适宜进行小批量生产，电解液有腐蚀性。

（2）电解加工工艺

电解加工时，把按预先设计的形状制成的工具电极与工件相对放置在电解液中，两者距离一般为 0.02～1mm，工具电极为负极，工件接电源正极，两极间的直流电压为 5～20V，电解液以 5～20m/s 的速度从电极间隙中流过，被加工面上的电流密度为 25～150A/cm²。加工开始时，工具与工件相距较近的地方通过的电流密度较大，电解液的流速较高，工件（正极）溶解速度也较快。在工件表面不断被溶解的同时，工具电极（负极）以 0.5～3.0mm/min 的速度向工件方向推进，工件不断被溶解，直到与工具电极工作面基本相符的加工形状形成和达到所需尺寸时为止。电解液通常为 NaCl、NaNO₃、NaBr、NaF、NaOH 等，要根据加工材料等情况来定。

电解加工除上述用途外，还可用于抛光。目前已有用电解与其他加工方法相复合，形成复合抛光技术，显著提高生产效率与抛光质量。例如电解研磨复合抛光，把工件置于 NaNO₃ 水溶液（NaNO₃ 与水的质量比为 1∶10～1∶5）等"钝化性电解液"中产生阳极溶解，同时借助分布在透水黏弹性体上（无纺布之类的透水黏弹性体覆盖在工具表面）的磨粒，刮擦工件表面上随着电解过程产生的钝化膜。工件接在直流电源的正极上，电解液经透水黏弹性体流到加工区，磨料含在透水黏弹性体中或浮游在电解液中。这种抛光技术能以很少的工时使钢、铝、铜、钛等金属表面成为镜面，甚至可降低波纹度和改善几何形状精度。

12.4.1.8　电铸加工

（1）电铸加工原理

电铸的原理与电镀相类同，但电镀是在工件表面镀上一层金属薄层，达到具有其要求的使用功能或防护目的。而电铸是在芯模表面镀上一层与之密合的、有一定厚度的但附着不牢固的金属层，镀覆后再将镀层与芯模分离，获得与芯模型面凸凹相反的电铸件。

（2）电铸加工特点

电铸加工具有如下优点。

① 可精密复制复杂型面的细微纹路。

② 尺寸精度高，表面精度可达 1nm 以下。

③ 使用范围广，芯模可以用铝、钢、石膏、石蜡、环氧树脂等材料，用非金属芯模时，只需对其表面进行导电处理，即可使芯模的表面密合上一层有一定厚度，且附着不牢的金属层。

④ 精加工量少，从而简化了加工步骤。

电铸加工的缺点如下所述。

① 电铸加工时间长，如电铸 1mm 厚形状简单的工件需 3～4h，复杂形状的需几十个小时。在电铸 Ni 时，沉积速率为 0.2～0.5mm/h，电铸 Cu 时，沉积速率为 0.04～0.05mm/h。

② 制造芯模需精密加工和照相制版，增加了工序上的麻烦。

③ 电铸件的脱模有一定的难度。

④ 与其他加工相比，成本费用较高。

（3）电铸加工工艺

电铸加工的主要工艺过程为：芯模制造及芯模的表面处理→电镀至规定厚度→脱模、加固和修饰→成品。

① 芯模制造　要根据所需电铸件的形状、结构、尺寸精度、表面粗糙度、产量、机加工工艺等来设计制造芯模。对于永久性的芯模一般用于产品的长期制造；对于消耗性的芯模一般在电铸后不能用机械脱模，要求选用的芯模材料可用热熔化、分解或化学法溶解脱模。芯模电铸后为了顺利脱模，常用化学或电化学法使芯模表面形成一层导电膜。

② 电镀　从原理上讲，凡是能电镀的金属都可用于电铸。但在实际应用上，出于对性能与成本的考虑，只有在 Cu、Ni、Fe、Ni-Co 等少数几种金属才有价值，可得到高硬度的镀膜，常按产品的特点和用途选择电镀材料和电镀工艺。

③ 脱模　常用的脱模方法有机械法、化学法、熔化法、热胀冷缩法等。由于电镀后，除较薄的电铸层外，一般的电铸层处表面都较粗糙，两端棱角处常有结瘤和树枝状沉积层，因此需进行适当的机械加工后再脱模。

④ 加固和修饰　对于某些电铸件，如模具，在电铸成型后需加固处理。为使电铸制品具有某些物理、化学性能或提高防护和装饰性能，还对电铸制品进行抛光、电镀、喷漆等修饰加工。

在微电铸加工中，制作工艺中应注意模具的寿命，制作高深宽比的微结构，深孔电铸，高表面精度以及残留应力等。

12.4.2　纳米表面工程技术

纳米技术是 20 世纪 80 年代末期诞生并正在崛起的新技术。1990 年 7 月，在美国巴尔的摩召开了国际首届纳米科学技术会议（Nano-ST）。纳米科技研究范围是过去人类很少涉及的非宏观、非微观的中间领域（10^{-9}～10^{-7}m），它的研究开辟了人类认识世界的新层次。研究发现，许多具有力、热、声、光、电、磁等特异性能的低维、小尺寸、功能化的纳米结构表面层，能够显著改善材料的组织结构或赋予材料新的性能。

将纳米材料、纳米技术运用到表面工程中，使表面工程的发展进入了新阶段，"纳米表面工程"这一全新的概念应运而生。2000 年，徐滨士等首先提出了"纳米表面工程"的概念，指出"纳米表面工程"就是充分利用纳米材料和纳米技术提升改善传统表面工程，通过特定的加工技术或手段，改变固体材料表面的形态、成分、结构等，从而赋予表面全新功能的系统工程。实现纳米表面工程的关键是使材料得到具有纳米特征的表面层。目前，实现的方法主要有三种：表面气相沉积法、表面自身纳米化法和表面纳米涂覆法。

（1）表面气相沉积法

由 PVD、CVD 等方法，在基体表面气相沉积一层纳米结构表层。表层内晶粒比较均匀、晶粒尺寸可控；表层与基体之间存在着明显的界面。

（2）表面自身纳米化法

对于多晶材料，采用非平衡处理方法增加材料表面的自由能，可以使粗晶组织逐渐细化至纳米量级。这种材料的主要特征是：晶粒尺寸沿厚度方向逐渐增大；纳米结构表层与基体之间没有明显的界面；处理前后材料的外形尺寸基本不变。由非平衡过程实现表面纳米化主要有两种方法，即表面机械（加工）处理法和非平衡热力学法，不同方法所采用的工艺和由其导致纳米化的微观机理均存在着较大的差异。

（3）表面纳米涂覆法

利用热喷涂、电刷镀和粘涂等技术制备涂覆层时，在制备材料中添加纳米颗粒以改变涂覆层本身的综合性能或制备出特殊的功能涂层。

目前，围绕以上三种方法，尤其是围绕技术相对成熟、适用范围相对广泛的表面纳米涂覆法，已开发出多种具体而实用的纳米表面工程技术。

12.4.2.1 纳米热喷涂技术

热喷涂技术在表面工程领域中应用十分广泛，如超音速火焰喷涂（HVOF）、高速电弧喷涂、气体爆燃式喷涂、电熔爆炸喷涂、超音速等离子喷涂和真空等离子喷涂等。纳米热喷涂技术就是以现有热喷涂技术为基础，通过喷涂纳米材料而得到纳米涂层。

热喷涂纳米涂层可分三类：单一纳米材料涂层体系；两种（或多种）纳米材料构成的复合涂层体系；添加纳米颗粒材料的复合体系，其中添加陶瓷或金属陶瓷颗粒的复合体系较容易实现。目前，完全的纳米材料涂层由于技术繁杂、难度大，离应用还有相当距离。大部分的研究开发工作集中在第三种，即在传统涂覆层技术基础上，添加复合纳米材料，可在较低成本下，使涂覆层功能得到显著提高。例如，美国纳米材料公司通过特殊黏结处理制备的专用热喷涂纳米粉，用等离子喷涂方法获得了纳米结构的 Al_2O_3/TiO_2 涂层，致密度达95%～98%，结合强度比传统喷涂粉末涂层提高 2～3 倍，耐磨性提高 3 倍。电弧喷涂纳米结构涂层也呈现出良好的耐磨性。

纳米热喷涂技术为零件表面强化提供了最新技术手段，提升了装备再制造的技术水平，扩大了装备再制造的使用范围，使重要装备关键零部件的再制造成为可能，效果非常显著。

12.4.2.2 纳米电刷镀技术

电刷镀技术具有设备轻便、工艺灵活、镀覆速度快和镀层种类多等优点，被广泛应用于机械零件表面修复与强化，尤其适用于现场及野外抢修。纳米电刷镀就是在镀液中添加了特种纳米颗粒的新型电刷镀技术。装备再制造技术国防科技重点实验室的研究表明，纳米电刷镀复合涂层可显著提高材料的摩擦学性能，尤其提高了耐高温磨损及抗接触疲劳性能。例如在快速镍镀层中添加经改性处理的纳米 Al_2O_3、SiC 和金刚石粉后，其显微硬度和抗微动磨损性能明显高于传统快速镍刷镀层。纳米电刷镀层的硬度是不含纳米颗粒电刷镀层的 1.5～1.7 倍，耐磨性是 1.6～2.5 倍，抗接触疲劳寿命由 10^5 周次提高到 10^6 周次，可服役温度由 200℃提高到 400℃。纳米电刷镀技术已在装备再制造中得到具体运用，解决了重载车辆、舰船和飞机发动机再制造中的一些关键技术难题。

12.4.2.3 纳米固体润滑技术

固体润滑是指利用固体材料本身的润滑性来减轻接触表面之间磨损程度的润滑方式，它是对流体润滑的有力补充，一般用于高温、高负荷、超低温、超高真空、强氧化和强辐射等特殊工况。固体润滑不仅可用于无油润滑的干摩擦场合，也可以广泛用于有油润滑的情况，形成润滑效果更好的"流体＋固体"的混合润滑。对黑色金属材料进行低温离子渗硫处理，可在材料表面得到厚度不超过 $10\mu m$，并具有纳米结构特征的 FeS 固体润滑涂层。摩擦学试验表明，该涂层的摩擦学性能非常优异，其摩擦因数明显低于原始钢表面和普通电解渗硫FeS 涂层。纳米固体润滑技术已用于发动机缸套-活塞环、喷油嘴针阀及滚动轴承等精密部件的减摩，寿命延长均在 1 倍以上。

12.4.2.4 纳米减摩自修复添加剂技术

减摩、耐磨、自修复问题是摩擦副需解决的关键问题，润滑油添加剂技术是延长零件摩擦副寿命的重要手段，也是国外表面工程的重要发展方向。纳米减摩自修复添加剂技术就是将含有纳米铜粉等金属颗粒在内的复合添加剂加入润滑油中，纳米颗粒随润滑油分散于各个摩擦副接触表面，在一定温度、压力、摩擦力作用下，摩擦副表面产生剧烈摩擦和塑性变形，添加剂中的纳米颗粒就会在摩擦表面沉积，并与摩擦表面作用，填补表面微观沟谷，从而形成一层具有抗磨减摩作用的修复膜。装甲兵工程学院已开发出具有自主知识产权的纳米减摩自修复添加剂，减摩、抗磨性能好，成本低、污染少，自修复性能非常优异。发动机台架试验表明，该技术可使整车的动力性、经济性以及尾气排放量都得到改善，燃油消耗率也降低 $5\% \sim 10\%$。

12.4.2.5 纳米粘接技术

纳米粘接技术是指将特殊功能纳米颗粒和常规填料（如石墨、二硫化钼、陶瓷粉末等）与高分子聚合物相混合并涂覆于零件表面实现特定用途（如耐磨、抗蚀等）的一种表面工程技术。例如，含纳米金刚石的胶黏剂具有优异的耐磨性和很高的胶接强度，耐磨性和胶接强度随着纳米金刚石粉在胶黏剂中加入量的增加而增加，当加入量为 8% 时，耐磨性是未添加的 2.2 倍，拉伸强度可达 50MPa，比未添加的提高 27.5%。

12.4.2.6 纳米薄膜气相沉积技术

纳米薄膜气相沉积技术是指通过气相沉积的方法在材料表面沉积具有特殊性能的纳米薄膜，以实现其功能要求的表面工程技术。薄膜包括纳米多层膜和纳米复合膜。纳米多层膜一般是由两种以上厚度在纳米尺度上的不同材料层交替排列而构成的涂层体系。纳米复合膜是由两相或两相以上的固态物质组成的薄膜材料，其中至少有一相是纳米晶，其他相可以是纳米晶，也可以是非晶态。纳米超硬膜已在刀具上获得应用。俄罗斯工程院院士切赫伏依教授采用纳米结构强化处理法，将普通硬质合金刀片经纳米结构强化处理后，刀片耐磨性提高 1 倍以上。

12.4.2.7 金属表面自身纳米化技术

金属表面纳米晶化可以通过不同方法实现。例如，应用超声冲子冲击工艺，可在 Fe 或不锈钢表面获得晶粒平均尺寸为 $10 \sim 20$nm 的表面层。超声冲子冲击 450s 后纯 Fe 表面层的显微组织形成了结晶位向为任意取向的纳米晶相，晶粒平均尺寸为 10nm，而 Fe 的原始晶粒尺寸约为 50μm。该技术的优点之一是可以在复杂形状零部件表面获得纳米晶表面层。该技术将为整体材料的纳米晶化处理提供一个基本途径，此项工作具有重大的创新意义。

12.4.3 多弧离子镀技术

离子镀技术是在真空蒸镀和真空溅射的基础上于 20 世纪 60 年代初发展起来的新型薄膜制备技术。多弧离子镀属于离子镀的一种改进方法，是离子镀技术中的佼佼者，最早由苏联开发，80 年代初，美国的 Multi-Arc 公司首先把这种技术实用化。

12.4.3.1 多弧离子镀的原理

多弧离子镀的蒸发源结构由水冷阴极、磁场线圈、引弧电极等组成。阴极材料即是镀膜材料。在 $10 \sim 10^{-1}$Pa 真空条件下，接通电源并使引弧电极与阴极瞬间接触，在引弧电极离开的瞬间，由于导电面积的迅速缩小，电阻增大，局部区域温度迅速升高，致使阴极材料熔化，形成液桥导电，最终形成爆发性的金属蒸发，在阴极表面形成局部的高温区，产生等离子体，将电弧引燃，低压大电流的电源维持弧光放电的持续进行。在阴极表面形成许多明亮的移动变化的小点，即阴极弧斑。阴极弧斑是存在于极小空间的高电流密度、高速变化的现象。阴极弧斑的尺寸极小，有关资料测定为 $1\sim100\mu m$；电流密度很高，可达 $10^5\sim10^7 A/cm^2$。每个弧斑存在的时间很短，在其爆发性地离化发射离子和电子，将阴极材料蒸发后，在阴极表面附近，金属离子形成空间电荷，又建立起弧斑产生的条件，产生新的弧斑，众多的弧斑持续产生，保持了电弧总电流的稳定。阴极材料以每一个弧斑 $60\%\sim90\%$ 的离化率蒸发沉积于基片表面形成膜层。阴极弧斑的运动方向和速度受磁场的控制，适当的磁场强度可以使弧斑细小、分散，对阴极表面实现均匀刻蚀。

多弧离子镀的基本原理就是把金属蒸发源（靶源）作为阴极，通过它与阳极壳体之间的弧光放电，使靶材蒸发并离化，形成空间等离子体，对工件进行沉积镀覆。

12.4.3.2 多弧离子镀的特点

多弧离子镀是 20 世纪 70 年代开始研究的一种新的物理气相沉积工艺，这种工艺的特点如下。

① 阴极电弧蒸发源不产生溶池，可以任意设置于镀膜室适当的位置，也可以采用多个电弧蒸发源。提高沉积速率使膜层厚度均匀，并可简化基片转动机构。

② 金属离化率高，可达 80% 以上，因此镀膜速率高，有利于提高膜基附着性和膜层的性能。

③ 一弧多用，电弧既是蒸发源和离化源又是加热源和离子溅射清洗的离子源。

④ 沉积速度快，绕镀性好。

⑤ 入射粒子能量高，膜的致密度高，强度和耐磨性好。工件和膜界面有原子扩散，因而膜的附着力高。

12.4.3.3 多弧离子镀的应用

自 20 世纪 80 年代以来，随着离子镀氮化钛超硬耐磨镀层工艺逐渐完善，镀膜质量的提高，多弧离子镀已广泛地在冶金、机械加工材料上得到实际应用。

（1）多弧离子镀膜技术在高速钢刀具上的应用

涂层高速钢刀具是多弧离子镀最成功的应用之一。涂层高速钢刀具最常用的涂层是 TiN。经过 TiN 涂层的高速钢刀具比没有涂层的高速钢刀具硬度提高 2～3 倍，镀 TiN 后的高速钢刀具的摩擦系数大大降低，耐磨性大大提高，说明 TiN 涂层具有一定的减摩作用。另外，经过 TiN 涂层的高速钢刀具可以提高刀具的使用寿命 1～5 倍。目前，多弧离子镀膜技术在齿轮刀具、钻头等大多数高速钢刀具中都有广泛的应用。

（2）多弧离子镀膜技术在车辆零部件上的应用

① 在轴类零件的表面镀制硬质耐磨膜　离子镀用于轴类等易磨损零件的表面处理，可大大提高所镀表面的显微硬度，改善表面耐磨性，减小摩擦系数，从而表面磨损，延长零件使用寿命，还可降低零件运动时产生的噪声，减少环境污染。

② 在发动机零件上镀制耐磨耐蚀膜　在活塞顶部、活塞环、汽缸套等直接与燃气接触的发动机零件上镀制一层耐磨损、耐气蚀、隔热的复合膜，使这些零件可在高温下工作，降低其冷却要求，可使大部分热量通过排出的气体带走，大大提高发动机的有效系数和经济性。如果不使用冷却系统，还可减小动力装置的重量和体积，并且有利于降低噪声。

③ 在发动机曲轴衬套等运动零件上镀制润滑膜层　非平衡纳米等离子体镀膜法（简称 NCUPP 法）是多弧离子镀范畴内的一种薄膜制备方法，它可镀制出具有良好润滑性能的固体润滑膜。

（3）多弧离子镀膜技术在航空业上的应用

① 修复速率陀螺的马达轴承，进行轴承外圆表面的增厚处理　用真空多弧离子镀膜技术进行轴承的外圆增厚处理可达到理想的效果，这是因为它所沉积的膜层具有膜厚均匀一

致、无边界效应、膜层硬度高、与基体结合牢固、耐磨性及表面光洁度好、沉积厚度可严格控制等优点。

② 提高航天用球轴承表面的耐磨性　中国第一代特殊用途卫星测量照相机的镜片托架、镜筒、支撑框架、焦面框架等件采用的都是钛合金材料，其表面处理采用多弧离子镀黑色氮钛膜层工艺处理，可满足产品使用要求。对该航天产品返回地面后跟踪检查，未发现任何问题，黑色氮钛膜层无磨损或脱落现象。

③ 离子镀工艺镀制热障膜层　为了提高航空发动机涡轮叶片的寿命，增强其抗高温烧蚀的能力，需在涡轮叶片表面镀制一层热障膜层。用多弧离子镀膜工艺镀制 NiCrAlY 热障涂层已成功地应用于航空发动机涡轮叶片的表面处理上，经试验及实际应用，取得了满意效果，并逐步应用到多种型号发动机的涡轮叶片的表面处理上。国外用离子镀技术制备了性能更好的优质复合膜层，正研究用于喷气发动机的叶片制造上。

④ 航空发动机中的应用　在航空发动机制造中，将离子镀技术应用于涡轮叶片镀 Ni-CrAlY 涂层和压气机叶片镀 TiN 涂层等工艺。

另外，多弧离子镀膜技术在冲孔冲模、钟表、装饰等行业的应用也取得了不错的效果。多弧离子镀能获得普通电镀难以获得的涂层而无污染，除了能镀合金外还能镀活泼金属，如钛、铝等，也可以在钛或铝合金上镀其他金属。基于离子镀工艺的可镀性极好，基体和镀材的限制很少的特点，多弧离子镀镀层在各行各业的应用正在逐步扩大，并将占据越来越重要的地位。

12.4.4　超硬涂层表面技术

超硬涂层通常是指由Ⅲ、Ⅳ和Ⅴ主族元素组成的共价键化合物或单质（金刚石）组成，有单晶、多晶和非晶等多种，如金刚石、立方氮化硼、氮化碳、硼氮碳及类金刚石等，其硬度很高，接近天然金刚石硬度硬涂层的硬度为 80GPa 以上，通常把不含氢的四方非晶碳称非晶金刚石涂层，视为超硬涂层，其他的类金刚石涂层视为一般硬质涂层。近年来广泛研究的纳米多层结构涂层和纳米晶复合涂层的硬度也在超硬涂层的硬度范围内，并具有综合的优异性能。超硬涂层材料可分为一元系单质、二元系化合物、三元系化合物及可能更多元系的化合物。超硬涂层材料的主要特点是化学键以共价键为主，离子键成分少，由氮/碳化物及单质组成，组成元素的原子半径很小。立方氮化硼涂层中的立方氮化硼（C-BN）并不是天然存在的物质。而是由人工合成的。C-BN 具有高硬度（仅次于金刚石）、高稳定性和高阻抗等特点，在机械和电子等领域有着广泛的应用前景。

金刚石是所有天然物质中最硬的材料，有着优异的机械、电子、热学、光学和声学等性能。金刚石涂层的硬度达到了天然金刚石的硬度，有较低的摩擦系数。金刚石涂层是机械加工陶瓷构件切削刀具、各种成型模具的涂镀材料。金刚石涂层还是集成电路芯片高功率光电子元件的散热器件材料、可在恶劣环境下使用的极好光学窗口材料和各种性能优异的半导体器件材料。类金刚石涂层是一种亚稳态的非晶碳，具有较高的机械强度、较低的摩擦系数、良好的化学稳定性和光学透过性，同时也是一种可调整的优质半导体材料，可作为防护和耐磨涂层应用于磁盘、汽车耐磨部件、各种切削刀片、特种光学窗和生物医学用涂层等领域。

12.4.5　摩擦搅拌表面改性技术

英国焊接研究所发明的摩擦搅拌焊是一项先进的固相连接技术，已经在航空、航天、船舶、汽车等领域得到应用。在摩擦搅拌焊原理基础上衍生出来的摩擦搅拌表面改性技术继承了摩擦搅拌焊的优秀性质，表现出许多独特的优点，已成为摩擦搅拌技术和表面工程技术新的发展方向之一，显示出广阔的应用前景。

摩擦搅拌表面改性采用具有特殊形状的摩擦搅拌头，在一定的垂直压力作用下，使搅拌头肩部与材料表面紧密接触然后高速旋转摩擦，产生的摩擦热将材料表层加热到热塑性软化状态。在材料被加热的同时，插入材料表层一定深度的搅拌针进行持续搅拌并将材料向后推挤发生塑性流动转移，随着工件的不断进给，在搅拌头后方形成连续的表面改性层。

摩擦搅拌产生的摩擦热和强烈的塑性变形使材料表层发生动态再结晶，可以显著细化表层组织，消除孔隙和偏析等铸造缺陷。与此同时，还可以通过直接添加或原位固相反应在表层形成弥散分布的颗粒增强相，从而显著提高材料的表面硬度和耐磨性。摩擦搅拌表面改性属于固相处理，可以有效避免表面改性过程中产生的裂纹、气孔、夹杂物，制各颗粒增强复合表层时增强相和基体之间不会发生有害界面反应，残余应力和变形也很小，没有烟尘、飞溅、噪声、辐射等污染，是一项清洁高效的先进表面工程技术。

第13章 材料表面性能测试与控制

表面过程控制技术是一个多专业的配合技术，配合过程的主要角色是表面处理工艺专业，自控、设备、分析、电器等专业辅助，但缺一不可。这就要求工艺专业对其他专业技术的技术性、经济性、适用范围、可操作性、安全性、环保性能等有一个基本了解。

随着科学技术的发展，很多的检测方法、控制设备和技术、适应工艺要求的新材料被开发出来。快速地、正确地使用这些新技术可进一步推动表面工程和表面技术的发展和提高。

13.1 常规表面性能测试

13.1.1 外观检查

13.1.1.1 镀层外观质量要求

外观检查是最基本的检查项目，如果外观检查不合格，就无需进行其他项目检验。

镀层应表面平滑，结晶均匀细致，色泽正常。光亮镀层外观类似镜面。镀层无针孔、麻点、起瘤、起皮、起泡、色泽不匀、斑点、烧焦、暗影、树枝状和海绵状沉积层等缺陷，以及应当镀覆而没有镀覆的部位。次要部位上的轻微挂具接触点痕迹可以不作为疵病。

对表面质量的具体要求（包括允许的和不允许的缺陷）应由供需双方制定细则。

局部有缺陷的产品可以进行返修，如退除不合格镀层重新电镀，或进行补充加工。如果工件过度腐蚀，造成机械损伤，镀层有严重疵病又不允许返修，就作废品处理。

13.1.1.2 表面缺陷检查方法

检查前，用清洁的软布或纱布揩去试样表面的油污（注意不要用硬物擦伤镀层）。

检查时，将试样放置在无反射光的白色平台上或无反射光的白色透射光下，用肉眼进行观察。检查应在自然光或者光照度为300～600lx（勒克斯）的近似自然光（如40W日光灯）下，相距750～800mm的距离。在有争议或双方同意的情况下，允许用放大镜进行参考检验。为了防止试样反射，影响正常视线，允许用半透明白光纸隔开光源。

13.1.1.3 表面光亮度和粗糙度检验

（1）光亮度

可借助仪器测定。但由于试样形状不同，往往难以获得正确结果。目前生产上使用较多的方法是采用样板对照或封存比较。

（2）粗糙度

在一般情况下，允许用双方同意的，在有效期限内的实物或标准样板，用肉眼作对比测定。

仪器测量方法包括：电动轮廓仪（粗糙度 $Ra6.3\sim0.025\mu m$），双管显微镜（粗糙度 $Ra0.2\mu m$ 以下），干涉显微镜（粗糙度 $Ra0.2\sim0.012\mu m$）。

13.1.2 厚度测量

镀层厚度是衡量镀层质量的重要指标之一，镀层厚度直接影响到工件的耐蚀性，导电性等性能，从而在很大程度上影响产品的可靠性和使用寿命。

在主要表面（容易受到腐蚀、摩擦的表面和工作表面）的任何一处，镀层厚度必须达到规定的最小厚度。

测量镀层厚度的方法很多，可分为破坏法和无损法两大类。破坏法包括溶解法（称重法、分析法、库仑法）、金相显微镜法、轮廓仪法、干涉显微镜法等。无损法包括磁性法、涡流法、β射线反向散射法、X射线光谱测定法、光切显微镜法等。国家标准 GB 6463—2005《金属及其他无机覆盖层厚度测量方法评述》介绍了不同方法的工作原理，允许测量误差以及某些仪器测量方法的适用范围。从测量方法的性质看，可分为化学法、电化学法、物理法。下面介绍常用的一些方法。

另外，GB/T 4955—2005 和 GB/T 16921—2005 规定了金属覆盖层厚度测量的两种方法：阳极溶解库仑法和 X 射线光谱测定法。国家标准 GB 5927—86 和 GB 5930—86 规定了轻工产品金属镀层厚度的两种测量方法：计时液流法和点滴法。轮廓仪法、磁性法、涡流法、β射线背射法、显微镜法、切面晶相法等都有相应的国标。

国家标准 GB 12334—90 规定了金属和其他无机覆盖层关于厚度测量的定义和一般规则。有的测量方法测出的是试样镀层的平均厚度，有的测量方法测出的是测试点的局部厚度。

13.1.2.1 破坏测量法

（1）溶解法

将试样在适当的溶液中溶解，可以只溶解镀层而对基体不浸蚀，也可以只溶解基体对镀层不浸蚀。溶解前、后用天平称量即可得出镀层的重量，再计算镀层的平均厚度。

另一种作法是：当镀层溶解后，用化学分析法测定溶解的镀层金属量即可确定镀层的重量。只要镀层与基体不是同一种金属，基体是否溶解对结果并无影响。

（2）计时液流法和点滴法

两种方法都适用于金属表面镀层局部厚度测量。其原理相同，都是使镀层局部化学溶解，但具体做法有差别。

图 13-1 中计算镀层厚度的参数 h_t 和 h_k 可以查表得到，并在测定条件下用已知厚度的相同镀层进行校正。

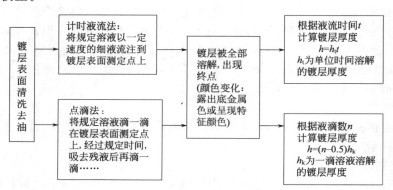

图 13-1　计量液流法与点滴法的测量程序

例：测量钢铁上的锌镀层厚度。

计时液流法使用的溶液成分为硝酸铵 70g/L，硫酸铜 7g/L，1mol/L 盐酸 70mL/L。当呈现玫瑰红色斑点，表示溶解到达终点。在 15℃，锌镀层的 $h_t = 0.56\mu m/s$。

点滴法使用的溶液成分为碘化钾 200g/L，碘 100g/L。液滴停留时间 60s。当呈现底层金属（铁）颜色时，溶解到达终点。在 15℃，锌镀层的 $h_k = 1.01\mu m$。

（3）库仑法（阳极溶解法）

将专用电解池（如图 13-2 所示，能精确限定被溶镀层面积）压紧在镀层受检部位，注入规定的试验溶液。对试样通入阳极电流，使镀层溶解。当裸露出基体金属或中间镀层金属时，电解池槽压发生跃变，可指示终点。

所用试验溶液应满足以下条件：

① 不通电时对镀层无化学溶解作用；

② 阳极溶解电流效率为 100％或者接近 100％的恒定数值；

③ 当镀层被溶透，且露出的基体面积增大时，阳极电位应发生明显变化以指示终点。

各种基体-覆盖层组合所用电解液举例。

① 钢铁上的锌镀层：100g/L 氯化钠。

② 钢铁上的镍镀层：30g/L 硝酸铵＋30g/L 硫氰化钠。

③ 铜（铜合金）上的银镀层：80g/L 硫氰化钾。

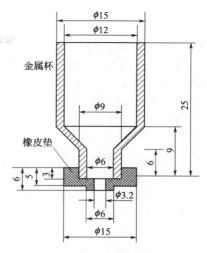

图 13-2　库伦法测量的电解池

由所通阳极电量，阳极电流效率和镀层金属电化当量可以计算出溶解镀层的重量，因为被溶镀层的面积和密度已知，故可计算受检部位的局部镀层厚度。

用库仑法也可测量阴极电流效率。在电镀时取阴极电流为 I_c，电镀时间为 t_c；电镀后用库仑法将镀层溶解，取阳极电流为 I_a，设溶解时间为 t_a。如果镀层金属在阴极沉积时的电化当量与阳极溶解时的电化当量相同，那么，阴极电流效率 η_c 与阳极电流效率 η_a 之比：

$$\frac{\eta_c}{\eta_a}=\frac{I_a t_a}{I_c t_c} \qquad (13\text{-}1)$$

如果取 $I_a＝I_c$，计算更加简单：

$$\eta_c=\frac{t_a}{t_c}\times\eta_a \qquad (13\text{-}2)$$

当阳极电流效率 $\eta_a＝1$，则阴极电流效率 η_c 等于溶解时间 t_a 与电镀时间 t_c 的比值。

13.1.2.2　无损测量法

常用的有磁性法和涡流法。

（1）磁性法

磁性测厚仪适宜于测量磁性基体上（如钢铁）的非磁性镀层（如锌）。测量原理是：当磁性基体上的非磁性镀层厚度变化时，磁引力或磁感应亦变化。因此磁体脱离被检工件表面的断开力，或者通过镀层与磁体的磁路磁阻值，与镀层厚度有一定的函数关系。用仪器测量这个断开力或磁阻值，就可得出镀层厚度。

在测量前要用已知厚度的标准样片校准仪器。为减小误差，基体金属厚度应符合仪器要求。测量时探头不能置于弯曲面或靠近边缘，探头应与工件表面垂直。

（2）涡流法

仪器的测头装置产生了一个高频磁场，使置于测头下的导体产生涡流，涡流的振幅是测头和导体之间的非导电覆盖层厚度的函数。本方法主要用于测量非磁性金属上非导电覆盖层的厚度，以及非导体基体上单层金属覆盖层的厚度。

13.1.3　孔隙率

13.1.3.1　孔隙率

孔隙是指贯通镀层的孔道。单位面积上的孔隙数称为孔隙率。孔隙率对阴极性镀层的防护性能，防渗碳镀层和防氮化镀层的功能有很大的影响。因此孔隙率是镀层质量的一个重要指标。

13.1.3.2 测量方法

常用的测量方法有贴滤纸法和浇浸法，它们的原理是相同的：使检测试剂穿过孔隙和基底金属或下层镀层金属反应，生成有颜色的化合物，从而可以被发现。

（1）贴滤纸法

将检测试剂浸在滤纸上，将滤纸紧贴在被检镀层表面。有色反应产物渗到滤纸上形成有色斑点。

例：钢铁上的 Cr，Ni-Cr，Cu-Ni-Cr 镀层。

试验溶液为：10g/L 铁氰化钾，30g/L 氯化铵，60g/L 氯化钠。贴滤纸时间为 10min。蓝点表示孔隙直到钢基体，红褐色点表示孔隙达到铜基体或铜镀层，黄色点表示孔隙达到镍镀层。

（2）浇浸法

对钢铁上的铜镀层、镍镀层、Cu-Ni、Ni-Cr、Cu-Ni-Cr、Ni-Cu-Ni-Cr 等合金镀层，都可以使用 10g/L 铁氰化钾，15g/L 氯化钠和 20g/L 白明胶配制成的试剂。将试剂浇在镀层受检表面，或将工件浸入试剂中，取出干燥后镀层表面形成白色涂膜。有色反应产物在涂膜上形成有色斑点。斑点特征和判断与贴滤纸法相同。

13.1.4 镀层结合力

镀层与基体，镀层之间结合牢固是保证镀层使用性能的基本条件之一，因此结合力是镀层一个重要的质量指标。所谓结合力，是指把单位面积上的电镀层从基体或中间镀层上分离开所需要的力。

由于定量测量结合力比较困难，需要制作专用试样，故通常只作定性测量。考虑到镀层金属和基体的物理、机械性能不同，当试样受到不均匀变形，热应力，或外力直接作用，都可能使镀层与基体剥离。定性测量就以剥离镀层的难易程度来评定镀层结合力。

国家标准 GB 3821—1999《轻工产品金属镀层的结合强度测试方法》规定了以下方法：弯曲法、锉刀法、划痕法、划网法、摩擦法、加热法、热循环法、刷光法、杯突法、阴极处理法等。

（1）弯曲法

将试样弯曲，由于镀层和基体金属伸长程度不同，镀层受到从基体剥离的力。当这个力大于镀层与基体的结合力，镀层将发生起皮、剥离。此方法适用于有各种镀层的薄型工件、线材、弹簧等电镀零件。

① 将试样沿一直径等于试样厚度的轴，弯曲 180°，然后把弯曲部分放大四倍观察。镀层不允许起皮、脱落。

② 将试样夹在台虎钳中，反复弯曲试样，直至基体断裂。镀层不应起皮、脱落。或在放大四倍后检查，镀层与基体之间不允许分离。

③ 直径 1mm 或以下的线材，应绕在直径为 1mm 的金属线材的轴上，直径 1mm 以上的线材，绕在直径与线材相同的金属轴上，绕成 10～15 个紧密靠近的线圈，镀层不应有起皮或脱落现象。

（2）锉刀法

将试样夹在台虎钳中，用粗锉刀锉镀层的边缘，锉刀与镀层表面约成 45°角，由基体金属向镀层方向锉，镀层不得揭起或脱落。

（3）划痕法

采用已磨到 30°锐角的硬质钢划刀，在零件表面上相距约 2mm 划两条平行线，划线时应当以足够的压力使单行程通过金属镀层，切割到基体金属，用肉眼或 4～5 倍放大镜观察镀层，不应起皮、脱落。

（4）划网法

用钢划刀在镀件表面上划一个或几个边长 1mm 的方格，观察在此区域内的金属镀层不应有起皮、脱落。

（5）加热法

把烘箱或高温炉加热到规定温度，放入受检零件，保温一小时，然后取出在室温的冷水中冷却，用肉眼或 4～5 倍的放大镜观察，镀层不应起皮、脱落。

除锌、镉、铅、锡和铅锡合金镀层外，在下列基体上镀层的加热温度如下：

钢和铸铁	(300±10)℃
铜及其合金	(250±10)℃
铝及其合金	(200±10)℃
锌合金	(150±10)℃

锌、镉镀层做加热试验时，温度为 180～200℃；铅、锡及铅锡合金镀层加热温度为 140～160℃。

对塑料镀件，则使用热循环法。将试样放入规定温度的烘箱中，保持 1h，取出在室温下放置 1h，放入低温箱中保持 1h，取出观察，镀层不应起泡或鼓凸。烘箱温度为：温和条件 60℃，中等条件 75℃，严酷条件 85℃。低温温度一般为 -30℃，最严酷条件 -40℃。

GB 5933—86 对各种镀层提出了建议的测试方法。

13.1.5　镀层硬度

镀层的硬度检验对某些功能性镀层是必须进行的项目之一。有时为了研究工艺因素对镀层硬度的影响，分析镀层与内应力的关系，通常也需测量镀层的硬度。

由于电镀层的厚度一般较薄（几十微米以下），为了消除基体材料对测量镀层硬度的影响，一般采用显微硬度法进行测量。

显微硬度计的压头为金刚石四棱锥体，底面正方形（或菱形）。一定载荷下将压头压入待测镀层，形成正方形压痕。测量两对角线长度的平均值，就可计算出维氏显微硬度值（或直接查表）。

$$HV = \frac{1854P}{d^2} \tag{13-3}$$

式中，HV 为显微硬度值，kg/mm^2；P 是硬度计载荷，g；d 是四方形压痕对角线平均长度，μm。

在测量时为了避免基体金属的影响，被测镀层的厚度应在 $7\mu m$ 以上。测量硬度时，金刚钻压头一般是沿与镀层垂直方向压入；当精确测定和镀层表面不光滑时，应将镀件镶嵌在硬度与镀层近似的特殊合金或塑料中，在欲测部位切开、整平、磨光、清洗，然后将压头在镀层横截面上垂直压入。

13.1.6　镀层脆性

13.1.6.1　脆性

镀层脆性对镀层再加工和使用寿命很不利。脆性与许多因素有关，它取决于镀层内应力的大小。影响内应力大小的一切因素都影响镀层脆性。有机添加剂能改变镀层金属结晶组织和渗氢条件，同时它们本身也可能夹附在镀层中，引起内应力变化，使镀层发脆。某些重金属元素的共沉积也会引起镀层脆性增大。测量脆性的方法比测内应力方便得多，但却不够精细。

13.1.6.2 测量方法

（1）千分卡法

在不锈钢基体上镀覆欲测脆性的镀层并剥离下来，从镀层中间剪出一狭条，用外径千分卡测出镀层厚度 h，然后将狭条弯曲成 U 形，嵌入千分卡口中，慢慢捻动卡口，直至镀层脆裂。读出千分卡读数 $2R$，计算 $B=h/2R$。如果 $B=0.5$，说明镀层两端重叠而未断裂，镀层韧性好，脆性低。考虑到两层镀层的间隙，只要镀层不断裂，B 接近 0.5，就说明韧性好，B 愈接近 0.5，韧性愈好。

（2）定性测量

以下方法要求镀层结合力好，以避免干扰。

① 弯曲法 将试样一端钳牢，然后弯曲，用五倍或十倍放大镜观察弯曲部位，至出现第一条裂纹，记下弯曲角度（脆性较大时），或作 90°弯曲的次数，作为比较脆性大小的指标。

② 缠绕法 将一定直径的铜丝进行电镀，然后在不同直径的金属圆棒上密排缠绕，用放大镜观察出现裂纹为止。记下出现裂纹时所用金属棒的直径。直径愈小，脆性愈小。

（3）金属杯突试验

如图 13-3 所示，用一个规定的钢球或球状冲头，向夹紧于规定压模内的试样均匀地施加压力，用放大镜观察受试部位，直到镀层开始产生裂纹。以压入深度值（mm）作为脆性指标。压入深度愈大，镀层脆性愈小。

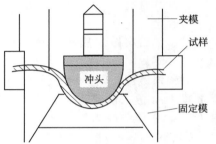

图 13-3　金属杯突试验机工作示意

13.1.7　镀层内应力

13.1.7.1 内应力

内应力是在电沉积过程中产生的，故又称为电析应力。拉应力可能使镀层开裂，过大的压应力在镀层与基体结合较差时，可能导致鼓泡。

镀层内应力对电解液中的有机及无机杂质极为敏感，故测定镀层内应力可作为电解液是否需要处理的依据，以及用于研究处理方法，检查处理效果的方法。

测量镀层内应力，结合 Hull 槽试验，可确定光亮剂的合适添加量。

13.1.7.2 测量方法

（1）阴极弯曲法

用一薄而窄的金属片，将一面绝缘（背向阳极），另一面（向着阳极）电镀。由于金属片一端固定，另一端则因镀层内应力作用而偏转。当镀层产生拉应力时，镀层收缩，基体被拉伸而变形，向阳极弯曲。产生压应力时，镀层膨胀，基体被压缩而变形，背向阳极弯曲。镀层内应力愈大，试样偏转愈大。根据试样自由端偏转量，可以计算内应力的大小，如图 13-4 所示。

测量试样自由端偏转量的方法很多，如幻灯机法，读数显微镜法，也可用肉眼直接观察。

（2）螺旋收缩仪法

用不锈钢片制成螺旋管，使其一端固定，然后进行单面电镀（内表面涂绝缘漆）。由于镀层的应力使螺

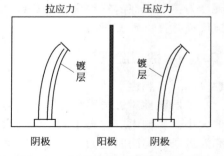

图 13-4　阴极弯曲法测镀层内应力

旋管产生扭曲，借助于自由端齿轮变速装置使指针偏转，根据偏转角度计算内应力。

13.1.8 耐蚀性

耐蚀性是镀层十分重要的质量指标。评定耐蚀性的方法，一类为大气曝晒试验，另一类为实验室人工加速试验。后一类方法的试验周期短，得到了普遍应用。

13.1.8.1 盐雾试验

盐雾试验是应用最广泛的实验室加速试验方法。我国已制定了相应的国家标准。

中性盐雾试验（NSS）：GB 3826—1999；

醋酸盐雾试验（ASS）：GB 3827—1999；

铜盐加速醋酸盐雾试验（CASS）：GB 3828—1999，GB 12967.3—2008。

（1）试验溶液

表 13-1 盐雾试验的溶液和试验条件

项目	中性盐雾试验	醋酸盐雾试验	铜盐加速醋酸盐雾试验
氯化钠/(g/L)	50±5(初配) 50±10(收集液)	50±5(初配) 50±10(收集液)	50±5(初配) 50±10(收集液)
氯化铜/(g/L)			0.26±0.02
pH 值		3.0～3.1(用醋酸调节)	3.0～3.1(用醋酸调节)
箱内温度/℃	35±2	35±2	50±2
箱内湿度/%	>95	>95	>95
喷嘴压强/kPa	70～170	70～170	70～170
盐雾沉降量/[mL/(h·cm²)]	1～2	1～2	1～2
收集液 pH 值	6.5～7.2	3.1～3.3	3.1～3.3
喷雾方式	连续	连续	连续
喷雾周期/h	2,6,16,24,48,96, 240,480,720	4,8,24,48,96,144, 240,360,720	2,4,8,16,24,48,72,96, 144,240,480,720

将电镀或涂料涂覆的试样安放在盐雾试验箱中，在规定的压力下，使规定浓度的氯化钠溶液（盐水）从喷嘴连续喷出成雾状，均匀地降落在试样表面上，并维持盐水膜的经常更新作用，因而造成镀（涂）层的加速腐蚀。

NSS 试验适用于测定阳极性镀层的耐蚀性能，如锌、镉镀层；也可以用于阴极性装饰镀层。ASS 和 CASS 试验适用于钢铁和锌基合金上的 Cu-Ni、Cu-Ni-Cr、Ni-Cr 装饰性镀层，也适用于铝及其合金的阳极氧化膜。盐雾试验的溶液和试验条件见表 13-1。

（2）试样

试样必须充分清洁。试样在箱内放置的位置应使受试的主要表面与垂直线成 15°～30°，并使盐雾能在所有试样上自由地沉降，一个试样上的盐溶液不能落在其他试样上。试样不能互相接触，也不能与其他金属或吸水材料接触，间距不小于 20mm。试样不能用金属丝悬挂。试样切割边缘或作有标记的地方应涂覆。

试验结束后，取出试样，用流动冷水轻轻冲洗或浸渍，从表面除去盐沉积物，然后立即进行 80～100℃，30min 左右的干燥，并及时进行评价。试样的数量按测试具体规定，一般取三个。

13.1.8.2 腐蚀膏试验

本方法适用于钢或锌合金上的 Cu-Ni-Cr 多层装饰性镀层的耐蚀性试验。GB 3829—

1999 规定了试验方法。

（1）腐蚀膏的配制

方法一：在玻璃烧杯中溶解 0.035g 硝酸铜、0.165g 三氯化铁、1.0g 氯化铵于 50mL 蒸馏水中，搅拌，加入 30g 高岭土。用玻璃棒搅拌使料浆充分混合，并使其静置 2min，以便高岭土被充分浸透。使用前再用玻璃棒使其充分混合。

方法二：称 2.50g 硝酸铜，在 500mL 容量瓶中用蒸馏水稀释到刻度，称 2.50g 三氯化铁，在 500mL 容量瓶中用蒸馏水稀释至刻度，称 50.0g 氯化铵，在 500mL 容量瓶中用蒸馏水稀释至刻度。然后取 7.0mL 硝酸铜溶液，33.0mL 三氯化铁溶液，10mL 氯化铵溶液于烧杯中并加入 30.0g 高岭土，用玻璃棒搅拌均匀。

（2）试验方法

将试样清洗干净。用干净的刷子将腐蚀膏涂覆在试样上，用蘸有腐蚀膏的刷子在试样上作圆周运动使试样完全被覆盖。然后用刷子轻轻地沿一个方向将涂层整平。湿膏膜厚度不能小于 0.08mm，也不能大于 0.2mm。试样置入潮湿箱前，在室温且相对湿度低于 50% 的条件下干燥 1h。如环境相对湿度无法低于 50%，可在温度（20±5）℃的环境条件下进行干燥。

潮湿箱温度维持在（38±1）℃，箱内暴露区的相对湿度维持在 80%～90% 之间，以使凝露不在试样上产生。

在潮湿箱中连续暴露 16h 为一周期。以后的每一周期都用新鲜腐蚀膏涂覆。

试验后从潮湿箱中取出试样，首先检查带有完整泥膏的试样，然后用新鲜流水清洗并以清洁的粗棉布除去所有的泥膏。

13.1.8.3　腐蚀试验后的评级

对于一般的试验，只需考虑下列几点：

① 试验后的试样外观；

② 除去表面腐蚀产物后的外观；

③ 腐蚀缺陷的数量和分布，如凹点、裂纹、气泡等。

GB 6461—1986、GB 12335—1990、GB 6461—2002 规定了对底材为阴极、阳极、金属及无机覆盖层的腐蚀试验后的评级方法。

（1）GB 6461—86 规定了对底材为阴极的覆盖层（适用于 Cu-Ni-Cr、Ni-Cr 等装饰性镀层）腐蚀试验后的评级方法。

a. 保护等级。针对覆盖层对底材腐蚀的保护能力所评定的级数称为"保护"等级。保护等级的计算公式为：

$$R = 3(2 - \lg A) \tag{13-4}$$

式中，A 为缺陷总面积百分比，保护缺陷包括凹坑腐蚀、针孔腐蚀、鼓泡、腐蚀产物以及底金属腐蚀的其他缺陷。

根据上述公式得出 R 值并修约为最接近的整数，作为保护等级。

b. 外观等级。试样经试验后所有外观缺陷的评定级数称为外观等级。外观等级的评定不仅基于出现缺陷的面积，尚包括其损坏程度的严重性。外观等级是以保护等级为基础的，因底金属的腐蚀也影响外观，故外观等级不应高于保护等级。

外观缺陷除了因底金属腐蚀引起的缺陷以外，尚包括试样外观的所有损坏。典型的有表面麻点，"鸡爪状"缺陷，开裂，表面沾污和失去光泽。

如果只有底金属腐蚀的缺陷，外观等级与保护等级相同；如果尚存其他缺陷，则外观等级比保护等级降低一级或更多些。

试样检查结果用斜线将两种等级数分别记录，保护等级数记于上方。即保护等级数/外观等级数。

（2）GB 6461—2002 规定了对基体金属为非阳极性的镀层进行腐蚀试验后的评级方法。

考核面积：受腐蚀试验的主要表面和进行评级的表面，一般应在产品标准中规定，此面积应大于 $1dm^2$，或若干试样的面积总和大于 $1dm^2$。

表 13-2　耐蚀等级评级表

腐蚀率/%	等　　级	腐蚀率/%	等　　级
0	10	4～8	4
0～0.25	9	8～16	3
0.25～0.5	8	16～32	2
0.5～1	7	32～64	1
1～2	6	>64	0
2～4	5		

表 13-3　简易十级制定级法

锈点数	等　　级	锈点数	等　　级
0	10	16～32	4
0～1	9	32～64	3
1～2	8	64～128	2
2～4	7	128～256	1
4～8	6	>256	0
8～16	5		

基体腐蚀点：穿透镀层的基体金属腐蚀点。腐蚀点一般不易揩去，而锈迹易抹除。

镀层腐蚀：镀层的泛点变色，但不包括变暗。

用透明的划 5mm×5mm 方格的速度薄膜或有机玻璃板覆盖在试样的考核面积上，使试样考核面积被划分成边长为 5mm 的若干方格。数出方格总数 N。

在腐蚀试验后，分别数出基体腐蚀点和镀层腐蚀的方格数 n，分别进行计算，得出镀层对基体的保护等级和镀层的耐蚀等级：

$$腐蚀率(\%)=n/N×100 \tag{13-5}$$

按照腐蚀率确定耐腐蚀等级，如表 13-2。表 13-3 是根据锈点数确定耐蚀性等级。

（3）GB 12335—90 规定了对底材呈阳极性的金属镀层（如钢上经或未经钝化处理的锌镀层，铜上经或未经钝化处理的锡镀层）腐蚀试验后的评级方法。

对试样在腐蚀试验后的评级以覆盖层和基体金属的外观变化及腐蚀程度进行综合评定。等级标记由表示外观评级的英文字母 A～I 和表示腐蚀评级的阿拉伯数字 10～0 组成。

① 外观评级　表面的外观变化包括变色、失光、覆盖层腐蚀和基体金属腐蚀、覆盖层和基体金属的外观变化，具体见表 13-4。

表 13-4　外观评级

外观评级	试样表面外观的变化
A	无变化
B	轻微到中度的变色
C	严重的变色或极轻微的失光
D	轻微的失光或出现极轻微的腐蚀产物
E	严重的失光，或在试样局部表面上有薄层的腐蚀产物或点蚀
F	有腐蚀产物或点蚀，且其中之一种分布在整个试样表面上
G	整个表面上布有厚的腐蚀产物层或点蚀，并有深的点蚀
H	整个表面布有非常厚的腐蚀产物或点蚀，并有深的点蚀
I	出现基体金属腐蚀

表 13-5 腐蚀评级

缺陷面积/%	腐蚀评级	缺陷面积/%	腐蚀评级
无缺陷	10	2.5~5	4
≤0.1	9	5~10	3
0.1~0.25	8	10~25	2
0.25~0.5	7	25~50	1
0.5~1.0	6	>50	0
1.0~2.5	5		

② 腐蚀评级 根据腐蚀缺陷所占总面积的百分数，按下列公式计算：

$$R=3(2-\lg A)\tag{13-6}$$

式中，A 为腐蚀缺陷所占总面积的百分数。

腐蚀缺陷指覆盖层及基体金属因腐蚀而发生的变化，此变化发展后可能导致覆盖层乃至基体金属的腐蚀破坏。

由公式计算出 R 值，并修约为最接近的整数，作为腐蚀评级，如表 13-5 所示。

腐蚀等级的表示方法：先写外观评级字母，接着写腐蚀评级数字；当基体金属出现腐蚀时，再加斜线，斜线下方写 I。

例如，腐蚀试验后，覆盖层 30% 的面积上有极轻微的表面失光，腐蚀等级为 C1。腐蚀试验后，试样表面上覆盖着腐蚀产物，被腐蚀面积为 3%，并有基体金属腐蚀产物，腐蚀等级为 F4/I。

13.2 表面分析与测试

随着科学技术的发展，特别是超高真空技术、电测技术和计算机技术的进步，许多高水平的分析技术和新型的试验仪器设备相继问世，人们可以从原子、分子水平去认识表面现象，进一步推动了表面科学和表面技术的发展和提高。

13.2.1 概述

表面分析与测试是以获得固体表面（包括薄膜、涂层）成分、组织、结构及表面电子态等信息为目的的试验技术和方法。基于电磁辐射和运动粒子束（或场）与物质相互作用的各种性质而建立起来的分析方法大致可分为衍射分析、电子显微分析、扫描探针分析、电子能谱分析、光谱分析及离子质谱分析等几类主要分析方法。

众所周知，当电磁辐射（X 射线、紫外光等）或运动载能粒子（电子、离子、中性粒子等）与物质相互作用时，会产生反射、散射及光电离等现象。这些被反射、散射后的入射粒子和由光电离激发的发射粒子（光子、电子、离子、中性粒子或场等）都是信息的载体，这些信息包括强度、空间分布、能量（动量）分布、质荷比（M/e）及自旋等。通过对这些信息的分析，可以获得有关表面的微观形貌、结构、化学组成、电子结构（电子能带结构和态密度、吸附原子、分子的化学态等）和原子运动（吸附、脱附、扩散、偏析等）等性能数据。此外，采用电场、磁场、热或声波等作为表面探测激发源，也可获得表面的各种信息，构成各种表面分析方法。

13.2.2 表面分析与测试的内容

表面分析与测试的内容包括：表面形貌分析、表面成分分析、表面结构分析、表面电子态分析和表面原子态分析等几方面。同一分析目的可能有几种分析方法，而每种分析方法又具有自己的长处和不足。因此，必须根据被测样品的要求来正确选择分析方法。如有需要甚至需采用几种方法对同一样品进行分析，然后综合各分析方法所测得的结果，来作出最终的结论。

13.2.2.1　表面形貌分析

表面形貌分析包括表面宏观形貌和显微组织形貌的分析，主要由各种能将微细物相放大成像的显微镜来完成。基于显微分析技术的技术基础，显微镜中可探测到的信息不止用于显微放大的一种。许多现代显微镜中多附加了一些其他信号的探测和分析装置，这就使得显微镜不但能作高分辨率的形貌观察，还可用作微区成分和结构分析。目前一些显微镜，如高分辨率电子显微镜（HRTEM）、扫描隧道显微镜（STM）、原子力显微镜（AFM）和场离子显微镜等（FIM），已达到原子分辨能力，可直接在显微镜下观察到表面原子的排列。这样不但能获得表面形貌的信息，而且可进行真实晶格的分析。

各种显微镜的特点及应用列于表 13-6。

表 13-6　各种显微镜的特点和应用

名称	检测信号	样品	分辨率	基本应用
透射电子显微镜（TEM）	透射电子和衍射电子	薄膜和复型膜	点分辨率 0.3～0.5；晶格分辨率 0.1～0.2	①形貌分析；②晶格结构分析；③成分分析
扫描电子显微镜（SEM）	二次电子、背散射电子、吸收电子	固体	6～10	①形貌分析；②成分分析；③结构分析；④断裂过程动态研究
扫描隧道显微镜（STM）	隧道电流	固体（有一定导电性）	原子级，垂直 0.01，横向 0.1	①表面形貌与结构分析；②表面力学行为、表面物理化学研究
原子力显微镜（AFM）	隧道电流	固体（导体、半导体、绝缘体）	原子级	①表面形貌与结构分析；②表面原子间力和表面力学性质的测定
场发射显微镜（FEM）	场发射电子	针尖状（电极）	2	①晶面结构分析；②晶面吸附、脱附和扩散等分析
场离子显微镜（FIM）	正离子	针尖状（电极）	当尖半径为 100nm 时，常温 0.55，低温 0.15	①形貌分析；②表面重构、扩散等分析

13.2.2.2　表面成分分析

表面成分分析内容包括测定表面的元素组成、表面元素的化学态及元素在表面的分布（横向分布和纵向深度分布）等。

表面成分分析方法的选择需要考虑的问题有：能测定元素的范围、能否判断元素的化学态、检测的灵敏度、表面探测深度、横向分布与深度剖析及能否进行定量分析等。其他如谱峰分辨率及识谱难易程度、探测时对表面的破坏性以及理论的完整性等也应加以考虑。

用于表面成分分析的方法主要有：电子探针 X 射线显微分析（EPMA）、俄歇电子能谱（AES）、X 射线光电子能谱（XPS）、二次离子质谱（SIMS）等。表 13-7 是几种常用的主要成分分析方法的比较。

表 13-7　表面成分分析方法的比较

名称	测定范围	探测极限/%	探测深度	横向分辨率	信息类型
电子探针 X 射线显微分析（EPMA）	≥Be	0.1	1～10μm	1μm	元素
俄歇电子能谱（AES）	≥Li	0.1	0.4～2nm（俄歇电子能量 50～2000eV 范围）	50nm	元素、一些化学状态
X 射线光电子能谱（XPS）	>He	1	0.5～2.5nm（金属和金属氧化物）4～10（有机物）	约 30nm	元素、化学状态
二次离子质谱（SIMS）	≥H	10^{-9}～10^{-6}（因样品及分析条件而变）	0.3～0.2nm	约 100nm	元素、同位素、有机化合物

此外，出现电势谱（APS）、卢瑟福背散射谱（RBS）、二次中性粒子质谱（SNMS）及离子散射谱（ISS）等方法也可用于表面成分分析。

13.2.2.3　表面结构分析

固体表面结构分析的主要任务是探知表面晶体的原子排列、晶胞大小、晶体取向、结晶对称性以及原子在晶胞中的位置等晶体结构信息。此外，外来原子在表面的吸附、表面化学反应、偏析和扩散等也会引起表面结构的变化，诸如吸附原子的位置、吸附模式等也是表面结构分析的内容。

表面结构分析主要采用衍射方法。它们有 X 射线衍射、电子衍射、中子衍射等。其中的电子衍射特别是低能电子衍射（LEED，入射电子能量低）和反射式高能电子衍射（RHEED，入射电子束以掠射的方式照射试样表面，使电子弹性散射发生在近表面层），给出的是表层或近表层的结构信息，是表面结构分析的重要方法。

一些显微镜如高分辨率电子显微镜（HRTEM）、场离子显微镜（FIM）、扫描隧道显微镜（STM）等已具备原子分辨能力，可以直接原位观察原子排列，成为直接进行真实晶格分析的技术。

此外，其他一些谱仪，加离子散射谱（ISS）、卢瑟福背散射谱（RBS）、表面增强拉曼光谱（SERS）等均可用来间接进行表面的结构分析。

13.2.2.4　表面电子态分析

固体表面由于原子的周期排列在垂直于表面方向上中断以及表面缺陷和外来杂质的影响，造成表面电子能级分布和空间分布与固体体内不同。表面的这种不同于体内的电子态（附加能级）对材料表面的性能和发生在表面的一些反应都有着重要的影响。

研究表面电子态的技术主要有 X 射线光电子能谱（XPS）和紫外光光电子能谱（UPS）。X 射线光电子能谱测定的是被光辐射激发出的轨道电子，是现有表面分析方法中能直接提供轨道电子结合能的唯一方法；紫外线光电子能谱方法通过光电子功能分布的测定，可以获得表面有关价电子的信息。XPS 和 UPS 已广泛用于研究各种气体在金属、半导体及其他固体材料表面上的吸附现象。还可用于表面成分分析。此外，用于表面电子态分析的方法还有离子中和谱（INS）、能量损失谱（ELS）等方法。

13.2.2.5　表面原子态分析

表面原子态分析包括表面原子或吸附粒子的吸附能、振动状态以及它们在表面的扩散运动等能量或势态的测量。通过测量到的数据可以获得材料表面许多诸如吸附状态、吸附热、脱附动力学、表面原子化学键的性质以及成键方向等信息。用于表面原子态分析的方法主要有热脱附谱（TDS）、光子和电子诱导脱附谱（EDS 和 PSD）、红外吸收光谱（IR）和拉曼散射光谱（RAMAN）等。

热脱附谱方法是将一定压强的试验气体引入高真空容器中，使容器中事先经去气处理的丝状或带状试样吸附气体，然后在连续抽气的条件下将试样按一定规律升温，记录下温度与压力的变化即成脱附谱。不同气体在脱附谱上对应于不同的峰位置。热脱附谱是目前研究脱附动力学，测定吸附热、表面反应阶数、吸附状态数和表面吸附分子浓度的使用最为广泛的技术。当它与质谱技术相结合时，还可以测定脱附分子的成分。此外，低能电子、光子等与表面相互作用也可导致脱附，对每一种脱附方式的研究都能在不同程度和从不同角度提供吸附键和吸附态的信息。

红外吸收光谱和拉曼散射光谱是分子振动谱，通过对表面原子振动态的研究可以获得表面分子的键长、键角大小等信息，并可推断分子的立体构型或根据所得的力常数间接得知化学键的强弱等。

13.2.3 表面分析技术

表面分析方法，可按探测"粒子"或"发射粒子"来分类。如探测粒子和发射粒子之一是电子，则称电子能谱；如探测粒子和发射粒子都是光子，则称光谱；如探测粒子和发射粒子都是离子，则称离子谱；如探测粒子是光子，发射粒子是电子，则称为光电子谱。表面分析方法也可以按用途划分，即按组分分析、结构分析、原子态分析、电子态分析等划分。

作为组分分析方法，要考虑以下一些性能：能否测氢元素，检测灵敏度对不同元素差别如何，最小可检测的灵敏度，是否易于做定量分析，能否判断元素的化学态，谱峰分辨率如何，是否易于识谱，表面探测深度，能否做微区分析（空间分辨率），探测时对表面的破坏性，理论的完整性等。

结构分析方面，则要考虑二维结构还是三维结构等。

对于表面分析仪器还有另外一种分类方法，是根据其用途分为两大类：一类是研究理想的、干净的表面。如对单晶金属基片上简单吸附样品的研究。它主要用于理论研究方面，所用方法如 LEED、UPS、RBS 等。

第二类是广泛用于技术研究及工业上的分析，就是了解那些重要的，更普通的"真实世界"的表面，这些表面可能是非晶的或多晶的，其仪器有 AES、XPS 或 ESCA、SIMS 等。

目前表面分析技术已超过三十余种，由于各种方法的原理、适用范围均有所不同，因而从不同层面给人们提供了认识微观世界的手段。下面简要地介绍一下主要表面分析技术的原理、适用范围及特点等。

13.2.3.1 电子探针显微分析（EPMA）

电子探针是利用微电子束照射试样，用 X 射线分光晶体分辨出试样受激发产生的特征 X 射线作为检验信息。通过 X 射线谱仪，测定 X 射线波长和强度，从而达到微区成分分析的目的。同时借助于图像技术可对视场中感兴趣的区域进行定点、线扫描或面扫描元素分析。分析依赖于 X 射线强度，这是因为特征 X 射线强度 I 与样品中元素的含量 C 之间存在着简单的关系 $C/C_0 = I/I_a$。定点分析是元素定性、定量分析的最基本方法，精度高，但与样品形貌直观对应性差。线扫描能定性或半定量反映样品元素在某方向上的浓度分布，曲线可同时出现在电子图像上，表现一维对应性。而面扫描方式得到的是完全与形貌图像对应成分的分布，非常直观、醒目。

分析用的样品是块状导电的，如绝缘材料表面喷一层很薄的碳层或金属层。表面应尽量平整，因为 X 射线是从一定角度射向试样，如表面不平，则会阻挡掉一部分 X 射线。分析取样尺寸就是 X 射线激发体积，它与入射束能量和元素组成有关，周期表中 $Z \geqslant 4$ 都可进行定性、定量分析。它最大的特点是不必把分析的对象从基体中取出，而直接对大块样品进行微小区域的分析。

13.2.3.2 俄歇能谱分析（AES）

（1）俄歇能谱仪

目前的俄歇谱仪主要由以下几部分组成：电子光学系统，能量分析系统，探测和记录系统，真空室与真空系统。

电子光学系统：电子束可用作高亮度、易聚焦、易偏转的高效电离探束源，束流为 $10^{-9} \sim 10^{-6}$ A。利用聚焦电子激发试样，产生俄歇电子在内的各种表面信号。产生电子束的电子光学系统由三级电子枪、会聚透镜、物镜及偏转和消除像散装置组成。

能量分析系统：是仪器的核心部分。AES 分析中多采用筒镜型分析器。这种分析器在确保较高分辨率的同时，可以获得较高的透射率和信噪比，大大提高仪器的灵敏度，加快分析速度。

探测和记录系统：以扫描俄歇谱仪为例，Auger 信号通过能量分析器后，在环形检测狭缝外被电子倍增器接收，再经前置放大器送到计算机接口、计算机，最后送到图像终端显示或拷贝机复印。整个操作及数据处理均由计算机完成。

真空室与真空系统：为防止谱仪的主要部件污染，保持试样表面清洁，排除外来原子的干扰，同时为适应各种分析对象，谱仪可配备各种制样的预处理室，如试样冲击断裂，剥层及冷热处理装置等。必须使分析室具有很高的真空，这样才能避免大气对样品的污染及影响检测精度。实现高真空主要手段是溅射离子泵、Ti 升华泵以及吸附泵和涡轮泵等。

（2）应用

俄歇能谱具有高的表面分析灵敏度，对氦以上所有元素均有一致灵敏度，它广泛用于测定近表面 0.2～2nm 深度的化学成分和经离子溅射剥层的成分分析。其分析方式分为可进行表面的元素点分析、一维线分析、二维面分析和表面三维分析，即结合离子剥离技术的深度分析。

除进行成分分析外，亦可进行表面状态分析的研究。表面污染的测量和鉴定，表面化学反应研究，如氧化、腐蚀、催化和吸附；摩擦、磨损和润滑；合金元素及杂质在晶界及表面偏聚研究；表面缺陷和晶体成长；半导体技术；复合材料的粘接研究等。

13.2.3.3 光电子能谱（XPS 或 UPS）

光电子能谱是以一定能量的 X 射线或紫外光照射样品表面，分析它所发出的电子能量特征，获得有关电子结构信息。根据所用的激发光源及用途分为 X 射线光电子能谱（XPS）和紫外光电子能谱（UPS）。

（1）光电子能谱的工作原理

根据光电效应，对于自由分子或原子，应有：

$$E_i = h\nu - E_k$$

式中，E_i 为电子结合能，$h\nu$ 为入射光子能量，E_k 为发射光电子的动能。用已知能量 $h\nu$ 的光束照射试样，发射出光电子。这些光电子的能量（E_k）由静电式或磁场式谱仪表测定，根据上面公式可直接得到电子结合能（E_i）。不同的动能对应不同的初态能级，形成所谓光电子谱。由于各种元素都有自己特征的电子结合能，因此对应的谱线也是特征的。可以从谱峰位置来鉴定元素及化合价态。即使周期表中相邻的元素，它们同种能级的结合能也有很大的差别。随原子序数增加，结合能增大。

（2）光电子能谱仪

光电子能谱仪主要由样品室及样品引入机构、激发样品的射线源及电源、能量分析器、电子探测器、测量和记录系统及超高真空系统所组成，基本结构与俄歇谱仪相似。下面只扼要地介绍几个主要特点。

X 射线源：X 射线源有两个主要技术指标，即强度和线宽。X 射线强度越大，产生的 X 射线光电子谱峰的强度越强。线宽将影响谱分辨率，线宽越窄能量分辨率越高。不同的靶材在相同的功率下，X 射线强度和线宽是不同的。因此选择强度高而线宽比较窄的靶材，如 Mg、Al 最为适宜。目前有用两种材料制的双阳极，可以解决峰的重叠问题。为获得更高的能量分辨率，应加一个 X 射线单色器（分光晶体），可以提高能量分辨率，提高谱峰信噪比。

能量分析器：在结构上与俄歇谱仪的筒镜型分析器不同，多采用球形分析器。这是因为在光电子能谱中所用的探束是中性粒子-X 射线光子或紫外光。它们不容易聚焦，因而束斑较大，满足不了分辨率的要求。从使用角度出发，一般均要求测定大面积的平均信号，用半球分析器是有利的。

探测和记录系统：光电子的动能较低，必须经电子倍增器脉冲放大和波形整理，最后记录显示。终端记录通常采用两种类型。一种是通过计算机自动记录，一种是不通过计算机直接获取信号，用 x-y 记录仪显示谱图，或用荧光屏显示。配用的计算机还用以对曲线进行放大、平滑、曲线拟合等处理。

（3）应用

光电子能谱主要用于研究表面深度为 2nm 的表面层元素成分和化学结构，无机物和有机物均可检测。因此，在腐蚀、磨损、催化、半导体、粉末等方面得到广泛的应用。尤其对作核磁共振分析较困难的一些难溶解的聚合物更显示方法的优越性。同时借助于离子剥离技术可进行深度分析。

光电子能谱和俄歇能谱均作表面成分分析，但各有优点，在给定的分析时间内，俄歇谱仪分辨率和灵敏度要高些，适宜对电子轰击不易损伤样品进行快速成分分析。光电子能谱适宜在电子辐照时要损伤的样品，因用 X 射线激发对大多数样品损伤很小，同时能提供化学方面信息较多，不足之处是束斑较大，定量精度低，对微小颗粒的定量较困难。现已将俄歇谱仪和光电子能谱组合在一台仪器上供用户使用。

13.2.3.4　二次离子质谱仪（SIMS）

用氢、氮或氧作为高能离子源，当动能为 1～20keV 的高能离子轰击样品表面时，就有二次离子发射出来。二次离子进入静电分析器，离子被加速后通过质谱仪，按离子的质量/电荷比值（m/e）拐弯分类，进行定性及定量分析。分析深度 0.5～5nm，分析范围很小，约 10^3～10^4 个原子参加检测。

二次离子质谱仪灵敏度高，但样品要仔细选择具有代表性的。同时二次离子的产生受元素种类、基体成分、点阵位向、环境等因素的影响，这给定量工作带来困难，妨碍推广。

离子探针一般都由四个主要部分组成：一次离子源和束流的调节系统；试样定位装置和二次离子引出透镜；进行质荷比分析用质谱仪；具有高灵敏度的离子探测系统。

离子探针主要应用领域：表面微量元素分析，特别是氢和同位素的分析，由于它具有极高探测灵敏度，因此在分析表面微量元素时具有独到之处；偏析、夹杂物和析出物的鉴定；氧化、腐蚀、扩散、表面处理、污染等表面现象引起的表面浓度变化，微量成分的影响。

13.2.3.5　原子探针场子离子显微镜（FIM）

场离子显微镜与质谱仪结合组成的新仪器是当前固体表面分析技术的顶峰。其特点是能够对样品表面上的单个原子进行分析。放大倍数 10^7～10^8 倍，分辨率为 0.25nm，能够得到单个原子图像。故可用于空位、置换原子、间隙原子、位错、层错、原子偏聚、晶界偏析、辐射损伤及相变过程中原子分布的细节研究，这是其他方法难以得到的信息。但在使用上有很多困难，制样较难，由于极高电场作用，真空点阵原子位置图像发生了畸变，靠近点阵畸变处部位不宜进行研究。设备太复杂，难以推广使用。

13.3　表面性能的设计控制

表面性能的设计与控制以提高表面性能为最终目的，设计是首要的第一步。

13.3.1　提高材料表面耐磨性的措施

磨损是一个非常复杂的失效过程，它不仅受到力学因素的制约，同时还受到材料、环境、介质、设计、制造、安装、使用等多种因素的影响。由于摩擦副的接触点是离散的，而且在摩擦过程中是不断变化的，所以摩擦副承受载荷微凸体的体积是不固定的。同时在摩擦磨损过程中，材料实际表现出的性能与其原始性能也有很大的差别，同样会在磨损过程中不断地发生变化，最终导致材料的破坏形式也随之发生变化。虽然通过不同的磨损试验得到了大量的数据，但还是很难确定材料、环境等因素与磨损的定量关系，大多仅在研究摩擦磨损时作为参考。

在实际工程应用中，在难以对摩擦零件的服役形式和条件、温度、环境等进行选择时，必须从零件结构的合理性、零件用材的科学性等方面出发，合理地进行工程设计和零件选材，以达到提高零件耐磨性的目的。

13.3.1.1　正确的工程结构设计

研究磨损的最终目的是为了更合理地进行工程设计，保证机械构件有优良的抗磨损性能，即在实际的服役条件下，使零件具有最小的磨损损失和最长的使用寿命。可以利用摩擦学设计优化零件工作过程中的摩擦磨损条件，以满足现代工业连续大生产的需求。

（1）结构设计优化

一般地，在作相对运动的相互接触表面上，磨损是难以避免的。即使是根据流体动力学原理精心设计、具有良好润滑条件的摩擦副，在启动和关机时，表面上部分微凸体还是会直接接触的。因此，在润滑有限作用的条件下，合理的结构设计更加重要。如在设计摩擦副结构时，要保证界面压力均匀的分布，促进表面润滑膜的形成和恢复，要有利于摩擦热的逸散，要能够阻止外界的尘埃、磨粒等进入摩擦表面等。

（2）满足构件工作条件的特殊需求

在现代生产过程向连续化，自动化发展，机器向高速重载发展的形势下，以及零件的高低温、高中空和特殊介质等工作条件的需要，除了要求不断改进零件结构设计、采用新材料和新工艺，以及合理而完善地进行润滑外，还应该重视零件具体的服役条件。如高速重载轴承是大容量发电机组、核电站、化工设备、重型轧钢机等设备的关键部件，常规设计方法不能满足其对磨损寿命的要求。大型成套设备的大功率动力传递过程中，齿轮、蜗杆传动的润滑和磨损寿命是保证其工作可靠性的前提条件。齿轮传动时，由于啮合处的油膜处于高剪切率、高压、瞬间接触的润滑状态，所以经典润滑理论已不适用。因此，特殊装置、特殊工作条件下的润滑设计已成为近代摩擦学的重要研究方向。

（3）有利于零件的更换

在实际的工作条件下，磨损是不能完全避免的。一种产品的抗磨损性或磨损寿命设计原理的选择，在不同的工业部门中有不同的标准，设计时应综合考虑零件的重要性、维修的难易程度、产品的成本、使用特点、环境特点等因素。如在多数情况下更换轴瓦比更换轴更为经济方便，因此要重视轴颈的耐磨性。可以选磨损率较小的材料为轴，磨损量较大且易更换的材料为轴瓦。内燃机中的曲轴常用高耐磨的合金钢制成，而轴瓦则可由铝锡、铜铅、铅锡等熔点较低、较软的金属制造，后者磨损失效后更换的成本较低。而且，软金属轴瓦容易变形，可使因曲轴变形引起的局部高载荷得以重新分布。即使在完全失去润滑时，低熔点的轴瓦材料也能保护曲轴在短时运转中免受损害。

在航空航天、原子能等领域，装置的可靠性和使用寿命是第一位的，用于摩擦磨损条件下的零件首先必须考虑的是耐磨性，然后再兼顾其他的要求。

13.3.1.2　摩擦磨损材料的选择

材料的摩擦磨损性能并不完全依靠材料某一内在性质，而是由多个独立的物理、化学或力学性能综合作用决定的。因此，摩擦材料的选择是一个比较复杂的问题。

摩擦材料的选择必须根据机械零件的使用要求，详细地分析零件的工作条件和失效形式。即分析零件在摩擦磨损过程中所受载荷的性质、类型和大小，零件的工作环境、温度和介质的性质等；此外，还应兼顾考虑制造工艺、维护和经济性等方面的要求。在某些特殊的场合还应考虑导热性、热膨胀系数、导电性及其他特殊要求；然后根据以上要求提出若干种材料进行综合评价，在模拟实际的工况条件下进行试验验证。

（1）选材的基本出发点

首先要确定材料在使用方面是否受到工艺性能、使用环境、力学性能、理化性能等的限制；其次是确定合适的负荷范围，保证摩擦副在运行中承受载荷时材料不会变形和开裂；第三要了解摩擦副使用的温度范围；第四需确定零件服役的循环特性；第五则要确定允许的磨损损伤程度。

（2）选材的摩擦学要求

摩擦磨损条件下零件的失效分析为正确的选材提供了依据，但失效的原因除零件结构形状设计不合理、加工工艺不良、安装和使用不当外，更重要的是材料选择的不合适，缺乏适应各种摩擦磨损环境的工作能力。从摩擦学角度出发，选择适当的材料主要考虑以下几方面的要求。

① 表面损伤形式　工程构件中各类摩擦副的工作表面和邻近表面的材料都有可能受到损伤，这些损伤的主要表现形式是各种形式的磨损。由于导致不同磨损形式的原因不同，它们对材料性能的要求也不同。如对黏着磨损而言，就要求摩擦副材料的互溶性低，抗高温软化性能好。而磨粒磨损时，则要求材料具有高的表面硬度，低的加工硬化系数。疲劳磨损场合需要良好的综合力学性能、高度清洁和光滑的表面。抵抗腐蚀磨损时，首要的是材料具有优秀的耐腐蚀性能等。

② 摩擦因数　各种不同用途的作相对运动的部件对摩擦因数的要求有很大差异，如轴承、齿轮等啮合传动零件等一般都希望具有小的摩擦因数，以降低能耗、发热、震动和噪声，减少磨损损失，延长使用寿命。

③ 磨损率　在摩擦磨损时，难以保证摩擦副的接触界面始终被润滑膜分隔开，而两个表面之间微凸体的直接接触是普遍存在的现象。因此，磨损是伴随摩擦副相对运动而普遍存在的现象。故在规定的使用期内，如果零件磨损的程度未对表面质量和几何形状造成重大的改变，或未对摩擦副的工作状况和性能产生重大的影响，摩擦副仍能正常的服役，则这样磨损率是允许的。因此，合适的磨损率就成为控制零件在失效前磨损量的一个重要参数，也成为正确选材的一条准则。

（3）耐磨材料的选择

材料抵抗磨损的能力，除了与摩擦磨损系统的工作条件、表面状态和环境等因数有关，还与材料本身的特性（硬度、强度、塑性、韧性、导热性等）有关，它们最终影响了磨损的类型和磨损率。不同的材料具有不同的耐磨性，同一种材料在不同类型的磨损条件下，也表现出不同的抗磨性能。

① 合适的化学组成　在一定的范围内，铁基材料的硬度和强度都随含碳量的增加而提高，而且含碳量也会对金相组织、碳化物和耐磨性产生较大的影响。但随着钢中含碳量增加，塑性和韧性降低、脆性增加，不能承受冲击载荷。同时，碳化物的类型和分布对耐磨性也有较大的影响。如弥散分布的合金碳化物的耐磨性高于一般渗碳体的耐磨性，高温下也能保持较高的抗软化能力和耐磨性。

合金元素对耐磨性有较大的影响，铬、钛、钒、镍等不但能溶于基体提高强度，还可以形成大量细小的碳化物、氮化物、硼化物，有效地提高耐磨性。此外，耐磨性还与金属碳（氮、硼）化物的分布形式有关，如果化合物呈网状或部分呈块状沿晶界析出，不均匀地分布在基体上，材料的耐磨性就将大大降低。合金元素与碳、氮、硼等的比例决定了化合物的种类、形态和分布，所以合理的耐磨材料成分设计是十分重要的。

② 均匀的金相组织　材料的化学成分和处理状态决定了其组织结构和性能，进而影响了耐磨性。如钢的耐磨性就与其热处理工艺和金相组织有密切的关系。一般地，铁素体组织

硬度较低，耐磨性最差；珠光体组织的耐磨性优于铁素体；而板条马氏体组织的硬度和塑性皆较好，耐磨性则优于珠光体。同时，材料的耐磨性还与组织形态有关，如在某些条件下，片状珠光体比粒状珠光体的耐磨性好；板条状马氏体的耐磨性优于针状马氏体，细晶原始组织的耐磨性比粗晶组织的好。

③ 良好的综合力学性能　一般地，提高材料的硬度，可以提高耐磨性。但在承受重载、严重冲击载荷或交变应力作用的工况条件下，要求材料既具有高的硬度和强度，还要有高的塑性和韧性，以降低磨损量和抑制摩擦副的脆性断裂。

（4）减摩材料的选择

减摩材料的主要作用是以尽可能低的摩擦因数来降低摩擦损耗，提高传动效率。除此以外，减摩材料还应具有较好的耐磨性和抗黏着性、良好的顺应性和嵌合性，前者是材料的工作面对制造误差、受载变形和表面粗糙度的适应性能；后者是表示将外部杂质和硬颗粒嵌入摩擦表面而不致外露擦伤配对表面的性能。要求减摩材料具有足够高的强度以满足重载荷交变应力下工作的需求，另外还应有良好的导热性，小的热膨胀系数，优良的耐蚀性，较强的与油膜吸附能力等。

减摩材料具有的减摩特性并非是材料固定不变的性质。一种减摩材料只有在给定的工况条件和特定的环境中，才可能具有良好的减摩性，即要从摩擦学角度来选择减摩材料，考虑其与润滑剂、载荷、速度、温度等是否匹配。

① 材料的互溶性　为了使组成摩擦副的两个金属零件之间不易发生黏着，配对的金属材料应该具有很小的互溶性。例如，铁和镍之间有很大的溶解度，故不宜配对使用。不过单凭互溶性大小，还不能完全准确地反映黏着磨损的大小。如果不同类型原子形成了金属化合物，或者在摩擦副表面存在氧化膜、润滑膜等污染膜时，摩擦副互溶性大小对黏着的影响也就不明显了。因此，只有在摩擦副具有较大的溶解度，或轻微污染及润滑不良的场合，才必须考虑互溶性的影响。

② 脆性的金属化合物　如果摩擦副界面上能够形成脆性的金属化合物，使界面微凸体的黏着连接点容易分离，分离的材料可以方便地从一个滑动元件表面向另一个滑动元件表面转移，就不会发生黏着磨损。这种化合物在转移到对偶表面的过程中，也可能有一部分薄片在界面上充当磨粒刻划表面。能够起到这种作用的典型元素是锡和锑，它们在滑动产生摩擦热的作用下，引起界面扩散，从而形成脆性的金属化合物。锡基巴氏合金就是常见的用于滑动轴承的减摩材料。

③ 低熔点的软基体和多相结构　在载荷作用下，金属减摩材料中软的基体组织被挤压变形而转移到表面，形成一层金属覆盖薄膜，能起到减摩和润滑作用。此外，因摩擦产生的局部高温使接触微凸体上的低熔点组元熔化，并在摩擦力的作用下扩展在界面上，既扩大了散热面积，改善了接触表面的散热性能，又有一定的减摩润滑性。

多相组织的不连续性可以降低配对偶之间的相互吸附力，减轻黏着的发生和发展。另外，多相组织还可以提高基体材料的强度和疲劳强度，能减缓疲劳磨损的程度。

④ 界面上的边界润滑膜　当摩擦副金属中的组元与空气中的氧或润滑剂中的物质形成具有润滑能力的边界膜，覆盖在摩擦表面时，能够起到较好的减摩作用。边界膜与基体的结合力越高，减摩效果越好。如锡基轴承合金与硬轴颈相配合，在空气中生成的锡氧化物就会促使形成活性高分子边界膜。

⑤ 晶体结构　具有六方晶体结构金属的摩擦因数要小于体心立方晶体和面心立方晶体结构的材料。

13.3.1.3　合适的表面镀覆层

摩擦学技术中应用的镀覆层大致可分为耐磨镀覆层和减摩镀覆层两种。除了保证耐磨和减摩材料所需的基本条件外，还需要考虑表面覆盖层的其他特殊要求。

（1）耐磨镀覆层

耐磨镀覆层又称硬涂层，一般包括有难熔碳化物、氮化物、硼化物、硅化物等金属化合物，铝、镁等氧化物等。它们一般都具有较高的硬度，甚至比磨粒的硬度还要高。因此，耐磨镀覆层主要用来降低磨损，提高耐磨性。镀覆层的材料、厚度、性能和制备工艺等都会对耐磨镀覆层的耐磨性产生显著影响。

① 镀覆层的材料与制备工艺　氮化铁层的抗黏着和抗疲劳破坏的能力比较突出，但不耐磨粒磨损。硼化铁层的抗磨粒磨损和抗黏着能力俱佳，但难以承受腐蚀磨损。碳化铬、碳化钛和碳化钨都具有优良的抗磨粒磨损性能和抗黏着能力，但镀覆层有一定的脆性。因此，必须根据不同的服役条件来选择合适的镀覆层。

② 镀覆层厚度　镀覆层的厚度主要取决于零件在使用期内的允许磨损率。首先要根据工况条件来确定厚度，如用于精密仪器的镀覆层，载荷小，磨损轻微，可以采用较薄的镀覆层。若用于冲击、重载下矿山机械的镀覆层，就要采用厚的镀覆层，厚度有时甚至要达到达几十毫米。其次，在大致相同的的工作条件下，使用不同的镀覆层材料，其厚度也是不同的。

③ 制备温度　热喷涂、熔覆等工艺制备表面涂层时的温度都比较高，不仅会引起工件的变形，还可能导致钢基体对合金涂层的"稀释"、涂层材料的分解、涂层晶粒粗化等，从而降低耐磨性。

④ 镀覆层的致密性　一般地，镀覆层都存在一定的孔隙率。镀覆层有较高的孔隙率，腐蚀介质就容易通过微孔而腐蚀基体材料。另外，疏松的镀覆层也会明显降低镀覆层的强度和耐磨性。有时为了特殊的用途，特意利用微孔能够吸附其他介质的性质来制备多孔润滑镀覆层。

⑤ 镀覆层的热膨胀系数和结合力　一般地，耐磨镀覆层材料的热膨胀系数要小于基体材料。当摩擦副作相对运动，镀覆层表面温度升高时，就会在镀覆层与基体的界面上产生较大的热应力，导致镀覆层开裂、脱落，加速磨损。此外，工作时的接触应力、润滑条件等也会对镀覆层与基体的结合强度产生较大的影响。

（2）减摩镀覆层

减摩镀覆层又称软涂层，它是一种低抗剪切强度的镀覆层。在切向力作用下，摩擦表面上的覆盖层容易发生滑动。

① 镀覆层材料　形成减摩镀覆层的材料主要是一些固体润滑剂，如石墨、二硫化钼、磷酸盐、聚四氟乙烯等。由于它们本身具有润滑性能，能在摩擦界面上形成一层低抗剪强度的边界膜。在摩擦副接触面积没有增加的情况下，接触表面的抗剪强度却有显著降低，故摩擦因数大大减小。而且，减摩镀覆层一般都是覆盖在硬的基体上，故承载后仍能依靠强度较高的基体抵抗变形。

② 镀覆层厚度　减摩镀覆层的厚度对镀覆层的摩擦因数有显著的影响。镀覆层太薄，基体的表面微凸体容易穿透露出，导致两基体材料直接接触，摩擦因数增大。镀覆层太厚，接触变形面积的增加也会使摩擦因数增大。

③ 工作温度　过高的工作温度会导致镀覆层边界膜的破坏，引起镀覆层材料的熔化、氧化或分解，因此摩擦因数一般都随温度升高而增大。

④ 结合力　减摩镀覆层与基体材料之间高的结合力是保证镀覆层正常使用和延长寿命的前提条件。当镀覆层与基体牢固结合时，滑动摩擦仅发生在镀覆层表面或镀覆层内。如果两者的结合力很差，摩擦表面在相对运动时容易脱落，不但很快丧失了减摩作用，界面上的镀覆层碎片还会充当磨粒加速磨损。

13.3.2 材料表面的腐蚀控制

13.3.2.1 腐蚀特征

由于热力学或动力学的原因，腐蚀的阳极过程或阴极过程受到抑制与否决定了材料的耐腐蚀性。阳极钝态的形成和阴极效率的降低等都发生于介质与材料的界面，腐蚀取决于材料的表面构成，材料的表面重构、偏析、弛豫等对材料的耐蚀性有重要影响。

除了降低表面能而富集在表面的金属元素外，由于腐蚀过程电化学特征的差别，也会导致某一元素在材料表面富集，表面化学成分的变化直接影响了腐蚀性能。

材料表面的腐蚀情况除了与第二相的极性有关外，还与表面元素的选择性腐蚀有关。元素的选择性腐蚀主要发生在固溶体基体中，固溶体形成时自由能的变化较小，在腐蚀介质中，化学元素之间仍旧保持电化学差别，不同元素将构成亚微观电池，导致选择性腐蚀。一般在二元固溶体中，阴极元素将富集在材料的表面，如果还存在有第二相，按多组元电化学的过程规律，若总腐蚀电位恰在两组元腐蚀电位之间，固溶体两组元间只有一种溶解；若总腐蚀电位较固溶体两组元皆正，则两组元按比例发生腐蚀溶解。当固溶体中两组元皆能形成钝态时，情况就比较复杂，电位较负的不一定优先或较多的溶解，腐蚀情况要视具体的合金组成而定。

13.3.2.2 腐蚀控制

金属电化学腐蚀的速率既取决于腐蚀电池的电动势，又取决于阳极反应、电子流动、阴极反应等腐蚀反应步骤阻力的大小。阳极极化、阴极极化和电阻造成了腐蚀的阻力，而腐蚀电池的电动势就是消耗在克服这些阻力的过程中。因此，腐蚀电流受腐蚀电池的电动势、阳极极化、阴极极化和电阻等影响。对于具体的腐蚀过程，可能是其中一个或两个因素具有较大的影响，对腐蚀电流起着决定性的作用。这些决定性因素就是材料表面腐蚀的控制因素，通常可以分为抑制阳极过程，阻滞阴极过程，阴、阳极混合控制和电阻控制等几种情况。大多数金属的腐蚀属于微电池腐蚀，即形成了短路电池，据此可计算判定控制因素，进而分析各种控制因素对腐蚀速率的影响程度。在此基础上，再选择合适的腐蚀控制方法和手段。如对于阴极控制的腐蚀过程，必须选用阻滞阴极反应的防腐蚀方式。常见腐蚀控制的方法有如下几种。

① 提高体系的热力学稳定性　可以通过加入高电位合金元素来提高稳定性，但是加入的合金元素必须达到一定量时，才能起到作用。

② 抑制阳极过程　主要是通过改变表面构成及改变环境条件、添加易钝化元素、添加阴极活性元素等手段，来提高材料的钝态稳定性。这是提高材料耐蚀性的最有效、应用最广泛的方法。

③ 阻滞阴极过程　通过提高阴极反应的过电位、加入阴极性缓蚀剂、减小合金中活性阴极的面积等方法，降低阴极的活性。

④ 增加电阻　在材料表面施加绝缘性保护层，改变环境条件增加电阻，以减小腐蚀电流。

13.3.2.3 防护措施

（1）合理选材

选取适合在不同腐蚀环境下工作的材料制造各种装置、构件，能有效地抵御腐蚀破坏。在碳钢中加入铜、磷、铬、镍等合金元素，能将零件的耐大气腐蚀性能提高 $4 \sim 8$ 倍。利用钛、镍、铜及其合金等在海水里具有的高稳定性，可将它们使用在船舶、深海油田井架等关键部位上。使用不锈钢是抵御 CO_2 和 Cl^- 等侵蚀有效的方法，如 Cr13 不锈钢在含 CO_2 和 Cl^- 的溶液中，即使在流速高达 $26m/s$ 的双相流条件下，也能表现出很好的耐蚀性。含

25%（质量分数）Cr 的 α 不锈钢，在温度低于 250℃ 的 CO_2-Cl-H_2O 体系中具有优秀的耐蚀性，不会发生点蚀和全面腐蚀。由于能在零件表面形成致密的钝化膜，α-γ 双相不锈钢具有很好的耐 CO_2 腐蚀性能。

（2）保护性镀覆层

在装置和零件的表面使用各种有机、无机涂层和金属镀层，是抵御各类腐蚀重要的、行之有效的手段。表面镀覆层隔绝了基体材料与空气、CO_2 等的接触，延缓了大气和腐蚀性气体的腐蚀进程。保护性镀覆层是防止金属材料免受海水腐蚀普遍采用的方法，仅油漆涂层就有防锈油漆层、防生物污染的防污漆层。对于处在海洋潮汐区和飞溅区的某些结构和装置，表面镀覆可以防止海水的腐蚀。

对地下管线进行保护的覆盖层有煤焦油沥青膜涂层等。常用的有环氧树脂喷涂和聚乙烯带，以及镀锌层。前者采用聚乙烯三层结构防护层，即熔结环氧（底层，$60\sim80\mu m$）/胶黏剂（中间层，$170\sim250\mu m$）/挤塑聚乙烯（外层，$2\mu m$）作为埋地管线的外防护层。后者对防止管道的点腐蚀有一定的效果，对钢筋的镀锌处理也有作用，但要防止镀锌层与裸露的铁、钢、铜等金属形成电偶，否则镀层很快就会腐蚀破坏。金属镀层具有光滑的表面，不易被细菌附着，可以减少被微生物污染的概率。镀覆层抵御微生物腐蚀的能力与镀覆层的种类和质量、土壤湿度、微生物、营养物质等镀覆层所处的环境条件等有关。较高孔隙率的镀覆层、管线表面不完整的镀覆层及缝隙处等都有利于地下水和微生物进入，加速腐蚀。为了抵御真菌等微生物对涂层的破坏，可使用抗菌涂料形成涂层。抗菌涂料一般分为有机和无机两种。有机抗菌涂料有环氧树脂、丙烯酸树脂、聚酯树脂和聚氨酯树脂等，并添加有少量的无机化合物粉末。无机抗菌涂料以含银离子的为主。

（3）电化学保护

电化学保护方法包括牺牲阳极法和外加电流阴极保护法，前者简单易行，后者便于调节。电化学保护方法是防止海水腐蚀常用的方法，一般阴极保护法只有在全浸区才有效。在海水中常用的牺牲阳极有锌合金、镁合金和铝合金，从密度、输出电量、电流效率等方面综合考虑，用铝合金作为牺牲阳极性价比最好。在对地下管线进行防护时，采取表面镀覆层和阴极保护法组合使用的方法效果明显而且经济。当镀覆层局部受损、管线裸露时，阴极保护就立即起到了防护作用，既弥补了镀覆层的不足，又降低了阴极保护时的能耗。外加电流阴极保护或牺牲阳极保护都可以减缓细菌腐蚀，同时在作为阴极的金属表面附近形成的碱性环境，能有效地抑制细菌的活动，大大降低了地下管道和港湾设施等的腐蚀速率。阴极保护法对防止 CO_2 腐蚀等也有一定的效果。

（4）缓蚀剂

适当使用气相缓蚀剂能降低大气腐蚀速率。含氮化合物（如胺类、酰胺类、亚胺类等）或有机磷酸盐等化合物表面具有较大的活性。由于水溶液中金属表面带有电荷，故缓蚀剂能迅速地吸附在金属的表面，形成非常牢固的缓蚀剂膜，防止 CO_2 等腐蚀。

此外，采用加热空气、加吸水剂（硅胶、氯化钙、氯化锂）等降低大气湿度的措施，可有效防止金属材料的大气腐蚀。设计特定的线路供漏入地下的电流回流，减少杂散电流，降低其对土壤腐蚀的作用。在介质中投放高效、低毒的杀菌剂和除垢剂，以及定期清理装置、设施和集输管线，都可显著减少微生物和 CO_2 的腐蚀作用。

13.3.3 材料高温氧化和疲劳破坏的控制

13.3.3.1 材料的化学组成

金属的高温抗氧化性能取决于其在高温氧化环境中的稳定性，以及能否生成保护性膜来阻碍氧化的继续进行。金、铂等贵金属在高温下具有很高的热力学稳定性，在金属/氧化介质的界面上不发生任何化学反应。铝、铬、镍等金属与氧有较高的亲和力，金属与氧化介质之间快速发生界面化学反应。因此，通过合金化来提高材料的高温性能是一种行之有效的方法。

（1）加入能生成保护性氧化膜的元素

加入与氧有较大亲和力的合金元素，能够与氧优先发生选择性氧化，生成致密的保护性氧化膜，保护基体金属免于进一步氧化。为了达到选择性氧化的目的，合金元素的种类、添加量和条件都必须合适，能满足以下条件：

① 加入合金元素与氧的亲和力必须大于基体金属与氧的亲和力；

② 加入合金元素的离子半径小于基体金属，便于扩散到表面形成保护膜；

③ 要在极易发生扩散的温度下加热。

（2）加入能形成保护性新相的元素

在铁基、镍基合金中加入铬等元素，即使达不到能发生选择性氧化的含量，也可以形成 $FeO \cdot Cr_2O_3$、$NiO \cdot Cr_2O_3$ 等尖晶石型复合氧化物，能显著提高材料的抗氧化能力。此时要求尖晶石型氧化膜均匀、致密，并具有高的熔点，低的蒸气压，并能有效地阻碍氧和金属离子的扩散。

（3）加入氧活性元素

加入镧、铈、钇、锆等氧活性元素，达到改善抗氧化能力、提高工作温度和使用寿命的目的。氧活性元素有如下作用：

① 有助于合金元素选择性氧化作用，减少其含量，降低成本；

② 降低氧化层的生长速度；

③ 改变氧化层的生长机制；

④ 抑制氧化物的晶粒长大；

⑤ 提高氧化层与基体金属的黏附性，使保护性氧化膜不易从表面脱落。

（4）加入能提高稳定性的元素

加入熔点高、原子半径大的过渡族金属元素，使其固溶于基体，达到提高合金热力学稳定性的目的。

（5）加入能形成惰性相的元素

加入某些能形成低活性相的元素，能减少合金表面的活化面积，降低氧化速度。

（6）加入能减少氧化膜缺陷的元素

当氧化膜为 n 型半导体时，则需加入比基体原子价高的元素，以降低氧离子空穴的浓度；当氧化膜为 p 型半导体时，则需加入比基体原子价低的元素，以降低离子空位的浓度，都能够达到降低氧化速度的目的。

13.3.3.2 材料表面的耐热镀覆层

材料加热时，首先是在表面发生氧化。随着科学技术和工业不断发展，材料的使用环境变得越来越复杂，对抗氧化性的要求也越来越高。因此，仅仅依靠金属或合金本身的抗氧化性能是远远不够的。为了改善抗氧化性而加入合金元素的量常常会受到限制，加入量少了，起不到抗氧化的效果；加入量多了，又会显著改变合金的力学性能等。

采用更耐热的镀覆层材料镀覆于零件的表面，将零件与高温环境介质隔绝，既可防止金属的表面氧化，又不至于降低合金的力学性能，这是提高材料高温性能常用的方法，在国民经济各个领域得到了广泛的应用。随着科技的发展，对材料性能会提出更高的要求；同时，为了提高效率，许多传统的工艺以及新技术需要在更高温度下进行，因此要求材料表面具有更高的耐热性。

常用的耐热镀覆层材料包括金属材料和陶瓷材料两大类；按镀覆层的功能又可分为热扩

散涂层、包覆涂层和热障涂层等。

13.4　表面处理过程的质量控制

表面处理的过程可以归结为预处理、表面覆镀、后处理三个部分。表面处理的过程控制首先是要明确处理的初始状态（加工应力，油、污类型，加工的保护膜、胶，表面涂镀层）和最终状态（产品验收标准）。然后根据工艺流程确定工序、工步，将每一个工艺步骤的操作条件进行逐项细化，看成是需要控制的一个因素，确定每一个因素的监测方法。将不需要控制的因素去掉，对目前没有办法进行监测的因素也去掉，但要作为课题进行后续研究。

通常确定控制因素的监测方法要注意：a. 表面处理工艺工程师需要同其他专业紧密配合方能成功；b. 有证明是成功的监测手段要大胆采用；c. 尽量选用容量法、分光光度法、极谱法、伏安溶出法、电位测定或滴定等这些分析速度快、成本低的方法；d. 尽量使用在线检测装置；e. 检测准确度要同工艺指标结合考虑，如检测误差有8%，但规定的检验指标范围加上检测误差在规定的工艺指标范围内即可。

13.4.1　表面预处理

通常表面预处理就是精整、除油、除锈、活化（预镀）四个部分，根据需要的除油、除锈、整平方法可以组成不同的工艺，制定预处理过程控制方案时只能严格按照工艺流程进行。

13.4.1.1　除油质量的控制与评定方法

除油过程的质量控制包括除油液组分、温度、液位、循环流量、喷淋压力、喷嘴位置的监测，洗涤水的监测等。其中除油液中有效成分的检测很重要，目前大多数采用碱性除油剂，生产中大多数标准的除油剂滴定方法都是基于以酚酞指示剂确定终点的。而在许多情况下，这会导致很大的误差。除油剂中的氢氧化钠与二氧化碳反应生成碳酸钠，用酚酞作指示剂的滴定值可能会增大。而这会导致操作失误，所以除油液的脱脂能力是衰减的。可以用紫罗兰指示剂（pH11～13）、酚酞指示剂（pH8.5～9.7）、甲基红溴酚绿混合指示剂（pH4.2～5.4）三种指示剂来滴定碱性除油液。用紫罗兰指示剂滴定游离碱中的氢氧化钠，用酚酞指示剂滴定游离碱中的其他的所有碱性物质，而用甲基红溴酚绿混合指示剂滴定除油液中的所有碱性物质。

紫罗兰指示剂指示的零点是除油液中的游离氢氧化钠的量。除油液中含有氢氧化钠对除去许多油污都很有利。而甲基红溴酚绿混合指示剂作指示的滴定值越高就表示除油剂的成分污染程度越大，而这些污染物有可能是皂化物、脂肪酸、脂肪油和胺。即使工件上的不溶性油污被除掉了，但这些油污的可溶性部分也会溶入除油液中从而影响除油液的效果，脱脂能力降低就是必然。当使用这一滴定方法后，就可以有效地确定除油能力，也有助于解决问题。除了这些已经成熟应用的监测手段外，还应该测定已皂化的脂肪酸的量和油的量，因为皂化物越多意味着增溶到水中的油越多，增加水洗的难度。可以采用中和、萃取的办法法将皂化物和油从水中分离、检测。

有时配方中加入乳化剂OP-10，其作用是增加对钢铁的浸润，可以用测定溶液的表面张力来监控，表面活性剂溶液的表面张力的测定方法很多，最常用的是滴重法、滴体积法和毛细管升高法。用滴数管滴数的方法对电镀液、除油液和脱脂剂测定表面张力，具有仪器简单、操作简易，准确性满足要求的特点。

预除油时，除油液污染大，可采用四苯硼钠法定量分析除油液中的表面活性剂。方法是：聚氧乙烯系非离子表面活性剂在酸性条件和Ba^{2+}的存在下，加入过量四苯硼钠，发生定量反应，生成络盐沉淀。过剩的四苯硼钠用以甲基橙作指示剂以季铵盐反滴定，当溶液由甲基橙的酸性色（红色）变为碱性色（橙黄色）时为滴定终点。该方法的最大特点是受除油液中其他成分的干扰小。

四苯硼钠法操作步骤：配制一系列不同聚氧乙烯系非离子表面活性剂质量浓度的除油液，取出除油液 100mL，加入 18.0g 的氯化钡固体，充分搅拌，过滤，取出 20mL 澄清滤液，用 0.1mol/L 的盐酸溶液调节 pH 值为 3 后，在搅拌下缓缓加入 20mL 0.025mol/L 的四苯硼钠溶液。将溶液中生成的络盐沉淀过滤，并用 50mL 水冲洗烧杯和沉淀。得到的滤液用 0.1mol/L 的盐酸调节 pH 值为 3，再加入 5~6 滴 0.005mol/L 的甲基橙溶液，最后用 0.025mol/L 的十六烷基三甲基氯化铵溶液滴定。当溶液颜色由红色变为黄色时为滴定终点。记下消耗的十六烷基三甲基氯化铵体积数，以滴定体积为纵坐标，除油液中聚氧乙烯系非离子表面活性剂的质量浓度为横坐标作图制作标准曲线，即可分析。

除油效率的测定方法如下。

试剂：10g/L＋5g/L 活性炭。

分析步骤：在待分析的除油液里，放入数块 5cm×5cm 黄铜样片进行除油，用水清洗后，乘湿浸入氯化钠-活性炭混合液里。除油效果不好的区域上将会由于黏附着活性炭而被清楚地显示出来。

温度检测最好用热电阻类检测元件，根据工艺条件选择工作范围和精度，检测元件选好后还要确定检测点，要能尽量反应工件表面的温度，还要不易被工件、工具损坏。玻璃温度计可临时使用。喷淋压力是表示泵、管线、喷嘴是否正常的参数，选择和安装压力表或压力传感器及显示方法时以观察方便，不受其他设备影响即可，一般选用最经济的机械式隔膜压力表。

水洗过程通常是用电导率来判断洗涤水的质量的，但是对于除油的洗涤还应该加上化学需氧量来判断洗涤水的质量。化学需氧量表示在强酸性条件下重铬酸钾氧化 1L 水中有机物所需的氧量，可大致表示水中的有机物油和皂化物的量。这样通过电导率来判断水中的无机盐量，通过化学需氧量判断水中的有机物量，可以确定出达标洗涤的洗水质量。

工业中评定除油后的质量常见的方法见表 13-8。

表 13-8 除油清洁程度的评定方法

名　　称	评　定　方　法	特　　　点
水膜法	清洗后的试样（或工件），浸入水中，取出后立即检查，其表面应带有一层连续的水膜，如水膜破裂表示表面油污未除净	简单、常用、直观。表面若有残渣、会影响对结果的判断，用表面活性剂清洗时，若漂洗不干净亦可能影响结果的判断
揩拭法	清洗后的试样（或工件）用白布或白纸揩拭，白布或白纸上若留有污迹表示表面清洗不良	是定性的方法，简便直观
镀铜层	清洗后的试样放入含硫酸铜 15g/L，硫酸 0.9g/L 的水溶液中，在室温下浸 20s。试样干净表面上将化学沉积一层铜，而有残留油污部分无铜沉积	方法直观，但只适用于钢铁件
试纸法	取标准 G 型极性溶液约 0.1mL，滴于被检表面，展开约 20×40(mm²)，用 A 型验油纸（白色稍带黄色）紧贴其上约 1min，取下试纸检查，若显示均匀、连续的红棕色，则清洗合格。若红棕色不均匀，不连续，则表面除油不干净	检出表面残留含油量不大于 0.12g/m²，适用于作涂装前除油程度的检查
喷雾法	试样经清洗、酸浸、水洗、干燥后，垂直置于蓝色溶液雾状中，在试样表面液滴将要滴落时，停止喷雾。将试样平置，并稍加热，使表面状态固定。无蓝色覆盖的区域表明带有残留油污。用带网格的透明评定板，评估未覆盖蓝色区域所占的比例	此法能定量表达清洁程度，且灵敏度较高，但不能用工件直接作试验
称重法	试样用乙醚清洗后称重，再沾油污，然后用清洗剂除油，洗净、干燥后再称重。前后两次质量的差值，即为油污残留量。残留量越多，清洗效果越差	方法可以定量，但只能用试片作试验

称重法测出表面清洁度按表 13-9 所示检测标准，确定表面清洁度级别，根据不同的生产工艺，有不同的表面清洁度要求：电镀、涂装、转化膜和热喷涂前工件表面清洁度要求为 9～10 级；热处理前工件表面清洁度要求为 6～8 级。

表 13-9　表面清洁度检测标准

级　　别	0	1	2	3	4	5	6	7	8	9	10
表面污垢量/(mg/cm^2)	$\geqslant 5$	2.5	1.6	1.25	1.0	0.75	0.55	0.4	0.25	0.1	0.01

13.4.1.2　除锈过程质量控制与评定

喷砂除锈的控制指标有砂的成分、颗粒形状和粒径；压缩空气的洁净度；喷砂压力，喷嘴；喷距等。砂的成分和粒径、压缩空气的洁净度是工艺技术人员的控制指标，喷砂压力、喷嘴、喷距是操作人员的控制指标。另外重要的是除锈后下一步工作的时间不能忽略。

机械预处理质量的检测包括表面粗糙度和除锈程度。表面粗糙度的检测方法参见本章表面光亮度和粗糙度检验。

除锈质量等级。机械除锈质量等级，根据不同的除锈方法分别为 Sa1、Sa2、Sa2½、Sa3、St2、St3 等六级，以符号表示，用文字说明，并用相应的彩色照片加以对照，见表 13-10。对于热喷涂的表面喷丸预处理，表面质量应达到 Sa3 级。

表 13-10　钢材表面除锈等级标准

等级	除锈方式	除锈质量
Sa1	轻度的喷射或抛射除锈	钢材表面应无可见的油脂和污垢，并且没有附着不牢的氧化皮、铁锈和油漆涂层等
Sa2	彻底喷射或抛射除锈	钢材表面应无可见的油脂和污垢，并且氧化皮、铁锈和油漆涂层等附着物已基本清除，其残留物应是牢固附着的
Sa2½	非常彻底的喷射或抛射除锈	钢材表面应无可见的油脂、污垢、铁锈、氧化皮和油漆涂层等附着物，无任何残留的痕迹，应仅是点状或条状的轻微色斑
Sa3	使钢材表面洁净的喷射或抛射除锈	钢材表面应无可见的油脂、污垢、铁锈、氧化皮和油漆涂层等附着物，该表面应显示均匀的金属色泽
St2	彻底的手工和动力工具除锈	钢材表面应无可见的油脂和污垢，并且没有附着不牢的氧化皮、铁锈和油漆涂层等附着物
St3	非常彻底的手工和动力工具除锈	钢材表面应无可见的油脂和污垢，并且没有附着不牢的氧化皮、铁锈和油漆涂层等附着物。除锈应比 St2 更彻底，底材暴露部分的表面应具有金属光泽

注：详见 GB/T 8923—1988《涂装前钢材表面锈蚀等级和除锈等级》。

酸洗除锈过程质量控制指标有酸洗液、温度、酸洗除锈液采用滴定法分析硫酸（盐酸）、铁、氯化物成分，但是缓蚀剂较难分析，通常补加酸液时按比例补加酸洗缓蚀剂，也可以用阴极或阳极极化曲线的测定来检测缓蚀剂的量。

酸洗液分析硫酸（盐酸）时用氟化钾掩蔽酸洗液中的铁，以甲基红和次甲基蓝的混合液作指示剂，用标定的氢氧化钠溶液滴定至墨绿色为终点。铁的测定是在盐酸酸性溶液中加热，加氯化亚锡以还原三价铁，加二氯化汞以除去多余的亚锡，以二苯胺磺酸钠指示，用重铬酸钾滴定至紫蓝色为终点。氯化物的测定是加一定量的标准硝酸银使氯离子形成氯化银沉淀。过量的硝酸银以硫酸高铁铵为指示剂，以标定硫氰酸钾溶液滴定至微红色为终点。

13.4.1.3　整平质量控制与评定

整平后的表面可以用光泽计、粗糙度仪评价。

电化学整平的过程控制条件比较复杂，大部分人认为除了整平作用外还有精除油或除去其他合金化合物的过程。但是化学除油难以达到要求必须进行电解除油时，得先进行阴极电解除油，然后进行电抛光。电抛光过程控制条件是电压、阴阳极面积、阳极材料、温度、时间、电解液等。电抛光溶液成分是硫酸、磷酸、铬酐及少量水配成，简单的监控措施是测定温度和溶液密度、酸度，根据黏膜理论还应该加上黏度（加入高分子增黏剂）。但是还有些金属离子，如 Fe^{3+}、Cr^{3+}、Cu^{2+}、Ni^{2+}、Mn^{2+} 等，是随着加工的钢铁而带入的。根据处理的材料不同带入的金属离子不管从数量还是性质上都不相同，但绝对有迹可寻，先分别判断出可能的金属离子，再研究其在体系中的检测方法。

硫酸、磷酸的测定采用标准碱连续滴定，在滴定过程中，加入络合掩蔽剂 EDTA，防止盐类水解。Cu^{2+} 的测定是在酸性溶液中，先用过氧化氢将六价铬还原为三价，再用锌粒将铜离子还原为金属铜，过滤后的金属铜用硝酸溶解，铜离子和碘化钾定量反应生成游离碘，以淀粉为指示剂，用标准硫代硫酸钠溶液滴定游离碘。

13.4.2 表面镀覆过程质量控制

表面镀覆过程根据处理的工艺不同，有仅在表面进行化学反应的沉积，如化学转化膜、化学镀、置换镀；有外加电流在表面的电化学沉积电镀；有依靠高温的涂覆，如热喷涂或热喷焊、堆焊；有依靠分子间力结合的黏合，如贴箔、涂料等。在分析镀覆过程的质量控制因素时，首先要清楚覆盖层同基材的结合方式，如堆焊是冶金结合、热浸镀是扩散结合等；其次搞清楚成膜机理，如基材金属参与化学反应的化学转化膜磷化膜、钝化膜，基材金属催化化学反应的沉积-化学镀，基材提供电子的电结晶沉积-电镀，涂覆料溶剂挥发成膜的涂料，基材上涂层金属颗粒的焊合、堆砌-热喷涂，即搞清楚成膜是怎么开始怎么结束的，基体材料的理化性能、表面理化状态、表面形状，成膜材料的成膜环境、理化性能、成膜设备。把这些都搞清楚后才有利于设置质量控制点。

另外，在上述部分明了后，对反应过程中的物理量的检测方法及显示仪表也要充分熟悉。如流量、温度、压力、浊度、折光性、旋光性、密度、颜色等。这样工艺技术人员才能让设计电器、仪表控制的技术人员充分理解其意图。有时，由于某物质的旋光性对液体影响大，且无干扰，可能解决工艺技术的大问题，如电镀时电压、电流、阴阳极面积、阳极材料、阳极形状、阳极排布、温度、时间、电解液等都是控制因素。而电解液的控制因素中主盐的分析检测问题早已成熟，但是络合剂、光亮剂等添加剂的可控手段还存在大量的问题。

目前较多的小型仪器分析方法逐渐地受到从业者的认识。从经济上，这些仪器价格已经都低于 1 万元了，而需要大量操作人员的容量法、重量法的成本增加较多；从分析精度上仪器分析比不上容量分析和重量分析，但是已经能满足需要；从分析时间上仪器分析要快得多；从对涂镀工艺的信息反馈上，仪器分析很多可以在线检测，可以设计成自动控制进行工艺操作。因此，下面介绍几种仪器分析方法，希望从事工艺的技术人员对分析技术有进一步的了解。

13.4.2.1 离子色谱仪

离子色谱分离的原理是基于离子交换树脂上可离解的离子与流动相中具有相同电荷的溶质离子之间进行的可逆交换和分析物溶质对交换剂亲和力的差别而被分离。分离后的待测物可用分光光度法或极谱法测定。

例如几个阴离子的分离，样品溶液进样之后，首先与分析柱的离子交换位置之间直接进行离子交换（即被保留在柱上），用 NaOH 作淋洗液分析样品中的 F^-、Cl^- 和 SO_4^{2-}，保留在柱上的阴离子即被淋洗液中的 OH^- 置换并从柱上被洗脱。对树脂亲和力弱的分析物离子先于对树脂亲和力强的分析物离子依次被洗脱，这就是离子色谱分离过程，淋出液经过化学抑制器，将来自淋洗液的背景电导抑制到最小，这样当被分析物离开进入电导池时就有较大的可准确测量的电导信号。

经常检测的常见离子有以下两类。

阴离子：F^-，Cl^-，Br^-，NO_2^-，PO_4^{3-}，NO_3^-，SO_4^{2-}，甲酸，乙酸，草酸等。

阳离子：Li^+，Na^+，NH_4^+，K^+，Ca^{2+}，Mg^{2+}，Cu^{2+}，Zn^{2+}，Fe^{2+}，Fe^{3+}等。

离子交换色谱的固定相一般为离子交换树脂，适用于亲水性阴、阳离子的分离。离子色谱仪分离测定常见的阴离子是它的专长，一针样品打进去，约在 20min 以内就可得到 7 个常见离子的测定结果，这是其他分析手段所无法达到的。

13.4.2.2 离子活度计

离子活度计是同离子选择性电极配合测定溶液中离子活度的电化学分析仪器。离子选择性电极是通过电极上的薄膜对各种离子有选择性的电位响应而作为指示电极。离子选择性电极基本上都是膜电极，pH 玻璃电极就是应用的最早的离子选择性电极。目前已经制成了几十种离子选择性电极，常见的离子选择性电极有 F^-、Cl^-、Br^-、I^-、CN^-、S^{2-}、NO_3^-、CO_3^{2-}、K^+、Na^+、Ag^+、Pb^{2+}、Cd^{2+}、Cu^{2+}、Hg^{2+}等。

离子活度计测定主要有两类方法。a. 直接电势法，通过测量电势，由校正曲线或计算法求得待测物的浓度。为使样品和标准溶液中的离子的活度系数一致，要加入含高浓度惰性电解质的离子强度调节缓冲液。b. 电位滴定法，利用离子选择性电极作为电位滴定的指示电极，它能达到与一般容量法相同的高准确度。由于可用电极指示待测离子和滴定剂离子甚至指示剂离子的浓度变化，所以该法扩大了电极的应用范围。

离子选择性电极是一种简单、迅速、能用于有色和混浊溶液的分析工具，它不要求复杂的仪器，可以分辨不同离子的存在形式，能测量少到几微升的样品。与其他分析方法相比，它在阴离子分析方面特别具有竞争能力。

13.4.2.3 分光光度法

不同结构的分子对不同波长的光的吸收峰值是不一样的，对同一化合物，无论质量浓度是否相同，出现吸收峰的位置是相同的。质量浓度越高，吸收峰越大，依据光谱图上出现峰值的位置，可确定实验分析的工作波长，用吸收峰定量。

紫外-可见光分光光度计可用来研究配合物的组成，摩尔比法是固定一种组分如金属离子 M 的浓度，改变配位剂 L 的浓度，得到一系列 C_L/C_M 不同的溶液，以相应的试剂空白作参比溶液，分别测定其吸光度。以吸光度 A 为纵坐标，配位剂与金属离子的浓度比值为横坐标作图。开始随着配位剂的增加，生成的配合物浓度不断增加，吸光度增大；之后金属离子全部发生配合，再增加配位剂其吸光度不再增大，所对应的浓度比值就是配合物配合比。对于解离度小的配合物，这种方法简单、快速、准确。

荧光分光光度法具有检测灵敏度高、专属性较强的特点，常用于微量甚至痕量添加剂的定量分析。对在一定条件下能产生较强荧光的药物，如巴比妥类、苯并氮杂唑类、香豆素类和一些生物碱类药物等可以用荧光光度法直接测定。镀镍电解液中的整平剂就是香豆素。苯骈三氮唑是一种铜的缓蚀剂。

镀光亮镍电解液中的光亮剂糖精用紫外分光光度法，在无其他辅助试剂的情况下定量地测出光亮镍镀液中的添加剂糖精的含量，方法简便、准确性好，糖精在紫外光区 −268nm 处的吸收不受镀液中其他组分的干扰，测定糖精用工作曲线定量。紫外分光光度法是一种测光亮镍镀液中糖精的简便快速的方法。

在普通的光亮镍镀液中，糖精的测定通常有两种方法，其一是通过用磷酸-高锰酸钾混合物将糖精高温氧化生成硫酸盐，然后用硫酸钡法来进行测定；二是用氯仿乙醇混合液于较强酸性溶液中多次萃取糖精后，将萃取有机相加热蒸发浓缩并于除去氯仿后再溶于热水，然后加氯化钡溶液使糖精释放出氢离子，最后用标准碱滴定。此两法都较繁琐且破坏待测液，所用辅助试剂多，而前者在有机硫化物存在时对测定有干扰。

13.4.2.4　极谱法

极谱法是通过测定电解过程中所得到的极化电极的电流-电位曲线或电位-时间曲线来确定溶液中被测物质浓度的一类电化学分析方法。

极谱法的灵敏度高，准确度好；经典极谱法适宜测定浓度范围为 $10^{-2}\sim10^{-5}$ mol/L 溶液中物质的含量，相对误差为 $\pm2\%\sim\pm5\%$。分析所需试样量少，分析速度快，只需数分钟便可完成测定；极谱仪的价格也低。

极谱法的应用范围较广，凡在滴汞电极上能进行氧化还原的化合物都可测定。极谱法可用来测定大多数金属离子，常用极谱法测定的金属元素有 Cr、Mn、Fe、Co、Ni、Cu、Pb、Cd、Zn、Sn、Sb、As、Bi 等。有些离子共存时，如 Cu^{2+}、Ni^{2+}、Cd^{2+}、Zn^{2+}、Mn^{2+} 等离子可不经分离，在同一溶液中即可连续测定；极谱法也用于分析如 BrO_3^-、IO_3^-、$Cr_2O_7^{2-}$、VO_3^-、SeO_3^-、NO_2^- 等一些无机阴离子，但因为电极反应中有 H^+ 参加，故必须使用强缓冲剂使溶液的 pH 值保持稳定。

能在滴汞电极上被还原的有机化合物必须含有强极性键或不饱和键，如含有共轭双键的不饱和有机化合物，含有 C=O 键的醛，酮，醌类化合物；含有 C-Br 键的有机卤化物，含有氮氧键和氮氮键的硝基、亚硝基化合物和偶氮、偶氮羟基类化合物，还有一些含氧或氮的杂环化合物、过氧化物、硫化物等。能在滴汞电极上氧化的物质有硫醇类化合物、肼、苯肼、氢醌及有关的化合物，维生素 C 等有机酸。

电镀中的大多数添加剂都参与了电极反应，因此对某些镀液配方的主盐、添加剂用极谱分析简单、快捷。

13.4.2.5　溶出伏安法

溶出伏安仪是利用溶出伏安法将预先富集后的被测离子通过在溶出过程中的伏安曲线，对被测离子进行研究、测定的仪器。溶出伏安法主要用于定量分析。常用标准加入法，在溶出伏安法中最常用的电极主要为平面圆盘电极。

溶出伏安法的灵敏度高，比经典极谱法高 4~6 个数量级，可测定 $10^{-9}\sim10^{-12}$ mol/L 的痕量组分；分析速度快，一般在数分钟内可完成一次测定；试样用量少，试样少至 0.1~1mL 都可进行测定；测定范围广，可连续测定几种离子，也可测定元素的不同存在形式。可测定的元素有 50 多种。如：Na、Sr、Ba、In、Tl、Ge、Sn、Pb、Sb、Bi、Cu、Ag、Au、Zn、Cd、Hg、Ni、Cl^-、Br^-、I^-、S^{2-}、SCN^-、SO_4^{2-}、VO_3^- 等。某些有机物如丁二酸、双硫腙、琥珀酸、草酸以及某些巯基化合物、硫胺化合物、卟啉等，也可以用溶出伏安仪测定。

溶出伏安仪的仪器简单价廉，普通常见的极谱仪均可作为溶出伏安仪进行分析。当同时电积几种金属离子时常用悬汞电极，汞膜电极灵敏度和分辨率要比悬汞电极好得多。溶出伏安法目前在镀液添加剂分析中用得较多，分析时多用玻璃石墨平面圆盘固体电极。

一种叫电镀分析仪或循环剥离伏安测试仪、电镀成分分析仪、电镀添加剂分析仪、自动电镀分析仪、电镀光亮剂分析仪等名称的仪器，综合了经典极谱法、线性扫描伏安法、阴极溶出伏安法、阳极溶出伏安法、循环伏安法、电位溶出法和直流极谱的常规和导数分析，操作过程全由电脑控制，使用计算机程序分析，但是价格略贵。如果使用更贵的电化学工作站的话，还可以进行极化分析。

13.4.2.6　浊度计

一束平行光在透明液体中传播，如果液体中无任何悬浮颗粒存在，那么光束在直线传播时不会改变方向；若有悬浮颗粒、光束在遇到颗粒时不管颗粒透明与否都会改变方向，形成散射光。颗粒愈多光的散射就愈严重。这种散射光测量方法称作散射法。任何真正的浊度都必须按这种方式测量。测量液体的浑浊程度的仪器就称作浊度计。光学式浊度计有用于实验室的，也有用于现场进行自动连续测定的。

浊度计可以用在磷化中控制磷化渣的量，可以用在铝阳极氧化中控制电解液中的 Al^{3+} 含量，实时监控电解液的循环再生。而重量法分析时间较长。也可以用在复合电镀中监控镀液中的固液比例。

13.4.2.7 电泳法

电泳法不仅能分离分析有机与无机阴、阳离子，手性分子、中性分子及大分子，而且具有柱效高、分离速率快、样品用量少、分析成本低、适用于"脏样品"分析等特点。因此，电泳法对镀液这种"脏样品"属于一种很合适的分离分析方法。普通的电泳仪价格低，操作时间也可以接受，电泳分离后可用较多的方法进行定量。

13.4.3 后处理过程质量控制

一般的后处理主要是磷化、钝化、出光等化学处理方法，它们可以按表面处理质量控制方法进行；而涂油、涂漆等有机覆盖层后处理将在防腐蚀工程课程中描述；机械加工后处理按机械专业要求进行。

13.4.4 质量过程控制的控制点及因素

以热喷涂为例，涂层质量是很重要的，涂层质量控制必须从原材料开始，并贯穿全过程，因为绝大多数零部件的损坏是从表面失效开始的。作为热喷涂涂层的检验方法及相关标准尚不完全，而且涂层制备过程尚有部分不确定因素，涂层的质量控制过程参数参见表 13-11。

表 13-11　热喷涂涂层的质量控制

工　序	工　步	控制项点	方法及要求
涂层原材料	线材	外观、化学成分、线径	按要求测验
	粉末材料	化学成分	化学分析
		粉末粒度范围、粉末粒度分布	分析筛测量
		松装密度	常规
		流动性	漏斗法
工件的表面预处理	工件验收	加工历史的了解、尺寸、品质、件数	按图纸
	工件加工	尺寸精度	机械测量
	工件除脂	表面是否清洁	目视
	喷砂	砂粒的材质、粒度；压缩气质量、压力、喷距、表面洁净度、粗糙度	
喷涂工艺	喷涂工艺参数	枪上参数	应符合工艺规程
		送粉、送丝参数；操作参数	工艺要求
	温度控制	冷却方式；工作温度	
	喷后涂层检查	外观	目视
		涂层厚度	测厚仪
后处理	封孔	封孔剂质量；封孔时工件温度	
	机加工	车削的刀具；砂轮材质；磨削参数；冷却液	
其他		涂层工件的包装、搬运、堆放和运输	不得碰撞

从表 13-11 中可以看出涂层质量控制点贯穿整个过程，它只是一个粗略的计划，工作中对每一个控制项点还要确定技术措施、人员、标准，任一环节均不得疏忽。

参 考 文 献

[1] 赵文珍. 金属材料表面新技术. 西安: 西安交通大学出版社, 1992.

[2] 刘新田主编. 表面工程. 开封: 河南大学出版社, 2000.

[3] 戴达煌, 周克崧, 袁镇海等. 现代材料表面技术科学. 北京: 冶金工业出版社, 2004.

[4] 董允, 张廷森, 林晓娉. 现代表面工程技术. 北京: 机械工业出版社, 2000.

[5] 朱祖芳. 铝合金阳极氧化工艺技术应用手册. 北京: 冶金工业出版社, 2007.

[6] 李鑫, 陈迪勤, 余静琴. 化学转化膜技术与应用. 北京: 机械工业出版社, 2005.

[7] 卢锦堂, 许乔瑜, 孔纲. 热浸镀技术与应用. 北京: 机械工业出版社, 2006.

[8] 朱祖芳. 铝合金阳极氧化与表面处理技术. 北京: 化学工业出版社, 2004..

[9] 张圣麟. 铝合金表面处理技术. 北京: 化学工业出版社, 2009.

[10] 高志, 潘红良. 表面科学与工程. 上海: 华东理工大学出版社, 2006.

[11] 李金桂, 吴再思. 防腐蚀表面工程技术. 北京: 化学工业出版社, 2003.

[12] 徐滨士, 朱绍华, 刘世参. 材料表面工程. 哈尔滨: 哈尔滨工业大学出版社, 2005.

[13] 刘江龙等编著. 高能束热处理. 北京: 机械工业出版社, 1997.

[14] 徐滨士, 刘世参. 表面工程. 北京: 机械工业出版社, 2000.

[15] 川合慧, 朱祖芳. 铝阳极氧化膜电解着色及其功能膜的应用. 北京: 冶金工业出版社, 2005.

[16] 谭昌瑶, 王钧石. 实用表面工程技术. 北京: 新时代出版社, 1998.

[17] (德) 布罗奇特等编. 等离子体表面工程. 杨烈宇译. 北京: 中国科学技术出版社, 1991.

[18] 钱苗根, 姚寿山, 张少宗. 现代表面技术. 北京: 机械工业出版社, 2000.

[19] 赵文轸. 材料表面工程导论. 西安: 西安交通大学出版社, 2002.

[20] 杨烈宇等编著. 材料表面薄膜技术. 北京: 人民交通出版社, 1991.

[21] 李恒德, 肖纪美主编. 材料表面与界面. 北京: 清华大学出版社, 1990.

[22] 刘常升, 才庆魁. 激光表面改性与纳米材料制备. 沈阳: 东北大学出版社, 2001.

[23] 张通和, 吴瑜光. 离子注入表面优化技术. 北京: 冶金工业出版社, 1993.

[24] 张黔主编. 表面强化技术基础. 武汉: 华中理工大学出版社, 1996.

[25] 高云震等编译. 铝合金表面处理. 北京: 冶金工业出版社, 1991.

[26] 胡传炘. 表面处理技术手册. 北京: 北京工业大学出版社, 2001.

[27] 樊新民. 表面处理工实用技术手册. 南京: 江苏科学技术出版社, 2004.

[28] 张允诚. 电镀手册. 第2版. 北京: 国防工业出版社, 2006.

[29] 张炳乾等. 电镀液故障处理. 第2版. 国防工业出版社, 2006.

[30] 李基森. 电刷镀溶液. 上海: 上海科学技术文献出版社, 1989.

[31] 毕一鸣, 电刷镀技术. 合肥: 安徽科学技术出版社, 1985.

[32] 姜晓霞, 沈伟著. 化学镀理论及实践. 北京: 国防工业出版社, 2000.

[33] (德) 沃尔夫冈·里德尔著. 化学镀镍. 罗守福译. 上海: 上海交通大学出版社.1996.

[34] 雷邦雄. 电镀设备. 成都: 四川科学技术出版社, 1986.

[35] 郦振声, 杨明安等. 现代表面工程技术. 北京: 机械工业出版社, 2007.

[36] 李逢春, 刘波等. 防腐蚀衬里技术. 北京: 化学工业出版社, 2003: 376-421.

[37] 邓志威, 薛文斌, 汪新福, 陈如意, 来永春. 铝合金表面微弧氧化技术. 材料保护, 1996, 29 (2): 15-16.

[38] 蒋百灵, 白力静, 蒋永锋等. 铝合金微弧氧化技术. 西安理工大学学报, 2000, 16 (2): 138-142.

[39] 李克杰等. 合金微弧氧化氧化技术研究及应用进展. 稀有金属材料与工程, 2007, 36 (S3): 199-203.

[40] 陈妍君. 铝合金微弧氧化技术的研究进展. 材料导报, 2010, 24 (5): 132-136.

[41] GB 13913—92 化学镀镍技术条件.

[42] HG-T 3179—2002 堆焊技术评价.

[43] CB/Z 343—84 热镀锌工艺.

[44] JB/T 4747.4—2007 不锈钢堆焊材料条件.

[45] JB/T 8928—1999 钢铁制件机械镀锌.

[46] 龚佑平. 不锈钢衬里技术探讨与应用. 中国井矿盐, 2000, 31 (4): 11-14.

[47] 李斌. 化学镀镍中几种稳定剂的作用. 表面数术, 1992, 21 (2): 71-74.

[48] 周俊麒, 湖北黄石镀铝薄板有限公司, 中国第一条宽带钢连续热镀铝生产线技术资料.

[49]　王向东，逯福生，贾翊，郝斌，马云风等．中国钛工业概览．钛工业进展，2008，25（1）：5-8.

[50]　A 尼古拉，吕光荣．热镀铝技术现状．上海冶金设计，1989，（4）：71-76.

[51]　储仁志．电解铜箔生产技术．现代化工，1995，（8）：17-19.

[52]　石晨．电解铜箔制造技术．印制电路信息，2003，22（1）：22-24.

[53]　李文康．电解铜箔制造技术探讨．上海有色金属，2005，26（1）：16-20.

[54]　王小花．低温熔融盐电镀铝和铝锰合金的研究［D］．长沙：中南大学硕士学位论文，2008.

[55]　夏扬．无机熔融盐电镀铝及其合金的工艺与性能研究［D］．天津：天津大学硕士学位论文，2006.

[56]　陈荣德．高速刷镀铁溶液的研究．材料保护，1990，23（3）：11-14.

[57]　宋邦才，赵文轸．刷镀铁工艺研究与应用．材料保护，2004，37（12）：31-38.

[58]　董乐山．快速刷镀铁工艺及其应用．材料保护．1997，30（9）：34-35.

[59]　王胜民．机械镀锌形层机理的研究［D］．昆明：昆明理工大学硕士学位论文，2002.

[60]　芮雄壮．机械镀 Zn-Al 合金工艺原理及无结晶形层研究［D］．昆明：昆明理工大学硕士学位论文，2006.

[61]　主沉浮等．新型机械镀锌工艺．材料保护，1997，30（7）：24-25.

[62]　张文辉．脉冲镀硬铬技术的应用．材料保护，1996，29（5）：29-30.

[63]　刘勇等．脉冲电镀的研究现状．电镀与精饰，2005，（5）：25-29.

[64]　冯辉等．脉冲电镀铬的研究现状与展望．电镀与精饰，2010，32（1）：20-23.

[65]　倪建中等．越野车身前处理线的工艺及设备．现代涂料与涂装，2006，（4）：28-31.

[66]　王志健等．超音速火焰喷涂理论与技术的研究进展．兵器材料科学与工程，2002，25（3）：63-66.

[67]　卢国辉等．美国与乌克兰爆炸喷涂装置的结构与特点．新技术新工艺，2006（5）：35-36.

[68]　李健，韦习成，顾卡丽，李仕忠．国内外表面复合处理研究的现状．材料保护，1996，29（10）：19-21.

[69]　谢飞．渗氮-气相沉积硬质膜复合处理技术及其发展．江苏石油化工学院学报，2001，13（4）：38-41.

[70]　席守谋，张建国，孙晓燕．激光热处理及可控渗氮．第七届全国典型零件热处理学术交流会暨第四届全国热处理学会物理冶金学术交流会论文集．北京．2002：223-229.

[71]　吴建．食用油碟式分离机碟片的渗氮激光相变硬化复合处理研究．轻工机械，2006，24（3）：184-189.

[72]　张蓉，杨湘红．几种模具表面强化新技术的简介．机床与液压，2003，（6）：314-315.

[73]　张新华．喷丸强化技术及其应用与发展——航空制造技术．航空制造技术，2007（Z1）：454-459.

[74]　傅敏，李辛庚．采用外壁喷涂与内壁喷丸方法提高锅炉高温受热面管抗高温腐蚀性能的试验．中国电力，2005，38（3）：54-57.

[75]　姚建华等．激光表面堆焊技术及其发展趋势．激光与光电子学进展，2004，41（2）：57-60.

[76]　王小范等．激光表面堆焊技术的应用及展望．兵器材料科学与工程，2005，28（4）：68-70.

[77]　徐滨士，刘世参，梁秀兵．纳米表面工程的进展与展望．机械工程学报，2003，39（10）：21-26.

[78]　姜雪峰等．多弧离子镀技术及其应用．重庆大学学报：自然科学版，2006，29（10）：55-57.

[79]　于杨，解念锁．先进表面工程技术及应用研究．科技创新导报，2009（31）：78-79.

[80]　赵程，刮定国，赵慧丽，侯俊英．离子氮碳共渗与离子氧化复合处理．2004 中国（青岛）材料科技周会议论文集．青岛．2004：129-131.

[81]　徐向阳．摩擦搅拌表面改性技术研究进展．稀有金属材料与工程，2009，38（增刊1）：213-216.